Creo 2.0 产品工程师宝典

北京兆迪科技有限公司　编著

中国水利水电出版社
www.waterpub.com.cn

内 容 提 要

本书是从零开始全面、系统学习和运用 Creo 2.0 软件进行产品设计的宝典类书籍，内容包括产品设计理论基础、Creo 2.0 导入及安装、Creo 2.0 工作界面与基本设置、二维草图设计、零件设计、一般曲面产品的设计、产品的 ISDX 曲面造型设计、产品的自顶向下设计、钣金产品的设计、产品的装配设计、产品的测量与分析、产品的动画设计、产品的运动仿真与分析、产品的工程图设计、产品的特征变形、高级特征在产品设计中的应用、产品设计中的行为建模技术、产品设计中的柔性技术建模、关系与族表及其他、产品的着色渲染、管道布线设计、产品结构的有限元分析和热分析等。

本书是根据北京兆迪科技有限公司给国内外众多著名公司的培训教案整理而成的，具有很强的实用性和广泛的适用性。本书附 2 张多媒体 DVD 学习光盘，制作了 525 个 Creo 产品设计技巧和具有针对性范例的教学视频并进行了详细的语音讲解，时间长达 20.3 个小时（1218 分钟），光盘还包含本书所有的教案文件、范例文件及练习素材文件（2 张 DVD 光盘教学文件容量共计 6.9GB）；另外，为方便 Creo 低版本用户和读者的学习，光盘中特提供了 Creo 1.0 版本的素材源文件。读者在系统学习本书后，能够迅速地运用 Creo 软件来完成复杂产品的零件设计（含曲面和钣金）、装配与工程图设计、产品设计后期的运动仿真与分析和结构分析等工作。本书可作为机械工程人员的 Creo 2.0 自学教程和参考书籍，也可供大专院校师生教学参考。

图书在版编目（CIP）数据

Creo 2.0 产品工程师宝典 / 北京兆迪科技有限公司
编著. -- 北京 : 中国水利水电出版社，2014.1
　　ISBN 978-7-5170-1492-8

　　Ⅰ. ①C… Ⅱ. ①北… Ⅲ. ①计算机辅助设计－应用
软件 Ⅳ. ①TP391.72

中国版本图书馆CIP数据核字(2013)第288272号

策划编辑：杨庆川/杨元泓　　责任编辑：陈 洁　　封面设计：梁 燕

书　　名	Creo 2.0 产品工程师宝典
作　　者	北京兆迪科技有限公司　编著
出版发行	中国水利水电出版社 （北京市海淀区玉渊潭南路 1 号 D 座　100038） 网址：www.waterpub.com.cn E-mail：mchannel@263.net（万水） 　　　　 sales@waterpub.com.cn 电话：（010）68367658（发行部）、82562819（万水）
经　　售	北京科水图书销售中心（零售） 电话：（010）88383994、63202643、68545874 全国各地新华书店和相关出版物销售网点
排　　版	北京万水电子信息有限公司
印　　刷	北京蓝空印刷厂
规　　格	184mm×260mm　16 开本　48.25 印张　954 千字
版　　次	2014 年 1 月第 1 版　2014 年 1 月第 1 次印刷
印　　数	0001—3000 册
定　　价	95.80 元（附 2DVD）

凡购买我社图书，如有缺页、倒页、脱页的，本社发行部负责调换

本书导读

为了能更好地学习本书的知识，请您仔细阅读下面的内容。

写作环境

本书使用的操作系统为 Windows XP，对于 Windows 2000 Professional/Server 操作系统，本书内容和范例也同样适用。本书采用的写作蓝本是 Creo 2.0 中文版，对英文 Creo 2.0 版本同样适用。

光盘使用

由于本书随书光盘中有完整的素材源文件和全程语音讲解视频，读者学习本书时如果配合光盘使用，将达到最佳学习效果。

为方便读者练习，特将本书所有素材文件、已完成的实例文件、配置文件和视频语音讲解文件等放入随书附带的光盘中，读者在学习过程中可以打开相应素材文件进行操作和练习。

本书附多媒体 DVD 光盘两张，建议读者在学习本书前，先将两张 DVD 光盘中的所有文件复制到计算机硬盘的 D 盘中，然后再将第二张光盘 creo2pd-video2 文件夹中的所有文件复制到第一张光盘的 video 文件夹中。在 D 盘上 creo2pd 目录下共有 4 个子目录：

（1）Creo2.0_system_file 子目录：包含系统配置文件。

（2）work 子目录：包含本书的全部已完成的实例文件。

（3）video 子目录：包含本书讲解中的视频录像文件（含语音讲解）。读者学习时，可在该子目录中按顺序查找所需的视频文件。

（4）before 子目录：为方便 Creo 低版本用户和读者的学习，光盘中特提供了 Creo1.0 版本主要章节的素材源文件。

光盘中带有"ok"扩展名的文件或文件夹表示已完成的范例。

本书约定

- 本书中有关鼠标操作的简略表述说明如下：
  - ☑ 单击：将鼠标指针移至某位置处，然后按一下鼠标的左键。
  - ☑ 双击：将鼠标指针移至某位置处，然后连续快速地按两次鼠标的左键。
  - ☑ 右击：将鼠标指针移至某位置处，然后按一下鼠标的右键。
  - ☑ 单击中键：将鼠标指针移至某位置处，然后按一下鼠标的中键。
  - ☑ 滚动中键：只是滚动鼠标的中键，而不能按中键。
  - ☑ 选择（选取）某对象：将鼠标指针移至某对象上，单击以选取该对象。

- ☑ 移动某对象：将鼠标指针移至某对象上，然后按下鼠标的左键不放，同时移动鼠标，将该对象移动到指定的位置后再松开鼠标的左键。
- 本书中的操作步骤分为 Task、Stage 和 Step 三个级别，说明如下：
  - ☑ 对于一般的软件操作，每个操作步骤以 Step 字符开始。
  - ☑ 每个 Step 操作视其复杂程度，其下面可含有多级子操作，例如 Step1 下可能包含（1）、（2）、（3）等子操作、（1）子操作下可能包含①、②、③等子操作，①子操作下可能包含 a)、b)、c) 等子操作。
  - ☑ 如果操作较复杂，需要几个大的操作步骤才能完成，则每个大的操作冠以 Stage1、Stage2、Stage3 等，Stage 级别的操作下再分 Step1、Step2、Step3 等操作。
  - ☑ 对于多个任务的操作，则每个任务冠以 Task1、Task2、Task3 等，每个 Task 操作下则可包含 Stage 和 Step 级别的操作。
- 由于已建议读者将随书光盘中的所有文件复制到计算机硬盘的 D 盘中，所以书中在要求设置工作目录或打开光盘文件时，所述的路径均以"D:\"开始。

软件设置

- 设置 Creo 系统配置文件 config.pro：将 D:\creo2pd\Creo2.0_system_file\ 下的 config.pro 复制至 Creo 安装目录的\text 目录下。假设 Creo 1.0 的安装目录为 C:\Program Files\ PTC\Creo 1.0，则应将上述文件复制到 C:\Program Files\PTC\Creo 1.0\Common Files\F000\text 目录下。退出 Creo，然后再重新启动 Creo，config.pro 文件中的设置将生效。

- 设置 Creo 界面配置文件 creo_parametric_customization.ui：选择"文件"下拉菜单中的 文件 ➡ 选项 命令，系统弹出"Creo Parametric 选项"对话框；在"Creo Parametric 选项"对话框中单击 自定义功能区 区域，单击 导入/导出(P) ▼ 按钮，在弹出的快捷菜单中选择 导入自定义文件 选项，系统弹出"打开"对话框。选中 D:\ creo2pd\Creo2.0_system_file\ 文件夹中的 creo_parametric_customization.ui 文件，单击 打开 ▼ 按钮，然后单击 导入所有自定义 按钮。

技术支持

本书是根据北京兆迪科技有限公司给国内外一些著名公司（含国外独资和合资公司）的培训教案整理而成的，具有很强的实用性，其主编和参编人员均来自北京兆迪科技有限公司，该公司专门从事 CAD/CAM/CAE 技术的研究、开发、咨询及产品设计与制造服务，并提供 Creo、ANSYS、ADAMS 等软件的专业培训及技术咨询，读者在学习本书的过程中如果遇到问题，可通过访问该公司的网站 http://www.zalldy.com 来获得技术支持。咨询电话：010-82176248，010-82176249。

前　　言

Creo 是由美国 PTC 公司最新推出的一套博大精深的机械三维 CAD/CAM/CAE 参数化软件系统，涵盖了产品从概念设计、工业造型设计、三维模型设计、分析计算、动态模拟与仿真、工程图输出，到生产加工成产品的全过程，其应用范围涉及航空航天、汽车、机械、数控（NC）加工以及电子等诸多领域。本书是从零开始全面、系统学习和运用 Creo 2.0 软件进行产品设计的宝典类书籍，其特色如下：

- 内容全面，模块众多，包含了市场其它书少见的有限元分析和管道布线等高级设计模块；书中融入了 Creo 一线产品设计高手的多年的经验和技巧，因而本书具有很强的实用性。
- 前呼后应，浑然一体。书中运动仿真与分析和有限元分析等后面章节的范例，都在前面的零件设计、曲面设计等章节中详细讲述这些产品的三维建模的方法和过程，这样的安排可以使读者熟悉和掌握一个产品的整个设计过程。
- 范例丰富，对软件中的主要命令和功能，先结合简单的范例进行讲解，然后安排一些较复杂的综合范例和实际应用帮助读者深入理解、灵活运用。
- 讲解详细，条理清晰，保证自学的读者能独立学习和运用 Creo 软件。
- 写法独特，采用 Creo 中真实的对话框和按钮等进行讲解，使初学者能够直观、准确地操作软件，从而大大地提高学习效率。
- 附加值高，本书附 2 张多媒体 DVD 学习光盘，制作了 525 个 Creo 产品设计技巧和具有针对性范例的教学视频并进行了详细的语音讲解，时间长达 20.3 个小时（1218 分钟），2 张 DVD 光盘教学文件容量共计 6.9G，可以帮助读者轻松、高效地学习。

本书是根据北京兆迪科技有限公司给国内外一些著名公司（含国外独资和合资公司）的培训教案整理而成的，具有很强的实用性，其主编和主要参编人员主要来自北京兆迪科技有限公司，该公司专门从事 CAD/CAM/CAE 技术的研究、开发、咨询及产品设计与制造服务，并提供 Creo、ANSYS、ADAMS 等软件的专业培训及技术咨询，在编写过程中得到了该公司的大力帮助，在此表示衷心的感谢。

本书由北京兆迪科技有限公司编著，主要编写者为展迪优，参加编写的人员还有冯元超、刘江波、周涛、詹路、刘静、雷保珍、刘海起、魏俊岭、任慧华、赵枫、邵为龙、侯俊飞、龙宇、施志杰、詹棋、高政、孙润、李倩倩、黄红霞、尹泉、李行、詹超、尹佩文、赵磊、王晓萍、陈淑童、周攀、吴伟、王海波、高策、冯华超、周思思、黄光辉、党辉、冯峰、詹聪、平迪、管璇、王平、李友荣、杨慧、龙保卫、李东梅、杨泉英和彭伟辉。本书已经过多次审核，如有疏漏之处，恳请广大读者予以指正。电子邮箱：zhanygjames@163.com。

编　者

2013 年 7 月

目　　录

1

产品设计理论基础

1.1 产品设计概述

1.1.1 产品的定义

产品是指能够提供给市场，被人们使用和消费，并能满足人们某种需求的任何东西，包括有形的物品、无形的服务、组织、观念或它们的组合。产品一般可以分为三个层次：即核心产品、形式产品和延伸产品。核心产品是指整体产品提供给购买者的直接利益和效用；形式产品是指产品在市场上出现的物质实体外形，包括产品的品质、特征、造型、商标和包装等；延伸产品是指整体产品提供给顾客的一系列附加利益，包括运送、安装、维修、保证等在消费领域给予消费者的好处。

1.1.2 产品设计的定义

产品设计是一个集艺术、文化、历史、工程、材料、经济等各学科知识的综合产物。产品设计主要协调产品与人之间的关系，实现产品人机功能和人文美学品质的要求。它包括人机工程、外观造型设计等，并负责选择技术种类，并协调产品内部各技术单元、产品与自然环境，产品技术与生产工艺间的关系。产品设计反映着一个时代的经济、技术和文化。

产品设计涉及的内容很广，小到钮扣和钢笔，大到汽车和飞机等。因此产品设计的复杂程度也大不相同，与产品设计相关的各门学科和领域也相当广泛。

1.1.3 产品设计的基本要求

一项成功的设计应满足多方面的要求。这些要求，有社会发展方面的，有产品功能、质量、效益方面的，也有使用要求或制造工艺要求。一些人认为，产品要实用，因此，设计产品首先是功能，其次才是形状；而另一些人认为，设计应是丰富多彩的、异想天开的和使人感到有趣的。设计人员要综合地考虑这些方面的要求。下面详细讲述这些方面的具体要求。

1. 社会发展要求

设计和试制新产品，必须以满足社会需要为前提。这里的社会需要，不仅是眼前的社会需要，而且要看到较长时期的发展需要。为了满足社会发展的需要，开发先进的产品、加速技术进步是关键。为此，必须加强对国内外技术发展的调查研究，尽可能吸收世界先进技术。有计划、有选择、有重点地引进世界先进技术和产品，有利于赢得时间，尽快填补技术空白，培养人才和取得经济效益。

2. 经济效益要求

设计和试制新产品的主要目的之一，是为了满足市场不断变化的需求，以获得更好的经济效益。好的设计可以解决顾客所关心的各种问题，如产品功能如何、手感如何、是否容易装配、能否重复利用、产品质量如何等；同时，好的设计可以节约能源和原材料、提高劳动生产率、降低成本等。所以，在设计产品结构时，一方面要考虑产品的功能、质量；另一方面要顾及原料和制造成本的经济性；同时，还要考虑产品是否具有投入批量生产的可能性。

3. 使用要求

新产品要为社会所承认，并能取得经济效益，就必须从市场和用户需要出发，充分满足使用要求。这是对产品设计的起码要求。使用的要求主要包括以下几方面的内容：

- 使用的安全性。设计产品时，必须对使用过程的种种不安全因素采取有利措施，加以防止和防护。同时，设计还要考虑产品的人机工程性能，易于改善使用条件。
- 使用的可靠性。可靠性是指产品在规定的时间内和预定的使用条件下正常工作的概率。可靠性与安全性相关联。可靠性差的产品，会给用户带来不便，甚至造成使用危险，使企业信誉受到损失。
- 易于使用。对于民用产品（如家电等），产品易于使用十分重要。
- 美观的外形和良好的包装。产品设计还要考虑和产品有关的美学问题，产品外形和使用环境、用户特点等的关系。在可能的条件下，应设计出用户喜爱的产品，提高产品的欣赏价值。

4. 制造工艺要求

生产工艺对产品设计的最基本要求，就是产品结构应符合工艺原则。也就是在规定的产量规模条件下，能采用经济的加工方法，制造出合乎质量要求的产品。这就要求所设计的产品结构能够最大限度地降低产品制造的劳动量，减轻产品的重量，减少材料消耗，缩短生产周期和制造成本。

1.1.4 产品设计过程

典型的产品设计过程包含四个阶段：概念开发和产品规划阶段、详细设计阶段、小规模生产阶段、增量生产阶段。

1. 概念开发和产品规划

在概念开发与产品规划阶段，将有关市场机会、竞争力、技术可行性、生产需求的信息综合起来，确定新产品的框架。

这包括新产品的概念设计、目标市场、期望性能的水平、投资需求与财务影响。在决定某一新产品是否开发之前，企业还可以用小规模实验对概念、观点进行验证。实验可包括样品制作和征求潜在顾客意见。

2. 详细设计阶段

详细设计阶段，一旦方案通过，新产品项目便转入详细设计阶段。该阶段基本活动是产品原型的设计与构造以及商业生产中的使用的工具与设备的开发。

详细产品工程的核心是"设计—建立—测试"循环。所需的产品与过程都要在概念上定义，而且体现于产品原型中（利用超媒体技术可在计算机中或以物质实体形式存在），接着应进行对产品的模拟使用测试。如果原型不能体现期望性能特征，工程师则应寻求设计改进以弥补这一差异，重复进行"设计—建立—测试"循环。详细产品工程阶段结束以产品的最终设计达到规定的技术要求并签字认可作为标志。

3. 小规模生产阶段

小规模生产的阶段，在该阶段中，在生产设备上加工与测试的单个零件已装配在一起，并作为一个系统在工厂内接受测试。在小规模生产中，应生产一定数量的产品，也应当测试新的或改进的生产过程应付商业生产的能力。正是在产品开发过程中的这一时刻，整个系统（设计、详细设计、工具与设备、零部件、装配顺序、生产监理、操作工、技术员）组合在一起。

4. 量产阶段

小规模生产的阶段。在增量生产中，开始是一个相对较低的数量水平上进行生产；当组织对自己（和供应商）连续生产能力及市场销售产品的能力的信心增强时，产量开始增加。

1.2 产品的生命周期

产品生命周期（Product Life Cycle），简称 PLC，是指产品的市场寿命。具体来说就是指产品从原料采集、原料制备、产品制造和加工、包装、运输、分销，消费者使用、回用和维修，最终再循环或作为废物处理等环节组成的整个过程的生命链。

一种产品进入市场后，它的销售量和利润都会随时间推移而改变，呈现一个由少到多由多到少的过程，就如同人的生命一样，由诞生、成长到成熟，最终走向衰亡，这就是产品的生命周期现象。所谓产品生命周期，是指产品从进入市场开始，直到最终退出市场为止所经历的市场生命循环过程。产品只有经过研究开发、试销，然后进入市场，它的市场生命周期才算开始。产品退出市场，则标志着产品生命周期的结束。

产品生命周期一般可以分为投入期、成长期、成熟期和衰退期四个阶段。

1. 投入期

新产品投入市场，便进入投入期。此时，顾客对产品还不了解，只有少数追求新奇的顾客可能购买，销售量很低。为了扩展销路，需要大量的促销费用，对产品进行宣传。在这一阶段，由于技术方面的原因，产品不能大批量生产，因而成本高，销售额增长缓慢，企业不但得不到利润，反而可能亏损，产品也有待进一步完善。

2. 成长期

这时顾客对产品已经熟悉，大量的新顾客开始购买，市场逐步扩大。产品大批量生产，生产成本相对降低，企业的销售额迅速上升，利润也迅速增长。竞争者看到有利可图，将纷纷进入市场参与竞争，使同类产品供给量增加，价格随之下降，企业利润增长速度逐步减慢，最后达到生命周期利润的最高点。

3. 成熟期

市场需求趋向饱和，潜在的顾客已经很少，销售额增长缓慢直至转而下降，标志着产品进入了成熟期。在这一阶段，竞争逐渐加剧，产品售价降低，促销费用增加，企业利润下降。

4. 衰退期

随着科学技术的发展，新产品或新的代用品出现，将使顾客的消费习惯发生改变，转向其他产品，从而使原来产品的销售额和利润额迅速下降。于是，产品进入了衰退期。

1.3 产品造型设计

1.3.1 产品造型设计概述

产品造型设计是以产品设计为核心，围绕着人对产品的需求，更大限度地适合人的个体与社会的需求而展开的系统形象设计，对产品的设计、开发、研究的观念、原理、功能、结构、构造、技术、材料、造型、色彩、加工工艺、生产设备、包装、装潢、运输、展示、营销手段、广告策略等进行一系列统一策划、统一设计，形成统一感官形象和统一社会形象，能够起到提升、塑造和传播企业形象的作用，使企业在经营信誉、品牌意识、经营谋略、销售服务、员工素质、企业文化等诸多方面显示企业的个性，强化企业的整体素质，造就品牌效应，盈利于激烈的市场竞争中。

1.3.2 产品造型设计的基本原则

产品造型设计主要包括以下三大基本原则：

1. 实用原则

产品的使用功能，具体包括：适当的功能范围、优良的工作性能、科学的使用功能。

2. 美观原则

产品的造型美，是产品的精神功能所在，包括形式美、结构美、工艺美、材质美以及产品的时代感或民族风格等。

3. 经济原则

产品造型生产成本低、价格便宜，有利于批量生产，有利于降低材料消耗、节约能源、提高效率，有利于产品的包装、运输、仓储、销售、维修等。

1.3.3 产品造型设计的要素

产品造型设计主要包括以下三大要素：

1. 物质功能

产品的用途和使用价值，是产品存在的根本。物质功能对产品的结构和造型起着主导的决定性作用。

2. 产品造型艺术

利用产品物质技术条件，对产品的物质功能进行特定的艺术表现。

3. 物质技术条件

物质技术条件是工业产品得以成为现实的物质基础，包括材料和制造技术手段。随着科学技术和工艺水平的不断发展而提高和完善。

1.3.4 产品造型设计流程

产品造型设计主要流程包括：

1. 构思创意草图

创意草图将决定产品设计的成本和产品设计的效果，所以这一阶段是整个产品设计最为重要的阶段。通过思考形成创意，并加以快速的记录。这一设计初期阶段的想法常表现为一种即时闪现的灵感，缺少精确尺寸信息和几何信息。基于设计人员的构思，通过草图

Chapter 1

勾画方式记录，绘制各种形态或者标注记录下设计信息，确定三至四个方向，再由设计师进行深入设计。

2. 产品平面效果图

2D 效果图将草图中模糊的设计结果确定化精确化。通过这个环节生成精确的产品外观平面设计图，可以清晰地向客户展示产品的尺寸和大致的体量感，表达产品的材质和光影关系，是设计草图后的更加直观和完善的表达。

3. 多角度效果图

多角度效果图，给人更为直观的方式从多个视觉角度去感受产品的空间体量。全面的评估产品设计，减少设计的不确定性。

4. 产品色彩设计

产品色彩设计是用来解决客户对产品色彩系列的要求，通过计算机调配出色彩的初步方案，来满足同一产品的不同色彩需求，扩充客户产品线。

5. 产品标志设计

产品表面标志设计将成为面板的亮点，给人带来全新的生活体验。VI 在产品上的导入使产品风格更加统一，简洁明晰的 LOGO，提供亲切直观的识别感受，同时也成为精致的细节。

6. 产品结构设计

设计产品内部结构、产品装配结构以及装配关系，评估产品结构的合理性，按设计尺寸，精确地完成产品的各个零件的结构细节和零件之间的装配关系。

1.4　产品设计流程

1.4.1　产品设计流程概述

由于设计活动纷繁复杂又环环相扣，所以必须要有较为明确的步骤来进行统合。为此，需要依照一定的科学规律对整个设计活动安排合理的工作步骤，每个工作步骤都有自身要达到的目的，所有步骤的集合即可实现最终的设计目的。产品设计流程就是产品的设计工作步骤，是有目的地实施产品设计计划。

1.4.2　设计的准备阶段

设计的准备阶段主要工作是确定项目、资料收集，并在此基础上制定详细的设计大纲和设计计划。

1. 确定项目

设计师接受的设计任务一般有两类：一类为新产品开发，另一类是原有产品的改造。

不管哪一类任务，一旦项目确定，设计师与委托人将签订设计合同，明确项目内容、目标、完成期限等。

2．资料收集与整理

对相关资料的收集与整理一般从四个方面进行：产品发展的历史、专利情况、有关法律和法规、市场调查，其中市场调查是产品设计重要的一步，产品设计的出发点和思路就是依据调查资料决定的，产品设计的定位也是由目标市场确定的，因此，对市场调查的内容和方法的掌握十分重要。

（1）市场调查的主要内容。

● 分析使用对象。

① 顾客对各种款式产品的喜爱程度和购买率。

② 顾客在购买某种产品时的动机和心理。

③ 顾客选购某种产品的标准、条件和具体要求。

④ 顾客对想购买的产品的造型提出自己的看法。

● 分析市场状况。

● 分析使用的环境和地区。

● 强调售后服务。

（2）通过调研应基本掌握如下信息。

● 同类产品的市场销售情况、流行情况以及市场对新产品的要求。

● 现有产品存在的内在与外在质量问题。

● 不同年龄层次、不同地区消费者的购买力，以及对产品形态的喜好程度。

● 竞争对手的产品策略和设计方向，如产品的规格品种、质量目标、价格策略、技术升级、售后服务等。

● 国内外对同类产品的相关报道，包括产品的最新发展动向、相关厂家的生产销售情况以及使用者对产品的期望等。

（3）市场调查方法。

● 以市场总体为调查对象，可以广泛、全面地获得信息。

● 通过等距抽样、分层抽样、随机抽样的形式进行调查，特点是多样化、客观、有代表性。

● 采用人员走访、电话采访、邮信查询的方式进行，可获得全面、准确的第一手资料。

● 观察实验法，观察可以直接观察、痕迹观察、行为记录等，实验包括模拟实验、销售区实验等。

3．设计大纲

（1）设计大纲的内容。

- 设计目标，即设计将服务于的市场、设计的对象、提供的产品等。

- 设计背景和细节，即设计的类型，是改良还是开发设计，设计要解决的问题等。

- 设计要求，包括产品规格、造型、成本、产品维护等方面的规定。

- 设计标准，主要指设计依据的技术标准、规定和要求等。

- 设计质量的保证措施，为了保证设计质量、确保实现设计目标，建立的一些必要的检查程序，包括与设计委托商的交流、设计评价、设计测试等方面。

- 制约因素，一般包括时间（设计完成的时间，产品投放市场的时间）、生产方式、材料、包装方法、安全标准、人机工程学方面的要求、生态环境方面的要求等。

- 完成任务的明确要求，通过与设计委托商协商后规定要完成的设计程度与内容，如完成内容是否要求有草图、效果图、全套图纸、设计报告以及模型完成的程度等。

（2）设计大纲的制定。

- 要制定出一个科学、合理、切实可行的设计大纲，做深入细致的社会调查和市场分析是关键，充分了解用户的真实需求和市场动向，明确设计目标。

- 此外，设计师要不断地与委托商和生产厂家进行交流，详细地了解他们对设计的基本要求。要通过对同类产品的调查与分析研究，了解和掌握技术方面的各种设计参数。

- 制定大纲时要留有余地，富有弹性，要有利于充分发挥设计师的创造力和想象力。

4. 设计计划

- 制定设计计划。由于产品设计的工作十分复杂，要使设计工作做到有条不紊，顺利达到预期目标，在设计工作开始前必须制定一套清晰、完整的设计计划。

- 分配工作时间。设计师要以设计大纲为准，根据工作的难易程度和自身的设计经验科学合理地安排各阶段时间。

- 时间安排要留余地。由于设计工作的特殊性，有时各阶段工作的区别并不明显，这样，在时间安排上可以相互穿插。对于一些关键性的阶段工作，充分估计有可能出现的困难。

1.4.3　设计展开

本阶段的主要工作需要对产品各个方面进行充分考虑和展开设计：

1. 产品功能设计

功能是产品存在的根本，是消费者选择的依据，所以，在设计时应充分考虑保证产品功能能最大限度地发挥出来，并顺利地实现。设计师的任务就是以顾客的需求为出发点，设置产品的功能模型。

2．产品造型设计

产品的造型设计：产品造型与产品功能结构是相互关联的，在满足功能的前提下，将美学艺术中的内容和处理手法融合在整个产品造型设计之中，充分利用材料、结构、工艺等条件体现产品造型的形态美、色彩美、工艺美。

3．产品宜人性设计

（1）人与产品的协调。

- 首先是人的生理特征与产品的协调关系，即产品外部构件的尺寸应符合人体尺寸的要求；操作力、操作速度、操作频率等要符合人体的动力学条件；各种显示方式要符合人接受信息量的要求，以使人感到作业方便、舒适、安全。

- 其次是人的心理特征与产品的协调关系，即产品的形态、色彩、质感给人以美的感受。

（2）产品与产品的协调。

- 首先是单件产品自身各零件、部件所构成系统的协调，包括形状、大小及彼此间的连接关系，其中包含各零件间的线型风格、比例关系以及色彩搭配等。

- 其次是单件产品与构成相互关系的其他产品的协调。

（3）产品与环境的协调。

- 产品与其所处的环境应相协调，对安放不动的产品（即不经常更换位置的产品）应与所处的环境在形、色、质方面相协调；对运动的产品（即经常变换位置的产品）则应考虑各种变化的环境条件，使其与之相适应。这样，产品不但与社会环境协调，而且与自然环境协调。

（4）人与环境的协调。

- 使用产品的人与所处的环境应是协调的，这就要环境应具有良好的光源条件，具有足够的照度，且分布要均匀，不产生阴影、眩目，在视野内无强烈对比；还应具有低噪声、无振动、无污染等气候环境。比如：手术室环境。

4．产品的经济性

- 经济性作为设计原则贯穿于产品设计的整个过程中。因为，产品进入市场成为商品，而商品的价格与产品的成本有直接关系，因此，要求设计者全面、综合地考虑产品成本。产品的成本主要包括材料成本、设计与制造加工成本、包装成本、运输成本、储存费用和推销费用等。另外，还有生产时的机器运行、使用和折旧费用、动力消耗费用、维修费用以及服务费用等。

- 在现代工业中，经济性不仅是指产品的成本，也是指产品的使用效率和可靠性，由于现代工业产品多品种、大批量，所以对产品设计还应符合标准化、系列化和通用化（即所谓的"三化"的要求），使时空的安排、体块的组织、材料的选用等能达到紧凑、简洁、精确，以最少的人力、物力、财力和时间求得最大的经济效益。

1.4.4　制作设计报告

设计报告是产品在设计阶段内，由设计部门向上级对计划任务书提出体现产品合理设计方案的改进性和推荐性意见的文件。经上级批准后，作为产品技术设计的依据。其目的在于正确地确定产品最佳总体设计方案、主要技术性能参数、工作原理、系统和主体结构，并由设计员负责编写（其中标准化综合要求会同标准化人员共同拟订）。

2

使用三维软件研发产品

2.1 计算机辅助设计

计算机辅助设计是运用计算机的能力来完成产品和工序的设计。其主要职能是设计计算和制图。设计计算是利用计算机进行机械设计等基于工程和科学规律的计算，以及在设计产品的内部结构时，为使某些性能参数或目标达到最优而应用优化技术所进行的计算。计算机制图则是通过图形处理系统来完成，在这一系统中，操作人员只需把所需图形的形状、尺寸和位置的命令输入计算机，计算机就可以自动完成图形设计。

2.2 三维软件系统介绍

下面就目前市场上主流的三维软件进行简要介绍。

1. Proe

美国 PTC 公司（Parametric Technology Corporation，参数技术公司）于 1985 年在美国波士顿成立。PTC 的系列软件包括了在工业设计和机械设计等方面的多项功能，还包括对大型装配体的管理、功能仿真、制造、产品数据管理等。Engineer 还提供了目前所能达到的最全面、集成最紧密的产品开发环境。PTC 提出的单一数据库、参数化、基于特征、全相关及工程数据再利用等概念改变了机械 CAD 的传统观念，这种全新的概念已成为当今世界机械 CAD 领域的新标准。

2. UG NX

UGS 公司的总部位于美国德克萨斯州普莱诺市，EDS 公司的 Unigraphics NX 是一个产品工程解决方案，UG 主要客户包括通用汽车、通用电气、福特、波音麦道、洛克希德、劳斯莱斯、普惠发动机、日产、克莱斯勒以及美国军方。Postbuilder，准确地说是 UG 软件的一部分，强大的 CAM/CNC 后置处理器。所有有飞机发动机和大部分汽车发动机都采用 UG 进行设计，充分体现 UG 在高端工程领域，特别是军工领域的强大实力。

3. CATIA

CATIA 是世界上一种主流的 CAD/CAE/CAM 一体化软件。在 70 年代 Dassault Aviation 成为了第一个用户，CATIA 也应运而生。为了使软件能够易学易用，Dassault System 于 94 年开始重新开发全新的 CATIA V5 版本，新的 V5 版本界面更加友好，功能也日趋强大，并且开创了 CAD/CAE/CAM 软件的一种全新风格。法国 Dassault Aviation 是世界著名的航空航天企业。其产品以幻影 2000 和阵风战斗机最为著名。波音 777 飞机除了发动机以外的所有零件以及总装完全采用 CATIA V4，从概念设计到最后调试运行成功实现完全无纸化办公。General Dynamic Electric Boat 和 Newport News Shipbuilding 使用 CATIA 设计和建造美国海军的新型弗吉尼亚级攻击潜艇。

4. SolidWorks

SolidWorks 是世界上第一个基于 Windows 开发的三维 CAD 系统，界面友好，易学易用，Solidworks 现已被法国达索公司（Dassault Systemes）收购，作为其中端主流市场的主打品牌。随着达索公司技术的迅猛发展和逐渐完美，其最新版本已经不再是以前的侧重中低端，而且兼顾高端。

5. SolidEdge

SolidEdge 是真正的原创 Windows软件，充分利用了 Windows 基于组件对象模型（COM）的先进技术重写代码，这就使得习惯使用 Windows 软件的用户倍感亲切。

SolidEdge 是基于参数和特征实体造型的新一代机械设计 CAD 系统。它是为设计人员专门开发的、易于理解和操作的实体造型系统并完全执行设计工程师的意图。专业设计人员完全可以利用参变数技术，完成几乎任何机械零件或装配件的造型，并且可以把 SolidEdge 特征保存在特征库内供以后使用。

6. MasterCam

MasterCam 美国 CNC 公司开发的基于 PC 平台的 CAD/CAM 软件。它集二维绘图、三维实体造型、曲面设计、体素拼合、数控编程、刀具路径模拟及真实感模拟等功能于一身；它具有方便直观的几何造型，MasterCam 提供了设计零件外形所需的理想环境，其强大稳定的造型功能可设计出复杂的曲线、曲面零件；MasterCam 具有强劲的曲面粗加工及灵活的曲面精加工功能，强项在 3 轴数控加工，简单易用，产生的 NC 程序简单高效。

7. Inventor

Inventor 是美国AutoDesk 公司推出的一款三维可视化实体模拟软件，目前已推出最新版本 AIP2013，同时还推出了 iPhone 版本。Autodesk Inventor Professional 包括 Autodesk Inventor&reg 三维设计软件；基于 AutoCAD 平台开发的二维机械制图和详图软件 AutoCAD Mechanical；还加入了用于缆线和束线设计、管道设计及 PCB IDF 文件输入的专业功能模块，并加入了由业界领先的 ANSYS 技术支持的 FEA 功能，可以直接在 Autodesk Inventor 软件中进行应力分析。在此基础上，集成的数据管理软件 Autodesk Vault，用于安全地管理进展中的设计数据。由于 Autodesk Inventor Professional 集所有这些产品于一体，因此提供了一个无风险的二维到三维转换路径，用户可以根据自己的进度转换到三维，保护二维图形和知识投资，并且清楚地知道自己在使用目前市场上 DWG 兼容性最强的平台。

8. CAXA

CAXA 是中国自主知识产权的国产软件，拥有自主知识产权，产品线完整。提供数字化设计解决方案，产品包括二维、三维 CAD、工艺 CAPP 和产品数据管理 PDM 等软件；提供数字化制造解决方案，产品包括 CAM、网络 DNC、MES 和 MPM 等软件。支持企业贯通并优化营销、设计、制造和服务的业务流程，实现产品全生命周期的协同管理。

2.3 三维软件系统产品开发流程

应用三维软件系统进行产品开发的一般流程如图 2.3.1 所示。

现说明如下：

- CAD 产品设计的过程一般是从概念设计、零部件三维建模到二维工程图。有的产品特别是民用产品，对外观要求比较高（汽车和家用电器），在概念设计以后，往往还需进行工业外观造型设计。

- 在进行零部件三维建模时或三维建模完成以后，根据产品的特点和要求，需进行大量的分析和其他工作，以满足产品结构强度、运动、生产制造与装配等方面的需求。这些分析工作包括应力分析、结构强度分析、疲劳分析、塑料流动分析、热分析、公差分析与优化、NC 仿真及优化、动态仿真等。

- 产品的设计方法一般可分为两种：自底向上（Down-Top）和自顶向下（Top-Down），这两种方法也可同时进行。
  - ☑ 自底向上：这是一种从零件开始，然后到子装配、总装配、整体外观的设计过程。
  - ☑ 自顶向下：与自底向上相反，它是从整体外观（或总装配）开始，然后到子装配、零件的设计方式。

- 随着信息技术的发展，同时面对日益激烈的竞争，企业采用并行、协同设计势在必行，只有这样，企业才能适应迅速变化的市场需求，提高产品竞争力，解决所谓的 TQCS 难题，即以最快的上市速度（T——Time to Market）、最好的质量（Q ——Quality）、最低的成本（C——Cost）以及最优的服务（S——Service）来满足市场的需求。

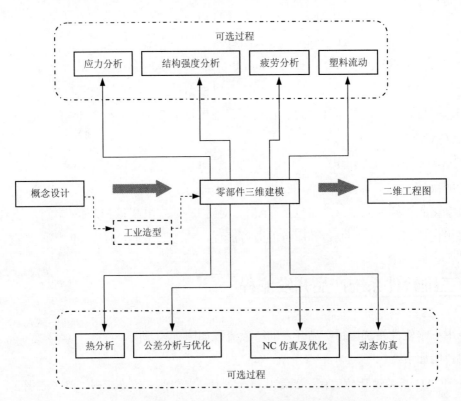

图 2.3.1　三维软件产品开发流程

3

Creo 2.0 导入及安装

3.1 Creo 功能模块简介

美国 PTC 公司（Parametric Technology Corporation，参数技术公司）于 1985 年在美国波士顿成立。自 1989 年上市伊始，就引起机械 CAD/CAE/CAM 界的极大震动，销售额及净利润连续 50 个季度递增，每年以翻倍的速度增长。PTC 公司已占全球 CAID/CAD/CAE/CAM/PDM 市场份额的 43%以上，成为 CAID/CAD/CAE/CAM/PDM 领域最具代表性的软件公司。

Creo 是美国PTC 公司于 2010 年 10 月推出的 CAD 设计软件包。Creo 是整合了 PTC 公司的 Pro/Engineer 的参数化技术、CoCreate 的直接建模技术和 ProductView 的三维可视化技术三个软件的新型 CAD 设计软件包，是 PTC 公司闪电计划所推出的第一个产品。

作为 PTC 闪电计划中的一员，Creo 具备互操作性、开放、易用三大特点。在产品生命周期中，不同的用户对产品开发有着不同的需求。不同于目前的解决方案，Creo 旨在消除 CAD 行业中几十年迟迟未能解决的问题：

- 解决机械 CAD 领域中未解决的重大问题，包括基本的易用性、互操作性和装配管理。
- 采用全新的方法实现解决方案（建立在 PTC 的特有技术和资源上）。
- 提供一组可伸缩、可互操作、开放且易于使用的机械设计应用程序。
- 为设计过程中的每一名参与者适时提供合适的解决方案。

Creo 通过整合原来的 Pro/Engineer、CoCreate 和 ProductView 三个软件后，重新分成各个更为简单而具有针对性的子应用模块，所有这些模块统称为 Creo Elements。而原来的三个软件则分别整合为新的软件包中的一个子应用：

- Pro/Engineer 整合为 Creo Elements/Pro。
- CoCreate 整合为 Creo Elements/Direct。
- ProductView 整合为 Creo Elements/View。

整个 Creo 软件包将分成 30 个作用的子应用，所有这些子应用被划分为四大应用模块，分别是：

- AnyRole APPs（应用）：在恰当的时间向正确的用户提供合适的工具，使组织中的所有人都参与到产品开发过程中。最终结果：激发新思路、创造力以及个人效率。

- AnyMode Modeling（建模）：提供业内唯一真正的多范型设计平台，使用户能够采用二维、三维直接或三维参数等方式进行设计。在某一个模式下创建的数据能在任何其他模式中访问和重用，每个用户可以在所选择的模式中使用自己或他人的数据。此外，Creo 的 AnyMode 建模将让用户在模式之间进行无缝切换，而不丢失信息或设计思路，从而提高团队效率。

- AnyData Adoption（采用）：用户能够统一使用任何 CAD 系统生成的数据，从而实现多 CAD 设计的效率和价值。参与整个产品开发流程的每一个人，都能够获取并重用 Creo 产品设计应用软件所创建的重要信息。此外，Creo 将提高原有系统数据的重用率，降低了技术锁定所需的高昂转换成本。

- AnyBOM Assembly（装配）：为团队提供所需的能力和可扩展性，以创建、验证和重用高度可配置产品的信息。利用 BOM 驱动组件以及与 PTC Windchill PLM 软件的紧密集成，用户将开启并达到团队乃至企业前所未有过的效率和价值水平。

注意：以上有关 Creo 的功能模块的介绍仅供参考，如有变动应以 PTC 公司的最新相关正式资料为准，特此说明。

3.2　Creo 推出的意义

Creo 在拉丁语中是创新的含义。Creo 的推出，是为了解决困扰制造企业在应用 CAD 软件中的四大难题。CAD 软件已经应用了几十年，三维软件也已经出现了二十多年，似乎技术与市场逐渐趋于成熟。但是，目前制造企业在 CAD 应用方面仍然面临着四大核心问题：

（1）软件的易用性。目前 CAD 软件虽然在技术上已经逐渐成熟，但是软件的操作还很复杂，宜人化程度有待提高。

（2）互操作性。不同的设计软件造型方法各异，包括特征造型、直觉造型等，二维设计还在广泛的应用。但这些软件相对独立，操作方式完全不同，对于客户来说，鱼和熊掌不可兼得。

（3）数据转换的问题。这个问题依然是困扰 CAD 软件应用的大问题。一些厂商试图通过图形文件的标准来锁定用户，因而导致用户有很高的数据转换成本。

（4）装配模型如何满足复杂的客户配置需求。由于客户需求的差异，往往会造成由于复杂的配置，而大大延长产品交付的时间。

Creo 的推出，正是为了从根本上解决这些制造企业在 CAD 应用中面临的核心问题，从而真正将企业的创新能力发挥出来，帮助企业提升研发协作水平，让 CAD 应用真正提高效率，为企业创造价值。

3.3　Creo 2.0 的安装

3.3.1　安装要求

1. 计算机硬件要求

Creo 2.0 软件系统可在工作站（Work Station）或个人计算机（PC）上运行。如果在个人计算机上安装，为了保证软件安全和正常使用，计算机硬件要求如下：

- CPU 芯片：一般要求 Pentium3 以上，推荐使用 Intel 公司生产的奔腾双核处理器。
- 内存：一般要求 1GB 以上。如果要装配大型部件或产品，进行结构、运动仿真分析或产生数控加工程序，则建议使用 2GB 以上的内存。
- 显卡：一般要求支持 Open_GL 的 3D 显卡，分辨率为 1024×768 像素以上，推荐至少使用 64 位独立显卡，显存 512MB 以上。如果显卡性能太低，打开软件后，会自动退出。
- 网卡：使用 Creo 软件，必须安装网卡。
- 硬盘：安装 Creo 2.0 软件系统的基本模块，需要 2.7GB 左右的硬盘空间，考虑到软件启动后虚拟内存及获取联机帮助的需要，建议在硬盘上准备 5.0GB 以上的空间。
- 鼠标：强烈建议使用三键（带滚轮）鼠标，如果使用二键鼠标或不带滚轮的三键鼠标，会极大地影响工作效率。
- 显示器：一般要求使用 15in 以上显示器。
- 键盘：标准键盘。

2. 操作系统要求

如果在工作站上运行 Creo 2.0 软件，操作系统可以为 UNIX 或 Windows NT；如果在个人计算机上运行，操作系统可以为 Windows NT、Windows 98/ME/2000/XP，推荐使用

Windows 2000 Professional。

3.3.2　安装前的准备工作

为了更好地使用 Creo，在软件安装前应对计算机系统进行设置，主要包括操作系统的环境变量设置和虚拟内存设置。设置环境变量的目的是使软件的安装和使用能够在中文状态下进行，这将有利于中文用户的使用；设置虚拟内存的目的是为软件系统进行几何运算预留临时存储数据的空间。各类操作系统的设置方法基本相同，下面以 Windows XP Professional 操作系统为例说明设置过程。

1. 环境变量设置

下面的操作是创建 Windows 环境变量 lang，并将该变量的值设为 chs，这样可保证在安装 Creo 2.0 时，其安装界面是中文的。

Step 1　选择 Windows 的 ➡ 开始 ➡ 设置(S) ➡ 控制面板(C) 命令。

Step 2　在弹出的控制面板中，双击图标 系统 。

Step 3　从系统弹出的"系统属性"对话框中单击 高级 选项卡，在 启动和故障恢复 区域中单击 环境变量(N) 按钮。

Step 4　在"环境变量"对话框中，单击 新建(W) 按钮。

Step 5　在"新建系统变量"对话框中，创建 变量名(N): 为 lang、变量值(V): 为 chs 的系统变量。

Step 6　依次单击 确定 ➡ 确定 ➡ 确定 按钮。

说明：

（1）使用 Creo 2.0 时，系统可自动显示中文界面，因而可以不用设置环境变量 lang。

（2）如果在"系统特性"对话框的 高级 选项卡中创建环境变量 lang，并将其值设为 eng，则 Creo 2.0 的软件界面将变成英文的。

2. 虚拟内存设置

Step 1　同环境变量设置的 Step1。

Step 2　同环境变量设置的 Step2。

Step 3　在"系统属性"对话框中单击 高级 选项卡，在 性能 区域中单击 设置(S) 按钮。

Step 4　从弹出的"性能选项"对话框中，单击 高级 选项卡，在 虚拟内存 区域中单击 更改(C) 按钮。

Step 5　系统弹出"虚拟内存"对话框，可在 初始大小(MB)(I): 文本框中输入虚拟内存的最小值，在 最大值(MB)(X): 文本框中输入虚拟内存的最大值。虚拟内存的大小可根据计算机硬盘空间的大小进行设置，但初始大小至少要达到物理内存的 2 倍，最大值可达到物理内存的 4 倍以上。例如，用户计算机的物理内存为 256MB，初始值一般设置为512MB，最大值可设置为1024MB；如果装配大型部件或产品，建议将初始值设置为1024MB，最大值设置为2048MB。单击 设置(S) 和 确定 按钮后，计算机会提示用户在重新启动计算机后设置才生效，然后一直单击 确定 按钮。重新启动计算机后，完成设置。

3．查找计算机（服务器）的网卡号

在安装Creo系统前，必须合法地获得PTC公司的软件使用许可证，这是一个文本文件，该文件是根据用户计算机（或服务器，也称为主机）上的网卡号赋予的，具有唯一性。下面以Windows XP Professional操作系统为例，说明如何查找计算机的网卡号。

Step 1 选择 Windows 的 开始 ➡ 程序(P) ➡ 附件 ▶ ➡ 命令提示符 命令。

Step 2 在 C:\>提示符下，输入 ipconfig /all 命令并按回车键，即可获得计算机网卡号。图 3.3.1 中的 00-24-1D-52-27-78 即为网卡号。

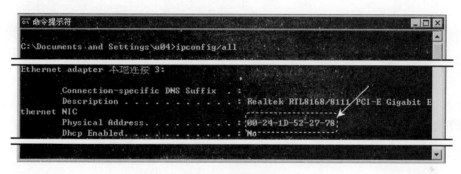

图 3.3.1　获得网卡号

3.3.3　Creo 安装方法与详细安装过程

单机版的 Creo 2.0（中文版）在各种操作系统下的安装过程基本相同，下面仅以 Windows XP Professional 为例，说明其安装过程。

Stage1．进入安装界面

Step 1 首先将合法获得的 Creo 的许可证文件 ptc_licfile.dat 复制到计算机中的某个位置，例如 C:\Program Files\Creo2_license\ptc_licfile.dat。

Step 2 Creo 2.0 软件有一张安装光盘，先将安装光盘放入光驱内（如果已将系统安装文件复制到硬盘上，可双击系统安装目录下的 setup.exe 文件），等待片刻后，会出现系统安装提示。

Step 3 在选择任务选项卡中选中 ⊙ 安装新软件 复选框，然后单击 下一步(N) 按钮。

Step 4 然后在系统弹出的对话框中选中 ⊙ 我接受许可协议(A) 复选框，然后单击 下一步(N) 按钮。

Stage2．安装许可证项目

Step 1 在系统弹出的图 3.3.2 所示的对话框中，将许可文件 C:\Program Files\Creo2_license\ptc_licfile.dat 拖放到图 3.3.2 所示的地方。

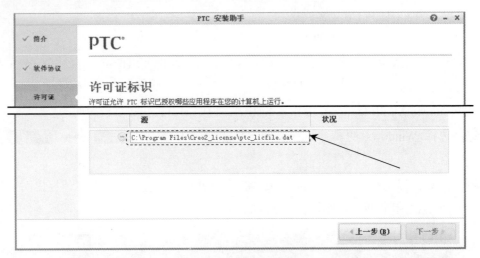

图 3.3.2　安装许可证

Step 2 单击 下一步(N) 按钮。

Stage3．安装应用程序

Step 1 在系统弹出的图 3.3.3 所示对话框中选中 ☑ 应用程序 复选框。

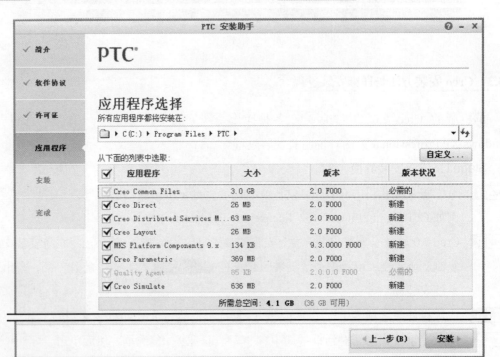

图 3.3.3　安装应用程序

Step **2**　单击 安装 按钮。

Stage4．安装

Step **1**　此时系统弹出图 3.3.4 所示的"安装"对话框。

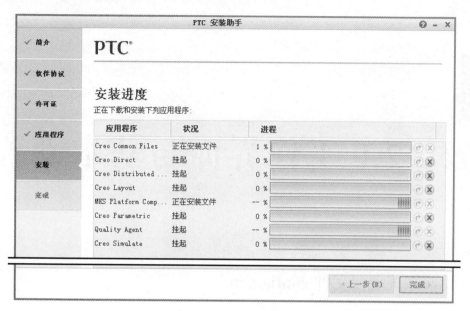

图 3.3.4　系统安装提示

Step **2**　过几分钟后，系统安装完成，弹出图 3.3.5 所示的对话框。

图 3.3.5　"安装完成"对话框

4

Creo 2.0 工作界面与基本设置

4.1 设置系统配置文件 config.pro

用户可以利用一个名为 config.pro 的系统配置文件预设 Creo 软件的工作环境和进行全局设置，例如 Creo 软件的界面是中文还是英文（或者中英文双语）由 menu_translation 选项来控制，这个选项有三个可选的值 yes、no 和 both，它们分别可以使软件界面为中文、英文和中英文双语。

本书附光盘中的 config.pro 文件中对一些基本的选项进行了设置，强烈建议读者进行如下操作，使该 config.pro 文件中的设置有效，这样可以保证后面学习中的软件配置与本书相同，从而提高学习效率。

将 D:\creo2pd\Creo2.0_system_file\ 下的 config.pro 复制至 Creo 安装目录的\text 目录下。假设 Creo 2.0 的安装目录为 C:\Program Files\PTC\Creo2.0，则应将上述文件复制到 C:\Program Files\PTC\Creo 2.0\Common Files\F000\text 目录下。退出 Creo，然后再重新启动 Creo，config.pro 文件中的设置将生效。

4.2 设置工作界面配置文件 creo_parametric_customization.ui

用户可以利用一个名为 creo_parametric_customization.ui 的系统配置文件预设 Creo 软件工作环境的工作界面（包括工具栏中按钮的位置）。

本书附光盘中的 creo_parametric_customization.ui 对软件界面进行一定设置，建议读者进行如下操作，使软件界面与本书相同，从而提高学习效率。

Step 1 进入配置界面选择"文件"下拉菜中的 文件 ▾ ➡ ▤▤ 选项 命令，系统弹出"Creo Parametric 选项"对话框。

Step 2 导入配置文件。在"Creo Parametric 选项"对话框中单击 自定义功能区 区域，单击 导入/导出 (P) ▾ 按钮，在弹出的快捷菜单中选择 导入自定义文件 选项，系统弹出"打开"对话框。

Step 3 选中 D:\creo2pd\Creo2.0_system_file\文件夹中的 creo_parametric_customization.ui 文件，单击 打开 ▾ 按钮，然后单击 导入所有自定义 按钮。

4.3 启动 Creo 2.0 软件

一般来说，有两种方法可启动并进入 Creo 软件环境。

方法一：双击 Windows 桌面上的 Creo 软件快捷图标。

说明：只要是正常安装，Windows 桌面上会显示 Creo 软件快捷图标。对于快捷图标的名称，可根据需要进行修改。

方法二：从 Windows 系统的"开始"菜单进入 Creo，操作方法如下：

Step 1 单击 Windows 桌面左下角的 ❶开始 按钮。

Step 2 选择 🏠 程序 (P) ▸ ➡ PTC Creo ▸ ➡ 🖳 Creo Parametric 2.0 命令，如图 4.3.1 所示，系统便进入 Creo 软件环境。

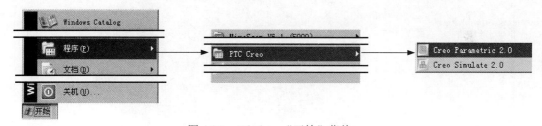

图 4.3.1 Windows "开始"菜单

4.4 Creo 2.0 工作界面

4.4.1 工作界面简介

在学习本节时，请先打开目录 D:\creo2pd\work\ch04 下的 base_part.prt 文件。

Creo 2.0 用户界面包括下拉菜单区、菜单管理器区、顶部工具栏按钮区、右工具栏按钮区、消息区、图形区及导航选项卡区，如图 4.4.1 所示。

1. 导航选项卡区

导航选项卡包括三个页面选项："模型树或层树"、"文件夹浏览器"和"收藏夹"。

- "模型树"中列出了活动文件中的所有零件及特征，并以树的形式显示模型结构，根对象（活动零件或组件）显示在模型树的顶部，其从属对象（零件或特征）位于根对象之下。例如在活动装配文件中，"模型树"列表的顶部是组件，组件下方是每个元件零件的名称；在活动零件文件中，"模型树"列表的顶部是零件，零件下方是每个特征的名称。若打开多个 Creo 模型，则"模型树"只反映活动模型的内容。

- "文件夹浏览器"类似于 Windows 的"资源管理器"，用于浏览文件。

- "收藏夹"用于有效组织和管理个人资源。

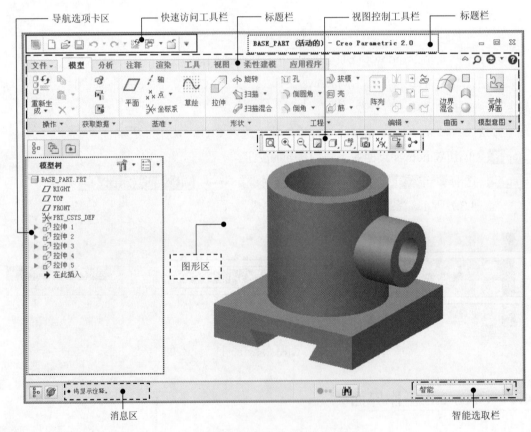

图 4.4.1　Creo 2.0 界面

2. 快速访问工具栏

快速访问工具栏中包含新建、保存、修改模型和设置 Creo 环境的一些命令。快速访问工具栏为快速进入命令及设置工作环境提供了极大的方便，用户可以根据具体情况定制快速访问工具栏。

3. 标题栏

标题栏显示了当前的软件版本以及活动的模型文件名称。

4. 功能区

功能区中包含"文件"下拉菜单和命令选项卡。命令选项卡显示了 Creo 中的所有功能按钮，并以选项卡的形式进行分类。用户可以根据需要自己定义各功能选项卡中的按钮，也可以自己创建新的选项卡，将常用的命令按钮放在自定义的功能选项卡中。

注意：用户会看到有些菜单命令和按钮处于非激活状态（呈灰色，即暗色），这是因为它们目前还没有处在发挥功能的环境中，一旦它们进入有关的环境，便会自动激活。

5. 视图控制工具条

图 4.4.2 所示的"视图控制"工具条是将"视图"功能选项卡中部分常用的命令按钮集成到了一个工具条中，以便随时调用。

图 4.4.2　视图控制工具条

6. 图形区

Creo 各种模型图像的显示区。

7. 消息区

在用户操作软件的过程中，消息区会实时地显示与当前操作相关的提示信息等，以引导用户的操作。消息区有一个可见的边线，将其与图形区分开，若要增加或减少可见消息行的数量，可将鼠标指针置于边线上，按住鼠标左键，将鼠标指针移动到所期望的位置。

消息分五类，分别以不同的图标提醒：

 提示　　● 信息　　⚠ 警告　　✕ 出错　　✕ 危险

8. 智能选取栏

智能选取栏也称过滤器，主要用于快速选取某种所需要的要素（如几何、基准等）。

9. 菜单管理器区

菜单管理器区位于屏幕的右侧，在进行某些操作时，系统会弹出此菜单，如单击 模型 功能选项卡 操作 ▼ 节点下的 特征操作 命令，系统弹出图 4.4.3 所示的菜单管理器。

图 4.4.3　"特征"菜单管理器

4.4.2　工作界面的定制

工作界面的定制步骤如下：

Step 1 进入定制工作对话框。选择 **文件▾** ➡ **选项** 命令，即可进入"Creo Parametric 选项"对话框。

Step 2 窗口设置。在"Creo Parametric 选项"对话框中单击 窗口设置 区域，即可进入软件窗口设置界面。在此界面中可以进行导航选项卡的设置、模型树的设置、浏览器设置、辅助窗口设置以及图形工具栏设置等，如图 4.4.4 所示。

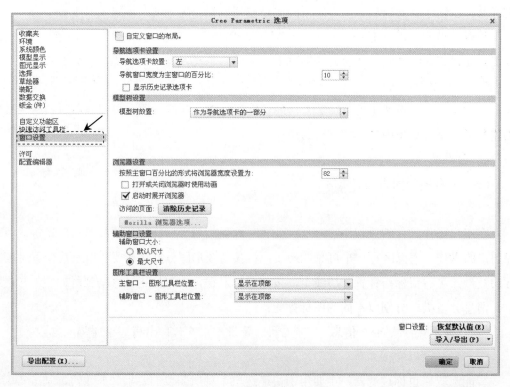

图 4.4.4 "窗口设置"界面

Step 3 快速访问工具栏设置。在"Creo Parametric 选项"对话框中单击 快速访问工具栏 区域，即可进入快速访问工具栏设置界面，如图 4.4.5 所示，在此界面中可以定制快速访问工具栏中的按钮，具体操作方法如下：

（1）在"Creo Parametric 选项"对话框的 从下列位置选取命令(C): 下拉列表中选择 所有命令 选项。

（2）在命令区域中选择 ✎ 拭除未显示的... 选项，然后单击 **添加(A) >>** 按钮。

（3）单击对话框右侧的 ⬇ 按钮和 ⬆，可以调整添加的按钮在快速访问工具栏中的位置。

Step 4 功能区设置。在"Creo Parametric 选项"对话框中单击 自定义功能区 区域，即可进入功能区设置界面。在此界面中可以设置功能区各选项卡中的按钮，并可以创建新的用户选项卡，如图 4.4.6 所示。

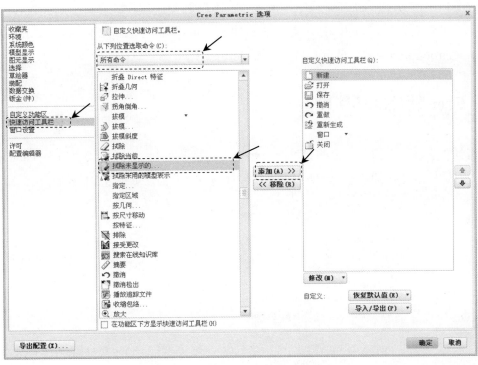

图 4.4.5　"快速访问工具栏"设置界面

图 4.4.6　"自定义功能区"设置界面

Step 5　导出/导入配置文件。在"Creo Parametric 选项"对话框中单击 导入/导出(P)

按钮，在弹出的快捷菜单中选择 导出所有功能区和快速访问工具栏自定义 选项，系统弹出"导出"对话框，单击 保存 按钮，可以将界面配置文件"creo_parametric_customization.ui"导出到当前工作目录中。

4.5　Creo 软件的环境设置

选择"文件"下拉菜单中的 文件▾ ➡ 选项 命令，在弹出的"Creo Parametric 选项"对话框中选择 环境 选项，即可进入软件环境设置界面，如图 4.5.1 所示。

图 4.5.1　"环境"设置界面

在"Creo Parametric 选项"对话框中选择其他选项，可以设置系统颜色、模型显示、图元显示、草绘器选项以及一些专用模块环境设置等。用户可以利用 config.pro 的系统配置文件管理 Creo 软件的工作环境，有关 config.pro 的配置请参考本章"4.1 设置系统配置文件 config.pro"中的内容。

注意：在"环境"对话框中改变设置，仅对当前进程产生影响。当再次启动 Creo 时，如果存在配置文件 config.pro，则由该配置文件定义环境设置；否则由系统默认配置定义。

4.6 创建用户文件目录

使用 Creo 软件时，应该注意文件的目录管理。如果文件管理混乱，会造成系统找不到正确的相关文件，从而严重影响 Creo 软件的安全相关性，同时也会使文件的保存、删除等操作产生混乱，因此应按照操作者的姓名、产品名称（或型号）建立用户文件目录，如本书要求在 D 盘上创建一个名为 Creo-course 的文件夹作为用户目录。

4.7 设置 Creo 软件的工作目录

由于 Creo 软件在运行过程中将大量的文件保存在当前目录中，并且也常常从当前目录中自动打开文件，为了更好地管理 Creo 软件的大量有关联的文件，应特别注意，在进入 Creo 后，开始工作前最要紧的事情是"设置工作目录"。其操作过程如下：

Step 1 选择下拉菜单 **文件▾** ➡ 管理会话(M) ▶ ➡ 选择工作目录(W) 更改工作目录. 命令（或单击 **主页** 选项卡中的 按钮）。

Step 2 在弹出的图 4.7.1 所示的"选择工作目录"对话框中选择"D:"。

图 4.7.1 "选择工作目录"对话框

Step 3 查找并选取目录 Creo-course。

Step 4 单击对话框中的 **确定** 按钮。

完成这样的操作后，目录 D:\Creo-course 即变成工作目录，而且目录 D:\Creo-course 也变成当前目录，将来文件的创建、保存、自动打开、删除等操作都将在该目录中进行。

在本书中，如果未加说明，所指的"工作目录"均为 D:\Creo-course 目录。

说明：进行下列操作后，双击桌面上的 Creo 图标进入 Creo 软件系统，即可自动切换到指定的工作目录。

（1）右击桌面上的 Creo 图标，在弹出的快捷菜单中选择 属性(R) 命令。

（2）图 4.7.2 所示的"Creo Parametric 2.0 属性"对话框被打开，单击该对话框的 快捷方式 选项卡，然后在 起始位置(S): 文本栏中输入 D:\Creo-course，并单击 确定 按钮。

注意：设置好启动目录后，每次启动 Creo 软件，系统自动在启动目录中生成一个名为 "trail.txt" 的文件。该文件是一个后台记录文件，它记录了用户从打开软件到关闭期间的所有操作记录。读者应注意保护好当前启动目录的文件夹，如果启动目录文件夹丢失，系统会将生成的后台记录文件放在桌面上。

图 4.7.2　"Creo Parametric 2.0 属性" 对话框

5

二维草图设计

5.1 概述

Creo 零件设计是以特征为基础进行的，大部分几何体特征都来源于二维截面草图。创建零件模型的过程，就是先创建几何特征的 2D 草图，然后将 2D 草图变换 3D 特征，并对所创建的各个特征进行适当的布尔运算，最终得到完整零件的一个过程。因此二维截面草图是零件建模的基础，十分重要。掌握合理的草图绘制方法和技巧，可以极大地提高零件设计的效率。

5.2 草绘环境中的主要术语

下面列出了 Creo 软件草绘中经常使用的术语：

图元：指二维草绘图中的任何几何元素（如直线、中心线、圆弧、圆、椭圆、样条曲线、点或坐标系等）。

参考图元：指创建特征截面二维草图或轨迹时，所参考的图元。

尺寸：图元大小、图元之间位置的量度。

约束：定义图元间的位置关系。约束定义后，其约束符号会出现在被约束的图元旁边。例如，在约束两条直线垂直后，垂直的直线旁边将分别显示一个垂直约束符号。默认状态下，约束符号显示为蓝色。

参数：草绘中的辅助元素。

关系：关联尺寸和/或参数的等式。例如，可使用一个关系将一条直线的长度设置为另一条直线的两倍。

"弱"尺寸："弱"尺寸是由系统自动建立的尺寸。当用户增加需要的尺寸时，系统可以在没有用户确认的情况下自动删除多余的"弱"尺寸。默认状态下，"弱"尺寸在屏幕中显示为青色。

"强"尺寸：是指由用户所创建的尺寸，这样的尺寸系统不能自动地将其删除。如果几个"强"尺寸发生冲突，系统会要求删除其中一个。另外用户也可将符合要求的"弱"尺寸转化为"强"尺寸。默认状态下，"强"尺寸显示为蓝色。

冲突：两个或多个"强"尺寸或约束可能会产生矛盾或多余条件。出现这种情况，必须删除一个不需要的约束或尺寸。

5.3 进入草绘环境

进入草绘环境的操作方法如下：

Step 1　选择下拉菜单 文件▼ ➡ 新建 命令（或单击"新建"按钮 ）。

Step 2　系统弹出"新建"对话框，在该对话框中选中 ⦿ 草绘 单选项；在 名称 后的文本框中输入草图名（如 s1）；单击 确定 按钮，即进入草绘环境。

注意：还有一种进入草绘环境的途径，就是在创建某些特征（例如拉伸、旋转、扫描等）时，以这些特征命令为入口，进入草绘环境。

5.4 草绘工具按钮简介

进入草绘环境后，屏幕上会出现草绘时所需要的各种工具按钮，其中常用工具按钮及其功能注释，如图 5.4.1 所示。

图 5.4.1　"草绘"选项卡

32

图 5.4.1 中各区域的工具按钮的简介如下：

- 设置 ▾ 区域：设置草绘栅格的属性、图元线条样式等。
- 获取数据 区域：导入外部草绘数据。
- 操作 ▾ 区域：对草图进行复制、粘贴、剪切、删除、切换图元构造和转换尺寸等。
- 基准 区域：绘制基准中心线、基准点以及基准坐标系。
- 草绘 区域：绘制直线、矩形、圆等实体图元以及构造图元。
- 编辑 区域：镜像、修剪、分割草图，调整草图比例和修改尺寸值。
- 约束 ▾ 区域：添加几何约束。
- 尺寸 ▾ 区域：添加尺寸约束。
- 检查 ▾ 区域：检查开放端点、重复图元和封闭环等。

5.5　草图设计前的环境设置

5.5.1　设置网格间距

根据将要绘制的模型草图的大小，可设置草绘环境中的网格大小，其操作流程如下：

Step 1　单击 草绘 功能选项卡 设置 ▾ 节点下的 ⊞栅格 命令。

Step 2　此时系统弹出 "栅格设置" 对话框，在 栅格间距 选项组中选中 ◉ 静态 单选项，然后在 X 间距 和 Y 间距 文本框中输入间距值；单击 确定 按钮，结束栅格设置。

说明：

Creo 软件支持笛卡儿坐标和极坐标网格。当第一次进入草绘环境时，系统显示笛卡儿坐标网格。

通过 "栅格设置" 对话框，可以修改网格间距和角度。其中，X 间距仅设置 X 方向的间距，Y 间距仅设置 Y 方向的间距；还可设置相对于 X 轴的网格线的角度。当刚开始草绘时（创建任何几何形状之前），使用网格可以控制二维草图的近似尺寸。

5.5.2　设置优先约束项目

选择下拉菜单 文件 ▾ ➡ ▤ 选项 命令，在系统弹出的 "Creo Parametric 选项" 对话框的 草绘器 选项卡 草绘器约束假设 区域中，可以设置草绘环境中的优先约束项目。只有在这里选中了一些约束选项，在绘制草图时，系统才会自动地添加相应的约束，否则不会自动添加。

5.5.3　设置优先显示

在 "Creo Parametric 选项" 对话框的 草绘器 选项卡 对象显示设置 区域中，可以设置草绘环

5

Chapter

境中的优先显示项目等。只有在这里选中了这些显示选项，在绘制草图时，系统才会自动显示草图的尺寸、约束符号、顶点等项目。

注意：在此如果选中 草绘器栅格 区域中的 ☑ 捕捉到栅格 复选框，则前面已设置好的网格就会起到捕捉定位的作用。

5.5.4　草绘区的快速调整

单击"网格显示"按钮 ，如果看不到网格，或者网格太密，可以缩放草绘区；如果想调整图形在草绘区的上下、左右的位置，可以移动草绘区。

鼠标操作方法说明：

- 中键滚轮（缩放草绘区）：滚动鼠标中键滚轮，向前滚可看到图形在缩小，向后滚可看到图形在变大。
- 中键（移动草绘区）：按住鼠标中键，移动鼠标，可看到图形跟着鼠标移动。

注意：草绘区这样的调整不会改变图形的实际大小和实际空间位置，它的作用是便于用户查看和操作图形。

5.6　二维草图的绘制

5.6.1　关于二维草图绘制

要进行草绘，应先从草绘功能选项卡的 草绘 区域中选取一个绘图命令，然后可通过在屏幕图形区中单击点来创建图元。

在绘制图元的过程中，当移动鼠标指针时，Creo 系统会自动确定可添加的约束并将其显示。当同时出现多个约束时，只有一个约束处于活动状态，显示为绿色。

草绘图元后，用户还可通过"约束"对话框继续添加约束。

在绘制草图的过程中，Creo 系统会自动标注几何图元，这样产生的尺寸称为"弱"尺寸（以青色显示），系统可以自动删除或改变它们。用户可以把有用的"弱"尺寸转换为"强"尺寸（以蓝色显示）。

Creo 具有尺寸驱动功能，即图形的大小随着图形尺寸的改变而改变。用 Creo 进行设计，一般是先绘制大致的草图，然后再修改其尺寸，在修改尺寸时输入准确的尺寸值，即可获得最终所需要大小的图形。

说明：草绘环境中鼠标的使用：

- 草绘时，可单击鼠标左键在绘图区选择点，单击鼠标中键中止当前操作或退出当前命令。

- 草绘时，可以通过单击鼠标右键来禁用当前约束，也可以按 Shift 键和鼠标右键来锁定约束。
- 当不处于绘制图元状态时，按 Ctrl 键并单击，可选取多个项目；右击将显示带有最常用草绘命令的快捷菜单。

5.6.2 绘制一般直线

绘制一般直线的步骤如下所示：

Step 1 在 草绘 选项卡中单击"线"命令按钮 ⌄线 ▾ 中的 ▾，再单击 ⌄线链 按钮。

说明：还有一种方法进入直线绘制命令，即在绘图区右击，从弹出的快捷菜单中选择 □ 线链(C) 命令。

Step 2 单击直线的起始位置点，这时可看到一条"橡皮筋"线附着在鼠标指针上。

Step 3 单击直线的终止位置点，系统便在两点间创建一条直线，并且在直线的终点处出现另一条"橡皮筋"线。

Step 4 重复步骤 Step3，可创建一系列连续的线段。

Step 5 单击鼠标中键，结束直线创建。

说明：在草绘环境中，单击"撤消"按钮 ↰ 可撤消上一个操作，单击"重做"按钮 ↱ 重新执行被撤消的操作。这两个按钮在草绘环境中十分有用。

5.6.3 绘制相切直线

绘制相切直线的步骤如下所示：

Step 1 在 草绘 选项卡中单击"线"命令按钮 ⌄线 ▾ 中的 ▾，再单击 ⟍ 直线相切 按钮。

Step 2 在第一个圆或弧上单击一点，这时可观察到一条始终与该圆或弧相切的"橡皮筋"线附着在鼠标指针上。

Step 3 在第二个圆或弧上单击与直线相切的位置点，这时便产生一条与两个圆（弧）相切的直线段。

Step 4 单击鼠标中键，结束相切直线创建。

5.6.4 绘制中心线

Creo 2.0 提供两种中心线创建方法，分别是 基准 区域中的 ⋮中心线 和 草绘 区域中的 ⋮中心线 ▾，分别用来创建几何中心线和一般中心线。几何中心线是作为一个旋转特征的旋转轴线；一般中心线是用来作为作图辅助线中心线使用的，或作为截面内的对称中心线来使用的。下面介绍创建方法。

方法一：创建 2 点几何中心线。

Step 1 单击 基准 区域中的 ⋮ 中心线 按钮。

Step 2 在绘图区的某位置单击，一条中心线附着在鼠标指针上。

Step 3 在另一位置点单击，系统即绘制一条通过此两点的"中心线"。

方法二：创建 2 点中心线。

说明：创建 2 点几何中心线的方法和创建 2 点中心线的方法完全一样，此处不再介绍。

5.6.5 绘制矩形

矩形对于绘制二维草图十分有用，可省去绘制 4 条线的麻烦。绘制矩形的步骤如下所示：

Step 1 在 草绘 选项卡中单击 □ 矩形 ▼ 按钮中的 ▼，然后再单击 □ 拐角矩形 按钮。

说明：还有一种方法可进入矩形绘制命令，即在绘图区右击，从弹出的快捷菜单中选择 □ 拐角矩形 (C) 命令。

Step 2 在绘图区的某位置单击，放置矩形的一个角点，然后将该矩形拖至所需大小。

Step 3 再次单击，放置矩形的另一个角点，即完成矩形的创建。

5.6.6 绘制圆

绘制圆的方法有如下三种：

方法一：中心/点——通过选取中心点和圆上一点来创建圆。

Step 1 单击"圆"命令按钮 ⊙ 圆 ▼ 中的 ⊙ 圆心和点 。

Step 2 在某位置单击，放置圆的中心点，然后将该圆拖至所需大小并单击确定。

方法二：三点——通过选取圆上的三个点来创建圆。

方法三：同心圆。单击"圆"命令按钮 ⊙ 圆 ▼ 中的 ○ 3点 。

Step 1 单击"圆"命令按钮 ⊙ 圆 ▼ 中的 ◎ 同心 。

Step 2 选取一个参考圆或一条圆弧边来定义圆心。

Step 3 移动鼠标指针，将圆拖至所需大小并单击完成。

5.6.7 绘制椭圆

绘制椭圆的步骤如下所示：

Step 1 单击"圆"命令按钮 ⊙ ▼ 中的 ◎ 中心和轴椭圆 。

Step 2 在绘图区某位置单击，放置椭圆的中心点。

Step 3 移动鼠标指针，将椭圆拉至所需形状并单击完成。

说明：椭圆有如下特性：

● 椭圆的中心点相当于圆心，可以作为尺寸和约束的参考。

● 椭圆由两个半径定义：X 半径和 Y 半径。从椭圆中心到椭圆的水平半轴长称为 X

半径，竖直半轴长度称为 Y 半径。

- 当指定椭圆的中心和椭圆半径时，可用的约束有"相切"、"图元上的点"和"相等半径"等。

5.6.8　绘制圆弧

共有四种绘制圆弧的方法。

方法一：点/终点圆弧——确定圆弧的两个端点和弧上的一个附加点来创建一个三点圆弧。

Step 1　单击"圆弧"命令按钮 ⌒弧 ▾ 中的 ⌒3点/相切端 。

Step 2　在绘图区某位置单击，放置圆弧一个端点；在另一位置单击，放置另一端点。

Step 3　此时移动鼠标指针，圆弧呈橡皮筋样变化，单击确定圆弧上的一点。

方法二：同心圆弧。

Step 1　单击"圆弧"命令按钮 ⌒弧 ▾ 中的 ⟋ 同心 。

Step 2　选取一个参考圆或一条圆弧边来定义圆心。

Step 3　将圆拉至所需大小，然后在圆上单击两点以确定圆弧的两个端点。

方法三：圆心/端点圆弧。

Step 1　单击"圆弧"命令按钮 ⌒弧 ▾ 中的 ⟍ 圆心和端点 。

Step 2　在某位置单击，确定圆弧中心点，然后将圆拉至所需大小，并在圆上单击两点以确定圆弧的两个端点。

方法四：创建与三个图元相切的圆弧。

Step 1　单击"圆弧"命令按钮 ⌒弧 ▾ 中的 ⟍ 3 相切 。

Step 2　分别选取三个图元，系统便自动创建与这三个图元相切的圆弧。

注意：在第三个图元上选取不同的位置点，则可创建不同的相切圆弧。

5.6.9　绘制圆锥弧

绘制圆锥弧的步骤如下所示：

Step 1　单击"圆弧"命令按钮 ⌒弧 ▾ 中的 ⌒ 圆锥 。

Step 2　在绘图区单击两点，作为圆锥弧的两个端点。

Step 3　此时移动鼠标指针，圆锥弧呈橡皮筋样变化，单击确定弧的"尖点"的位置。

5.6.10　绘制圆角

绘制圆角的步骤如下所示：

Step 1　单击"圆角"命令按钮 ∟圆角 ▾ 中的 ∟ 圆形修剪 。

Step 2 分别选取两个图元（两条边），系统便在这两个图元间创建圆角，并将两个图元裁剪至交点。

5.6.11　绘制椭圆形圆角

绘制椭圆形圆角的步骤如下所示：

Step 1 单击"圆角"命令按钮 〔 ∟ 圆角 ▾ 〕中的 〔 ∟ 椭圆形修剪 〕。

Step 2 分别选取两个图元（两条边），系统便在这两个图元间创建椭圆圆角，并将两个图元裁剪至交点。

5.6.12　在草绘环境中创建坐标系

在草绘环境中创建坐标系的步骤如下所示：

Step 1 单击 〔 草绘 〕 区域中的 〔 坐标系 〕 按钮。

Step 2 在某位置单击以放置该坐标系原点。

说明：可以将坐标系与下列对象一起使用。

● 样条：可以用坐标系标注样条曲线，这样即可通过坐标系指定 X、Y、Z 轴的坐标值来修改样条点。

● 参考：可以把坐标系增加到二维草图中作为草绘参考。

● 混合特征截面：可以用坐标系为每个用于混合的截面建立相对原点。

5.6.13　绘制点

点的创建很简单。在设计管路和电缆布线时，创建点对工作十分有帮助。

绘制点的步骤如下所示：

Step 1 单击 〔 草绘 〕 区域中的 〔 ✕ 点 〕 按钮。

Step 2 在绘图区的某位置单击以放置该点。

5.6.14　绘制样条曲线

样条曲线是通过任意多个中间点的平滑曲线。绘制样条曲线的步骤如下所示：

Step 1 单击 〔 草绘 〕 区域中的 〔 ∿ 样条 〕 按钮。

Step 2 单击一系列点，可观察到一条"橡皮筋"样条附着在鼠标指针上。

Step 3 单击鼠标中键结束样条线的绘制。

5.6.15　将一般图元变成构建图元

Creo 中构建图元（构建线）的作用为辅助线（参考线），构建图元以虚线显示。草绘中的直线、圆弧、样条线等图元都可以转化为构建图元。下面以图 5.6.1 为例，说明其创建方法：

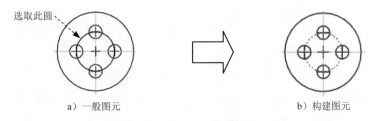

选取此圆

a）一般图元　　　　　　　　　　b）构建图元

图 5.6.1　将图元转换为构建图元

Step 1　选择下拉菜单 **文件 ▾** ➡ 管理会话 (N) ▶ ➡ 选择工作目录 (W) / 更改工作目录. 命令，将工作目录设置为 D:\creo2pd\work\ch05.06。

Step 2　选择下拉菜单 **文件 ▾** ➡ 打开 (O)... 命令，打开文件 construct.sec。

Step 3　选取对象。选取图 5.6.1a 中的圆为修改对象。

Step 4　右击，在弹出的快捷菜单中选择 构造 命令，被选取的图元就转换成构建图元。结果如图 5.6.1b 所示。

5.6.16　在草图中创建文本

在草图中创建文本的步骤如下所示：

Step 1　单击 草绘 区域中的 文本 按钮。

Step 2　在系统 ➡ 选择行的起点，确定文本高度和方向. 的提示下，单击一点作为起始点。

Step 3　在系统 ➡ 选择行的第二点，确定文本高度和方向. 的提示下，单击另一点。此时在两点之间会显示一条构造线，该线的长度决定文本的高度，该线的角度决定文本的方向。

Step 4　系统弹出图 5.6.2 所示的"文本"对话框，在 文本行 文本框中输入文本。

Step 5　可设置下列文本选项（图 5.6.2）：

● 字体 下拉列表框：从系统提供的字体和 TrueType 字体列表中选取一类。

● 位置: 选区：

　　☑ 水平: 水平方向上，起始点可位于文本行的左边、中心或右边。

　　☑ 垂直: 垂直方向上，起始点可位于文本行的底部、中间或顶部。

● 长宽比 文本框：拖动滑动条增大或减小文本的长宽比。

● 斜角 文本框：拖动滑动条增大或减小文本的倾斜角度。

● □ 沿曲线放置 复选框：选中此复选框，可沿着一条曲线放置文本，然后选择希望在其上放置文本的弧或样条曲线（图 5.6.3）。

● □ 字符间距处理: 启用文本字符串的字符间距处理。这样可控制某些字符对之间的空格，改善文本字符串的外观。字符间距处理属于特定字体的特征。或者，可设置 sketcher_default_font_kerning 配置选项，以自动为创建的新文本字符串启用字符间距处理。

Step 6 单击 确定 按钮，完成文本创建。

图 5.6.2 "文本"对话框

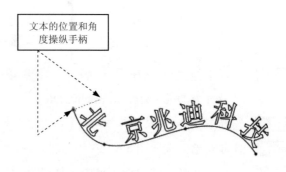

图 5.6.3 文本操纵手柄

说明： 在绘图区，可以拖动如图 5.6.3 所示的操纵手柄来调整文本的位置和角度等。

5.6.17 使用以前保存过的图形创建当前草图

利用前面介绍的基本绘图功能，用户可以从头绘制各种要求的二维草图；另外，还可以继承和使用以前在 Creo 软件或其他软件（如 AutoCAD）中保存过的二维草图。

1. 保存 Creo 草图的操作方法

选择草绘环境中选择下拉菜单 文件 ▾ ➡ 📄 保存(S) 命令。

2. 使用以前保存过的草图的操作方法

Step 1 在草绘环境中单击 获取数据 区域中的"文件系统"按钮 📁 文件系统，此时系统弹出"打开"对话框。

Step 2 单击"类型"后的 ▾ 按钮，从弹出的下拉列表中选择要打开文件的类型（Creo 模型二维草图的格式是.sec）。

Step 3 选取要打开的文件（s2d0001.sec）并单击 打开 ▾ 按钮，在绘图区单击一点以确定草图放置的位置，该二维草图便显示在图形区中（图 5.6.4），同时系统弹出"旋转调整大小"操控板。

Step 4 在"旋转调整大小"操控板内，输入一个比例值和一个旋转角度值。

Step 5 在"旋转调整大小"操控板中单击 ✔ 按钮，完成添加此新几何图形。

5.6.18　调色板

草绘器调色板是一个预定义草图的定制库，用户可以将调色板中所存储的草图方便地调用到当前的草绘图形中，也可以将自定义的轮廓草图保存到调色板中备用。

1. 调用调色板中的草图轮廓

在正确安装 Creo 2.0 后，草绘器调色板中就已存储了一些常用的草图轮廓，下面以实例讲解调用调色板中草图轮廓的方法。

Step 1　选择下拉菜单 文件 ▼ ➡ 新建(N) 命令（或单击"新建"按钮 ）。

Step 2　系统弹出"新建"对话框，在该对话框中选中 ◉ ▧ 草绘 单选项；在 名称 后的文本框中接受系统默认的草图名称；单击 确定 按钮，即进入草绘环境。

Step 3　选择命令。在 草绘 选项卡中单击"调色板"按钮 调色板，系统自动弹出图 5.6.5 所示的"草绘器调色板"对话框。

说明：调色板中具有表示草图轮廓类别的四个选项卡： 多边形 、 轮廓 、 形状 、 星形 。每个选项卡都具有唯一的名称，并且至少包括一种截面。

- 多边形 ：包括常规多边形，如五边形、六边形等。
- 轮廓 ：包括常规的轮廓，如 C 形轮廓、I 形轮廓等。
- 形状 ：包括其他的常见形状，如弧形跑道、十字型等。
- 星形 ：包括常规的星形形状，如五角星、六角星等。

Step 4　选择选项卡。在"草绘器调色板"对话框中选取 多边形 选项卡（在列表框中出现与选定的选项卡中的形状相应的缩略图和标签），在列表框中选取 ⬡ 6 侧六边形选项，此时在预览区域中会出现与选定形状相应的截面。

Step 5　将选定的选项拖到图形区。选中 ⬡ 6 侧六边形选项后按住鼠标左键不放，把光标移到图形区中，然后松开鼠标，选定的图形就自动出现在图形区中，图形区中的图形如图 5.6.6 所示，此时系统弹出"旋转调整大小"操控板。

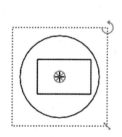

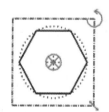

图 5.6.4　图元操作图　　　图 5.6.5　"草绘器调色板"对话框　　　图 5.6.6　六边形

说明：选中 ⬡ 6 侧六边形 选项后，双击 ⬡ 6 侧六边形 选项，把光标移到图形区中合适的位置，单击鼠标左键，选定的图形也会自动出现在图形区中。

Step 6　在"旋转调整大小"操控板中的 ⬈ 文本框中输入数值 5.0，单击 ✔ 按钮。

注意：输入的尺寸和约束被创建为强尺寸和约束。

Step 7　单击"草绘器调色板"中的 关闭(C) 按钮，完成图 5.6.7 所示的"六边形"的调用。

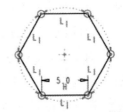

图 5.6.7　定义后的"六边形"

2. 将图 5.6.8 所示的草图轮廓存储到调色板中

当调色板中的草图轮廓不能满足绘图的需要时，用户可以把所自定义的草图轮廓添加到调色板中。下面以实例讲解将自定义草图轮廓添加到调色板中的方法。

Step 1　选择下拉菜单 文件 ▾ ➡ 管理会话(M) ▸ ➡ 选择工作目录(T) 更改工作目录... 命令，将工作目录设置至 Creo 2.0 安装目录\text\sketcher_palette\shapes。

Step 2　单击"新建"按钮 ▢。

Step 3　系统弹出"新建"对话框，在该对话框中选中 ◉ ▦ 草绘 单选项；在 名称 后的文本框中输入草图名 s1，单击 确定 按钮，即进入草绘环境。

Step 4　编辑轮廓草图，绘制图 5.6.8 所示的草图。

Step 5　将轮廓草图保存至工作目录下，即调色板存储库中。选择草绘环境中的下拉菜单 文件 ▾ ➡ 🖫 保存(S) 命令，系统弹出"保存对象"对话框，单击 确定 按钮，完成草图的保存。

Step 6　关闭草图文件，然后将工作目录更改到其他位置。

说明：保存的轮廓草图文件必须是扩展名为.sec 的文件。

Step 7　新建一个草图文件，进入草绘环境。

Step 8　在调色板中查看保存后的轮廓。选在 草绘 工具栏中单击"调色板"按钮 🎨 调色板，系统自动弹出"草绘器调色板"对话框；在"草绘器调色板"中选取 形状 选项卡，此时在列表框中就能找到图 5.6.9 所示的"S1"选项。

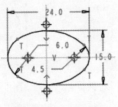

图 5.6.8　轮廓草图

图 5.6.9　"草绘器调色板"对话框

5.7 二维草图的编辑

5.7.1 删除图元

删除图元的步骤如下：

Step 1 在绘图区单击或框选（框选时要框住整个图元）要删除的图元（可看到选中的图元变红）。

Step 2 按键盘上的 Delete 键，所选图元即被删除。也可采用下面的方法删除图元：右击，在弹出的快捷菜单中选择 删除(D) 命令。

5.7.2 直线的操纵

Creo 提供了图元操纵功能，可方便地旋转、拉伸和移动图元。

操纵 1 的操作流程（图 5.7.1）：在绘图区，把鼠标指针 移到直线上，按下左键不放，同时移动鼠标（此时鼠标指针变为 ），此时直线以远离鼠标指针的那个端点为圆心转动，达到绘制意图后，松开鼠标左键。

操纵 2 的操作流程（图 5.7.2）：在绘图区，把鼠标指针 移到直线的某个端点上，按下左键不放，同时移动鼠标，此时会看到直线以另一端点为固定点伸缩或转动，达到绘制意图后，松开鼠标左键。

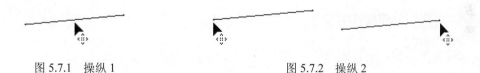

图 5.7.1 操纵 1   图 5.7.2 操纵 2

5.7.3 圆的操纵

操纵 1 的操作流程（图 5.7.3）：把鼠标指针 移到圆的边线上，按下左键不放，同时移动鼠标，此时会看到圆在变大或缩小。达到绘制意图后，松开鼠标左键。

操纵 2 的操作流程（图 5.7.4）：把鼠标指针 移到圆心上，按下左键不放，同时移动鼠标，此时会看到圆随着指针一起移动。达到绘制意图后，松开鼠标左键。

图 5.7.3 操纵 1   图 5.7.4 操纵 2

5.7.4　圆弧的操纵

操纵 1 的操作流程（图 5.7.5）：把鼠标指针 ☐ 移到圆弧上，按下左键不放，同时移动鼠标，此时会看到圆弧半径变大或变小。达到绘制意图后，松开鼠标左键。

操纵 2 的操作流程（图 5.7.6）：把鼠标指针 ☐ 移到圆弧的某个端点上，按下左键不放，同时移动鼠标，此时会看到圆弧以另一端点为固定点旋转，并且圆弧的包角也在变化。达到绘制意图后，松开鼠标左键。

操纵 3 的操作流程（图 5.7.7）：把鼠标指针 ☐ 移到圆弧的圆心点上，按下左键不放，同时移动鼠标，此时圆弧以某一端点为固定点旋转，并且圆弧的包角及半径也在变化。达到绘制意图后，松开鼠标左键。

操纵 4 的操作流程（图 5.7.7）：先单击圆心，然后把鼠标指针 ☐ 移到圆心上，按下左键不放，同时移动鼠标，此时圆弧随着指针一起移动。达到绘制意图后，松开鼠标左键。

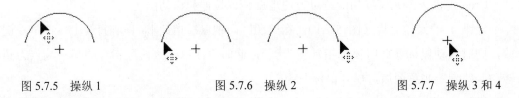

图 5.7.5　操纵 1　　　　　图 5.7.6　操纵 2　　　　　图 5.7.7　操纵 3 和 4

说明：点和坐标系的操纵很简单，读者不妨自己试一试。

同心圆弧的操纵与圆弧基本相似。

5.7.5　比例缩放和旋转图元

按比例缩放和旋转图元的步骤如下所示：

Step 1　在绘图区单击或框选（框选时要框住整个图元）要比例缩放的图元（可看到选中的图元变绿）。

Step 2　单击 草绘 功能选项卡 编辑 区域中的 ⊙ 按钮，图形区出现图 5.7.8 所示的图元操作图。

（1）单击选取不同的操纵手柄，可以进行移动、缩放和旋转操纵（为了精确，也可以在"旋转调整大小"操控板内输入相应的缩放比例和旋转角度值）。

（2）单击 ✔ 按钮，确认变化并退出。

5.7.6　复制图元

复制图元的步骤如下所示：

Step 1　在绘图区单击或框选（框选时要框住整个图元）要复制的图元，如图 5.7.9 所示

（可看到选中的图元变绿）。

Step 2 单击 草绘 功能选项卡 操作 ▾ 区域中的 按钮，然后单击 按钮；再在绘图区单击一点以确定草图放置的位置，则图形区出现图 5.7.10 所示的图元操作图和"旋转调整大小"操控板。Creo 在复制二维草图的同时，还可对其进行比例缩放和旋转。

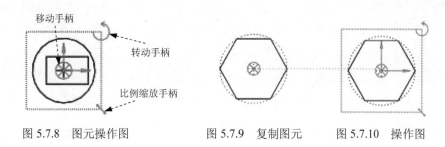

图 5.7.8　图元操作图　　　图 5.7.9　复制图元　　　图 5.7.10　操作图

Step 3 单击 ✔ 按钮，确认变化并退出。

5.7.7　镜像图元

镜像图元的步骤如下所示：

Step 1 在绘图区单击或框选要镜像的图元。

Step 2 单击 草绘 功能选项卡 编辑 区域中的 按钮。

Step 3 系统提示选取一个镜像中心线，选取图 5.7.11 所示的中心线（如果没有可用的中心线，可用绘制中心线的命令绘制一条中心线。这里要特别注意：基准面的投影线看上去像中心线，但它并不是中心线）。

5.7.8　裁剪图元

裁剪图元的方法有三种。

方法一：去掉方式。

Step 1 单击 草绘 功能选项卡 编辑 区域中的 按钮。

Step 2 分别单击第一个和第二个图元要去掉的部分，如图 5.7.12 所示。

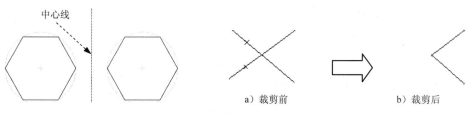

中心线

a）裁剪前　　　　b）裁剪后

图 5.7.11　图元的镜像　　　　图 5.7.12　去掉方式

方法二：保留方式。

`Step 1` 单击 草绘 功能选项卡 编辑 区域中的 ┬ 按钮。

`Step 2` 分别单击第一个和第二个图元要保留的部分，如图 5.7.13 所示。

方法三：图元分割。

`Step 1` 单击 草绘 功能选项卡 编辑 区域中的 ┌ 按钮。

`Step 2` 单击一个要分割的图元，如图 5.7.14 所示。系统在单击处断开了图元。

图 5.7.13　保留方式　　　　　　图 5.7.14　图元分割

5.7.9　样条曲线的操纵

1. 样条曲线的操纵

操纵 1 的操作流程（图 5.7.15）：把鼠标指针 移到样条曲线的某个端点上，按下左键不放，同时移动鼠标，此时样条线以另一端点为固定点旋转，同时大小也在变化。达到绘制意图后，松开鼠标左键。

操纵 2 的操作流程（图 5.7.16）：把鼠标指针 移到样条曲线的中间点上，按下左键不放，同时移动鼠标，此时样条曲线的拓扑形状（曲率）不断变化。达到绘制意图后，松开鼠标左键。

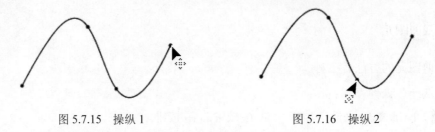

图 5.7.15　操纵 1　　　　　　图 5.7.16　操纵 2

2. 样条曲线的高级编辑

样条曲线的高级编辑包括增加插入点、创建控制多边形、显示曲线曲率、创建关联坐标系和修改各点坐标值等。下面说明其操作步骤。

`Step 1` 在图形区中双击图 5.7.17 所示的样条曲线。

`Step 2` 系统弹出图 5.7.18 所示的"样条"操控板。修改方法有以下几种：

- 在"样条修改"操控板中，单击 点 按钮，然后单击样条曲线上的相应点，可以显示并改该点的坐标值（相对坐标或绝对坐标）。

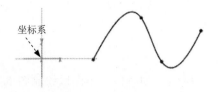

图 5.7.17 样条曲线

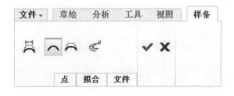

图 5.7.18 "样条"操控板

- 在操控板中单击 拟合 按钮,可以对样条曲线的拟合情况进行设置。
- 在操控板中,单击 文件 按钮,并选取相关联的坐标系(图 5.7.19),就可形成相对于此坐标系的该样条曲线上所有点的坐标数据文件。
- 在操控板中,单击 按钮,可创建控制多边形,如图 5.7.20 所示。如果已经创建了控制多边形,单击此按钮则可删除创建的控制多边形。
- 在操控板中,单击 或 按钮,用于显示内插点(图 5.7.19)或控制点(图 5.7.20)。
- 在操控板中,单击 按钮,可显示样条曲线的曲率分析图,如图 5.7.21 所示,同时操控板上会出现图 5.7.21 所示的调整界面,通过滚动 比例 滚轮可调整曲率线的长度,通过滚动 密度 滚轮可调整曲率线的数量。

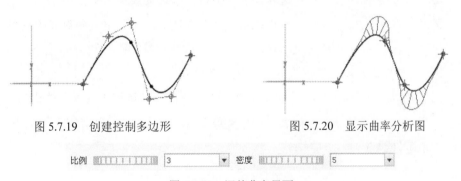

图 5.7.19 创建控制多边形   图 5.7.20 显示曲率分析图

比例 ▮▮▮▮▮▮▮ 3 ▼ 密度 ▮▮▮▮▮▮▮▮ 5 ▼

图 5.7.21 调整曲率界面

- 在样条曲线上需要增加点的位置右击,选择 添加点 命令,便可在该位置增加一个点。

注意:当样条曲线以内插点的形式显示时,在样条曲线上需要增加点的位置右击,才能弹出 添加点 命令;当样条曲线以控制点的形式显示时,需在控制点连成的直线上右击才能弹出 添加点 命令。

- 在样条曲线上右击需要删除的点,选择 删除点 命令,便可将该点在样条曲线中删除。

Step 3 单击 ✔ 按钮,完成编辑。

- 在样条曲线上需要增加点的位置右击,选择 添加点 命令,便可在该位置增加一个点。

注意:当样条曲线以内插点的形式显示时,在样条曲线上需要增加点的位置右击,才能弹出 添加点 命令;当样条曲线以控制点的形式显示时,需在控制点连成的直线上右击才能弹出 添加点 命令。

● 在样条曲线上右击需要删除的点，选择 删除点 命令，便可将该点在样条曲线中删除。

5.7.10　设置线体

"线造型"选项可用来设置二维草图的线体，包括线型和颜色。下面以绘制图 5.7.22 所示的直线，来说明线体设置的方法：

Step 1　选择命令。单击 草绘 功能选项卡中的 设置 ▾ 按钮，在弹出的快捷菜单中选择 设置线造型 选项，系统弹出图 5.7.23 所示的"线造型"对话框。

图 5.7.22　绘制的直线　　　　　图 5.7.23　"线造型"对话框

图 5.7.23 所示的"线造型"对话框中各选项的说明如下：

● 复制自 区域：

　☑　样式 下拉列表：可以选取任意一个线型来设置线型名称。

　☑　选择线... 按钮：单击此按钮可以在草绘图形区中复制现有的线型。

● 属性 区域：

　☑　线型 下拉列表：可以选取一种线型来设置线型。

　☑　颜色 按钮：单击此按钮可以在弹出的"颜色"对话框中设置所选线的颜色。

Step 2　在 复制自 区域的 样式 下拉列表中选取 无 选项，此时属性区域的 线型 下拉列表中自动选取 短划线 选项。

Step 3　设置颜色。

（1）在 属性 区域的 颜色 选项中单击 ■ 按钮，系统弹出图 5.7.24 所示的"颜色"对话框。

图 5.7.24 所示的"颜色"对话框中各选项的说明如下：

● 系统颜色 区域：选取任意一个线型按钮来设置线型颜色。

● 用户定义的 区域：选取一种颜色来设置线型颜色。

● 新建... 按钮：单击此按钮，可以从图 5.7.25 所示的"颜色编辑器"对话框中设置一种颜色来定义线型颜色。

（2）在 用户定义的 区域的下拉列表中选取"蓝色"按钮来设置线型颜色。

（3）单击 确定 按钮，完成"颜色"的设置。此时在"线造型"对话框中 属性 区域的 颜色 选项的颜色按钮变成蓝色，而且 复制自 区域的 样式 下拉列表自动选取 无 选项。

Step 4　在"线造型"对话框中单击 应用 按钮，然后再单击 关闭 按钮，完成"线造型"的设置。

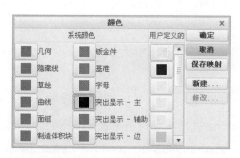

图 5.7.24　"颜色"对话框

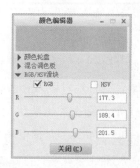

图 5.7.25　"颜色编辑器"对话框

Step 5　在 草绘 选项卡中单击"线链"命令按钮 ∧线▾ 中的 ▾，再单击 ∧线链 按钮，绘
　　　　制出的直线如图 5.7.22 所示的直线，该直线的线型为短划线，并且其颜色为蓝色。

说明：

● 如果设置的"线体"不符合要求，可以在"线造型"对话框中单击 重置 按钮
　进行重新设置，或单击 草绘 功能选项卡中的 设置▾ 按钮，在弹出的快捷菜单中
　选择 清除线造型 选项，清除已经设置的"线造型"后再重新设置。

● 设置完"线造型"后，无论在工具栏中选取任意绘图按钮，绘出的图形都将以设
　置的线型和颜色输出，并且设置一次"线造型"只能使用一种线型和颜色，涉及
　更改线型和颜色时，必须重新设置"线造型"。

5.8　草图的诊断

　　在 Creo 2.0 中提供了诊断草图的功能，包括诊断图元的封闭区域、开放区域、重叠区
域及诊断图元是否满足相应的特征要求。

5.8.1　着色的封闭环

　　"着色封闭环"命令用预定义的颜色将图元中封闭的区域进行填充，非封闭的区域图
元无变化。

　　下面举例说明"着色封闭环"命令的使用方法：

Step 1　将工作目录设置至 D:\creo2pd\work\ch05.08，打开文件 diagnostics_sketch.sec。

Step 2　选择命令。单击 草绘 功能选项卡 检查▾ 区域中的 ▨ 按钮，系统自动在图 5.8.1 所
　　　　示的圆内侧填充颜色。

说明：

● 当绘制的图形不封闭时，草图将无任何变化；若草图中有多个封闭环时，系统将
　在所有封闭的图形中填充颜色；如果用封闭环创建新图元，则新图元将自动着色

显示；如果草图中存在几个彼此包含的封闭环，则最外的封闭环被着色，而内部的封闭环将不着色。

- 对于具有多个草绘器组的草绘，识别封闭环的标准可独立适用于各个组。所有草绘器组的封闭环的着色颜色都相同。
- 如果想设置系统默认的填充颜色，选择"文件"下拉菜单中的 文件 ▼ ➡ ☰ 选项 命令，在弹出的"Creo Parametric 选项"对话框中选择 系统颜色 选项，即可进入系统分颜色设置选截面，单击 ▶ 草绘器 折叠按钮，在 ■ ▼ 着色封闭环 选项的 ■ ▼ 按钮上单击，就可以在弹出的列表中选取各种系统设置的颜色。

下面举例说明"加亮开放端点"命令的使用方法：

Step 1 将工作目录设置至 D:\creo2pd\work\ch05.08，打开文件 diagnostics_sketch.sec。

Step 2 选择命令。单击 草绘 功能选项卡 检查 ▼ 区域中的 ⚙ 按钮，系统自动加亮图 5.8.2 所示的各个开放端点。

a）着色封闭环前   b）着色封闭环后   a）加亮开放端前   b）加亮开放端后

图 5.8.1 着色的封闭环   图 5.8.2 加亮开放端

说明：

- 构造几何的开放端不会被加亮。
- 在"加亮开放端点"诊断模式中，所有现有的开放端均加亮显示。
- 如果用开放端创建新图元，则新图元的开放端自动着色显示。

Step 3 再次单击 ⚙ 按钮，使其处于弹起状态，退出对开放端点的加亮。

5.8.2 重叠几何

"重叠几何"命令用于检查图元中所有相互重叠的几何（端点重合除外），并将其加亮。

下面举例说明"重叠几何"命令的使用方法：

Step 1 将工作目录设置至 D:\creo2pd\work\ch05.08，打开文件 diagnostics_sketch.sec。

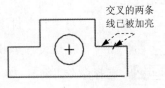

交叉的两条线已被加亮

Step 2 选择命令。单击 草绘 功能选项卡 检查 ▼ 区域中的 ▨ 按钮，系统自动加亮图 5.8.3 所示的重叠的图元。

图 5.8.3 加亮重叠部分

说明：

- 加亮重叠几何 ▨ 按钮不保持活动状态。
- 若系统默认的填充颜色不符合要求，可以选择"文件"下拉菜单中的 文件 ▼ ➡

命令，在弹出的"Creo Parametric 选项"对话框中选择 系统颜色 选项，单击
▼ 图形 折叠按钮，在 ■ ▼ 边突出显示选项的 ■ ▼ 按钮上单击，就可以在弹出的
列表中选取各种系统设置的颜色。

Step 3 再次单击 █ 按钮，使其处于弹起状态，退出对重叠几何的加亮。

5.8.3 "特征要求"功能

"特征要求"命令用于检查图元是否满足当前特征的设计要求。需要注意的是，该命令只能在零件模块的草绘环境中才可用。

下面举例说明"特征要求"命令的使用方法：

Step 1 在零件模块的拉伸草绘环境中绘制图 5.8.4 所示的图形组。

Step 2 选择命令。单击 草绘 功能选项卡 检查 ▼ 区域中的"特征要求"按钮 █，系统弹出图 5.8.5 所示的"特征要求"对话框。

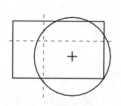

图 5.8.4　绘制的图形组

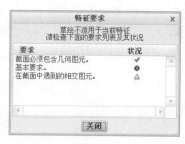

图 5.8.5　"特征要求"对话框

图 5.8.5 所示的"特征要求"对话框的"状态"列中各符号的说明如下：

✔ —— 表示满足零件设计要求。

❶ —— 表示不满足零件设计要求。

△ —— 表示满足零件设计要求，但是对草绘进行简单的改动就有可能不满足零件设计要求。

Step 3 单击 关闭 按钮，把"特征要求"对话框中状态列表中带 ❶ 和 △ 的选项进行修改。由于在零件模块中才涉及修改，这里就不详细叙述，具体修改步骤请参考第 6 章零件模块部分。

5.9　二维草图的尺寸标注

5.9.1　关于二维草图的尺寸标注

在绘制二维草图的几何图元时，系统会及时自动地产生尺寸，这些尺寸被称为"弱"

尺寸，系统在创建和删除它们时并不给予警告，但用户不能手动删除，"弱"尺寸显示为青色。用户还可以按设计意图增加尺寸以创建所需的标注布置，这些尺寸称为"强"尺寸。增加"强"尺寸时，系统自动删除多余的"弱"尺寸和约束，以保证二维草图的完全约束。在退出草绘环境之前，把二维草图中的"弱"尺寸变成"强"尺寸是一个很好的习惯，这样可确保系统在没有得到用户的确认前不会删除这些尺寸。

5.9.2　标注线段长度

标注线段长度的步骤如下所示：

Step 1　单击 草绘 功能选项卡 尺寸▼ 区域中的"法向"按钮 ↔ 。

说明：本书中的 ↔ 按钮在后文中将简化为 ↔ 按钮，在绘图区右击，从弹出的快捷菜单中选择 尺寸 命令。

Step 2　选取要标注的图元：单击位置 1 以选择直线（图 5.9.1）。

Step 3　确定尺寸的放置位置：在位置 2 单击鼠标中键。

5.9.3　标注两条平行线间的距离

标注两条平行线间的距离的步骤如下所示：

Step 1　单击 草绘 功能选项卡 尺寸▼ 区域中的 ↔ 按钮。

Step 2　分别单击位置 1 和位置 2 以选择两条平行线，中键单击位置 3 以放置尺寸（图 5.9.2）。

5.9.4　标注一点和一条直线之间的距离

标注点和直线之间的距离的步骤如下所示：

Step 1　单击 草绘 功能选项卡 尺寸▼ 区域中的 ↔ 按钮。

Step 2　单击位置 1 以选择一点，单击位置 2 以选择直线；中键单击位置 3 放置尺寸（图 5.9.3）。

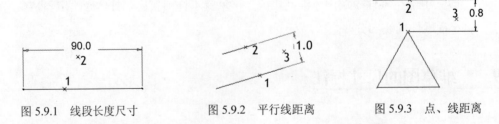

图 5.9.1　线段长度尺寸　　　　图 5.9.2　平行线距离　　　　图 5.9.3　点、线距离

5.9.5　标注两点间的距离

标注两点间的距离的步骤如下所示：

Step 1 单击 草绘 功能选项卡 尺寸 ▾ 区域中的 |↔| 按钮。

Step 2 分别单击位置 1 和位置 2 以选择两点，中键单击位置 3 放置尺寸（图 5.9.4）。

5.9.6　标注对称尺寸

标注对称尺寸的步骤如下所示：

Step 1 单击 草绘 功能选项卡 尺寸 ▾ 区域中的 |↔| 按钮。

Step 2 选取点 1，再选取一条对称中心线，然后再次选取点 1；中键单击位置 2 放置尺寸（图 5.9.5）。

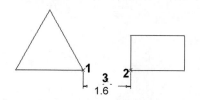

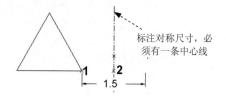

图 5.9.4　两点间距离的标注　　　　　图 5.9.5　对称尺寸的标注

5.9.7　标注两条直线间的角度

标注两条直线间的角度的步骤如下所示：

Step 1 单击 草绘 功能选项卡 尺寸 ▾ 区域中的 |↔| 按钮。

Step 2 分别单击位置 1 和位置 2 以选取两条直线；中键单击位置 3 放置尺寸（锐角，如图 5.9.6 所示），或中键单击位置 4 放置尺寸（钝角，如图 5.9.7 所示）。

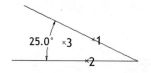

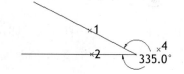

图 5.9.6　两条直线间角度的标注——锐角　　　图 5.9.7　两条直线间角度的标注——钝角

5.9.8　标注圆弧角度

标注圆弧角度的步骤如下所示：

Step 1 单击 草绘 功能选项卡 尺寸 ▾ 区域中的 |↔| 按钮。

Step 2 分别选择弧的端点 1、端点 2 及弧上一点 3；中键单击位置 4 放置尺寸，如图 5.9.8 所示。

5.9.9　标注半径

标注半径的步骤如下所示：

Step 1 单击 草绘 功能选项卡 尺寸 ▾ 区域中的|↔|按钮。

Step 2 单击位置 1 选择圆上一点，中键单击位置 2 放置尺寸（图 5.9.9）。注意：在草绘环境下不显示半径 R 符号。

5.9.10 标注直径

标注直径的步骤如下所示：

Step 1 单击 草绘 功能选项卡 尺寸 ▾ 区域中的|↔|按钮。

Step 2 分别单击位置 1 和位置 2 以选择圆上两点，中键单击位置 3 放置尺寸（图 5.9.10），或者双击圆上的某一点如位置 1 或位置 2，然后中键单击位置 3 放置尺寸。注意：在草绘环境下不显示直径 Φ 符号。

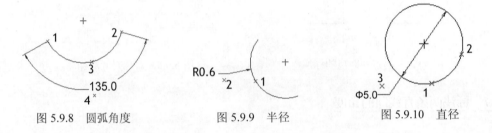

图 5.9.8　圆弧角度　　　　图 5.9.9　半径　　　　图 5.9.10　直径

5.10　尺寸标注的修改

5.10.1　控制尺寸的显示

可以用下列方法之一打开或关闭尺寸显示：

● 选择"文件"下拉菜单中的 文件 ▾ ➡ 选项 命令，系统弹出"Creo Parametric 选项"对话框，单击其中的 草绘器 选项，然后选中或取消 ☑ 显示尺寸 和 ☑ 显示弱尺寸 复选框，从而打开或关闭尺寸和弱尺寸的显示。

● 在 ☑ 显示尺寸 复选框被选中的情况下，单击"视图控制"工具栏中的 按钮，在弹出的菜单中选中或取消 ☑ 显示尺寸 复选框。

● 要禁用默认尺寸显示，需将配置文件 config.pro 中的变量 sketcher_disp_dimensions 设置为 no。

5.10.2　移动尺寸

如果要移动尺寸文本的位置，可按下列步骤操作：

Step 1 单击 草绘 功能选项卡 操作 ▾ 区域中的 ▸。

Step 2   单击要移动的尺寸文本。选中后，可看到尺寸变绿。

Step 3   按下左键并移动鼠标，将尺寸文本拖至所需位置。

5.10.3   修改尺寸值

有两种方法可修改标注的尺寸值。

方法一：

Step 1   单击中键，退出当前正在使用的草绘或标注命令。

Step 2   在要修改的尺寸文本上双击，此时出现图 5.10.1b 所示的尺寸修正框 `5.23`。

Step 3   在尺寸修正框 `5.23` 中输入新的尺寸值（图 5.10.1）后，按回车键完成修改，如图 5.10.1c 所示。

Step 4   重复步骤 Step2、Step3，修改其他尺寸值。

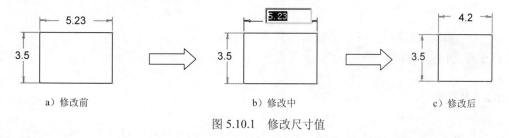

a）修改前   b）修改中   c）修改后

图 5.10.1   修改尺寸值

方法二：

Step 1   单击 草绘 功能选项卡 操作 ▾ 区域中的 ↖ 。

Step 2   单击要修改的尺寸文本，此时尺寸颜色变绿（按下 Ctrl 键可选取多个尺寸目标）。

Step 3   单击 草绘 功能选项卡 编辑 区域中的 ⤳ 按钮，此时出现图 5.10.2 所示的"修改尺寸"对话框，所选取的每一个目标的尺寸值和尺寸参数（如 sd45、sd44 等 sd# 系列的尺寸参数）出现在"尺寸"列表中。

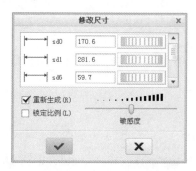

图 5.10.2   "修改尺寸"对话框

Step 4   在尺寸列表中输入新的尺寸值。

注意：也可以单击并拖移尺寸值旁边的旋转轮盘。要增加尺寸值，向右拖移；要减少尺寸值，则向左拖移。在拖移该轮盘时，系统会自动更新图形。

Step 5 修改完毕后，单击 ✓ 按钮。系统再生二维草图并关闭对话框。

5.10.4　输入负尺寸

在修改线性尺寸时，可以输入一个负尺寸值，它会使几何改变方向。在草绘环境中，负号总是出现在尺寸旁边，但在"零件"模式中，尺寸值总以正值出现。

5.10.5　修改尺寸值的小数位数

可以使用"Creo Parametric 选项"对话框来指定尺寸值的默认小数位数：

Step 1 选择下拉菜单中的 文件 ▾ ━━▶ 选项 命令。

Step 2 系统弹出"Creo Parametric 选项"对话框中 草绘器 选项卡 尺寸和求解器精度 区域中的 尺寸的小数位数: 文本框输入一个新值，单击 ⬍ 按钮来增加或减少小数位数；单击 确定 按钮，系统接受该变化并关闭对话框。

注意：增加尺寸时，系统将数值四舍五入到指定的小数位数。

5.10.6　替换尺寸

可以创建一个新的尺寸替换草绘环境中现有的尺寸，以便使新尺寸保持原始的尺寸参数（sd#）。当要保留与原始尺寸相关的其他数据时（例如：在"草图"模式中添加了几何公差符号或额外文本），替换尺寸非常有用。

其操作方法如下：

Step 1 选中要替换的尺寸，右击，在弹出的快捷菜单中选择 替换(P) 命令，选取的尺寸即被删除。

Step 2 创建一个新的相应尺寸。

5.10.7　将"弱"尺寸转换为"强"尺寸

退出草绘环境之前，将二维草图中的"弱"尺寸加强是一个很好的习惯，那么如何将"弱"尺寸变成"强"尺寸呢？

操作方法如下：

Step 1 在绘图区选取要加强的"弱"尺寸（呈青色）。

Step 2 右击，在快捷菜单中选择 强(S) 命令，此时可看到所选的尺寸由青色变为蓝色，说明已经完成转换。

注意：

● 在整个 Creo 软件中，每当修改一个"弱"尺寸值或在一个关系中使用它时，该尺寸就自动变为"强"尺寸。

● 加强一个尺寸时，系统按四舍五入原则对其取整到系统设置的小数位数。

5.11 草图中的几何约束

按照工程技术人员的设计习惯，在草绘时或草绘后，希望对绘制的草图增加一些平行、相切、相等、共线等约束来帮助定位几何。在 Creo 系统的草绘环境中，用户随时可以很方便地对草图进行约束。下面将对约束进行详细的介绍。

5.11.1 约束的显示

1. 约束的屏幕显示控制

单击"视图控制"工具栏中的 ▦ 按钮，在弹出的菜单中选中或取消 ☑ ⊥⁄/₄ 显示约束 复选框，即可控制约束符号在屏幕中的显示/关闭。

2. 约束符号颜色含义

● 约束：显示为蓝色。

● 鼠标指针所在的约束：显示为淡绿色。

● 选定的约束（或活动约束）：显示为绿色。

● 锁定的约束：放在一个圆中。

● 禁用的约束：用一条直线穿过约束符号。

3. 各种约束符号列表

各种约束的显示符号见表 5.11.1。

表 5.11.1 约束符号列表

约束名称	约束显示符号
中点	M
相同点	○
水平图元	H
竖直图元	V
图元上的点	─○─ ─ ─
相切图元	T
垂直图元	⊥
平行线	//₁
相等半径	在半径相等的图元旁，显示一个下标的 R（如 R1、R2 等）
具有相等长度的线段	在等长的线段旁，显示一个下标的 L（如 L1、L2 等）
对称	─►─◄─

续表

约束名称	约束显示符号
图元水平或竖直排列	− − |
共线	═
使用边	∿

5.11.2 约束的禁用、锁定与切换

在用户绘制图元的过程中，系统会自动捕捉约束并显示约束符号。例如，在绘制直线的过程中，当定义直线的起点时，如果将鼠标指针移至一个圆弧附近，系统便自动将直线的起点与圆弧线对齐并显示对齐约束符号（小圆圈），此时如果：

● 右击，对齐约束符号（小圆圈）上被画上斜线（图 5.11.1），表示对齐约束被"禁用"，即对齐约束不起作用。如果再次右击，"禁用"则被取消。

● 按住 Shift 键同时按下鼠标右键，对齐约束符号（小圆圈）外显示一个大一点的圆圈（图 5.11.2），这表示该对齐约束被"锁定"，此时无论将鼠标指针移至何处，系统总是将直线的起点"锁定"在圆弧（或圆弧的延长线）上。再次按住 Shift 键和鼠标右键，"锁定"即被取消。

在绘制图元过程中，当出现多个约束时，只有一个约束处于活动状态，其约束符号以亮颜色（绿色）显示；其余约束为非活动状态，其约束符号以青色显示。只有活动的约束可以被"禁用"或"锁定"。用户可以使用 Tab 键，轮流将非活动约束"切换"为活动约束，这样用户就可以将多约束中的任意一个约束设置为"禁用"或"锁定"。例如，在绘制图 5.11.3 中的直线 1 时，当直线 1 的起点定义在圆弧上后，在定义直线 1 的终点时，当其终点位于直线 2 上的某处，系统会同时显示三个约束：第一个约束是直线 1 的终点与直线 2 的对齐约束，第二个约束是直线 1 与直线 3 的平行约束，第三个约束是直线 1 与圆弧的相切约束。由于图 5.11.3 中当前显示平行约束符号为亮颜色（绿色），表示该约束为活动约束，所以可以将该平行约束设置为"禁用"或"锁定"。如果按键盘上的 Tab 键，可以轮流将其余两个约束"切换"为活动约束，然后将其设置为"禁用"或"锁定"。

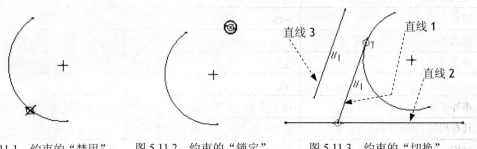

图 5.11.1 约束的"禁用"   图 5.11.2 约束的"锁定"   图 5.11.3 约束的"切换"

5.11.3　Creo 软件所支持的约束种类

草绘后，用户还可按设计意图手动建立各种约束，Creo 所支持的约束种类如表 5.11.2 所示。

表 5.11.2　Creo 所支持的约束种类

按钮	约束
＋	使直线或两点竖直
＋	使直线或两点水平
⊥	使两直线图元垂直
⊙	使两图元（圆与圆、直线与圆等）相切
＼	把一点放在线的中间
⊙	使两点、两线重合，或使一个点落在直线或圆等图元上
⇥⇤	使两点或顶点对称于中心线
＝	创建相等长度、相等半径或相等曲率
∥	使两直线平行

5.11.4　创建约束

下面以图 5.11.4 所示的相切约束为例，介绍创建约束的步骤：

Step 1　单击 草绘 功能选项卡 约束 ▼ 区域中的 ⊙ 按钮。

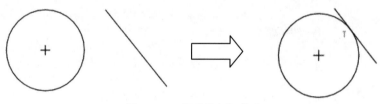

图 5.11.4　图元的相切约束

Step 2　系统在信息区提示 ➡ 选择两图元使它们相切 ，分别选取直线和圆。

Step 3　此时系统按创建的约束更新截面，并显示约束符号"T"。如果不显示约束符号，单击"视图控制"工具栏中的 ▦ 按钮，在弹出的菜单中选中 ☑ ↑∥ 显示约束 复选框，可显示约束。

Step 4　重复步骤 Step2、Step3，可创建其他的约束。

5.11.5　删除约束

删除约束的步骤如下所示：

Step 1 单击要删除的约束的显示符号（如上例中的"T"），选中后，约束符号颜色变绿。

Step 2 右击，在快捷菜单中选择 删除(D) 命令（或按 Delete 键），系统删除所选的约束。

注意：删除约束后，系统会自动增加一个约束或尺寸来使二维草图保持全约束状态。

5.11.6　解决约束冲突

当增加的约束或尺寸与现有的约束或"强"尺寸相互冲突或多余时，例如在图 5.11.5 所示的二维草图中添加尺寸 2.5 时（图 5.11.6），系统就会加亮冲突尺寸或约束，同时系统弹出图 5.11.7 所示的"解决草绘"对话框，要求用户删除（或转换）加亮的尺寸或约束之一。其中各选项说明如下：

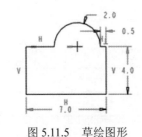

图 5.11.5　草绘图形

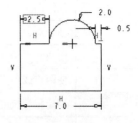

图 5.11.6　添加尺寸

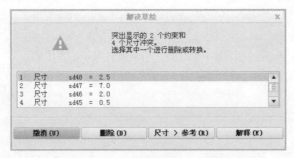

图 5.11.7　"解决草绘"对话框

- 撤消(U) 按钮：撤消刚刚导致二维草图的尺寸或约束冲突的操作。
- 删除(D) 按钮：从列表框中选择某个多余的尺寸或约束，将其删除。
- 尺寸 > 参考(R) 按钮：选取一个多余的尺寸，将其转换为一个参考尺寸。
- 解释(E) 按钮：选择一个约束，获取约束说明。

5.12　锁定尺寸

在二维草图中，选取一个尺寸（例如选取图 5.12.1 中的尺寸 2.0），再单击 草绘 功能选项卡 操作 ▼ 节点下的 切换锁定 命令，可以将尺寸锁定。注意：被锁定的尺寸将以深红色显示。当编辑、修改二维草图时（包括增加、修改草图尺寸），非锁定的尺寸有可能被系统自动删除或修改其大小，而锁定后的尺寸则不会被系统自动删除或修改（但用户可以手动修改锁定的尺寸）。这是一个非常有用的操作技巧，在创建和修改复杂的草图时会经常用到。

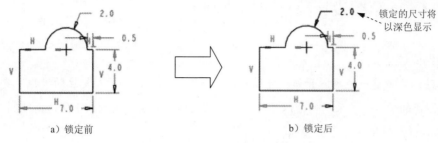

图 5.12.1 尺寸的锁定

注意：当选取被锁定的尺寸，并单击 草绘 功能选项卡 操作 ▼ 节点下的 切换锁定 命令后，该尺寸即被解锁，此时该尺寸恢复为锁定前的颜色。

● 通过设置草绘器优先选项，可以设置尺寸的自动锁定。操作方法是：选择下拉菜单中的 文件 ▼ ➡ 选项 命令，系统弹出 "Creo Parametric 选项" 对话框，单击其中的 草绘器 选项，在 拖动截面时的尺寸行为 区域中选中 □锁定已修改的尺寸(L) 或 □锁定用户定义的尺寸(U) 复选框。

● □锁定已修改的尺寸(L) 和 □锁定用户定义的尺寸(U) 两者的区别如下：
  ☑ □锁定已修改的尺寸(L)：锁定被修改过的尺寸。
  ☑ □锁定用户定义的尺寸(U)：锁定用户定义的（强）尺寸。

5.13　Creo 草图设计与二维软件图形绘制的区别

与其他二维软件（如 AutoCAD）相比，Creo 的二维草图的绘制有自己的方法、规律和技巧。用 AutoCAD 绘制二维图形，通过一步一步地输入准确的尺寸，可以直接得到最终需要的图形。而用 Creo 绘制二维图形，开始一般不需要给出准确的尺寸，而是先绘制草图，勾勒出图形的大概形状，然后再为草图创建符合工程需要的尺寸布局，最后修改草图的尺寸，在修改时输入各尺寸的准确值（正确值）。由于 Creo 具有尺寸驱动功能，所以草图在修改尺寸后，图形的大小会随着尺寸而变化。这样绘制图形的方法虽然烦琐，但在实际的产品设计中，它比较符合设计师的思维方式和设计过程。假如某个设计师现需要对产品中的一个零件进行全新设计，那么在刚开始设计时，设计师的脑海里只会有这个零件的大概轮廓和形状，所以他会先以草图的形式把它勾勒出来，草图完成后，设计师接着会考虑图形（零件）的尺寸布局、基准定位等，最后设计师根据诸多因素（如零件的功能、零件的强度要求、零件与产品中其他零件的装配关系等），确定零件每个尺寸的最终准确值，从而完成零件的设计。由此看来，Creo 的这种"先绘草图、再改尺寸"的绘图方法是有一定道理的。

5.14　Creo 草图设计综合应用范例 1

范例概述

本范例从新建一个草图开始，详细介绍了草图的绘制、编辑和标注的过程，要重点掌握的是绘图前的设置、约束的处理以及尺寸的处理技巧。草图如图 5.14.1 所示，绘制过程如下：

Stage1．新建一个草绘文件

Step 1　选择下拉菜单 文件▼ ➡ 新建(N) 命令（或单击"新建"按钮 ）。

Step 2　系统弹出"新建"对话框，在该对话框中选中 ◉ 草绘 单选项；在 名称 后的文本框中输入草图名称 sketch01；单击 确定 按钮，即进入草绘环境。

Stage2．绘图前的必要设置

Step 1　设置栅格。

（1）在 草绘 选项卡中单击 按钮。

（2）此时系统弹出"栅格设置"对话框，在 栅格间距 选项组中选择 ◉ 静态 单选项，然后在 X 间距 和 Y 间距 文本框中输入间距值 10；单击 确定 按钮，完成栅格设置。

（3）在"视图"工具条中单击"草绘显示过滤器"按钮 ，在弹出的菜单中选中 ☑ 显示栅格 复选框，可以在图形区中显示栅格。

Step 2　此时，绘图区中的每一个栅格表示 10 个单位。为了便于查看和操作图形，可以滚动鼠标中键滚轮，调整栅格到合适的大小（图 5.14.2）。单击视图工具栏中的"草绘显示过滤器"按钮 ，在弹出的菜单中取消选中 ☐ 显示栅格 复选框，将栅格的显示关闭。

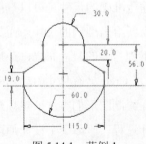

图 5.14.1　范例 1

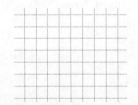

图 5.14.2　调整栅格到合适的大小

Stage3．创建草图以勾勒出图形的大概形状

由于 Creo 具有尺寸驱动功能，开始绘图时只需绘制大致的形状即可。

Step 1　单击 草绘 区域中的 中心线▼ 按钮，绘制图 5.14.3 所示的两条中心线（一条水平中心线和一条垂直中心线）。

Step 2 在 草绘 选项卡中单击"线链"按钮 ⌄线▾，绘制图

5.14.4 所示的图形（绘制过程中系统会自动提示图

5.14.4 所示的竖直约束）。

图 5.14.3 绘制中心线

Step 3 在绘图区框选要图 5.14.4 所绘制的图元为镜像图元。

单击 草绘 功能选项卡 编辑 区域中的 ⋔ 按钮。选取图 5.14.3 所示的垂直中心线，

其结果如图 5.14.5 所示。

Step 4 单击"圆弧"命令按钮 ⌒弧▾中的 ⌒3点/相切端，绘制图 5.14.6 所示的圆弧（绘

制过程中系统会自动提示图 5.14.6 所示的相切约束）。

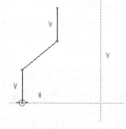

图 5.14.4 绘制图形

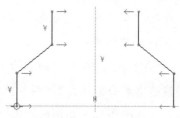

图 5.14.5 绘制图形

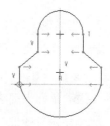

图 5.14.6 绘制圆弧

Stage4. 调整草图尺寸

Step 1 选中 ▦ 按钮中的 ✔ 👁 显示尺寸 复选框，打开尺寸显示；移动尺寸至合适的位置，

双击要修改的尺寸，然后在出现的文本框中输入正确的尺寸值，并按回车键。其

结果如图 5.14.7 所示。

Step 2 用同样的方法修改其余的尺寸值，完成后的图形如图 5.14.8 所示。

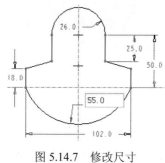

图 5.14.7 修改尺寸

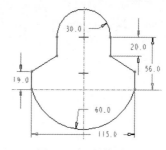

图 5.14.8 最终图形

5.15 Creo 草图设计综合应用范例 2

范例概述

本范例主要介绍草图的绘制、编辑和标注的过程，读者要重点掌握约束与尺寸的处理

技巧。图形如图 5.15.1 所示，其绘制过程如下：

Stage1. 新建一个草绘文件

Step 1　选择下拉菜单 文件▼ ➡ 　新建(N) 命令（或单击"新建"按钮 □ ）。

Step 2　系统弹出"新建"对话框，在该对话框中选中 ⊙ 草绘 单选项；在 名称 文本框中输入草图名称 sketch02；单击 确定 按钮，即进入草绘环境。

Stage2. 绘图前的必要设置

Step 1　设置栅格。

（1）在 草绘 选项卡中单击 按钮。

（2）此时系统弹出"栅格设置"对话框，在 栅格间距 选项组中选择 ⊙ 静态 单选项，然后在 X 间距 和 Y 间距 文本框中输入间距值 50；单击 确定 按钮，完成栅格设置。

（3）在"视图"工具条中单击"草绘显示过滤器"按钮，在弹出的菜单中选中 ☑ 显示栅格 复选框，可以在图形区中显示栅格。

Step 2　此时，绘图区中的每一个栅格表示 50 个单位。为了便于查看和操作图形，可以滚动鼠标中键滚轮，调整栅格到合适的大小（图 5.15.2）。单击视图工具栏中的"草绘显示过滤器"按钮，在弹出的菜单中取消选中 □ 显示栅格 复选框，将栅格的显示关闭。

Stage3. 创建草图以勾勒出图形的大概形状

由于 Creo 具有尺寸驱动功能，开始绘图时只需绘制大致的形状即可。

Step 1　单击 草绘 区域中的 中心线▼ 按钮，绘制图 5.15.3 所示的两条中心线（一条水平中心线和一条垂直中心线）。

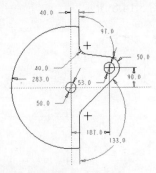
图 5.15.1　范例 2

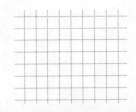
图 5.15.2　调整栅格到合适的大小

图 5.15.3　绘制中心线

Step 2　单击"圆"命令按钮 ⊙圆▼ 中的 ⊙圆心和点。单击两条中心线交点，放置圆的中心点，绘制图 5.15.4 所示的图形。

Step 3　在 草绘 选项卡中单击"线链"按钮 ∧线▼，绘制图 5.15.5 所示的图形。

Step 4　单击 草绘 功能选项卡 编辑 区域中的 按钮；按住鼠标左

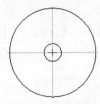
图 5.15.4　绘制圆

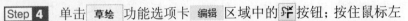

键并拖动，绘制图 5.15.6a 所示的路径，则与此路径相交的部分被剪掉。其结果如图 5.15.6b 所示。

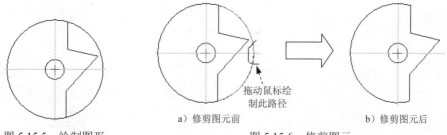

图 5.15.5　绘制图形　　　　　　　　a）修剪图元前　　　　　　b）修剪图元后

图 5.15.6　修剪图元

Step 5　单击"圆角"命令按钮 ⌐圆角 ▼ 中的 ⌐ 圆形修剪 ，依次单击图 5.15.7a 所示的直线 1 和直线 2、直线 2 和直线 3、直线 3 和直线 4；绘制图 5.15.7b 所示的图形。

Step 6　单击"圆"命令按钮 ⊙圆 ▼ 中的 ⊙ 圆心和点 。单击图 5.15.8 所示圆弧中心，放置圆的中心点，绘制图 5.15.8 所示的图形。

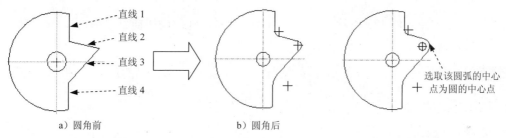

a）圆角前　　　　　　　　　　b）圆角后

图 5.15.7　绘制图形　　　　　　　　　　　　　图 5.15.8　绘制图形

Stage4．为草图创建约束

Step 1　添加相等约束。选中 ▦ 按钮中的 ☑ ↟⚏ 显示约束 复选框，打开约束显示；在图 5.15.9 所示的图形中选取要相等的圆弧 1 和圆弧 2。完成操作后，图形如图 5.15.9 所示。（竖直约束与相切约束在绘制图形过程中系统会自动提示）。

Step 2　添加竖直约束。在图 5.15.10a 所示的图形中选取要竖直对齐的圆弧 1 的上端点和圆弧 2 的下端点。完成操作后，图形如图 5.15.10b 所示。

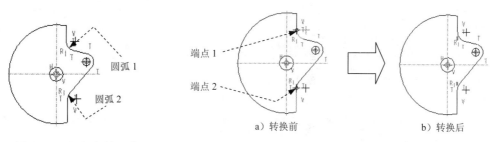

a）转换前　　　　　　　　　b）转换后

图 5.15.9　添加相等约束　　　　　　　　图 5.15.10　添加竖直约束

Stage5. 调整草图尺寸

Step 1 选中 ▦ 按钮中的 ☑ ▭ 显示尺寸 复选框，打开尺寸显示，移动尺寸至合适的位置；单击有用的尺寸，然后右击，在系统弹出的快捷菜单中选择 锁定 命令，其结果如图 5.15.11 所示（深黑色尺寸为锁定尺寸）。

Step 2 单击 尺寸 ▾ 区域中的"标注"按钮 ↔ ；先标注圆与垂直中心线的距离，然后标注圆弧角度，此时图形如图 5.15.12 所示。

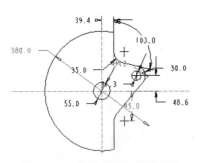

图 5.15.11　锁定有用的尺寸标注

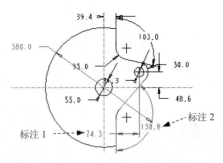

图 5.15.12　添加有用的尺寸标注

Step 3 单击如图 5.15.13a 所示尺寸，然后右击，在系统弹出的快捷菜单中选择 转换为半径 命令，其结果如图 5.15.13b 所示。

Step 4 双击要修改的尺寸，然后在系统弹出的文本框中输入正确的尺寸值，并按回车键。用同样的方法修改其余的尺寸值，其结果如图 5.15.13 所示。

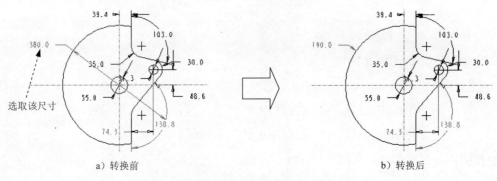

a）转换前　　　　　　　　　　　　　　　　b）转换后

图 5.15.13　添加有用的尺寸标注

5.16　Creo 草图设计综合应用范例 3

范例概述

本范例主要介绍利用"添加约束"的方法进行草图编辑的过程。图形如图 5.16.1 所示，其编辑过程如下。

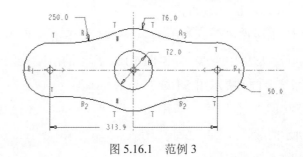

图 5.16.1　范例 3

Stage1．新建一个草绘文件

Step 1　选择下拉菜单 文件▾ ➡ 🗋 新建(N) 命令（或单击"新建"按钮🗋）。

Step 2　系统弹出"新建"对话框，在该对话框中选中 ◉ ▦ 草绘 单选项；在 名称 文本框
中输入草图名称 sketch03；单击 确定 按钮，即进入草绘环境。

Stage2．绘图前的必要设置

Step 1　设置栅格。

（1）在 草绘 选项卡中单击 栅格 按钮。

（2）此时系统弹出"栅格设置"对话框，在 栅格间距 选项组中选择 ◉ 静态 单选项，
然后在 X 间距 和 Y 间距 文本框中输入间距值 50；单击 确定 按钮，完成栅格设置。

（3）在"视图"工具条中单击"草绘显示过滤器"按钮 ▦，在弹出的菜单中选中
☑ ▦ 显示栅格 复选框，可以在图形区中显示栅格。

Step 2　此时，绘图区中的每一个栅格表示 50 个单位。为了便于查看和操作图形，可以
滚动鼠标中键滚轮，调整栅格到合适的大小（图 5.16.2）。单击视图工具栏中的"草
绘显示过滤器"按钮 ▦，在弹出的菜单中取消选中 ☐ ▦ 显示栅格 复选框，将栅
格的显示关闭。

Stage3．创建草图以勾勒出图形的大概形状

由于 Creo 具有尺寸驱动功能，开始绘图时只需绘制大致的形状即可。

Step 1　单击 草绘 区域中的 ⋮ 中心线 ▾ 按钮，绘制图 5.16.3 所示的两条中心线（一条水平
中心线和一条垂直中心线）。

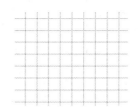

图 5.16.2　调整栅格到合适的大小

图 5.16.3　绘制中心线

Step 2　单击"圆"命令按钮 ◉ 圆 ▾ 中的 ◉ 圆心和点 。单击两条中心线交点，放置圆的中

心点，绘制图 5.16.4 所示的图形。

Step 3 单击"圆"命令按钮 ⊙圆 ▾ 中的 ⊙圆心和点 。单击水平中心线交点，放置圆的中心点，绘制图 5.16.5 所示的图形（绘制过程中系统会自动提示图 5.16.5 所示的相等约束）。

图 5.16.4 绘制圆

Step 4 单击"圆弧"命令按钮 ⌒弧 ▾ 中的 ⌒3点/相切端 ，绘制图 5.16.6 所示的圆弧（绘制过程中系统会自动提示图 5.16.6 所示的相切约束）。

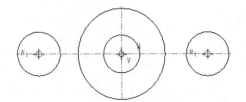

图 5.16.5 绘制圆

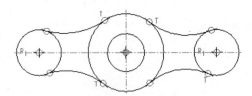

图 5.16.6 绘制圆弧

Stage4．为草图编辑约束

Step 1 添加相切约束。单击 草绘 功能选项卡 约束 ▾ 区域中的 ⌒ 按钮，在图 5.16.7a 所示的图形中选取要相切的圆弧和直线；完成操作后，图形如图 5.16.7b 所示。

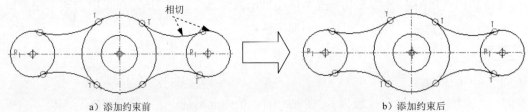

a）添加约束前　　　　　　　　　　　　b）添加约束后

图 5.16.7 添加约束

Step 2 参考上一步操作方法，添加其余相切约束，其图形如图 5.16.8 所示。

Step 3 添加相等约束。单击 草绘 功能选项卡 约束 ▾ 区域中的 = 按钮，然后依次选取图 5.16.9 所示的圆弧 1、圆弧 2、圆弧 3、圆弧 4；完成操作后，图形如图 5.16.9 所示。

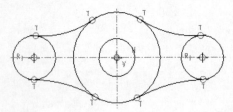

图 5.16.8 绘制圆弧

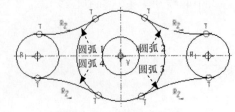

图 5.16.9 添加相等约束

Step 4 添加对称约束。单击 草绘 功能选项卡 约束 ▾ 区域中的 ⟋⟍ 按钮，先在图 5.16.10 所示的图形中选取圆 1 与圆 2 的圆心，然后单击竖直方向中心线；完成操作后，图形如图 5.16.10 所示。

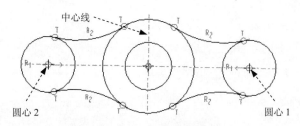

图 5.16.10 添加对称约束

Stage5. 修剪图元

Step 1 单击 草绘 功能选项卡 编辑 区域中的 按钮；按住鼠标左键并拖动，绘制图 5.16.11a 所示的路径，则与此路径相交的部分被剪掉。其结果如图 5.16.11b 所示。

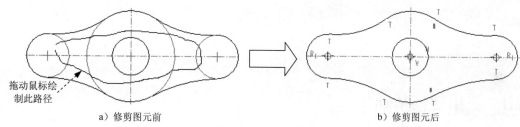

a）修剪图元前　　　　　　　　　b）修剪图元后

图 5.16.11 修剪图元

Stage6. 调整草图尺寸

Step 1 选中 按钮中的 ✔ 显示尺寸 复选框，打开尺寸显示，移动尺寸至合适的位置；单击有用的尺寸，然后右击，在系统弹出的快捷菜单中选择 锁定 命令，其结果如图 5.16.12 所示（深黑色尺寸为锁定尺寸）。

Step 2 单击 尺寸 ▾ 区域中的"标注"按钮 ↔ ，标注两个圆心间的距离，此时图形如图 5.16.13 所示。

Step 3 双击要修改的尺寸，然后在系统弹出的文本框中输入正确的尺寸值，并按回车键。用同样的方法修改其余的尺寸值，其结果如图 5.16.13 所示。

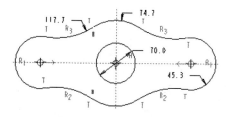

图 5.16.12 锁定有用的尺寸标注

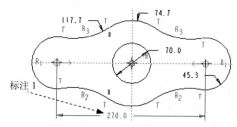

图 5.16.13 添加有用的尺寸标注

6

零件设计

6.1 三维建模基础

　　一般来说，基本的三维模型是具有长、宽（或直径、半径等）和高的三维几何体。图 6.1.1 中列举了几种典型的基本模型，它们是由三维空间的几个面拼成的实体模型，这些面形成的基础是线，线构成的基础是点，要注意三维几何图形中的点是三维概念的点，也就是说，点需要由三维坐标系（例如笛卡尔坐标系）中的 X、Y、Z 三个坐标值来定义。用 CAD 软件创建基本三维模型的一般过程如下：

　　（1）选取或定义一个用于定位的三维坐标系或三个垂直的空间平面，如图 6.1.2 所示。

　　（2）选定一个面（一般称为"草绘平面"），作为二维平面几何图形的绘制平面。

　　（3）在草绘面上创建形成三维模型所需的截面和轨迹线等二维平面几何图形。

　　（4）形成三维立体模型。

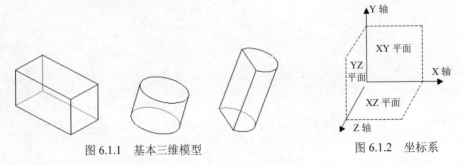

图 6.1.1　基本三维模型　　　　　图 6.1.2　坐标系

注意：三维坐标系其实是由三个相互垂直的平面——XY 平面、XZ 平面和 YZ 平面构成的（图 6.1.2），这三个平面的交点就是坐标原点，XY 平面与 XZ 平面的交线就是 X 轴所在的直线，XY 平面与 YZ 平面的交线就是 Y 轴所在的直线，YZ 平面与 XZ 平面的交线就是 Z 轴所在的直线。这三条直线按笛卡尔右手定则确定方向，就产生了 X、Y 和 Z 轴。

6.2　使用 Creo 创建零件的一般过程

用 Creo 软件创建零件产品，其方法十分灵活，按大的方法分类，有以下几种。

1. "积木"式的方法

这是大部分机械零件的实体三维模型的创建方法。这种方法是先创建一个反映零件主要形状的基础特征，然后在这个基础特征上添加其他的一些特征，如伸出、切槽（口）、倒角、圆角等。

2. 由曲面生成零件的实体三维模型的方法

这种方法是先创建零件的曲面特征，然后把曲面转换成实体模型。

3. 从装配中生成零件的实体三维模型的方法

这种方法是先创建装配体，然后在装配体中创建零件。

本章将主要介绍用第一种方法创建零件的一般过程，其他的方法将在后面章节中陆续介绍。

下面以一个零件——滑动座（base_part）为例，说明用 Creo 软件创建零件三维模型的一般过程，同时介绍拉伸（Extrude）特征的基本概念及其创建方法。滑动座的模型如图 6.2.1 所示。

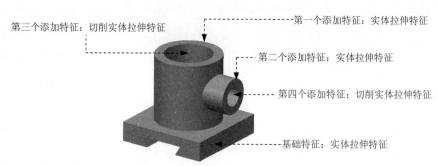

图 6.2.1　滑动座三维模型

6.2.1　新建一个零件文件

准备工作：将目录 D:\creo2pd\work\ch06.02 设置为工作目录。在后面的章节中，每次新建或打开一个模型文件（包括零件、装配件等）之前，都应先将工作目录设置正确。

操作步骤如下：

Step 1 选择下拉菜单 **文件** ▾ ➡ 新建命令（或单击"新建"按钮），此时系统弹出文件"新建"对话框。

Step 2 选择文件类型和子类型。在对话框中选中 类型 选项组中的 ◉ 零件 单选项，选中 子类型 选项组中的 ◉ 实体 单选项。

Step 3 输入文件名。在 名称 文本框中输入文件名（如 base）。

说明：

● 每次新建一个文件时，Creo 会显示一个默认名。如果要创建的是零件，默认名的格式是 prt 后跟一个序号（如 prt0001），以后再新建一个零件，序号自动加 1。

● 在公用名称 文本框中可输入模型的公共描述，该描述将映射到 Winchill 中的 CAD 文档名称中去。一般设计中不对此进行操作。

Step 4 取消选中 □ 使用默认模板 复选框并选取适当的模板。通过单击 □ 使用默认模板 复选框来取消使用默认模板，然后单击对话框中的 确定 按钮，系统弹出"新文件选项"对话框，在"模板"选项组中选取 PTC 公司提供的米制实体零件模板 mmns_part_solid 选项（如果用户所在公司创建了专用模板，可用 浏览... 按钮找到该模板），然后单击 确定 按钮，系统立即进入零件的创建环境。

注意：为了使本书的通用性更强，在后面各个 Creo 模块（包括零件、装配件、工程制图、钣金件、模具设计）的介绍中，无论是范例介绍还是章节练习，当新建一个模型（包括零件模型、装配体模型、模具制造模型）时，如未加注明，都是取消选中 □ 使用默认模板 复选框，而且都是使用 PTC 公司提供的以 mmns 开始的米制模板。

关于模板及默认模板说明：

Creo 的模板分为两种类型：模型模板和工程图模板。模型模板分零件模型模板、装配模型模板和模具模型模板等，这些模板其实都是一个标准 Creo 模型，它们都包含预定义的特征、层、参数、命名的视图、默认单位及其他属性，Creo 为其中各类模型分别提供了两种模板，一种是米制模板，以 mmns 开始，使用米制度量单位；一种是英制模板，以 inlbs 开始，使用英制单位。

工程图模板是一个包含创建工程图项目说明的特殊工程图文件，这些工程图项目包括视图、表、格式、符号、捕捉线、注释、参数注释及尺寸。另外，PTC 标准绘图模板还包含三个正交视图。

用户可以根据个人或本公司的具体需要，对模板进行更详细的定制，并可以在配置文件 config.pro 中将这些模板设置成默认模板。

6.2.2 创建零件的基础特征

基础特征是一个零件的主要轮廓特征，创建什么样的特征作为零件的基础特征比较重要，一般由设计者根据产品的设计意图和零件的特点灵活掌握。本例中的滑动座零件的基础特征是一个图 6.2.2 所示的拉伸（Extrude）特征。拉伸特征是将截面草图沿着草绘平面的垂直方向投影而形成的，它是最基本且经常使用的零件造型选项。

特征的截面草图

通过拉伸

拉伸特征

图 6.2.2 "拉伸"示意图

1．选取特征命令

进入 Creo 的零件设计环境后，屏幕的绘图区中应该显示图 6.2.3 所示的三个相互垂直的默认基准平面，如果没有显示，可单击"视图控制"工具栏中的 按钮，然后在弹出的菜单中选中 ✔ ◰ 平面显示 复选框，将基准平面显现出来。

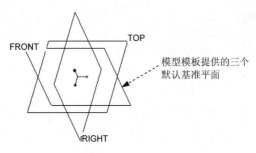

FRONT TOP

模型模板提供的三个
默认基准平面

RIGHT

图 6.2.3 三个默认基准平面

进入 Creo 的零件设计环境后，在软件界面上方会显示"模型"功能选项卡，该功能选项卡中包含 Creo 中所有的零件建模工具，特征命令的选取方法一般是单击其中的命令按钮。

本例中需要选择拉伸命令，在"模型"功能选项卡中单击 按钮即可。

说明：本书中的 按钮在后文中将简化为 拉伸 按钮。

2．定义拉伸类型

在选择 拉伸 命令后，屏幕上方会出现操控板。在操控板中，单击实体特征类型按钮 （默认情况下，此按钮为按下状态）。

说明：利用拉伸工具，可以创建如下几种类型的特征:

- 实体类型：单击操控板中的"拉伸为实体"按钮 ，可以创建实体类型的特征。在由截面草图生成实体时，实体特征的截面草图完全由材料填充，并沿草图平面的法向伸展来生成实体，如图 6.2.4 所示。

- 曲面类型：单击操控板中的"拉伸为曲面"按钮 ，可以创建一个拉伸曲面。在

Creo 中，曲面是一种没有厚度和重量的片体几何，但通过相关命令操作可变成带厚度的实体，如图 6.2.5 所示。

- 薄壁类型：单击"薄壁特征类型"按钮 ⬜，可以创建薄壁类型特征。在由截面草图生成实体时，薄壁特征的截面草图则由材料填充成均厚的环，环的内侧或外侧或中心轮廓线是截面草图，如图 6.2.6 所示。
- 切削类型：操控板中的"移除材料"按钮 ⬜ 被按下时，可以创建切削特征。
- 一般来说，创建的特征可分为"正空间"特征和"负空间"特征。"正空间"特征是指在现有零件上添加材料，"负空间"特征是指在现有零件上移除材料，即切削。

图 6.2.4　"实体"特征

图 6.2.5　"曲面"特征

图 6.2.6 "薄壁"特征

如果"移除材料"按钮 ⬜ 被按下，同时"拉伸为实体"按钮 ⬜ 也被按下，则用于创建"负空间"实体，即从零件中移除材料。当创建零件的第一个（基础）特征时，零件中没有任何材料，所以零件的第一个（基础）特征不可能是切削类型的特征，因而切削按钮 ⬜ 是灰色的，不能选取。

如果"移除材料"按钮 ⬜ 被按下，同时"拉伸为曲面"按钮 ⬜ 也被按下，则用于曲面的裁剪，即使用正在创建的曲面特征裁剪已有曲面。

如果"移除材料"按钮 ⬜ 被按下，同时"薄壁特征"按钮 ⬜ 及"拉伸为实体"按钮 ⬜ 也被按下，则用于创建薄壁切削实体特征。

3．定义截面草图

Step 1　选取命令。在绘图区中右击，从弹出的快捷菜单中选择 定义内部草绘... 命令，此时系统弹出"草绘"对话框。

Step 2　定义截面草图的放置属性。

（1）定义草绘平面。

选取 RIGHT 基准平面作为草绘平面，操作方法如下：

将鼠标指针移至图形区中的 RIGHT 基准平面的边线或 RIGHT 字符附近，该基准平面的边线外会出现绿色加亮的边线，此时单击 RIGHT 基准平面就被定义为草绘平面，并且"草绘"对话框中"草绘平面"区域的文本框中显示出"RIGHT：F1（基准平面）"。

（2）定义草绘视图方向。此例中我们不进行操作，采用模型中默认的草绘视图方向。

说明：完成 Step2 后，图形区中 RIGHT 基准平面的边线旁边会出现一个黄色的箭头(图 6.2.7)，该箭头方向表示查看草绘平面的方向。如果要改变该箭头的方向，有三种方法：

方法一：单击"草绘"对话框中的 反向 按钮。

方法二：将鼠标指针移至该箭头上，单击。

方法三：将鼠标指针移至该箭头上，右击，在弹出的快捷菜单中选择 反向 命令。

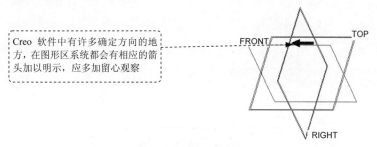

图 6.2.7　查看方向箭头

（3）对草绘平面进行定向。

说明：选取草绘平面后，开始草绘前，还必须对草绘平面进行定向，定向完成后，系统即让草绘平面与屏幕平行，并按所指定的定向方位来摆放草绘平面。要完成草绘平面的定向，必须进行下面的操作：

第一，先指定草绘平面的参考平面，即指定一个与草绘平面相垂直的平面作为参考。"草绘平面的参考平面"有时简称为"参考平面"或"参考"。

第二，再指定参考平面的方向，即指定参考平面的放置方位，参考平面可以朝向显示器屏幕的 顶 部或 底部 或 右 侧或 左 侧。

此例中，我们按如下方法定向草绘平面：

① 指定草绘平面的参考平面：此时"草绘"对话框的"参考"文本框自动加亮，单击图形区中的 FRONT 基准平面。

② 指定参考平面的方向：单击对话框中 方向 选框后面的 按钮，在弹出的列表中选择 底部 选项。完成这两步操作后，"草绘"对话框的显示如图 6.2.8 所示。

（4）单击对话框中的 草绘 按钮。此时系统进行草绘平面的定向，并使其与屏幕平行，如图 6.2.9 所示。从图中可看到，FRONT 基准平面现在水平放置，并且 FRONT 基准平面的橘黄色的一侧面在底部。至此，系统就进入了截面的草绘环境。

Step 3　创建特征的截面草图。

基础拉伸特征的截面草图如图 6.2.10 所示。下面将以此为例介绍特征截面草图的一般创建步骤：

（1）定义草绘参考。进入 Creo 2.0 的草绘环境后，系统将自动为草图的绘制及标注选取足够的草绘参考(如本例中，系统默认选取了 TOP 和 FRONT 基准平面作为草绘参考)。

本例中在此我们不进行操作。

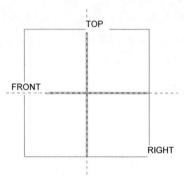

图 6.2.8　"草绘"对话框　　　　图 6.2.9　草绘平面与屏幕平行

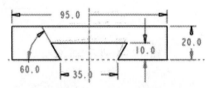

图 6.2.10　基础特征的截面草图

　　说明：在用户的草绘过程中，Creo 会自动对图形进行尺寸标注和几何约束，但系统在自动标注和约束时，必须参考一些点、线、面，这些点、线、面就是草绘参考。

　　关于 Creo 的草绘参考应注意如下几点：

- 查看当前草绘参考：在图形区中右击，在系统弹出的快捷菜单中选择 参考(R)... 选项，系统弹出"参考"对话框，在参考列表区系统列出了当前的草绘参考（该图中的两个草绘参考 FRONT 和 TOP 基准平面是系统默认选取的）。如果用户想添加其他的点、线、面作为草绘参考，可以通过在图形上直接单击来选取。

- 要使草绘截面的参考完整，必须至少选取一个水平参考和一个垂直参考，否则会出现错误警告提示。

- 在没有足够的参考来摆放一个截面时，系统会自动弹出"参考"对话框，要求用户先选取足够的草绘参考。

- 在重新定义一个缺少参考的特征时，必须选取足够的草绘参考。

"参考"对话框中的几个选项介绍如下：

- 按钮：用于为尺寸和约束选取参考。单击此按钮后，再在图形区的二维草绘图形中单击欲作为参考基准的直线（包括平面的投影直线）、点（包括直线的投影点）等目标，系统立即将其作为一个新的参考显示在"参考"列表区中。

- ▶ 剖面(X) 按钮：单击此按钮，再选取目标曲面，可将草绘平面与某个曲面的交线作为参考。

- 删除(D) 按钮：如果要删除参考，可在参考列表区选取要删除的参考名称，然后单击此按钮。

（2）设置草图环境，调整草绘区。

（3）绘制截面草图并进行标注。下面将说明创建截面草图的一般流程，在以后的章节中，当创建截面草图时，可参考这里的内容。

① 草绘截面几何图形的大体轮廓。使用 Creo 软件绘制截面草图，开始时没有必要很精确地绘制截面的几何形状、位置和尺寸，只需勾勒截面的大概形状即可。

操作提示与注意事项：

为了使草绘时图形显示得更简洁、清晰，建议先将尺寸和约束符号的显示关闭。方法如下：

a）单击"视图控制"工具栏中的 ▦ 按钮，在弹出的菜单中取消选中 □ ⊢⊣ 显示尺寸 复选框，不显示尺寸。

b）选中 ▦ 按钮中的 □ ⊥∥ 显示约束 复选框，不显示约束。

c）在 草绘 选项卡中单击"线链"命令按钮 ⟍线 ▾ 中的 ▾，再单击 ⟍ 线链 按钮，绘制图 6.2.11 所示的 8 条直线（绘制时不要太在意图中直线的大小和位置，只要大概的形状与图 6.2.11 相似就可以）。

d）单击 草绘 区域中的 ⋮中心线 ▾，绘制图 6.2.12 所示的中心线。

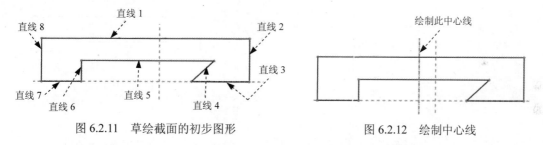

图 6.2.11　草绘截面的初步图形　　　　图 6.2.12　绘制中心线

② 编辑、修剪多余的边线。使用 编辑 区域中的"修剪"按钮 ⊱⊰ 将草图中多余的边线去掉。为了确保草图正确，建议使用 ⊢ 按钮对图形的每个交点处进行进一步的修剪处理。

③ 建立约束。操作提示如下：

a）显示约束。确认 ▦ 按钮中的 ☑ ⊥∥ 显示约束 复选框被选中。

b）删除无用的约束。在绘制草图时，系统会自动添加一些约束，而其中有些是无用的，例如在图 6.2.13a 中，系统自动添加了"竖直"约束（注意：读者绘制时，可能没有这个约束，这取决于绘制时鼠标的走向与停留的位置）。删除约束的操作方法：单击 草绘 功能选项卡 操作 ▾ 区域中的 ▸ 按钮，选取"竖直"约束，右击，在弹出的快捷菜单中选择 删除(D) 命令。

c）添加重合约束。单击 约束 ▾ 区域中的 ⊙ 按钮，然后在图 6.2.14a 所示的图形中，先单击中心线，再单击图中的基准平面边线。完成操作后，图形如图 6.2.14b 所示。

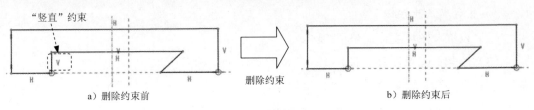

图 6.2.13 草绘截面的初步图形

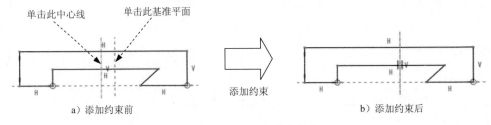

图 6.2.14 添加重合约束

d）添加对称约束。单击 约束▾ 区域中的 ⊹ 按钮，然后分别单击图 6.2.15a 所示的中心线及顶点 1 和顶点 2；再单击中心线及顶点 3 和顶点 4；接着单击中心线及顶点 5 和顶点 6，完成操作后，图形如图 6.2.15b 所示。

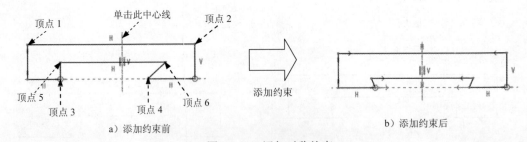

图 6.2.15 添加对称约束

④ 将尺寸修改为设计要求的尺寸。其操作提示与注意事项如下：

- 尺寸的修改往往安排在建立约束以后进行。

- 修改尺寸前要注意，如果要修改的尺寸的大小与设计目的尺寸相差太大，应该先用图元操纵功能将其"拖到"与目的尺寸相近，然后再双击尺寸，输入目的尺寸。

- 注意修改尺寸的顺序，先修改对截面外观影响不大的尺寸。

a）选中 ▦ 按钮中的 ☑ ⊣⊢ 显示尺寸 复选框，打开尺寸显示，此时图形如图 6.2.16 所示。

b）初步调整截面中的尺寸使其能观察清楚即可，此时图形如图 6.2.17 所示。

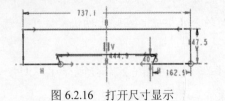

图 6.2.16 打开尺寸显示

图 6.2.17 初步调整尺寸

c）在截面中标注符合意图的尺寸，此时图形如图 6.2.18a 所示。

如图 6.2.18a 所示，双击要修改的尺寸，然后在弹出的文本框中输入正确的尺寸值，并按回车键。修改后，图形如图 6.2.18b 所示。

说明：在修改尺寸时，为防止图形变得很凌乱，要注意修改尺寸的先后顺序，先修改对截面外观影响不大的尺寸（如图 6.2.18a 所示的图形中，尺寸 67.4 是对截面外观影响不大的尺寸，所以建议先修改此尺寸）。

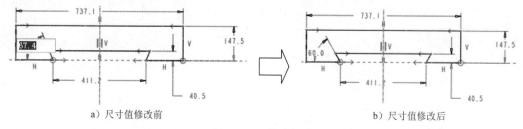

a）尺寸值修改前　　　　　　　　　　b）尺寸值修改后

图 6.2.18　修改尺寸

⑤ 调整尺寸位置。将草图的尺寸移动至适当的位置，如图 6.2.19 所示。

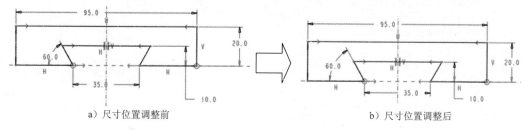

a）尺寸位置调整前　　　　　　　　　　b）尺寸位置调整后

图 6.2.19　尺寸位置调整

⑥ 将符合设计意图的"弱"尺寸转换为"强"尺寸。

作为正确的操作流程，在改变尺寸标注方式之前，应将符合设计意图的"弱"尺寸转换为"强"尺寸，以免在用户改变尺寸标注方式时，系统自动将符合设计意图的"弱"尺寸删掉。由于本例中的草图很简单，这一步操作可以省略，但在创建复杂的草图时，应该特别注意这一点。

说明：改变标注方式的操作步骤，如图 6.2.20 所示，删除原尺寸的标注，而添加新尺寸的标注。

注意：

- 不要试图先手动删除原尺寸的标注 10.0，然后添加所需的尺寸；而应先添加所需的尺寸，在系统弹出的"解决草绘"对话框中，列出了冲突的尺寸及约束。依次单击对话框中各列出项，可看到草图中的相应尺寸变红。当在对话框中单击尺寸 10.0 时，草图中的尺寸 10.0 变红，此时单击 **删除(D)** 按钮，该尺寸便被删除。

- 如果尺寸 10.0 是"弱"尺寸，则添加尺寸 10.0 后，系统会自动将尺寸 10.0 删除。

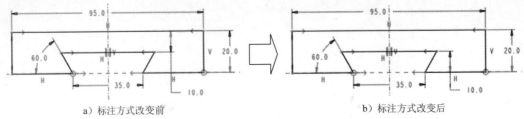

a) 标注方式改变前   b) 标注方式改变后

图 6.2.20   改变标注方式

⑦ 分析当前截面草图是否满足拉伸特征的设计要求。单击 检查▾ 区域中的"特征要求"命令 ，系统弹出图 6.2.21 所示的"特征要求"对话框，从对话框中可以看出当前的草绘截面拉伸特征的设计要求。单击 关闭 按钮以关闭"特征要求"对话框。

（4）单击草绘工具栏中的"确定"按钮 ，完成拉伸特征截面草绘，退出草绘环境。

注意：草绘"确定"按钮 的位置一般如图 6.2.22 所示。

注意：如果系统弹出图 6.2.23 所示的"未完成截面"错误提示，则表明截面不闭合或截面中有多余的线段，此时可单击 否(N) 按钮，然后修改截面中的错误，完成修改后再单击 按钮。

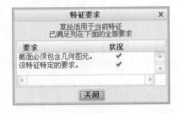   

图 6.2.21   "特征要求"对话框   图 6.2.22   "确定"按钮   图 6.2.23   "未完成截面"错误提示

绘制实体拉伸特征的截面时，应该注意如下要求：

- 截面必须闭合，截面的任何部位不能有缺口，如图 6.2.24a 所示。如果有缺口，可用命令 修剪掉，将缺口封闭。

- 截面的任何部位不能探出多余的线头，如图 6.2.24b 所示，较长的多余的线头用修剪命令 修剪掉，如果线头特别短，即使足够放大也不可见，则必须用修剪命令 修剪掉。

- 截面可以包含一个或多个封闭环，生成特征后，外环以实体填充，内环则为孔。环与环之间不能相交或相切，如图 6.2.24c 和图 6.2.24d 所示；环与环之间也不能有直线（或圆弧等）相连，如图 6.2.24e 所示。

注意：曲面拉伸特征的截面可以是开放的，但截面不能有多于一个的开放环。

4. 定义拉伸深度属性

Step 1   定义深度方向。不进行操作，采用模型中默认的深度方向。

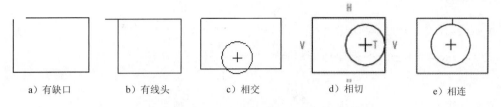

图 6.2.24　实体拉伸特征的几种错误截面

a）有缺口　　　b）有线头　　　c）相交　　　d）相切　　　e）相连

注意：按住鼠标的中键且移动鼠标，可将草图从图 6.2.25 所示的状态旋转到图 6.2.26 所示的状态，此时在模型中可看到一个黄色的箭头，该箭头表示特征拉伸的方向；当选取的深度类型为 <kbd>日</kbd>（对称深度），该箭头的方向没有太大的意义；如果为单侧拉伸，应注意箭头的方向是否为将要拉伸的深度方向。要改变箭头的方向，有如下几种方法：

方法一：在操控板中，单击深度文本框 `95.0` ▼ 后面的按钮 `%`。

方法二：将鼠标指针移至深度方向箭头上，单击。

方法三：将鼠标指针移至深度方向箭头附近，右击，选择 `反向` 命令。

方法四：将鼠标指针移至模型中的深度尺寸 95.0 上，右击，系统弹出图 6.2.27 所示的快捷菜单中选择 `反向深度方向` 命令。

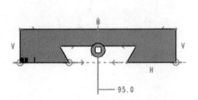

图 6.2.25　草绘平面与屏幕平行

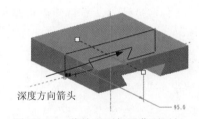

深度方向箭头

图 6.2.26　草绘平面与屏幕不平行

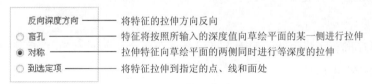

反向深度方向 —— 将特征的拉伸方向反向
〇 盲孔 —— 特征将按照所输入的深度值向草绘平面的某一侧进行拉伸
◉ 对称 —— 拉伸特征向草绘平面的两侧同时进行等深度的拉伸
〇 到选定项 —— 将特征拉伸到指定的点、线和面处

图 6.2.27　深度快捷菜单

Step 2　选取深度类型。在操控板中，选取深度类型为 <kbd>日</kbd>（即"对称拉伸"）。

Step 3　定义深度值。在深度文本框 `216.15` ▼ 中输入深度值 95.0，并按回车键。

说明：

单击操控板中的 <kbd>⊥</kbd> 按钮后的 ▼ 按钮，可以选取特征的拉伸深度类型，各选项说明如下：

● 单击按钮 <kbd>⊥</kbd>（定值，以前的版本称为"盲孔"），可以创建"定值"深度类型的特征，此时特征将从草绘平面开始，按照所输入的数值（即拉伸深度值）向特征创建的方向一侧进行拉伸。

● 单击按钮 <kbd>日</kbd>（对称），可以创建"对称"深度类型的特征，此时特征将在草绘平面两侧进行拉伸，输入的深度值被草绘平面平均分割，草绘平面两边的深度值相等。

● 单击按钮 ⊥ (到选定的)，可以创建"到选定的"深度类型的特征，此时特征将从草绘平面开始拉伸至选定的点、曲线、平面或曲面。

其他几种深度选项的相关说明：

● 当在基础特征上添加其他某些特征时，还会出现下列深度选项：

  ☑ ≡ (到下一个)：深度在零件的下一个曲面处终止。

  ☑ ⫫ (穿透)：特征在拉伸方向上延伸，直至与所有曲面相交。

  ☑ ⫫ (穿至)：特征在拉伸方向上延伸，直至与指定的曲面 (或平面) 相交。

● 使用"穿过"类选项时，要考虑下列规则：

  ☑ 如果特征要拉伸至某个终止曲面，则特征的截面草图的大小不能超出终止曲面 (或面组) 的范围。

  ☑ 如果特征应终止于其到达的第一个曲面，需使用 ≡ (到下一个) 选项，使用 ≡ 选项创建的伸出项不能终止于基准平面。

  ☑ 使用 ⊥ (到选定的) 选项时，可以选择一个基准平面作为终止面。

  ☑ 如果特征应终止于其到达的最后曲面，需使用 ⫫ (穿透) 选项。

  ☑ 穿过特征没有与伸出项深度有关的参数，修改终止曲面可改变特征深度。

● 对于实体特征，可以选择以下类型的曲面为终止面：

  ☑ 零件的某个表面，它不必是平面的。

  ☑ 基准平面，它不必平行于草绘平面。

  ☑ 一个或多个曲面组成的面组。

  ☑ 在以"装配"模式创建特征时，可以选择另一个元件的几何作为 ⊥ 选项的参考。

  ☑ 用面组作为终止曲面，可以创建与多个曲面相交的特征。这对创建包含多个终止曲面的阵列非常有用。

图 6.2.28 显示了拉伸的有效深度选项。

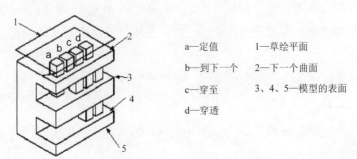

a—定值　　　　1—草绘平面
b—到下一个　　2—下一个曲面
c—穿至　　　　3、4、5—模型的表面
d—穿透

图 6.2.28　拉伸深度选项示意图

5. 完成特征的创建

Step 1 特征的所有要素被定义完毕后,单击操控板中的"预览"按钮🔗,预览所创建的特征,以检查各要素的定义是否正确。预览时,可按住鼠标中键进行旋转查看,如果所创建的特征不符合设计意图,可选择操控板中的相关项,重新定义。

Step 2 预览完成后,单击操控板中的"完成"按钮✓,完成特征的创建。

6.2.3 添加其他特征

1. 添加拉伸特征 1

在创建零件的基本特征后,可以增加其他特征。现在要添加图 6.2.29 所示的实体拉伸特征,操作步骤如下:

Step 1 单击"拉伸"命令按钮 ⬜拉伸。

Step 2 在出现的操控板中选取拉伸类型:确认"实体类型"按钮 ⬜ 被按下。

Step 3 定义截面草图。

图 6.2.29　添加拉伸特征 1

(1)在绘图区中右击,从弹出的快捷菜单中选择 定义内部草绘... 命令。

(2)定义截面草图的放置属性。

① 设置草绘平面:选取图 6.2.30 所示的模型表面为草绘平面。

② 设置草绘视图方向:采用模型中默认的黄色箭头的方向为草绘视图方向。

③ 对草绘平面进行定向。

a)指定草绘平面的参考平面。此时系统自动选取了图 6.2.30 所示的左侧表面为参考平面,在此我们可以修改参考平面。方法是:先单击"参考"后面的文本框,然后选取图 6.2.31 所示的模型表面为参考平面。

b)指定参考平面的方向:在"草绘"对话框中,选取右作为参考平面的方向。

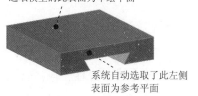

图 6.2.30　设置草绘平面

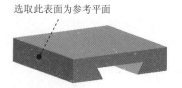

图 6.2.31　重新设置参考平面

④ 单击"草绘"对话框中的 草绘 按钮。至此,系统进入截面草绘环境。

(3)创建图 6.2.32 所示的特征截面,详细操作过程如下:

① 定义截面草绘参考。选取 RIGHT 基准平面为参考平面。

② 为了使草绘时图形显示得更清晰,先需要设置视图的显示方式:在"视图控制"

工具栏中单击 ⬜ 按钮，在弹出的菜单中选择 ⬜ 消隐 选项，切换到"不显示隐藏线"方式。

a）显示约束。确认 🔲 按钮中的 ☑ ⊥ 显示约束 复选框处于选中状态（即显示约束）。

b）绘制圆。单击"圆弧"命令按钮 ⊙ 圆，绘制图 6.2.32 所示的圆。

③ 修改图 6.2.33 所示的直径的尺寸。

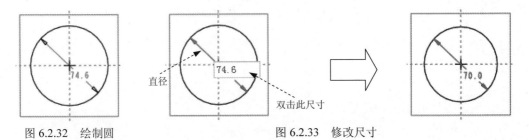

图 6.2.32　绘制圆　　　　　　　　　图 6.2.33　修改尺寸

a）显示尺寸：选中 🔲 按钮中的 ☑ |→| 显示尺寸 复选框，打开尺寸显示。

b）双击图 6.2.33 所示的尺寸 74.6，然后在弹出的文本框中输入正确的新尺寸 70.0，并按回车键。如果原尺寸 74.6 没有被改变，这种情况表明系统不允许修改该尺寸。

c）修改尺寸时要注意，如果要修改的尺寸的大小与设计目的尺寸相差太大，系统不允许修改该尺寸，应该先用图元操纵功能将其"拖到"与目的尺寸相近，然后再修改。

（4）完成截面绘制后，单击"草绘"工具栏中的"确定"按钮 ✔。

Step 4　定义拉伸深度属性。

（1）选取深度方向。采用模型中默认的的深度方向。

（2）选取深度类型。在操控板中，选取深度类型 ⊥（定值）。

（3）定义深度值。输入深度值 68.0。

Step 5　完成特征的创建。

（1）特征的所有要素被定义完毕后，单击操控板中的"预览"按钮 ∞，预览所创建的特征，以检查各要素的定义是否正确。如果所创建的特征不符合设计意图，可选择操控板中的相关项，重新定义。

（2）在操控板中，单击"完成"按钮 ✔，完成特征的创建。

注意：由上面的操作，我们知道该拉伸特征的截面几何中引用了基础特征的一条边线，这就形成了它们之间的父子关系，即该拉伸特征是基础特征的子特征。特征的父子关系很重要，父特征的删除或隐含等操作会直接影响到子特征。

2. 添加图 6.2.34 所示的拉伸特征 2

Step 1　选取特征命令。单击"拉伸"命令按钮 ⬜ 拉伸，屏幕上方出现拉伸操控板。

Step 2　定义拉伸类型。确认"实体"按钮 ⬜ 被按下。

Step 3　定义截面草图。在绘图区中右击，从弹出的快捷菜单中选择 定义内部草绘... 命令，选取 Top 基准面为草绘平面。

（3）创建图 6.2.35 所示的特征截面。

① 进入截面草绘环境后，接受系统的默认参考。

② 绘制图 6.2.35 所示的截面；完成绘制后，单击"草绘"工具栏中的"完成"按钮 ✓ 。

Step 4 定义拉伸深度属性。

（1）选取深度类型并输入深度值。在操控板中，选取深度类型 ⊥（定值），输入深度值 55.0。

（2）选取深度方向。采用模型中默认的深度方向。

Step 5 在操控板中，单击"完成"按钮 ✓ ，完成拉伸特征 2 的创建。

3. 添加图 6.2.36 所示的切削拉伸孔特征

Step 1 选取特征命令。单击"拉伸"命令按钮 拉伸，屏幕上方出现拉伸操控板。

Step 2 定义拉伸类型。确认"实体"按钮 □ 被按下，并单击操控板中的"移除材料"按钮 ◿ 。

Step 3 定义截面草图。

（1）选取命令。在绘图区中右击，从弹出的快捷菜单中选择 定义内部草绘... 命令。

（2）定义截面草图的放置属性。

定义草绘平面。选取图 6.2.36 所示的零件表面为草绘平面。

① 设置草绘视图方向：采用模型中默认的黄色箭头方向为草绘视图方向。

② 对草绘平面进行定向。

a）指定草绘平面的参考平面：选取 TOP 基准平面作为参考平面。

b）指定参考平面的方向：在对话框的"方向"下拉列表中选择 左 作为参考平面的方向。

③ 单击"草绘"对话框中的 草绘 按钮。

（3）创建图 6.2.37 所示的特征截面。

① 进入截面草绘环境后，接受系统的默认参考。

 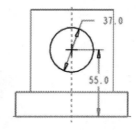 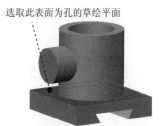

选取此表面为孔的草绘平面

图 6.2.34　添加拉伸特征 2　　　图 6.2.35　截面图形　　　图 6.2.36　添加切削拉伸特征

② 绘制、标注截面（图 6.2.37）；完成绘制后，单击"草绘"工具栏中的"完成"按钮 ✓ 。

Step 4 定义拉伸深度属性。

（1）选取深度类型并输入深度值。在操控板中，选取深度类型 ⬚⊫ （即"穿透"）。

（2）选取深度方向。单击 ⬚ 按钮，调整深度方向。

Step 5 定义去除材料的方向。一般不进行操作，采用模型中默认的去除材料方向。

Step 6 在操控板中，单击"完成"按钮 ✓，完成切削拉伸特征的创建。

4. 添加图 6.2.38 所示的切削拉伸孔特征 2

Step 1 选取特征命令。单击"拉伸"命令按钮 ⬚ 拉伸，屏幕上方出现拉伸操控板。

Step 2 定义拉伸类型。确认"实体"按钮 ⬚ 被按下，并单击操控板中的"移除材料"按钮 ⬚ 。

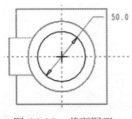

图 6.2.37 截面图形

图 6.2.38 添加切削拉伸特征 2

Step 3 定义截面草图。

（1）选取命令。在绘图区中右击，从弹出的快捷菜单中选择 定义内部草绘... 命令。

（2）定义草绘平面。选取 Top 基准平面为草绘平面。

（3）创建图 6.2.39 所示的特征截面。单击"草绘"工具栏中的"完成"按钮 ✓ 。

Step 4 定义拉伸深度属性。在操控板中，选取深度类型 ⬚⊫ （即"穿透"），单击 ⬚ 按钮。

说明： 如图 6.2.40 所示，在模型中的圆内可看到一个黄色的箭头，该箭头表示去除材料的方向。为了便于理解该箭头方向的意义，请将模型放大（操作方法是滚动鼠标的中键滑轮），此时箭头在圆内。如果箭头指向圆内，系统会将圆圈内部的材料挖除掉，圆圈外部的材料保留；如果改变箭头的方向，使箭头指向圆外，则系统会将圆圈外部的材料去掉，圆圈内部的材料保留。要改变该箭头方向，有如下几种方法：

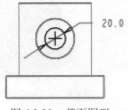

图 6.2.39 截面图形

图 6.2.40 去除材料的方向

方法一： 在操控板中，单击"薄壁拉伸"按钮 ⬚ 后面的按钮 ⬚ 。

方法二：将鼠标指针移至深度方向箭头上，单击。

方法三：将鼠标指针移至深度方向箭头上，右击，选择 反向 命令。

Step 5 在操控板中，单击"完成"按钮 ✔，完成切削拉伸特征的创建。

6.2.4　保存模型文件

1. 本例零件的保存操作

Step 1 单击"快速访问工具栏"中的按钮 🖫（或选择下拉菜单 文件▾ ➡ 🖫 保存(S) 命令），系统弹出"保存对象"对话框，文件名出现在 模型名称 文本框中。

Step 2 单击 确定 按钮。如果不进行保存操作，单击 取消 按钮。

注意："保存"模型文件时，建议用户使用现有名称，如果要修改文件的名称，选择下拉菜单 文件(F) ➡ 管理文件(F) ➡ 🗐 重命名(R) 重命名当前对象和子对象。命令来实现。

2. 文件保存操作的几条命令的说明

● "保存"。

关于"保存"文件的几点说明：

　　☑ 如果从进程中（内存）删除对象或退出 Creo 而不保存，则会丢失当前进程中的所有更改。

　　☑ Creo 在磁盘上保存模型对象时，其文件名格式为"对象名.对象类型.版本号"。例如，创建零件 base_part，第 1 次保存时的文件名为 base_part.prt.1，再次保存时版本号自动加 1，这样在磁盘中保存对象时，不会覆盖原有的对象文件。

　　☑ 新建对象将保存在当前工作目录中；如果是打开的文件，保存时，将存储在原目录中，如果 override_store_back 设置为 no（默认设置），而且没有原目录的写入许可，同时又将配置选项 save_object_in_current 设置为 yes，则此文件将保存在当前目录中。

● "保存副本"：选择下拉菜单 文件▾ ➡ 🖫 另存为(A) ➡ 🖫 保存副本(A) 保存活动窗口中对象的副本。命令，系统弹出"保存副本"对话框，可保存一个文件的副本。

关于"保存副本"的几点说明：

　　☑ "保存副本"的作用是保存指定对象文件的副本，可将副本保存到同一目录或不同的目录中，无论哪种情况都要给副本命名一个新的（唯一）名称，即使在不同的目录中"保存副本"文件，也不能使用与原始文件名相同的文件名。

　　☑ "保存副本"对话框允许 Creo 将文件输出为不同格式，以及将文件另存为图像，这也许是 Creo 设立"保存副本"命令的一个很重要的原因，也是与文件"备份"命令的主要区别所在。

● "备份"：选择下拉菜单 文件▾ ➡ 🖫 另存为(A) ➡ 🗐 保存备份(B) 将对象备份到当前目录。命令，可对一个文件进行备份。

关于文件备份的几点说明：

☑ 可将文件备份到不同的目录。

☑ 在备份目录中备份对象的修正版重新设置为 1。

☑ 必须有备份目录的写入许可，才能进行文件的备份。

☑ 如果要备份装配件、工程图或制造模型，Creo 在指定目录中保存其所有从属文件。

☑ 如果装配件有相关的交换组，备份该装配件时，交换组不保存在备份目录中。

● 文件"重命名"：选择下拉菜单 文件(F) ➡ 管理文件 (F) ➡ 重命名 (R) 重命名当前对象和子对象。命令，可对一个文件进行重命名。

关于文件"重命名"的几点说明：

☑ "重命名"的作用是修改模型对象的文件名称。

☑ 如果从非工作目录检索某对象，并重命名此对象，然后保存，它将保存到对其进行检索的原目录中，而不是当前的工作目录中。

6.3 Creo 文件操作

6.3.1 打开 Creo 文件

假设已经退出 Creo 软件，重新进入软件后，要打开文件 base_part.prt，其操作过程如下：

Step 1 设置工作目录。选择下拉菜单 文件 ▼ ➡ 管理会话(M) ▶ ➡ 选择工作目录(W) 更改工作目录。命令，将工作目录设置为 D:\creo2pd\work\ch06.03。

Step 2 选择下拉菜单 文件 ▼ ➡ 打开 (O) 命令（或单击工具栏中的按钮 📂），系统弹出图 6.3.1 所示的"文件打开"对话框。

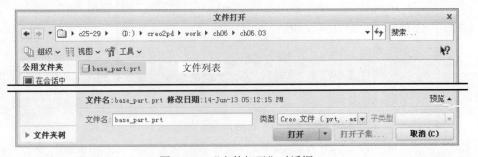

图 6.3.1 "文件打开"对话框

Step 3 通过单击"查找范围"列表框后面的按钮 ▼，找到模型文件所在的文件夹（目录）

后，在文件列表中选择要打开的文件名 base_part.prt，然后单击 打开 ▼ 按钮，即可打开文件，或者双击文件名也可打开文件。

6.3.2　拭除与删除 Creo 文件

首先说明：本节中提到的"对象"是一个用 Creo 创建的文件，例如草绘、零件模型、制造模型、装配体模型、工程图等。

1.　拭除文件

（1）从内存中拭除未显示的对象。

如果选择下拉菜单 文件 ▼ ➡ 关闭(C) 命令（或单击 视图 功能选项卡 窗口 ▼ 区域中的 按钮）关闭一个窗口，窗口中的对象便不在图形区显示，但只要工作区处于活动状态，对象仍保留在内存中，我们称这些对象为"未显示的对象"。

选择下拉菜单 文件 ▼ ➡ 管理会话(M) ➡ 拭除未显示的(D) 从此会话中移除不在窗口中的所有对象。命令后，系统弹出"拭除未显示的"对话框，在该对话框中列出未显示对象，单击 确定 按钮，所有的未显示对象将从内存中拭除，但它们不会从磁盘中删除。当参考未显示对象的装配件或工程图仍处于活动状态时，系统则不能拭除该未显示对象。

（2）从内存中拭除当前对象。

第一种情况：如果当前对象为零件、格式、布局等类型时，选择下拉菜单 文件 ▼ ➡ 管理会话(M) ➡ 拭除当前(C) 从此会话中移除活动窗口中的对象。命令，系统弹出"拭除确认"对话框，单击 是 按钮，当前对象将从内存中拭除，但它们不会从磁盘中删除。

第二种情况：如果当前对象为装配、工程图、模具等类型时，选择下拉菜单 文件 ▼ ➡ 管理会话(M) ➡ 拭除当前(C) 从此会话中移除活动窗口中的对象。命令，系统弹出"拭除"对话框，选取要拭除的关联对象后，再单击 是 按钮，则当前对象及选取的关联对象将从内存中被拭除。

2.　删除文件

（1）删除文件的旧版本。

每次选择下拉菜单 文件 ▼ ➡ 保存(S) 命令保存对象时，系统都创建对象的一个新版本，并将它写入磁盘。系统对存储的每一个版本连续编号（简称版本号），例如，对于零件文件，其格式为 base_part.prt1、base_part.prt 2、base_part.prt3 等。

注意：

● 这些文件名中的版本号（1、2、3 等），只有通过 Windows 操作系统的窗口才能看到，在 Creo 中打开文件时，在文件列表中则看不到这些版本号。

● 如果在 Windows 操作系统的窗口中还是看不到版本号，可进行这样的操作：在 Windows 窗口中选择下拉菜单 工具(T) ➡ 文件夹选项(O)... 命令（图 6.3.2），在"文件夹选项"对话框的 查看 选项卡中，选中 □ 隐藏已知文件类型的扩展名 复选框（图 6.3.3）。

使用 Creo 软件创建模型文件时（包括零件模型、装配模型、制造模型等），在最终完成模型的创建后，可将模型文件的所有旧版本删除。

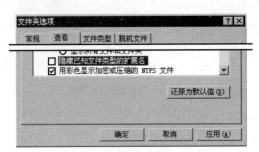

图 6.3.2　"工具"下拉菜单　　　　　图 6.3.3　"文件夹选项"对话框

选择下拉菜单 **文件▾** ➡ 管理文件(F) ➡ 命令后，系统弹出图 6.3.4 所示的对话框，单击 ✔ 按钮（或按回车键），系统就会将对象的除最新版本外的所有版本删除。

输入其旧版本要被删除的对象

base_part.prt ✔ ✕

图 6.3.4　"删除文件的旧版本"对话框

例如：假设基座零件（文件名为 base_part.prt）已经完成，选择下拉菜单 **文件▾** ➡ 管理文件(F) ➡ **删除旧版本(O)** 删除指定对象除是高版本号以外的所有版本。命令，即可删除其旧版本文件。

（2）删除文件的所有版本。

在设计完成后，可将没有用的模型文件的所有版本删除。

选择下拉菜单 **文件▾** ➡ 管理文件(F) ➡ **删除所有版本(A)** 从磁盘删除指定对象的所有版本。命令后，系统弹出警告对话框，单击 **是(T)** 按钮，系统就会删除当前对象的所有版本。如果选择删除的对象是族表的一个实例，则实例和普通模型都不能被删除；如果选择删除的对象是普通模型，则将删除此普通模型。

6.4　模型的显示控制

在学习本节时，请先将工作目录设置为 D:\creo2pd\work\ch06.04，然后打开模型文件 orient.prt。

6.4.1　模型的几种显示方式

在 Creo 软件中，模型有 5 种显示方式（图 6.4.1），单击图 6.4.2 所示的 **视图** 功能选项卡 **模型显示** 区域中的"显示样式"按钮 🔲，在弹出的菜单中选择相应的显示样式，可以切换模型的显示方式。

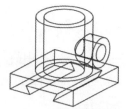
a）线框显示方式

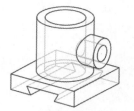
b）隐藏线显示方式

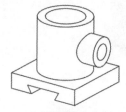
c）消隐显示方式

d）着色显示方式

e）带边着色显示方式

图 6.4.1　模型的 5 种显示方式

- ⬚ 线框 显示方式：模型以线框形式显示，模型所有的边线显示为深颜色的实线，如图 6.4.1a 所示。

- ⬚ 隐藏线 显示方式：模型以线框形式显示，可见的边线显示为深颜色的实线，不可见的边线显示为虚线（在软件中显示为灰色的实线），如图 6.4.1b 所示。

- ⬚ 消隐 显示方式：模型以线框形式显示，可见的边线显示为深颜色的实线，不可见的边线被隐藏起来（即不显示），如图 6.4.1c 所示。

- ⬚ 着色 显示方式：模型表面为灰色，部分表面有阴影感，所有边线均不可见，如图 6.4.1d 所示。

- ⬚ 带边着色 显示方式：模型表面为灰色，部分表面有阴影感，高亮显示所有边线，如图 6.4.1e 所示。

6.4.2　模型的移动、旋转与缩放

用鼠标可以控制图形区中的模型显示状态：

- 滚动鼠标中键，可以缩放模型：向前滚，模型缩小；向后滚，模型变大。
- 按住鼠标中键，移动鼠标，可旋转模型。
- 先按住 Shift 键，然后按住鼠标中键，移动鼠标可移动模型。

注意：采用以上方法对模型进行缩放和移动操作时，只是改变模型的显示状态，而不能改变模型的真实大小和位置。

6.4.3　模型的定向

1. 关于模型的定向

利用模型"定向"功能可以将绘图区中的模型定向在所需的方位。例如在图 6.4.2 中，

6
Chapter

方位 1 是模型的默认方位，方位 2 是在方位 1 基础上将模型旋转一定的角度而得到的方位，方位 3、4、5 属于正交方位（这些正交方位常用于模型工程图中的视图）。可单击 视图 功能选项卡 方向 ▼ 区域中的 重定向 按钮（或单击"视图控制"工具栏中的 按钮，然后在弹出的菜单中单击 重定向⑩... 按钮），打开"方向"对话框，通过该对话框对模型进行定向。

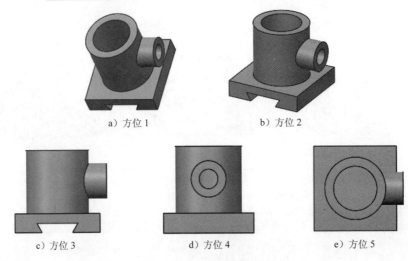

a）方位 1　　　　　　　　　b）方位 2

c）方位 3　　　　d）方位 4　　　　e）方位 5

图 6.4.2　模型的几种方位

2. 模型定向的一般方法

常用的模型定向的方法为"参考定向"。这种定向方法的原理是：在模型上选取两个正交的参考平面，然后定义两个参考平面的放置方位。例如在图 6.4.3 中，如果能够确定模型上表面 1 和表面 2 的放置方位，则该模型的空间方位就能完全确定。参考的放置方位有如下几种（图 6.4.4）：

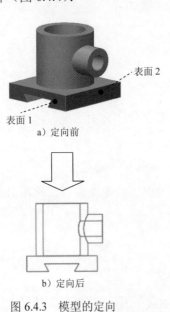

表面 2

表面 1

a）定向前

b）定向后

图 6.4.3　模型的定向

图 6.4.4　"方向"对话框

- 前：使所选取的参考平面与显示器的屏幕平面平行，方向朝向屏幕前方，即面对操作者。
- 后面：使参考平面与屏幕平行且朝向屏幕后方，即背对操作者。
- 上：使参考平面与显示器屏幕平面垂直，方向朝向显示器的上方，即位于显示器上部。
- 下：使参考平面与屏幕平面垂直，方向朝下，即位于屏幕下部。
- 左：使参考平面与屏幕平面垂直，方向朝左。
- 右：使参考平面与屏幕平面垂直，方向朝右。
- 竖直轴：选择该选项后，需选取模型中的某个轴线，系统将使该轴线竖直（即垂直于地平面）放置，从而确定模型的放置方位。
- 水平轴：选择该选项，系统将使所选取的轴线水平（即平行于地平面）放置，从而确定模型的放置方位。

3. 动态定向

在"方向"对话框的 类型 下拉列表中选择 动态定向 选项，系统显示"动态定向"对话框，如图 6.4.5 所示，移动界面中的滑块，可以方便地对模型进行移动、旋转与缩放。

4. 定向的优先选项

选择 类型 下拉列表中的 首选项 选项，在弹出的图 6.4.6 所示的对话框中，可以选择模型的旋转中心和模型默认的方向。模型默认的方向可以是"斜轴测"或"等轴测"，也可以由用户定义。在工具栏中单击 ⅗ 按钮，可以控制模型上是否显示旋转符号（模型上的旋转中心符号如图 6.4.7 所示）。

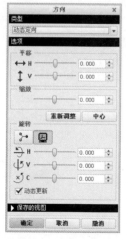

图 6.4.5　"动态定向"界面

图 6.4.6　"首选项"界面

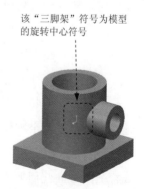

该"三脚架"符号为模型的旋转中心符号

图 6.4.7　模型的旋转中心符号

5. 模型视图的保存

模型视图一般包括模型的定向和显示大小。当将模型视图调整到某种状态后（即某个方位和显示大小），可以将这种视图状态保存起来，以便以后直接调用。

6. 模型定向的举例

下面介绍图 6.4.3 中模型定向的操作过程：

Step 1 单击视图工具栏中的 按钮，然后在弹出的菜单中单击 重定向(0)... 按钮。

Step 2 确定参考 1 的放置方位。

（1）采用默认的方位 前 作为参考 1 的方位。

（2）选取模型的表面 1 作为参考 1。

Step 3 确定参考 2 的放置方位。

（1）在下拉列表中选择 右 作为参考 2 的方位。

（2）选取模型的表面 2 作为参考 2，此时系统立即按照两个参考所定义的方位重新对模型进行定向。

Step 4 完成模型的定向后，可将其保存起来以便下次能方便地调用。保存视图的方法是：在对话框中的 名称 文本框中输入视图名称 VIE20，然后单击 保存 按钮。

6.5 Creo 模型树的介绍、操作与应用

6.5.1 关于模型树

图 6.5.1 所示为 Creo 的模型树，在新建或打开一个文件后，它一般会出现在屏幕的左侧。如果看不见这个模型树，可在导航选项卡中单击"模型树"标签 ，如果此时显示的是"层树"，可选择导航选项卡中的

 ➡ 模型树(M)命令。

模型树以树的形式列出了当前活动模型中的所有特征或零件，根（主）对象显示在树的顶部，从属对象（零件或特征）位于其下。在零件模型中，模型树列表的顶部是零件名称，零件名称下方是每个特征的名称；在装配体模型中，模型树列表的顶部是总装配，总装配下是各子装配和零件，每个子装配下方则是该子装配中各个零件的名称，每个零件的下方是零件中

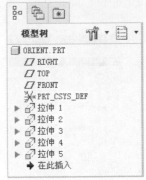

图 6.5.1 模型树

各个特征的名称。模型树只列出当前活动的零件或装配模型的零件级与特征级对象，不列出组成特征的截面几何要素（如边、曲面、曲线等）。例如，一个基准点特征包含多个基准点图元，模型树中则只列出基准点特征名。

如果打开了多个 Creo 窗口，则模型树内容只反映当前活动文件（即活动窗口中的模型文件）。

6.5.2 模型树界面介绍

模型树的操作界面及各下拉菜单命令功能如图 6.5.2 所示。

注意：选择模型树下拉菜单 中的 保存设置文件(S)... 命令，可将模型树的设置保存在一个.cfg 文件中，并可重复使用，提高工作效率。

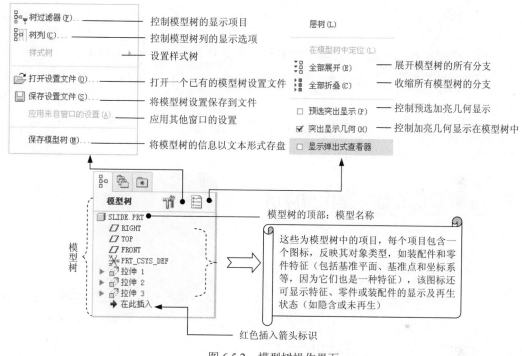

图 6.5.2　模型树操作界面

6.5.3 模型树的作用与操作

1. 控制模型树中项目的显示

在模型树操作界面中，选择 树过滤器(F)...命令，通过该对话框可控制模型中各类项目是否在模型树中显示。

2. 模型树的作用

（1）在模型树中选取对象。可以从模型树中选取要编辑的特征或零件对象。当要选取的特征或零件在图形区的模型中不可见时，此方法尤为有用。当要选取的特征和零件在模型中禁止选取时，仍可在模型树中进行选取操作。

注意：Creo 的模型树中不列出特征的草绘几何（图元），所以不能在模型树中选取特征的草绘几何。

（2）在模型树中使用快捷命令。右击模型树中的特征名或零件名，可打开一个快捷

6 Chapter

菜单，从中可选择相对于选定对象的特定操作命令。

（3）在模型树中插入定位符。"模型树"中有一个带红色箭头的标识，该标识指明在创建特征时特征的插入位置。默认情况下，它的位置总是在模型树列出的所有项目的最后。可以在模型树中将其上下拖动，将特征插入到模型中的其他特征之间。将插入符移动到新位置时，插入符后面的项目将被隐含，这些项目将不在图形区的模型上显示。

6.5.4　模型搜索

利用"模型搜索"功能可以在模型中按照一定的规则搜索、过滤和选取项目，这对于较复杂的模型尤为重要。单击 工具 功能选项卡 调查 ▾ 区域中的"查找"按钮 ，系统弹出"搜索工具"对话框，通过该对话框可以设定某些规则来搜索模型。执行搜索后，满足搜索条件的项目将会在"模型树"窗口中加亮显示。如果选中了 ✔ 突出显示几何 (H) 命令，对象也会在图形区中加亮显示。

6.6　Creo 层的介绍、操作与应用

6.6.1　关于 Creo 的层

Creo 提供了一种有效组织模型和管理诸如基准线、基准平面、特征和装配中的零件等要素的手段，这就是"层（Layer）"。通过层，可以对同一个层中的所有共同的要素进行显示、隐藏和选择等操作。在模型中，想要多少层就可以有多少层。层中还可以有层，也就是说，一个层还可以组织和管理其他许多的层。通过组织层中的模型要素并用层来简化显示，可以使很多任务流水线化，并可提高可视化程度，极大地提高工作效率。

层显示状态与其对象一起局部存储，这意味着在当前 Creo 工作区改变一个对象的显示状态，不影响另一个活动对象的相同层的显示，然而装配中层的改变或许会影响到低层对象（子装配或零件）。

6.6.2　进入层的操作界面

有两种方法可进入层的操作界面：

方法一： 在导航选项卡中选择 ▾ ➡ 层树 (L) 命令，即可进入"层"的操作界面。

方法二： 单击 视图 功能选项卡 可见性 区域中的"层"按钮 ，也可进入"层"的操作界面。

通过该操作界面可以操作层、层的项目及层的显示状态。

注意： 使用 Creo 时，如果正在进行其他命令操作（例如正在进行伸出项拉伸特征的

创建），可以同时使用"层"命令，以便可按需要操作层显示状态或层关系，而不必退出正在进行的命令再进行"层"操作。"层"的操作界面反映了"基座"零件（base_part）中层的状态，由于创建该零件时使用 PTC 公司提供的零件模板 `mmns_part_solid`，该模板提供了这些预设的层。

进行层操作的一般流程：

Step 1 选取活动层对象（在零件模式下无须进行此步操作）。

Step 2 进行"层"操作，比如创建新层、向层中增加项目、设置层的显示状态等。

Step 3 保存状态文件（可选）。

Step 4 保存当前层的显示状态。

Step 5 关闭"层"操作界面。

6.6.3 选取活动层对象

在一个总装配（组件）中，总装配和其下的各级子装配及零件下都有各自的层树，所以在装配模式下，在进行层操作前，要明确是在哪一级的模型中进行层操作，要在其上面进行层操作的模型称为"活动层对象"。为此，在进行有关层的新建、删除等操作之前，必须先选取活动层对象。

注意：在零件模式下，不必选取活动层对象，当前工作的零件自然就是活动层对象。

例如打开随书光盘中\creo2pd\work\ch06.06 目录下的一个名为 valve_asm.asm 的装配，该装配的层树。现在如果希望在零件 valve_body.prt.1 上进行层操作，需将该零件设置为"活动层对象"，其操作方法如下：

Step 1 在层操作界面中，单击 `VALVE_ASM.ASM（顶级模型，活动的）` 后的 按钮。

Step 2 系统弹出模型列表，从该列表中选取 VALVE_BODY.PRT 零件。

6.6.4 创建新层

创建新层的步骤如下：

Step 1 在层的操作界面中，选择 ➡ 新建层(N)... 命令。

Step 2 完成上步操作后，系统弹出"层属性"对话框。

（1）在 名称: 后面的文本框内输入新层的名称（也可以接受默认名）。

注意：层是以名称来识别的，层的名称可以用数字或字母数字的形式表示，最多不能超过 31 个字符。在层树中显示层时，首先是数字名称层排序，然后是字母数字名称层排序。字母数字名称的层按字母排序。不能创建未命名的层。

（2）在 层Id: 后面的文本框内输入"层标识"号。层的"标识"的作用是当将文件输出到不同格式（如 IGES）时，利用其标识，可以识别一个层。一般情况下可以不输入标识号。

（3）单击 **确定** 按钮。

6.6.5 在层中添加项目

层中的内容，如基准线、基准平面等，称为层的"项目"。向一个层中添加项目的方法如下：

Step 1 在"层树"中，单击一个欲向其中添加项目的层，然后右击，在系统弹出的快捷菜单中选择 **层属性...** 命令，此时系统弹出"层属性"对话框。

Step 2 向层中添加项目。首先确认对话框中的 **包括...** 按钮被按下，然后将鼠标指针移至图形区的模型上，可看到当鼠标指针接触到基准平面、基准轴、坐标系、伸出项特征等项目时，其颜色会发生变化，此时单击该项目，就会将其添加到该层中。

Step 3 如果要将项目从层中排除，可单击对话框中的 **排除...** 按钮，然后在项目列表框中单击要移除的项目。

Step 4 如果要将项目从层中完全删除，先选取项目列表中的相应项目，单击 **移除** 按钮。

Step 5 单击 **确定** 按钮，关闭"层属性"对话框。

6.6.6 设置层的隐藏

可以将某个层设置为"隐藏"状态，这样层中项目（如基准曲线、基准平面）在模型中将不可见。层的"隐藏"也叫层的"遮蔽"，设置的方法一般如下：

Step 1 在图 6.6.1 所示的"层树"中，选取要设置显示状态的层，右击，系统弹出的快捷菜单中选择 **隐藏** 命令。

Step 2 单击视图工具栏中的"重画"按钮，可以在模型上看到"隐藏"层的变化效果。

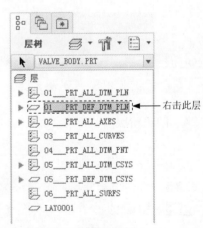

图 6.6.1 模型的层树

6.6.7 层树的显示与控制

单击层操作界面中的 下拉菜单，可对层树中的层进行展开、收缩等操作。

6.6.8 关于系统自动创建层

在 Creo 中，当创建某些类型的特征（如曲面特征、基准特征等）时，系统会自动创建新层，新层中包含所创建的特征或该特征的部分几何元素，以后如果创建相同类型的特征，系统会自动将该特征（或其部分几何元素）加入相应的层中。例如，在用户创建了一个基准平面 DTM1 特征后，系统会自动在层树中创建名为 DATUM 的新层，该层中包含刚创建的基准平面 DTM1 特征，以后如果创建其他的基准平面，系统会自动将其放入 DATUM 层中；又如，在用户创建旋转特征后，系统会自动在层树中创建名为 AXIS 的新层，该层中包含刚创建的旋转特征的中心轴线，以后用户创建含有基准轴的特征（截面中含有圆或圆弧的拉伸特征中均包含中心轴几何）或基准轴特征时，系统会自动将它们放入 AXIS 层中。

　　注意：对于其二维草绘截面中含有圆弧的拉伸特征，须在系统配置文件 config.pro 中将选项 show_axes_for_extr_arcs 的值设为 yes，图形区的拉伸特征中才显示中心轴线，否则不显示中心轴线。

6.6.9　将模型中层的显示状态与模型文件一起保存

　　将模型中的各层设为所需要的显示状态后，只有将层的显示状态先保存起来，模型中层的显示状态才能随模型的保存而与模型文件一起保存，否则下次打开模型文件后，以前所设置的层的显示状态会丢失。保存层的显示状态的操作方法是，选择层树中的任意一个层，右击，从弹出的图 6.6.2 所示的快捷菜单中选择 保存状况 命令。

　　注意：

●　在没有改变模型中的层的显示状态时，保存状况 命令是灰色的。

●　如果没有对层的显示状态进行保存，则在保存模型文件时，系统会在屏幕下部的信息区提示 ⚠警告：层显示状况未保存.，如图 6.6.3 所示。

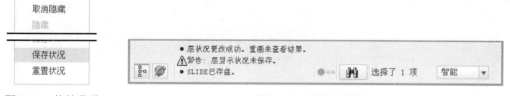

图 6.6.2　快捷菜单　　　　　　　　　　图 6.6.3　信息区的提示

6.7　零件材料与单位的设置

6.7.1　概述

　　在零件模块中，选择下拉菜单 文件 ➡ 准备(R) ➡ 模型属性(I) 编辑模型属性.命令，系统弹出 "模型属性" 对话框，通过该对话框可以定义基本的数据库输入值，如材料类型、零件精度和度量单位等。

6.7.2　零件材料的设置

下面说明设置零件材料属性的一般操作步骤：

Step **1**　定义新材料。

（1）进入 Creo 系统，随便创建一个零件。

（2）选择下拉菜单 **文件 ▾** ➡ 准备 (R) ➡ 模型属性 (I) 编辑模型属性. 命令。

（3）在"模型属性"对话框中，选择 材料 ➡ 材料 ➡ 更改 命令，系统弹出
"材料"对话框。

（4）在"材料"对话框中单击"创建新材料"按钮 ，系统弹出"材料定义"对
话框。

（5）在"材料定义"对话框的 名称 文本框中，先输入材料名称 45steel；然后在其
他各区域分别填入材料的一些属性值，如 说明 、泊松比 和 杨氏模量 等，再单击 保存到模型
按钮。

Step **2**　将定义的材料写入磁盘有两种方法。

方法一：

在"材料定义"对话框中，单击 保存到库... 按钮。

方法二：

（1）在"材料"对话框的 模型中的材料 列表中选取要写入的材料名称，比如 45steel。

（2）在"材料"对话框中单击"保存选定材料的副本"按钮 ，系统弹出"保存副
本"对话框。

（3）在"保存副本"对话框的 新名称 文本框中，输入材料文件的名称，然后单击
确定 按钮，材料将被保存到当前的工作目录中。

Step **3**　为当前模型指定材料。

（1）新建一个零件模型文件。

（2）选择下拉菜单 **文件 ▾** ➡ 准备 (R) ➡ 模型属性 (I) 编辑模型属性. 命令。

（3）在"模型属性"对话框中，选择 材料 ➡ 材料 ➡ 更改 命令，系统弹出
"材料"对话框。

（4）找到并选中上步新定义的材料（如图 6.7.1 所示），在"材料"对话框中单击"将
材料指定给模型"按钮 ，此时材料名称 45steel 被放置到 模型中的材料 列表中。

（5）在"材料"对话框中单击 确定 按钮。

6.7.3　零件单位的设置

每个模型都有一个基本的米制和非米制单位系统，以确保该模型的所有材料属性保持测量和定义的一贯性。Creo 提供了一些预定义单位系统，其中一个是默认单位系统。用户还可以定义自己的单位和单位系统（称为定制单位和定制单位系统）。在进行一个产品的设计前，应该使产品中各元件具有相同的单位系统。

图 6.7.1　"材料"对话框

选择下拉菜单 文件▾ ➡ 准备(R) ➡ 模型属性(I)编辑模型属性.命令，在弹出的"模型属性"对话框中选择 材料 ➡ 单位 ➡ 更改 命令，可以设置、创建、更改、复制或删除模型的单位系统。

如果要对当前模型中的单位制进行修改，可参考下面的操作方法进行：

Step 1　在"零件"或"装配"环境中，选择下拉菜单 文件▾ ➡ 准备(R) ➡ 模型属性(I)编辑模型属性.命令，在弹出的"模型属性"对话框中选择 材料 ➡ 单位 ➡ 更改 命令。

Step 2　系统弹出图 6.7.2 所示的"单位管理器"对话框，在 单位制 选项卡中，红色箭头指向当前模型的单位系统，用户可以选择列表中任何一个单位系统或创建自定义的单位系统。选择一个单位系统后，在 说明 区域会显示所选单位系统的描述。

图 6.7.2　"单位管理器"对话框

Step 3　如果要对模型应用其他的单位系统，则须先选取某个单位系统，然后单击 设置... 按钮，此时系统会弹出图 6.7.3 所示的"更改模型单位"对话框，选中其中一个单选项，然后单击 确定 按钮。

Step 4　完成对话框操作后，单击 关闭 按钮。

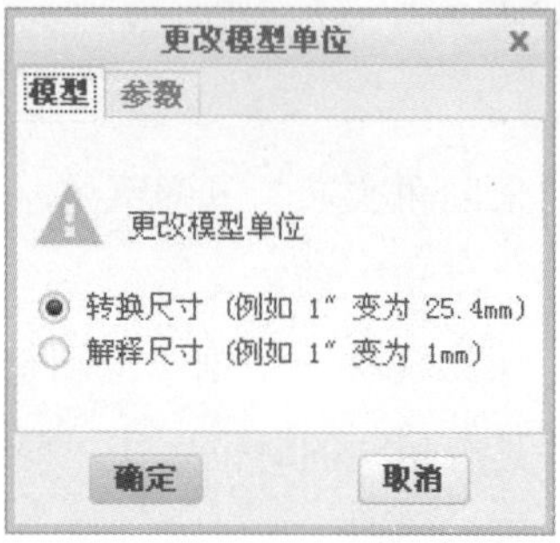

图 6.7.3　"更改模型单位"对话框

6.8　特征的编辑与编辑定义

6.8.1　特征的编辑

特征的编辑也叫特征的修改，即对特征的尺寸和尺寸的相关修饰元素进行修改，下面介绍其操作方法。

1. 进行特征编辑状态的两种方法

方法一：从模型树选择编辑命令，然后进行特征的编辑。

举例说明如下：

Step 1　选择下拉菜单 **文件 ▾** ➡ 管理会话(M) ▶ ➡ 选择工作目录(D) 更改工作目录。命令，将工作目录设置为 D:\creo2pd\work\ch06.08。

Step 2　选择下拉菜单 **文件 ▾** ➡ 打开(O) 命令，打开文件 base_part.prt。

Step 3　在零件（base_part）的模型树中（如果看不到模型树，选择导航区中的 📋 ▾ ➡ 模型树(M) 命令），单击要编辑的特征，然后右击，在快捷菜单中选择 编辑 命令，此时该特征的所有尺寸都显示出来，以便进行编辑。

方法二：双击模型中的特征，然后进行特征的编辑。

这种方法是直接在图形区的模型上双击要编辑的特征，此时该特征的所有尺寸也都会显示出来。对于简单的模型，这是修改特征的一种常用方法。

2. 编辑特征尺寸值

通过上述方法进入特征的编辑状态后，如果要修改特征的某个尺寸值，方法如下：

Step 1　在模型中双击要修改的特征的某个尺寸。

Step 2　在弹出的图 6.8.1 所示的文本框中输入新的尺寸，并按回车键。

说明：编辑特征的尺寸后，如果模型没有发生变化，用户可进行"再生"操作，这样修改后的尺寸才会重新驱动模型。方法是单击 模型 功能选项卡 操作 ▾ 区域中的 🔁 按钮。

3. 修改特征尺寸的修饰

进入特征的编辑状态后，如果要修改特征的某个尺寸的修饰，其一般操作过程如下：

Step 1 在模型中单击要修改其修饰的某个尺寸。

Step 2 右击，在弹出的图 6.8.2 所示的快捷菜单中选择 属性... 命令，此时系统弹出 "尺寸属性" 对话框。

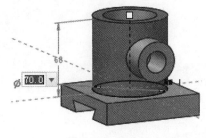

图 6.8.1 修改尺寸

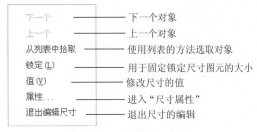

图 6.8.2 快捷菜单

Step 3 可以在 "尺寸属性" 对话框中的 属性 选项卡、显示 选项卡以及 文本样式 选项卡中进行相应修饰项的设置修改。

6.8.2 查看零件信息及特征父子关系

在模型树中选择某个特征，然后右击，选择菜单中的 信息 命令，系统将显示图 6.8.3 所示的子菜单，通过该菜单可查看所选特征的信息、零件的信息和所选特征与其他特征间的父子关系。在图 6.8.4 所示为基座零件（base_part）中基础拉伸特征与其他特征的父子关系信息对话框。

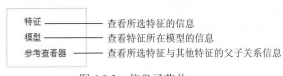

图 6.8.3 信息子菜单

6.8.3 删除特征

在模型树中选择某个特征，然后右击，在菜单中选择 删除 命令，可删除所选的特征。如果要删除的特征有子特征，例如要删除基座（base_part）中的基础拉伸特征（图 6.8.5），系统将弹出图 6.8.6 所示的 "删除" 对话框，同时系统在模型树上加亮该拉伸特征的所有子特征。如果单击对话框中的 确定 按钮，则系统删除该拉伸特征及其所有子特征。

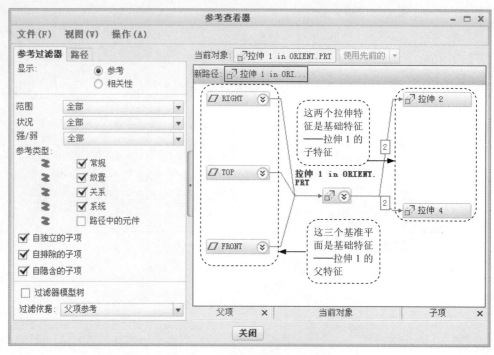

图 6.8.4 "参考查看器" 对话框

图 6.8.5 模型树

图 6.8.6 "删除" 对话框

6.8.4 特征的隐含与隐藏

1. 特征的隐含（Suppress）与恢复隐含（Resume）

在菜单中选择 隐含 命令，即可"隐含"所选取的特征。"隐含"特征就是将特征从模型中暂时删除。如果要"隐含"的特征有子特征，子特征也会一同被"隐含"。类似地，在装配模块中，可以"隐含"装配体中的元件。隐含特征的作用如下：

● 隐含某些特征后，用户可更专注于当前工作区域。

● 隐含零件上的特征或装配体中的元件可以简化零件或装配模型，减少再生时间，加速修改过程和模型显示速度。

● 暂时删除特征（或元件）可尝试不同的设计迭代。

一般情况下，特征被"隐含"后，系统不在模型树上显示该特征名。如果希望在模型

树上显示该特征名，可以在导航选项卡中选择 🔽 ➡ 🔹 树过滤器(F)... 命令，系统弹出
"模型树项"对话框，选中该对话框中的 ☑ 隐含的对象 复选框，然后单击 确定 按钮，这样
被隐含的特征名就会显示在模型树中，注意被隐含的特征名前有一个填黑的小正方形标
记，如图 6.8.7 所示。

　　如果想要恢复被隐含的特征，可在模型树中右击隐含特征名，再在弹出的快捷菜单中
选择恢复命令，如图 6.8.8 所示。

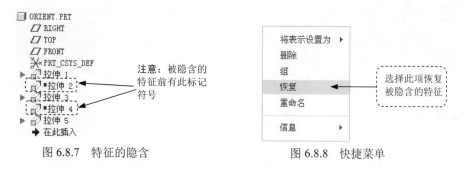

图 6.8.7　特征的隐含　　　　　　　　　　图 6.8.8　快捷菜单

2. 特征的隐藏（Hide）与取消隐藏（Unhide）

　　在基座零件（base_part）的模型树中，右击某些基准特征名（如 TOP 基准平面），从
弹出的图 6.8.9 所示的快捷菜单中选择 隐藏 命令，即可"隐藏"该基准特征，也就是在零
件上看不见此特征，这种功能相当于层的隐藏功能。

　　如果想要取消被隐藏的特征，可在模型树中右击隐藏特征名，再在弹出的快捷菜单中
选择 取消隐藏 命令，如图 6.8.10 所示。

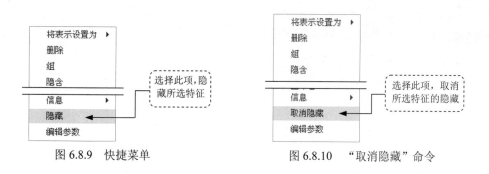

图 6.8.9　快捷菜单　　　　　　　　　　图 6.8.10　"取消隐藏"命令

6.8.5　特征的编辑定义

　　当特征创建完毕后，如果需要重新定义特征的属性、截面的形状或特征的深度选项，
就必须对特征进行"编辑定义"，也叫"重定义"。下面以基座（base_part）的拉伸特征为
例说明其操作方法：

　　在基座（base_part）的模型树中，右击"拉伸 1"特征，再在弹出的快捷菜单中选择
编辑定义 命令，此时系统弹出操控板界面，按照图中所示的操作方法，可重新定义该特征

的所有元素。

1. 重定义特征的属性

在操控板中重新选定特征的深度类型、深度值及拉伸方向等属性。

2. 重定义特征的截面

Step 1 在操控板中单击 放置 按钮，然后在弹出的界面中单击 编辑... 按钮（或者在绘图区中右击，从弹出的快捷菜单中选择 编辑内部草绘... 命令）。

Step 2 此时系统进入草绘环境，单击 草绘 功能选项卡 设置 ▾ 区域中的 ⬚ 按钮，系统会弹出"草绘"对话框。

Step 3 此时系统将加亮原来的草绘平面，用户可选取其他平面作为草绘平面，并选取方向。也可通过单击 使用先前的 按钮，来选择前一个特征的草绘平面及参考平面。

Step 4 选取草绘平面后，系统加亮原来的草绘平面的参考平面，此时可选取其他平面作为参考平面，并选取方向。

Step 5 完成草绘平面及其参考平面的选取后，系统再次进入草绘环境，可以在草绘环境中修改特征草绘截面的尺寸、约束关系、形状等。修改完成后，单击"完成"按钮 ✔ 。

6.9 多级撤消/重做功能

在所有对特征、组件和制图的操作中，如果错误地删除、重定义或修改了某些内容，只需一个简单的"撤消"操作就能恢复原状。下面以一个例子进行说明：

说明：系统配置文件 config.pro 中的配置选项 general_undo_stack_limit 可用于控制撤消或重做操作的次数，默认及最大值为 50。

Step 1 新建一个零件，将其命名为 Undo_op。

Step 2 创建图 6.9.1 所示的拉伸特征。

Step 3 创建图 6.9.2 所示的切削拉伸特征。

图 6.9.1　拉伸特征　　　　图 6.9.2　切削特征

Step 4 删除上步创建的切削拉伸特征，然后单击工具栏中的 ↶ （撤消）按钮，则刚刚被删除的切削拉伸特征又恢复回来了；如果再单击工具栏中的 ↷ （重做）按钮，恢复的切削拉伸特征又被删除了。

6.10 旋转特征

6.10.1 关于旋转特征

如图 6.10.1 所示，旋转（Revolve）特征是将截面绕着一条中心轴线旋转而形成的形状特征。注意旋转特征必须有一条绕其旋转的中心线。

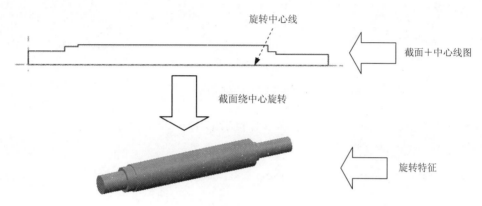

旋转中心线

截面+中心线图

截面绕中心旋转

旋转特征

图 6.10.1　旋转特征示意图

要创建或重新定义一个旋转特征，可按下列操作顺序给定特征要素：

定义截面放置属性（包括草绘平面、参考平面和参考平面的方向）→绘制旋转中心线→绘制特征截面→确定旋转方向→输入旋转角。

6.10.2 旋转特征的一般创建过程

下面说明创建旋转特征的详细过程：

Task1. 新建文件

新建一个零件，文件名为 shaft，使用零件模板 mmns_part_solid 。

Task2. 创建如图 6.10.1 所示的实体旋转特征

Step 1　选取特征命令。单击 模型 功能选项卡 形状 ▼ 区域中的 旋转 按钮。

Step 2　定义旋转类型。完成上步操作后，弹出操控板，该操控板反映了创建旋转特征的过程及状态。在操控板中单击"实体类型"按钮 □ （默认选项）。

Step 3　定义特征的截面草图。

（1）在操控板中单击 放置 按钮，然后在弹出的界面中单击 定义... 按钮，系统弹出"草绘"对话框。

6 Chapter

（2）定义截面草图的放置属性。选取 RIGHT 基准平面为草绘平面，采用模型中默认的方向为草绘视图方向；选取 TOP 基准平面为参考平面，方向为 左 ；单击对话框中的 草绘 按钮。

（3）系统进入草绘环境后，绘制图 6.10.2 所示的旋转特征截面草图。

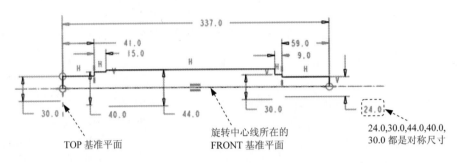

图 6.10.2　截面草图

说明：本例接受系统默认的 TOP 基准平面和 FRONT 基准平面为草绘参考。

旋转特征截面绘制的规则：

● 旋转截面必须有一条中心线，围绕中心线旋转的草图只能绘制在该中心线的一侧。

● 若草绘中使用的中心线多于一条，Creo 将自动选取草绘的第一条中心线作为旋转轴，除非用户另外选取。

● 实体特征的截面必须是封闭的，而曲面特征的截面则可以不封闭。

① 单击 草绘 选项卡 基准 区域中的 中心线 按钮，在 FRONT 基准平面所在的线上绘制一条旋转中心线（图 6.10.2）。

② 绘制绕中心线旋转的封闭几何；按图中的要求，标注、修改、整理尺寸；完成特征截面后，单击"确定"按钮 ✔ 。

Step 4 定义旋转角度参数。在操控板中，选取旋转角度类型 （即草绘平面以指定的角度值旋转），再在角度文本框中输入角度值 360.0，并按回车键。

说明：单击操控板中的按钮 后的 ▼ 按钮，可以选取特征的旋转角度类型，各选项说明如下：

● 单击 按钮，特征将从草绘平面开始按照所输入的角度值进行旋转。

● 单击 按钮，特征将在草绘平面两侧分别从两个方向以输入角度值的一半进行旋转。

● 单击 按钮，特征将从草绘平面开始旋转至选定的点、曲线、平面或曲面。

Step 5 完成特征的创建。单击操控板中的 ✔ 按钮。至此，图 6.10.1 所示的旋转特征已创建完成。

6.11　倒角特征

构建特征是这样一类特征，它们不能单独生成，而只能在其他特征上生成。构建特征包括倒角特征、圆角特征、孔特征、修饰特征等。本节主要介绍倒角特征。

6.11.1　关于倒角特征

倒角（Chamfer）命令位于 模型 功能选项卡 工程 ▼ 区域中（图 6.11.1），倒角分为以下两种类型：

- 边倒角：边倒角是在选定边处截掉一块平直剖面的材料，以在共有该选定边的两个原始曲面之间创建斜角曲面（图 6.11.2）。

- 拐角倒角：拐角倒角是在零件的拐角处去除材料（图 6.11.3）。

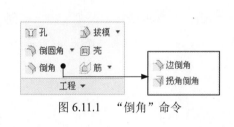
图 6.11.1　"倒角"命令

图 6.11.2　边倒角

图 6.11.3　拐角倒角

6.11.2　简单倒角特征的一般创建过程

下面说明在一个模型上添加倒角特征（图 6.11.4）的详细过程。

Stage1. 打开一个已有的零件三维模型

将工作目录设置为 D:\creo2pd\work\ch06.11，打开文件 chamfer.prt。

Stage2. 添加倒角（边倒角）

Step 1　单击 模型 功能选项卡 工程 ▼ 区域中的 倒角 ▼ 按钮，系统弹出倒角操控板。

Step 2　选取模型中要倒角的边线，如图 6.11.5 所示。

Step 3　选择边倒角方案。本例选取 45 x D 方案。

Step 4　设置倒角尺寸。在操控板中的倒角尺寸文本框中输入数值 3.0，并按回车键。

说明：在一般零件的倒角设计中，通过移动图 6.11.6 中的两个小方框来动态设置倒角尺寸是一种比较好的设计操作习惯。

Step 5　在操控板中单击 ✔ 按钮，完成倒角特征的构建。

图 6.11.4 倒角特征

选取这两条模型边线进行倒角
图 6.11.5 选取要倒角边线

移动这两个小方框可动态修改倒角尺寸
图 6.11.6 调整倒角大小

6.12 圆角特征

6.12.1 关于圆角特征

使用圆角（Round）命令可创建曲面间的圆角或中间曲面位置的圆角。曲面可以是实体模型的表面，也可以是曲面特征。在 Creo 中，可以创建两种不同类型的圆角：简单圆角和高级圆角。创建简单的圆角时，只能指定单个参考组，并且不能修改过渡类型；当创建高级圆角时，可以定义多个"圆角组"，即圆角特征的段。

6.12.2 简单圆角的一般创建过程

下面以图 6.12.1 所示的模型为例，说明创建一般简单圆角的过程：

Step 1 将工作目录设置为 D:\creo2pd\work\ch06.12，打开文件 round_simple.prt。

Step 2 单击 模型 功能选项卡 工程 ▼ 区域中的 倒圆角 ▼ 按钮，系统弹出操控板。

Step 3 选取圆角放置参考。在图 6.12.2 中的模型上选取要倒圆角的边线，此时模型的显示状态如图 6.12.3 所示。

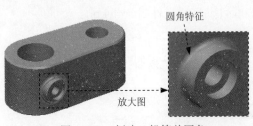
圆角特征
放大图
图 6.12.1 创建一般简单圆角

选取此边线
图 6.12.2 选取圆角边线

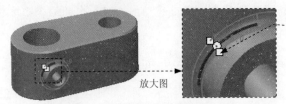
用鼠标指针拖移此方框，可动态改变圆角的大小
放大图
图 6.12.3 调整圆角的大小

Step **4**　在操控板中，输入圆角半径值 5.0，单击"完成"按钮 ✓，完成圆角特征的创建。

6.12.3　完全圆角的创建过程

如图 6.12.4 所示，通过指定一对边可创建完全圆角，此时这一对边所构成的曲面会被删除，圆角的大小被该曲面所限制。下面说明创建一般完全圆角的过程：

Step **1**　将工作目录设置为 D:\creo2pd\work\ch06.12，打开文件 round_full.prt。

Step **2**　单击 **模型** 功能选项卡 **工程 ▼** 区域中的 ⌐倒圆角 ▼ 按钮。

Step **3**　选取圆角的放置参考。在模型上选取图 6.12.4 所示的两条边线，操作方法为：先选取一条边线，然后按住键盘上的 Ctrl 键，再选取另一条边线。

Step **4**　在操控板中单击 **集** 按钮，系统弹出图 6.12.5 所示的界面，在该界面中单击 **完全倒圆角** 按钮。

Step **5**　在操控板中单击"完成"按钮 ✓，完成特征的创建。

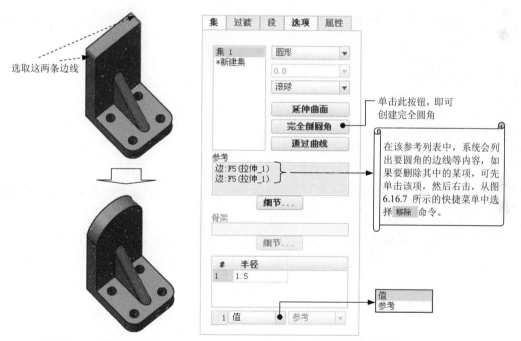

图 6.12.4　创建完全圆角　　　　图 6.12.5　圆角的设置界面

6.12.4　自动倒圆角

通过使用"自动倒圆角"命令可以同时在零件的面组上创建多个恒定半径的倒圆角特征。下面通过图 6.12.6 所示的模型来说明创建自动倒圆角的一般过程：

Step **1**　将工作目录设置至 D:\creo2pd\work\ch06.12，打开文件 round_auto.prt。

Step **2**　单击 **模型** 功能选项卡 **工程 ▼** 区域中 ⌐倒圆角 ▼ 节点下的 ⌐自动倒圆角 命令，系统弹出操控板。

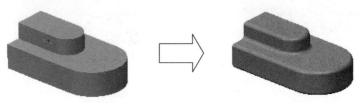

图 6.12.6　创建自动倒圆角

Step 3　设置自动倒圆角的范围。在操控板中单击　范围　按钮，在"范围"界面上选中
　　　　◉ 实体几何 单选项、☑ 凸边 和 ☑ 凹边 复选框。

Step 4　定义圆角大小。在凸边 ⌐ 文本框中输入凸边的半径值 4.0，在凹边 ∟ 文本框中输
　　　　入凹边的半径值 4.0。

　　说明：当只在凸边 ⌐ 文本框中输入半径值时，系统会默认凹边的半径值与凸边的相同。

Step 5　在操控板中单击"完成"按钮 ✓，系统自动弹出图 6.12.7 所示的"自动倒圆角播
　　　　放器"窗口，完成"自动倒圆角"特征的创建。

6.13　孔特征

6.13.1　关于孔特征

在 Creo 中，可以创建三种类型的孔特征（Hole）。

● 直孔：具有圆截面的切口，它始于放置曲面并延伸到指定的终止曲面或用户定义
　　的深度。

● 草绘孔：由草绘截面定义的旋转特征。锥形孔可作为草绘孔进行创建。

● 标准孔：具有基本形状的螺孔。它是基于相关的工业标准的，可带有不同的末端形
　　状、标准沉孔和埋头孔。对选定的紧固件，既可计算攻螺纹，也可计算间隙直径；
　　用户既可利用系统提供的标准查找表，也可创建自己的查找表来查找这些直径。

6.13.2　孔特征（沉孔）的一般创建

下面以图 6.13.1 所示的模型为例，说明在模型上添加孔特征（沉孔）的详细操作过程：

Stage1. 打开零件模型文件

将工作目录设置为 D:\creo2pd\work\ch06.13，打开文件 hole_sink.prt。

Stage2. 添加孔特征（沉孔）

Step 1　单击 模型 功能选项卡 工程 ▾ 区域中的 孔 按钮。

图 6.13.7　自动倒圆角播放器

图 6.13.1　创建孔特征

Step 2 选取孔的类型。完成上步操作后，系统弹出孔特征操控板。单击"创建简单孔"按钮 ∪ 与"使用标准孔轮廓作为钻孔轮廓"按钮 ∪，并确认"添加沉头"按钮 ⊔ 被按下。

Step 3 定义孔的放置。单击操控板中的 **放置** 按钮，选取图 6.13.2 所示的模型表面与图 6.13.2 所示的 A3 轴为放置参考。

注意：孔的放置参考可以是基准平面或零件上的平面或曲面（如柱面、锥面等）也可以是基准轴。为了直接在曲面上创建孔，该孔必须是径向孔，且该曲面必须是凸起状。

Step 4 在操控板中再单击 **形状** 按钮，其设置"形状"界面参数如图 6.13.3 所示。

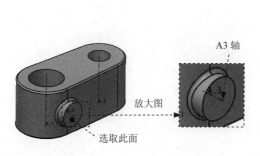

图 6.13.2　选取放置参考

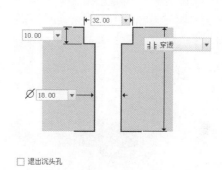

图 6.13.3　设置形状参数

Step 5 在操控板中单击"完成"按钮 ✔，完成特征的创建。

6.13.3　螺孔的一般创建过程

下面说明创建螺孔（标准孔）的一般过程（图 6.13.4）：

Stage1. 打开零件模型文件

将工作目录设置为 D:\creo2pd\work\ch06.13，打开文件 hole_thread.prt。

Stage2. 添加螺孔特征

Step 1 单击 **模型** 功能选项卡 **工程 ▾** 区域中的 🔽孔 按钮，系统弹出孔特征操控板。

Step 2 定义孔的放置。

（1）定义孔放置的放置参考。单击操控板中的 **放置** 按钮，选取图 6.13.5 所示的模型表面——圆柱面为放置参考。

（2）定义孔放置的方向及类型。采用系统默认的放置方向，放置类型为 线性 。

孔的放置类型介绍如下：

- 线性 ：参考两边或两平面放置孔（标注两线性尺寸）。如果选择此放置类型，接下来必须选择参考边（平面）并输入距参考的距离。

- 径向 ：绕一中心轴及参考一个面放置孔（需输入半径距离）。如果选择此放置类型，接下来必须选择中心轴及角度参考的平面。

- 直径 ：绕一中心轴及参考一个面放置孔（需输入直径）。如果选择此放置类型，接下来必须选择中心轴及角度参考的平面。

- 同轴 ：创建一根中心轴的同轴孔。接下来必须选择参考的中心轴。

（3）定义次参考 1（偏移参考）。

① 单击操控板中 偏移参考 下的"单击此处添加…"字符。

②选取图 6.13.5 所示的 FRONT 基准平面为次参考 1（偏移参考）。

③ 在"偏移"后面的文本框中输入偏移值为 0（此偏移值用于孔的径向定位），并按回车键。

图 6.13.4　创建螺孔

图 6.13.5　孔的放置

（4）定义次参考 2（偏移参考）。

① 按住 Ctrl 键，选取如图 6.13.5 所示的模型端面为次参考 2（偏移参考）。

② 在"偏移"后的文本框中输入距离值 10.0（此距离值用于孔的轴向定位），并按回车键。

Step 3 在操控板中，单击螺孔类型按钮 ，确认 按钮被按下，选择 ISO 螺孔标准，螺孔大小为 M6×.5，深度类型为 （钻孔至下一曲面）。

说明：在操控板中，单击"深度"类型后的 按钮，可出现如下几种深度选项：

- （定值）：创建一个平底孔。如果选中此深度选项，接下来必须指定"深度值"。

- （穿过下一个）：创建一个一直延伸到零件的下一个曲面的孔。

- （穿透）：创建一个和所有曲面相交的孔。
- （穿至）：创建一个穿过所有曲面直到指定曲面的孔。如果选取此深度选项，则也必须选取曲面。
- （指定的）：创建一个一直延伸到指定点、顶点、曲线或曲面的平底孔。
- （对称）：创建一个在草绘平面的两侧具有相等深度的双侧孔。

Step 4 选择螺孔结构类型和尺寸。在操控板中再单击 **形状** 按钮，其设置"形状"界面参数如图 6.16.5 所示。

Step 5 在操控板中单击"完成"按钮 ✔，完成特征的创建。

螺孔有 4 种结构形式：

（1）一般螺孔形式。在操控板中，单击 ⊕，再单击 **形状**，系统弹出如图 6.13.6 所示的界面，如果选中 ⊙ **全螺纹** 单选项，则螺孔形式如图 6.13.7 所示。

图 6.13.6　深度可变螺孔　　　　　图 6.13.7　全螺纹螺孔

注意：如果选不中 ⊙ **全螺纹** 复选框，则需设置孔的深度类型。

（2）埋头螺钉螺孔形式。在操控板中单击 ⊕ 和 ⋎，再单击 **形状** 按钮，系统弹出图 6.13.8 所示的界面，如果选中 ☑ **退出沉头孔** 复选框，则螺孔形式如图 6.13.9 所示。

注意：如果不选中 ☑ **包括螺纹曲面** 复选框，则在将来生成工程图时，不会有螺纹细实线。

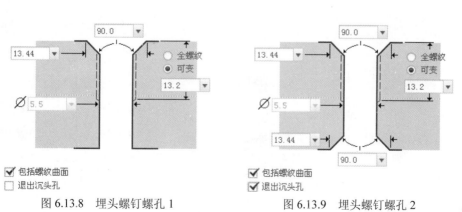

图 6.13.8　埋头螺钉螺孔 1　　　　图 6.13.9　埋头螺钉螺孔 2

（3）沉头螺钉螺孔形式。在操控板中，在操控板中单击 ⊕ 和 ⋎，再单击 **形状** 按钮，系统弹出图 6.13.10 所示的界面，如果选中 ⦿ 全螺纹 单选项，则螺孔形式如图 6.13.11 所示。

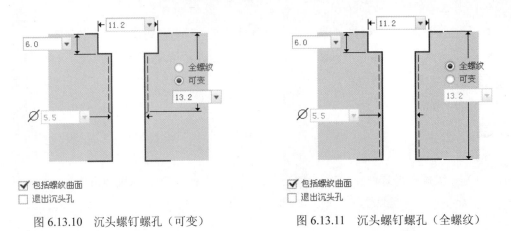

图 6.13.10　沉头螺钉螺孔（可变）　　　　　图 6.13.11　沉头螺钉螺孔（全螺纹）

（4）螺钉过孔形式。有三种形式的过孔：

- 在操控板中取消选择 ⊕、⋎ 和 ⊬，选择"间隙孔" ⊐⊏，再单击 **形状** 按钮，则螺孔形式如图 6.13.12 所示。

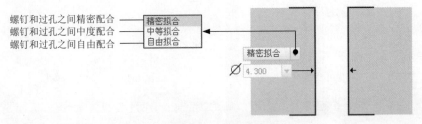

图 6.13.12　螺钉过孔

- 在操控板中单击 ⋎，再单击 **形状** 按钮，则螺孔形式如图 6.13.13 所示。
- 在操控板中单击 ⊬，再单击 **形状** 按钮，则螺孔形式如图 6.13.14 所示。

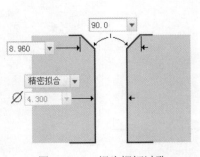 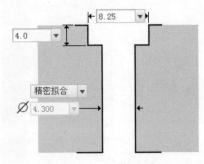

图 6.13.13　埋头螺钉过孔　　　　　　　　图 6.13.14　沉头螺钉过孔

6.14　抽壳特征

如图 6.14.1 所示，"（抽）壳"特征（Shell）是将实体的一个或几个表面去除，然后掏空实体的内部，留下一定壁厚的壳。在使用该命令时，各特征的创建次序非常重要。

下面以图 6.14.1 所示的模型为例，说明抽壳操作的一般过程：

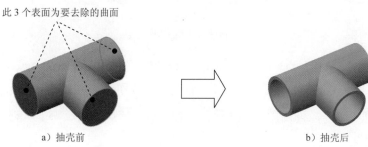

此 3 个表面为要去除的曲面

a）抽壳前　　　　　　　　　　　　　　b）抽壳后

图 6.14.1　等壁厚的抽壳

Step 1 将工作目录设置为 D:\creo2pd\work\ch06.14，打开文件 shell.prt。

Step 2 单击 模型 功能选项卡 工程 ▾ 区域中的 回壳 按钮。

Step 3 选取抽壳时要去除的实体表面。此时，系统弹出"壳"特征操控板，并且在信息区提示 ⬗选择要从零件移除的曲面.，按住 Ctrl 键，选取图 6.14.1a 中的 3 个表面为要去除的曲面。

Step 4 定义壁厚。在操控板的"厚度"文本框中，输入抽壳的壁厚值 8.0。

注意：这里如果输入正值，则壳的厚度保留在零件内侧；如果输入负值，壳的厚度将增加到零件外侧。也可单击 ⤢ 按钮来改变内侧或外侧。

Step 5 在操控板中单击"完成"按钮 ✔，完成抽壳特征的创建。

6.15　筋特征

筋（肋）是设计用来加固零件的，也常用来防止出现不需要的折弯。筋（肋）特征的创建过程与拉伸特征基本相似，不同的是筋（肋）特征的截面草图是不封闭的，筋（肋）的截面只是一条直线。Creo 2.0 提供了两种筋（肋）特征的创建方法，分别是轨迹筋和轮廓筋。

6.15.1　轨迹筋

轨迹筋常用于加固塑料零件，通过在腔槽曲面之间草绘筋轨迹，或通过选取现有草绘来创建轨迹筋。

下面以图 6.15.1 所示的轨迹筋特征为例，说明轨迹筋特征创建的一般过程：

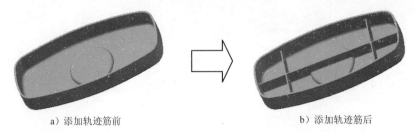

a）添加轨迹筋前　　　　　　　　　　　　　　b）添加轨迹筋后

图 6.15.1　轨迹筋特征

Step 1　将工作目录设置至 D:\creo2pd\work\ch06.15，打开文件 rib_01.prt。

Step 2　单击 模型 功能选项卡 工程 ▼ 区域 筋 ▼ 按钮中的 ▼，在弹出的菜单中选择 轨迹筋，系统弹出图 6.15.2 所示的操控板，该操控板反映了轨迹筋创建的过程及状态。

Step 3　定义草绘放置属性。在图 6.15.2 所示的操控板的 放置 界面中单击 定义... 按钮，选取 DTM1 基准平面为草绘平面，选取 RIGHT 平面为参考面，方向为 右 。

图 6.15.2　"轨迹筋"特征操控板

Step 4　定义草绘参考。单击 草绘 功能选项卡 设置 ▼ 区域中的 按钮，系统弹出"参考"对话框，选取图 6.15.3 所示的四条边线为草绘参考，单击 关闭(C) 按钮。

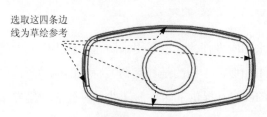

选取这四条边线为草绘参考

图 6.15.3　定义草绘参考

Step 5　绘制图 6.15.4 所示的轨迹筋特征截面图形。完成绘制后，单击"确定"按钮 ✔。

Step 6　定义加材料的方向。在模型中单击"方向"箭头，直至箭头的方向如图 6.15.5 所示（箭头方向指向壳体底面）。

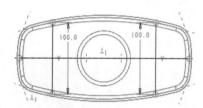

图 6.15.4　轨迹筋特征截面图形

图 6.15.5　定义加材料的方向

Step 7　定义筋的厚度值 2.0。

Step 8　在操控板中单击"完成"按钮 ✔，完成筋特征的创建。

6.15.2　轮廓筋

　　轮廓筋是设计中连接到实体曲面的薄翼或腹板伸出项，一般通过定义两个垂直曲面之间的特征横截面来创建轮廓筋。

　　下面以图 6.15.6 所示的筋特征为例，说明筋特征创建的一般过程：

Step 1　将工作目录设置为 D:\creo2pd\work\ch06.15，打开文件 rib_02.prt。

Step 2　单击 **模型** 功能选项卡 **工程 ▾** 区域 🗠 **筋 ▾** 节点下的 🗠 **轮廓筋** 命令，系统弹出操控板，该操控板反映了筋特征创建的过程及状态。

Step 3　定义草绘截面放置属性。

　　（1）在操控板的 **放置** 界面中单击 **定义...** 按钮，选取 FRONT 基准平面为草绘平面。

　　（2）选取 RIGHT 平面为参考面，方向为 **右**。

　　说明：如果模型的表面选取较困难，可用"列表选取"的方法。其操作步骤介绍如下：

● 将鼠标指针移至目标附近，右击。

● 在弹出的快捷菜单中选择 **从列表中拾取** 命令。

● 在弹出的列表对话框中，依次单击各项目，同时模型中对应的元素会变亮，找到所需的目标后，单击对话框下部的 **确定(O)** 按钮。

Step 4　定义草绘参考。单击 **草绘** 功能选项卡 **设置 ▾** 区域中的 🔲 按钮，系统弹出"参考"对话框，选取图 6.15.7 所示的两条边线为草绘参考，单击 **关闭(C)** 按钮。

Step 5　绘制图 6.15.7 所示的筋特征截面图形。完成绘制后，单击"确定"按钮 ✔。

Step 6　定义加材料的方向。在模型中单击"方向"箭头，直至箭头的方向如图 6.15.8 所示。

Step 7　定义筋的厚度值 18.0。

Step 8　在操控板中，单击"完成"按钮 ✔，完成筋特征的创建。

6 Chapter

选取此两条边线为草绘参考

加材料方向箭

140.0

78.0

18.0

图 6.15.6　筋特征　　　　图 6.15.7　截面图形　　　　图 6.15.8　定义加材料的方向

6.16　拔模特征

6.16.1　拔模特征简述

　　注射件和铸件往往需要一个拔摸斜面才能顺利脱模，Creo 的拔摸（斜度）特征就是用来创建模型的拔摸斜面。下面先介绍有关拔模的几个关键术语：

● 拔模曲面：要进行拔模的模型曲面（见图 6.16.1）。

● 枢轴平面：拔模曲面可绕着枢轴平面与拔模曲面的交线旋转而形成拔模斜面（见图 6.16.1a）。

● 枢轴曲线：拔模曲面可绕着一条曲线旋转而形成拔模斜面。这条曲线就是枢轴曲线，它必须在要拔模的曲面上（见图 6.16.1a）。

● 拔模参考：用于确定拔模方向的平面、轴和模型的边。

● 拔模方向：拔模方向总是垂直于拔模参考平面或平行于拔模参考轴或参考边。

● 拔模角度：拔模方向与生成的拔模曲面之间的角度（见图 6.16.1b）。

● 旋转方向：拔模曲面绕枢轴平面或枢轴曲线旋转的方向。

● 分割区域：可对拔模曲面进行分割，然后为各区域分别定义不同的拔模角度和方向。

要拔模的面

此平面既是枢轴平面，也是默认的拔模参考平面

a）拔模前

拔模角

8.0

b）拔模后

图 6.16.1　拔模（斜度）特征

6.16.2 根据枢轴平面拔模

1. 根据枢轴平面创建不分离的拔模特征

下面讲述如何根据枢轴平面创建一个不分离的拔模特征。

Step 1 将工作目录设置至 D:\creo2pd\work\ch06.16，打开文件 draft_01.prt。

Step 2 单击 模型 功能选项卡 工程 ▾ 区域中的 拔模 ▾ 按钮，此时出现图 6.16.2 所示的 "拔模" 操控板。

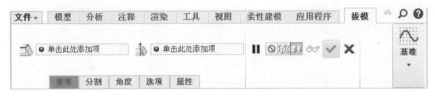

图 6.16.2 "拔模" 操控板

Step 3 选取要拔模的曲面。选取图 6.16.3 所示的模型表面。

Step 4 选取拔模枢轴平面。

（1）在操控板中单击 图标后的 ● 单击此处添加项 字符。

（2）选取图 6.16.4 所示的模型表面。完成此步操作后，模型如图 6.16.4 所示。

图 6.16.3 选取要拔模的曲面

选取此模型表面为要拔模的曲面

选取此模型表面为拔模枢轴平面

图 6.16.4 选取拔模枢轴平面

说明：拔模枢轴既可以是一个平面，也可以是一条曲线。当选取一个平面作为拔模枢轴时，该平面称为枢轴平面；当选取一条曲线作为拔模枢轴时，该曲线称为枢轴曲线。

说明：拔模方向的定义与修改。

一般情况下用户不需要进行此步操作，因为在用户选取拔模枢轴平面后，系统通常默认地以枢轴平面为拔模参考平面（见图 6.16.5）；如果要重新选取拔模参考，例如选取图 6.16.6 所示的模型表面为拔模参考平面，则可进行如下操作：在图 6.16.7 所示的操控板中，单击 图标后的 1个平面 字符。选取图 6.16.6 所示的模型表面。如果要改变拔模方向，可单击 % 按钮。

Step 5 修改拔模角度及拔模角方向。如图 6.16.8 所示，此时可在操控板中修改拔模角度（图 6.16.9）为 3° 和改变拔模角的方向（图 6.16.10）。

图 6.16.5 拔模参考平面　　　　　　　　　　图 6.16.6 拔模参考平面

图 6.16.7 "拔模"操控板

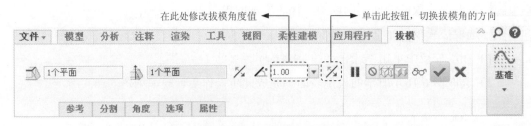

图 6.16.8 "拔模"操控板

Step 6 在操控板中单击 ✔ 按钮，完成拔模特征的创建。

图 6.16.9 调整拔模角大小　　　　　　图 6.16.10 改变拔模角方向

2. 根据枢轴平面创建分离的拔模特征

图 6.16.11a 所示为拔模前的模型，图 6.16.11b 所示为拔模后的模型。由该图可看出，拔模面被枢轴平面分离成两个拔模侧面（拔模 1 和拔模 2），这两个拔模侧面可以有独立的拔模角度和方向。下面以此模型为例，介绍如何根据枢轴平面创建一个分离的拔模特征。

Step 1 将工作目录设置至 D:\creo2pd\work\ch06.16，打开文件 draft_02.prt。

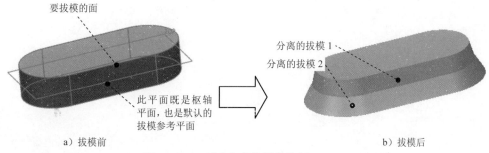

图 6.16.11　创建分离的拔模特征

Step 2 单击 模型 功能选项卡 工程 ▼ 区域中的 ❧拔模 ▼ 按钮，此时出现图 6.16.12 所示的"拔模"操控板。

图 6.16.12　"拔模"操控板

Step 3 选取要拔模的曲面。选取图 6.16.13 所示的模型表面。

Step 4 选取拔模枢轴平面。先在操控板中单击 图标后的 ❧单击此处添加项 字符，再选取图 6.16.14 所示的基准平面。

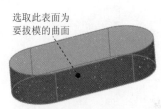

图 6.16.13　要拔模的曲面

Step 5 采用默认的拔模方向参考(枢轴平面)，如图 6.16.15 所示。

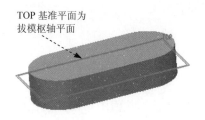

图 6.16.14　拔模枢轴平面

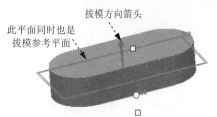

图 6.16.15　拔模参考平面

Step 6 选取分割选项和侧选项。

（1）选取分割选项：在操控板中单击 分割 按钮，在弹出界面的 分割选项 列表框中选取 根据拔模枢轴分割 方式，如图 6.16.16 所示。

（2）选取侧选项：在该界面的 侧选项 列表框中选取 独立拔模侧面，如图 6.16.17 所示。

Step 7 在操控板的相应区域修改两个拔模侧的拔模角度和方向，如图 6.16.18 所示。

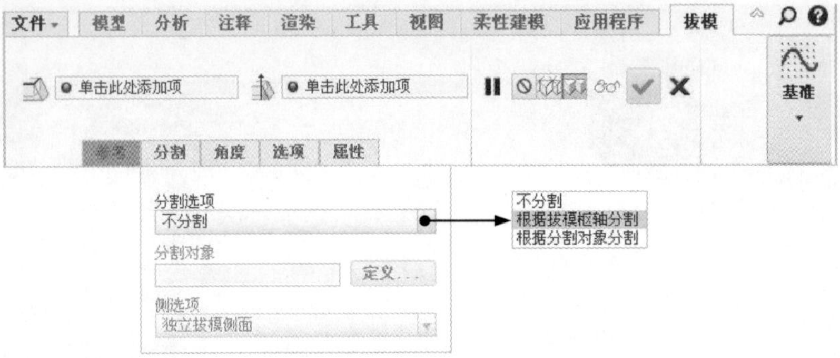

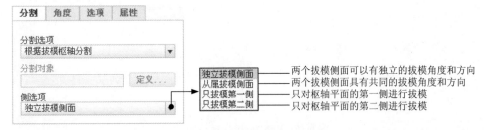

图 6.16.16   "拔模"操控板

图 6.16.17   "分割"界面

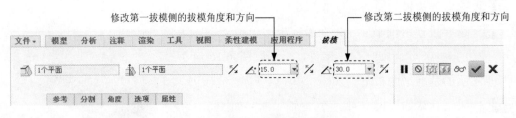

图 6.16.18   "拔模"操控板

Step 8   单击操控板中的 ✔ 按钮，完成拔模特征的创建。

6.17   修饰特征

修饰（Cosmetic）特征是在其他特征上绘制的复杂的几何图形，并能在模型上清楚地显示出来，如螺钉上的螺纹示意线、零件上的公司徽标等。由于修饰特征也被认为是零件的特征，因此它们一般也可以重定义和修改。下面将介绍几种修饰特征：Thread（螺纹）、Sketch（草图）和 Groove（凹槽）。

6.17.1   螺纹修饰特征

修饰螺纹（Thread）是表示螺纹直径的修饰特征。与其他修饰特征不同，不能修改修饰螺纹的线型，并且螺纹也不会受到"环境"菜单中隐藏线显示设置的影响。螺纹以默认极限公差设置来创建。

修饰螺纹可以是外螺纹或内螺纹，也可以是不通的或贯通的。可通过指定螺纹内径或螺纹外径（分别对于外螺纹和内螺纹）、起始曲面和螺纹长度或终止边，来创建修饰螺纹。

这里以前面创建的 shaft.prt 零件为例，说明如何在模型的圆柱面上创建图 6.17.1 所示的（外）螺纹修饰：

Step 1 先将工作目录设置为 D:\creo2pd\work\ch06.17，然后打开文件 thread.prt。

Step 2 选择 **模型** 功能选项卡中 **工程 ▼** 下拉菜单中的 **修饰螺纹** 命令，系统弹出"螺纹"操控板。

Step 3 选取要进行螺纹修饰的曲面。单击"螺纹"操控板中的 **放置** 按钮，选取图 6.17.1 所示的要进行螺纹修饰的曲面。

Step 4 选取螺纹的起始曲面。单击"螺纹"操控板中的 **深度** 按钮，选取图 6.17.1 所示的螺纹起始曲面。

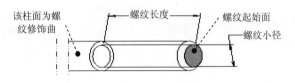

图 6.17.1 创建螺纹修饰特征

注意：对于螺纹的起始曲面，可以是一般模型特征的表面（比如拉伸、旋转、倒角、圆角、扫描等特征的表面）或基准平面，也可以是面组。

Step 5 定义螺纹的长度方向和长度以及螺纹小径。完成上步操作后，模型上显示图 6.17.2 所示的螺纹深度方向箭头，箭头必须指向附着面的实体一侧，如方向错误，可以单击 按钮反转方向。

（1）定义螺纹长度。在 文本框中输入螺纹长度值 22.0。

（2）定义螺纹小径。在 $\varnothing$ 文本框中输入螺纹小径值 4.5。

（3）定义螺纹节距。在 文本框中输入数值 0.0。

注意：对于外螺纹，默认外螺纹小径值比轴的直径约小 10%；对于内螺纹，这里要输入螺纹大径，默认螺纹大径值比孔的直径约大 10%。

Step 6 编辑螺纹属性。完成上步操作后，单击"螺纹"操控板中的 **属性** 按钮，系统弹出图 6.17.3 所示的"属性"界面，用户可以用此界面进行螺纹参数设置，并能将设置好的参数文件保存，以便下次直接调用。

Step 7 单击"修饰：螺纹"对话框中的 按钮，预览所创建的螺纹修饰特征（将模型显示换到线框状态，可看到螺纹示意线），如果定义的螺纹修饰特征符合设计意图，可单击对话框中的 按钮。

图 6.17.2　螺纹深度方向　　　　　　　图 6.17.3　螺纹属性

图 6.17.3 所示的"属性"界面中各命令的说明如下：

- 打开... 按钮：用户可从硬盘（磁盘）上打开一个包含螺纹注释参数的文件，并把它们应用到当前的螺纹中。

- 保存... 按钮：保存螺纹注释参数，以便以后再利用。

- 参数 区域：修改螺纹参数（表 6.17.1）进行修改。

表 6.17.1　螺纹参数列表

参数名称	参数值	参数描述
MAJOR_DIAMETER	数字	螺纹的公称直径
PICTH	数字	螺距
FORM	字符串	螺纹形式
CLASS	数字	螺纹等级
PLACEMENT	字符	螺纹放置（A—轴螺纹，B—孔螺纹）
METRIC	YES/NO	螺纹为米制

表 6.17.1 中列出了螺纹的所有参数的信息，用户可根据需要编辑这些参数。

6.17.2　草绘修饰特征

草绘修饰特征被"绘制"在零件的曲面上。例如公司徽标或序列号等可"绘制"在零件的表面上。另外，在进行"有限元"分析计算时，也可利用草绘修饰特征定义"有限元"局部负荷区域的边界。

注意：其他特征不能参考修饰特征，即修饰特征的边线既不能作为其他特征尺寸标注的起始点，也不能作为"使用边"来使用。

与其他特征不同，修饰特征可以设置线体（包括线型和颜色）。特征的每个单独的几何段，都可以设置不同的线体，其操作方法如下：

选择 设置 ▼ 节点下的 设置线造型 命令（注意：单击 模型 功能选项卡中 工程 ▼ 节点下的 修饰草绘 命令，并进入草绘环境后，此 设置线造型 命令才可见），在系统弹出的"线造型"对话框中单击 选择线... 按钮，然后在 ⇨ 选择要用新线造型显示的图元。的提示下，选择修饰特征的一个或多个图元，选择所需的线型和颜色，单击　应用　按钮。

6.17.3　凹槽修饰特征

凹槽修饰（Groove）是零件表面上凹下的绘制图形，它是一种投影类型的修饰特征。通过创建草绘图形并将其投影到曲面上即可创建凹槽，凹下的修饰特征是没有定义深度的。注意：凹槽特征不能跨越曲面边界。在数控加工中，应选取凹槽修饰（Groove）特征来定义雕刻加工。

6.18　常用的基准特征及其应用

Creo 中的基准包括基准平面、基准轴、基准曲线、基准点和坐标系。这些基准在创建零件一般特征、曲面、零件的剖切面、装配中都十分有用。

6.18.1　基准平面

基准平面也称基准面。在创建一般特征时，如果模型上没有合适的平面；用户可以将基准平面作为特征截面的草绘平面及其参考平面；也可以根据一个基准平面进行标注，就好像它是一条边。基准平面的大小都可以调整，以使其看起来适合零件、特征、曲面、边、轴或半径。

基准平面有两侧：橘黄色侧和灰色侧。法向方向箭头指向橘黄色侧。基准平面在屏幕中显示为橘黄色或灰色取决于模型的方向。当装配元件、定向视图和选择草绘参考时，应注意基准平面的颜色。

要选择一个基准平面，可以选择其名称，或选择它的一条边界。

1. 创建基准平面的一般过程

下面以一个范例来说明基准平面的一般创建过程。如图 6.18.1 所示，现在要创建一个基准平面 DTM1，使其穿过模型的一条边线，并与模型上的一个表面成 40°的夹角。

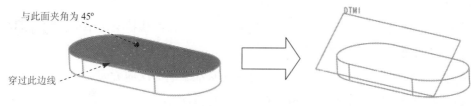

图 6.18.1　基准平面的创建

Step 1　将工作目录设置为 D:\creo2pd\work\ch06.18，打开 datum_plane.prt。

Step 2　单击　模型　功能选项卡 基准 ▾ 区域中的"平面"按钮 ▢，系统弹出对话框。

Step 3 选取约束。

（1）穿过约束。选取图 6.18.1 所示的边线，此时对话框的显示。

（2）角度约束。按住 Ctrl 键，选取图 6.18.1 所示的参考平面。

（3）给出夹角。在对话框下部的文本框中键入夹角值 45.0，并按回车键。

Step 4 修改基准平面的名称。可在 属性 选项卡的 名称 文本框中键入新的名称。

2. 创建基准平面的其他约束方法：通过平面

要创建的基准平面通过另一个平面，即与这个平面完全一致，该约束方法能单独确定一个平面。

Step 1 单击"平面"按钮 ▱。

Step 2 选取某一参考平面，再在对话框中选择 穿过 选项。

3. 创建基准平面的其他约束方法：偏距平面

要创建的基准平面平行于另一个平面，并且与该平面有一个偏距距离。该约束方法能单独确定一个平面。

Step 1 单击"平面"按钮 ▱。

Step 2 选取某一参考平面，然后输入偏距的距离值 20.0。

4. 创建基准平面的其他约束方法：偏距坐标系

用此约束方法可以创建一个基准平面，使其垂直于一个坐标轴并偏离坐标原点。当使用该约束方法时，需要选择与该平面垂直的坐标轴，以及给出沿该轴线方向的偏距。

Step 1 单击"平面"按钮 ▱。

Step 2 选取某一坐标系。

Step 3 选取所需的坐标轴，然后输入偏距的距离值 20.0。

5. 控制基准平面的法向方向和显示大小

尽管基准平面实际上是一个无穷大的平面，但在默认情况下，系统根据模型大小对其进行缩放显示。显示的基准平面的大小随零件尺寸而改变。除了那些即时生成的平面以外，其他所有基准平面的大小都可以加以调整，以适应零件、特征、曲面、边、轴或半径。操作步骤如下：

Step 1 在模型树上单击一基准平面，然后右击，从弹出的快捷菜单中选择 编辑定义 命令。

Step 2 在对话框中，打开 显示 选项卡。

Step 3 在对话框中，单击 反向 按钮，可改变基准平面的法向方向。

Step 4 要确定基准平面的显示大小，有如下三种方法：

方法一：采用默认大小，根据模型（零件或组件）自动调整基准平面的大小。

方法二：拟合参考大小。在对话框中，选中 ☑ 调整轮廓 复选框，在下拉列表框中选择 参考 选项，再通过选取特征、曲面、边、轴线、零件等参考元素，使基准平面的显示大小拟合所选参考元素的大小。

- 拟合特征：根据零件或组件特征调整基准平面大小。
- 拟合曲面：根据任意曲面调整基准平面大小。
- 拟合边：调整基准平面大小使其适合一条所选的边。
- 拟合轴线：根据一轴调整基准平面大小。
- 拟合零件：根据选定零件调整基准平面的大小。该选项只适用于组件。

方法三：给出拟合半径。根据指定的半径来调整基准平面大小，半径中心定在模型的轮廓内。

6.18.2　基准轴

如同基准平面，基准轴也可以用于特征创建时的参考。基准轴对创建基准平面、同轴放置项目和径向阵列特别有用。

基准轴的产生也分两种情况：一是基准轴作为一个单独的特征来创建；二是在创建带有圆弧的特征期间，系统会自动产生一个基准轴，但此时必须将配置文件选项 show_axes_for_extr_arcs 设置为 yes。

创建基准轴后，系统用 A_1、A_2 等依次自动分配其名称。要选取一个基准轴，可选择基准轴线自身或其名称。

1. 创建基准轴的一般过程

下面以一个范例来说明创建基准轴的一般过程。在图 6.18.2 所示的 datum_axis.prt 零件中，创建通过图 6.18.2 所示的模型圆柱面中心轴的基准轴特征。

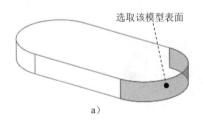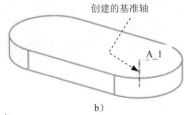

图 6.18.2　基准轴的创建

Step 1　工作目录设置为 D:\creo2pd\work\ch06.18，然后打开文件 datum_axis.prt。

Step 2　单击 模型 功能选项卡 基准 ▼ 区域中的 轴 按钮，系统弹出"基准轴"对话框。

Step 3　选取约束参考。选取图 6.18.2a 所示的模型表面为参考，将其约束类型设置为 穿过。

注意：由于 Creo 所具有的智能性，这里也可不必将约束类型改为 穿过，因为当用户再选取一个模型表面作为约束时，系统会自动将第一个约束类型默认为 穿过。

注意：创建基准轴有如下一些约束方法：

- 过边界：要创建的基准轴通过模型上的一个直边。

- 垂直平面：要创建的基准轴垂直于某个"平面"。使用此方法时，应先选取基准轴要与其垂直的平面，然后分别选取两条定位的参考边，并定义到参考边的距离。

- 过点且垂直于平面：要创建的基准轴通过一个基准点并与一个"平面"垂直，"平面"可以是一个现成的基准平面或模型上的表面，也可以创建一个新的基准平面作为"平面"。

- 过圆柱：要创建的基准轴通过模型上的一个旋转曲面的中心轴。使用此方法时，再选择一个圆柱面或圆锥面即可。

- 两平面：在两个指定平面（基准平面或模型上的平面表面）的相交处创建基准轴。两平面不能平行，但在屏幕上不必显示相交。

- 两个点/顶点：要创建的基准轴通过两个点，这两个点既可以是基准点，也可以是模型上的顶点。

2. 练习

练习要求：对图 6.18.3 所示的 plane_body 零件，在中部的切削特征上创建一个基准平面 REF_ZERO。

Step 1 将工作目录设置为 D:\creo2pd\work\ch06.18，打开文件 plane_body.prt。

Step 2 创建一个基准轴 A_5。单击 轴 按钮，选取图 6.18.3c 所示的圆柱面。

Step 3 创建一个基准轴 A_6。单击 轴 按钮，选取图 6.18.3c 所示的圆柱面。

Step 4 创建一个基准平面 REF_ZERO。单击"平面"按钮；按住 Ctrl 键，选取基准轴 A_5 和 A_6 为参考，将其约束均设置为"穿过"，将此基准平面改名为 REF_ZERO。

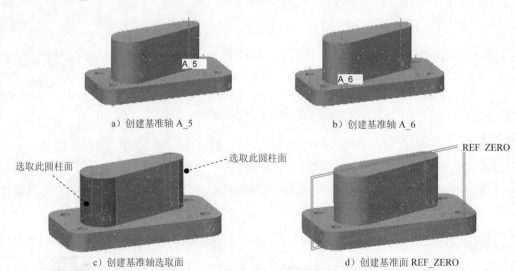

a）创建基准轴 A_5   b）创建基准轴 A_6

c）创建基准轴选取面   d）创建基准面 REF_ZERO

图 6.18.3 plane_body.prt 零件

6.18.3 基准点

基准点用来为网格生成加载点、在绘图中连接基准目标和注释、创建坐标系及管道特征轨迹，也可以在基准点处放置轴、基准平面、孔和轴肩。

默认情况下，Creo 将一个基准点显示为叉号×，其名称显示为 PNTn，其中 n 是基准点的编号。要选取一个基准点，可选择基准点自身或其名称。

可以使用配置文件选项 datum_point_symbol 来改变基准点的显示样式。基准点的显示样式可使用下列任意一个：CROSS、CIRCLE、TRIANGLE 或 SQUARE。

可以重命名基准点，但不能重命名在布局中声明的基准点。

1. 创建基准点的方法一：在曲线/边线上

用位置的参数值在曲线或边上创建基准点，该位置参数值确定从一个顶点开始沿曲线的长度。

如图 6.18.4 所示，现需要在模型边线上创建基准点 PNT0，操作步骤如下：

Step 1 先将工作目录设置为 D:\creo2pd\work\ch06.18，然后打开 point_01.prt 文件。

Step 2 单击 模型 功能选项卡 基准 ▼ 区域中 ×× 点 ▼ 节点下的 ×× 点 命令（或直接单击 ×× 点 ▼ 按钮）。

说明：单击 模型 功能选项卡 基准 ▼ 区域 ×× 点 ▼ 按钮中的 ▼，会出现图 6.18.5 所示的"点"菜单。

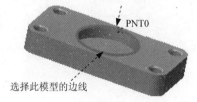

图 6.18.4 线上基准点的创建

图 6.18.5 "点"菜单

图 6.18.5 中各按钮说明如下：

A：创建基准点。

B：创建偏移坐标系基准点。

C：创建域基准点。

Step 3 选取图 6.18.6 所示的模型的边线，系统立即产生一个基准点 PNT0，如图 6.18.7 所示。

Step 4 在"基准点"对话框中，先选择基准点的定位方式（ 比率 或 实数 ），再键入基准点的定位数值（比率系数或实际长度值）。

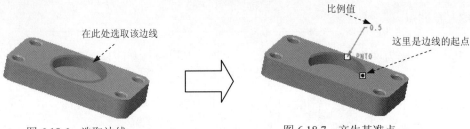

图 6.18.6　选取边线　　　　　　　　　图 6.18.7　产生基准点

2. 创建基准点的方法二：顶点

在零件边、曲面特征边、基准曲线或输入框架的顶点上创建基准点。

如图 6.18.8 所示，现需要在模型的顶点处创建一个基准点 PNT0，操作步骤如下：

Step 1　先将工作目录设置为 D:\creo2pd\work\ch06.18，然后打开文件 point_ 02.prt。

Step 2　单击 ✕✕点 ▾ 按钮。

Step 3　如图 6.18.8 所示，选取模型的顶点，系统立即在此顶点处产生一个基准点 PNT0。

3. 创建基准点的方法三：过中心点

在一条弧、一个圆或一个椭圆图元的中心处创建基准点。

如图 6.18.9 所示，现需要在模型上表面的孔的圆心处创建一个基准点 PNT1，操作步骤如下：

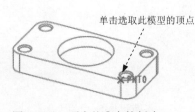

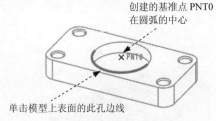

图 6.18.8　顶点基准点的创建　　　　　図 6.18.9　过中心点基准点的创建

Step 1　将工作目录设置为 D:\creo2pd\work\ch06.18，打开文件 point_03.prt。

Step 2　单击 ✕✕点 ▾ 按钮。

Step 3　如图 6.18.9 所示，选取模型上表面的孔边线。

Step 4　在"基准点"对话框的下拉列表中选取 居中 选项。

4. 创建基准点的方法四：草绘进入草绘环境，绘制一个基准点。

如图 6.18.10 所示，现需要在模型的表面上创建一个草绘基准点 PNT0，操作步骤如下：

Step 1　先将工作目录设置为 D:\creo2pd\work\ch06.18，然后打开文件 point_04.prt。

Step 2　单击 模型 功能选项卡 基准 ▾ 区域中的"草绘"按钮 ⌂。

Step 3　选取图 6.18.10 所示的两平面为草绘平面和参考平面，单击 草绘 按钮。

Step 4　单击 草绘 选项卡 基准 区域中的 ✕ （创建几何点）按钮（图 6.18.11），再绘区域绘制图 6.18.12 所示的点。

Step 5　单击 ✔ 按钮，退出草绘环境。

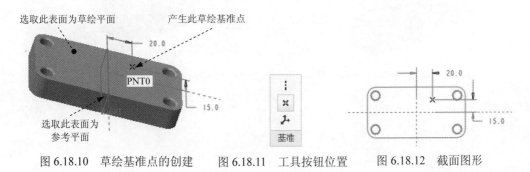

图 6.18.10　草绘基准点的创建　　图 6.18.11　工具按钮位置　　图 6.18.12　截面图形

6.18.4　坐标系

坐标系是可以增加到零件和装配件中的参考特征，它可用于：

● 计算质量属性。

● 装配元件。

● 为"有限元分析（FEA）"放置约束。

● 为刀具轨迹提供制造操作参考。

● 用于定位其他特征的参考（坐标系、基准点、平面和轴线、输入的几何等）。

在 Creo 系统中，可以使用下列三种形式的坐标系：

● 笛卡尔坐标系。系统用 X、Y 和 Z 表示坐标值。

● 柱坐标系。系统用半径、theta（θ）和 Z 表示坐标值。

● 球坐标系。系统用半径、theta（θ）和 phi（ψ）表示坐标值。

创建坐标系方法：三个平面。

选择三个平面（模型的表平面或基准平面），这些平面不必正交，其交点成为坐标原点，选定的第一个平面的法向定义一个轴的方向，第二个平面的法向定义另一轴的大致方向，系统使用右手定则确定第三轴。

如图 6.18.13 所示，现需要在三个垂直平面（平面 1、平面 2 和平面 3）的交点上创建一个坐标系 CSO，操作步骤如下：

Step 1　将工作目录设置为 D:\creo2pd\work\ch06.18，打开文件 create_csys.prt。

Step 2　单击 模型 功能选项卡 基准 ▾ 区域中的 ⤬坐标系 按钮。

Step 3　选择三个垂直平面。如图 6.18.13 所示，选择平面 1；按住键盘的 Ctrl 键，选择平面 2；按住键盘的 Ctrl 键，选择平面 3。此时系统就创建了图 6.18.14 所示的坐标系，注意字符 X、Y、Z 所在的方向正是相应坐标轴的正方向。

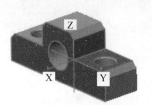

图 6.18.13　由三个平面创建坐标系　　　图 6.18.14　产生坐标系

Step 4 修改坐标轴的位置和方向。在"坐标系"对话框中，打开 **方向** 选项卡，在该选项卡的界面中可以修改坐标轴的位置和方向。

6.18.5　基准曲线

基准曲线可用于创建曲面和其他特征，或作为扫描轨迹。创建曲线有很多方法，下面介绍两种基本方法。

1. 草绘基准曲线

草绘基准曲线的方法与草绘其他特征相同。草绘曲线可以由一个或多个草绘段以及一个或多个开放或封闭的环组成。但是将基准曲线用于其他特征，通常限定在开放或封闭环的单个曲线（它可以由许多段组成）。

草绘基准曲线时，Creo 在离散的草绘基准曲线上边创建一个单一复合基准曲线。对于该类型的复合曲线，不能重定义起点。

由草绘曲线创建的复合曲线可以作为轨迹选择，例如作为扫描轨迹。使用"查询选取"可以选择底层草绘曲线图元。

如图 6.18.15 所示，现需要在模型的表面上创建一个草绘基准曲线，操作步骤如下：

Step 1 将工作目录设置为 D:\creo2pd\work\ch06.18，打开文件 sketch_curve.prt。

Step 2 单击 **模型** 功能选项卡 基准 ▾ 区域中的"草绘"按钮 ～ （图 6.18.16）。

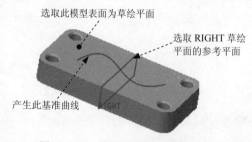

图 6.18.15　创建草绘基准曲线

图 6.18.16　工具按钮的位置

Step 3 选取图 6.18.15 中的草绘平面及参考平面，单击 **草绘** 按钮进入草绘环境。

Step 4 进入草绘环境后，接受默认的平面为草绘环境的参考，然后单击 ～ 样条 按钮，草绘一条样条曲线。

Step 5 单击 ✔ 按钮，退出草绘环境。

2. 经过点创建基准曲线

可以通过空间中的一系列点创建基准曲线，经过的点可以是基准点、模型的顶点、曲线的端点。如图 6.18.17 所示，现需要经过基准点 PNT0、PNT1、PNT2 和 PNT3 创建一条基准曲线，操作步骤如下：

Step 1 将工作目录设置为 D:\creo2pd\work\ch06.18，打开文件 point_curve.prt。

Step 2 单击 模型 功能选项卡中的 基准 ▼ 按钮，在系统弹出的菜单中单击 ～ 曲线 ▶选项后面的 ▼，然后选择 ～ 通过点的曲线 命令（图 6.18.18）。

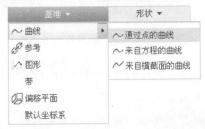

经过基准点 PNT0、PNT1、PNT2、PNT3 产生此基准曲线

图 6.18.17 经过点创建基准曲线 图 6.18.18 创建基准命令的位置

Step 3 完成上步操作后，系统弹出"曲线：通过点"操控板，在图形区中依次选取图 6.18.17 中的基准点 PNT2、PNT1、PNT0 和 PNT3 为曲线的经过点。

Step 4 单击"曲线：通过点"操控板中的 ✔ 按钮，完成曲线的创建。

6.19 特征的重新排序及插入操作

6.19.1 概述

在 6.14 节中，曾提到对一个零件进行抽壳时，零件中特征的创建顺序非常重要，如果各特征的顺序安排不当，抽壳特征会生成失败，有时即使能生成抽壳，但结果也不会符合设计的要求。

可按下面的操作方法进行验证：

Step 1 将工作目录设置为 D:\creo2pd\work\ch06.19，打开文件 cover.prt。

Step 2 将底部圆角半径从 R5 改为 R15，单击 模型 功能选项卡 操作 ▼ 区域中的 🔀 按钮重新生成模型，会看到瓶子的底部裂开一条缝，如图 6.19.1 所示。显然这不符合设计意图，之所以会产生这样的问题，是因为圆角特征和抽壳特征的顺序安排不当，解决办法是将圆角特征调整到抽壳特征的前面，这种特征顺序的调整就是特征的重新排序（Reorder）。

6.19.2 特征的重新排序操作

这里以塑料盖模型（cover）为例，说明特征重新排序（Reorder）的操作方法。如图 6.19.2 所示，在模型树中，单击"倒圆角 1"特征，按住左键不放并拖动鼠标，拖至"壳 1"特征的上面，然后松开左键，这样倒圆角特征就调整到抽壳特征的前面了。

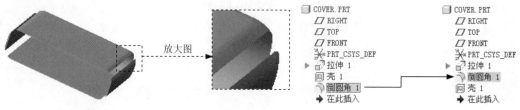

图 6.19.1 注意抽壳特征的顺序   图 6.19.2 特征的重新排序

注意：特征的重新排序（Reorder）是有条件的，条件是不能将一个子特征拖至其父特征的前面。例如在本例中，不能把倒圆角特征 倒圆角 1 移到拉伸特征 拉伸 1 的前面，因为它们存在父子关系，该倒圆角特征是拉伸特征的子特征。为什么存在这种父子关系呢？因为拉伸特征是基础特征，倒圆角特征是在拉伸特征的基础上完成的，这样就在该倒圆角特征与拉伸特征间建立了父子关系。

如果要调整有父子关系的特征的顺序，必须先解除特征间的父子关系。解除父子关系有两种办法：一是改变特征截面的标注参考基准或约束方式；二是特征的重定次序（Reroute），即改变特征的草绘平面和草绘平面的参考平面。

6.19.3 特征的插入操作

在 6.18 节的 cover 练习中，当所有的特征完成以后，假如还要添加一个图 6.19.3 所示的切削旋转特征，并要求该特征添加在模型的底部圆角特征的后面、抽壳特征的前面（图 6.19.4），利用"特征的插入"功能可以满足这一要求。下面说明其操作过程：

添加此切削拉伸特征

图 6.19.3 切削拉伸特征

Step 1 在模型树中，将特征插入符号 ➔ 在此插入 从末尾拖至抽壳特征的前面，如图 6.19.4 所示。

Step 2 单击 模型 功能选项卡 形状 ▼ 区域中的 拉伸 按钮，创建槽特征，草图截面的尺寸如图 6.19.5 所示。

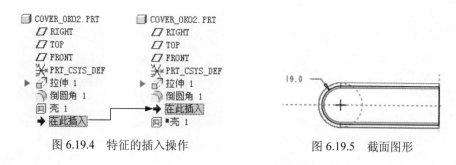

图 6.19.4　特征的插入操作　　　　　图 6.19.5　截面图形

Step 3　完成槽的特征创建后，再将插入符号 ➡ 在此插入 拖至模型树的底部。

6.20　特征失败及其解决方法

在特征创建或重定义时，由于给定的数据不当或参考的丢失，会出现特征生成失败。根据创建特征的环境类型（即特征是否使用对话框界面），特征失败的出现与解决方法进行讲解。

6.20.1　特征失败的出现

这里以（fail）为例进行说明。如果进行下列"编辑定义"操作（图 6.20.1），将会出现特征生成失败。

Step 1　将工作目录设置为 D:\creo2pd\work\ch06.19，打开文件 fail.prt。

Step 2　在图 6.20.2 所示的模型树中，先单击 倒圆角 1 ，然后右击，从弹出的快捷菜单中选择 编辑定义 命令。

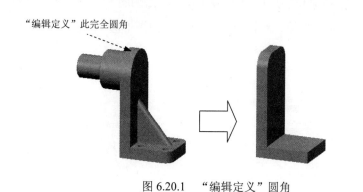

图 6.20.1　"编辑定义"圆角　　　图 6.20.2　模型树

Step 3　重新选取圆角选项。在系统弹出的操控板中，单击 集 按钮；在"集"界面的 参考 栏中右击，从弹出的快捷菜单中选择 全部移除 命令；按住 Ctrl 键，依次选取图 6.20.3 所示的两条边线；在半径栏中输入圆角半径值 30.0，按回车键。

Step **4** 在操控板中单击"完成"按钮 ✔ 后，系统弹出图 6.20.4 所示的"特征失败"提示对话框，此时模型树中"拉伸 2"以下都以红色高亮显示出来（图 6.20.5）。前面曾讲到，该特征截面中的一个尺寸（30.0）的标注是以完全圆角的一条边线为参考的，重定义后，完全圆角不存在，伸出项拉伸特征截面的参考丢失，所以便出现特征生成失败。

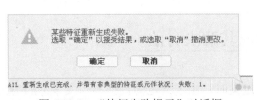

图 6.20.3　选择圆角边线　　　图 6.20.4　"特征失败提示"对话框　　　图 6.20.5　模型树

6.20.2　特征失败的解决方法

1. 解决方法一：取消改变

在图 6.20.4 所示的"特征失败"提示对话框中，选择 **取消** 按钮。

说明：这是退出特征失败环境最简单的操作方法。

2. 解决方法二：删除特征

Step **1** 在图 6.20.4 所示的"特征失败"提示对话框中，选择 **确定** 按钮。

Step **2** 从图 6.20.5 所示的模型树中，选中 ⊠拉伸 2，按住 shift，在选中 拉伸 4，右击，在弹出的图 6.20.6 所示的快捷菜单中选择 删除 命令，在弹出的图 6.20.7 所示的"删除"对话框中选择 **确定** 按钮，删除操作后的模型如图 6.20.8 所示。

图 6.20.6　快捷菜单　　　图 6.20.7　"删除"对话框　　　图 6.20.8　删除操作后的模型

注意：

● 从模型树和模型上可看到伸出项拉伸特征被删除。

● 如果想找回以前的模型文件，请按如下方法操作：

①选择下拉菜单 **文件 ▾** ➡ ▢ 关闭(C) 命令，关闭当前对话框。

②选择下拉菜单 **文件 ▾** ➡ 管理会话(M) ➡ 拭除未显示的(B)　从此会话中移除不在窗口中的所有对象。 命令，拭除不显示的内存中的文件。

③再次打开模型文件 fail.prt。

3. 解决方法三：重定义特征

Step 1 在图 6.20.4 所示的"特征失败"提示对话框中，单击 **确定** 按钮。

Step 2 从图 6.20.5 所示的模型树中，右击 ▢拉伸 2，在弹出的快捷菜单中选择 编辑定义 命令，然后系统会弹出"拉伸"操控板。

Step 3 重定义草绘参考并进行标注。

（1）在操控板中单击 **放置** 按钮，然后在弹出的菜单区域中单击 **编辑...** 按钮。

（2）在弹出的图 6.20.9 所示的草图"参考"对话框中，选取图 6.20.10 所示的面和 FRONT 基准平面为参考面，关闭"参考"对话框。

4. 解决方法四：隐含特征

Step 1 在图 6.20.4 所示的"特征失败"提示对话框中，单击 **确定** 按钮。

Step 2 从图 6.20.5 所示的模型树中，右击 ▶ ▢拉伸 2，在弹出的快捷菜单中选择 隐含 命令，然后在弹出的图 6.20.11 所示的"隐含"对话框中单击 **确定** 按钮。

图 6.20.9　"参考"对话框

图 6.20.10　选取此面

图 6.20.11　"隐含"对话框

Step 3 至此，特征失败已经解决，如果想进一步解决被隐含的伸出项拉伸特征，请继续下面的操作。

Step 4 如果右击该隐含的伸出项标识，然后从弹出的快捷菜单中选择 恢复 命令，那么系统再次进入特征"失败模式"，可参考上节介绍的方法进行重定义。

6.21　复制特征

特征的复制（Copy）命令用于创建一个或多个特征的副本。Creo 的特征复制包括镜像复制、平移复制、旋转复制等，下面几节将分别介绍它们的操作过程。

6.21.1　镜像复制

特征的镜像复制就是将源特征相对一个平面（这个平面称为镜像中心平面）进行镜像，从而得到源特征的一个副本。如图 6.21.1 所示，对这个圆柱体拉伸特征进行镜像复制的操作过程如下：

方法一：

`Step 1` 将工作目录设置为 D:\creo2pd\work\ch06.21，打开文件 feature_copy_01.prt。

`Step 2` 单击 模型 功能选项卡 操作 ▾ 节点下的 特征操作 命令，系统弹出图 6.21.2 所示的菜单管理器；在 ▾ FEAT (特征) 菜单管理器中选择 Copy (复制) 命令。

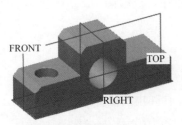

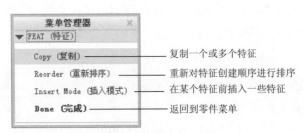

图 6.21.1　镜像复制特征　　　　　　　　图 6.21.2　"特征"菜单

`Step 3` 在图 6.21.3 所示的菜单中，选择 A 部分中的 Mirror (镜像) 命令、B 部分中的 Select (选择) 命令、C 部分中的 Independent (独立) 命令、D 部分中的 Done (完成) 命令。

`Step 4` 选取要镜像的特征。在弹出的图 6.21.4 所示的"选取特征"菜单中，选择 Select (选择) 命令，再选取要镜像复制的旋转特征，单击"选取"对话框中的 确定 按钮，再选择该菜单管理器中的 Done (完成) 命令。

说明：图 6.21.4 所示的"选取特征"菜单中的各命令介绍如下：

● Select (选择)：在模型中选取要镜像的特征。

● Layer (层)：按层选取要镜像的特征。

● Range (范围)：按特征序号的范围选取要镜像的特征。

说明：一次可以选取多个特征进行复制。

`Step 5` 定义镜像中心平面。在图 6.21.5 所示的菜单中，选择 Plane (平面) 命令，再选取 RIGHT 基准平面为镜像中心平面。

方法二：

`Step 1` 将工作目录设置为 D:\creo2pd\work\ch06.21，打开文件 feature_copy_02.prt。

`Step 2` 选取要镜像复制的圆柱体拉伸特征。

`Step 3` 单击 模型 功能选项卡 编辑 ▾ 区域中的"镜像"按钮 ⏵⏴镜像，系统弹出"镜像"

操控板。

Step 4 选取 RIGHT 基准平面为镜像中心平面。

Step 5 单击操控板中的"完成"按钮 ✔ 。

6.21.2 平移复制

下面将对图 6.21.1 中的源特征进行平移（Translate）复制，操作步骤如下：

Step 1 将工作目录设置为 D:\creo2pd\work\ch06.21，打开文件 translate.prt。

Step 2 单击 模型 功能选项卡 操作 ▾ 节点下的 特征操作 命令，在弹出的菜单管理器中选择 Copy (复制) 命令。

Step 3 在 ▾ COPY FEATURE (复制特征) 菜单中，选择 A 部分中的 Move (移动) 命令、B 部分中的 Select (选择) 命令、C 部分中的 Independent (独立) 命令、D 部分中的 Done (完成) 命令。

Step 4 选取要"移动"复制的源特征。在图 6.21.5 所示的菜单中，选择 Select (选择) 命令，再选取要"移动"复制的拉伸 3 特征，然后选择 Done (完成) 命令。

Step 5 选取"平移"复制子命令。在"移动特征"菜单中，选择 Translate (平移) 命令。

Step 6 选取"平移"的方向。在 ▾ GEN SEL DIR (一般选取方向) 的菜单中，选择 Plane (平面) 命令，再选取 RIGHT 基准平面为平移方向参考面；此时模型中出现平移方向的箭头（图 6.21.6），在图 6.21.7 所示的 ▾ DIRECTION (方向) 菜单中选择 Okay (确定) 命令；在 输入偏移距离 提示下，输入平移的距离值 142.0，并按回车键，然后选择 Done Move (完成移动) 命令。

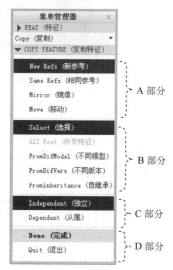

图 6.21.3 "复制特征"菜单

图 6.21.4 "选取特征"菜单

图 6.21.5 "设置平面"菜单

141

图 6.21.6　平面方向

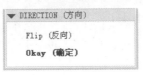

图 6.21.7　"方向"菜单

注意：完成本步操作后，系统弹出"组元素"对话框（图 6.21.8）和 组可变尺寸 菜单（图 6.21.9），并且模型上显示源特征的所有尺寸（图 6.21.10），当把鼠标指针移为 Dim1 时，系统就加亮模型上的相应尺寸。如果在移动复制的同时要改变特征的某个尺寸，可从屏幕选取该尺寸或在 组可变尺寸 菜单的尺寸前面放置选中标记，然后选择 Done（完成）命令，此时系统会提示输入新值，输入新值并按回车键。如果在复制时，不想改变特征的尺寸，可直接选择 Done（完成）命令。

Step 7　选取要改变的尺寸 ϕ72.0，选择 Done（完成）命令，在 输入Dim 2 提示下输入新值 45.0；单击"组元素"对话框中的 确定 按钮，完成"平移"复制。

6.21.3　旋转复制

下面将对图 6.21.10 中的源特征进行旋转（Rotate）复制，操作提示如下：

请参考上一节的"平移"复制的操作方法，注意在菜单中选择 Rotate（旋转）命令，在选取旋转中心轴时，应先选择 Crv/Edg/Axis（曲线/边/轴）命令，然后选取图 6.21.12 中的 A1 轴。

图 6.21.8　"组元素"对话框

图 6.21.9　"组可变尺寸"菜单

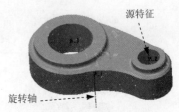

图 6.21.10　源特征尺寸

6.21.4　新参考复制

下面将对图 6.21.11 中的源特征进行新参考（New Refs）复制：

Step 1　将工作目录设置为 D:\creo2pd\work\ch06.21，打开文件 copy_newrefs.prt。

Step 2　选取要复制的特征。在图形区中选取旋转特征 2 为平移复制对象（或在模型树中选择"旋转 2"特征）。

Step 3　选择平移复制命令。单击 模型 功能选项卡 操作 区域中的 按钮，然后单击 按钮中的，在弹出的菜单中选择 选择性粘贴 命令，系统弹出"选择性粘贴"对话框。

a）新参考复制前　　　　　　　　　　　b）新参考复制后

图 6.21.11　新参考复制特征

Step 4　在"选择性粘贴"对话框中选中 ☑ 高级参考配置 复选框，然后单击 确定(0) 按钮，
　　　　系统弹出图 6.21.12 所示的"高级参考配置"对话框。

Step 5　单击"高级参考配置"对话框 原始特征的参考 区域中的 FRONT:F3(基准平面)，在图形区
　　　　中选取图 6.21.13 所示的 RIGHT 基准平面为替换参考；然后单击 RIGHT:F1(基准平面)，
　　　　在图形区中选取图 6.21.13 所示 FRONT 基准平面；最后单击 TOP:F2(基准平面)，在
　　　　图形区中选取图 6.21.13 所示的 TOP 基准平面。

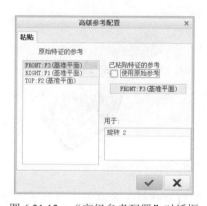

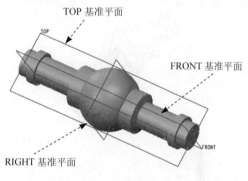

图 6.21.12　"高级参考配置"对话框　　　　　图 6.21.13　选择替换参考 1

Step 6　单击"高级参考配置"对话框中的 ✔ 按钮，系统弹出图 6.21.14 所示的"预览"
　　　　对话框，并显示图 6.21.15 所示的预览模型。

Step 7　单击"预览"对话框中的 ✔ 按钮，完成特征的新参考复制操作。

图 6.21.14　"预览"对话框　　　　　　　图 6.21.15　"预览"模型

6.22 阵列特征

特征的阵列（Pattern）命令用于创建一个特征的多个副本，阵列的副本称为"实例"。阵列可以是矩形阵列（图 6.22.1），也可以是环形阵列，在阵列时，各个实例的大小也可以递增变化。下面将分别介绍其操作过程。

6.22.1 矩形阵列

下面介绍图 6.22.1 中圆柱体特征的矩形阵列的操作过程：

Step 1 将工作目录设置为 D:\creo2pd\work\ch06.22，打开文件 pattern_rect.prt。

Step 2 在模型树中选取要阵列的特征——拉伸 4，再右击，选择 阵列... 命令（另一种方法是先选取要阵列的特征，然后单击 模型 功能选项卡 编辑 ▼ 区域中的"阵列"按钮 ⊞ ）。

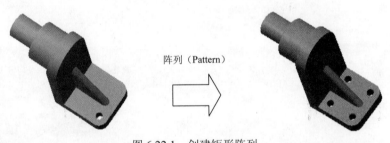

阵列（Pattern）

图 6.22.1 创建矩形阵列

注意：一次只能选取一个特征进行阵列，如果要同时阵列多个特征，应预先把这些特征组成一个"组（Group）"。

Step 3 选取阵列类型。在操控板的 选项 界面中单击 ▼ 按钮，然后选择 常规 选项。

注意：完成 Step2 操作后，系统出现阵列操控板，单击操控板中的 选项 按钮，Creo 将阵列分为三类。

● 相同 阵列的特点和要求：
  ☑ 所有阵列的实例大小相同。
  ☑ 所有阵列的实例放置在同一曲面上。
  ☑ 阵列的实例不与放置曲面边、任何其他实例边或放置曲面以外任何特征的边相交。

例如在图 6.22.2 所示的阵列中，虽然孔的直径大小相同，但其深度不同，所以不能用 相同 阵列，可用 可变 或 常规 进行阵列。

图 6.22.2　矩形阵列

● 可变 阵列的特点和要求：

☑　实例大小可变化。

☑　实例可放置在不同曲面上。

☑　没有实例与其他实例相交。

注意：对于"可变"阵列，Creo 分别为每个实例特征生成几何，然后一次生成所有交截。

● 常规 阵列的特点：

系统对"一般"特征的实例不做什么要求。系统计算每个单独实例的几何，并分别对每个特征求交。可用该命令使特征与其他实例接触、自交，或与曲面边界交叉。如果实例与基础特征内部相交，即使该交截不可见，也需要进行"一般"阵列。在进行阵列操作时，为了确保阵列创建成功，建议读者优先选中 常规 按钮。

Step 4　选择阵列控制方式。在操控板中选择以"方向"方式控制阵列。

Step 5　选取第一方向、第二方向引导尺寸并给出增量（间距）值。

（1）选取图 6.22.3 所示的边线 1 为第一方向参考边线，在"方向 1"的"增量"文本栏中输入数值 63，在阵列个数栏中输入数值 2。

（2）单击"方向 2"区域内的"尺寸"栏中的"单击此处添加…"字符，然后选取图6.22.3 所示的边线 2 为第二方向参考边线，在"方向 2"的"增量"文本栏中输入数值 57.5，在阵列个数栏中输入数值 2。完成操作后的界面如图 6.22.4 所示。

边线 1

边线 2

图 6.22.3　定义参考方向

图 6.22.4　完成后的模型

Step 6　在操控板中单击"完成"按钮 。

6.22.2 "斜一字形"阵列

下面将要创建图 6.22.5 所示的圆柱体特征的"斜一字形"阵列：

第一方向的第二引导尺寸

"相同"阵列（Pattern）

第一方向的第一引导尺寸

图 6.22.5 创建"斜一字形"阵列

Step 1 将工作目录设置为 D:\creo2pd\work\ch06.22，打开文件 pattern.prt。

Step 2 在模型树中右击 拉伸 2，在弹出的快捷菜单中选择 阵列... 命令。

Step 3 选取阵列类型。在操控板中单击 选项 按钮，在弹出的界面中选择 常规 选项。

Step 4 选取引导尺寸、给出增量。

（1）在操控板中单击 尺寸 按钮。

（2）在弹出的界面中，选取图 6.22.5 中第一方向的第一引导尺寸 10，在"方向 1"的"增量"栏中输入第一个增量值为 80.0；按住 Ctrl 键再选取第一方向的第二引导尺寸 10，第二个增量值为 80.0。

Step 5 在操控板中的第一方向的阵列个数栏中输入 2，然后单击 ✔ 按钮，完成操作。

6.22.3 "异形"阵列

下面将要创建如图 6.22.6 所示的圆柱体特征的"异形"阵列，操作过程如下：

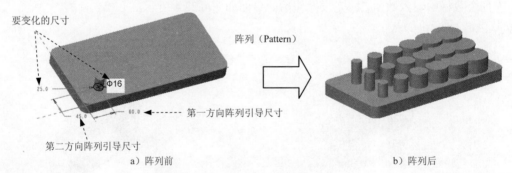

要变化的尺寸

阵列（Pattern）

第一方向阵列引导尺寸

第二方向阵列引导尺寸

a）阵列前

b）阵列后

图 6.22.6 阵列引导尺寸

Step 1 将工作目录设置为 D:\creo2pd\work\ch06.22，打开文件 dim_pattern.prt。

Step 2 在模型树中右击 拉伸 2，在弹出的快捷菜单中选择 阵列... 命令。

Step 3 选取阵列类型。在操控板中单击 选项 按钮，在弹出的界面中选择 常规 选项。

Step 4 选取第一方向、第二方向引导尺寸，给出增量。

（1）选取图 6.22.6 中第一方向的第一引导尺寸 60，输入增量值 55.0；按住 Ctrl 键，再选取第一方向的第二引导尺寸 ϕ25（即圆柱的直径），输入相应增量值 10.0。

（2）在操控板中单击 尺寸 按钮，单击"方向 2"的"单击此处添加…"字符，然后选取图 6.22.6 中第二方向的第一引导尺寸 45，输入相应增量 50.0；按住 Ctrl 键再选取第二方向的第二引导尺寸 35（即圆柱的高度），输入相应增量 10.0。

Step 5 在操控板中第一方向的阵列个数栏中输入 6，在第二方向的阵列个数栏中输入数值 3。

Step 6 在操控板中单击 ✔ 按钮，完成操作。

6.22.4 删除阵列

下面举例说明删除阵列的操作方法：

在模型树中单击（如 ▶ ⊞ 阵列 1 / 拉伸 2 选项），然后右击，选择 删除阵列 命令。

6.22.5 环形阵列

下面以图 6.22.7 所示的模型为例，介绍环形阵列的操作过程：

Step 1 将工作目录设置为 D:\creo2pd\work\ch06.21，打开文件 pattern_circle.prt。

Step 2 在图 6.22.7 所示的模型树中单击 ⏚ 扫描 1 特征，再右击，选择 阵列... 命令。

选取此基准轴

图 6.22.7　环形阵列

Step 3 选取阵列中心轴和阵列数目。

（1）在操控板中的 尺寸 ▾ 下拉列表框中选择 轴 选项，选取绘图区中模型的基准轴 A_1。

（2）在操控板中的阵列数量栏中输入数量值 3，在增量栏中输入角度增量值 120.0。

Step 4 在操控板中单击 ✔ 按钮，完成操作。

6.23　特征的成组

图 6.23.1 所示的模型中的凸台由三个特征组成：实体拉伸特征、倒角特征和圆角特征，

如果要对这个带倒角和圆角的凸台进行阵列，必须将它们归成一组，这就是 Creo 中特征成组（Group）的概念（注意：欲成为一组的数个特征在模型树中必须是连续的）。下面以此为例说明创建"组"的一般过程：

Step 1 将工作目录设置为 D:\creo2pd\work\ch06.23，打开文件 create_group.prt。

Step 2 按住 Ctrl 键，在图 6.23.2a 所示的模型树中选取拉伸 2、拉伸 3、倒圆角 1 和倒角 2 特征。

Step 3 单击 模型 功能选项卡中的 操作 ▼ 按钮，然后选择 组 命令，此时拉伸 2、倒圆角 1 和倒角 1 的特征合并为 组LOCAL_GROUP（图 6.23.2b），至此完成组的创建。

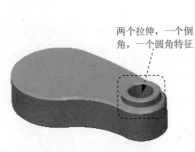

图 6.23.1 特征的成组

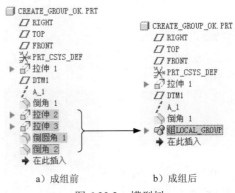

图 6.23.2 模型树

6.24 扫描特征

6.24.1 关于扫描特征

如图 6.24.1 所示，扫描（Sweep）特征是将一个截面沿着给定的轨迹"掠过"而生成的，所以也叫"扫掠"特征。要创建或重新定义一个扫描特征，必须给定两大特征要素，即扫描轨迹和扫描截面。

6.24.2 扫描特征的一般创建过程

下面以图 6.24.1 模型为例，说明创建扫描特征的一般过程：

Step 1 将工作目录设置为 D:\creo2pd\work\ch06.24，打开文件 create_sweep.prt。

Step 2 绘制扫描轨迹曲线。

（1）单击 模型 功能选项卡 基准 ▼ 区域中的"草绘"按钮 。

（2）选取 FRONT 基准平面作为草绘面，选取 RIGHT 基准平面作为参考面，方向为 右，单击 草绘 按钮，系统进入草绘环境。

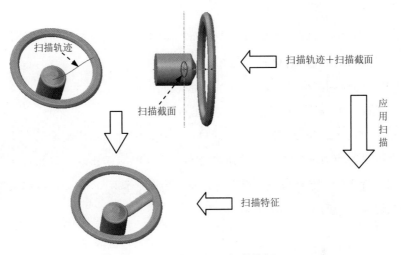

图 6.24.1　扫描特征

（3）定义扫描轨迹的参考：接受系统给出的默认参考 FRONT 和 RIGHT。

（4）绘制图 6.24.2 所示的扫描轨迹曲线。

创建扫描轨迹时应注意下面几点，否则扫描可能失败：

● 轨迹不能自身相交。

● 相对于扫描截面的大小，扫描轨迹中的弧或样条半径不能太小，否则扫描特征在经过该弧时会由于自身相交而出现特征生成失败。例如，图 6.24.2 中的样条曲率半径，相对于后面将要创建的扫描截面不能太小。

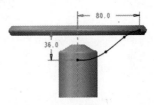

图 6.24.2　扫描轨迹曲线

（5）完成轨迹的绘制和标注后，单击"确定"按钮 ✔。

Step 3　选择命令。单击 模型 功能选项卡 形状 ▾ 区域中的 📎扫描 ▾ 按钮，系统弹出图 6.24.3 所示的"扫描"操控板。

图 6.24.3　"扫描"操控板

Step 4　定义扫描轨迹。

（1）在操控板中确认"实体"按钮 □ 和"恒定轨迹"按钮 ⊢ 被按下。

（2）在图形区中选取图 6.24.2 所示的扫描轨迹曲线，系统自动选取扫描轨迹曲线的一个端点作为扫描起始点（带有黄色箭头的一端，单击箭头可切换起始点）。

Step 5 创建扫描特征的截面。

（1）在操控板中单击"创建或编辑扫描截面"按钮 ✍，系统自动进入草绘环境。

（2）绘制并标注扫描截面的草图（图 6.24.4）。

（3）完成截面的绘制和标注后，单击"确定"按钮 ✔。

Step 6 单击操控板中的 ✔ 按钮，完成扫描特征的创建。

说明：若此时扫描轨迹如图 6.24.5 所示的样条曲线，相对于扫描截面的大小，扫描轨迹中样条半径太小，则扫描特征在经过该弧时会由于自身相交而出现特征生成失败；此时系统弹出图 6.24.6 所示的"重新生成失败"对话框；单击 确定 按钮，特征失败的原因可从所定义的轨迹和截面两个方面来查找。

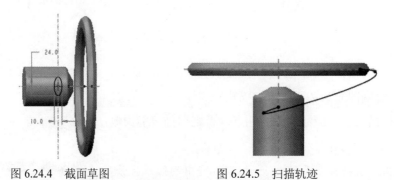

图 6.24.4 截面草图　　　　　　　图 6.24.5 扫描轨迹

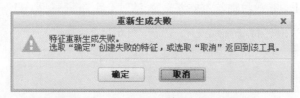

图 6.24.6 "重新生成失败"对话框

- 查找轨迹方面的原因：检查是不是图形中的轨迹曲率半径太小的原因。
- 查找特征截面方面的原因：检查是不是截面距轨迹起点太远，或截面尺寸太大（相对于轨迹尺寸）。

6.25 混合特征

6.25.1 关于混合特征

将一组截面沿其边线用过渡曲面连接形成一个连续的特征，就是混合（Blend）特征。混合特征至少需要两个截面。图 6.25.1 所示的混合特征是由三个截面混合而成的。

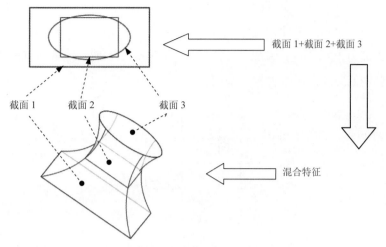

图 6.25.1 混合特征

6.25.2 混合特征的一般创建过程

下面以图 6.25.2 所示的混合特征为例，说明创建混合特征的一般过程：

Step 1 新建一个零件，文件名为 create_blend.prt。

Step 2 在 **模型** 功能选项卡的 **形状▼** 下拉菜单中选择 **∂混合** 命令。

Step 3 定义混合类型。在操控板中确认"混合为实体"按钮 **▢** 和"与草绘截面混合"按钮 **☑** 被按下。

Step 4 创建混合特征的第一个截面。单击"混合"操控板中的 **截面** 按钮，在系统弹出的界面中选中 ⊙ **草绘截面** 单选项，单击 **定义...** 按钮；然后选

图 6.25.2 平行混合特征

择 TOP 基准面作为草绘平面，选择 RIGHT 基准面作为参考平面，方向为 **右**，单击 **草绘** 按钮，进入草绘环境后，接受系统给出的默认参考 FRONT 和 RIGHT，绘制图 6.25.3 所示的截面草图 1 并将起点定义到图 6.25.3 所示的位置。

> 注意：草绘混合特征中的每一个截面时，Creo 系统会在第一个图元的绘制起点产生一个带方向的箭头，此箭头表明截面的起点和方向

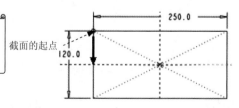

图 6.25.3 截面草图 1

注意： 先绘制两条中心线，单击 **▢矩形▼** 按钮绘制长方形，进行对称约束，修改、调整尺寸。

Step 5 创建混合特征的第二个截面。单击"混合"操控板中的 截面 按钮，选中 ● 截面 2 选项，定义"草绘平面位置定义方式"类型为 ◉ 偏移尺寸，偏移自"截面 1"的偏移距离为 100，单击 草绘... 按钮；绘制图 6.25.4 所示的截面草图 2 并将起点定义到图 6.25.4 所示的位置。

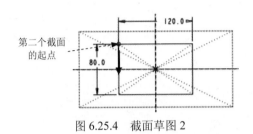

图 6.25.4 截面草图 2

Step 6 创建混合特征的第三个截面。单击"混合"操控板中的 截面 按钮，单击 插入 按钮，定义"草绘平面位置定义方式"类型为 ◉ 偏移尺寸，偏移自"截面 2"的偏移距离为 100.0，单击 草绘... 按钮；绘制图 6.25.5 所示的截面草图 3。

Step 7 将第三个截面切分成四个图元。

注意：在创建混合特征的多个截面时，Creo 要求各个截面的图元数（或顶点数）相同（当第一个截面或最后一个截面为一个单独的点时，不受此限制）。在本例中，前面两个截面都是长方形，它们都有四条直线（即四个图元），而第三个截面为一个圆，只是一个图元，没有顶点。所以这一步要做的是将第三个截面（圆）变成四个图元。

（1）单击"分割"按钮 ✄。

（2）绘制图 6.25.5 所示的两条中心线。

（3）分别在图 6.25.6 所示的四个位置选择四个点。

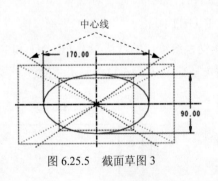

图 6.25.5 截面草图 3

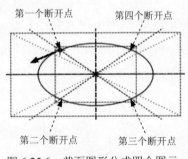

图 6.25.6 截面图形分成四个图元

Step 8 完成前面的所有截面后，单击草绘工具栏中的"确定"按钮 ✔。

Step 9 单击"混合"操控板中的 选项 按钮，在弹出的"选项"对话框中选择"混合曲面"的类型为 ◉ 平滑。

Step 10 单击"混合"操控板中的 ✔ 按钮。至此，完成混合特征的创建。

6.26　螺旋扫描特征

6.26.1　关于螺旋扫描特征

如图 6.26.1 所示，将一个截面沿着螺旋轨迹线进行扫描，可形成螺旋扫描（Helical Sweep）特征。

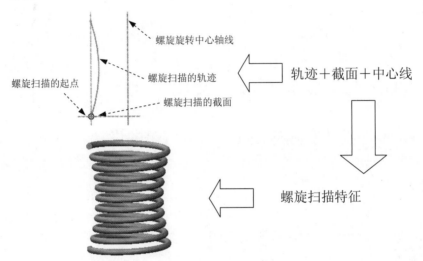

螺旋旋转中心轴线

螺旋扫描的轨迹

螺旋扫描的起点

螺旋扫描的截面

轨迹＋截面＋中心线

螺旋扫描特征

图 6.26.1　螺旋扫描特征

6.26.2　螺旋扫描特征的创建过程

这里以图 6.26.1 所示的螺旋扫描特征为例，说明创建这类特征的一般过程：

Step 1　新建一个零件，文件名为 create_helical_sweep.prt。

Step 2　选择命令。单击 **模型** 功能选项卡 **形状** ▾ 区域 **扫描** ▾ 按钮中的 ▾，在弹出的菜单中选择 **螺旋扫描** 命令，系统弹出"螺旋扫描"操控板。

Step 3　定义螺旋扫描轨迹。

（1）在操控板中确认"扫描为实体"按钮 □ 和"使用右手定则"按钮 ⌒ 被按下。

（2）单击操控板中的 **参考** 按钮，在弹出的界面中单击 **定义...** 按钮，系统弹出"草绘"对话框。

（3）选取 FRONT 基准平面作为草绘平面，选取 RIHGT 基准平面作为参考平面，方向为 **右**，系统进入草绘环境，绘制图 6.26.2 所示的螺旋扫描轨迹草图。

（4）单击 ✔ 按钮，退出草绘环境。

Step 4　定义螺旋节距。在操控板的 **20.0** ▾ 文本框中输入节距值 20.0，并按回车键。

Step 5 创建螺旋扫描特征的截面。在操控板中单击 ✍ 按钮，系统进入草绘环境，绘制和标注图 6.26.3 所示的截面——圆，然后单击草绘工具栏中的 ✔ 按钮。

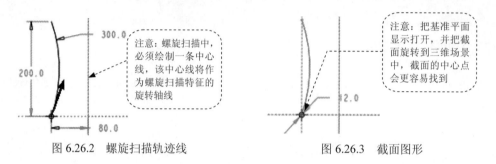

图 6.26.2 螺旋扫描轨迹线   图 6.26.3 截面图形

说明：系统将自动选取草绘平面并进行定向。在三维场景中绘制截面比较直观。

Step 6 单击操控板中的 ✔ 按钮，完成螺旋扫描特征的创建。

6.27 Creo 零件设计实际应用 1——电气盖的设计

应用概述：

本应用介绍了电器盖的设计过程。通过练习本例，读者可以掌握实体的拉伸、拔模、镜像、扫描、倒圆角和抽壳等特征的应用。在创建特征的过程中，需要注意特征的创建顺序。零件模型及模型树如图 6.27.1 所示。

Step 1 新建零件模型。新建一个零件模型，命名为 ele_cover。

Step 2 创建图 6.27.2 所示的拉伸特征 1。在操控板中单击"拉伸"按钮 拉伸，选取 FRONT 基准平面为草绘平面，选取 RIGHT 基准平面为参考平面，方向为右；单击 草绘 按钮，绘制图 6.27.3 所示的截面草图。在操控板中选择拉伸类型为 日，输入深度值 64.0；单击 ✔ 按钮，完成拉伸特征 1 的创建。

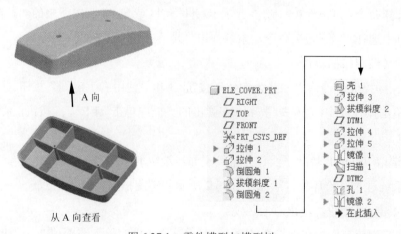

从 A 向查看

图 6.27.1 零件模型与模型树

Step 3 创建图 6.27.4 所示的拉伸特征 2。在操控板中单击"拉伸"按钮 ⬚拉伸，在操控板中单击"移除材料"按钮 ⬚。选取 TOP 基准平面为草绘平面，选取 RIGHT 基准平面为参考平面，方向为 右；绘制图 6.27.5 所示的截面草图；在操控板中选择拉伸类型为 ⊟⊦；单击 ⬚ 按钮调整拉伸方向，单击 ✔ 按钮，完成拉伸特征 2 的创建。

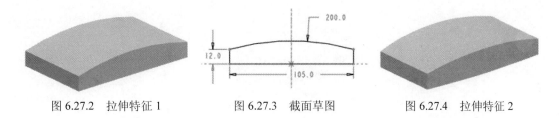

图 6.27.2　拉伸特征 1　　　　图 6.27.3　截面草图　　　　图 6.27.4　拉伸特征 2

Step 4 创建图 6.27.6a 所示的倒圆角特征 1。选取图 6.27.6b 所示的边线为倒圆角的边线；圆角半径为 8.0。

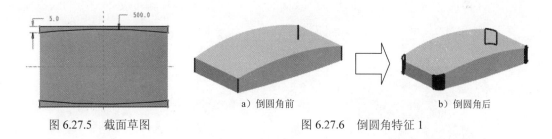

a）倒圆角前　　　　　　　　　b）倒圆角后

图 6.27.5　截面草图　　　　　　图 6.27.6　倒圆角特征 1

Step 5 创建图 6.27.7 所示的拔模特征 1。单击 模型 功能选项卡 工程 ▾ 区域中的 ⬚拔模 ▾ 按钮。选取选取模型的侧面（共 8 个）为拔模曲面。选取模型的下底面为拔模枢轴平面。采用系统用默认的拔模方向，在拔模角度文本框中输入拔模角度值 10.0。单击 ✔ 按钮，完成拔模特征 1 的创建。

Step 6 创建图 6.27.8a 所示的倒圆角特征 2。选取图 6.27.8b 所示的边线为倒圆角的边线；圆角半径为 2.0。

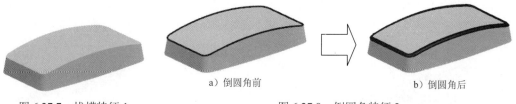

a）倒圆角前　　　　　　　　　　b）倒圆角后

图 6.27.7　拔模特征 1　　　　　图 6.27.8　倒圆角特征 2

Step 7 创建图 6.27.9 所示的抽壳特征 1。单击 模型 功能选项卡 工程 ▾ 区域中的"壳"按钮 ⬚壳，选取图 6.27.10 所示的面为移除面，在 厚度 文本框中输入壁厚值为 1.2，

单击 ✔ 按钮，完成抽壳特征 1 的创建。

Step 8 创建图 6.27.11 所示的拉伸特征 3。在操控板中单击"拉伸"按钮 ⬜拉伸。选取 TOP 基准平面为草绘平面，选取 RIGHT 基准平面为参考平面，方向为 右；绘制 图 6.27.12 所示的截面草图。在操控板中选择拉伸类型为 ⬒；单击 ✔ 按钮，完成 拉伸特征 3 的创建。

图 6.27.9　抽壳特征 1

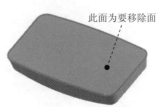

图 6.27.10　选取移除面

图 6.27.11　拉伸特征 3

Step 9 创建图 6.27.13 所示的拔模特征 2。单击 模型 功能选项卡 工程 ▼ 区域中的 ⬥拔模 ▼ 按钮。选取图 6.27.14 所示的面为拔模曲面。取图 6.27.13 所示的模型表 面为拔模枢轴平面。采用系统默认的拔模方向，在拔模角度文本框中输入拔模角 度值 3.0。单击 ⬚ 按钮调整拔模方向，单击 ✔ 按钮，完成拔模特征 2 的创建。

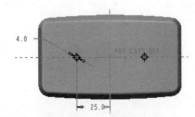

图 6.27.12　截面草图

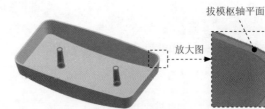

图 6.27.13　拔模特征 2

Step 10 创建图 6.27.15 所示的基准平面特征 1。单击"平面"按钮 ▱，在模型树中选取 TOP 基准平面为偏距参考面，在对话框中输入偏移距离值 2.0，单击对话框中的 确定 按钮，完成基准平面特征 1 的创建。

Step 11 创建图 6.27.16 所示的拉伸特征 4。选取基准平面 DTM1 为草绘平面，选取 RIGHT 基准平面为参考平面，方向为 左；绘制图 6.27.17 所示的截面草图。在操控板中 单击 ⬚ 按钮，输入厚度值 1.0，单击 ⬚ 按钮调整加厚方向，选择拉伸类型为 ⬒。

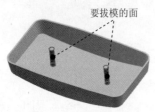

图 6.27.14　定义拔模面

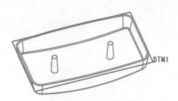

图 6.27.15　基准平面 1

图 6.27.16　拉伸特征 4

Step 12　创建图 6.27.18 所示的拉伸特征 5。在操控板中单击"拉伸"按钮 □ 拉伸 。选取基准平面 DTM1 为草绘平面，选取 RIGHT 基准平面为参考平面，单击 反向 按钮，方向为左；单击 草绘 按钮，绘制图 6.27.19 所示的截面草图。在操控板中单击 □ 按钮，输入厚度值 1.0，选择拉伸类型为 ⊨，单击 ✕ 按钮调整加厚方向，单击 ✓ 按钮，完成拉伸特征 5 的创建。

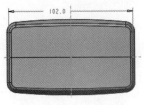
图 6.27.17　截面草图

图 6.27.18　拉伸特征 5

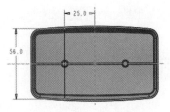
图 6.27.19　截面草图

Step 13　创建图 6.27.20 所示的镜像特征 1。选取拉伸特征 5 为镜像特征，单击 模型 功能选项卡 编辑 ▼ 区域中的"镜像"按钮 ⅠⅠ，选取 RIGHT 基准平面为镜像平面，单击 ✓ 按钮，完成镜像特征 1 的创建。

Step 14　创建图 6.27.21 所示的扫描特征 1。单击 模型 功能选项卡 形状 ▼ 区域中的 ⬡扫描 ▼ 按钮。选取图 6.27.22 所示的曲线为扫描轨迹（按住 Shift 键操作）。在弹出的"扫描"操控板中确认 □ 按钮、 ⃢ 按钮和 ⊢ 按钮被按下，单击"创建或编辑扫描截面"按钮 ☑，绘制图 6.27.23 所示的扫描截面草图。单击 ✓ 按钮，完成扫描特征 1 的创建。

图 6.27.20　镜像特征 1

图 6.27.21　扫描特征 1

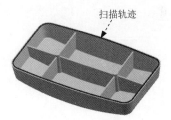
扫描轨迹
图 6.27.22　定义扫描轨迹

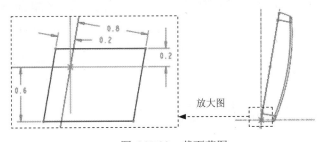
放大图
图 6.27.23　截面草图

Step 15　创建图 6.27.24 所示的基准平面特征 2。选择图 6.27.25 所示的面为参考面 1，放置类型选择"相切",选择 TOP 基准平面为参考平面 2,放置类型选择"平行"。

图 6.27.24　基准平面 2

选取此面

图 6.27.25　定义参考面

Step 16 创建图 6.27.26 所示的孔特征。单击 **模型** 功能选项卡 **工程 ▼** 区域中的 孔 按钮。在操控板中确认 U 按钮、V 按钮和 ⊢ 按钮被按下。选中 DTM2 基准平面;按住 Ctrl 键,选取图 6.27.27 轴线。在操控板中单击"形状"按钮 **形状**,孔的形状设置如图 6.27.28 所示,孔的深度类型为 ⊣⊢。

图 6.27.26　孔特征

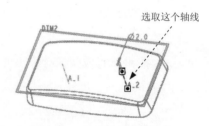

选取这个轴线

图 6.27.27　定义孔放置点

Step 17 创建图 6.27.29 所示的镜像特征 2。选取孔 1 为镜像特征,单击 **模型** 功能选项卡 **编辑 ▼** 区域中的"镜像"按钮,选取 RIGHT 基准平面为镜像平面。

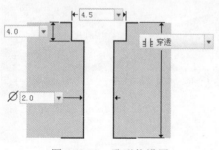

图 6.27.28　孔形状设置

图 6.27.29　镜像特征 2

Step 18 保存零件模型。

6.28　Creo 零件设计实际应用 2——轮毂的设计

应用概述:

本应用介绍了一个轮毂的设计过程。主要是讲述实体旋转、拔模、阵列和孔等特征命令的应用。所建的零件模型及模型树如图 6.28.1 所示。

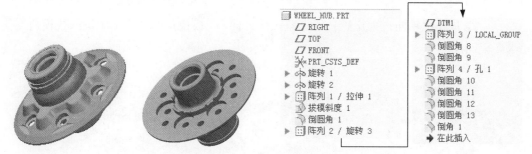

图 6.28.1　零件模型及模型树

说明：本应用前面的详细操作过程请参见随书光盘中 video\ch06.28\reference\文件下的语音讲解文件 wheel_hub-r01.avi。

Step 1 打开文件 D:\creo2pd\work\ch06.28\wheel_hub_ex.prt。

Step 2 创建图 6.28.2 所示的拉伸特征 1。选取图 6.28.3 所示模型表面为草绘平面，选取 FRONT 基准平面为参考平面，方向为 右 ；绘制图 6.28.4 所示的截面草图，单击操控板中的 选项 按钮，在操控板中选择拉伸类型为 ， 单击 按钮调整拉伸方向。

Step 3 创建图 6.28.5 所示的阵列特征 1。在模型树中选取"拉伸 1"特征后右击，选择 阵列… 命令。在阵列控制方式下拉列表中选择 轴 选项。选取图 6.28.5 所示的轴 A_1 为参考轴。在操控板中的第一方向阵列个数栏中输入 6，并在其后文本框中输入角度值 60.0。

图 6.28.2　拉伸特征 1

图 6.28.3　选取草绘平面

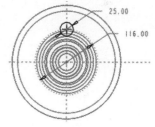

图 6.28.4　截面草图

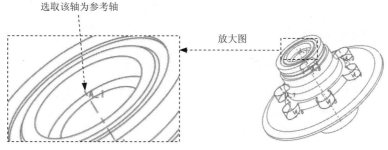

图 6.28.5　阵列特征 1

Chapter 6

Step 4 创建图 6.28.6 所示的拔模特征 1。选取图 6.28.7 所示的模型表面为拔模面。在操控板中单击 🗔 图标后的 ● 单击此处添加项 字符，选取图 6.28.8 所示的模型表面为拔模枢轴面；单击 🗡 按钮调整拔模方向，在拔模角度文本框中输入拔模角度值 30.0。

选取该面为拔模面

选取该面为拔模枢轴面

图 6.28.6　拔模特征 1　　图 6.28.7　选取拔模面　　图 6.28.8　选取要拔模枢轴面

Step 5 创建图 6.28.9b 所示的倒圆角特征 1。选取图 6.28.9a 所示的 12 条边线为倒圆角的边线；圆角半径为 10.0。

Step 6 创建图 6.28.10 所示的旋转特征 3。在操控板中单击"旋转"按钮 💠 旋转。在操控板中单击"移除材料"按钮 ⚁。选取 TOP 基准平面为草绘平面，RIGHT 基准平面为参考平面，方向为 底部；绘制图 6.28.11 所示的截面草图（包括中心线）；在操控板中选择旋转类型为 📐，在角度文本框中输入角度值 360.0。

Step 7 创建图 6.28.12 所示的阵列特征 2。在模型树中选取"旋转 3"特征后右击，选择 阵列... 命令。在阵列控制方式下拉列表中选择 轴 选项。选取图 6.28.12 所示的轴 A_1 为参考轴。在操控板中的第一方向阵列个数栏中输入 6.0，并在其后文本框中输入角度值 60.0。

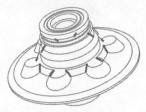

a）倒圆角前　　　　b）倒圆角后

图 6.28.9　倒圆角特征 1　　　　　　　图 6.28.10　旋转特征 3

Step 8 创建图 6.28.13 所示的基准平面 DTM1。单击 模型 功能选项卡 基准 ▾ 区域中的"平面"按钮 ▱，选取图 6.28.14 所示的模型边线为参考对象。

Step 9 创建图 6.28.15 所示的拉伸特征 2。在操控板中单击"移除材料"按钮 ⚁。选取基准平面 DTM1 为草绘平面，绘制图 6.28.16 所示的截面草图，单击操控板中的 选项 按钮，在操控板中选择拉伸类型为 📐，输入深度值 30.0，单击 🗡 按钮调整拉伸方向。

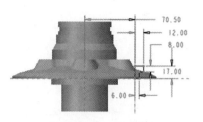

图 6.28.11　截面草图

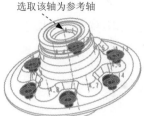

图 6.28.12　阵列特征 2

图 6.28.13　基准平面 DTM1

图 6.28.14　定义参考对象

图 6.28.15　拉伸特征 2

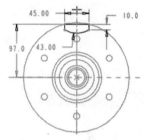

图 6.28.16　截面草图

Step 10　创建拔模特征 2。选取图 6.28.17 所示的模型表面为拔模面。在操控板中单击 ⊐ 图标后的 ● 单击此处添加项 字符，选取图 6.28.18 所示的模型表面为拔模枢轴面；单击 ⁄ 按钮调整拔模方向，在拔模角度文本框中输入拔模角度值 20.0。

Step 11　创建倒圆角特征 2。选取图 6.28.19 所示的边线为倒圆角的边线；圆角半径为 1.0。

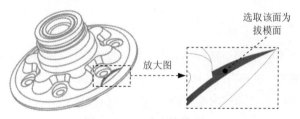

图 6.28.17　选取拔模面

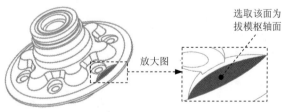

图 6.28.18　选取要拔模枢轴面

Step 12　创建组特征。按住 Ctrl 键，在模型树中选择 Step9~Step11 所创建的特征后右击，在弹出的快捷菜单中选择 组 命令，所创建的特征即可合并为 🗇组 LOCAL_GROUP 。

Step 13　创建图 6.28.20 所示的阵列特征 3。在模型树中选取"LOCAL_GROUP"特征后右击，选择 阵列... 命令。在阵列控制方式下拉列表中选择轴选项。选取轴 A_1 为参考轴。在操控板中的第一方向阵列个数栏中输入 6.0，并在其后文本框中输入角度值 60.0。

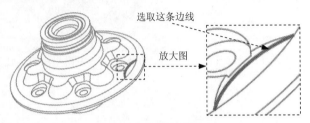

图 6.28.19　边倒圆特征 2　　　　　　　　图 6.28.20　阵列特征 3

Step 14　创建倒圆角特征 8。选取图 6.28.21 所示的边线为倒圆角的边线；圆角半径为 6.0。

Step 15　创建倒圆角特征 9。选取图 6.28.22 所示的边线为倒圆角的边线；圆角半径为 3.0。

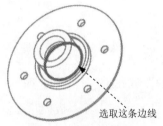
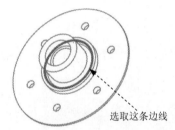

图 6.28.21　倒圆角特征 8　　　　　　　　图 6.28.22　倒圆角特征 9

Step 16　创建图 6.28.23 所示的孔特征 1。单击 模型 功能选项卡 工程 ▼ 区域中的 孔 按钮。选取图 6.28.23 所示的模型表面为主参考；按住 Ctrl 键，选取图 6.28.23 所示的轴线为次参考；在操控板中确认"标准孔"按钮 和"添加沉孔"按钮 被按下，单击 形状 选项卡，在系统弹出的孔形状参数界面中设置如图 6.28.24 所示。

选取该平面为孔的主参考

选取该轴为次参考

放大图

图 6.28.23　孔 1

Step 17　创建图 6.28.25 所示的阵列特征 4。在模型树中选取"孔 1"特征后右击，选择 阵列... 命令。在阵列控制方式下拉列表中选择轴选项。选取图 6.28.25 所示的轴 A_1 为参考轴。在操控板中的第一方向阵列个数栏中输入 6.0，并在其后文本框中输入角度值 60.0。

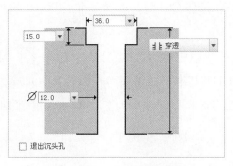

图 6.28.24　定义孔的形状

选取该轴为参考轴

图 6.28.25　阵列特征 4

Step 18　后面的详细操作过程请参见随书光盘中 video\ch06.28\reference\文件下的语音视频讲解文件 wheel_hub-r02.avi。

6.29　Creo 零件设计实际应用 3——轴箱的设计

应用概述：

本应用介绍了一个轮箱的设计过程。主要是讲述实体拉伸、旋转、镜像、孔和倒圆角等特征命令的应用。所建的零件模型及模型树如图 6.29.1 所示。

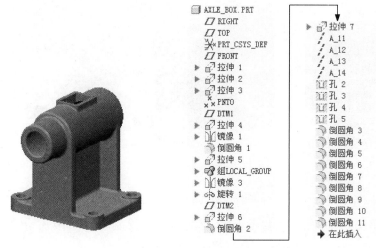

图 6.29.1　零件模型及模型树

说明：本应用前面的详细操作过程请参见随书光盘中 video\ch06.29\reference\文件下的语音讲解文件 axle_box-r01.avi。

Step 1　打开文件 D:\creo2pd\work\ch06.29\ axle_box_ex.prt。

Step 2 创建图 6.29.2 所示的基准点 PNT0。单击"创建基准点"按钮 点，选择边线 1 为参考，在 偏移 文本框中输入数值 0.5。

Step 3 创建图 6.29.3 所示的基准平面 DTM1。按住 Ctrl 键，选择基准点 PNT0 和基准平面 FRONT 为参考。

Step 4 创建图 6.29.4 所示的拉伸特征 4。在操控板中单击"移除材料"按钮。选取基准平面 DTM1 为草绘平面，选取 RIGHT 基准平面为参考平面，方向为 右；绘制图 6.29.5 所示的截面草图，在操控板中选择拉伸类型为，输入深度值 140。

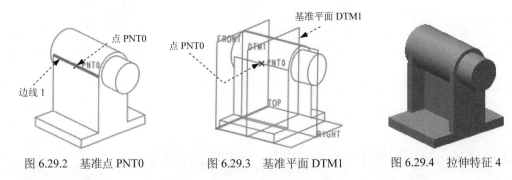

图 6.29.2 基准点 PNT0　　　图 6.29.3 基准平面 DTM1　　　图 6.29.4 拉伸特征 4

Step 5 创建图 6.29.6 所示的镜像特征 1。选取 Step4 所创建的拉伸特征 4 为镜像特征。选取 RIGHT 基准平面为镜像平面。

Step 6 创建图 6.29.7 所示的倒圆角特征 1。选取图 6.29.8 所示的边线为倒圆角的 4 条边线；圆角半径为 20。

图 6.29.5 截面草图　　　图 6.29.6 镜像特征 1　　　图 6.29.7 倒圆角特征 1

Step 7 创建图 6.29.9 所示的拉伸特征 5。选取图 6.29.9 所示的模型表面为草绘平面，选取 RIGHT 基准平面为参考平面，方向为 右；绘制图 6.29.10 所示的截面草图，在操控板中选择拉伸类型为，输入深度值 5。

Step 8 创建图 6.29.11 所示的孔特征 1。单击 模型 功能选项卡 工程 区域中的 孔 按钮；选取图 6.29.11 的模型表面为主参考；按住 Ctrl 键，选取图 6.29.11 轴线为次参考；在操控板中的 ∅ 文本框中输入数值 20，定义孔的深度类型为。

Step 9 创建图 6.29.12 所示的镜像特征 2。选取 Step7 所创建的孔特征 1 为镜像特征。选取 DTM1 基准平面为镜像平面。

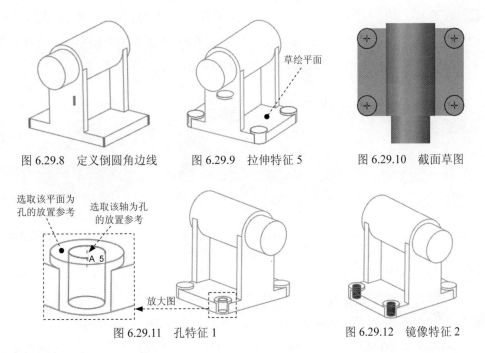

图 6.29.8 定义倒圆角边线   图 6.29.9 拉伸特征 5   图 6.29.10 截面草图

图 6.29.11 孔特征 1   图 6.29.12 镜像特征 2

Step 10 创建组特征。按住 Ctrl 键，在模型树中选择 Step4~Step8 所创建的特征后右击，在弹出的快捷菜单中选择 组 命令，所创建的特征即可合并为 组LOCAL_GROUP 。

Step 11 创建图 6.29.13 所示的镜像特征 3。在图形区中选取 Step13 所创建的组特征为镜像特征。选取 RIGHT 基准平面为镜像平面，单击 ✔ 按钮，完成镜像特征 3 的创建。

Step 12 创建图 6.29.14 所示的旋转特征 1。在操控板中单击"移除材料"按钮 □ 。选取 RIGHT 基准平面为草绘平面，TOP 基准平面为参考平面，方向为 右 ；绘制图 6.29.15 所示的截面草图（包括中心线）；在操控板中选择旋转类型为 止，在角度文本框中输入角度值 360.0。

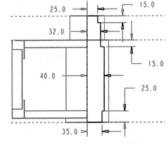

图 6.29.13 镜像特征 3   图 6.29.14 旋转特征 1   图 6.29.15 截面草图

Step 13 创建图 6.29.16 所示的基准平面 DTM2。在模型树中选取 TOP 基准平面为偏距参

6 Chapter

考面，在对话框中输入偏移距离值为 228。

Step 14 创建图 6.29.17 所示的拉伸特征 6。选取基准平面 DTM2 为草绘平面，选取 RIGHT 基准平面为参考平面，方向为 左；绘制图 6.29.18 所示的截面草图；在操控板中选择拉伸类型为 ⊣，单击 ╳ 按钮调整拉伸方向。

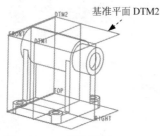

图 6.29.16 基准平面 DTM2

图 6.29.17 拉伸特征 6

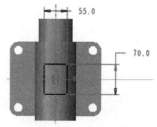

图 6.29.18 截面草图

Step 15 创建图 6.29.19 所示的倒圆角特征 2。选取图 6.29.19a 所示的 4 条边线为倒圆角的边线；圆角半径为 5。

Step 16 创建图 6.29.20 所示的拉伸特征 7。在操控板中单击"移除材料"按钮 ⊿。选取基准平面 DTM2 为草绘平面，选取 RIGHT 基准平面为参考平面，方向为 左；绘制图 6.29.21 所示的截面草图，在操控板中选择拉伸类型为 ⊣。

Step 17 创建图 6.29.22 所示的基准轴特征 A_11。单击 模型 功能选项卡 基准 ▾ 区域中的 ∕ 轴 按钮，选取图 6.29.22 所示的模型表面为参考。

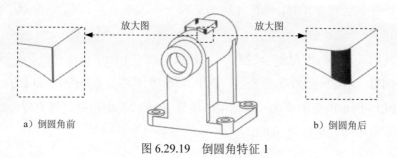

a）倒圆角前　　　　　　　　　　　b）倒圆角后

图 6.29.19 倒圆角特征 1

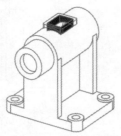

图 6.29.20 拉伸特征 7

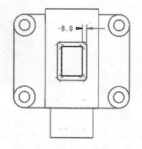

图 6.29.21 截面草图

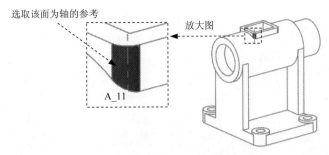

图 6.29.22　基准轴 A_11

Step 18　参考上一步依次创建图 6.29.23 所示的基准轴 A_12、A_13 和 A_14，具体方法参见录像。

Step 19　创建图 6.29.24 所示的孔特征 2。单击 模型 功能选项卡 工程 ▼ 区域中的 孔 按钮；选取图 6.29.24 的模型表面为主参考；按住 Ctrl 键，选取轴线 A_11 为次参考；在操控板中单击"螺孔"按钮，选择 ISO 螺纹标准，螺钉尺寸选择 M4×.7，孔的深度类型为 ，在文本框中输入深度值 10。

Step 20　后面的详细操作过程请参见随书光盘中 video\ch06.29\reference\ 文件下的语音视频讲解文件 axle_box-r02.avi。

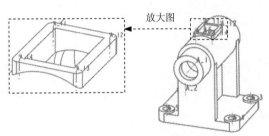

图 6.29.23　基准轴 A_12、A_13 和 A_14

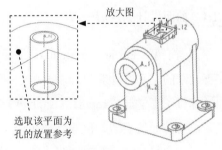

图 6.29.24　孔特征 2

7

一般曲面产品的设计

7.1 曲面设计概述

7.1.1 曲面设计的发展概况

曲面造型（Surface Modeling）是随着计算机技术和数学方法的不断发展而逐步产生和完善起来的。它是计算机辅助几何设计（Computer Aided Geometric Design，简称 CAGD）和计算机图形学（Computer Graphics）的一项重要内容，主要研究在计算机图像系统的环境下，对曲面的表达、创建、显示以及分析等。

早在 1963 年，美国波音飞机公司的 Ferguson 首先提出将曲线曲面表示为参数的矢量函数方法，并引入参数三次曲线，从此曲线曲面的参数化形式成为形状数学描述的标准形式。

到了 1971 年，法国雷诺汽车公司的 Bezier 又提出一种控制多边形设计曲线的新方法，这种方法很好地解决了整体形状控制问题，从而将曲线曲面的设计向前推进了一大步。然而 Bezier 的方法仍存在连接问题和局部修改问题。

直到 1975 年，美国 Syracuse 大学的 Versprille 首次提出具有划时代意义的有理 B 样条（NURBS）方法。NURBS 方法可以精确地表示二次规则曲线曲面，从而能用统一的数学形式表示规则曲面与自由曲面。这一方法的提出，终于使非均匀有理 B 样条方法成为现代曲面造型中广泛流行的技术。

随着计算机图形技术以及工业制造技术的不断发展，曲面造型在近几年又得到了长足的发展，这主要表现在以下几个方面：

（1）从研究领域来看，曲面造型技术已从传统的研究曲面表示、曲面求交和曲面拼接，扩充到曲面变形、曲面重建、曲面简化、曲面转换和曲面等距性等。

（2）从表示方法来看，以网格细分为特征的离散造型方法得到了广泛的运用。这种曲面造型方法在生动逼真的特征动画和雕塑曲面的设计加工中更是独具优势。

（3）从曲面造型方法来看，出现了一些新的方法，如：基于物理模型的曲面造型方法、基于偏微分方程的曲面造型方法、流曲线曲面造型方法等。

当今在 CAD/CAM 系统的曲面造型领域，有一些功能强大的软件系统，如：美国 PTC 公司的 Creo、美国 SDRC 公司的 I-DEASMasterSeries、美国 Unigraphics Solutions 公司的 UG 以及法国达索系统的 CATIA 等，它们各具特色和优势，在曲面造型领域都发挥着举足轻重的作用。

美国 PTC 公司的 Creo，以其参数化、基于特征、全相关等新概念闻名于 CAD 领域。它在曲面的创建生成、编辑修改、计算分析等方面功能强大。另外它还可以将特殊的曲面造型实例作为一个特征加入特征库中，使其功能得到不断扩充。

7.1.2　曲面造型的数学概念

曲面造型技术随着数学相关研究领域的不断深入而得到长足的进步，多种曲线、曲面被广泛应用。我们在此主要介绍其中最基本的一些曲线、曲面的理论及构造方法，使读者在原理、概念上有一个大致的了解。

1. 贝塞尔（Bezier）曲线与曲面

Bezier 曲线与曲面是法国雷诺公司的 Bezier 在 1962 年提出的一种构造曲线曲面的方法，是三次曲线的形成原理，这是由四个位置矢量 Q0、Q1、Q2、Q3 定义的曲线。通常将 Q0，Q1，…，Qn 组成的多边形折线称为 Bezier 控制多边形，多边形的第一条折线和最后一条折线代表曲线起点和终点的切线方向，其他曲线用于定义曲线的阶次与形状。

2．B 样条曲线与曲面

B 样条曲线继承了 Bezier 曲线的优点，仍采用特征多边形及权函数定义曲线，所不同的是权函数不采用伯恩斯坦基函数，而采用 B 样条基函数。

B 样条曲线与特征多边形十分接近，同时便于局部修改。与 Bezier 曲面生成过程相似，由 B 样条曲线可很容易地推广到 B 样条曲面。

3．非均匀有理 B 样条（NURBS）曲线与曲面

NURBS 是 Non-Uniform Rational B-Splines 的缩写，是非均匀有理 B 样条的意思。具体解释是：

- Non-Uniform（非统一）：指一个控制顶点的影响力的范围能够改变。当创建一个

Chapter 7

不规则曲面的时候，这一点非常有用。同样，统一的曲线和曲面在透视投影下也不是无变化的，对于交互的 3D 建模来说，这是一个严重的缺陷。

- Rational（有理）：指每个 NURBS 物体都可以用数学表达式来定义。
- B-Spline（B 样条）：指用路线来构建一条曲线，在一个或更多的点之间以内插值替换。

NURBS 技术提供了对标准解析几何和自由曲线、曲面的统一数学描述方法，它可通过调整控制顶点和因子，方便地改变曲面的形状，同时也可方便地转换对应的 Bezier 曲面，因此 NURBS 方法已成为曲线、曲面建模中最为流行的技术。STEP 产品数据交换标准也将非均匀有理 B 样条（NURBS）作为曲面几何描述的唯一方法。

4. NURBS 曲面的特性及曲面连续性定义

（1）NURBS 曲面的特性。

NURBS 是用数学方法来描述形体，采用解析几何图形，曲线或曲面上任何一点都有其对应的坐标（x,y,z），所以具有高度的精确性。NURBS 曲面可以由任何曲线生成。

对于 NURBS 曲面而言，剪切是不会对曲面的 uv 方向产生影响的，也就是说不会对网格产生影响，如图 7.1.1a 和图 7.1.1b 所示，剪切前后网格（u 方向和 v 方向）并不会发生实质的改变。这也是通过剪切四边面来构成三边面和五边面等多边面的理论基础。

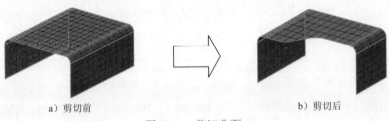

a）剪切前　　　　　　　　　　　　　b）剪切后

图 7.1.1　剪切曲面

（2）曲面 G1 与 G2 连续性定义。

Gn 表示两个几何对象间的实际连续程度。例如：

- G0 意味着两个对象相连或两个对象的位置是连续的。
- G1 意味着两个对象光滑连接，一阶微分连续，或者是相切连续的。
- G2 意味着两个对象光滑连接，二阶微分连续，或者两个对象的曲率是连续的。
- G3 意味着两个对象光滑连接，三阶微分连续。
- Gn 的连续性是独立于表示（参数化）的。

7.1.3　曲面造型方法

曲面造型的方法有多种，下面介绍最常见的几种方法。

1. 拉伸曲面

将一条截面曲线沿一定的方向滑动所形成的曲面，称为拉伸曲面，如图 7.1.2 所示。

a）拉伸前   b）拉伸后

图 7.1.2 拉伸曲面

2. 直纹面

将两条形状相似且具有相同次数和相同节点矢量的曲线上的对应点用直线段相连，便构成直纹面，如图 7.1.3 所示。圆柱面、圆锥面其实都是直纹面。

a）创建前   b）创建后

图 7.1.3 直纹面

当构成直纹面的两条边界曲线具有不同的阶数和不同的节点时，需要首先将次数或节点数较低的一条曲线通过升阶、插入节点等方法，提高到与另一条曲线相同的次数或节点数，再创建直纹面。另外，构成直纹面的两条曲线的走向必须相同，否则曲面将会出现扭曲。

3. 旋转面

将一条截面曲线沿着某一旋转轴旋转一定的角度，就形成一个旋转面，如图 7.1.4 所示。

a）旋转前   b）旋转后

图 7.1.4 旋转面

4. 扫描面

将截面曲线沿着轨迹曲线扫描而形成的曲面为扫描面，如图 7.1.5 所示。

截面曲线和轨迹线可以有多条，截面曲线形状可以不同，可以封闭也可以不封闭，生成扫描时，软件会自动过渡，生成光滑连续的曲面。

a）扫描前 　　　　　　　　　　　b）扫描后

图 7.1.5 　扫描面

5. 混合面

混合面是以一系列曲线为骨架进行形状控制，且通过这些曲线自然过渡生成曲面，如图 7.1.6 所示。

a）混合前 　　　　　　　　　　　b）混合后

图 7.1.6 　混合面

6. 网格曲面

网格曲面是在两组相交叉、形成一张网格骨架的截面曲线上生成的曲面。网格曲面生成的思想是首先构造出曲面的特征网格线（U 线和 V 线），比如，曲面的边界线和曲面的截面线来确定曲面的初始骨架形状，然后用自由曲面插值特征网格生成曲面，如图 7.1.7 所示。

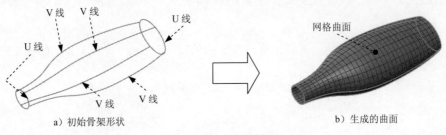

a）初始骨架形状 　　　　　　　　　b）生成的曲面

图 7.1.7 　网格曲面

由于骨架曲线采用不同方向上的两组截面线形成一个网格骨架，控制两个方向的变化趋势，使特征网格线能基本上反映出设计者想要的曲面形状，在此基础上，插值网格骨架生成的曲面必然将满足设计者的要求。

7. 偏移曲面

偏移曲面就是把曲面特征沿某方向偏移一定的距离来创建的曲面，如图 7.1.8 所示。机械加工或钣金零件在装配时为了得到光滑的外表面，往往需要确定一个曲面的偏移曲面。

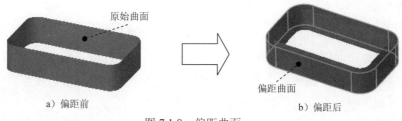

a）偏距前   b）偏距后

图 7.1.8　偏距曲面

现在常用的偏移曲面的生成方法一般是先将原始曲面离散细分，然后求取原始曲面离散点上的等距点，最后将这些等距点拟合成等距面。

7.1.4　光滑曲面造型技巧

一个美观的产品外形往往是光滑而圆顺的。光滑的曲面，从外表看流线顺畅，不会引起视觉上的凸凹感，从理论上是指具有二阶几何连续、不存在奇点与多余拐点、曲率变化较小以及应变较小等特点的曲面。

要保证构造出来的曲面既光滑又能满足一定的精度要求，就必须掌握一定的曲面造型技巧，下面我们就一些常用的技巧进行介绍。

1．区域划分，先局部再整体

一个产品的外形，往往用一张曲面去描述是不切实际和不可行的，这时就要根据应用软件曲面造型方法，结合产品的外形特点，将其划分为多个区域来构造几张曲面，然后再将它们合并在一起，或用过渡面进行连接。当今的三维 CAD 系统中的曲面几乎都是定义在四边形域上。因此，在划分区域时，应尽量将各个子域定义在四边形域内，即每个子面片都具有四条边。

2．创建光滑的控制曲线是关键

控制曲线的光滑程度往往决定着曲面的品质。要创建一条高质量的控制曲线，主要应从以下几点着手：①要达到精度的要求；②曲率主方向要尽可能一致；③曲线曲率要大于将作圆角过渡的半径值。

在创建步骤上，首先利用投影、插补、光滑等手段生成样条曲线，然后根据其曲率图的显示来调整曲线段，从而实现交互式的曲线修改，达到光滑的效果。有时也可通过调整空间曲线的参数一致性，或生成足够数目的曲线上的点，再通过这些点重新拟合曲线，以达到使曲面光滑的目的。

3．光滑连接曲面片

曲面片的光滑连接，应具备以下两个条件：①要保证各连接面片间具有公共边；②要保证各曲面片的控制线连接光滑。其中第二条是保证曲面片连接光滑的必要条件，可通过修改控制线的起点、终点的约束条件，使其曲率或切线在接点处保证一致。

4. 还原曲面，再塑轮廓

一个产品的曲面轮廓往往是已经修剪过的，如果我们直接利用这些轮廓线来构造曲面，常常难以保证曲面的光滑性，所以造型时要充分考察零件的几何特点，利用延伸、投影等方法将三维空间轮廓线还原为二维轮廓线，并去掉细节部分，然后还原出"原始"的曲面，最后再利用面的修剪方法获得理想的曲面外轮廓。

5. 注重实际，从模具的角度考察曲面质量

再漂亮的曲面造型，如果不注重实际的生产制造，也毫无用处。产品三维造型的最终目的是制造模具。产品零件大多由模具生产出来，因此，在三维造型时，要从模具的角度去考虑，在确定产品出模方向后，应检查曲面能否出模，是否有倒扣现象（即拔模斜度为负值），如发现问题，应对曲面进行修改或重构曲面。

6. 随时检查，及时修改

在进行曲面造型时，要随时检查所建曲面的状况，注意检查曲面是否光滑，有无扭曲、曲率变化等情况，以便及时修改。

检查曲面光滑的方法主要有以下两种：第一，对构造的曲面进行渲染处理，可通过透视、透明度和多重光源等处理手段产生高清晰度的逼真的彩色图像，再根据处理后的图像光亮度的分布规律来判断出曲面的光滑度。图像明暗度变化比较均匀，则曲面光滑性好。第二，可对曲面进行高斯曲率分析，进而显示高斯曲率的彩色光栅图像，这样可以直观地了解曲面的光滑性情况。

7.2 曲面的创建

7.2.1 填充曲面

模型 功能选项卡 **曲面 ▼** 区域中的□命令是用于创建填充曲面，它创建的是一个二维平面特征。利用 拉伸命令也可创建某些填充曲面，不过 拉伸有深度参数而□无深度参数（图7.2.1）。

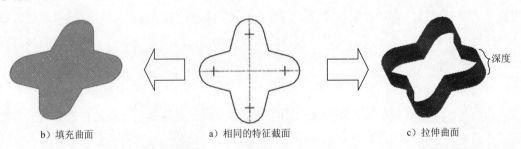

b）填充曲面　　　　a）相同的特征截面　　　　c）拉伸曲面

图7.2.1　填充曲面与拉伸曲面

创建填充曲面的一般操作步骤如下：

Step 1 进入零件设计环境后，单击 **模型** 功能选项卡 曲面 ▾ 区域中的 □ 按钮，此时屏幕上方会出现图 7.2.2 所示的"填充"操控板。

Step 2 在绘图区中右击，从弹出的快捷菜单中选择 定义内部草绘... 命令，进入草绘环境；创建一个封闭的草绘截面，完成后单击 ✔ 按钮。

图 7.2.2　"填充"操控板

注意：填充曲面的截面草图必须是封闭的。

Step 3 在操控板中单击"完成"按钮 ✔，完成填充曲面的创建。

7.2.2　拉伸和旋转曲面

拉伸、旋转、扫描、混合等曲面的创建方法与相应类型的实体特征基本相同。下面仅以拉伸曲面和旋转曲面为例进行介绍。

1. 创建拉伸曲面

如图 7.2.3 所示的曲面特征为拉伸曲面，创建过程如下：

Step 1 单击 **模型** 功能选项卡 形状 ▾ 区域中的 ⬚ 拉伸 按钮，此时系统弹出图 7.2.4 所示的操控板。

图 7.2.3　不封闭曲面　　　　图 7.2.4　"拉伸"操控板

Step 2 单击操控板中的"曲面类型"按钮 ⬚。

Step 3 定义草绘截面放置属性：右击，从弹出的菜单中选择 定义内部草绘... 命令；指定 TOP 基准平面为草绘面，采用模型中默认的黄色箭头的方向为草绘视图方向，指定

RIGHT 基准平面为参考面，方向为 右 。

Step 4 创建特征截面。进入草绘环境后，首先接受默认参考，然后绘制图 7.2.5 所示的截面草图，完成后单击 ✔ 按钮。

Step 5 定义曲面特征的"开放"或"闭合"。单击操控板中的 选项 按钮，在其界面中：选中 ☑ 封闭端 复选框，使曲面特征的两端部封闭。

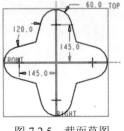

图 7.2.5　截面草图

注意：对于封闭的截面草图才可选择该项（图 7.2.6）。

取消选中 ☐ 封闭端 复选框，可以使曲面特征的两端部开放（图 7.2.3）。

Step 6 选取深度类型及其深度：选取深度类型 ⊥，输入深度值 100.0。

Step 7 在操控板中单击"完成"按钮 ✔，完成曲面特征的创建。

2. 创建旋转曲面

图 7.2.7 所示的曲面特征为旋转曲面，创建的操作步骤如下：

Step 1 单击 模型 功能选项卡 形状 ▾ 区域中的 ⊹ 旋转 按钮，单击操控板中的"曲面类型"按钮 ◻ 。

Step 2 定义草绘截面放置属性。指定 FRONT 基准平面为草绘面，RIGHT 基准平面为参考面，方向为 右 。

Step 3 创建特征截面：接受默认参考；绘制图 7.2.8 所示的特征截面（截面可以不封闭），注意必须有一条中心线作为旋转轴，完成后单击 ✔ 按钮。

图 7.2.6　封闭曲面

图 7.2.7　旋转曲面

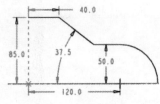

图 7.2.8　截面图形

Step 4 定义旋转类型及角度：选取旋转类型 ⊥（即草绘平面以指定角度值旋转），角度值为 360.0。

Step 5 在操控板中单击"完成"按钮 ✔，完成曲面特征的创建。

7.2.3　曲面的网格显示

单击 分析 功能选项卡 检查几何 ▾ 区域中的 ⊞ 网格曲面 按钮，系统弹出图 7.2.9 所示的对话框，利用该对话框可对曲面进行网格显示设置，如图 7.2.10 所示。

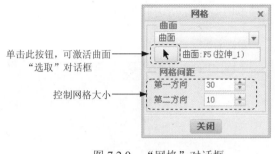

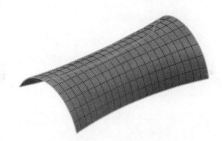

图 7.2.9 "网格"对话框　　　　　　　　图 7.2.10 曲面网格显示

7.2.4 边界曲面

边界混合曲面，即是参考若干曲线或点（它们在一个或两个方向上定义曲面）来创建的混合曲面。在每个方向上选定的第一个和最后一个图元定义曲面的边界。如果添加更多的参考图元（如控制点和边界），则能更精确、更完整地定义曲面形状。

选取参考图元的规则如下：

● 曲线、模型边、基准点、曲线或边的端点可作为参考图元使用。

● 在每个方向上，都必须按连续的顺序选择参考图元。

● 对于在两个方向上定义的混合曲面来说，其外部边界必须形成一个封闭的环，这意味着外部边界必须相交。

1. 边界混合曲面创建的一般过程

下面以图 7.2.11 为例说明边界混合曲面创建的一般过程：

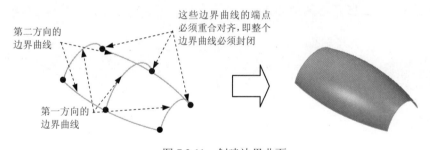

图 7.2.11 创建边界曲面

Step 1 将工作目录设置为 D:\creo2pd\work\ch07.02，打开文件 surf_borde_blended.prt。

Step 2 单击 模型 功能选项卡 曲面 ▾ 区域中的"边界混合"按钮 ，屏幕上方出现图 7.2.12 所示的操控板。

Step 3 定义第一方向的边界曲线。按住 Ctrl 键，分别选取图 7.2.12 所示的第一方向的三条边界曲线。

Step 4 定义第二方向的边界曲线。在操控板中单击 按钮后面的第二方向曲线操作栏中的"单击此处添加项"字符, 按住 Ctrl 键, 分别选取第二方向的两条边界曲线。

图 7.2.12　"边界混合"操控板

Step 5　在操控板中单击"完成"按钮✔，完成边界曲面的创建。

2. 边界曲面的练习

下面将介绍用"边界混合曲面"的方法创建图 7.2.13 所示的曲面的详细操作过程。

Stage1. 创建基准曲线

Step 1　新建一个零件的三维模型，将其命名为 cellphone_cover。

Step 2　创建图 7.2.14 所示的基准曲线 1_1 和基准曲线 1_2，相关提示如下：

（1）单击 模型 功能选项卡 基准 ▼ 区域中的"草绘"按钮。

（2）设置 TOP 基准平面为草绘平面，RIGHT 基准平面为参考平面，方向为 右 ；接受系统默认参考 TOP 和 RIGHT 基准平面。

（3）绘制基准曲线。

① 创建基准曲线 1_1。绘制图 7.2.15 所示的一条样条曲线。

② 创建镜像曲线 1_2，相关提示如下：

a）绘制图 7.2.15 所示的中心线。

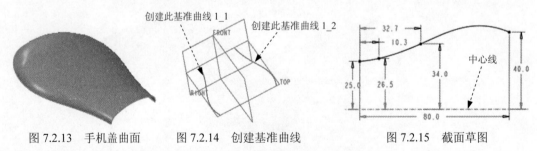

图 7.2.13　手机盖曲面　　　图 7.2.14　创建基准曲线　　　图 7.2.15　截面草图

b）选中前面创建的基准曲线；单击"草绘"工具栏中的 镜像 按钮，再单击中心线，即得到一镜像曲线。

③ 单击"确定"按钮✔。

Step 3　创建图 7.2.16 所示的基准曲线 2。在操控板中单击"草绘"按钮；选取 RIGHT 基准平面为草绘平面，TOP 基准平面为参考平面，方向为 顶 ；绘制图 7.2.17 所示的截面草图。

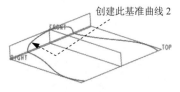
图 7.2.16 创建曲线

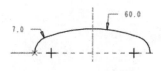
图 7.2.17 创建曲线

Step 4 创建图 7.2.18 所示的基准曲线 3。

（1）创建基准平面 DTM1，使其平行于 RIGHT 基准平面并且过基准曲线 1_1 的顶点。

（2）在操控板中单击"草绘"按钮 ；选取 DTM1 基准平面为草绘平面，TOP 基准平面为参考平面，方向为 顶 ；绘制图 7.2.19 所示的截面草图。

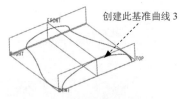
图 7.2.18 创建基准曲线

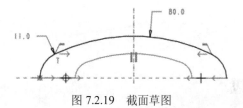
图 7.2.19 截面草图

Step 5 创建图 7.2.20 所示的基准曲线 4。选取 TOP 基准平面为草绘平面，RIGHT 基准平面为参考平面，方向为 右 ；绘制图 7.2.21 所示的截面草图。

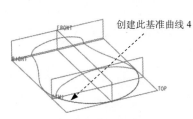
图 7.2.20 创建基准曲线

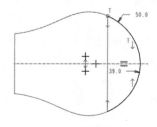
图 7.2.21 截面草图

Stage2. 创建边界曲面 1

如图 7.2.22 所示，该手机盖零件模型包括两个边界曲面，创建边界曲面 1 的操作步骤如下：

Step 1 单击 模型 功能选项卡 曲面 ▾ 区域中的"边界混合"按钮 。

Step 2 选取边界曲线。在操控板中单击 曲线 按钮，系统弹出"曲线"界面，按住 Ctrl 键，选取图 7.2.23 所示第一方向的两条曲线；单击"第二方向"区域中的"单击此处…"字符，然后按住 Ctrl 键，选取图 7.2.23 所示第二方向的两条曲线。

Step 3 在操控板中单击 按钮预览所创建的曲面，确认无误后，再单击 按钮。

Stage3. 创建边界曲面 2

说明：参考 Stage2 的操作，选取图 7.2.24 所示的两条边线为边界曲线。

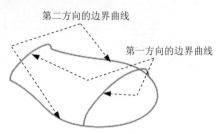

图 7.2.22 两个边界曲面   图 7.2.23 选取边界曲线

Stage4. 合并边界曲面 1 和边界曲面 2

按住 Ctrl 依次选取图 7.2.25 所示的边界曲面 1 和边界曲面 2，单击 模型 功能选项卡 编辑 ▼ 区域中的 ⬚合并 按钮对两个边界曲面进行合并。

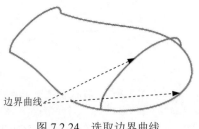

图 7.2.24 选取边界曲线

图 7.2.25 边界曲面合并

7.2.5 偏移曲面

单击 模型 功能选项卡 编辑 ▼ 区域中的 ⬚偏移 按钮，注意要激活 ⬚偏移 工具，首先必须选取一个曲面。偏移操作由图 7.2.26 所示的操控板完成。

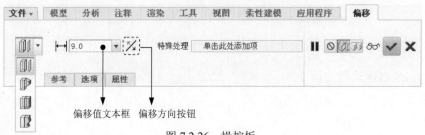

图 7.2.26 操控板

曲面"偏移"操控板的说明：

- 参考：用于指定要偏移的曲面，操作界面如图 7.2.27 所示。
- 选项：用于指定偏移方式及要排除的曲面等，操作界面如图 7.2.28 所示。
  - ☑ 垂直于曲面：偏距方向将垂直于原始曲面（默认项）。
  - ☑ 自动拟合：系统自动将原始曲面进行缩放，并在需要时平移它们，不需要其他的用户输入。

☑　控制拟合：在指定坐标系下将原始曲面进行缩放并沿指定轴移动，以创建"最佳拟合"偏距。要定义该元素，应选择一个坐标系，并通过在 X 轴、Y 轴和 Z 轴选项之前放置选中标记，选择缩放的允许方向（图 7.2.29）。

图 7.2.27　"参考"界面　　　　　　　　图 7.2.28　"选项"界面

● 偏移特征类型：如图 7.2.30 所示。

创建标准偏移特征

创建带斜度的偏移特征

创建一般的区域偏移特征

创建替换曲面特征

图 7.2.29　选择"控制拟合"　　　　　　图 7.2.30　偏移类型

1. 标准偏移

标准偏移是从一个实体的表面创建偏移的曲面（图 7.2.31），或者从一个曲面创建偏移的曲面（图 7.2.32）。操作步骤如下：

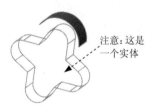

注意：这是一个实体

注意：这是一个整体拉伸曲面

图 7.2.31　实体表面偏移　　　　　　　图 7.2.32　曲面面组偏移

Step 1　将工作目录设置为 D:\creo2pd\work\ch07.02，打开文件 surf_offset.prt。

Step 2　在屏幕下方的智能选取栏中选择"几何"或"面组"选项，然后选取要偏移的曲面。

Step 3　单击 模型 功能选项卡 编辑 ▾ 区域中的 偏移 按钮。

Step 4　定义偏移类型。在操控板中的偏移类型栏中选取 （标准）。

Step 5　定义偏移值。在操控板中输入偏移距离值 60。

Step 6　在操控板中，单击 ∞ 按钮预览所创建的偏移曲面，然后单击 ✔ 按钮，完成操作。

2. 拔模偏移

曲面的拔模偏移就是在曲面上创建带斜度侧面的区域偏移。拔模偏移特征可用于实体表面或面组。下面介绍在图 7.2.33 所示的面组上创建拔模偏移的操作过程：

Step 1 将工作目录设置为 D:\creo2pd\work\ch07.02，打开 surf_draft_offset.prt。

Step 2 选取图 7.2.33 所示的要拔模的面组。

Step 3 单击 模型 功能选项卡 编辑 ▾ 区域中的 偏移 按钮。

Step 4 定义偏移类型：在操控板中的偏移类型栏中选取 （即带有斜度的偏移）。

Step 5 定义偏移选项：单击操控板中的 选项 按钮，选取 垂直于曲面 ；然后选取 侧曲面垂直于 为 ◉ 曲面 ，选取 侧面轮廓 为 ◉ 直 。

Step 6 定义偏移参考：单击操控板中的 参考 按钮，在弹出的界面中单击 定义... 按钮；系统弹出"草绘"对话框，草绘拔模区域。选取 TOP 基准平面为草绘平面，RIGHT 基准平面为参考平面，方向为 右 ；创建图 7.2.34 所示的封闭图形（可以绘制多个封闭图形）。

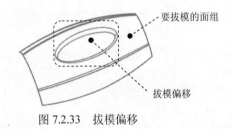

图 7.2.33　拔模偏移

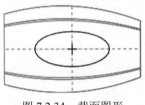

图 7.2.34　截面图形

Step 7 输入偏移值 15.0；输入侧面的拔模角度 20.0，系统使用该角度相对于它们的默认位置对所有侧面进行拔模。

Step 8 在操控板中单击 ∞ 按钮，预览所创建的偏移曲面，然后单击 ✔ 按钮完成操作。

7.2.6　曲面的复制

模型 功能选项卡 操作 ▾ 区域中的"复制"按钮 和"粘贴"按钮 ▾ 可以用于曲面的复制，复制的曲面与源曲面形状和大小相同。曲面的复制功能在模具设计中定义分型面时特别有用。注意要激活 工具，首先必须选取一个曲面。

1. 曲面复制的一般过程

曲面复制的一般操作过程如下：

Step 1 在屏幕下方的智能选取栏中选择"几何"或"面组"选项，然后在模型中选取某个要复制的曲面。

Step 2 单击 模型 功能选项卡 操作 ▾ 区域中的"复制"按钮 。

Step 3 单击 模型 功能选项卡 操作 ▾ 区域中的"粘贴"按钮 ▾ ，系统弹出图 7.2.35 所示的操控板，在该操控板中进行设置（按住 Ctrl 键，可选取其他要复制的曲面）。

Step 4　在操控板中单击"完成"按钮 ✔，则完成曲面的复制操作。

图 7.2.35　操控板

图 7.2.36　"复制参考"界面

图 7.2.35 所示操控板的说明：

- **参考** 按钮：指定复制参考。操作界面如图 7.2.36 所示。
- **选项** 按钮：
  - ☑ ◉ **按原样复制所有曲面** 单选项：按照原来样子复制所有曲面。
  - ☑ ◉ **排除曲面并填充孔** 单选项：复制某些曲面，可以选择填充曲面内的孔。操作界面如图 7.2.37 所示。
  - ☑ **排除轮廓**：选取要从当前复制特征中排除的曲面。
  - ☑ **填充孔/曲面**：在选定曲面上选取要填充的孔。
  - ☑ ◉ **复制内部边界** 单选项：仅复制边界内的曲面。操作界面如图 7.2.38 所示。
  - ☑ **边界曲线**：定义包含要复制的曲面的边界。

图 7.2.37　排除曲面并填充孔

图 7.2.38　复制内部边界

2.　曲面选取的方法介绍

读者可打开文件 D:\creo2pd\work\ch07.02\surf_copy.prt 进行练习。

- 选取独立曲面：在曲面粘贴状态下，选取图 7.2.39 所示的智能选取栏中的 **曲面**，可选取要复制的曲面。选取多个独立曲面须按 Ctrl 键；要去除已选的曲面，只需按住 Ctrl 键并单击此面即可，如图 7.2.40 所示。
- 通过定义种子曲面和边界曲面来选择曲面：此种方法将选取从种子曲面开始向四周延伸直到边界曲面的所有曲面（其中包括种子曲面，但不包括边界曲面）。如图 7.2.41 所示，选取模型的顶部圆柱面，使该曲面成为种子曲面，然后按住键盘上的 Shift 键，同时选取模型的底部平面，使该曲面成为边界曲面，再松开 Shift

键，完成这两个操作后，从模型的顶部圆柱面到底部平面间的所有曲面都将被选取（不包括底部平面），如图 7.2.42 所示。

图 7.2.39　"智能选取"工具栏

图 7.2.40　选取要复制的曲面

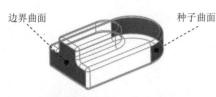

图 7.2.41　定义"种子"面

图 7.2.42　完成曲面的复制

- 选取面组曲面：在图 7.2.39 所示的"智能选取"工具栏中，选择"面组"选项，再在模型上选择一个面组，面组中的所有曲面都将被选取，该选取方法仅对曲面几何有效。

- 选取实体曲面：选中实体的某个表面后，在图形区右击，系统弹出图 7.2.43 所示的快捷菜单，选择 实体曲面 命令，实体中的所有曲面都将被选取。

> 实体曲面
> 编辑
>
> 图 7.2.43　快捷菜单

- 选取目的曲面：模型中多个相关联的曲面组成目的曲面，目的曲面一般是属于某个单一特征，曲面的方向和位置有共通性，操作方法如下，在曲面粘贴状态下，先在图 7.2.39 所示的"智能选取"工具栏中选择"目的曲面"，然后选取图 7.2.44 所示的曲面，可形成图 7.2.45 所示的目的曲面。

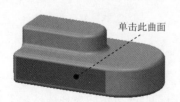

图 7.2.44　操作过程 1

图 7.2.45　操作过程 2

7.3　曲面的修剪

曲面的修剪（Trim）就是将选定曲面上的某一部分剪除掉，它类似于实体的切削（Cut）功能。曲面的修剪有许多方法，下面将分别介绍。

7.3.1　一般的曲面修剪

在 模型 功能选项卡 形状 ▾ 区域中各命令特征的操控板中单击"曲面类型"按钮 ⬚ 及 "切削特征"按钮 ◿，可产生一个"修剪"曲面，用这个"修剪"曲面可将选定曲面上的某一部分剪除掉。注意：产生的"修剪"曲面只用于修剪，而不会出现在模型中。

下面以图 7.3.1 所示的曲面修剪为例，介绍曲面修剪的一般方法：

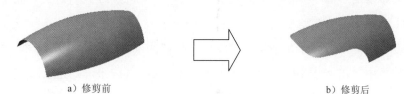

a）修剪前　　　　　　　　　　　　　　　　　b）修剪后

图 7.3.1　曲面的修剪

Step 1　将工作目录设置为 D:\creo2pd\work\ch07.03，打开文件 surf_trim_01.prt。

Step 2　单击 模型 功能选项卡 形状 ▾ 区域中的 ⬚拉伸 按钮。

Step 3　单击操控板中的"曲面类型"按钮 ⬚ 及"移除材料"按钮 ◿。

Step 4　选取要修剪的曲面，如图 7.3.2 所示。

Step 5　定义修剪曲面特征的截面要素：选取 FRONT 基准平面为草绘面，RIGHT 基准平面为参考面，方向为 右 ；绘制图 7.3.3 所示的截面草图。

Step 6　在操控板中，选取两侧深度类型均为 ⬚⬚（穿过所有）；切削方向如图 7.3.4 所示。

Step 7　单击 ✔ 按钮，完成操作。

此曲面 1 要进行修剪

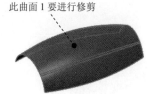　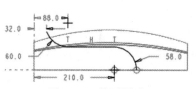　

图 7.3.2　选择要修剪的曲面　　　图 7.3.3　截面图形　　　图 7.3.4　切削方向

7.3.2　用面组或曲线修剪面组

通过 模型 功能选项卡 编辑 ▾ 区域中的 ⬚修剪 命令按钮，可以用另一个面组、基准平面或沿一个选定的曲线链来修剪面组。

下面以图 7.3.5 为例，说明其操作过程：

Step 1　将工作目录设置为 D:\creo2pd\work\ch07.03，打开 surf_trim_02.prt。

Step 2　选取图 7.3.5 中要修剪的曲面。

Step 3　单击 模型 功能选项卡 编辑 ▾ 区域中的 ⬚修剪 按钮，系统弹出"修剪"操控板。

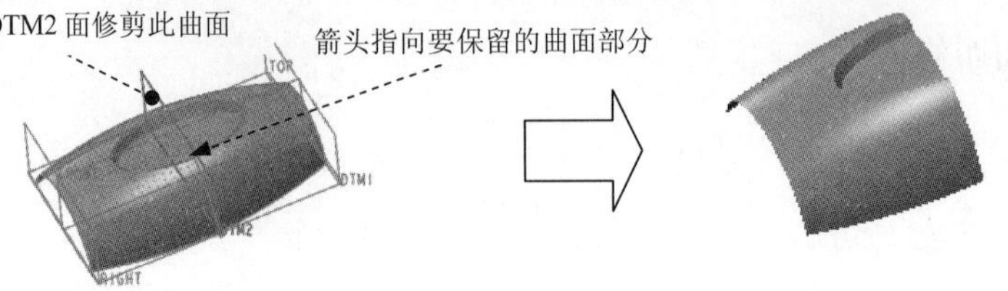

用 DTM2 面修剪此曲面　　　箭头指向要保留的曲面部分

图 7.3.5　修剪面组

Step 4 在系统 ➡ 选择任意平面、曲线链或曲面以用作修剪对象 的提示下，选取修剪对象，此例中选取 DTM1 基准平面作为修剪对象。

Step 5 确定要保留的部分。单击箭头使其指向要保留的部分。

Step 6 在操控板中单击 ∞ 按钮，预览修剪的结果；单击 ✔ 按钮，则完成修剪。

如果用曲线进行曲面的修剪，要注意如下几点：

● 修剪面组的曲线可以是基准曲线，或者是模型内部曲面的边线，或者是实体模型边的连续链。

● 用于修剪的基准曲线应该位于要修剪的面组上，并且不应延伸超过该面组的边界。

● 如果曲线未延伸到面组的边界，系统将计算其到面组边界的最短距离，并在该最短距离方向继续修剪。

7.3.3　用"顶点倒圆角"修剪面组

曲面 ▼ 按钮中的 顶点倒圆角 工具，可以创建一个圆角来修剪面组，如图 7.3.6 和图 7.3.7 所示。

要对此面组的顶点倒圆角

要倒圆角的顶点

图 7.3.6　选择倒圆角的顶点　　　　　　　　　　图 7.3.7　顶点倒圆角后

操作步骤如下：

Step 1 先将工作目录设置为 D:\creo2pd\work\ch07.03，然后打开文件 surf_trim_ 03.prt。

Step 2 单击 模型 功能选项卡中的 曲面 ▼ 下拉菜单中的 顶点倒圆角 命令，此时系统弹出图 7.3.8 所示的"顶点倒圆角"操控板。

Step 3 此时系统提示 ➡ 选择顶点以在其上放置圆角，选取图 7.3.6 中的 4 个顶点。

Step 4 输入半径值 30.0，并按回车键。

Step 5 在操控板中单击 ✔ 按钮，完成操作。

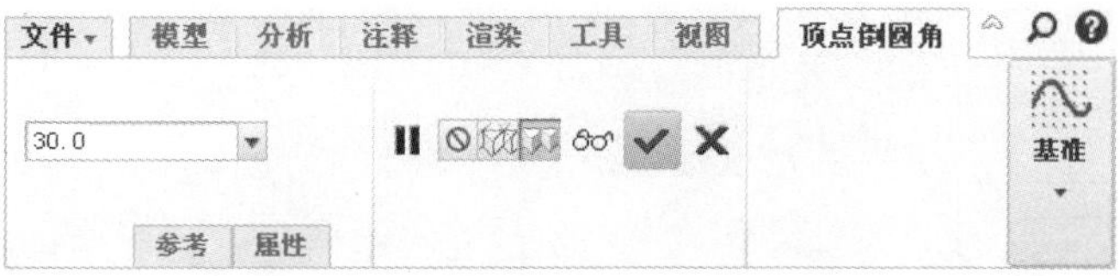

图 7.3.8　"顶点倒圆角"操控板

7.3.4　薄曲面的修剪

薄曲面的修剪（Thin Trim）也是一种曲面的修剪方式，它类似于实体的薄壁切削功能。

在 **模型** 功能选项卡 形状 ▾ 区域中各命令特征的操控板中单击"曲面类型"按钮 ◻ 、"切削特征"按钮 ▱ 及"薄壁"按钮 ◻ ，可以产生一个"薄壁"曲面，用这个"薄壁"曲面将选定曲面上的某一部分剪除掉。同样，产生的"薄壁"曲面只用于修剪，而不会出现在模型中，如图 7.3.9 所示。

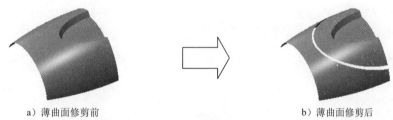

a）薄曲面修剪前　　　　　　　　　　　　　　b）薄曲面修剪后

图 7.3.9　薄曲面的修剪

7.4　曲面的合并与延伸操作

7.4.1　曲面的合并

使用 **模型** 功能选项卡 编辑 ▾ 区域中的 合并 命令按钮，可以对两个相邻或相交的曲面（或者面组）进行合并（Merge）。

合并后的面组是一个单独的特征，"主面组"将变成"合并"特征的父项。如果删除"合并"特征，原始面组仍保留。在"组件"模式中，只有属于相同元件的曲面，才可用曲面合并。

1.　合并两个面组

下面以一个例子来说明合并两个面组的操作过程：

Step 1　将工作目录设置为 D:\creo2pd\work\ch07.04，打开文件 surf_merge_01.prt。

Step 2　按住 Ctrl 键，选取要合并的两个面组（曲面）。

Step 3　单击 **模型** 功能选项卡 编辑 ▾ 区域中的 合并 按钮，系统弹出"合并"操控板，如图 7.4.1 所示。

图 7.4.1　操控板

图 7.4.1 中操控板各选项或按钮的说明如下：

A：合并两个相交的面组，可有选择性地保留原始面组的各部分。

B：合并两个相邻的面组，一个面组的一侧边必须在另一个面组上。

C：改变要保留的第一面组的侧。

D：改变要保留的第二面组的侧。

Step 4　定义合并类型。默认时，系统使用◉相交合并类型。

● ◉相交单选项：交截类型，合并两个相交的面组。通过单击图 7.4.1 中的 C 按钮或 D 按钮，可分别指定两个面组的哪一侧包括在合并特征中，如图 7.4.2 所示。

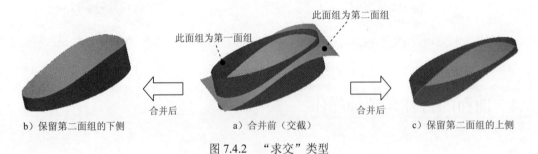

b) 保留第二面组的下侧　　　合并后　　a) 合并前（交截）　　合并后　　c) 保留第二面组的上侧

图 7.4.2　"求交"类型

● ◉连接单选项：即连接类型，合并两个相邻面组，其中一个面组的边完全落在另一个面组上，如图 7.4.3 所示。如果一个面组超出另一个，通过单击图 7.4.1 中的 C 按钮或 D 按钮，可指定面组的哪一部分包括在合并特征中。

Step 5　单击∞按钮，预览合并后的面组，确认无误后，单击✓按钮。

2. 合并多个面组

下面以图 7.4.4 所示的模型为例，来说明合并多个面组的操作过程：

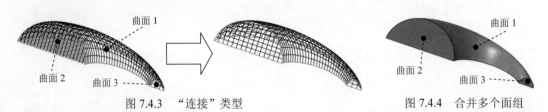

图 7.4.3　"连接"类型　　　　　　　图 7.4.4　合并多个面组

Step 1 将工作目录设置至 D:\creo2pd\work\ch07.04，打开文件 surf_merge_02.prt。

Step 2 按住 Ctrl 键，选取要合并的 3 个面组（曲面）。

Step 3 单击 模型 功能选项卡 编辑 ▾ 区域中的 合并按钮。

Step 4 单击 ∞ 按钮，预览合并后的面组，确认无误后，单击 ✔ 按钮。

注意：

● 如果多个面组相交，将无法合并。

● 所选面组的所有边不得重叠，而且必须彼此邻接。

● 选取要合并的面组时，必须按照它们的邻接关系来按次序排列。

● 面组会以选取时的顺序放在 面组 列表框中。不过，如果使用区域选取，面组 列表框中的面组会根据它们在"模型树"上的特征编号加以排序。

7.4.2 曲面的延伸

曲面的延伸（Extend）就是将曲面延长某一距离或延伸到某一平面，延伸部分曲面与原始曲面类型可以相同，也可以不同。下面以图 7.4.5 所示为例，说明曲面延伸的一般操作过程。

a）延伸前　　　　　　　　　　　　　　　b）延伸后

图 7.4.5　曲面延伸

Step 1 将工作目录设置为 D:\creo2pd\work\ch07.04，打开文件 surf_extend.prt。

Step 2 在智能选取栏中选取 几何 选项，然后选取图 7.4.5 中的边作为要延伸的边。

Step 3 单击 模型 功能选项卡 编辑 ▾ 区域中的 延伸按钮，此时系统弹出图 7.4.6 所示的操控板。

Step 4 在操控板中单击 按钮（延伸类型为"至平面"）。

Step 5 选取延伸终止面，如图 7.4.5 所示。

延伸类型说明：

● ：将曲面边延伸到一个指定的终止平面。

● ：沿原始曲面延伸曲面，包括下列三种方式，如图 7.4.6 所示：

　☑ 相同：创建与原始曲面相同类型的延伸曲面（例如平面、圆柱、圆锥或样条曲面），将按指定距离并经过其选定的原始边界延伸原始曲面。

☑ **切线**：创建与原始曲面相切的延伸曲面。

☑ **逼近**：延伸曲面与原始曲面形状逼近。

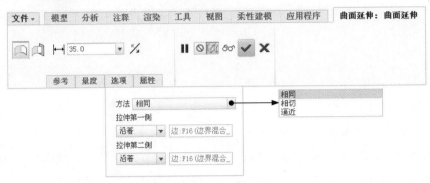

图 7.4.6　操控板

Step 6　单击 ∞ 按钮，预览延伸后的面组，确认无误后，单击"完成"按钮 ✔ 。

7.5　曲面面组的转化

7.5.1　使用"实体化"命令创建实体

使用 **模型** 功能选项卡 编辑▼ 区域中的 实体化 按钮命令，可将面组用作实体边界来创建实体。

1. 用封闭的面组创建实体

如图 7.5.1 所示，将把一个封闭的面组转化为实体特征，操作过程如下：

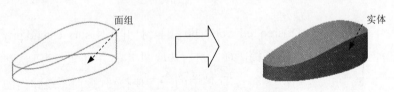

图 7.5.1　用封闭的面组创建实体

Step 1　将工作目录设置为 D:\creo2pd\work\ch07.05，打开文件 surf_to_solid.prt。

Step 2　选取要将其变成实体的面组。

Step 3　单击 **模型** 功能选项卡 编辑▼ 区域中的 实体化 按钮，系统弹出图 7.5.2 所示的操控板。

Step 4　单击 ✔ 按钮，完成实体化操作。完成后的模型树如图 7.5.3 所示。

注意：使用该命令前，需将模型中所有分离的曲面"合并"成一个封闭的整体面组。

图 7.5.2　操控板　　　　　　　　　图 7.5.3　模型树

2. 用"曲面"创建实体表面

如图 7.5.4 所示，可以用一个面组替代实体表面的一部分，替换面组的所有边界都必须位于实体表面上，操作过程如下：

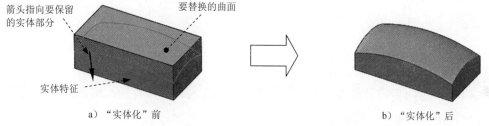

图 7.5.4　用"曲面"创建实体表面

Step 1　将工作目录设置为 D:\creo2pd\work\ch07.05，打开 solid_replace_surf.prt。

Step 2　选取要将其变成实体的曲面。

Step 3　单击 模型 功能选项卡 编辑 ▾ 区域中的 实体化 按钮，此时出现图 7.5.5 所示的操控板。

图 7.5.5　操控板

Step 4　在操控板中单击"用面组替换部分曲面"按钮 。

Step 5　确认实体保留部分的方向。

Step 6　单击"完成"按钮 ，完成实体化操作。

7.5.2　使用"偏移"命令创建实体

在 Creo 中，可以用一个面组替换实体零件的某一整个表面，如图 7.5.6 所示。其操作过程如下：

Step 1　将工作目录设置为 D:\creo2pd\work\ch07.05，打开文件 surf_patch_solid.prt。

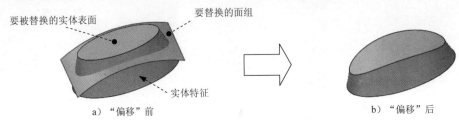

图 7.5.6　用"偏移"命令创建实体

a）"偏移"前　　　　　　　　　　　　　　　b）"偏移"后

Step 2　选取要被替换的一个实体表面，如图 7.5.6 所示。

Step 3　单击 **模型** 功能选项卡 编辑 ▾ 区域中的 偏移 按钮。

Step 4　定义偏移特征类型。在操控板中选取 （替换曲面）类型。

Step 5　在系统 ➡选择要替换实体曲面的面组。的提示下，选取替换曲面，如图 7.5.6 所示。

Step 6　单击 ✔ 按钮，完成替换操作。

7.5.3　使用"加厚"命令创建实体

Creo 软件可以将开放的曲面（或面组）转化为薄板实体特征，图 7.5.7 所示即为一个转化的例子，其操作过程如下：

a）"加厚"前　　　　　　　　　　　　　　b）"加厚"后

图 7.5.7　用"加厚"创建实体

Step 1　将工作目录设置为 D:\creo2pd\work\ch07.05，打开文件 thick_surf.prt。

Step 2　选取要将其变成实体的面组。

Step 3　单击 **模型** 功能选项卡 编辑 ▾ 区域中的 加厚 按钮，系统弹出图 7.5.8 所示的特征操控板。

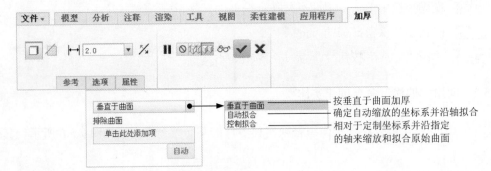

图 7.5.8　操控板

Step **4** 选取加材料的侧，输入薄板实体的厚度值 2.0，选取偏距类型 垂直于曲面 。

Step **5** 单击 ✔ 按钮，完成加厚操作。

7.6　Creo 曲面设计实际应用 1——连接臂的设计

应用概述：

本应用介绍了一个机械装置中连接臂零件的设计过程。主要运用了投影曲线、边界混合曲面和实体化切除等命令，读者在学习时要注意体会创建复杂曲面切除实体进行零件设计的思路。所建的零件模型及模型树如图 7.6.1 所示。

图 7.6.1　零件模型及模型树

Step **1** 新建零件模型。新建一个零件模型，命名为 link_beam。

Step **2** 创建图 7.6.2 所示的拉伸特征 1。选取 TOP 基准平面为草绘平面，选取 RIGHT 基准平面为参考平面，方向为 右 ；绘制图 7.6.3 所示的截面草图，在操控板中选择拉伸类型为 ⊥ ，输入深度值 170。

Step **3** 创建图 7.6.4 所示的拉伸特征 2。在"拉伸"操控板中单击 ⬚ 按钮。选取 FRONT 基准平面为草绘平面，选取 RIGHT 基准平面为参考平面，方向为 右 ；绘制图 7.6.5 所示的截面草图，在操控板中选择拉伸类型为 ⊟ ，输入深度值 240。

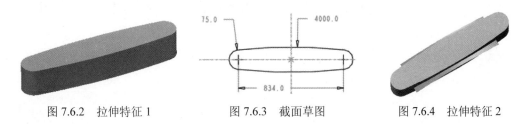

图 7.6.2　拉伸特征 1　　　　图 7.6.3　截面草图　　　　图 7.6.4　拉伸特征 2

Step **4** 创建图 7.6.6 所示的草图 1。在操控板中单击"草绘"按钮 ；选取 FRONT 基准平面作为草绘平面，选取 RIGHT 基准平面为参考平面，方向为 右 ，绘制图 7.6.7 所示的草图。

Step **5** 创建图 7.6.8 所示的投影 1。在模型树中选取 Step4 所创建的草图 1。单击 模型 功

能选项卡 编辑 ▼ 区域中的"投影" ≋ 按钮。选择图 7.6.8 所示的面为投影面。

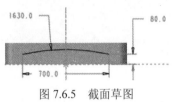

图 7.6.5　截面草图

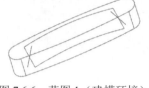

图 7.6.6　草图 1（建模环境）

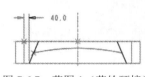

图 7.6.7　草图 1（草绘环境）

Step 6 创建草图 2。选取图 7.6.9 所示的面为草绘平面，选取 RIGHT 基准平面为参考平面，方向为 右 ，绘制图 7.6.10 所示的草图。

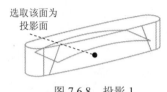

图 7.6.8　投影 1

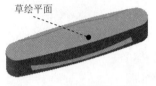

图 7.6.9　定义草绘平面

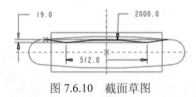

图 7.6.10　截面草图

Step 7 创建草图 3。选取图 7.6.11 所示的面为草绘平面，选取 RIGHT 基准平面为参考平面，方向为 右 ，绘制图 7.6.12 所示的草图。

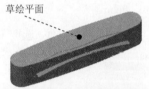

图 7.6.11　定义草绘平面

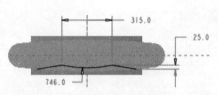

图 7.6.12　截面草图

Step 8 创建图 7.6.13 所示的边界混合曲面 1。单击"边界混合"按钮 ；按住 Ctrl 键，依次选取图 7.6.13 所示的曲线 1、曲线 2 为第一方向曲线，选取图 7.6.13 所示的曲线 3、曲线 4 为第二方向曲线；在单击 控制点 选项卡，在拟合下拉列表中选择 段至段 选项。

Step 9 创建图 7.6.14 所示的曲面合并 1。按住 Ctrl 键，选取图 7.6.15 所示的面组为合并对象；单击 合并 按钮，调整箭头方向如图 7.6.15 所示。

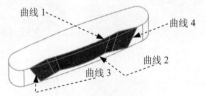

图 7.6.13　边界混合曲面 1

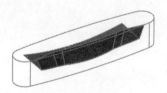

图 7.6.14　曲面合并 1

Step 10 创建图 7.6.16 所示的镜像特征 1。在模型树中选取 合并 1 为镜像特征；单击 **模型** 功能选项卡 编辑 ▼ 区域中的"镜像"按钮 ；选取 FRONT 基准平面为镜像平面。

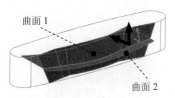

图 7.6.15　曲面合并 1

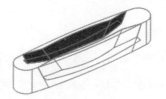

图 7.6.16　镜像特征 1

Step 11 创建图 7.6.17 所示的曲面实体化 1。选取图 7.6.17 所示的封闭曲面为实体化的对象；单击 实体化 按钮，并单击"移除材料"按钮 ；单击调整图形区中的箭头使其指向要去除的实体。

Step 12 参考上一步，创建另一侧曲面实体化 2（图 7.6.18 所示）。

a）实体化前　　　　　　　　　　　b）实体化后

图 7.6.17　曲面实体化 1

图 7.6.18　曲面实体化 2

Step 13 创建图 7.6.19 所示的拉伸特征 1。在操控板中单击"移除材料"按钮 。选取图 7.6.19 所示平面为草绘平面，选取 RIGHT 基准平面为参考平面，方向为 右 ；绘制图 7.6.20 所示的截面草图，在操控板中选择拉伸类型为 ，输入深度值 120.0。

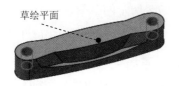

图 7.6.19　拉伸特征 1

图 7.6.20　截面草图

Step 14 创建图 7.6.22 所示的倒角特征 1。选取图 7.6.21 所示的两条边线为倒角的边线，圆角半径为 10.0。

图 7.6.21　定义倒角边线

图 7.6.22　倒角特征 1

Chapter 7

Step 15　保存零件模型。

7.7　Creo 曲面设计实际应用 2——涡轮的设计

应用概述：

本应用介绍了一个涡轮的设计过程。主要运用了曲线投影、边界混合、曲面修剪、曲面旋转移动和曲面实体化等命令，读者在学习时要注意体会将封闭的曲面实体化来设计零件的思路和技巧。所建的零件模型及模型树如图 7.7.1 所示。

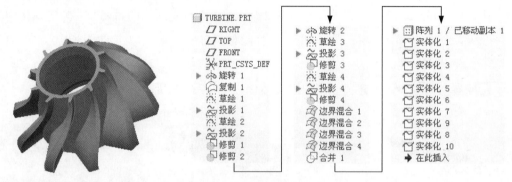

图 7.7.1　零件模型及模型树

说明：本应用前面的详细操作过程请参见随书光盘中 video\ch07.07\reference\文件下的语音视频讲解文件 turbine-r01.avi。

Step 1　打开文件 D:\creo2pd\work\ch07.07\turbine_ex.prt。

Step 2　创建图 7.7.2 所示的草图 1。选取 FRONT 基准平面作为草绘平面，选取 RIGHT 基准平面为参考平面，方向为 右，绘制图 7.7.3 所示的草图。

Step 3　创建图 7.7.4 所示的投影 1。在模型树中选取 Step2 所创建的草图 1。单击 模型 功能选项卡 编辑 ▼ 区域中的"投影"按钮 ≈。选择图 7.7.4 所示的面为投影面。

Step 4　创建草图 2。选取 FRONT 基准平面作为草绘平面，选取 RIGHT 基准平面为参考平面，方向为 右，绘制图 7.7.5 所示的草图。

图 7.7.2　草图 1（建模环境）

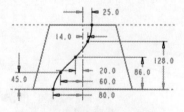

图 7.7.3　草图 1（草绘环境）

选取投影面

图 7.7.4　投影 1

Step 5　创建图 7.7.6 所示的投影 2。在模型树中选取 Step4 所创建的草图 2。单击 模型 功

能选项卡 编辑 ▼ 区域中的"投影" ≈ 按钮。选择图 7.7.6 所示的面为投影面。

Step 6 创建图 7.7.7 所示的曲面修剪 1。选取图 7.7.8 所示的曲面为要修剪的曲面；单击 □修剪 按钮；选取图 7.7.8 所示的曲线作为修剪对象，调整图形区中的箭头使其指向要保留的部分。

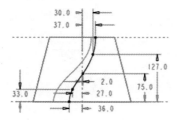

图 7.7.5　草图 2（草绘环境）

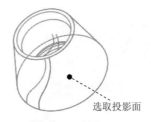

选取投影面

图 7.7.6　投影 2

图 7.7.7　曲面修剪 1

Step 7 创建图 7.7.9 所示的曲面修剪 2。选取图 7.7.10 所示的曲面为要修剪的曲面；单击 □修剪 按钮；选取图 7.7.10 所示的曲线作为修剪对象，调整图形区中的箭头使其指向要保留的部分。

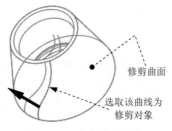

修剪曲面

选取该曲线为
修剪对象

图 7.7.8　定义修剪对象

图 7.7.9　曲面修剪 2

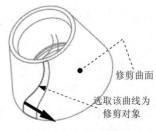

修剪曲面

选取该曲线为
修剪对象

图 7.7.10　定义修剪对象

Step 8 创建图 7.7.11 所示的旋转曲面。单击操控板中的"曲面类型"按钮 ▢。选取 FRONT 基准平面为草绘平面，RIGHT 基准平面为参考平面，方向为 右；绘制图 7.7.12 所示的截面草图（包括中心线）；在操控板中选择旋转类型为 ▧，在角度文本框中输入角度值 180.0。

图 7.7.11　旋转曲面

Step 9 创建草图 3。选取 FRONT 基准平面作为草绘平面，选取 RIGHT 基准平面为参考平面，方向为 右，绘制图 7.7.13 所示的草图。

Step 10 创建图 7.7.14 所示的投影 3。在模型树中选取 Step9 所创建的草绘 3。单击 模型 功能选项卡 编辑 ▼ 区域中的"投影" ≈ 按钮。选择图 7.7.14 所示的面为投影面。

Step 11 创建图 7.7.15 所示的曲面修剪 3。选取图 7.7.16 所示的曲面为要修剪的曲面；单击 □修剪 按钮；选取图 7.7.16 所示的曲线作为修剪对象，调整图形区中的箭头使

其指向要保留的部分。

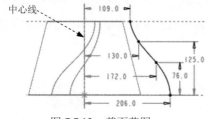

图 7.7.12　截面草图

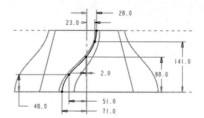

图 7.7.13　草图 3（草绘环境）

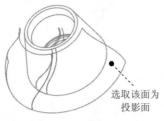

图 7.7.14　投影 3

图 7.7.15　曲面修剪 3

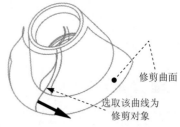

图 7.7.16　定义修剪对象

Step 12　创建草图 4。选取 FRONT 基准平面作为草绘平面，选取 RIGHT 基准平面为参考平面，方向为 右，绘制图 7.7.17 所示的草图。

Step 13　创建图 7.7.18 所示的投影 4。在模型树中选取 Step12 所创建的草图 4。单击 模型 功能选项卡 编辑 ▼ 区域中的"投影" ≋ 按钮。选择图 7.7.18 所示的面为投影面。

Step 14　创建图 7.7.19 所示的曲面修剪 4。选取图 7.7.20 所示的曲面为要修剪的曲面；单击 修剪 按钮；选取图 7.7.20 所示的曲线作为修剪对象，调整图形区中的箭头使其指向要保留的部分。

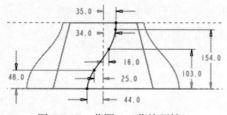

图 7.7.17　草图 4（草绘环境）

图 7.7.18　投影 4

图 7.7.19　曲面修剪 4

Step 15　创建图 7.7.21 所示的边界混合曲面 1。按住 Ctrl 键，依次选取图 7.7.21 所示的曲线 1、曲线 2 为第一方向曲线。

Step 16　创建图 7.7.22 所示的边界混合曲面 2。按住 Ctrl 键，依次选取图 7.7.22 所示的曲线 1、曲线 2 为第一方向曲线。

Step 17　创建图 7.7.23 所示的边界混合曲面 3。按住 Ctrl 键，依次选取图 7.7.23 所示的曲线 1、曲线 2 为第一方向曲线，选取图 7.7.23 所示的曲线 3、曲线 4 为第二方向曲线。

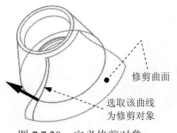

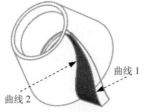

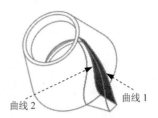

图 7.7.20　定义修剪对象　　图 7.7.21　边界混合曲面 1　　图 7.7.22　边界混合曲面 2

Step 18 创建图 7.7.24 所示的边界混合曲面 4。按住 Ctrl 键，依次选取图 7.7.24 所示的曲线 1、曲线 2 为第一方向曲线，选取图 7.7.24 所示的曲线 3、曲线 4 为第二方向曲线。

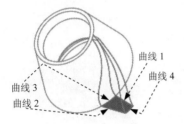

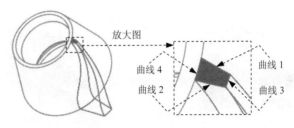

图 7.7.23　边界混合曲面 3　　　　　图 7.7.24　边界混合曲面 4

Step 19 创建图 7.7.25 所示的曲面合并 1。按住 Ctrl 键，选取图 7.7.25 所示模型的 6 个面为合并对象，单击 合并 按钮。

Step 20 创建图 7.7.26 所示的复制曲面 1。在屏幕下方的"智能选取"栏中选择 面组 选项；选取图 7.7.26 所示的曲面为要复制的曲面；单击 "复制"按钮，然后单击"粘贴"按钮 中的 选择性粘贴 选项；单击 按钮，选取如图 7.7.27 所示的轴线为参考，输入角度值 36.0；在 选项 选项卡中取消选中□ 隐藏原始几何 。

图 7.7.25　曲面合并 1　　　　图 7.7.26　定义复制曲面

Step 21 创建图 7.7.28 所示的阵列特征 1。在模型树中选取"已移动副本 1"特征后右击，选择 阵列... 命令。在阵列控制方式下拉列表中选择 轴 选项。选取图 7.7.28 所示的轴 A_1 为参考轴。在操控板中的第一方向阵列个数栏中输入 9，并在其后文本框中输入角度值 36。

图 7.7.27　定义复制曲面　　　　　　　　图 7.7.28　阵列特征 1

Step 22　创建图 7.7.29b 所示的曲面实体化 1。选取图 7.7.29a 所示的封闭曲面为实体化的对象；单击 实体化 按钮。

Step 23　参照 Step22 方法，将其余 9 个封闭曲面进行实体化，结果如图 7.7.30 所示。

Step 24　保存零件模型。

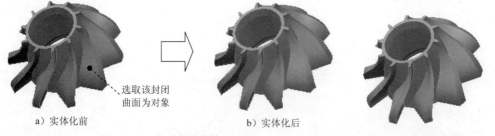

选取该封闭
曲面为对象

a）实体化前　　　　　　　　　b）实体化后

图 7.7.29　曲面实体化特征 1　　　　图 7.7.30　曲面实体化特征 2~10

7.8　Creo 曲面设计实际应用 3——勺子的设计

应用概述：

本应用主要讲述勺子实体建模，建模过程中包括基准点、基准面、边界混合、曲面合并、实体化和抽壳特征的创建。其中边界混合的操作技巧性较强，需要读者用心体会。勺子模型和模型树如图 7.8.1 所示。

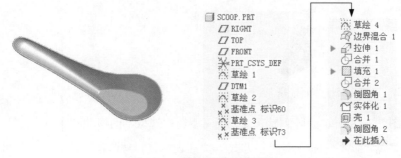

图 7.8.1　零件模型及模型树

Step 1　新建零件模型。新建一个零件模型，命名为 scoop。

Step 2 创建草图 1（本步的详细操作过程请参见随书光盘中 video\ch07.08\reference\文件下的语音视频讲解文件 scoop-r01.avi）。

Step 3 创建图 7.8.2 所示的基准平面特征 1（本步的详细操作过程请参见随书光盘中 video\ch07.08\reference\文件下的语音视频讲解文件 scoop-r02.avi）。

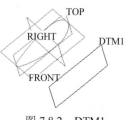

图 7.8.2 DTM1

Step 4 创建图 7.8.2 所示的草图 2。选取 DTM1 基准平面作为草绘平面，选取 RIGHT 基准平面为参考平面，方向为 右，绘制图 7.8.3 所示的草图。

Step 5 创建图 7.8.4 所示的基准点。按 Ctrl 键选取模型上的基准曲线 1 和基准曲面 FRONT，该曲线上立即出现一个基准点 PNT0。单击 新点 按钮，按 Ctrl 键选取模型上的基准曲线 2 和基准曲面 FRONT，该曲线上立即出现一个基准点 PNT1。单击 新点 按钮，按 Ctrl 键选取模型上的基准曲线 3 和基准曲面 FRONT，该曲线上立即出现一个基准点 PNT2。单击 新点 按钮，按 Ctrl 键选取模型上的基准曲线 4 和基准曲面 FRONT，该曲线上立即出现一个基准点 PNT3。

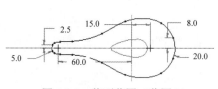

图 7.8.3 截面草图（草图 2）

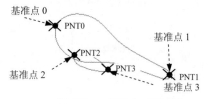

图 7.8.4 基准点 标识 61

Step 6 创建图 7.8.5 所示的草图 3。选取 FRONT 基准平面作为草绘平面，选取 RIGHT 基准平面为参考平面，方向为 右，绘制图 7.8.5 所示的草图。

Step 7 添加如图 7.8.6 所示的基准点。单击"创建基准点"按钮 点 ，按 Ctrl 键选取模型上的基准曲线 5 和基准曲面 RIGHT，该曲线上立即出现一个基准点 PNT4。单击新点，按 Ctrl 键选取模型上的基准曲线 6 和基准曲面 RIGHT，该曲线上立即出现一个基准点 PNT5。

图 7.8.5 截面草图（草图 3）

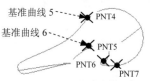

图 7.8.6 基准点 标识 75

Step 8 创建图 7.8.7 所示的草图 4。选取 RIGHT 基准平面作为草绘平面，选取 TOP 基准平面为参考平面，方向为 顶，绘制图 7.8.7 所示的草图。

Step 9 创建图 7.8.8 所示的边界混合曲面 1。按住 Ctrl 键，依次选取图 7.8.9 所示的草绘

1、草绘 2、为第一方向边界曲线；单击操控板中第二方向曲线操作栏，按住 Ctrl 键，依次选取图 7.8.10 所示的边线 1、边线 2、边线 3 和草绘 4 为第二方向边界曲线。

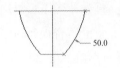

图 7.8.7　截面草图（草图 4）

图 7.8.8　边界混合曲面 1

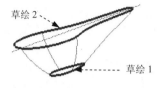

图 7.8.9　第一方向曲线

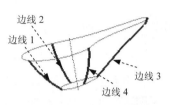

图 7.8.10　第二方向曲线

Step 10　创建图 7.8.11 所示的拉伸 1。单击操控板中的"曲面类型"按钮 。选取 FRONT 基准平面为草绘平面，选取 RIGHT 基准平面为参考平面，方向为 右；绘制图 7.8.12 所示的截面草图，在操控板中定义拉伸类型为 ，输入深度值 60。

图 7.8.11　拉伸 1

Step 11　创建图 7.8.13 所示的曲面合并 1。单击系统界面下部的"智能"选取栏后面的 按钮，选择 面组 选项；按住 Ctrl 键，选取合并面组 1 与面组 2，单击 合并 按钮。

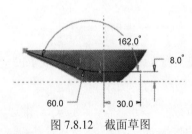

图 7.8.12　截面草图

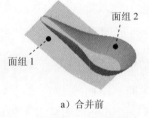

a）合并前　　　　b）合并前

图 7.8.13　合并 1

Step 12　创建图 7.8.14 所示的填充曲面 1。单击 填充 按钮；选择草绘 1 为参照。

Step 13　创建图 7.8.15 所示的曲面合并 2。单击系统界面下部的"智能"选取栏后面的 按钮，选择 面组 选项；按住 Ctrl 键，选取合并面组与填充面组，单击 合并 按钮。

图 7.8.14　填充 1

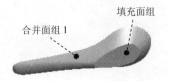

图 7.8.15　合并 2

Step 14　后面的详细操作过程请参见随书光盘中 video\ch07.08\reference\文件下的语音视频讲解文件 scoop-r03.avi。

8

产品的 ISDX 曲面造型设计

8.1 ISDX 曲面设计概述

8.1.1 模型构建概念

在 Creo 模块中，使用"尺寸"（Dimensions）、"关系式"（Relations）、"方程式"（Equations）或"数学参数值"（Mathematical Parameter）等控制曲面几何的方式建构的曲面称为"参数化曲面模型建构"（Parametric Surface Modeling）。而在设计外观造型时，在某些情况下，外观的曲线并不需要或不宜通过尺寸表达，通常以主观欣赏、美观与可开模加工为原则来调整曲线曲率，从而建构曲面，这种方式建构的曲面称为"自由曲面模型建构"（Freeform Surface Modeling）。设计者在进行设计时，应以具体的设计要求与设计数据作为依据，决定使用哪一种方式建构曲面。在大部分情况下，我们通常会综合使用这两种方式建构产品外观曲面。

8.1.2 ISDX 曲面模块特点及应用

ISDX 是 Interactive Surface Design Extension 的缩写。ISDX 曲面模块又称自由式交互曲面设计，完全兼容于 Creo 界面操作，所定义的特征除了可以参考其他特征，也可以被其他特征参考使用。ISDX 以"自由曲面模型建构"概念作为出发点，主要以具有很高编辑能力的 3D 曲线作骨架，来建构外观曲面。这些曲线之所以没有尺寸参数，为的是设计时能够直接调整曲线外观，进行高效设计造型。

1. ISDX 曲面的特点

ISDX 曲面的特点如下：

（1）ISDX 曲面以 ISDX 曲线为基础。利用曲率分布图，能直观地编辑曲线，从而可快速获得光滑、高质量的 ISDX 曲线，进而产生高质量的"造型"（Style）曲面。该模块通常用于产品的概念设计、外形设计及逆向工程等设计领域。

（2）同以前的高级曲面造型模块相比，ISDX 曲面模块与其他模块（零件模块、曲面模块和装配模块等）紧密集成在一起，为工程师提供了统一的零件设计平台，消除了两个设计系统间的双向切换和交换数据，因而极大地提高了工作质量和效率。

2. ISDX 曲面模块应用

ISDX 曲面模块应用的层面相当广，在工业设计、机构与逆向操作中扮演着重要的角色。以下是 ISDX 应用的领域。

（1）凭借强大的曲线编辑能力与曲面建构功能，设计者可以快速建构模型，进行概念设计。例如：某些设计的外观要求类似蝴蝶形状，其中的造型线必须经过多次调整，除了要搭配模型整体外观外，同时还要顾及几何曲率，才能决定其形状。此时，该形状就不宜使用尺寸参数来界定。因为通过尺寸参数界定的曲线显得呆板、不美观，并且编辑困难。而通过 ISDX 曲面模块，设计者可在编辑曲线下实时观察曲率与曲面变化，完整诠释设计者的设计理念。

（2）设计者可以直接在曲面上绘制曲线（即 Cos 曲线），所成形的曲线将完全贴服在曲面表面，进而利用绘制的曲线切割出所要的零件的形状，再进行分件操作，进而达到分件处理的目的。

（3）设计者可以搭配造型特征定义 Creo 特征。例如：将 2D 或 3D 曲线定义成为扫描轨迹，扫描成实体特征；或参考 Creo 特征，以达到尺寸参数化的设计与改动；或应用阵列。

（4）设计者可加载外部的 2D 或 3D 数据作为参考，配合 3D 曲线或 Cos 曲线为边界，进行逆向造型曲面建构。

8.1.3　认识造型特征属性

ISDX 曲面模块所建构的特征称为"造型特征"（StyleFeature），它虽然完全并入 Creo 模块内，但仍具有以下独特的特征属性。

1. 样条架构的曲线

造型曲线为样条架构的曲线，用户可利用其 2D 或 3D 曲线定义 ISDX 曲面。

2. 具有多个对象

在一个造型特征内，可以同时建立多条造型曲线与多个曲面。完成的特征，在模型树只以一个特征显示。

例如，将工作目录设置至 D:\creo2pd\work\ch08.01，打开模型文件 isdx_info.prt；在图 8.1.1 所示的模型树中右击🔲类型 1，从弹出的快捷菜单中选择 编辑定义 命令。会发现该造型特征包含有四条 ISDX 曲线和一个由这四条曲线生成的曲面，如图 8.1.2 所示。但是在图 8.1.1 所示的模型树里面只以一个造型特征🔲类型 1 符号记录，其 ID 编号也只有一个。

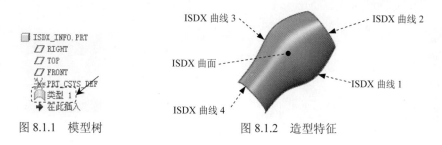

图 8.1.1　模型树　　　　　　图 8.1.2　造型特征

3. 内部特征编号

进入造型特征内，它是具有独立的特征编号。以点选曲线为例，在 ▼ 样式树 中右击 📌CF-0，从系统弹出的快捷菜单中选择 信息(I) 命令，系统会弹出"信息窗口"对话框；在"信息窗口"对话框中会显示曲线名称、类型、几何 ID 及参考特征等信息，其中"几何 ID"表示该对象的造型特征的编号，等同于"特征 ID"。

另外，对🔲类型 1 执行 信息 ▶ ➡ 特征 命令，可以查看整个造型特征的所有信息。

4. 与 Creo 特征的链接

造型特征可以利用曲线的软点功能锁定至 Creo 特征（例如：基准曲线、曲面、边界或顶点），也可以在合理的边界条件下，通过设置造型曲面与 Creo 曲面或实体表面的连续性建立链接关系。一旦参考这些特征，造型特征便成为子特征，当修改特征后，对应的造型特征自行更新。用户可通过这种方式，使没有尺寸标注的曲线链接至有尺寸属性的 Creo 特征，以间接方式进行尺寸控制的改动。

5. 支持 Creo 曲面编辑功能

造型特征构建的曲面，可以支持 Creo 曲面的编辑，例如：可对造型曲面进行"修剪" 🔲修剪、"延伸" 📥延伸、"合并" 🔲合并、"实体化" 🔲实体化 以及"加厚" 📋加厚 等操作。

6. 造型特征内部功能

造型特征内部具有"曲面"🔲、"下落曲线" 📥下落曲线、"曲面连接" 🔲曲面连接、"曲面修剪" 🔲曲面修剪 等功能，可以直接完成模型的建构。

8.2 ISDX 曲面设计基础

8.2.1 ISDX 曲面造型用户界面

Step 1　将工作目录设置为 D:\creo2pd\work\ch08.02，打开模型文件 idea_machinery.prt。

Step 2　进入造型环境。单击 模型 功能选项卡 曲面 ▼ 区域中的"造型"按钮 造型，即可进入造型环境。

说明：在本例中，在模型树中选择 类型 2 右击，在弹出的快捷菜单中选择 编辑定义 命令进入到造型环境。

ISDX 曲面模块用户界面如图 8.2.1 所示，图中用虚线框示意的部分是 ISDX 曲面模块常用的命令按钮，后面将进一步说明。

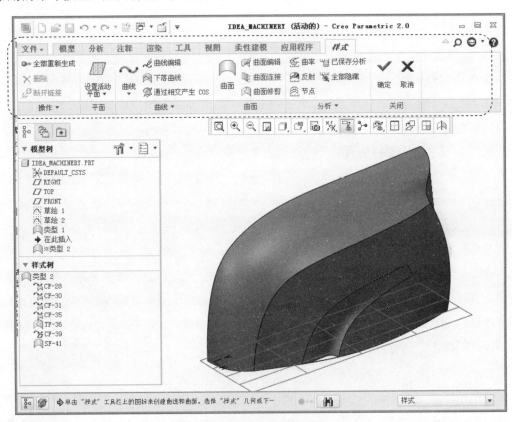

图 8.2.1　ISDX 曲面模块用户界面

8.2.2 ISDX 曲面造型入门

1. 查看 ISDX 曲线及曲率图、ISDX 曲面

下面我们将打开图 8.2.2 所示的模型，查看 ISDX 曲线、曲率图和 ISDX 曲面，以建立

对 ISDX 曲线和 ISDX 曲面的初步认识。

Step 1　将工作目录设置为 D:\creo2pd\work\ch08.02，打开文件 isdx_surf.prt。

Step 2　进入 ISDX 环境。在模型树中右击 类型 1，从弹出的快捷菜单中选择 编辑定义 命令，此时系统进入 ISDX 环境。

注意：一个造型（Style）特征中可以包含多个 ISDX 曲面和多条 ISDX 曲线；也可以只含 ISDX 曲线，不含 ISDX 曲面。在编辑定义的时候，可以对每条曲线分别进行编辑。

Step 3　查看 ISDX 曲线及曲率图。

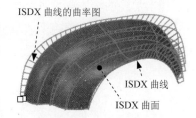
图 8.2.2　查看 ISDX 曲线及曲率图、ISDX 曲面

（1）在 样式 功能选项卡中的 分析 ▼ 区域中单击"曲率"按钮 曲率，系统弹出"曲率"对话框，然后选择图 8.2.2 所示的某个 ISDX 曲面，可查看其曲率图。

（2）在"曲率"对话框的 快速 ▼ 下拉列表中选择 已保存，然后单击"曲率"对话框中的 ✔ 按钮，关闭"曲率"对话框。

（3）此时可看到曲线曲率图仍保留在模型上。如果要关闭曲率图的显示，可在"样式"操控板中选择 分析 ▼ ➡ 删除所有曲率 命令。

Step 4　旋转及缩放模型，从各个角度查看 ISDX 曲面。

2.　查看及设置活动平面

"活动平面"是 ISDX 中一个非常重要的参考平面，在许多情况下，ISDX 曲线的创建和编辑必须考虑到当前所设置的"活动平面"。在图 8.2.3 中可看到，此时 TOP 基准面上布满了"网格"（Grid），这表明其为"活动平面"（Active Plane）。如要重新定义活动平面，单击 样式 功能选项卡 平面 区域中的"设置活动平面"按钮 ，然后选取另一个基准平面（如 FRONT 面）为"活动平面"，如图 8.2.4 所示。在 样式 功能选项卡中选择 操作 ▼ ➡ 首选项 命令，在系统弹出的"造型首选项"对话框中可以设置"活动平面"的网格是否显示以及网格的大小等参数，这一点后面还将进一步介绍。

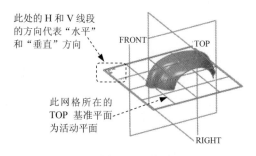

图 8.2.3　查看活动平面

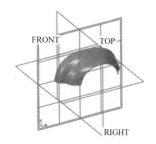

图 8.2.4　重新设置"活动平面"

3. 查看 ISDX 环境中的四个视图及设置视图方向

单击 视图 功能选项卡 方向 ▼ 区域中的 "已命名视图" 按钮 ，然后选择 "默认方向" 视图。在图形区右击，从弹出的快捷菜单中选择 显示所有视图 命令（或在 ISDX 环境中的视图工具条中单击 按钮），即可看到图 8.2.5 所示的画面，此时整个图形区被分割成四个独立的部分（即四个视图），其中右上角的视图为三维（3D）视图，其余三个为正投影视图，这样的布局非常有利于复杂曲面的设计，在一些工业设计和动画制作专业软件中，这是相当常见的。注意：四个视图是各自独立的，也就是说，我们可以像往常一样随意缩放、旋转、移动每个视图中的模型。

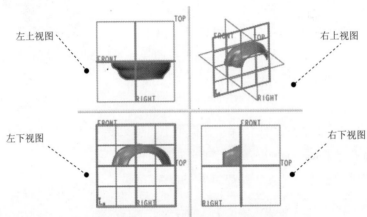

图 8.2.5　ISDX 环境中的四个视图

如果希望返回单一视图状态，只需再次单击 按钮。

（1）将某个视图设置到 "活动平面方向"。

下面以图 8.2.6 中的右下视图为例来说明。先单击右下视图，然后右击，系统弹出图 8.2.7 所示的快捷菜单中选择 活动平面方向 命令，此时该视图的定向如图 8.2.7 所示，可看到该视图中的 "活动平面" 与屏幕平面平行。由此可见，如将某个视图设为活动平面方向，则系统按这样的规则定向该视图：视图中的 "活动平面" 平行于屏幕平面。

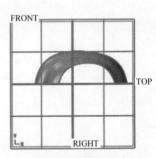

图 8.2.6　视图的定向

（2）设置三个正投影视图的方向。

单击视图工具栏中的 "活动平面方向" 按钮 ，可以同时设置三个正投影视图的方向，此时三个正投影视图的方位如图 8.2.8 所示，可看到这样的变化，此时 "左下" 视图中的 FRONT 基准平面与屏幕平面平行，其余两个正投影视图则按 "高平齐、左右对齐" 的视图投影规则自动定向。

（3）设置某个视图的标准方向。

图 8.2.8 中四个视图的方向为系统的 "标准方向"，当缩放、旋转、移动某个视图中的

模型而导致其方向改变时，如要恢复"标准方向"，可右击该视图，从系统弹出的快捷菜单中选择  标准方向 命令。

图 8.2.7　快捷菜单

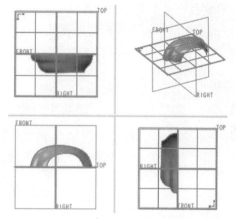

图 8.2.8　设置三个正投影视图的活动平面方向

4. ISDX 环境的优先设置

在 样式 功能选项卡中选择 操作 ▼ ➡ 首选项 命令，系统弹出"造型首选项"对话框，在该对话框中可以进行这样一些设置：活动平面的栅格显示和栅格大小、曲面网格显示的开、关等。

8.3　ISDX 曲线的创建

8.3.1　ISDX 曲线的类型

在创建 ISDX 曲面时，必须认识到，曲线是形成曲面的基础，要得到高质量的曲面，必须先有高质量的曲线，质量差的曲线不可能得到质量好的曲面。通过下面的学习，我们会知道，ISDX 模块为创建高质量的曲线提供了非常方便的工具。

1. ISDX 曲线的基本概念

如图 8.3.1 所示，ISDX 曲线是经过两个端点（Endpoint）及多个内部点（Internal Point）的一条光滑样条（Spline）线，如果只有两个端点、没有内部点，则 ISDX 曲线为一条直线，如图 8.3.2 所示。

2. ISDX 曲线的类型

ISDX 曲线有 4 种类型：

● 自由（Free）ISDX 曲线：曲线在三维空间自由创建。

● 平面（Planar）ISDX 曲线：曲线在某个平面上创建。平面曲线一定是一个 2D 曲线。

● COS（Curve On Surface）曲线：曲线在某个曲面上创建。

8
Chapter

209

● 下落（Drop）曲线：将曲线"投影"到指定的曲面上，便产生了落下曲线。投影方向是某个选定平面的法线方向。

3. 创建自由类型的 ISDX 曲线

下面将介绍一个自由（Free）类型的 ISDX 曲线创建的全过程：

Step 1 将工作目录设置为 D:\creo2pd\work\ch08.03。新建一个零件模型文件，文件名为 free_spline。

Step 2 单击 **模型** 功能选项卡 曲面 ▼ 区域中的"造型"按钮 ◯造型，进入 ISDX 环境。

Step 3 设置活动平面。进入 ISDX 环境后，系统一般会自动地选取 TOP 基准平面为活动平面（图 8.3.3），如果没有特殊的要求，我们常常采用这种默认设置。

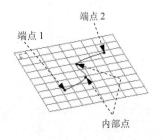
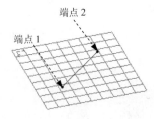
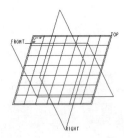

图 8.3.1 有内部点的 ISDX 曲线 　　 图 8.3.2 无内部点的 ISDX 曲线 　　 图 8.3.3 设置活动平面

Step 4 创建 ISDX 曲线。

（1）单击 **样式** 功能选项卡 曲线 ▼ 区域中的"曲线"按钮 ～。

（2）选择曲线类型。在图 8.3.4 所示的"造型：曲线"操控板中单击"创建自由曲线" ～ 按钮。

图 8.3.4 "造型：曲线"操控板

（3）在空间单击一系列点，即可产生一条"自由"ISDX 曲线（图 8.3.5），该曲线包含两个端点（Endpoint）和若干内部点（Internal Point）。此时，曲线上的四个点以小圆点（●）形式显示，表明这些点是自由点。后面我们还将进一步介绍曲线上点的类型。

注意：在拾取点时，如果要"删除"前一个点（也就是要"撤消上一步操作"），可单击工具栏按钮 ↶；如果要恢复撤消的操作，可单击按钮 ↷。

（4）切换到四个视图状态，查看所创建的"自由"ISDX 曲线。单击工具栏按钮 ⊞，即可看到图 8.3.6 所示的曲线的四个视图，观察下部的两个视图，可发现曲线上的所有点都在 TOP 基准平面上，但不能就此认为该曲线是"平面"（Planar）曲线，因为我们可以使用点的拖拉编辑功能，将曲线上的所有点拖离开 TOP 基准平面（请参见后面的操作）。

（5）单击"造型：曲线"操控板中的 ✔ 按钮。

Step 5 对"自由"ISDX 曲线进行编辑，将曲线上的点拖离 TOP 基准平面。

（1）单击 **样式** 功能选项卡 **曲线 ▼** 区域中的"曲线编辑"按钮 ✍曲线编辑，此时系统弹出"造型：曲线编辑"操控板，然后选中图形区中的 ISDX 曲线。

（2）在"左下"视图中，用鼠标左键选取曲线上的点，并将其拖离 TOP 基准平面（图8.3.7）。现在我们可以认识到：在单个视图状态下，很难观察 ISDX 曲线上点的分布，如果要准确把握 ISDX 曲线上点的分布，应该使用四个视图状态。

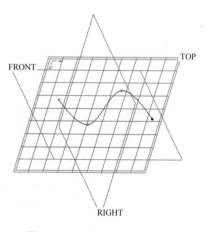

图 8.3.5　"自由"ISDX 曲线

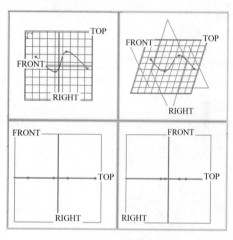

图 8.3.6　四个视图状态

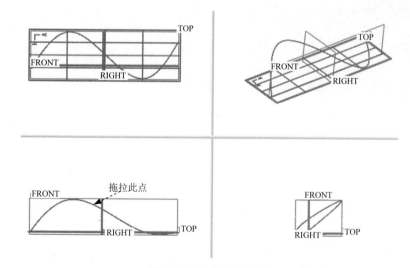

图 8.3.7　四个视图状态

（3）单击"造型：曲线编辑"操控板中的 ✔ 按钮。

注意：关于 ISDX 曲线的编辑功能，目前初步掌握到这种程度，后面的章节还将进一步介绍。

Step 6 退出造型环境。单击 样式 功能选项卡中的 ✔ 按钮。

4. 创建平面类型的 ISDX 曲线

下面将介绍一个平面（Planar）类型 ISDX 曲线创建的主要过程：

Step 1 将工作目录设置为 D:\creo2pd\work\ch08.03。新建一个零件模型文件，文件名为 planar_spline。

Step 2 进入 ISDX 环境。单击 模型 功能选项卡 曲面 ▼ 区域中的"造型"按钮 ⌂ 造型 。

Step 3 设置活动平面。采用系统默认的 TOP 基准平面为活动平面。

Step 4 单击 样式 功能选项卡 曲线 ▼ 区域中的"曲线"按钮 ~ 。

Step 5 选择曲线类型。在"造型：曲线"操控板中单击"创建平面曲线"按钮 ⌧ 。

注意：在创建自由和平面 ISDX 曲线时，操作到这一步时，可在操控板中单击"参考"按钮，然后改选其他的基准平面为活动平面或输入偏移值平移活动平面，如图 8.3.8 和图 8.3.9 所示。

Step 6 与创建自由曲线一样，在空间单击若干点，即产生一条平面 ISDX 曲线（图8.3.10）。

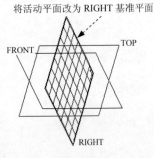
图 8.3.8　设置活动平面

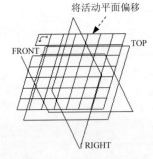
图 8.3.9　将活动平面偏移

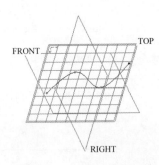
图 8.3.10　创建 ISDX 曲线

Step 7 单击工具栏按钮 ⊞ ，切换到四个视图状态（图 8.3.11），查看所创建的"平面"ISDX 曲线。

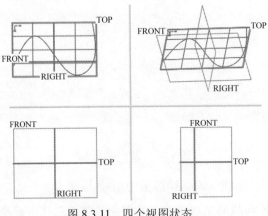
图 8.3.11　四个视图状态

Step 8 单击"造型：曲线"操控板中的 ✔ 按钮。

Step 9 拖移"平面"ISDX 曲线上的点。单击 样式 功能选项卡 曲线 ▾ 区域中的"曲线编辑"按钮 ✍曲线编辑，然后在图 8.3.12 的"左下"视图中选取曲线上的一点进行拖移，此时可以发现，无论怎样拖移该点，该点只能左右移动，而不能上下移动（即不能离开活动平面——TOP 基准平面），尝试其他的点，也是如此，可见我们创建的 ISDX 曲线是一条位于活动平面（TOP 基准面）上的"平面"曲线。

注意：可以将"平面"曲线转化为"自由"曲线，操作方法为：在"造型：曲线编辑"操控板中单击"更改为自由曲线"按钮 ∼，系统弹出"确认"对话框，并提示 将平面曲线转换为自由曲线?，单击 是(T) 按钮。将"平面"曲线转化成"自由"曲线后，我们便可以将曲线上的点拖离开活动平面也可将"自由"曲线转化为"平面"曲线，操作方法为：单击"造型：曲线编辑"操控板单击"更改为平面曲线"按钮 ⬯，在系统 ⬩选择一个基准平面或曲线参考以将自由曲线转换为平面. 的提示下，单击一个基准平面或曲线参考，这样"自由"曲线便会转化为活动平面上的"平面"曲线。

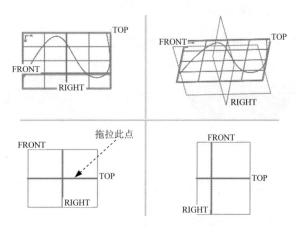

图 8.3.12　四个视图状态

5. 创建 COS 类型的 ISDX 曲线

COS（Curve Of Surface）曲线是在选定的曲面上建立的曲线，选定的曲面为父特征，此 COS 曲线为子特征，所以修改作为父特征的曲面，会导致 COS 曲线的改变。作为父特征的曲面可以是模型的表面、一般曲面和 ISDX 曲面。

下面将打开一个带有曲面的模型文件，然后在选定的曲面上创建 COS 曲线。

Step 1 将工作目录设置为 D:\creo2pd\work\ch08.03，打开文件 cos_spline.prt。

Step 2 单击 模型 功能选项卡 曲面 ▾ 区域中的"造型"按钮 ⬠造型，进入 ISDX 环境。

Step 3 设置活动平面。接受系统默认的 TOP 基准平面为活动平面。

Step 4 遮蔽活动平面的栅格显示。在 样式 功能选项卡中选择 操作 ▾ ➡ 📄首选项 命令；在系统弹出的"造型首选项"对话框中的 栅格 区域取消选中□显示栅格 复选框，

然后单击 确定 按钮，关闭"造型首选项"对话框。

Step 5 单击 样式 功能选项卡 曲线 ▾ 区域中的"曲线"按钮 ~。

Step 6 选择曲线类型。在"造型：曲线"操控板中单击"创建曲面上的曲线"按钮 ☒。

Step 7 选择父曲面。

（1）在操控板中单击 参考 按钮，在弹出的"参考"界面中，单击 曲面 区域后的 ● 单击此处添加项 字符，然后选取曲面。

（2）在操控板中再次单击 参考 按钮，退出"参考"界面。

Step 8 在选取的曲面上单击八个点，创建图 8.3.13 所示的 COS 曲线。

注意：此时，曲线上的八个点以小方框（□）形式显示，表明这些点是曲面上的软点。后面我们将进一步介绍曲线上点的类型。

图 8.3.13　创建 COS 曲线

Step 9 单击工具栏中的 ⊞ 按钮，切换到四个视图状态，查看所创建的 COS 曲线，如图 8.3.14 所示。

Step 10 单击"造型：曲线"操控板中的 ✔ 按钮。

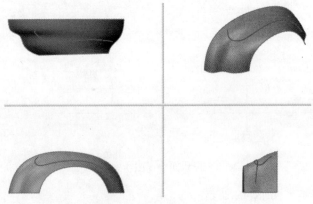

图 8.3.14　在四个视图状态查看 COS 曲线

Step 11 单击 样式 功能选项卡 曲线 ▾ 区域中的"曲线编辑"按钮 ✏ 曲线编辑，然后在图 8.3.15 的"右上"视图中选取曲线上一点进行拖移，此时我们将发现，无论怎样拖移该点，该点在"左下"和"右下"视图中的对应投影点始终不能离开所选的曲面，尝试其他的点，也都如此。由此可见，COS 曲线上的点将始终贴在所选的曲面上，不仅如此，整条 COS 曲线也始终贴在所选的曲面上。

注意：

（1）可以将 COS 曲线转化为"自由"曲线，操作方法为：在"造型：曲线编辑"操控板中单击"更改为自由曲线"按钮 ~，系统弹出"确认"对话框，并提示将平面曲线转换为自由曲线?，单击 **是(I)** 按钮。COS 曲线转化成"自由"曲线后，我们会注意到，曲线点的形式从小方框（□）变为小圆点（●），如图 8.3.16 所示。此时，我们便可以将曲线上的点拖离开所选的曲面。

（2）可以将 COS 曲线转化为"平面"曲线，操作方法为：在"造型：曲线编辑"操控板中单击"更改为平面曲线"按钮 ，在系统 ➡ 选择一个基准平面或曲线参考以将自由曲线转换为平面. 的提示下，单击一个基准平面或曲线参考。

（3）不能将"自由"曲线和"平面"曲线转化为 COS 曲线。

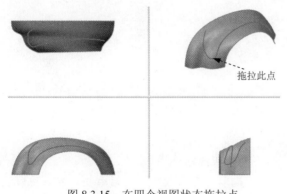

拖拉此点

图 8.3.15 　在四个视图状态拖拉点　　　　图 8.3.16 　将 COS 曲线转化为"自由"曲线

6. 创建下落类型的 ISDX 曲线

下落（Drop）曲线是将选定的曲线"投影"到选定的曲面上所得到的曲线，投影方向是某个选定平面的法向。选定的曲线、选定的曲面以及取其法向为投影方向的平面是父特征，最后得到的下落曲线为子特征，无论哪个父特征修改，都会导致下落曲线的改变。从本质上说，下落（Drop）曲线是一种 COS 曲线。

作为父特征的曲线可以是一般的曲线，也可以是前面介绍的 ISDX 曲线（可以选择多条曲线为父特征曲线）；作为父特征的曲面可以是模型的表面、一般曲面和 ISDX 曲面（可以选择多个曲面为父特征曲面）。

下面将打开一个带有曲线、曲面、平面的模型文件，然后创建下落曲线。

Step 1 将工作目录设置为 D:\creo2pd\work\ch08.03，打开文件 drop_spline.prt。

Step 2 单击 **模型** 功能选项卡 曲面▾ 区域中的"造型"按钮 □造型，进入 ISDX 环境。

Step 3 设置活动平面。设置 TOP 基准平面为活动平面。

Step 4 遮蔽活动平面的栅格显示。在 **样式** 功能选项卡中选择 操作▾ ➡ 首选项 命令；在系统弹出的"造型首选项"对话框中的 栅格 区域取消选中 □显示栅格 复选框，然后单击 确定 按钮，关闭"造型首选项"对话框。

Step 5 单击 **样式** 功能选项卡 曲线▾ 区域中的"下落曲线"按钮 下落曲线，系统弹出下落曲线操控板。

Step 6 选择父特征曲线。在系统 ⇨ 选择曲线以放置到曲面上. 的提示下，选取图 8.3.17 所示的曲线。

Step 7 选择父特征曲面。在"下落曲线"操控板中单击 **参考** 按钮，在 **曲面** 区域中单击 ● 单击此处添加项 字符，在系统 ⇨ 选择要进行放置曲线的曲面. 的提示下，选取图 8.3.18 所示的父特征曲面。此时系统以活动平面的法向为投影方向对曲线进行投影，从而父特征曲面上产生图 8.3.19 所示的下落曲线。

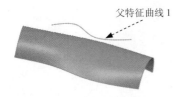

父特征曲线 1

图 8.3.17　选择父特征曲线

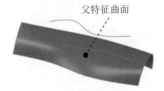

父特征曲面

图 8.3.18　选择父特征曲面

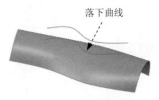

落下曲线

图 8.3.19　得到落下曲线

Step 8 单击工具栏中的 ⊞ 按钮，切换到四个视图状态，查看所创建的下落曲线。

Step 9 在"造型：下落曲线"操控板中单击 ✔ 按钮，完成操作。

注意： 如果希望重定义某个下落曲线，可先选取该下落曲线，然后右击，在系统弹出的快捷菜单中选择 **编辑定义** 命令。

8.3.2　ISDX 曲线上点的类型

ISDX 曲线是经过一系列点的光滑样条线。ISDX 曲线上的点可分为四种类型：自由点（Free）、软点（Soft）、固定点（Fixed）和相交点（Intersection），各种类型的点有不同的显示样式。

1. 自由点

自由点是 ISDX 曲线上没有坐落在空间其他点、线、面元素上的点，因此可以对这种类型的点进行自由的拖移。自由点显示样式为小圆点（●）。

下面我们打开一个带有自由点的模型文件进行查看：

Step 1 将工作目录设置为 D:\creo2pd\work\ch08.03，打开文件 free_spot.prt。

Step 2 编辑定义造型特征。在模型树中右击 📖 类型 1 ，从系统弹出的快捷菜单中选择 **编辑定义** 命令，此时系统进入 ISDX 环境。

Step 3 单击工具栏中的 ⊞ 按钮，切换到四个视图状态。

Step 4 单击 **样式** 功能选项卡 **曲线 ▾** 区域中的"曲线编辑"按钮 ✐ 曲线编辑，然后选择图 8.3.20 中的 ISDX 曲线。此时我们会看到 ISDX 曲线上四个点的显示样式为小圆点（●），说明这四个点为自由点。

Step 5 对 ISDX 曲线上的点进行拖移，将发现其可以在空间任意移动，不受任何约束。

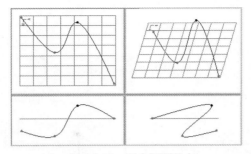

图 8.3.20   四个视图状态

2. 软点

如果 ISDX 曲线的点坐落在空间其他曲线（Curve）、模型边（Edge）、模型表面（Surface）和曲面（Surface）元素上，我们则将这样的点称为"软点"。软点坐落其上的点、线、面元素称为软点的"参考"，它们是软点所在的曲线的父特征，而软点所在的曲线则为子特征。可以对软点进行拖移，但不能自由地拖移，软点只能在其所在的点、线、面上移动。

软点的显示样式取决于其"参考"元素的类型：

- 当软点坐落在曲线、模型的边线上时，其显示样式为小圆圈（○）。
- 当软点坐落在曲面、模型的表面上时，其显示样式为小方框（□）。

下面以一个例子来进行说明：

Step 1　将工作目录设置为 D:\creo2pd\work\ch08.03，打开文件 soft_spot.prt。

Step 2　编辑定义造型特征。在模型树中右击 ○类型 1，从快捷菜单中选择 编辑定义 命令。此时系统进入 ISDX 环境。

Step 3　遮蔽活动平面的栅格显示。在 样式 功能选项卡中选择 操作 ▼ ➡ □首选项 命令；在系统弹出的"造型首选项"对话框中的 栅格 区域取消选中 □ 显示栅格 复选框，然后单击 确定 按钮，关闭"造型首选项"对话框。

Step 4　单击 样式 功能选项卡 曲线 ▼ 区域中的"曲线编辑"按钮 ✎曲线编辑，选取图 8.3.21 中的 ISDX 曲线。

Step 5　查看 ISDX 曲线上的软点。如图 8.3.22 所示，ISDX 曲线上有五个软点，软点 1、软点 2、软点 4 和软点 5 的显示样式为小圆圈（○），因为它们在曲线或模型的边线上，而软点 3 的显示样式为小方框（□），因为它在模型的表面上。

Step 6　拖移 ISDX 曲线上的软点。移动五个软点，我们将会发现软点 1 只能在圆柱特征的当前半个圆弧边线上移动，不能移到另一个半圆弧上；软点 2 和软点 4 只能在长方体特征的当前边线上移动，不能移到该特征的其他边线上；软点 5 只能在曲线 1 上移动；软点 3 只能在长方体特征的上表面移动，不能移到该特征的其他表面上。

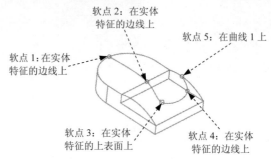

图 8.3.21 选择 ISDX 曲线   图 8.3.22 查看 ISDX 曲线上的软点

3. 固定点

如果 ISDX 曲线的点坐落在空间的某个基准点（Datum Point）或模型的顶点（Vertex）上，我们则称之为"固定点"，固定点坐落其上的基准点或顶点所属的特征为固定点的"参考"。不能对固定点进行拖移。固定点的显示样式为小叉（×）。

下面将以一个例子来说明：

Step 1　将工作目录设置为 D:\creo2pd\work\ch08.03，打开文件 fixed_spot.prt。

Step 2　进入 ISDX 环境。在模型树中右击🔷类型 1，从弹出的快捷菜单中选择 编辑定义 命令。

Step 3　单击 样式 功能选项卡 曲线▾ 区域中的"曲线编辑"按钮 ✐ 曲线编辑，选取图 8.3.23 中的 ISDX 曲线。

Step 4　查看 ISDX 曲线上的固定点。如图 8.3.24 所示，ISDX 曲线上有两个固定点，它们的显示样式均为小叉（×）。

Step 5　尝试拖移 ISDX 曲线上的两个固定点，但根本不能移动。

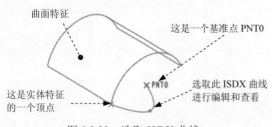

图 8.3.23 选取 ISDX 曲线

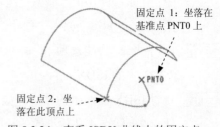

图 8.3.24 查看 ISDX 曲线上的固定点

4. 相交点

在创建平面（Planar）ISDX 曲线时，如果 ISDX 曲线中的某个点正好坐落在空间的其他曲线（Curve）或模型边（Edge）上，也就是说这个点既坐落在活动平面上，又坐落在某个曲线或模型边上，这样的点称为"相交点"。我们不能拖移相交点。显然，相交点是一种特殊的"固定点"，相交点的显示样式也为小叉（×）。

下面以一个例子来说明：

Step 1 将工作目录设置为 D:\creo2pd\work\ch08.03，打开文件 intersection_spot.prt。

Step 2 进入 ISDX 环境。在模型树中右击 🔲 类型 1，从弹出的快捷菜单中选择 编辑定义 命令。

Step 3 单击 **样式** 功能选项卡 曲线 ▾ 区域中的"曲线编辑"按钮 ⚓ 曲线编辑，选取图 8.3.25 中的 ISDX 曲线。

Step 4 查看 ISDX 曲线上的相交点。如图 8.3.26 所示，ISDX 曲线上有一个相交点，其显示样式为小叉（×）。

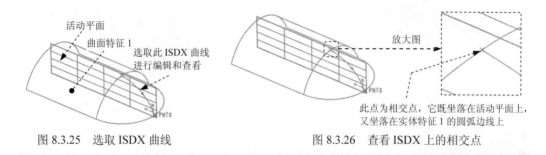

图 8.3.25　选取 ISDX 曲线　　　　图 8.3.26　查看 ISDX 上的相交点

Step 5 尝试拖移 ISDX 曲线上的相交点，但根本不能移动。

8.4　编辑 ISDX 曲线

要得到高质量的 ISDX 曲线，必须对 ISDX 曲线进行编辑。ISDX 曲线的编辑包括曲线上点的拖移、点的添加或删除、曲线端点切向量的设置以及曲线的分割、组合、延伸、复制和移动等，进行这些编辑操作时，应该使用曲线的"曲率图"（Curvature Plot），以获得最佳的曲线形状。

8.4.1　ISDX 曲线的曲率图

如图 8.4.1 所示，曲率图是显示曲线上每个几何点处的曲率或半径的图形，从曲率图上可以看出曲线变化方向和曲线的光滑程度，它是查看曲线质量的最好工具。在 ISDX 环境下，在 **样式** 功能选项卡中的 分析 ▾ 区域中单击"曲率"按钮 ⚒ 曲率，然后选取要查看其曲率的曲线，即可显示曲线曲率图。

使用曲率图要注意以下几点：

● 在图 8.4.2 所示的"曲率"对话框中，可以设置曲率图的"质量"、"比例"和"类型"，所以同一条曲线会由于设置的不同而显示不同的疏密程度、大小和类型的曲率图。

● 在造型设计时，每创建一条 ISDX 曲线后，最好都用曲率图查看曲线的质量，不

Chapter 8

要单凭曲线的视觉表现。例如，凭视觉表现，图 8.4.3 所示的曲线应该还算光滑，但从它的曲率图（图 8.4.4）可发现有尖点，说明曲线并不光滑。

图 8.4.1 显示曲线曲率图

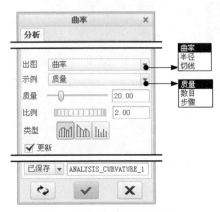

图 8.4.2 "曲率"对话框

● 在 ISDX 环境中，要产生质量较高的曲面，应注意构成曲面的 ISDX 曲线上的点数不要太多，点的数量只要能形成所需要的曲线形状就可以。在曲率图上我们会发现，曲线上的点越多，其曲率图就越难看，所以曲线的质量就越难保证，因而曲面的质量也难达到要求。

● 从曲率图上看，构成曲面的 ISDX 曲线上尽可能不要出现反曲点，如图 8.4.5 所示。

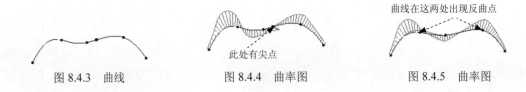

图 8.4.3 曲线　　　　图 8.4.4 曲率图　　　　图 8.4.5 曲率图

8.4.2 编辑 ISDX 曲线上的点

创建一条符合要求的 ISDX 曲线，一般分两步：第一步是定义数个点形成初步的曲线，第二步是对初步的曲线进行编辑使其符合要求。在曲线的整个创建过程中，编辑往往占用绝大部分工作量，而在曲线的编辑工作中，曲线上的点编辑显得尤为重要。

下面将打开一个含有 ISDX 曲线的模型并进入 ISDX 环境，然后对点的编辑方法逐一进行介绍：

Step 1　将工作目录设置为 D:\creo2pd\work\ch08.04，打开文件 edit_spot_on_curve.prt。

Step 2　进入 ISDX 环境。在模型树中，右击 🔖 类型 1，从弹出的快捷菜单中选择 编辑定义 命令。

Step 3　在 样式 功能选项卡 曲线 ▾ 区域中单击 ✐ 曲线编辑 按钮，选取图 8.4.6 中的 ISDX

曲线。此时系统显示"造型：曲线编辑"操控板，模型如图 8.4.7 所示。

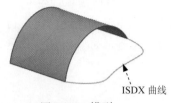

图 8.4.6　模型

图 8.4.7　编辑曲线

Step 4 针对不同的情况，编辑 ISDX 曲线。

在进行曲线的编辑操作之前，有必要先介绍曲线外形的两种编辑控制方式。

第一种方式：直接的控制方式。

如图 8.4.8 所示，拖移 ISDX 曲线的某个端点或者内部点，可直接调整曲线的外形。

第二种方式：控制点方式。

在"造型：曲线编辑"操控板中，如果激活 [公] 按钮，ISDX 曲线上会出现图 8.4.9 所示的"控制折线"，控制折线由数个首尾相连的线段组成，每个线段的端部都有一个小圆点，它们是曲线的外形控制点。拖移这些小圆点，便可间接地调整曲线的外形，但这种方式只可以编辑有自由点组成曲线。

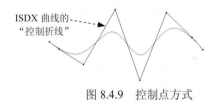

ISDX 曲线的- - - - - -
"控制折线"

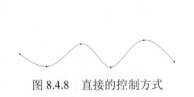

图 8.4.8　直接的控制方式

图 8.4.9　控制点方式

在以上两种调整曲线外形的操作过程中，鼠标各键的功能如下：

● 单击左键拾取曲线上的关键点或控制点，按住左键并移动鼠标可移动、调整点的位置。

● 单击中键完成曲线的编辑。

● 单击右键，弹出快捷菜单。

1. 移动 ISDX 曲线上的点

第一种情况：移动 ISDX 曲线上的自由点。

如图 8.4.10 所示，将鼠标指针移至某个自由点上，按住左键并移动鼠标，该自由点即自由移动；也可配合 Ctrl 和 Alt 键来控制移动的方向。

● 水平/竖直方向移动：按住 Ctrl 和 Alt 键，仅可在水平、竖直方向移动自由点；也可单击操控板中的 **点** 按钮，在 点移动 区域的 拖动 下拉列表中选择 水平/竖直(Ctrl + Alt) 选项，如图 8.4.11 所示。注意：在图 8.4.12 的"左上视图"中，

"水平"移动方向是指活动平面上图标的 H 方向，"竖直"移动方向是指活动平面上图标中的 V 方向。注意：水平/竖直方向移动操作应在"左上视图"进行。

● 垂直方向移动：按住 Alt 键，仅可在垂直于活动平面的方向移动自由点；也可单击操控板中的 点 按钮，选择 法向(Alt) 选项（注意：垂直方向移动操作应在"左下视图"进行）。

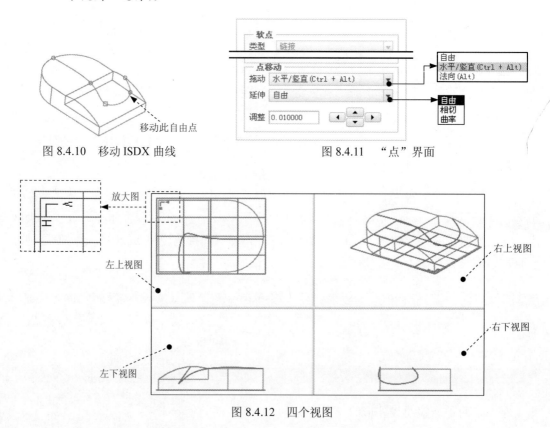

图 8.4.10　移动 ISDX 曲线　　　　　　图 8.4.11　"点"界面

图 8.4.12　四个视图

说明：误操作后，可进行"恢复"操作，方法是：直接单击快速工具栏中的"撤消"按钮 ↻。配合键盘的 Shift 键，可改变点的类型。按住 Shift 键，移动 ISDX 曲线上的点，可使点的类型在自由点、软点、固定点和相交点（必须是平面曲线上的点）之间进行任意的切换，当然在将非自由点变成自由点时，有时先要进行"断开链接"操作，其操作方法为：右击要编辑的点，然后选择 断开链接 命令。

第二种情况：移动 ISDX 曲线上的软点。

如图 8.4.13 所示，将鼠标指针移至某一软点上，按住左键并移动鼠标，即可在其参考边线（曲面）上移动该点；也可右击该软点，系统弹出图 8.4.14 所示的快捷菜单，选择菜单中的长度比例、长度、参数、距离平面的偏距、锁定到点、链接以及断开链接等选项来定义该点的位置（也可单击操控板中进行操作）。

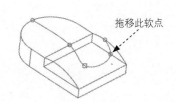

图 8.4.13　拖移 ISDX 曲线上的软点　　　　图 8.4.14　快捷菜单

- **长度比例**: 将参考曲线的长度视为 1，通过输入软点距曲线某端点长度的比例值来控制该点位置。可单击操控板中的 **点** 按钮，在弹出的界面中输入长度比例值。
- **长度**: 通过输入软点距参考曲线端点的长度值来控制该点的位置。可单击操控板中的 **点** 按钮，在弹出的界面中输入长度值。
- **参数**: 预设情况，类似"长度比例"，但比例值稍有不同。单击操控板中的 **点** 按钮，在弹出的界面中可输入参数值，如图 8.4.15 所示。
- **自平面偏移**: 指定一基准面，通过输入软点至基准面的距离值来控制其位置。单击操控板中的 **点** 按钮，在弹出的界面中可输入偏移值，如图 8.4.16 所示。

图 8.4.15　设置"参数"值　　　　图 8.4.16　设置"自平面偏移"值

- **锁定到点**: 选择此项，软点将自动锁定到一个最近的点（有可能是内部点或端点）。如图 8.4.17（左图）所示，在曲线 A 的右端点处右击，从快捷菜单中选择"锁定到点"命令，该点即锁定到一个最近的点（图 8.4.17 右图）。以此方式锁定的点，将不再具有移动的自由度（也就是无法拖曳），在屏幕上显示为"×"。

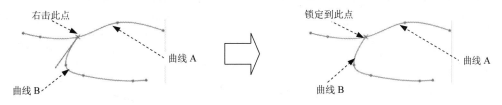

图 8.4.17　锁定到点

说明：练习时，请读者先将工作目录设置为 D:\creo2pd\work\ch8.04，然后打开文件 lock_to_spot.prt。

● **断开链接**：当 ISDX 曲线上某一点为软点或固定点时，该点表现为一种"链接"（Link）状态，例如点落在曲面、曲线或基准点上等。"断开链接"（Unlink）则是使软点或固定点"脱离"参考点/曲线/曲面等父项的约束而成为自由点，故符号会转为实心圆点"·"，如图 8.4.18 所示。

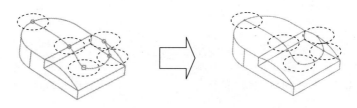

图 8.4.18　链接与断开链接

2. 比例更新（Proportional Update）

如果 ISDX 曲线具有两个（含）以上软点，可选中操控板上的 ☑ **按比例更新** 复选框，进行这样的设置后，如果拖拉其中一个软点，则两软点间的曲线外形会随拖拉而成比例地调整。如图 8.4.19 所示，该 ISDX 曲线含有两个软点，如果选中 ☑ **按比例更新** 复选框，当拖拉软点 2 时，软点 1 和软点 2 间的曲线外形将成比例地缩放（图 8.4.20）；如果不选中 ☐ **按比例更新** 复选框，则拖拉软点2时，软点1和软点2间的曲线形状会产生变化（图 8.4.21）。

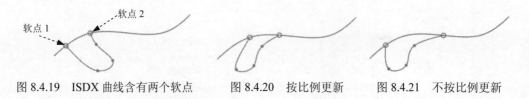

图 8.4.19　ISDX 曲线含有两个软点　　　图 8.4.20　按比例更新　　　图 8.4.21　不按比例更新

说明：练习时，请读者先将工作目录设置为 D:\creo2pd\work\ch08.04，然后打开文件 proportional_change.prt。

3. ISDX 曲线端点的相切编辑

在编辑 ISDX 曲线的端点时，会出现一条黄色线段（相切指示线如图 8.4.22 所示），这条线段为该端点的切向量（Tangent Vector）。拖拉黄色线段可控制切线的长度、角度及高度。

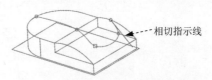

图 8.4.22　ISDX 曲线端点的相切编辑

另外，单击操控板中的 相切 选项卡，在界面中，选择自然（Natural）、自由（Free）、固定角度（Fix Angle）、水平（Horizontal）、竖直（Vertical）、法向（Normal）、对齐（Align）、对称（Symmetric）、相切（Tangent）、曲率（Curvature）、曲面相切（Surface Tangent）、曲面曲率（Surface Curvature）以及相切拔模（Tangent Pluck Up）选项，下面将分别进行介绍。

　　说明：练习时，请读者先将工作目录设置为 D:\creo2pd\work\ch08.04，然后打开文件 tangent_edit.prt。

- 自然（Natural）：由系统自动确定切线长度及方向。如果移动或旋转相切指示线，则该项会自动转换为自由（Free）。
- 自由（Free）：可自由地改变切线长度及方向。可在图 8.4.23 所示的界面中输入切线长度、角度及高度值；也可通过在模型中拖拉、旋转黄色相切指示线来改变切线长度、角度及高度，在此过程中可配合如下操作：

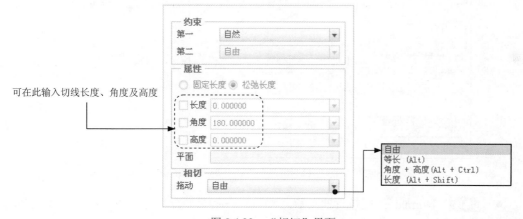

图 8.4.23　"相切"界面

- 改变切线的长度：按住 Alt 键，可将切线的角度和高度固定，任意改变切线的长度；也可在操控板 相切 界面的 相切 区域选择 等长 (Alt) 选项，如图 8.4.23 所示。
- 改变切线的角度和高度：按住 Ctrl 和 Alt 键，可将切线的长度固定，任意改变切线的角度和高度；也可在 相切 区域选择 角度 + 高度(Alt + Ctrl) 选项，如图 8.4.23 所示。
- 固定角度（Fix Angle）：保持当前相切指示线的角度和高度，只能更改其长度。
- 水平（Horizontal）：使相切指示线方向与活动平面中的水平方向保持一致，仅能改变切线长度。可单击 按钮，显示四个视图，将发现相切指示线在左上视图中的方向与图标的水平（H）方向一致，如图 8.4.24 所示。
- 竖直（Vertical）：使相切指示线方向与活动平面中的竖直方向保持一致，仅能改变切线长度。此时在左上视图中，相切指示线的方向与图标的竖直（V）方向一致，如图 8.4.25 所示。

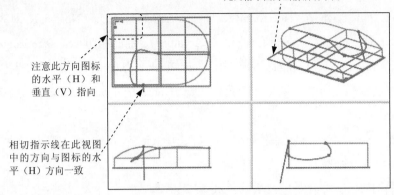

此网格平面为当前活动平面

注意此方向图标的水平（H）和垂直（V）指向

相切指示线在此视图中的方向与图标的水平（H）方向一致

图 8.4.24 水平（Horizontal）

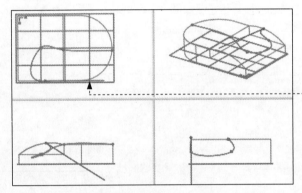

相切指示线在此视图中的方向与图标中的竖直（V）方向一致

图 8.4.25 竖直（Vertical）

- 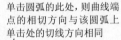（Normal）：选择该选项后，需选取一参考平面，这样 ISDX 曲线端点的切线方向将与该参考平面垂直。

- **对齐**（Align）：选择该选项后，在另一参考曲线上单击，则端点的切线方向将与参考曲线上单击处的切线方向保持一致，如图 8.4.26 所示。

- **相切**（Tangent）：如图 8.4.27 所示，如果 ISDX 曲线 1 的端点落在 ISDX 曲线 2 上，则对 ISDX 曲线 1 进行编辑时，可在其端点设置"相切"（Tangent），完成操作后，曲线 1 在其端点处与曲线 2 相切。

单击圆弧的此处，则曲线端点的相切方向与该圆弧上单击处的切线方向相同

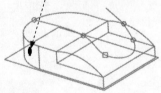

图 8.4.26 对齐（Align）

ISDX 曲线 2

ISDX 曲线 1

ISDX 曲线 1 的此端点落在 ISDX 曲线 2 上

ISDX 曲线 1 在此端点与 ISDX 曲线 2 相切

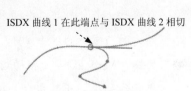

图 8.4.27 相切（Tangent）

说明：练习时，请先将工作目录设置为 D:\creo2pd\work\ch08.04，然后打开文件 tangent_change_01.prt。

如图 8.4.28 所示，如果 ISDX 曲线 1 的端点刚好落在 ISDX 曲线 2 的某一端点上，则对曲线 1 进行编辑时，可在其端点设置"**相切**"（Tangent），这样两条曲线将在此端点相切。

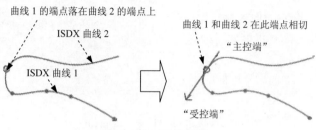

图 8.4.28　操作过程

说明：此时端点两边的相切指示线呈不同样式（一边为直线、一边为单箭头），无箭头的一端为"主控端"，此端所在的曲线（ISDX 曲线 2）为主控曲线，拖拉此端相切指示线，可调整其长度，也可旋转其角度（同时带动另一边的相切指示线旋转）；有箭头的一端为"受控端"，此端所在的曲线（ISDX 曲线 1）为受控曲线，拖拉此端相切指示线将只能调整其长度，而不能旋转其角度。

单击"主控端"的尾部，可将其变为"受控端"，如图 8.4.29 所示。

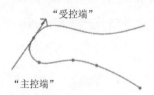

图 8.4.29　将"主控端"变为"受控端"

说明：练习时，请先将工作目录设置为 D:\creo2pd\work\ch08.04，然后打开文件 tangent_change_02.prt。

- **对称**（Symmetric）：如果 ISDX 曲线 1 的端点刚好落在 ISDX 曲线 2 的端点上，则对曲线 1 进行编辑时，可在该端点设置"对称"，完成操作后，两条 ISDX 曲线在该端点的切线方向相反，切线长度相同，如图 8.4.30 所示，此时如果拖拉相切指示线调整其长度及角度，则该端点的相切类型会自动变为"相切"（Tangent）。

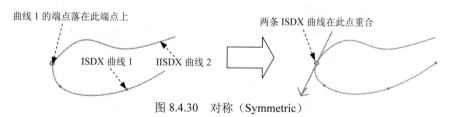

图 8.4.30　对称（Symmetric）

说明：练习时，请先将工作目录设置为 D:\creo2pd\work\ch08.04，然后打开文件 symmetric_change_03.prt。

- **曲率**（Curvature）：如图 8.4.31 所示，如果 ISDX 曲线 1 的端点落在 ISDX 曲线 2

上，则编辑曲线 1 时，可在其端点设置"曲率"（Curvature），完成操作后，曲线 1 在其端点处与曲线 2 的曲率相同。

说明：练习时，请先将工作目录设置为 D:\creo2pd\work\ch08.04，然后打开文件 curvature_ change_01.prt。

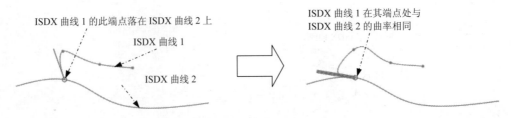

图 8.4.31　设置"曲率"（Curvature）

如图 8.4.32 所示，如果 ISDX 曲线 1 的端点恰好落在 ISDX 曲线 2 的端点上，则编辑曲线 1 时，可在其端点设置"曲率"（Curvature），这样两条曲线在此端点处曲率相同。注意：与曲线的相切相似，此时相切指示线在端点两边呈不同样式（一边为直线，一边为复合箭头），无箭头的一端为"主控端"，拖拉此段相切指示线可调整其长度，也可旋转其角度（同时带动另一端相切指示线旋转）；有箭头的一端为"受控端"，拖拉此段相切指示线将只能调整其长度，而不能旋转其角度。

图 8.4.32　设置"曲率"（Curvature）

与曲线的相切一样，单击"主控端"的尾部，可将其变为"受控端"。

说明：练习时，请先将工作目录设置为 D:\creo2pd\work\ch08.04，然后打开文件 curvature_change_02.prt。

● 曲面相切（Surface Tangent）：如图 8.4.33 所示，如果 ISDX 曲线的端点落在一个曲面上，则可在此端点设置"曲面相切"（Surface Tangent），完成操作后，曲线在其端点处与曲面相切。

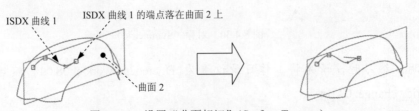

图 8.4.33　设置"曲面相切"（Surface Tangent）

说明：练习时，请先将工作目录设置为 D:\creo2pd\work\ch08.04，然后打开文件 surface_tangent_change.prt。

- **曲面曲率**（Surface Curvature）：如图 8.4.34 所示，如果 ISDX 曲线的端点落在一个曲面上，则可在其端点设置"曲面曲率"（Surface Curvature），完成操作后，曲线在其端点处与曲面曲率相同。

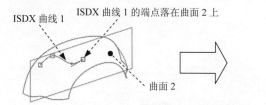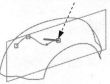

图 8.4.34　设置"曲面曲率"（Surface Curvature）

说明：练习时，请先将工作目录设置为 D:\creo2pd\work\ch08.04，然后打开文件 surface_curvature_change.prt。

- **相切拔模**（Draft Tangent）：选取这个选项时，是指所要编辑的曲线与选定平面或曲面成某一角度设置选定曲线相切。对于平面拔模，曲线端点必须是任何其他曲线的软点；对于曲面拔模，曲线必须是曲面边界或 COS 上的软点。

8.4.3　在 ISDX 曲线上添加点

如果要在 ISDX 曲线上添加点，操作方法如下：

Step 1　将工作目录设置为 D:\creo2pd\work\ch08.04，打开文件 add_spot_on_spline.prt。

Step 2　编辑定义模型树中的造型特征，进入 ISDX 环境，单击 **样式** 功能选项卡 曲线 ▾ 区域中的"曲线编辑"按钮 ✐ 曲线编辑 。

Step 3　选取图 8.4.35 中的 ISDX 曲线。

Step 4　在图 8.4.36 所示的曲线位置右击，此时系统弹出图 8.4.37 所示的快捷菜单。

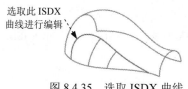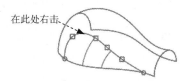

图 8.4.35　选取 ISDX 曲线　　　图 8.4.36　右击 ISDX 曲线

Step 5　选择 **添加点(A)** 命令，则系统将在单击处添加一个点（图 8.4.38）；如果选择 **添加中点(M)** 命令，则系统将在单击处所在区间段的中点处添加一个点（图 8.4.39）。

Step 6　完成编辑后，单击"造型：编辑曲线"操控板中的 ✔ 按钮。

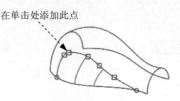

图 8.4.37　快捷菜单　　　　　　　　　　图 8.4.38　添加点

8.4.4　删除 ISDX 曲线

如果要删除 ISDX 曲线，操作方法如下：

Step 1　在 ISDX 环境中，单击 **样式** 功能选项卡 **曲线 ▼** 区域中的"曲线编辑"按钮 **✎ 曲线编辑** ，然后选取图 8.4.40 所示的 ISDX 曲线。

Step 2　在曲线上右击，在弹出的快捷菜单中选择 **删除曲线(D)** 命令，如图 8.4.37 所示。

Step 3　此时系统弹出"删除"对话框，单击 **删除** 按钮，该 ISDX 曲线即被删除。

8.4.5　删除 ISDX 曲线上的点

如果要删除 ISDX 曲线上的点，操作方法如下：

Step 1　在 ISDX 环境中，单击 **样式** 功能选项卡 **曲线 ▼** 区域中的"曲线编辑"按钮 **✎ 曲线编辑** ，然后选取图 8.4.41 所示的 ISDX 曲线。

Step 2　将鼠标指针移至曲线的某一点上（图 8.4.42），然后右击，系统弹出图 8.4.43 所示的快捷菜单，选择 **删除(D)** 命令，该点即被删除，此时 ISDX 曲线如图 8.4.44 所示。

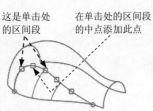

图 8.4.39　添加中点

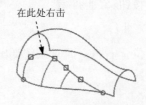

图 8.4.40　删除 ISDX 曲线

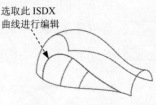

图 8.4.41　单击 ISDX 曲线

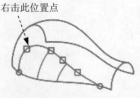

图 8.4.42　右击"点"

图 8.4.43　快捷菜单

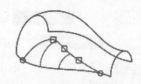

图 8.4.44　删除点

8.4.6　分割 ISDX 曲线

可对 ISDX 曲线进行分割，也就是将一条 ISDX 曲线破断为两条 ISDX 曲线，操作方法如下：

Step 1　在 ISDX 环境中，单击 **样式** 功能选项卡 **曲线▾** 区域中的"曲线编辑"按钮 **曲线编辑**，然后选取图 8.4.45 中的 ISDX 曲线。

Step 2　在曲线的某一点上右击（图 8.4.46），系统弹出图 8.4.47 所示的快捷菜单，选择 **分割** 命令，则曲线将从该点处分割为两条 ISDX 曲线，如图 8.4.48 所示。

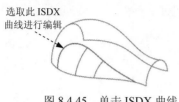
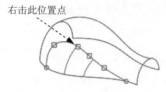

　　图 8.4.45　单击 ISDX 曲线　　　　　图 8.4.46　右击点　　　　图 8.4.47　快捷菜单

8.4.7　组合 ISDX 曲线

如果两条 ISDX 曲线首尾相连，则可选择其中任一曲线进行编辑，将两条曲线合并为一条 ISDX 曲线。操作方法如下：

Step 1　将工作目录设置为 D:\creo2pd\work\ch08.04，打开文件 combine_spline.prt。

Step 2　编辑定义模型树中的造型特征，进入 ISDX 环境。

Step 3　在 ISDX 环境中，单击 **样式** 功能选项卡 **曲线▾** 区域中的"曲线编辑"按钮 **曲线编辑**，然后在两条首尾相连的 ISDX 曲线中选取任意一条曲线（例如选取图 8.4.49 所示的 ISDX 曲线 2）。

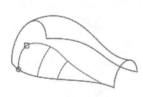
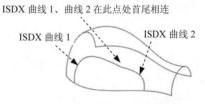

　　图 8.4.48　分割 ISDX 曲线　　　　　图 8.4.49　选取 ISDX 曲线 2

Step 4　在图 8.4.50 所示的公共端点上右击，在系统弹出的快捷菜单中选择 **组合** 命令，则两条曲线便被合并为一条 ISDX 曲线，如图 8.4.51 所示。

8.4.8　延伸 ISDX 曲线

如图 8.4.52 所示，可从一条 ISDX 曲线的端点处向外延长该曲线，操作方法如下：

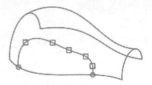

图 8.4.50 右击公共端点　　　　图 8.4.51 组合 ISDX 曲线

Step 1 将工作目录设置为 D:\creo2pd\work\ch08.04，打开文件 spline_extend.prt。

Step 2 编辑定义模型树中的造型特征，进入 ISDX 环境。

Step 3 在 ISDX 环境中，单击 样式 功能选项卡 曲线 ▾ 区域中的"曲线编辑"按钮 ✎ 曲线编辑，然后选取图 8.4.52 中的 ISDX 曲线。

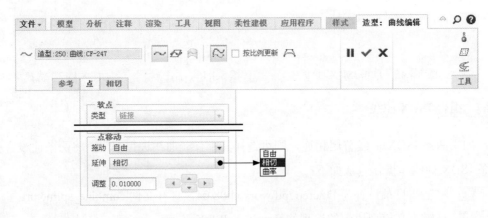

图 8.4.52 操控板

Step 4 选择延伸的连接方式。如图 8.4.53 所示，单击操控板中的 点 选项卡，在弹出的界面中，可以看到 ISDX 曲线延伸时端点处的连接方式有如下三种：

- 自由：源 ISDX 曲线与其延长的曲线段在端点处自由连接，如图 8.4.54 所示。
- 相切：源 ISDX 曲线与其延长的曲线段在端点处相切连接，如图 8.4.55 所示。
- 曲率：源 ISDX 曲线与其延长的曲线段在端点处曲率相等连接，如图 8.4.56 所示。

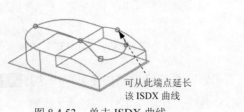

图 8.4.53 单击 ISDX 曲线

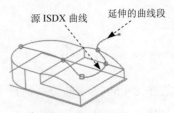

图 8.4.54 自由

Step 5 选择一种连接方式，然后按住 Shift 和 Alt 键，在 ISDX 曲线端点外的某位置单击，该曲线即被延长。

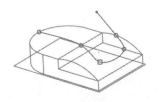　　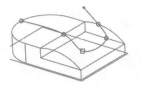

图 8.4.55　相切　　　　　　　　　　图 8.4.56　曲率

8.4.9　ISDX 曲线的复制和移动（Copy、Move）

在 ISDX 环境中，选择 **样式** 功能选项卡中 **曲线▼** 区域下的 **复制**、**按比例复制** 和 **移动** 命令，可对 ISDX 曲线进行复制和移动，具体说明如下：

- **复制**：复制 ISDX 曲线。如果 ISDX 曲线上有软点，则复制后系统不会断开曲线上软点的链接。操作时，可在操控板中输入 X、Y、Z 坐标值以便精确定位。

- **按比例复制**：复制选定的曲线并按比例缩放它们。

- **移动**：移动 ISDX 曲线。如果 ISDX 曲线上有软点，则移动后系统不会断开曲线上的软点的链接。操作时，可在操控板中输入 X、Y、Z 坐标值以便精确定位。

注意：

（1）ISDX 曲线的 **复制**、**移动** 功能仅限于自由（Free）与平面（Planar）曲线，并不适用于下落曲线、COS 曲线。

（2）在复制移动过程中，ISDX 曲线在其端点的相切设置会保持不变。

下面以图 8.4.57 为例说明 ISDX 曲线复制和移动的操作过程：

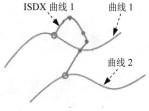

图 8.4.57　选取 ISDX 曲线 1

Step 1　将工作目录设置为 D:\creo2pd\work\ch08.04，打开文件 copy_change.prt。

Step 2　编辑定义模型树中的造型特征，进入 ISDX 环境。

Step 3　对曲线进行复制和移动。

（1）在 **样式** 操控板中选择 **曲线▼** ➡ **复制** 命令，则此时操控板如图 8.4.58 所示，同时模型周围会出现图 8.4.59 所示的控制杆和背景对罩框。

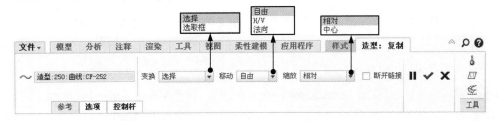

图 8.4.58　"造型：复制"操控板

（2）选取 ISDX 曲线 1 并拖动鼠标，即可产生 ISDX 曲线 1 的副本，如图 8.4.60 所示。

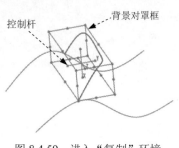

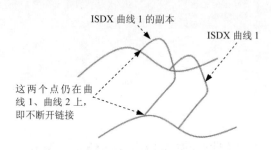

图 8.4.59　进入"复制"环境　　　　　图 8.4.60　复制 ISDX 曲线 1

（3）在 ▨样式 操控板中选择 曲线 ▾ ➡ 按比例复制 命令，然后在操控板中选中 ☑断开链接 复选项，则可得到图 8.4.61 所示的 ISDX 曲线 1 的副本。

（4）在 ▨样式 操控板中选择 曲线 ▾ ➡ ↗移动 命令，则此时弹出"造型：移动"操控板，同时模型周围将出现图 8.4.59 所示的控制杆和背景对罩框。选取 ISDX 曲线 1 并拖动鼠标，即可移动 ISDX 曲线 1，如图 8.4.62 所示。

Step 4　完成复制、移动操作后，单击操控板中的 ☑ 按钮。

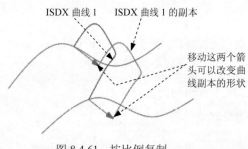

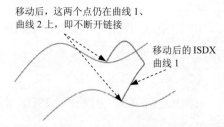

图 8.4.61　按比例复制　　　　　图 8.5.62　移动 ISDX 曲线 1

8.5　ISDX 曲面创建与编辑

8.5.1　ISDX 曲面的创建

前面讲解了如何创建、编辑 ISDX 曲线，下面将介绍如何利用 ISDX 曲线来创建 ISDX 曲面。ISDX 曲面的创建需要至少三条曲线，这些曲线应形成封闭图形，但不一定首尾相连。

下面将举例说明 ISDX 曲面的创建过程：

Step 1　将工作目录设置为 D:\creo2pd\work\ch08.05，打开文件 definite_isdx.prt。

Step 2　在模型树中右击▨类型 1，从弹出的快捷菜单中选择 编辑定义 命令，此时系统进入 ISDX 环境。

Step 3 优先选项设置。在 样式 功能选项卡中选择 操作 ▾ ➡ 首选项 命令；在系统弹出的"造型首选项"对话框中的 栅格 区域取消选中□显示栅格 复选框，然后单击 确定 按钮，关闭"造型首选项"对话框。

Step 4 单击 样式 功能选项卡 曲面 区域中的"曲面"按钮，此时系统弹出"造型：曲面"操控板。

Step 5 定义曲面的边界曲线。按住 Ctrl 键，选取图 8.5.1 中的 ISDX 曲线 1、曲线 2、曲线 3 和曲线 4（可按任意顺序选取），此时系统便以这四条曲线为边界创建一个 ISDX 曲面。此时"曲面创建"操控板如图 8.5.2 所示。

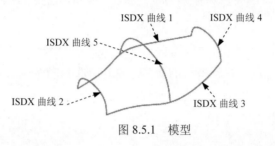

图 8.5.1　模型

图 8.5.2　"造型：曲面"操控板

Step 6 定义曲面的内部曲线。如果希望 ISDX 曲面通过图 8.5.1 所示的 ISDX 曲线 5，则可在图 8.5.2 所示的操控板中单击 内部 下面的区域，然后选取 ISDX 曲线 5，以定义其为内部曲线。此时曲面如图 8.5.3 所示。

Step 7 完成 ISDX 曲面的创建后，单击"造型：曲面"操控板中的 ✔ 按钮。

8.5.2　ISDX 曲面的编辑

1. 用编辑 ISDX 曲线的方法对 ISDX 曲面进行编辑

对 ISDX 曲面进行编辑，主要是编辑 ISDX 曲面中的 ISDX 曲线。下面将以图 8.5.4 所示的例子来介绍 ISDX 曲面的各种编辑操作方法：

Step 1 将工作目录设置为 D:\creo2pd\work\ch08.05，打开文件 isdx_change.prt。

图 8.5.3　创建 ISDX 曲面

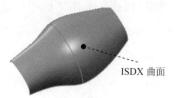

图 8.5.4　模型

Step 2 进入 ISDX 环境。在模型树中右击 🔖类型 1，从弹出的快捷菜单中选择 编辑定义 命令。

Step 3 优先选项设置。在 样式 功能选项卡中选择 操作 ▼ ➡ 🖹首选项 命令；在系统弹出的"造型首选项"对话框中的 栅格 区域取消选中 □显示栅格 复选框，然后单击 确定 按钮，关闭"造型首选项"对话框。

Step 4 对曲面进行编辑。

曲面的编辑方式主要有如下几种：

（1）通过移动 ISDX 曲面中的 ISDX 曲线来改变曲面的形状。

①移动图 8.5.5 中的 ISDX 曲线 3 至图 8.5.5 所示的位置。

②单击 样式 功能选项卡 操作 ▼ 区域中的"全部重新生成"按钮 🎨全部重新生成，再生后的 ISDX 曲面如图 8.5.6 所示。

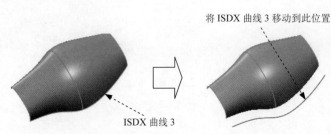

将 ISDX 曲线 3 移动到此位置

ISDX 曲线 3

图 8.5.5　移动 ISDX 曲线 3

图 8.5.6　再生后的 ISDX 曲面

（2）通过编辑 ISDX 曲线上的点来改变曲面的形状。

①在 样式 功能选项卡 曲线 ▼ 区域中的"曲线编辑"按钮 🖊曲线编辑，然后选取图 8.5.7 所示的 ISDX 曲线进行编辑。

②此时拖拉该 ISDX 曲线上的点，将观察到曲面的形状不断变化。

（3）通过在 ISDX 曲面上添加一条内部控制线来改变曲面的形状。

①创建一条曲线。单击 样式 功能选项卡 曲线 ▼ 区域中的"曲线"按钮～，绘制图 8.5.8 所示的 ISDX 曲线 6（绘制时可按住 Shift 键，以将曲线端点对齐到曲面的边界线上），然后单击操控板中的 ✔ 按钮。

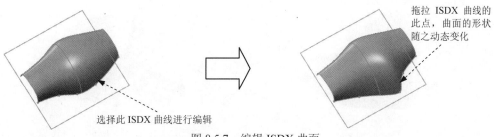

图 8.5.7　编辑 ISDX 曲面

注意：ISDX 曲面的内部控制线可以有多条，但它们不能相交。例如：图 8.5.9 中的两条 ISDX 曲线相交，所以不能同时作为 ISDX 曲面的内部控制线。另外，ISDX 曲面的内部控制线的端点要落在曲面的边线上。

②选取 ISDX 曲面，然后右击，系统弹出图 8.5.10 所示的快捷菜单，选择该菜单中的 编辑定义 (N) 命令。

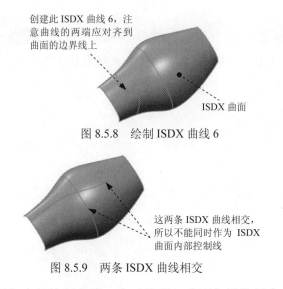

图 8.5.8　绘制 ISDX 曲线 6

图 8.5.9　两条 ISDX 曲线相交

图 8.5.10　快捷菜单

③添加内部控制曲线。在"造型：曲面"操控板中，在操控板中单击 参考 选项卡，在弹出的界面中单击 内部 下面的区域，然后按住 Ctrl 键，选取 ISDX 曲线 6 为另一条内部控制曲线，此时曲面如图 8.5.11 所示。

注意：此时操控板的内部控制曲线列表中有两条 ISDX 曲线，它们分别为 ISDX 曲线 5 和 ISDX 曲线 6。

图 8.5.11　设置内部控制曲线

2．使用"曲面编辑"命令编辑 ISDX 曲面

下面将以图 8.5.12 所示的例子来介绍使用"曲面编辑"命令编辑 ISDX 曲面的操作方法：

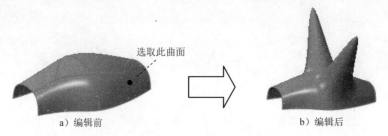

选取此曲面

a）编辑前 b）编辑后

图 8.5.12 编辑 ISDX 曲面

Step 1 将工作目录设置为 D:\creo2pd\work\ch08.05，打开文件 edit_isdx_surface.prt。

Step 2 在模型树中右击 □ 类型 1，从弹出的快捷菜单中选择 编辑定义 命令。

Step 3 编辑 ISDX 曲面 1。在 样式 功能选项卡 曲面 区域中单击 曲面编辑 按钮，系统弹出"造型：曲面编辑"操控板。

Step 4 在系统 选择要编辑的曲面. 的提示下，选取图 8.5.12a 所示的曲面，此时在曲面上显示图 8.5.13 所示的网格。

Step 5 在操控板中，将 最大行数 设置为 10，将 列 设置为 10，将 移动 设置为 自由，将 过滤 设置为 □，将 调整 设置为 0.1，其余的各选项接受系统默认的设置值。

Step 6 在系统 选择并拖动网格点或行/列以编辑形状. 的提示下，选取图 8.5.14 所示的网格点并拖移到图中所示的位置。

Step 7 单击操控板中的 ✔ 按钮，完成 ISDX 曲面的编辑。

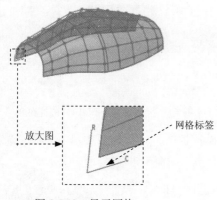

放大图 网格标签

图 8.5.13 显示网格

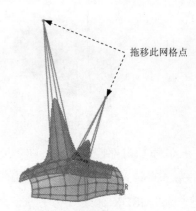

拖移此网格点

图 8.5.14 拖移网格

8.5.3 ISDX 曲面的连接

通过前面的学习，我们已了解到 ISDX 曲面的质量主要取决于曲线的质量。除此之外，还有一个重要的因素影响 ISDX 曲面质量，这就是相邻曲面间的连接方式，曲面的连接方式有三种：衔接（Matched）、相切（Tangent）和曲率（Curvature）。如果要使两个相邻曲面间光滑过渡，应该设置相切（Tangent）或曲率（Curvature）连接方式。

下面将以一个例子来介绍 ISDX 曲面的各种连接方式及其设置方法：

Step 1　将工作目录设置为 D:\creo2pd\work\ch08.05，打开文件 link_surface.prt。

Step 2　"编辑定义"模型树中的造型特征。在模型树中右击 类型 1 ，从弹出的快捷菜单中选择 编辑定义 命令，此时系统进入 ISDX 环境。

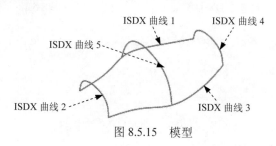

图 8.5.15　模型

Step 3　优先选项设置。在 样式 功能选项卡中选择 操作 ▼ ➡ 首选项 命令；在系统弹出的"造型首选项"对话框中的 栅格 区域取消选中 □ 显示栅格 复选框，然后单击 确定 按钮，关闭"造型首选项"对话框。

Step 4　创建 ISDX 曲面 1。

（1）单击 样式 功能选项卡 曲面 区域中的"曲面"按钮 。

（2）按住 Ctrl 键，选取图 8.5.15 所示的 ISDX 曲线 1、曲线 2、曲线 3 和曲线 5，此时系统便以这 4 条 ISDX 曲线为边界创建一个 ISDX 曲面，如图 8.5.16 所示。

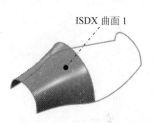

（3）单击"造型：曲面"操控板中的 ✔ 按钮，完成 ISDX 曲面 1 的创建。

图 8.5.16　创建 ISDX 曲面 1

Step 5　创建 ISDX 曲面 2。

（1）单击 样式 功能选项卡 曲面 区域中的"曲面"按钮 。

（2）按住 Ctrl 键，选取图 8.5.17 所示的 ISDX 曲线 1、曲线 4、曲线 3 和曲线 5，此时系统便以这 4 条 ISDX 曲线为边界创建 ISDX 曲面 2，如图 8.5.17 所示。注意：此时在 ISDX 曲面 1 与 ISDX 曲面 2 的公共边界线（ISDX 曲线 5）上出现一个小小的图标，这是 ISDX 曲面 2 与 ISDX 曲面 1 间的连接标记，我们可以改变此图标的大小，操作方法为：在 样式 功能选项卡中选择 操作 ▼ ➡ 首选项 命令，在"造型首选项"对话框的 曲面 下的 连接图标比例 文本框中输入数值 4，并按回车键。此时可看到图标变大，如图 8.5.18 所示。

（3）单击"造型：曲面"操控板中的 ✔ 按钮，完成 ISDX 曲面 2 的创建。

Step 6　修改 ISDX 曲面 2 与 ISDX 曲面 1 间的连接方式。

（1）选取 ISDX 曲面 2。

（2）单击"曲面连接"按钮 曲面连接 ，系统弹出图 8.5.19 所示的操控板。

图 8.5.17 创建 ISDX 曲面 2   图 8.5.18 连接标记

图 8.5.19 "造型：曲面连接"操控板

（3）曲面间的连接方式有以下三种：

● 相切（Tangent）

两个 ISDX 曲面在连接处相切，如图 8.5.20 所示，此时连接图标显示为单线箭头。注意：与 ISDX 曲线的相切相似，无箭头的一端为"主控端"，此端所在的曲面（即 ISDX 曲面 1）为主控曲面；有箭头的一端为"受控端"，此端所在的曲面（即 ISDX 曲面 2）为受控曲面。单击"主控端"的尾部，可将其变为"受控端"，如图 8.5.21 所示，此时可看到两个曲面均会产生一些变化。

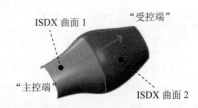

图 8.5.20 设置为"相切"方式 1

● 曲率（Curvature）

注意：在图 8.5.20 中，单击相切连接图标的中部，则连接图标变成多线箭头（图 8.5.22），此时两个 ISDX 曲面在连接处曲率相等，这就是"曲率"连接。

与 ISDX 曲面的相切连接一样，无箭头的一端为"主控端"，此端所在的曲面（即 ISDX 曲面 1）为主控曲面；有箭头的一端为"受控端"，此端所在的曲面（即 ISDX 曲面 2）为受控曲面。同样地，单击"主控端"的尾部，可将其变为"受控端"。

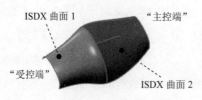

图 8.5.21 设置为"相切"方式 2

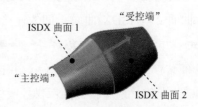

图 8.5.22 设置为"曲率"方式

● 位置（Matched）

按住 Shift 键，然后单击相切连接图标或曲率连接图标的中部，则连接图标将变成"虚线"（图 8.5.23），此时两个 ISDX 曲面在连接处既不相切、曲率也不相等，这就是"位置"连接。

两个曲面"位置"（Matched）时，曲面间不是光滑连接。单击中间的公共曲线，然后右击，从弹出的快捷菜单中选择 隐藏(H) 命令，可立即看到曲面的连接处有一道凸出"痕迹"，如图 8.5.24 所示。

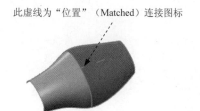 

此虚线为"位置"（Matched）连接图标

曲面的连接处有一道凸出"痕迹"，表明两个曲面不是光滑连接

图 8.5.23　设置为"位置"方式　　　　图 8.5.24　隐藏连接边线

8.5.4　ISDX 曲面的修剪

可以用 ISDX 曲面上的一条或多条 ISDX 曲线来修剪该曲面。例如在图 8.5.25 中，中间一条 ISDX 曲线是 ISDX 曲面上的内部曲线，可用这条内部曲线对整个 ISDX 曲面进行修剪。下面以此例说明 ISDX 曲面修剪的一般操作过程：

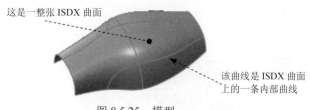

这是一整张 ISDX 曲面

该曲线是 ISDX 曲面上的一条内部曲线

图 8.5.25　模型

Step 1　将工作目录设置为 D:\creo2pd\work\ch08.05，打开文件 surface_trim.prt。

Step 2　编辑定义模型树中的造型特征。在模型树中右击 类型 1，从弹出的快捷菜单中选择 编辑定义 命令。此时系统进入 ISDX 环境。

Step 3　优先选项设置。在 样式 功能选项卡中选择 操作 ▼ ➡ 首选项 命令；在系统弹出的"造型首选项"对话框中的 栅格 区域取消选中 □显示栅格 复选框，然后单击 确定 按钮，关闭"造型首选项"对话框。

Step 4　修剪 ISDX 曲面。单击"曲面修剪"按钮 曲面修剪 ；在系统 选择要修剪的面组. 的提示下，选取图 8.5.25 中的 ISDX 曲面为要修剪的曲面；单击 ～ 图标后的 ●单击此处添加项 字符，选取图 8.5.25 所示的内部 ISDX 曲线为修剪曲线；单击 图标后的 单击此处添加项 字符，选取图 8.5.26 所示的要剪掉的 ISDX 曲面部分；

单击操控板中的 ✔ 按钮，可看到修剪后的 ISDX 曲面如图 8.5.27 所示。

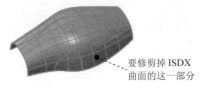
要修剪掉 ISDX
曲面的这一部分

图 8.5.26　选择要修剪掉的 ISDX 曲面部分

图 8.5.27　修剪后

8.6　ISDX 曲面实际应用——机箱的造型设计

应用概述

本应用中，模型的主体部分曲面是由 ISDX 曲面来构建的。本应用是一个典型的 ISDX 曲面建模的例子，其建模思路是先创建几个基准平面和基准曲线（它们主要用于控制 ISDX 曲线的位置和轮廓），然后进入 ISDX 模块，先创建 ISDX 曲线并对其进行编辑，再利用这些 ISDX 曲线构建 ISDX 曲面。通过本例的学习，读者可认识到，ISDX 曲面造型的关键是 ISDX 曲线，只有高质量的 ISDX 曲线才能获得高质量的 ISDX 曲面。零件模型及模型树如图 8.6.1 所示。

图 8.6.1　概念机箱模型和模型树

Stage1. 打开文件

说明：本应用前面的详细操作过程请参见随书光盘中 video\ch08.06\reference\文件下的语音视频讲解文件 idea_machinery-r01.avi。

打开文件 D:\creo2pd\work\ch08.06\idea_machinery_ex.prt。

Stage2. 创建草图

Step 1　创建草图 1（本步的详细操作过程请参见随书光盘中 video\ch08.06\reference\文件下的语音视频讲解文件 idea_machinery-r02.avi）。

Step 2　创建草图 2（本步的详细操作过程请参见随书光盘中 video\ch08.06\reference\文

下的语音视频讲解文件 idea_machinery-r03.avi）。

Stage3. 创建 ISDX 造型曲面特征 1

Step 1 进入造型环境。单击 **模型** 功能选项卡 曲面▾ 区域中的"造型"按钮 △造型。

Step 2 创建图 8.6.2 所示的 ISDX 曲线 1。

（1）设置活动平面。单击 **样式** 功能选项卡 平面 区域中的"设置活动平面"按钮 ▦，选择 FRONT 基准平面为活动平面。

（2）创建初步的 ISDX 曲线 1。单击 **样式** 功能选项卡 曲线▾ 区域中的"曲线"按钮 ∿；在操控板中选择 ◩ 曲线类型；绘制图 8.6.3 所示的初步的 ISDX 曲线 1，然后单击操控板中的 ✔ 按钮。

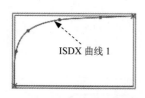
图 8.6.2　创建 ISDX 曲线 1

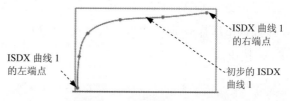
图 8.6.3　初步的 ISDX 曲线 1

（3）对初步的 ISDX 曲线 1 进行编辑。单击 **样式** 功能选项卡 曲线▾ 区域中的 ✎曲线编辑 按钮，选取 ISDX 曲线 1；按住 Shift 键，拖移 ISDX 曲线 1 的左端点，使其与草图 1 的左下顶点对齐（当显示"×"符号时，表明两点对齐，如图 8.6.4 所示）；按同样的方法将 ISDX 曲线 1 的右端点与草图 1 的右上顶点对齐（图 8.6.5）；拖移 ISDX 曲线 1 的其余自由点，如图 8.6.6 所示。

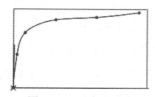
图 8.6.4　对齐左端点

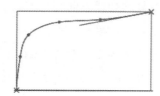
图 8.6.5　对齐右端点

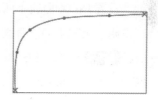
图 8.6.6　拖移其余自由点

说明：在编辑 ISDX 曲线时，还可以对照曲率图进行编辑，使曲线尽量平滑，下面介绍对照曲率图对曲线进行编辑的操作方法。

a）在编辑操控板中单击 ⏸ 按钮（此时 ⏸ 按钮变为 ▶），暂时退出曲线编辑状态，在 **样式** 功能选项卡中的 分析▾ 区域中单击 ⧉曲率 按钮，再选取 ISDX 曲线 1，以显示其曲率图，如图 8.6.7 所示（在对话框的 比例 文本框中输入比例值 40.0）。

说明：如果曲率图太大或太密，可在"曲率"对话框中，调整 质量 滑块和 比例 滚轮。

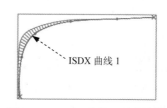
图 8.6.7　ISDX 曲线 1 的曲率图

b）在"曲率"对话框的下拉列表中，选择 已保存 ，然后单击 ✔ 按钮。关闭对话框。

c）单击操控板中的 ▶ 按钮，回到曲线编辑状态，然后对照曲率图来对曲线 1 上的其他几个点进行拖拉编辑，可观察到曲率图随着点的移动而不断变化。

d）如果要关闭曲线曲率图的显示，在"样式"操控板中选择 分析 ▾ ➡ 删除所有曲率 命令。

e）完成编辑后，单击操控板中的 ✔ 按钮。

Step 3 创建图 8.6.8 所示的 ISDX 曲线 2。

（1）设置活动平面。单击 样式 功能选项卡 平面 区域中的"设置活动平面"按钮 ，选择 FRONT 基准平面为活动平面。

（2）创建初步的 ISDX 曲线 2。单击 样式 功能选项卡 曲线 ▾ 区域中的"曲线"按钮 ；在操控板中选择 ～ 曲线类型；绘制图 8.6.9 所示的初步的 ISDX 曲线 2，然后单击操控板中的 ✔ 按钮。

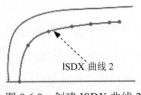

图 8.6.8 创建 ISDX 曲线 2

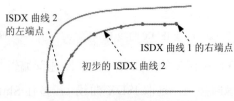

图 8.6.9 初步的 ISDX 曲线 2

（3）对初步的 ISDX 曲线 2 进行编辑。单击 曲线编辑 按钮，然后选取 ISDX 曲线 2，单击工具栏中的按钮 ，切换到四个视图状态；拖移 ISDX 曲线 2 的其余自由点，如图 8.6.11 所示。设置 ISDX 曲线 1 两个端点处的切线方向和长度。

说明：选取 ISDX 曲线 2 的左端点，单击操控板上的 相切 选项卡，在"相切"界面中选择 法向 选项，并选取 TOP 基准面为法向参考平面，这样该端点的切线方向便与 TOP 基准面垂直（图 8.6.10）；在该界面的 长度 文本框中输入切线的长度值 133.0，并按回车键。

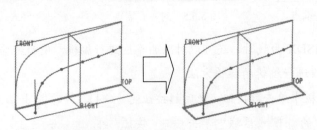

图 8.6.10 右端点切向与 TOP 垂直

Step 4 创建图 8.6.12 所示的 ISDX 曲线 3。

（1）设置活动平面。单击 样式 功能选项卡 平面 区域中的"设置活动平面"按钮 ，选择 TOP 基准平面为活动平面。

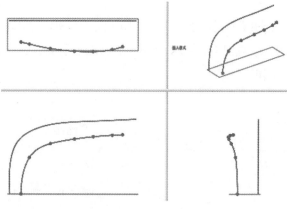

图 8.6.11　拖移自由点

（2）创建初步的 ISDX 曲线 3。单击 样式 功能选项卡 曲线 ▾ 区域中的 "曲线" 按钮 ～ 。

在操控板中选择 ⬧ 曲线类型；绘制图 8.6.13 所示的初步的 ISDX 曲线 3，ISDX 曲线 3 的左端点与 ISDX 曲线 1 的左端点对齐，ISDX 曲线 3 的右端点与 ISDX 曲线 2 的左端点对齐。

（3）对初步的 ISDX 曲线 3 进行编辑。单击 ✎ 曲线编辑 按钮，然后选取 ISDX 曲线 3，此时系统显示编辑操控板。拖移 ISDX 曲线 3 的其余自由点，如图 8.6.14 所示。设置 ISDX 曲线 3 两个端点处的切线方向和长度。

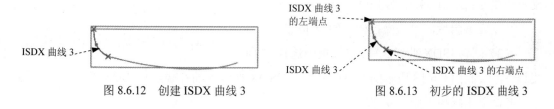

图 8.6.12　创建 ISDX 曲线 3　　　　　　图 8.6.13　初步的 ISDX 曲线 3

（4）选取 ISDX 曲线 3 的左端点，然后单击操控板上的 相切 选项卡，在 "相切" 界面中选择切线方向为 法向 ，并选取 FRONT 基准面为法向参考平面，这样该端点的切线方向便与 FRONT 基准面垂直（图 8.6.15）；在该界面的 长度 文本框中输入切线的长度值 17.0，并按回车键。

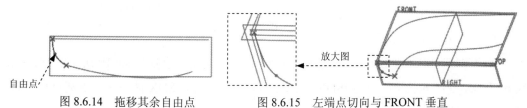

图 8.6.14　拖移其余自由点　　　　　图 8.6.15　左端点切向与 FRONT 垂直

Step 5　创建 ISDX 曲线 4、ISDX 曲线 5、ISDX 曲线 6、ISDX 曲线 7、ISDX 曲线 8。

（1）创建 ISDX 曲线 4。

①在操控板中选择 $\sim$ 曲线类型，绘制图 8.6.16 所示的 ISDX 曲线 4，ISDX 曲线 4 的左端点与 ISDX 曲线 2 的右端点对齐，ISDX 曲线 4 的右端点与 ISDX 曲线 1 的右端点对齐，然后单击操控板中的 ✔ 按钮。

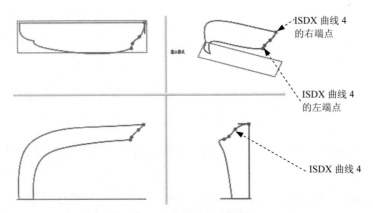

图 8.6.16　ISDX 曲线 4 的四视图

②选取 ISDX 曲线 4 的右端点，然后单击操控板上的 相切 选项卡，在"相切"界面中选择切线方向为 法向 ，并选取 FRONT 基准面为法向参考平面，这样该端点的切线方向便与 FRONT 基准面垂直（图 8.6.17）；在该界面的 长度 文本框中输入切线的长度值 34.0，并按回车键。

③完成编辑后，单击操控板中的 ✔ 按钮。

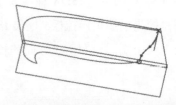

图 8.6.17　右端点切向与 FRONT 垂直

（2）创建 ISDX 曲线 5。在操控板中选择 ⟋ 曲线类型，绘制图 8.6.18 所示的 ISDX 曲线 5，ISDX 曲线 5 的左端点与 ISDX 曲线 2 的左端点对齐，单击操控板中的 ✔ 按钮。

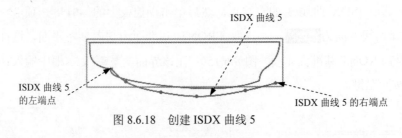

图 8.6.18　创建 ISDX 曲线 5

（3）创建 ISDX 曲线 6。在操控板中选择 $\sim$ 曲线类型，绘制图 8.6.19 所示的 ISDX 曲线 6，ISDX 曲线 6 的上端点与 ISDX 曲线 2 的右端点对齐，ISDX 曲线 6 的下端点与 ISDX 曲线 5 的右端点对齐，然后单击操控板中的 ✔ 按钮。

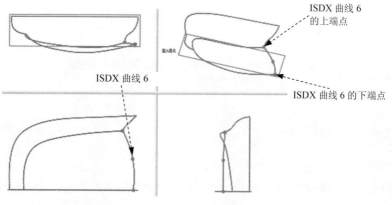

图 8.6.19　ISDX 曲线 6 的四视图

（4）创建 ISDX 曲线 7。选择 FRONT 基准平面为活动平面；在操控板中选择 曲线类型，绘制图 8.6.20 所示的 ISDX 曲线 7，ISDX 曲线 7 的上端点与 ISDX 曲线 1 的右端点对齐，ISDX 曲线 7 的下端点与草图 1 的右下顶点对齐，然后单击操控板中的 按钮。

（5）创建 ISDX 曲线 8。选择 TOP 基准平面为活动平面；在操控板中选择 曲线类型，绘制图 8.6.21 所示的的 ISDX 曲线 8，ISDX 曲线 8 的上端点与 ISDX 曲线 7 的下端点对齐，ISDX 曲线 8 的下端点与 ISDX 曲线 6 的下端点对齐，然后单击操控板中的 按钮。

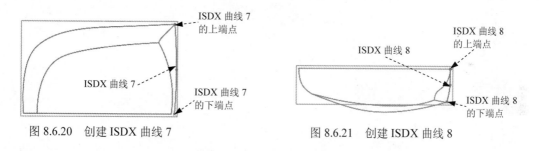

图 8.6.20　创建 ISDX 曲线 7　　　　　图 8.6.21　创建 ISDX 曲线 8

Step 6　创建图 8.6.22 所示的 ISDX 曲面 1。单击 样式 功能选项卡 曲面 区域中的"曲面"按钮 ；按住 Ctrl 键，选取图 8.6.22 所示的 ISDX 曲线 1、曲线 4、曲线 2 和曲线 3，系统便以这四条 ISDX 曲线为边界创建一个局部 ISDX 曲面，单击 按钮。

Step 7　创建图 8.6.23 所示的 ISDX 曲面 2。单击 样式 功能选项卡 曲面 区域中的"曲面"按钮 ；按住 Ctrl 键，选取图 8.6.23 所示的 ISDX 曲线 2、曲线 1 和曲线 3，单击 按钮。

Step 8　创建图 8.6.24 所示的 ISDX 曲面 3。单击 样式 功能选项卡 曲面 区域中的"曲面"按钮 ；按住 Ctrl 键，选取图 8.6.24 所示的 ISDX 曲线 4、曲线 6、曲线 3 和曲线 7，单击 按钮。

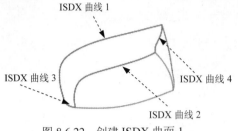

图 8.6.22　创建 ISDX 曲面 1

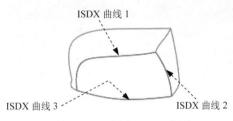

图 8.6.23　创建 ISDX 曲面 2

Stage4.　创建 ISDX 造型曲面特征 2

Step 1　创建 ISDX 曲线 9。单击 模型 功能选项卡 曲面 ▾ 区域中的"造型"按钮 造型，在操控板中选择 曲线类型。在操控板中选择 曲线类型，单击操控板上的 参考 选项卡，选取 ISDX 曲面 2 为参考，绘制图 8.6.25 所示的的 ISDX 曲线 9，单击操控板中的 ✔ 按钮。

Step 2　创建 ISDX 曲线 10。在操控板中选择 曲线类型。在操控板中选择 曲线类型，然后单击操控板上的 参考 选项卡，选取 ISDX 曲面 2 为参考，绘制图 8.6.26 所示的的 ISDX 曲线 10，然后单击操控板中的 ✔ 按钮。

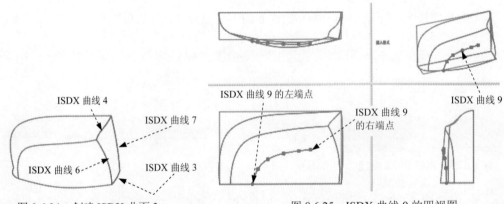

图 8.6.24　创建 ISDX 曲面 3

图 8.6.25　ISDX 曲线 9 的四视图

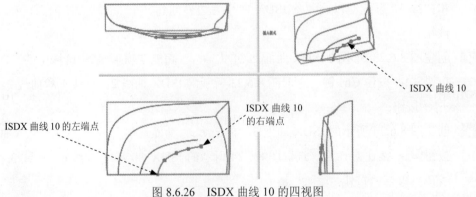

图 8.6.26　ISDX 曲线 10 的四视图

Step 3 创建 ISDX 曲线 11。在操控板中选择 ～ 曲线类型；在操控板中选择 △ 曲线类型，单击操控板上的 参考 选项卡，选取 ISDX 曲面 2 为参考，绘制图 8.6.27 所示的的 ISDX 曲线 11，ISDX 曲线 11 的上端点与 ISDX 曲线 9 的右端点对齐，ISDX 曲线 11 的下端点与 ISDX 曲线 10 的右端点对齐，单击操控板中的 ✔ 按钮。

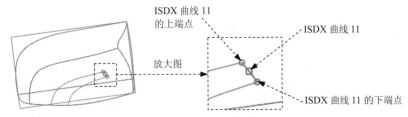

图 8.6.27　创建 ISDX 曲线 11

Step 4 创建 ISDX 曲线 12。在操控板中选择 ～ 曲线类型。在操控板中选择 △ 曲线类型，单击操控板上的 参考 选项卡，选取 ISDX 曲面 2 为参考，绘制图 8.6.28 所示的的 ISDX 曲线 12，ISDX 曲线 12 的左端点与 ISDX 曲线 9 的左端点对齐，ISDX 曲线 12 的右端点与 ISDX 曲线 10 的右端点对齐，单击操控板中的 ✔ 按钮。

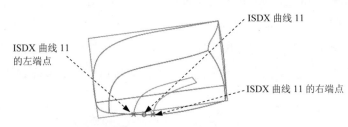

图 8.6.28　创建 ISDX 曲线 12

Step 5 修剪 ISDX 曲面。单击"曲面修剪"按钮 曲面修剪；选取 ISDX 造型曲面特征 1 为要修剪的曲面；单击 ～ 图标后的 单击此处添加项 字符，按住 Ctrl 键，选取 ISDX 曲线 9、曲线 10、曲线 11 和曲线 12 为修剪曲线；单击 ✂ 图标后的 单击此处添加项 字符，选取图 8.4.29 所示的要剪掉的 ISDX 曲面部分；单击 ✔ 按钮，结果如图 8.4.30 所示。

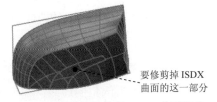

图 8.4.29　选择要修剪掉的 ISDX 曲面部分

图 8.4.30　修剪后

Step 6 创建 ISDX 曲线 13。在操控板中选择 ～ 曲线类型。在操控板中选择 △ 曲线类型，

单击操控板上的 参考 选项卡，选取 TOP 基准平面为参考，绘制图 8.6.31 所示的 的 ISDX 曲线 13，ISDX 曲线 13 的左端点与 ISDX 曲线 9 的左端点对齐，ISDX 曲线 13 的右端点与 ISDX 曲线 10 的右端点对齐，选取 ISDX 曲线 13 的左端点，单击操控板上的 相切 选项卡，在"相切"界面中选择 曲面相切 选项；在该界面的 长度 文本框中输入切线的长度值 22.0，并按回车键。

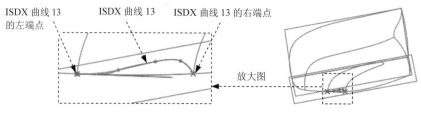

图 8.6.31　创建 ISDX 曲线 13

Step 7　创建图 8.6.32 所示的 ISDX 曲面 4。单击 样式 功能选项卡 曲面 区域中的"曲面"按钮 📖。按住 Ctrl 键，选取图 8.6.32 所示的 ISDX 曲线 9、曲线 11、曲线 10 和曲线 13，单击 ✔ 按钮。

Step 8　单击 ✔ 按钮，完成 ISDX 造型曲面特征 2 的创建。

Stage5．创建其他特征

Step 1　创建图 8.6.33 所示的镜像特征 1。在图形区中选取图 8.6.34 所示的镜像特征。选取 FRONT 基准平面为镜像平面，单击 ✔ 按钮，完成镜像特征 1 的创建。

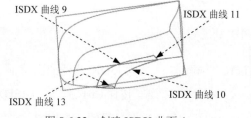

图 8.6.32　创建 ISDX 曲面 4

图 8.6.33　镜像特征 1

图 8.6.34　定义镜像特征

Step 2　创建图 8.6.35 所示的曲面合并 1。按住 Ctrl 键，选取图 8.6.35 所示的面组为合并对象；单击 🔲合并 按钮，再单击 ✔ 按钮，完成曲面合并 1 的创建。

Step 3　创建图 8.6.36b 所示的倒圆角特征 1。选取图 8.6.36a 所示的边线链为倒圆角的边线，输入倒圆角半径值 20.0。

Step 4　创建图 8.6.37a 所示的倒角特征 1。单击 模型 功能选项卡 工程 ▾ 区域中的 🔲倒角 ▾ 按钮，选取图 8.6.37b 所示的两条边线为倒角的边线；输入倒角值 3.0。

Step 5　创建图 8.6.38 所示的拔模偏移曲面 1。选取图 8.6.39 所示的曲面为要拔模偏移的曲面；单击 🔲偏移 按钮；在操控板的偏移类型栏中选择"具有拔模特征"选项 🔲；

单击 选项 按钮，选择 垂直于曲面 选项，并选中 ◉ 曲面 选项与 ◉ 直 选项；在绘图区右击，选择 定义内部草绘... 命令；选取 RIGHT 基准平面为草绘平面，TOP 基准平面为参考平面，方向为 顶；创建图 8.6.40 所示的草图；输入偏移值 6.0，侧面的拔模角度值 10.0；如偏移方向与目标方向相反，单击 ⚒ 按钮调整偏移方向；单击 ✔ 按钮，完成拔模移曲面 1 的创建。

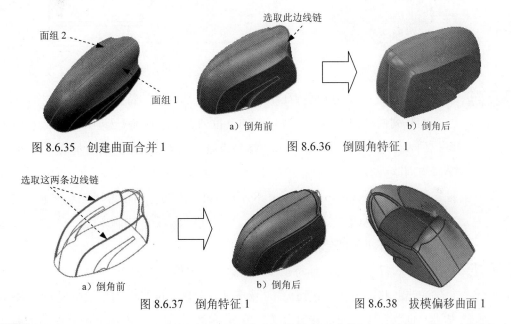

图 8.6.35 创建曲面合并 1   图 8.6.36 倒圆角特征 1

图 8.6.37 倒角特征 1   图 8.6.38 拔模偏移曲面 1

Step 6 创建倒圆角特征 2。选取图 8.6.41 所示的边线链为倒圆角的边线；输入倒圆角半径值 3.0。

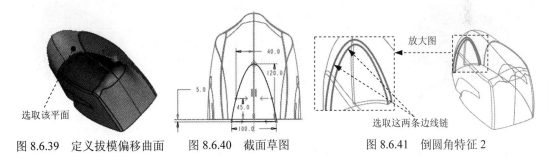

图 8.6.39 定义拔模偏移曲面   图 8.6.40 截面草图   图 8.6.41 倒圆角特征 2

Step 7 创建曲面加厚 1。选取图 8.6.42 所示的曲面为要加厚的对象，单击 ▭ 加厚 按钮，输入厚度值 2.0，调整加厚方向如图 8.6.42 所示；在 选项 选项卡中的下拉菜单选择 自动拟合 选项；单击 ✔ 按钮，完成加厚操作。

Step 8 创建图 8.6.43 所示的拉伸特征 1。在操控板中单击"拉伸"按钮 ⬚ 拉伸。在操控板中单击"移除材料"按钮 ◿。

图 8.6.42 曲面加厚 1

选取 RIGHT 基准平面为草绘平面，选取 TOP 基准平面为参考平面，方向为 顶；单击 草绘 按钮，绘制图 8.6.44 所示的截面草图，在操控板中选择拉伸类型为 非；单击 ✔ 按钮，完成拉伸特征 1 的创建。

图 8.6.43 拉伸特征 1

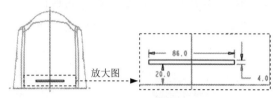
图 8.6.44 截面草图

Step 9 创建图 8.6.45 所示的阵列特征 1。在模型树中选取拉伸特征 1 右击，选择 阵列... 命令。在阵列操控板的 选项 选项卡的下拉列表中选择 常规 选项。在阵列控制方式下拉列表中选择 尺寸 选项。单击 尺寸 选项卡，选取图 8.6.46 所示的尺寸 20 作为第一方向阵列参考尺寸，在 方向1 区域的 增量 文本栏中输入增量值 24.0；按住 Ctrl 键，然后选取图 8.6.46 中的尺寸 86 作为第一方向阵列参考尺寸，在 增量 文本栏中输入增量值-9.0。在操控板中的第一方向阵列个数栏中输入 7；单击 ✔ 按钮，完成阵列特征 1 的创建。

Step 10 创建图 8.6.47 所示的拉伸特征 2。在操控板中单击"拉伸"按钮 拉伸。在操控板中单击"移除材料"按钮。选取 RIGHT 基准平面为草绘平面，选取 TOP 基准平面为参考平面，方向为 顶；单击 草绘 按钮，绘制图 8.6.48 所示的截面草图，在操控板中选择拉伸类型为 非；单击 ✔ 按钮，完成拉伸特征 2 的创建。

图 8.6.45 阵列特征 1

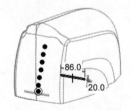
图 8.6.46 定义第一、第二方向参考尺寸

图 8.6.47 拉伸特征 2

Step 11 创建倒角特征 2。单击 模型 功能选项卡 工程 ▼ 区域中的 倒角 ▼ 按钮，选取图 8.6.49 所示的两条边线为倒角的边线，输入倒角值 2.0。

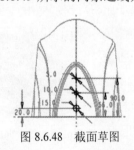
图 8.6.48 截面草图

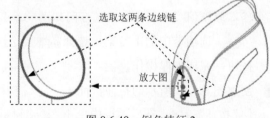
图 8.6.49 倒角特征 2

Step 12 创建图 8.6.50 所示的拉伸特征 3。在操控板中单击"拉伸"按钮 [拉伸]。在操控板中单击"移除材料"按钮 。选取 FRONT 基准平面为草绘平面，选取 RIGHT 基准平面为参考平面，方向为 右；单击 草绘 按钮，绘制图 8.6.51 所示的截面草图，在操控板中选择拉伸类型为 ；单击 按钮，完成拉伸特征 3 的创建。

图 8.6.50   拉伸特征 3

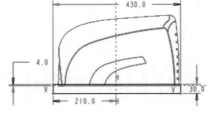

图 8.6.51   截面草图

9

产品的自顶向下设计

9.1 概述

9.1.1 关于自顶向下设计

自顶向下设计（Top-Down Design）是一种先进的模块化的设计思想，是一种从整体到局部的设计思想，即产品设计由系统布局、总图设计、部件设计到零件设计的一种自上而下、逐步细化的设计过程。

自顶向下设计符合产品的实际开发流程。进行自顶向下设计时，设计者从系统角度入手，针对设计目的，综合考虑形成产品的各种因素，确定产品的性能、组成以及各部分的相互关系和实现方式，形成产品的总体方案；在此基础上分解设计目标，分派设计任务到分系统具体实施；分系统从上级系统获得关键数据和定位基准，并在上级系统规定的边界内展开设计，最终完成产品开发。

通过该过程，确保设计由原始的概念开始，逐渐地发展成熟为具有完整零部件造型的最终产品，把关键信息放在一个中心位置，在设计过程中通过捕捉中心位置的信息，传递到较低级别的产品结构中。如果改变这些信息，将自动更新整个系统。

自顶向下设计方法主要包括以下特点：

（1）自顶向下的设计方法可以获得较好的整体造型，尤其适合以项目小组形式展开并行设计，极大提高产品更新换代的速度，加快新产品的上市时间。

（2）零件之间彼此不会互相牵制，所有重要变动可以由主架构来控制，设计弹性较大。

（3）零件彼此间的关联性较低，机构可预先拆分给不同的人员进行设计工作，充分达到设计分工及同步设计的工作，从而缩短设计时程，使得产品能较早进入市场。

（4）可以在骨架模型中指定产品规格的参数，然后在全参数的系统中随意调整，理论上只要变动骨架模型中的产品规格参数，就可以产生一个新的机构。

（5）先期的规划时程较长，进入细部设计可能会需要经过较长的时间。

9.1.2 自顶向下设计流程

在 Creo 2.0 中进行自顶向下设计的一般流程如下：

Step 1 设置工作目录。

Step 2 新建装配文件。

Step 3 创建骨架模型。

（1）在装配环境中创建一个空的骨架模型文件。

（2）激活骨架模型文件，复制几何特征（作为骨架模型中的基准）。

（3）设计骨架模型（产品的总体造型）。

（4）创建骨架模型分型面（用于分割骨架模型）。

Step 4 创建各级控件。

（1）创建一个空的零件文件。

（2）激活零件文件，插入骨架模型或控件（实现骨架模型或控件的分享）。

（3）以骨架模型为基础创建创建二级控件，以二级控件创建下游各级控件。

（4）创建各级控件分型面（用于分割控件）。

Step 5 创建装配体零件。

（1）创建一个空的零件文件。

（2）激活零件文件，插入骨架模型或控件（实现骨架模型或控件的分享）。

（3）完成产品零件造型。

Step 6 根据产品的复杂程度和设计需要，创建更多的控件和装配体零件。

Step 7 设置零部件显示（隐藏各级控件）。

Step 8 保存产品文件。

9.2 自顶向下设计实际应用——闹钟的设计

9.2.1 概述

如图 9.2.1 所示的是一简易闹钟外壳模型，主要包括前盖、后盖、电池盖和玻璃等几个组成部件。根据该产品模型的结构特点，可以使用自顶向下设计方法对其进行设计，其自顶向下设计流程如图 9.2.2 所示。

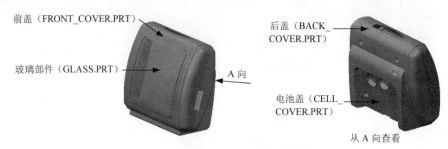

前盖（FRONT_COVER.PRT）

玻璃部件（GLASS.PRT）

A 向

后盖（BACK_COVER.PRT）

电池盖（CELL_COVER.PRT）

从 A 向查看

图 9.2.1　简易闹钟模型

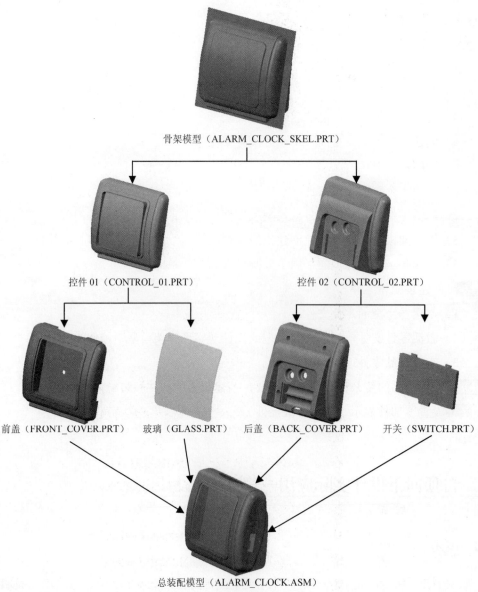

骨架模型（ALARM_CLOCK_SKEL.PRT）

控件 01（CONTROL_01.PRT）

控件 02（CONTROL_02.PRT）

前盖（FRONT_COVER.PRT）　玻璃（GLASS.PRT）　后盖（BACK_COVER.PRT）　开关（SWITCH.PRT）

总装配模型（ALARM_CLOCK.ASM）

图 9.2.2　手电自顶向下设计流程

9.2.2　简易闹钟自顶向下设计过程

Task1.　新建一个装配体文件

Step 1　新建一个装配模型文件，命名为 alarm_clock。

Step 2　设置模型树的显示。在模型树操作界面中选择 🔻节点下的 🔻树过滤器(F)...；系统弹出"模型树项"对话框，选中 ✔特征 复选框，如图 9.2.3 所示，并单击 确定 按钮。

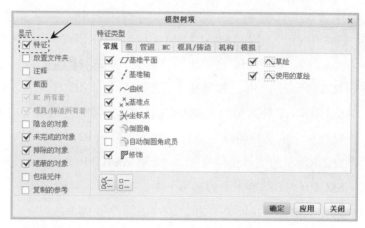

图 9.2.3　"模型树项"对话框

Task2.　创建骨架模型 ALARM_CLOCK_SKEL

在装配环境下，创建图 9.2.4 所示的简易闹钟的骨架模型及模型树。

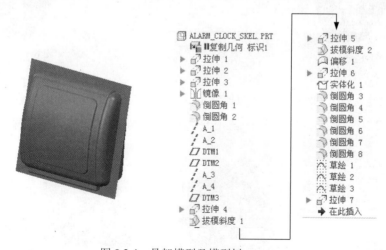

图 9.2.4　骨架模型及模型树

Step 1　在装配体中创建骨架模型。单击 模型 功能选项卡 元件 ▼ 区域中的"创建"按钮 🗔。选中 类型 选项组中的 ⦿骨架模型 单选项，命名为 ALARM_CLOCK_

SKEL，单击 确定 按钮，在"创建选项"对话框中选中 ⊙ 空 单选项。

Step 2 激活骨架模型。在模型树中选择 ⊡ ALARM_CLOCK_SKEL.PRT 右击，在弹出的快捷菜单中选择 激活 命令。

Step 3 共享数据。单击 模型 功能选项卡 获取数据▼ 区域中的"复制几何"按钮 ⊟，先确认"将参考类型设置为装配上下文"按钮 ⊠ 被按下，单击"仅限发布几何"按钮 ⊞（使此按钮为弹起状态），单击 参考 选项卡，单击 参考 文本框中的 单击此处添加项 字符，在"智能选取"栏中选择 基准平面 选项，按住键盘上的 Ctrl 键选取装配文件中的三个基准平面；单击 选项 选项卡，选中 ⊙ 按原样复制所有曲面 单选项。

Step 4 在装配体中打开主控件 ALARM_CLOCK_SKEL.PRT。在模型树中选择 ⊡ ALARM_CLOCK_SKEL.PRT 右击，在弹出的快捷菜单中选择 打开 命令。

Step 5 创建图 9.2.5 所示的实体拉伸特征 1。选取 ASM_FRONT 基准平面为草绘平面，选取 ASM_RIGHT 基准平面为参考平面，方向为 右；绘制图 9.2.6 所示的截面草图；在操控板中定义拉伸类型为 ⊟，输入深度值 92.0。

Step 6 创建图 9.2.7 所示的实体拉伸特征 2。选取 ASM_FRONT 基准平面为草绘平面，选取 ASM_RIGHT 基准平面为参考平面，方向为 右；绘制图 9.2.8 所示的截面草图；在操控板中定义拉伸类型为 ⊟，输入深度值 98.0。

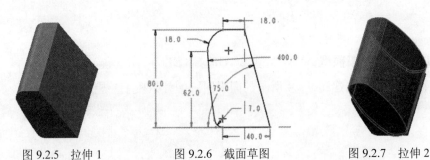

图 9.2.5　拉伸 1　　　　　图 9.2.6　截面草图　　　　　图 9.2.7　拉伸 2

Step 7 创建图 9.2.9 所示的实体拉伸特征 3。选取图 9.2.9 所示的面为草绘平面，绘制图 9.2.10 所示的截面草图，在操控板中定义拉伸类型为 ⊥，输入深度值 8.5。

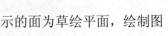

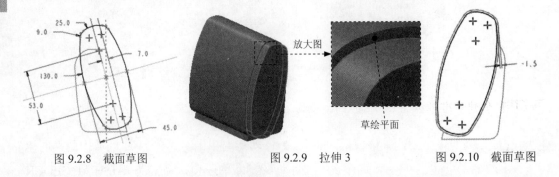

图 9.2.8　截面草图　　　　　图 9.2.9　拉伸 3　　　　　图 9.2.10　截面草图

Step **8** 创建图 9.2.11 所示的镜像特征 1。在模型树中选取 Step7 创建的拉伸 3 为镜像特征；单击 **模型** 功能选项卡 **编辑 ▾** 区域中的"镜像"按钮 🗠，选取 ASM_FRONT 基准平面为镜像平面。

Step **9** 创建图 9.2.12b 所示的倒圆角特征 1。选取图 9.2.12a 所示的边线为倒圆角的边线；圆角半径为 8.0。

Step **10** 创建图 9.2.13b 所示的倒圆角特征 2。选取图 9.2.13a 所示的边线为倒圆角的边线；圆角半径为 2.0。

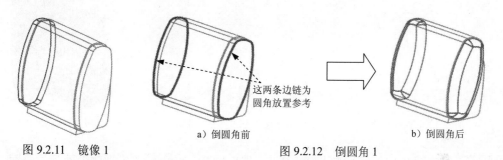

这两条边链为圆角放置参考

a）倒圆角前   b）倒圆角后

图 9.2.11　镜像 1   图 9.2.12　倒圆角 1

Step **11** 创建基准轴 A_1（本步的详细操作过程请参见随书光盘中 video\ch09.02\reference\ 文件下的语音视频讲解文件 ALARM_CLOCK_SKEL-r01.avi）。

Step **12** 创建基准轴 A_2（本步的详细操作过程请参见随书光盘中 video\ch09.02\reference\ 文件下的语音视频讲解文件 ALARM_CLOCK_SKEL-r02.avi）。

Step **13** 创建图 9.2.14 所示的基准平面 DTM1。按住 Ctrl 键，依次选取基准轴_A1 和基准轴 A_2 为参考，其约束类型均为 **穿过** 。

Step **14** 创建图 9.2.15 所示的基准平面 DTM2。选取基准平面 DTM1 为偏距参考面，在对话框中输入偏移距离值 23。

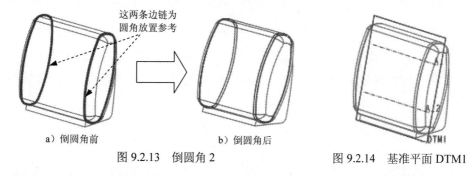

这两条边链为圆角放置参考

a）倒圆角前   b）倒圆角后

图 9.2.13　倒圆角 2   图 9.2.14　基准平面 DTM1

Step **15** 创建基准轴 A_3（本步的详细操作过程请参见随书光盘中 video\ch09.02\reference\ 文件下的语音视频讲解文件 ALARM_CLOCK_SKEL-r03.avi）。

Step **16** 创建基准轴 A_4（本步的详细操作过程请参见随书光盘中 video\ch09.02\reference\

Chapter 9

文件下的语音视频讲解文件 ALARM_CLOCK_SKEL-r04.avi）。

Step 17　创建图 9.2.16 所示的基准平面 DTM3。按住 Ctrl 键，依次选取基准轴 A_3 和基准轴 A_4 为参考，其约束类型均为 穿过 。

Step 18　创建图 9.2.17 所示的切削拉伸特征 4。确认"移除材料"按钮 ⬜ 被按下；选取 DTM2 基准平面为草绘平面，选取 DTM3 基准平面为参考平面，方向为 顶 ；绘制图 9.2.18 所示的截面草图；在操控板中定义拉伸类型为 ⯂⯂ 。

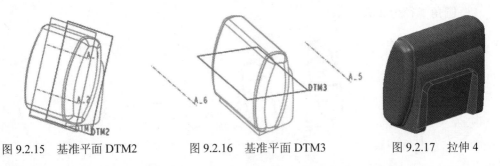

图 9.2.15　基准平面 DTM2　　　　图 9.2.16　基准平面 DTM3　　　　图 9.2.17　拉伸 4

Step 19　创建图 9.2.19 所示的拔模特征 1。选取图 9.2.20 所示的模型侧表面为拔模面，选取 9.2.21 所示的模型表面作为拔模枢轴平面，拔模方向如图 9.2.21 所示。在拔模角度文本框中输入拔模角度值 8.0。

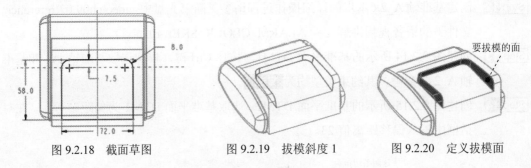

图 9.2.18　截面草图　　　　图 9.2.19　拔模斜度 1　　　　图 9.2.20　定义拔模面

Step 20　创建图 9.2.22 所示的切削拉伸特征 5。确认"移除材料"按钮 ⬜ 被按下；选取图 9.2.22 所示的模型表面为草绘平面，选取 DTM3 基准平面为参考平面，方向为 顶 ；绘制图 9.2.23 所示的截面草图；在操控板中选择拉伸类型为 ⯑ ，输入深度值 5.0。

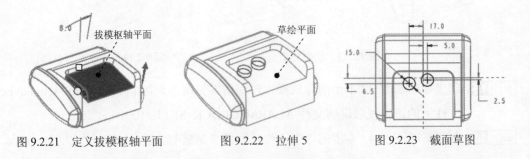

图 9.2.21　定义拔模枢轴平面　　　　图 9.2.22　拉伸 5　　　　图 9.2.23　截面草图

Step 21 创建图 9.2.24 所示的拔模特征 2。选取图 9.2.25 所示的两个圆孔侧表面为拔模面，选取 9.2.26 所示的模型表面作为拔模枢轴平面，拔模方向如图 9.2.26 所示。在拔模角度文本框中输入拔模角度值-10.0。

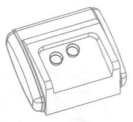

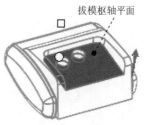

图 9.2.24 拔模斜度 2   图 9.2.25 定义拔模面   图 9.2.26 定义拔模枢轴平面

Step 22 创建图 9.2.27 所示的偏移曲面 1。选取图 9.2.28 所示的模型表面为要偏移的曲面；单击 **模型** 功能选项卡 编辑 ▼ 区域中的 偏移 按钮；在操控板的偏移类型栏中选择"标准偏移"选项 ，在操控板的偏移数值栏中输入偏移距离 2.0。

Step 23 创建图 9.2.29 所示的拉伸特征 6。选取 DTM1 基准平面为草绘平面，选取 DTM3 基准平面为参考平面，方向为 顶 ；绘制图 9.2.30 所示的截面草图，在操控板中定义拉伸类型为 ，输入深度值 40.0。

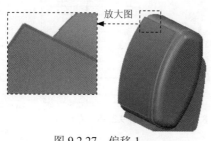

图 9.2.27 偏移 1   图 9.2.28 定义要偏移的曲面   图 9.2.29 拉伸 6

Step 24 创建图 9.2.31 所示的曲面实体化 1。选取曲面偏移 1 为要实体化的对象；单击 **模型** 功能选项卡 编辑 ▼ 区域中的 实体化 按钮，并单击"移除材料"按钮 ；调整图形区中的箭头使其指向要移除的实体。

Step 25 创建图 9.2.32 所示的倒圆角特征 3，圆角半径值 1.5。

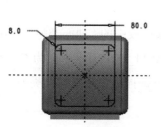

图 9.2.30 截面草图   图 9.2.31 曲面实体化 1   图 9.2.32 倒圆角 3

Step 26 创建图 9.2.33 所示的倒圆角特征 4，圆角半径值 1.5。

Step 27 创建图 9.2.34 所示的倒圆角特征 5，圆角半径值 1.5。

Step 28 创建图 9.2.35 所示的倒圆角特征 6，圆角半径值 1.5。

Step 29 创建图 9.2.36 所示的倒圆角特征 7，圆角半径值 1.5。

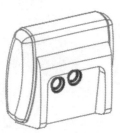 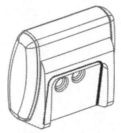 

图 9.2.33　倒圆角 4　　　　图 9.2.34　倒圆角 5　　　　图 9.2.35　倒圆角 6

Step 30 创建图 9.2.37 所示的倒圆角特征 8，圆角半径值 1.0。

Step 31 创建图 9.2.38 所示的草绘 1。选取 DTM1 基准平面为草绘平面，选取 DTM3 基准平面为参考平面，方向为 顶 ；系统弹出"参考"对话框，选取 ASM_FRONT 基准平面为参考，绘制图 9.2.38 所示的草绘。

  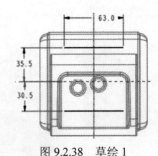

图 9.2.36　倒圆角 7　　　　图 9.2.37　倒圆角 8　　　　图 9.2.38　草绘 1

Step 32 创建图 9.2.39 所示的草绘 2。选取 ASM_FRONT 基准平面为草绘平面，选取 ASM_RIGHT 基准平面为参考平面，方向为 左 ；系统弹出"参考"对话框，选取 DTM1 基准平面为参考，绘制图 9.2.39 所示的草绘。

Step 33 创建图 9.2.40 所示的草绘 3。选取 DTM3 基准平面为草绘平面，选取 ASM_FRONT 基准平面为参考平面，方向为 右 ；系统弹出"参考"对话框，选取 DTM1 基准平面为参考，绘制图 9.2.40 所示的草绘。

Step 34 创建图 9.2.41 所示的拉伸曲面 7。单击"拉伸"操控板中的"曲面类型"按钮 ；选取 ASM_FRONT 基准平面为草绘平面，选取 ASM_TOP 基准平面为参考平面，方向为 顶 ；绘制图 9.2.42 所示的截面草图；在该操控板中定义拉伸类型为 ，输入深度值 135。

Step 35 切换窗口，返回到 ALARM_CLOCK.ASM。

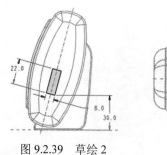

图 9.2.39 草绘 2

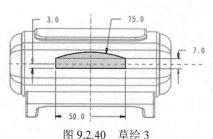

图 9.2.40 草绘 3

图 9.2.41 拉伸 7

Task3. 创建二级主控件 CONTROL_01

二级主控件（CONTROL_01）是从骨架模型中分割出来的一部分，它继承了骨架模型的相应外观形状，同时它又作为控件模型为前盖和玻璃部件提供相应外观和对应尺寸，保证了设计零件的可装配性。下面讲解二级主控件（CONTROL_01.PRT）的创建过程，零件模型及模型树如图 9.2.43 所示。

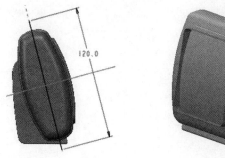

图 9.2.42 截面草图

图 9.2.43 零件模型及模型树

Step 1 在装配体中建立二级主控件。单击 模型 功能选项卡 元件 ▼ 区域中的"创建"按钮 。选中 类型 选项组中的 ⦿ 零件 单选项，选中 子类型 选项组中的 ⦿ 实体 单选项，命名为 CONTROL_01；在"创建选项"对话框中选中 ⦿ 空 单选项。

Step 2 激活 CONTROL_01 模型。在模型树中单击 CONTROL_01.PRT 右击，在弹出的快捷菜单中选择 激活 命令。

Step 3 共享数据。单击 模型 功能选项卡 获取数据 ▼ 区域中的 合并/继承 命令，先确认"将参考类型设置为装配上下文"按钮 被按下；在该操控板中单击 参考 选项卡，选中 ☑ 复制基准 复选框，然后选取骨架模型。

Step 4 在模型树中选择 CONTROL_01.PRT 右击，在弹出的快捷菜单中选择 打开 命令。

Step 5 创建图 9.2.44b 所示的实体化 1。选取图 9.2.44a 所示的曲面；单击 模型 功能选项卡 编辑 ▼ 区域中的 实体化 按钮，并单击"移除材料"按钮 ；调整图形区中的箭头使其指向要移除的实体。

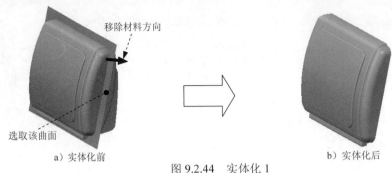

a）实体化前

b）实体化后

图 9.2.44　实体化 1

Step 6　创建偏移曲面 1。选取图 9.2.45 所示的模型表面为要偏移的曲面；单击 **模型** 功能选项卡 **编辑 ▼** 区域中的 ⚙偏移 按钮；在操控板的偏移类型栏中选择"标准偏移"选项⃝ ，在操控板的偏移数值栏中输入偏移距离 2.0，单击 ⚡ 按钮调整偏移方向。

Step 7　创建图 9.2.46 所示的曲面延伸 1。选取图 9.2.47 所示的边线为要延伸的参考；单击 ⬗延伸 按钮；输入延伸长度值 10.0。

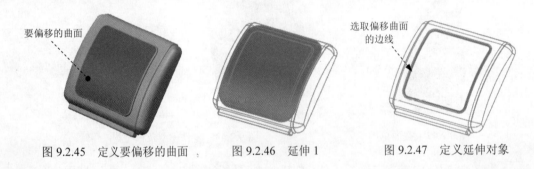

要偏移的曲面

选取偏移曲面的边线

图 9.2.45　定义要偏移的曲面　　　图 9.2.46　延伸 1　　　图 9.2.47　定义延伸对象

Step 8　创建图 9.2.48 所示的拉伸曲面 1。单击"拉伸"操控板中的"曲面类型"按钮⬔；选取 DTM1 基准平面为草绘平面，选取 DTM3 基准平面为参考平面，方向为 顶；绘制图 9.2.49 所示的截面草图；在该操控板中定义拉伸类型为 ⬒，输入深度值 28。

Step 9　创建图 9.2.50 所示的曲面合并 1。按住 Ctrl 键，选取图 9.2.51 所示的面组为合并对象；单击 ⬗合并 按钮，调整箭头方向如图 9.2.51 所示。

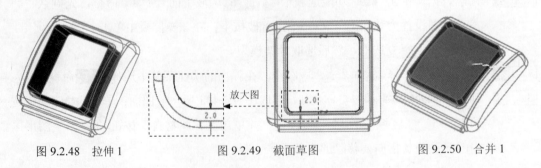

放大图

2.0

图 9.2.48　拉伸 1　　　图 9.2.49　截面草图　　　图 9.2.50　合并 1

Step 10　切换窗口，返回到 ALARM_CLOCK.ASM。

Task4. 创建二级主控件 CONTROL_02

二级主控件（CONTROL_02）是从骨架模型中分割出来的一部分，它继承了骨架模型的相应外观形状，同时它又作为控件模型为后盖和电池盖提供相应外观和对应尺寸，保证了设计零件的可装配性。下面讲解二级主控件（CONTROL_02.PRT）的创建过程，零件模型及模型树如图 9.2.52 所示。

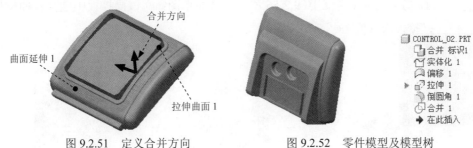

图 9.2.51　定义合并方向　　　　　图 9.2.52　零件模型及模型树

Step 1　在装配体中建立二级主控件。单击 模型 功能选项卡 元件 ▼ 区域中的"创建"按钮 。选中 类型 选项组中的 ● 零件 单选项，选中 子类型 – 选项组中的 ● 实体 单选项，命名为 CONTROL_02，在"创建选项"对话框中选中 ● 空 单选项。

Step 2　激活 CONTROL_02 模型。在模型树中单击 CONTROL_02.PRT 右击，在弹出的快捷菜单中选择 激活 命令。

Step 3　共享数据。单击 模型 功能选项卡 获取数据 ▼ 区域中的 合并/继承 命令，先确认"将参考类型设置为装配上下文"按钮 被按下。单击 参考 选项卡，选中 ☑ 复制基准 复选框，选取骨架模型。

Step 4　在模型树中选择 CONTROL_02.PRT 右击，在弹出的快捷菜单中选择 打开 命令。

Step 5　创建图 9.2.53b 所示的实体化 1。选取图 9.2.53a 所示的曲面；单击 模型 功能选项卡 编辑 ▼ 区域中的 实体化 按钮，并单击"移除材料"按钮 ；调整图形区中的箭头使其指向要移除的实体。

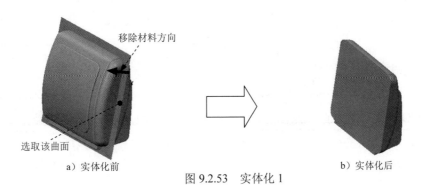

a）实体化前　　　　　b）实体化后

图 9.2.53　实体化 1

Step 6 创建偏移曲面 1。选取图 9.2.54 所示的模型表面为要偏移的曲面；单击 模型 功能选项卡 编辑 ▼ 区域中的 偏移 按钮；在操控板的偏移类型栏中选择"标准偏移"选项 ，在操控板的偏移数值栏中输入偏移距离 2.0，单击 按钮调整偏移方向。

Step 7 创建图 9.2.55 所示的拉伸曲面 1。单击"拉伸"操控板中的"曲面类型"按钮 ；选取 DTM1 基准平面为草绘平面，单击 反向 按钮，选取 DTM3 基准平面为参考平面，方向为 顶 ；绘制图 9.2.56 所示的截面草图；在该操控板中定义拉伸类型为 ，输入深度值 28。

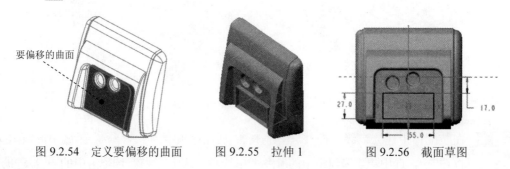

图 9.2.54　定义要偏移的曲面　　图 9.2.55　拉伸 1　　图 9.2.56　截面草图

Step 8 创建图 9.2.57b 所示的倒圆角特征 1。选取图 9.2.57a 所示的边线为倒圆角的边线；圆角半径为 1.0。

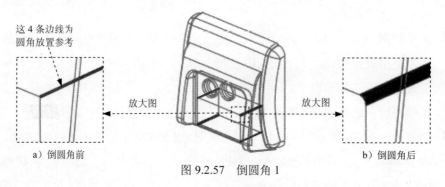

a）倒圆角前　　　　　　　　　　　　　　　　　　b）倒圆角后

图 9.2.57　倒圆角 1

Step 9 创建图 9.2.58 所示的曲面合并 1。按住 Ctrl 键，选取图 9.2.59 所示的面组为合并对象；单击 合并 按钮，调整箭头方向如图 9.2.59 所示。

Step 10 切换窗口，返回到 ALARM_CLOCK_ASM。

Task5.　创建前盖 FRONT_COVER

前盖是从二级控件中分割出来后经过细化而得到的最终模型零件。下面讲解前盖（FRONT_COVER.PRT）的创建过程，零件模型及模型树如图 9.2.60 所示。

Step 1 在装配体中建立前盖。单击 模型 功能选项卡 元件 ▼ 区域中的"创建"按钮 。在对话框中选中 类型 选项组中的 ◉ 零件 单选项，选中 子类型 选项组中的 ◉ 实体单选项，命名为 FRONT_COVER，单击 **确定** 按钮。在"创建选项"对话框中选中 ⊙ 至 单选项。

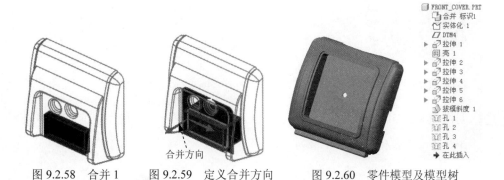

图 9.2.58　合并 1　　　　图 9.2.59　定义合并方向　　　　图 9.2.60　零件模型及模型树

Step 2 激活前盖模型。在模型树中选择 □ FRONT_COVER.PRT 右击，在系统弹出的快捷菜单中选择 **激活** 命令。

Step 3 数据共享。单击 **模型** 功能选项卡中的 **获取数据 ▼** 按钮，在系统弹出的菜单中选择 **合并/继承** 命令，先确认"将参考类型设置为装配上下文"按钮 ⊠ 被按下。在操控板中单击 **参考** 选项卡，系统弹出"参考"界面；选中 ☑ **复制基准** 复选框，选取二级主控件 CONTROL_01。

Step 4 在模型树中选择 □ FRONT_COVER.PRT 右击，在快捷菜单中选择 **打开** 命令。

Step 5 创建图 9.2.61b 所示的实体化 1。选取图 9.2.61a 所示的曲面；单击 **模型** 功能选项卡 **编辑 ▼** 区域中的 **实体化** 按钮，并单击"移除材料"按钮 ⬠；调整图形区中的箭头使其指向要移除的实体。

Step 6 创建图 9.2.62 所示的基准平面 DTM4。选取基准平面 DTM1 为偏距参考面，在对话框中输入偏移距离值 7。

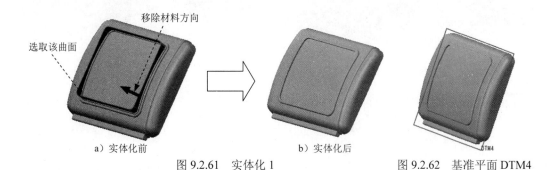

a）实体化前　　　　　　　b）实体化后
图 9.2.61　实体化 1　　　　　　　图 9.2.62　基准平面 DTM4

Step 7 创建图 9.2.63 所示的拉伸特征 1。单击"移除材料"按钮 ⬠；选取 DTM4 基准平面为草绘平面，选取 ASM_FRONT 基准平面为参考平面，方向为 左；绘制图 9.2.64 所示的截面草图；在操控板中定义拉伸类型为 ⟔，单击 ⤢ 按钮调整拉伸的方向。

图 9.2.63 拉伸 1

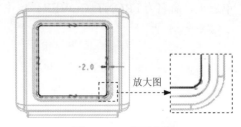
图 9.2.64 截面草图

Step 8 创建图 9.2.65b 所示的抽壳特征 1。选取图 9.2.65a 所示的模型表面为要移除面。在 **厚度** 文本框中输入壁厚值为 1.0。

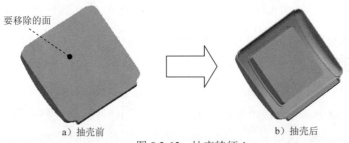

要移除的面

a）抽壳前   b）抽壳后

图 9.2.65 抽壳特征 1

Step 9 创建图 9.2.66 所示的拉伸特征 2。单击"加厚"按钮 □；选取 DTM1 基准平面为草绘平面，单击 **反向** 按钮，选取 ASM_FRONT 基准平面为参考平面，方向为 **右**；绘制图 9.2.67 所示的截面草图；在操控板中定义拉伸类型为 **⊥**，输入深度值 0.6。

放大图

放大图

图 9.2.66 拉伸 2   图 9.2.67 截面草图

Step 10 创建图 9.2.68 所示的拉伸特征 3。单击"移除材料"按钮 ⊿；选取 ASM_FRONT 基准平面为草绘平面，选取 ASM_TOP 基准平面为参考平面，方向为 **顶**；绘制图 9.2.69 所示的截面草图；在操控板中定义拉伸类型为 **非**。

Step 11 创建图 9.2.70 所示的拉伸特征 4。单击"移除材料"按钮 ⊿；选取 DTM3 基准平面为草绘平面，单击 **反向** 按钮，选取 DTM4 基准平面为参考平面，方向为 **顶**；绘制图 9.2.71 所示的截面草图；在操控板中定义拉伸类型为 **非**；单击 **选项** 选项卡，在 **深度** 区域的 **侧 2** 下拉列表中选择 **⊥ 到选定项** 选项，选取图 9.2.72 所示的面为参考面。

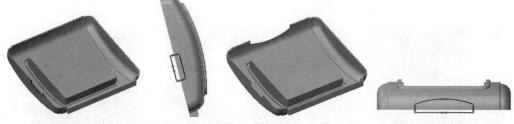

图 9.2.68　拉伸 3　　图 9.2.69　截面草图　　图 9.2.70　拉伸 4　　图 9.2.71　截面草图

Step 12　创建图 9.2.73 所示的拉伸特征 5。单击"移除材料"按钮 ◢；选取 DTM4 基准平面为草绘平面，选取 ASM_FRONT 基准平面为参考平面，方向为 左；绘制图 9.2.74 所示的截面草图；在操控板中定义拉伸类型为 ᵘᵗ。

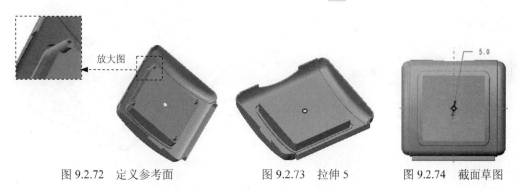

图 9.2.72　定义参考面　　　　　　图 9.2.73　拉伸 5　　　　　图 9.2.74　截面草图

Step 13　创建图 9.2.75 所示的拉伸特征 6。选取 DTM1 基准平面为草绘平面，单击 **反向** 按钮，选取 ASM_FRONT 基准平面为参考平面，方向为 右；绘制图 9.2.76 所示的截面草图；在操控板中定义拉伸类型为 ⇔。

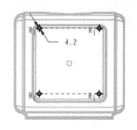

图 9.2.75　拉伸 6　　　　　　　图 9.2.76　截面草图

Step 14　创建图 9.2.77b 所示的拔模特征 1。选取上一步所创建的 4 个圆柱体的圆柱面为拔模面，选取图 9.2.77a 所示的模型表面作为拔模枢轴平面，拔模方向如图 9.2.77a 所示；在拔模角度文本框中输入拔模角度值 3.0。

Step 15　创建图 9.2.78 所示的孔特征 1。选取图 9.2.78 所示的模型表面，按住 Ctrl 键选取图 9.2.78 所示的基准轴 A_8 为孔的放置参考；在操控板中单击"螺孔"按钮 ⊔，　在

∅后的文本框中输入值 2.5,选取深度类型为 ⟂,在深度文本框中输入深度值 5.0。

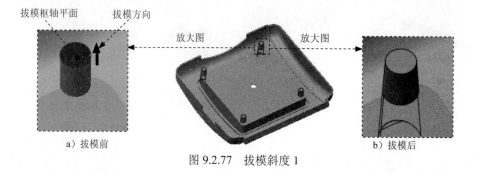

图 9.2.77　拔模斜度 1

Step 16 创建图 9.2.79 所示的其余孔特征,具体操作参见上一步。

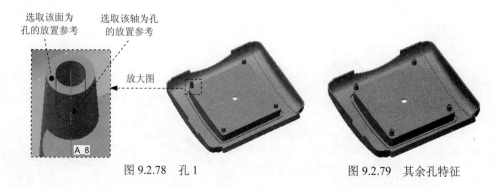

图 9.2.78　孔 1　　　　　　　图 9.2.79　其余孔特征

Step 17 切换窗口,返回到 ALARM_CLOCK.ASM。

Task6.　创建玻璃部件 GLASS

玻璃部件是从二级控件中分割出来后经过细化而得到的最终模型零件。下面讲解玻璃部件(GLASS.PRT)的创建过程,零件模型及模型树如图 9.2.80 所示。

Step 1 在装配体中建立玻璃部件。单击 模型 功能选项卡 元件 ▼ 区域中的"创建"按钮 ⬚。在对话框中选中 类型 选项组中的 ◉ 零件 单选项,选中 子类型 选项组中的 ◉ 实体 单选项,命名为 GLASS,单击 确定 按钮。在对话框中选中 ◉ 空 单选项。

Step 2 激活玻璃部件模型。在模型树中选择 ⬚ GLASS.PRT 右击,在系统弹出的快捷菜单中选择 激活 命令。

Step 3 共享数据。单击 模型 功能选项卡中的 获取数据 ▼ 按钮,在系统弹出的菜单中选择 合并/继承 命令,先确认"将参考类型设置为装配上下文"按钮 ⊠ 被按下。单击 参考 选项卡,选中 ☑ 复制基准 复选框,选取二级主控件 CONTROL_01。

Step 4 在模型树中选择 ⬚ GLASS.PRT 右击,在弹出的快捷菜单中选择 打开 命令。

Step 5 创建图 9.2.81b 所示的实体化 1。选取图 9.2.81a 所示的曲面;单击 模型 功能选项卡 编辑 ▼ 区域中的 ⬚ 实体化 按钮,并单击"移除材料"按钮 ⬚;调整图形区中的箭头使其指向要移除的实体。

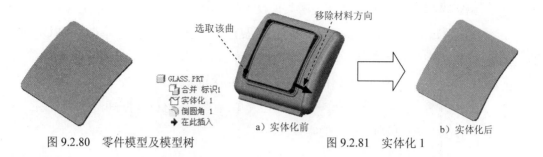

图 9.2.80　零件模型及模型树　　　　a）实体化前　　图 9.2.81　实体化 1　　　　b）实体化后

Step 6 创建图 9.2.82b 所示的倒圆角特征 1。选取图 9.2.82a 所示的边线为倒圆角的边线；圆角半径为 0.5。

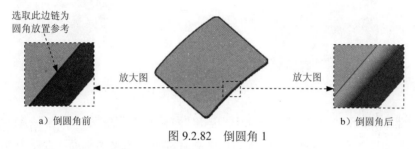

a）倒圆角前　　　　图 9.2.82　倒圆角 1　　　　b）倒圆角后

Step 7 返回到 ALARM_CLOCK.ASM。

Task7. 创建后盖 BACK_COVER

零件模型及模型树如图 9.2.83 所示。

图 9.2.83　零件模型及模型树

Step 1 在装配体中建立后盖。单击 **模型** 功能选项卡 元件 ▾ 区域中的"创建"按钮 。在"元件创建"对话框中选中 类型 选项组中的 ⊙零件 单选项，选中 子类型 选项组中的 ⊙实体 单选项，命名为 BACK_COVER，单击 确定 按钮，在"创建选项"对话框中选中 ⊙空 单选项。

Step 2 激活后盖模型。在模型树中选择 BACK_COVER.PRT 右击，在弹出的快捷菜单中选择 激活 命令。

Chapter 9

Step 3 共享数据。单击 模型 功能选项卡中的 获取数据 ▼ 按钮，在系统弹出的菜单中选择 合并/继承 命令，先确认"将参考类型设置为装配上下文"按钮 ⊠ 被按下。在操控板中单击 参考 选项卡，选中 ☑复制基准 复选框，选取二级主控件 CONTROL_02。

Step 4 在模型树中选择 🔲 BACK_COVER.PRT 右击，在弹出的快捷菜单中选择 打开 命令。

Step 5 创建图 9.2.84b 所示的实体化 1。选取图 9.2.84a 所示的面组；单击 模型 功能选项卡 编辑 ▼ 区域中的 ☐ 实体化 按钮，并单击"移除材料"按钮 ☐；调整图形区中的箭头使其指向要移除的实体。

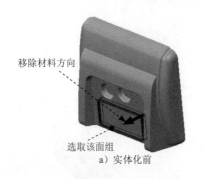

移除材料方向

选取该面组
a）实体化前

图 9.2.84 实体化 1

b）实体化后

Step 6 创建图 9.2.85 所示的拉伸特征 1。单击"移除材料"按钮 ☐；选取 ASM_FRONT 基准平面为草绘平面，选取 ASM_TOP 基准平面为参考平面，方向为 顶；绘制图 9.2.86 所示的截面草图；在操控板中定义拉伸类型为 ⊟，输入深度值 53.0。

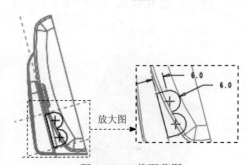

放大图

图 9.2.85 拉伸 1

图 9.2.86 截面草图

Step 7 创建图 9.2.87 所示的拉伸特征 2。单击"移除材料"按钮 ☐；选取图 9.2.87 所示的模型表面为草绘平面，选取 ASM_FRONT 基准平面为参考平面，方向为 左；绘制图 9.2.88 所示的截面草图；在操控板中定义拉伸类型为 ⊟，输入深度值 20.0。

Step 8 创建图 9.2.89b 所示的抽壳特征 1。单击 模型 功能选项卡 工程 ▼ 区域中的"壳"按钮 回壳；选取图 9.2.89a 所示的模型表面为要移除面。在 厚度 文本框中输入壁厚值为 1.0。

Step 9 创建图 9.2.90 所示的拉伸特征 3。单击"移除材料"按钮 ☐；选取 DTM3 基准平面为草绘平面，选取 ASM_FRONT 基准平面为参考平面，方向为 左；绘制图 9.2.91

所示的截面草图；在操控板中定义拉伸类型为 ⊫，单击 ✗ 按钮。

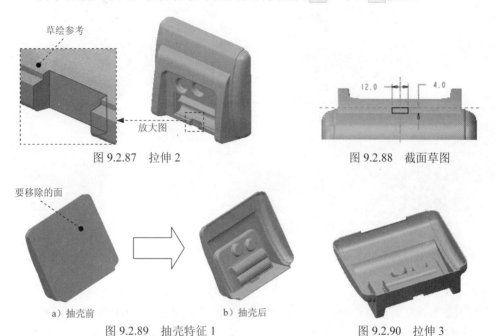

草绘参考

放大图

图 9.2.87　拉伸 2

12.0　　4.0

图 9.2.88　截面草图

要移除的面

a）抽壳前

b）抽壳后

图 9.2.89　抽壳特征 1

图 9.2.90　拉伸 3

Step 10 创建图 9.2.92 所示的拉伸特征 4。单击"移除材料"按钮 ⊿ 和"加厚"按钮 ⊏；选取 DTM1 基准平面为草绘平面，选取 ASM_FRONT 基准平面为参考平面，方向为 左；绘制图 9.2.93 所示的截面草图；在操控板中定义拉伸类型为 ⊥，输入深度值 0.6；在厚度文本框中输入值 0.5。

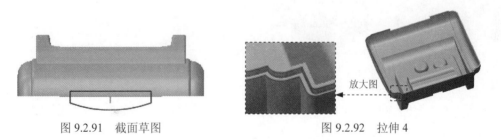

放大图

图 9.2.91　截面草图

图 9.2.92　拉伸 4

Step 11 创建图 9.2.94 所示的镜像特征 1。在模型树中选取 Step10 创建的拉伸 4 为镜像特征；单击 **模型** 功能选项卡 **编辑 ▾** 区域中的"镜像"按钮 ◱，选取 ASM_FRONT 基准平面为镜像平面。

Step 12 创建图 9.2.95 所示的拉伸特征 5。单击"移除材料"按钮 ⊿；选取图 9.2.95 所示的模型表面为草绘平面，单击 **反向** 按钮，选取 ASM_FRONT 基准平面为参考平面，方向为 右；绘制图 9.2.96 所示的截面草图；在操控板中定义拉伸类型为 ⊥，输入深度值 2.0。

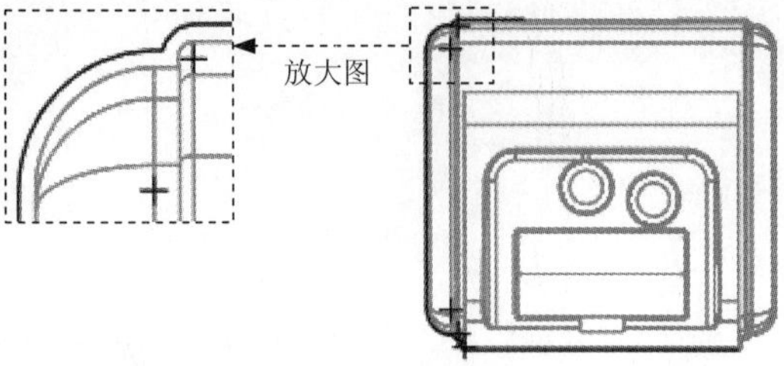

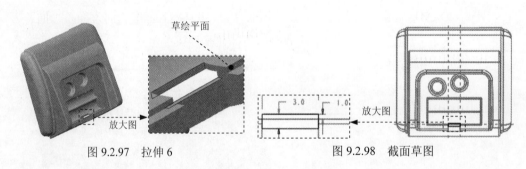

图 9.2.93　截面草图 　　　　　　　　　　　图 9.2.94　镜像 1

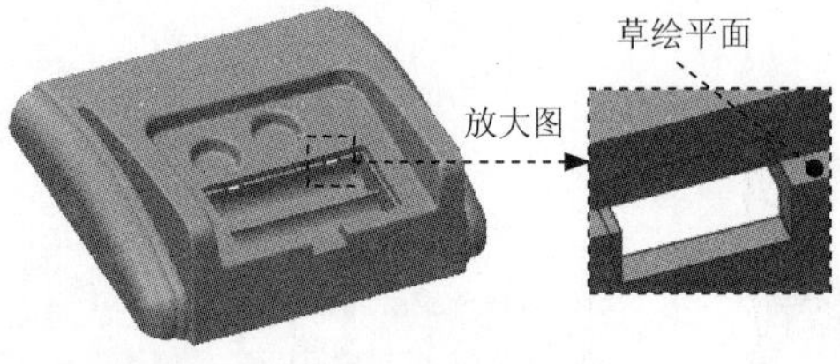

图 9.2.95　拉伸 5 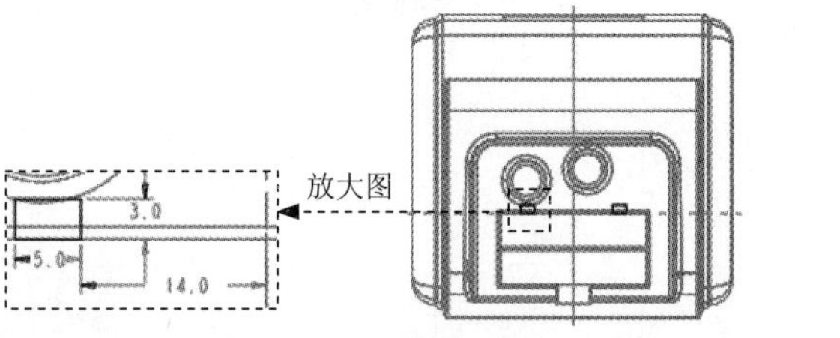　　　　　　　　　　　图 9.2.96　截面草图

Step 13 创建图 9.2.97 所示的拉伸特征 6。单击"移除材料"按钮 ⬛；选取图 9.2.97 所示的模型表面为草绘平面，单击 反向 按钮，选取 ASM_FRONT 基准平面为参考平面，方向为 右；绘制图 9.2.98 所示的截面草图；在操控板中定义拉伸类型为 ⬛，输入深度值 5.0。

图 9.2.97　拉伸 6　　　　　　　　　　　图 9.2.98　截面草图

Step 14 创建图 9.2.99 所示的拉伸特征 7。单击"移除材料"按钮 ⬛；选取图 9.2.99 所示的模型表面为草绘平面，选取 ASM_FRONT 基准平面为参考平面，方向为 右；绘制图 9.2.100 所示的截面草图；在操控板中定义拉伸类型为 ⬛。

Step 15 创建图 9.2.101 所示的拉伸特征 8。单击"移除材料"按钮 ⬛；选取 ASM_FRON 基准平面为草绘平面，选取 ASM_TOP 基准平面为参考平面，方向为 顶；绘制图 9.2.102 所示的截面草图；在操控板中定义拉伸类型为 ⬛。

Step 16 创建图 9.2.103 所示的拉伸特征 9。选取 DTM1 基准平面为草绘平面，选取 ASM_FRONT 基准平面为参考平面，方向为 左；绘制图 9.2.104 所示的截面草图；在操控板中定义拉伸类型为 ⬛。

Step 17 创建图 9.2.105b 所示的拔模特征 1。选取上一步所创建的 4 个圆柱体的圆柱面为拔

模面，选取图 9.2.105a 所示的模型表面作为拔模枢轴平面，拔模方向如图 9.2.105a
所示；在拔模角度文本框中输入拔模角度值 3.0。

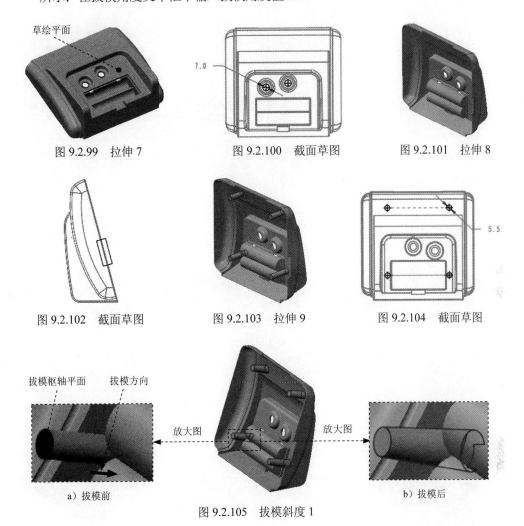

图 9.2.99　拉伸 7　　　　图 9.2.100　截面草图　　　　图 9.2.101　拉伸 8

图 9.2.102　截面草图　　　　图 9.2.103　拉伸 9　　　　图 9.2.104　截面草图

a）拔模前　　　　　　　　　　　　　　　　　b）拔模后

图 9.2.105　拔模斜度 1

Step 18　创建图 9.2.106 所示的基准平面 DTM4。选取基准平面 DTM1 为偏距参考面，在
对话框中输入偏移距离值-2。

Step 19　创建图 9.2.107 所示的拉伸特征 10。单击"移除材料"按钮☑；选取 DTM4 基准
平面为草绘平面，选取 ASM_FRONT 基准平面为参考平面，方向为 左；绘制图
9.2.108 所示的截面草图；在操控板中定义拉伸类型为 ⽇⽐。

Step 20　创建图 9.2.109b 所示的拔模特征 1。选取上一步所创建的 4 个圆柱孔的圆柱面为拔
模面，选取图 9.2.109a 所示的模型表面作为拔模枢轴平面，拔模方向如图 9.2.109a
所示；在拔模角度文本框中输入拔模角度值 3.0。

Step 21　创建图 9.2.110 所示的孔特征 1。选取图 9.2.110 所示的模型表面，按住 Ctrl 键选

取图 9.2.110 所示的基准轴 A_10 为孔的放置参考；在操控板中单击"螺孔"按钮 ⊔，在 ∅ 后的文本框中输入值 2.5，选取深度类型为 ⋕。

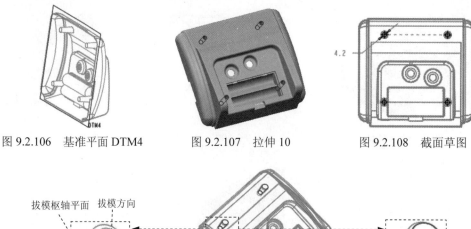

图 9.2.106 　基准平面 DTM4 　　　　图 9.2.107 　拉伸 10 　　　　图 9.2.108 　截面草图

拔模枢轴平面　拔模方向

放大图　　　　　　　　放大图

a）拔模前　　　　　　　　　　　　　　b）拔模后

图 9.2.109 　拔模斜度 2

Step 22 创建图 9.2.111 所示的其余孔特征，具体操作参见上一步。

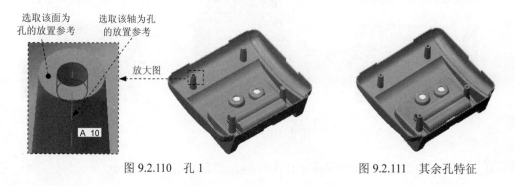

选取该面为孔的放置参考　选取该轴为孔的放置参考

放大图

A 10

图 9.2.110 　孔 1 　　　　　　　　　　图 9.2.111 　其余孔特征

Step 23 返回到 ALARM_CLOCK.ASM。

Task8. 创建电池盖 CELL_COVER

零件模型及模型树如图 9.2.112 所示。

Step 1 在装配体中建立电池盖。单击 模型 功能选项卡 元件 ▾ 区域中的"创建"按钮 ⛁。在对话框中选中 类型 选项组中的 ● 零件 单选项，选中 子类型 选项组中的 ● 实体 单选项，命名为 CELL_COVER，单击 确定 按钮。在"创建选项"对话框中选中 ● 空 单选项，单击 确定 按钮。

Step 2 激活电池盖模型。在模型树中选择 ☐ CELL_COVER.PRT 右击，在弹出的快捷菜单中选择

激活 命令。

图 9.2.112　零件模型及模型树

Step 3　共享数据。单击 模型 功能选项卡中的 获取数据 ▼ 按钮，在系统弹出的菜单中选择 合并/继承 命令，先确认"将参考类型设置为装配上下文"按钮 ▣ 被按下。单击 参考 选项卡，选中 ☑ 复制基准 复选框，选取二级主控件 CONTROL_02。

Step 4　在模型树中选择 CELL_COVER. PRT 右击，在弹出的快捷菜单中选择 打开 命令。

Step 5　创建图 9.2.113b 所示的实体化 1。选取图 9.2.113a 所示的面组；单击 模型 功能选项卡 编辑 ▼ 区域中的 实体化 按钮，并单击"移除材料"按钮 ☑；调整图形区中的箭头使其指向要移除的实体。

a）实体化前　　　　　　　　　　　　　　　b）实体化后

图 9.2.113　实体化 1

Step 6　创建图 9.2.114 所示的拉伸特征 1。选取图 9.2.114 所示的模型表面为草绘平面，选取 ASM_FRONT 基准平面为参考平面，方向为 右；绘制图 9.2.115 所示的截面草图；在操控板中定义拉伸类型为 ⊥，输入深度值 1.5。

Step 7　创建图 9.2.116 所示的拉伸特征 2。选取图 9.2.116 所示的模型表面为草绘平面，选取 ASM_FRONT 基准平面为参考平面，方向为 右；绘制图 9.2.117 所示的截面草图；在操控板中定义拉伸类型为 ⊥，输入深度值 1.0。

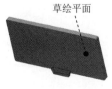

图 9.2.114　拉伸 1

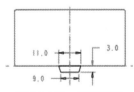

图 9.2.115　截面草图

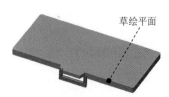

图 9.2.116　拉伸 2

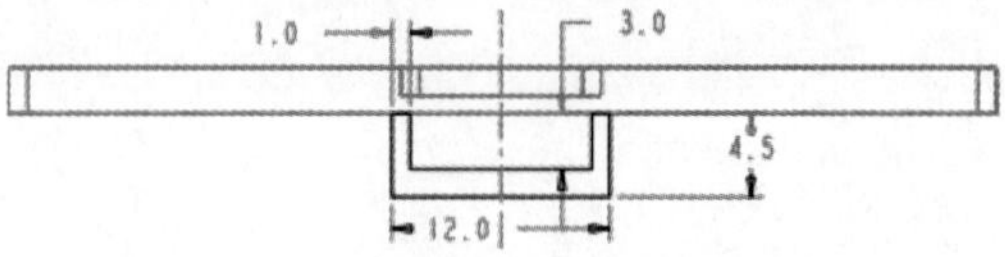

图 9.2.117 截面草图

Step 8 创建图 9.2.118 所示的拉伸特征 3。选取图 9.2.118 所示的模型表面为草绘平面，选取 ASM_FRONT 基准平面为参考平面，方向为 右；绘制图 9.2.119 所示的截面草图；在操控板中定义拉伸类型为 凸，输入深度值 1.0。

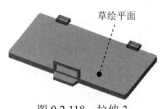

草绘平面

图 9.2.118 拉伸 3

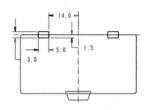

图 9.2.119 截面草图

Step 9 返回到 ALARM_CLOCK.ASM。

Task9. 编辑模型显示

以上对模型的各个部件已经创建完成，但还不能得到清晰的装配体模型，要想得到比较清晰的装配体部件还要进行如下的简单编辑：

Step 1 按住 Ctrl 键，在模型树中选取 ALARM_CLOCK_SKEL.PRT、CONTROL_O1.PRT 和 CONTROL_O2.PRT，然后右击，在弹出的下拉列表中单击 隐藏 命令。

Step 2 隐藏草图、基准、曲线和曲面。在模型树区域中选取 下拉列表中的 层树(L) 选项，在弹出的层区域中，按住 Ctrl 键，依次选取 ▶ AXIS、▶ CURVE、▶ DATUM 和 ▶ QUILT，然后右击，在弹出的下拉列表中单击 隐藏 命令；在"层树"列表中并右击，在弹出的下拉列表中单击 保存状况 命令，然后单击 ➡ 模型树(M) 命令。

Step 3 保存装配体模型文件。

10

钣金产品的设计

10.1 钣金设计概述

　　钣金件一般是指具有均一厚度的金属薄板零件，机电设备的支撑结构（如电器控制柜）、护盖（如机床的外围护罩）等一般都是钣金件。与实体零件模型一样，钣金件模型的各种结构也是以特征的形式创建的，但钣金件的设计也有自己独特的规律。使用 Creo 软件创建钣金件的过程大致如下：

Step 1　通过新建一个钣金件模型，进入钣金设计环境。

Step 2　以钣金件所支持或保护的内部零部件大小和形状为基础，创建第一钣金壁（主要钣金壁）。例如设计机床床身护罩时，先要按床身的形状和尺寸创建第一钣金壁。

Step 3　添加附加钣金壁。在第一钣金壁创建之后，往往需要在其基础上添加另外的钣金壁，即附加钣金壁。

Step 4　在钣金模型中，还可以随时添加一些实体特征，如实体切削特征、孔特征、圆角特征和倒角特征等。

Step 5　创建钣金冲孔（Punch）和切口（Notch）特征，为钣金的折弯做准备。

Step 6　进行钣金的折弯（Bend）。

Step 7　进行钣金的展平（Unbend）。

Step 8　创建钣金件的工程图。

10.2　钣金设计用户界面

首先打开指定的钣金文件:

Step 1　选择下拉菜单 **文件 ▾** ➡ **管理会话(M) ▸** ➡ 📂 **选择工作目录(T) 更改工作目录.** 命令,将工作目录设置为 D:\creo2pd\work\ch10.02。

Step 2　选择下拉菜单 **文件 ▾** ➡ 📂 **打开(O)** 命令,打开文件 heater_cover-ok.prt。打开文件 heater_cover-ok.prt 后,系统显示图 10.2.1 所示的钣金设计界面,下面对该工作界面进行简要说明。

钣金工作界面包括下拉菜单区、功能选项区、顶部工具栏按钮区、视图工具栏、消息区、图形区及导航器选项卡区,另外还包括智能选取栏区。

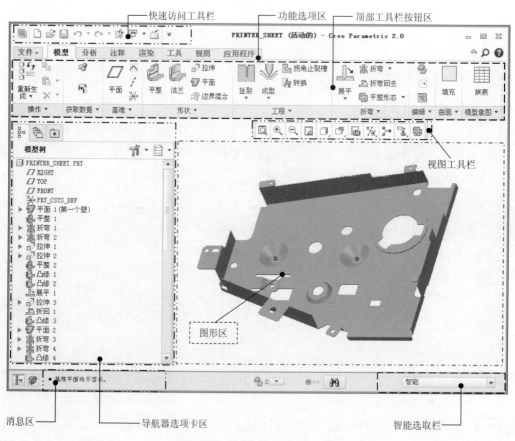

图 10.2.1　Creo 2.0 钣金设计界面

1. 导航选项卡区

导航选项卡包括 4 个页面选项:"模型树"(或"层树")、"文件夹浏览器"、"收藏夹"和"连接"。各页面选项的具体介绍参见 1.8 节。

2. 快速访问工具栏

快速访问工具栏中包含新建、保存、修改模型和设置 Creo 环境的一些命令。快速访问工具栏为快速进入命令及设置工作环境提供了极大的方便，用户可以根据具体情况定制快速访问工具栏。

3. 工具栏按钮区

工具栏中的命令按钮为快速进入命令及设置工作环境提供了极大的方便，用户可以根据具体情况定制工具栏。

钣金工具栏如图 10.2.2 所示，简要说明如下：

注意：用户会看到有些菜单命令和按钮处于非激活状态（呈灰色，即暗色），这是因为它们目前还没有处在发挥功能的环境中，一旦它们进入相关的环境，便会自动激活。

（平整）：创建附加的平整壁。　　　　（法兰）：创建附加的凸缘壁。

拉伸：拉伸工具。　　　　　　　　　　平面：创建平面壁。

边界混合：定义边界混合。　　　　　　（扯裂）：创建边扯裂。

（形状）：创建面组的成形。　　　　　拐角止裂槽：创建拐角止裂槽。

转换：创建转换。　　　　　　　　　　（展平）：创建展平特征。

折弯：创建折弯。　　　　　　　　　　折弯回去：创建折回。

平整形态：创建平整形态。　　　　　　偏移：创建偏移。

延伸：创建延伸面组到指定的距离或指定的平面。

分割区域…：将曲面分割成两部分，但不能分割侧曲面。

图 10.2.2　钣金工具栏

10.3　进入钣金设计环境

以新建零件方式进入钣金环境的方法有两种，分别介绍如下：

方法一：在新建一个零件时，选取零件的 子类型 为 ⊙ 钣金件 ，从而进入钣金设计环境。

`Step 1` 单击工具栏中的"新建"按钮 。

`Step 2` 在弹出的"新建"对话框中，进行下列操作。

（1）选取文件类型。在 类型 区域选中 ⊙ 零件 单选项；在 子类型 区域选中 ⊙ 钣金件单选项。

（2）在 名称 文本框中输入文件名，取消选中 □ 使用默认模板 复选框，来取消系统默认模板，单击对话框中的 确定 按钮。

Step 3 选取适当的模板。在弹出的"新文件选项"对话框中，进行以下操作：

（1）在对话框中的模板区域，选取 mmns_part_sheetmetal 模板。

（2）参数区域的两个参数 DESCRIPTION 和 MODELED BY 与 PDM 有关，一般不对此进行操作；单击 确定 按钮。

方法二：在新建一个零件时，在 子类型 选项组中选中 ◉ 实体 单选项；进入实体零件设计环境后，选择 模型 功能选项卡 操作 ▾ 节点下的 有 转换为钣金件 命令，从而进入钣金件设计环境，其操作过程如下：

Step 1 单击"新建"按钮 □ 。

Step 2 在弹出的"新建"对话框中，进行下列操作。

（1）在 类型 区域选中 ◉ □ 零件 单选项；在 子类型 选项组选中 ◉ 实体 单选项。

（2）在 名称 文本框中输入文件名，取消选中 □ 使用默认模板 复选框，以取消系统默认模板，单击对话框中的 确定 按钮。

Step 3 在弹出的"新文件选项"对话框中，选取 mmns_part_solid 模板，单击 确定 按钮。

Step 4 选择 模型 功能选项卡 操作 ▾ 节点下的 有 转换为钣金件 命令。

10.4 创建基础钣金壁

10.4.1 基础钣金壁概述

钣金壁（Wall）是指厚度一致的薄板，它是一个钣金零件的"基础"，其他的钣金特征（如冲孔、成形、折弯、切割等）都要在这个"基础"上构建，因而钣金壁是钣金件最重要的部分。 在 Creo 系统中，用户创建的第一个钣金壁特征称为第一钣金壁（First Wall），之后在第一钣金壁外部创建的其他钣金壁均称为分离的钣金壁（Unattached Wall）。

10.4.2 创建第一钣金壁

第一钣金壁和分离的钣金壁的创建均使用 形状 ▾ 选项卡中的命令（图 10.4.1），使用这些命令创建第一钣金壁的原理和方法与创建相应类型的曲面特征极为相似。另外单击 模型 功能选项卡 形状 ▾ 区域中的"拉伸"按钮 ⬚ 拉伸，可创建拉伸类型的第一钣金壁。

1. 拉伸类型的第一钣金壁

在以拉伸（Extrude）的方式创建第一钣金壁时，需要先绘制钣金壁的侧面轮廓草图，然后给定钣金厚度值和拉伸深度值，则系统将轮廓草图延伸至指定的深度，形成薄壁实体，如图 10.4.2 所示，其详细操作步骤说明如下：

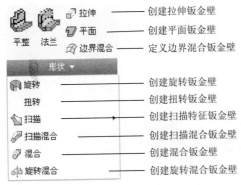

图 10.4.1 "形状"选项卡子菜单

图 10.4.2 第一钣金壁

Step 1 新建零件模型。选择下拉菜单 **文件 ▾** ➡ □ 新建(N) 命令，系统弹出"新建"对话框，在 类型 选项组中选中 ⦿ □ 零件 单选项，在 子类型 选项组中选中 ⦿ 钣金件 单选项，在 名称 文本框中输入文件名称 extrude_wall；取消选中 □ 使用默认模板 复选框，单击 确定 按钮，在系统弹出的"新文件选项"对话框的 模板 选项组中选择 mmns_part_sheetmetal 模板，单击 确定 按钮，系统进入钣金设计环境。

Step 2 选取命令。单击 模型 功能选项卡 形状 ▾ 区域中的"拉伸"按钮 ⌐拉伸。

Step 3 定义草绘截面平面。在绘图区中右击，从弹出的快捷菜单中选择 定义内部草绘... 命令，选取 FRONT 基准平面作为草绘平面，选取 RIGHT 基准平面为参考平面，在弹出的列表中选择 右 选项，单击 草绘 按钮。

Step 4 创建特征的截面草绘图形。拉伸特征的截面草绘图形如图 10.4.3 所示，创建特征截面草绘图形的步骤如下：

（1）定义草绘参考。系统默认选取了 TOP 和 RIGHT 基准平面作为草绘参考。

（2）创建截面草图。绘制并标注图 10.4.3 所示的截面草图。完成绘制后，单击"草绘"工具栏中的"确定"按钮 ✔。

Step 5 定义拉伸深度及厚度并完成基础特征。

（1）选取深度类型并输入其深度值。在操控板中，选取深度类型 止（即"定值拉伸"，再在深度文本框 216.5 ▾ 中输入深度值 60，并按回车键。

（2）选择加厚方向（钣金材料侧）并输入其厚度值。接受图 10.4.4 中的箭头方向为钣金加厚的方向。在薄壁特征类型图标 ⊏ 后面的文本框中输入钣金壁的厚度值 3.0。

（3）特征的所有要素定义完毕后，可以单击操控板中的"预览"按钮 ∞，预览所创建的特征，以检查各要素的定义是否正确。预览时，可按住鼠标中键进行旋转查看，如果所创建的特征不符合设计意图，可选择操控板中的相关项，重新定义。

（4）预览完成后，单击操控板中的"完成"按钮 ✓，才能最终完成特征的创建。

注意：将模型切换到线框显示状态（即单击工具栏按钮 ▢、▢ 或 ▢），可看到钣金件的两个表面的边线分别显示为黑色和蓝色（图 10.4.5）。在操控板中单击"切换材料侧"按钮 ✗（图 10.4.6），可改变黑色面和蓝色面的朝向。由于钣金都较薄，这种颜色的区分有利于用户查看和操作。

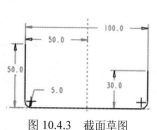

图 10.4.3　截面草图

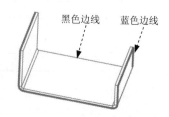

图 10.4.4　深度方向和加厚方向

图 10.4.5　切换到线框显示状态

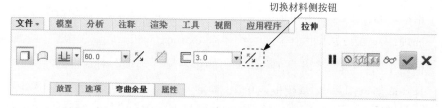

图 10.4.6　切换材料侧按钮的位置

2. 平面类型的第一钣金壁

平面（Flat）钣金壁是一个平整的薄板（图 10.4.7），在创建这类钣金壁时，需要先绘制钣金壁的正面轮廓草图（必须为封闭的线条），然后给定钣金厚度值即可。注意：拉伸钣金壁与平面钣金壁创建时最大的不同在于：拉伸钣金壁的轮廓草图不一定要封闭，而平整钣金壁的轮廓草图则必须封闭。详细操作步骤说明如下：

图 10.4.7　平整

Step 1　新建一个钣金件模型，将其命名为 flat_wall，选用 `mmns_part_sheetmetal` 模板。

Step 2　单击 模型 功能选项卡 形状 ▾ 区域中的"平面"按钮 🗁 平面，系统弹出图 10.4.8 所示的"平面"操控板。

10.4.8　"平面"操控板

Step 3 定义草绘平面。右击，选择 定义内部草绘... 命令；选择 TOP 基准平面作为草绘面；选取 RIGHT 基准平面作为参考平面；方向为 右；单击 草绘 按钮。

Step 4 绘制截面草图。绘制图 10.4.9 所示的截面草图，完成绘制后，单击"确定"按钮 ✔。

Step 5 在操控板的钣金壁厚文本框中，输入钣金壁厚值 1.5，并按回车键。

Step 6 单击操控板中的"预览"按钮 ∞，预览所创建的平面钣金壁特征，然后单击操控板中的"完成" 按钮 ✔，完成创建。

Step 7 保存零件模型文件。

3. 旋转类型的第一钣金壁

在以旋转（Revolve）的方式创建第一钣金壁时，需要先绘制钣金壁的侧面轮廓草图（须包含有中心线），然后给定钣金厚度值和旋转角度值，则系统将轮廓草图绕中心线旋转至指定的角度，形成薄壁实体，如图 10.4.10 所示，其详细操作步骤说明如下：

Step 1 新建一个钣金件模型，将其命名为 revolve_wall，模板为 mmns_part_sheetmetal。

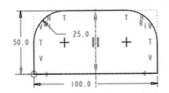 

图 10.4.9　截面草图　　　　图 10.4.10　旋转类型的第一钣金壁

Step 2 创建图 10.4.10 所示的旋转类型的钣金壁特征，操作步骤如下：

（1）单击 模型 功能选项卡 工程 ▼ 区域 形状 ▼ 下的 旋转 按钮，系统弹出图 10.4.11 所示的"旋转"操控板。

图 10.4.11　"旋转"操控板

（2）定义草绘平面。在绘图区右击，从系统弹出的快捷菜单中选择 定义内部草绘... 命令；选取 FRONT 基准平面为草绘平面，RIGHT 基准平面为参考平面，方向为 右；单击 草绘 按钮，进入草绘环境。

（3）绘制截面草图。

① 接受默认的草绘参考 RIGHT 和 TOP。

② 单击 基准 区域中的 ┇ 按钮，在 RIGHT 基准平面的位置绘制一条中心线（图 10.4.12）。

③ 绘制绕中心线旋转的几何（图 10.4.12）。完成后，单击 ✔ 按钮。

注意： 在绘制旋转类型钣金壁的截面草图时，需注意以下规则：

- 旋转截面必须有一条中心线，围绕该中心线旋转的几何只能绘制在中心线的一侧。
- 若草绘中使用的中心线多于一条，系统将自动选取草绘的第一条中心线作为旋转轴，除非用户另外选取。

（4）确认图 10.4.13 所示的箭头方向为钣金加厚的方向。

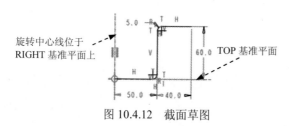

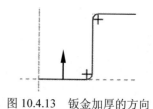

图 10.4.12　截面草图　　　　图 10.4.13　钣金加厚的方向

说明： 若方向相反应单击操控板最右侧的 ⅔ 按钮。

（5）在系统提示下，输入钣金壁厚值 3，并按回车键。

（6）定义旋转属性。在操控板中选择旋转类型为 ⊥，在角度文本框中输入角度值 360.0，并按回车键。

（7）在操控板中单击 ∞ 按钮，预览所创建的旋转特征，确认无误后，单击 ✔ 按钮。

4. 将实体零件转化为第一钣金壁

创建钣金零件还有另外一种方式，就是先创建实体零件，然后将实体零件转化为钣金件。对于复杂钣金护罩的设计，使用这种方法可简化设计过程，提高工作效率。

当打开（或新创建）的零件为实体零件时，选择 模型 功能选项卡 操作 ▾ 节点下的 转换为钣金件 命令，然后通过弹出的操控板可将实体零件转换成钣金零件，转换方式有两种，分别介绍如下：

- ▱（驱动曲面）：选择该选项，可将材料厚度均一的实体零件转化为钣金零件。其操作方法是先在实体零件上选取某一曲面为驱动曲面，然后输入钣金厚度值，即可产生钣金零件。完成转换后，驱动曲面所在的一侧表面为钣金零件的绿色面。

  注意： 以这种方式转换时，实体上与驱动曲面不垂直的特征，在转换成钣金零件后，其与驱动曲面垂直，如图 10.4.14 所示。

- ▣（壳）：选择该选项，可将材料厚度为非均一的实体零件转化为 "壳" 式钣金零件。其操作方法与抽壳特征相同。

在设计一个零部件（或产品）的护盖时，本例所介绍的方法是一个很好的选择。这种方法的原理是：在装配环境中，先根据钣金件将要保护的内部零部件大小和形状，创建一个实体零件，然后将该实体零件转变成第一钣金壁，完成转变后系统便自动进入钣金环境，这样就可以添加其他钣金特征，如附加钣金壁、冲孔、印贴等。这里介绍以 回（壳）的方式将实体零件转化为钣金件的例子，其操作过程如下：

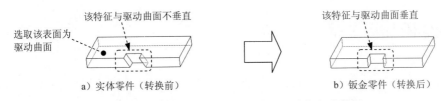

图 10.4.14　"驱动曲面"转换方式举例

Stage1．创建一个实体零件

创建一个实体零件模型，将其命名为 solid_wall，该零件模型中仅包含一个实体拉伸特征，该特征的截面草图和拉伸尺寸如图 10.4.15 和图 10.4.16 所示。

Stage2．将实体零件转换成第一钣金壁

Step 1　选择 模型 功能选项卡 操作 ▼ 节点下的 转换为钣金件 命令。

Step 2　在系统弹出的"第一壁"操控板中选择 回 命令，此时系统弹出"壳"菜单。

Step 3　在系统 选择要从零件移除的曲面 的提示下，选取图 10.4.17 所示的表面为壳体移除面。

Step 4　输入钣金壁厚 2.0，并按回车键。

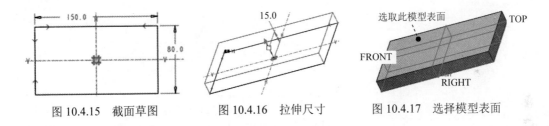

图 10.4.15　截面草图　　　图 10.4.16　拉伸尺寸　　　图 10.4.17　选择模型表面

Step 5　在操控板中单击"完成"按钮 ✔ 。

Step 6　创建边扯裂。经过前几步的操作，已经将实体零件转换成钣金件，这一步是在转换后的封闭壳体钣金件中创建边扯裂（图 10.4.18），以便于后面进行钣金展平操作。

（1）单击 模型 功能选项卡 工程 ▼ 区域中的 转换 按钮。

（2）在"转换"操控板中单击 按钮，此时系统弹出"边扯裂"操控板，选取模型上图 10.4.19 所示的 4 条边线为边扯裂，单击 ✔ 按钮。

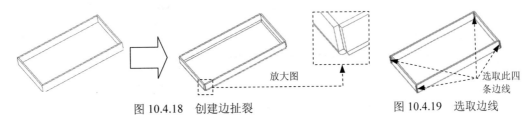

图 10.4.18　创建边扯裂　　　　　图 10.4.19　选取边线

（3）单击"转换"操控板中的 👓 按钮，预览所创建的边扯裂，然后单击 ✔ 按钮。

Step 7 保存零件模型文件。

10.5 创建附加钣金壁

在创建了第一钣金壁后，在 **模型** 功能区选项卡 形状 ▾ 区域中还提供了 🗇、🗇 两种创建附加钣金壁的方法。

10.5.1 平整附加钣金壁

平整（Flat）附加钣金壁是一种正面平整的钣金薄壁，其壁厚与主钣金壁相同。

1. 选择平整附加壁命令的方法

单击 **模型** 功能选项卡 形状 ▾ 区域中的"平整"按钮 🗇。

2. 创建平整附加壁的一般过程

在创建平整类型的附加钣金壁时，需先在现有的钣金壁（主钣金壁）上选取某条边线作为附加钣金壁的附着边，其次需要定义平整壁的正面形状和尺寸，给出平整壁与主钣金壁间的夹角。下面以图 10.5.1 为例，说明平整附加钣金壁的一般创建过程：

 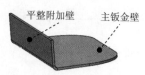

图 10.5.1　带圆角的"平整"附加钣金壁

Step 1 将工作目录设置为 D:\creo2pd\work\ch10.05.01，打开文件 add_flat_wall_01.prt。

Step 2 单击 **模型** 功能选项卡 形状 ▾ 区域中的 🗇 按钮，系统弹出操控板。

Step 3 选取附着边。在系统 ➡选择一个边连到壁上。 的提示下，选取图 10.5.2 所示的模型边线为附着边。

Step 4 定义平整壁的形状。在操控板中，选取形状类型为 矩形 。

Step 5 定义平整壁与主钣金壁间的夹角。在操控板的 🔼 图标后面的文本框中输入角度值 90.0。

Step 6 定义折弯半径。确认按钮 ↲（在附着边上使用或取消折弯圆角）被按下，然后在后面的文本框中输入折弯半径值 3；折弯半径所在侧为 ↴（内侧，即标注折弯的内侧曲面的半径）。此时模型如图 10.5.3 所示。

Step 7 定义平整壁正面形状的尺寸。单击操控板中的 **形状** 按钮，在系统弹出的界面中，分别输入 20.0，0.0，0.0，并分别按回车键。

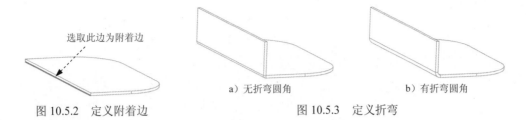

选取此边为附着边

图 10.5.2　定义附着边

a) 无折弯圆角　　　　　　　　b) 有折弯圆角

图 10.5.3　定义折弯

Step 8　在操控板中单击 ∞ 按钮，预览所创建的特征；确认无误后，单击"完成"按钮 ✔。

3. 平整操控板各项说明

在平整操控板的"形状"下拉列表中，可设置平整壁的正面形状。

矩形　　　　　　　　　　　　　　　　　　　L 形　　　　　　　　T 形　　　　　用户自定义形状

梯形

a) 矩形的平整附加壁　b) 梯形的平整附加壁　c) L 形的平整附加壁　d) T 形的平整附加壁　e) 用户自定义形状的平整附加壁

图 10.5.4　平整附加壁的正面形状

矩形：创建矩形的平整附加壁，如图 10.5.4a 所示。

梯形：创建梯形的平整附加壁，如图 10.5.4b 所示。

L：创建 L 形的平整附加壁，如图 10.5.4c 所示。

T：创建 T 形的平整附加壁，如图 10.5.4d 所示。

用户定义：创建自定义形状的平整附加壁，如图 10.5.23e 所示。

在操控板的 ⌐ 按钮后面的下拉文本框中（图 10.5.5），可以输入或选择折弯角度的值。几种折弯角度如图 10.5.6 所示。

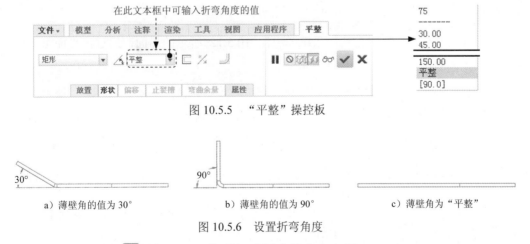

在此文本框中可输入折弯角度的值

| 文件 | 模型 | 分析 | 注释 | 渲染 | 工具 | 视图 | 应用程序 | 平整 |

矩形　⌐ 平整　　⊏ % ↲　　⊪ ⊘📐📐 ∞ ✔ ✖

放置　**形状**　偏移　止裂槽　弯曲余量　属性

75

30.00
45.00

150.00
平整
[90.0]

图 10.5.5　"平整"操控板

30°　　　　　　　　　　90°

a) 薄壁角的值为 30°　　　b) 薄壁角的值为 90°　　　c) 薄壁角为"平整"

图 10.5.6　设置折弯角度

单击操控板中的 % 按钮，可切换附加壁厚度的方向（图 10.5.7）。

图 10.5.7　设置厚度的方向

单击操控板中的 ⌐ 按钮，可使用或取消折弯半径。

在图 10.5.8 所示的文本框中，可设置折弯半径。

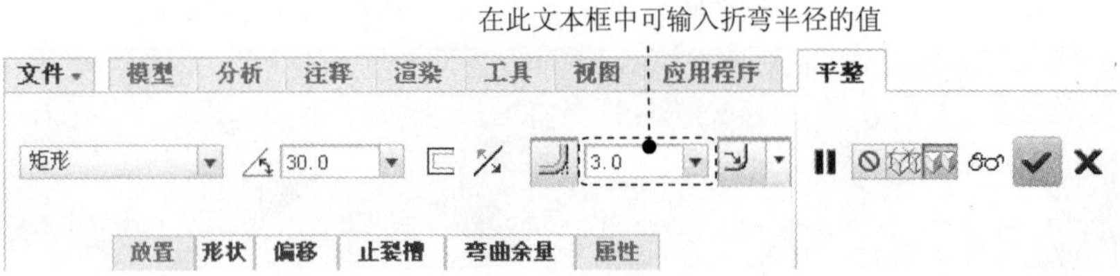

图 10.5.8　设置折弯半径

在图 10.5.9 所示的列表框中，可设置折弯半径标注于折弯外侧或内侧。选择⌐项，则折弯半径标注于折弯外侧（这时折弯半径值为外侧圆弧的半径值，如图 10.5.10 所示）；选择⌐项，则折弯半径标注于折弯内侧（这时折弯半径值为内侧圆弧的半径值，如图 10.5.11 所示）。

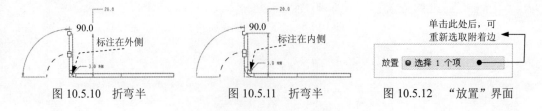

图 10.5.9　设置折弯半径的侧

单击操控板中的 **放置** 按钮，系统弹出图 10.5.12 所示的界面，通过该界面可重新定义平整壁的附着边。

图 10.5.10　折弯半　　　图 10.5.11　折弯半　　　图 10.5.12　"放置"界面

形状 按钮用于设置平整壁的正面形状的尺寸。选择不同的形状，单击 **形状** 按钮会出现不同的图形界面，例如当选择 矩形 形状时，其 **形状** 界面如图 10.5.13 所示。

偏移 按钮相对于附着边，将平整壁偏移一段距离。在前面的例子中，如果在 **偏移** 界

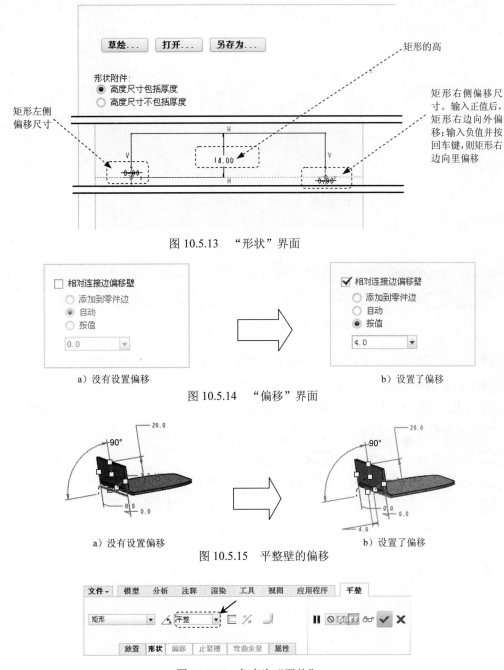

面中将偏移值设为 4（图 10.5.14），则平整壁向下偏移 4（图 10.5.15）。注意：如果在折弯角度下拉列表中选择"平整"项（图 10.5.16），则 **偏移** 按钮为灰色，此时该按钮不起作用。

矩形的高

形状附件：
- ⦿ 高度尺寸包括厚度
- ○ 高度尺寸不包括厚度

矩形右侧偏移尺寸。输入正值后，矩形右边向外偏移；输入负值并按回车键，则矩形右边向里偏移

矩形左侧偏移尺寸

图 10.5.13　"形状"界面

☐ 相对连接边偏移壁
- ○ 添加到零件边
- ⦿ 自动
- ○ 按值

0.0

a）没有设置偏移

☑ 相对连接边偏移壁
- ○ 添加到零件边
- ○ 自动
- ⦿ 按值

4.0

b）设置了偏移

图 10.5.14　"偏移"界面

a）没有设置偏移

b）设置了偏移

图 10.5.15　平整壁的偏移

图 10.5.16　角度为"平整"

止裂槽：用于设置止裂槽。有关止裂槽的内容将在后面的"创建止裂槽"中做详细介绍。注意：软件中将 Relief 翻译为"减轻"有些不妥，本书将其翻译为"止裂槽"。

弯曲余量：用于设置钣金折弯时的弯曲系数，以便准确计算折弯展开长度。**弯曲余量** 界面如图 10.5.17 所示。有关折弯展开长度的计算将在后面的章节中做详细介绍。

属性：用于该界面可显示特征的特性，包括特征的名称及各项特征信息（例如钣金的厚度），如图 10.5.18 所示。

单击此按钮可查看更多的信息

图 10.5.17　"弯曲余量"界面　　　　图 10.5.18　"属性"界面

4. 无折弯角的平整附加钣金壁

下面将创建一个无折弯角的"平整"附加钣金壁，如图 10.5.19 所示。

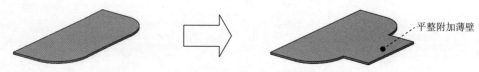

平整附加薄壁

图 10.5.19　无折弯角的"平整"附加钣金壁

Step 1 将工作目录设置为 D:\creo2pd\work\ch10.05.01，打开文件 add_flat_wall_02.prt。

Step 2 单击 **模型** 功能选项卡 **形状 ▾** 区域中的 按钮，系统弹出"平整"操控板。

Step 3 选取附着边。在系统 选择一个边连到壁上 的提示下，选取图 10.5.20 所示的模型边线为附着边。

Step 4 选取平整壁的形状类型 **矩形** 。

Step 5 定义角度。在操控板的 按钮后面的下拉文本框中选择 **平整** 。

Step 6 定义平整壁的形状尺寸。单击 **形状** 按钮，在系统弹出的界面中，分别输入数值 25.0，0.0，0.0，并分别按回车键（注意：在文本框中输入负值，按回车键后，则显示为正值），此时模型如图 10.5.21 所示。

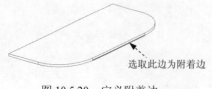

选取此边为附着边

图 10.5.20　定义附着边

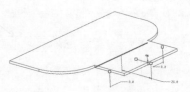

图 10.5.21　定义形状后

Step 7 在操控板中，单击"预览"按钮，查看所创建的平整壁特征；确认无误后，单击"完成"按钮。

5. 自定义形状的平整附加钣金壁

从操控板的"形状"下拉列表中选择 用户定义 选项，用户可以自由定义平整壁的正面形状。在绘制平整壁正面形状草图时，系统会默认附着边的两个端点为草绘参考，用户还应选取附着边为草绘参考，草图的起点与终点都需位于附着边上（即与附着边对齐），草图应为开放形式（即不需在附着边上创建草绘线以封闭草图）。下面以图 10.5.22 为例，说明自定义形状的平整壁的一般创建过程：

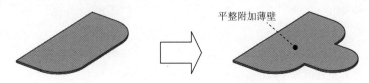

图 10.5.22　自定义形状的平整附加钣金壁

Step 1　将工作目录设置为 D:\creo2pd\work\ch10.05.02，然后打开文件 add_flat_wall_03.prt。

Step 2　单击 模型 功能选项卡 形状 ▾ 区域中的 按钮。

Step 3　选取附着边。在系统 选择一个边连到壁上 的提示下，选取图 10.5.23 所示的模型边线为附着边。

Step 4　选取平整壁的形状类型 用户定义 。

Step 5　定义角度。在操控板的 按钮后面的下拉列表框中选择 平整 。

Step 6　绘制自定义的平整壁的正面形状草图。单击 形状 按钮，在弹出的界面中单击 草绘... 按钮，在弹出的对话框中接受系统默认的草绘平面和参考，并单击 草绘 按钮；进入草绘环境后，选取图 10.5.24 中所示的边线为草绘参考；绘制图 10.5.24 所示的草图（图形不能封闭），然后单击"确定"按钮 。

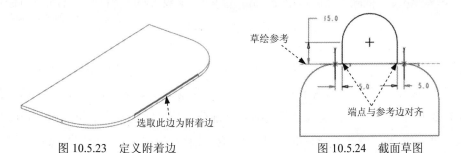

图 10.5.23　定义附着边　　　　图 10.5.24　截面草图

Step 7　在操控板中单击 按钮，预览所创建的特征；确认无误后，单击"完成"按钮 。

10.5.2　法兰附加钣金壁

法兰（Flange）附加钣金壁是一种可以定义其侧面形状的钣金薄壁，其壁厚与主钣金壁相同。在创建法兰附加钣金壁时，须先在现有的钣金壁（主钣金壁）上选取某条边线作为附加钣金壁的附着边，其次需要定义其侧面形状和尺寸等参数。

1. 选择法兰命令的方法

单击 模型 功能选项卡 形状 ▾ 区域中的"法兰"按钮 。

2. 凸缘操控板选项说明

在凸缘操控板的"形状"下拉列表中（图 10.5.25），可设置法兰壁的侧面形状，具体效果见图 10.5.26。

图 10.5.25　法兰操控板

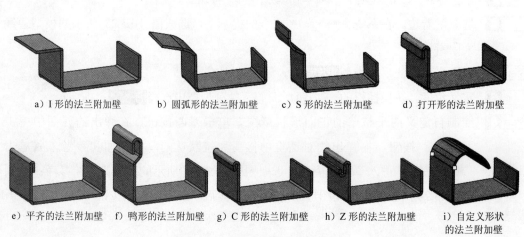

a）I 形的法兰附加壁　　b）圆弧形的法兰附加壁　　c）S 形的法兰附加壁　　d）打开形的法兰附加壁

e）平齐的法兰附加壁　f）鸭形的法兰附加壁　g）C 形的法兰附加壁　h）Z 形的法兰附加壁　i）自定义形状的法兰附加壁

图 10.5.26　法兰附加壁的侧面形状

在操控板中，如图 10.5.27 所示的区域一用于设置第一个方向的长度，区域二用于设置第二个方向的长度。第一、二两个方向的长度分别为附加壁偏移附着边两个端点的尺寸，如图 10.5.28 所示。区域一和区域二各包括两个部分：长度定义方式下拉列表和长度文本框。在文本框中输入正值并按回车键，附加壁向外偏移；输入负值，则附加壁向里偏移。也可拖动附着边上的两个滑块来调整相应长度值。

单击操控板中的 按钮，可切换薄壁厚度的方向（图 10.5.29）。

放置 按钮：定义法兰壁的附着边。单击操控板中的 放置 按钮，系统弹出图 10.5.30 所示的界面，通过该界面可重新定义法兰壁的附着边。这里需要注意，法兰生成的方向是附着边面对的方向，如图 10.5.31 所示。

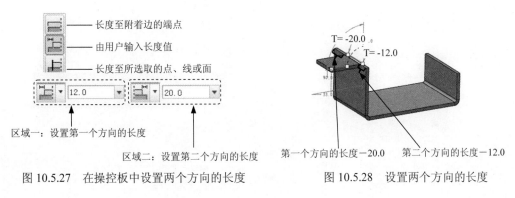

区域一：设置第一个方向的长度

区域二：设置第二个方向的长度

图 10.5.27　在操控板中设置两个方向的长度　　　图 10.5.28　设置两个方向的长度

a）反向前　　　　　　　　　　　　　　　　b）反向后

图 10.5.29　设置厚度的方向

图 10.5.30　"放置"界面

a）选取附着边一　　　　　　　　　　　　　b）选取附着边二

图 10.5.31　法兰生成方向

形状：设置法兰壁的侧面图形的尺寸。选择不同的侧面形状，单击 **形状** 按钮会出现不同图形的界面，例如，当选择 **I** 形状时，其 **形状** 界面如图 10.5.32 所示。

长度 按钮用于设置第一、二两个方向的长度。 **长度** 界面如图 10.5.33 所示，该界面的作用与图 10.5.34 所示的区域是一样的。

斜切口 按钮用于设置斜切口的各项参数， **斜切口** 界面如图 10.5.35 所示。同时在相邻且相切的直边和折弯边线上创建法兰壁时可以设置斜切口。

边处理 按钮用于设置两个相邻的法兰附加钣金壁连接处的形状， **边处理** 界面如图 10.5.36 所示，边处理的类型有：开放、间隙、盲孔和重叠（图 10.5.37）。

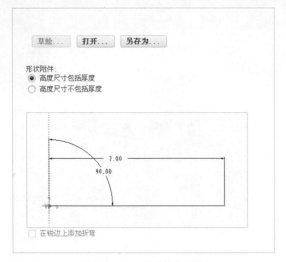

图 10.5.32　"形状"界面　　　　　　　　图 10.5.33　"长度"界面（一）

图 10.5.34　"长度"界面（二）

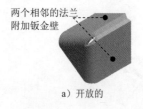

两个相邻的法兰
附加钣金壁

a）开放的　　　　　b）间隙　　　　　c）盲孔　　　　　d）重叠

图 10.5.35　"边处理"的类型

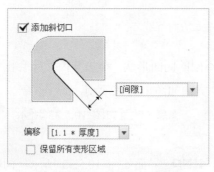

图 10.5.36　"斜切口"界面

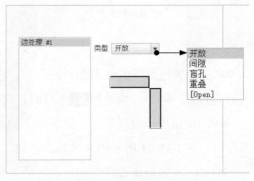

图 10.5.37　"边处理"界面

3.　创建打开型法兰附加钣金壁

下面介绍图 10.5.38 所示的打开型法兰钣金壁的创建过程。

Step 1 将工作目录设置为 D:\creo2pd\work\ch10.05.02，打开文件 add_flange_wall.prt。

Step 2 单击 模型 功能选项卡 形状 ▾ 区域中的"法兰"按钮 🛠，系统弹出"凸缘"操控板。

Step 3 选取附着边。在系统 ⇨ 选择要连接到薄壁的边或边链. 的提示下，选取图 10.5.39 所示的模型边线为附着边。

Step 4 选取法兰壁的侧面形状类型 打开。

Step 5 定义法兰壁的轮廓尺寸。单击 形状 按钮，在系统弹出的界面中，分别输入数值 13.5、4.5（半径值），并分别按回车键。

Step 6 在操控板中单击 ∞ 按钮，预览所创建的特征；确认无误后，单击"完成"按钮 ✔。

4. 范例 1：创建 I 型和 S 型法兰附加钣金壁

下面介绍图 10.5.40 所示的附加钣金壁的创建过程。

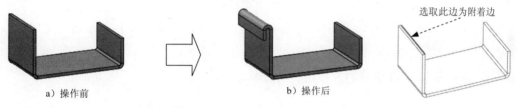

a）操作前　　　　　　　　　b）操作后　　　　　　　　选取此边为附着边

图 10.5.38　创建打开型法兰附加钣金壁（1）　　　　图 10.5.39　定义附着边

Step 1 将工作目录设置为 D:\creo2pd\work\ch10.05.02，打开文件 flange_sheet.prt。

Step 2 创建图 10.5.41 所示的 I 型法兰附加钣金壁。

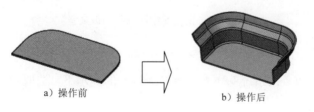

a）操作前　　　　　　　　　b）操作后

图 10.5.40　创建 I 型和 C 型法兰附加钣金壁

（1）单击 模型 功能选项卡 形状 ▾ 区域中的"法兰"按钮 🛠，系统弹出"凸缘"操控板。

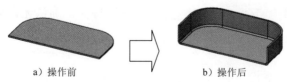

a）操作前　　　　　　　　　b）操作后

图 10.5.41　创建 I 型法兰附加钣金壁

（2）选取附着边。在系统 ⇨ 选择要连接到薄壁的边或边链. 的提示下，选取图 10.5.42 所示模型边线。

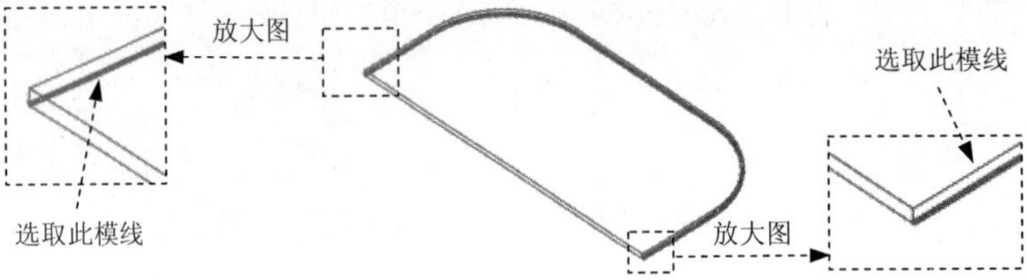

选取此模线

放大图

选取此模线

选取此模线

放大图

图 10.5.42　定义附着边

（3）选取法兰壁的形状类型 I 。

（4）定义折弯半径。确认按钮 （在连接边上添加折弯）被按下，然后在后面的文本框中输入折弯半径值 1.5；折弯半径所在侧为 （外侧，即标注折弯的外侧曲面）；单击 按钮，切换厚度的方向。

（5）定义法兰钣金壁的侧面轮廓尺寸。单击 形状 按钮，在系统弹出的界面中，分别输入数值 20.0，90.0（角度值），并分别按回车键。

（6）在操控板中单击 ∞ 按钮，预览所创建的特征；确认无误后，单击"完成"按钮 。

Step 3　创建图 10.5.43 所示的 S 型法兰附加钣金壁。

a）操作前　　　　　　　　　　　　　　b）操作后

图 10.5.43　创建 S 型法兰附加钣金壁

（1）单击 模型 功能选项卡 形状 ▼ 区域中的"法兰"按钮 。

（2）选取附着边。在系统 选择要连接到薄壁的边或链. 的提示下，选取图 10.5.44 所示的模型边线。

（3）选取法兰壁的形状类型 S 。

（4）定义法兰钣金壁的侧面轮廓尺寸。单击 形状 按钮，在系统弹出的界面中，分别输入如图 10.5.45 所示的数值，并分别按回车键。

（5）在操控板中单击 ∞ 按钮，预览所创建的特征；确认无误后，单击"完成"按钮 。

10.5.3　止裂槽

当附加钣金壁部分地与附着边相连，并且弯曲角度不为 0 时，需要在连接处的两端创建止裂槽（Relief），如图 10.5.46 所示。

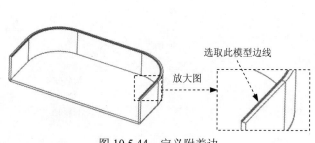

图 10.5.44　定义附着边　　　　　图 10.5.45　拉伸止裂槽

Creo 系统提供的止裂槽分为 4 种，下面分别予以介绍。

第 1 种止裂槽——拉伸止裂槽（Stretch Relief）

在附加钣金壁的连接处用材料拉伸折弯构建止裂槽，如图 10.5.47 所示。当创建该类止裂槽时，需要定义止裂槽的宽度及角度。

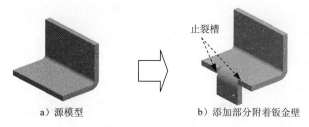

a）源模型　　　　　　　　b）添加部分附着钣金壁

图 10.5.46　止裂槽

第 2 种止裂槽——扯裂止裂槽（Rip Relief）

在附加钣金壁的连接处，通过垂直切割主壁材料至折弯线处来构建止裂槽，如图 10.5.48 所示。当创建该类止裂槽时，无须定义止裂槽的尺寸。

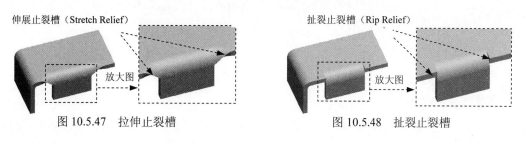

图 10.5.47　拉伸止裂槽　　　　　　图 10.5.48　扯裂止裂槽

第 3 种止裂槽——矩形止裂槽（Rect Relief）

在附加钣金壁的连接处，将主壁材料切割成矩形缺口来构建止裂槽，如图 10.5.49 所示。当创建该类止裂槽时，需要定义矩形的宽度及深度。

第 4 种止裂槽——长圆形止裂槽（Obrnd Relief）

在附加钣金壁的连接处，将主壁材料切割成长圆形缺口来构建止裂槽，如图 10.5.50

所示。当创建该类止裂槽时，需要定义圆弧的直径及深度。

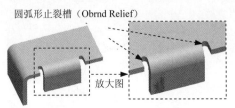

图 10.5.49　矩形止裂槽　　　　　　　　　　　图 10.5.50　长圆形止裂槽

下面介绍图 10.5.51 所示的止裂槽的创建过程。

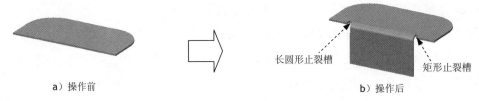

a）操作前　　　　　　　　　　　　　　b）操作后

图 10.5.51　止裂槽创建范例

Step 1　将工作目录设置为 D:\creo2pd\work\ch10.05.03，打开文件 relief.prt。

Step 2　单击 **模型** 功能选项卡 **形状** ▾ 区域中的"法兰"按钮 。

Step 3　选取附着边。选取图 10.5.52 所示的模型边线。

Step 4　选取平整壁的形状类型 **I**。

Step 5　定义法兰壁的侧面轮廓尺寸。单击 **形状** 按钮，在系统弹出的界面中，分别输入数值 35.0，90.0（角度值），并分别按回车键。

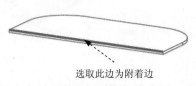

选取此边为附着边

图 10.5.52　定义附着边

Step 6　定义长度。单击 **长度** 按钮，在弹出界面中的下拉列表框中选择 选项，然后在文本框中分别输入数值-20.0 和-20.0（注意：在文本框中输入负值，按回车键后，则显示为正值）。

Step 7　定义折弯半径。确认按钮 （在连接边上添加折弯）被按下，然后在后面的文本框中输入折弯半径值 3.0；折弯半径所在侧为 （内侧）。

Step 8　定义止裂槽。

（1）在操控板中单击 **止裂槽** 按钮，在系统弹出的界面中，接受系统默认的"止裂槽类别"为 折弯止裂槽，并选中 **☑单独定义每侧** 复选框。

（2）定义侧 1 止裂槽。选中 **⦿ 侧 1** 单选项，在 **类型** 下拉列表框中选择 矩形 选项，止裂槽的深度及宽度尺寸采用默认值。

　　注意：深度选项 至折弯 表示止裂槽的深度至折弯线处，如图 10.5.53 所示。

（3）定义侧 2 止裂槽。选中 **⦿ 侧 2** 单选项，在 **类型** 下拉列表框中选择 长圆形 选项，

10 Chapter

止裂槽尺寸采用默认值。

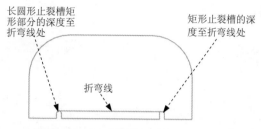

图 10.5.53　止裂槽的深度说明

注意：深度选项 与折弯相切 表示止裂槽矩形部分的深度至折弯线处。

Step 9　在操控板中单击 ∞ 按钮，预览所创建的特征；确认无误后，单击"完成"按钮 ✔。

说明：在模型上双击所创建的止裂槽，可修改其尺寸。

10.5.4　钣金壁的延伸

在创建钣金壁时，可使用延伸（Extend）命令将现有的钣金壁延伸至一个平面或延伸一定的距离，如图 10.5.54 所示。

图 10.5.54　钣金壁的延伸

下面以图 10.5.54 为例，说明钣金壁延伸的一般操作过程：

Step 1　将工作目录设置为 D:\creo2pd\work\ch10.05.04，打开文件 extend.prt。

Step 2　选取要延伸的边。选取图 10.5.55 所示的模型边线作为要延伸的边。

Step 3　单击 模型 功能选项卡 编辑 ▾ 区域中的 ⏋延伸按钮。

Step 4　定义延伸距离。

（1）在系统弹出的"延伸"操控板中单击"将壁延伸到参考平面"按钮 ⬜。

（2）在系统 ⇨ 选择一个平面作为延伸的参考. 的提示下，选取图 10.5.56 所示的钣金表面为延伸的终止平面。

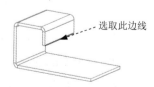

图 10.5.55　定义要延伸的边

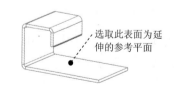

图 10.5.56　定义延伸的参考平面

Step 5 单击"延伸"操控板中的 ∞ 按钮，预览所创建的特征，然后单击 ✔ 按钮完成"延伸"特征的操作。

10.6 钣金的折弯

1. 钣金折弯概述

钣金折弯（Bend）是将钣金的平面区域弯曲某个角度或弯成圆弧状，图 10.6.1 是一个典型的折弯特征。在进行折弯操作时，应注意折弯特征仅能在钣金的平面区域建立，不能跨越另一个折弯特征。

钣金折弯特征包括三个要素（图 10.6.1）：

● 折弯线（Bend Line）：确定折弯位置和折弯形状的几何线。

● 折弯角度（Bend Angle）：控制折弯的弯曲程度。

● 折弯半径（Bend Radius）：折弯处的内侧或外侧半径。

2. 选取钣金折弯命令

选取钣金折弯命令的方法：单击 模型 功能选项卡 折弯 ▾ 区域 ▨折弯 ▾ 按钮。

3. 钣金折弯的类型

在图 10.6.2 所示的下拉菜单中，可以选择折弯类型。

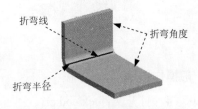

图 10.6.1　折弯特征的三个要素

图 10.6.2　"折弯"下拉菜单

4. 角度折弯

角度类型折弯的一般创建步骤如下：

（1）选取草绘平面及参考平面后，绘制折弯线。

（2）指定折弯侧及固定侧。

（3）指定折弯角度。

（4）指定折弯半径。

本范例将介绍图 10.6.3 所示的折弯的操作过程。

Step 1 将工作目录设置为 D:\creo2pd\work\ch10.06，打开文件 bend_angle.prt。

Step 2 单击 模型 功能选项卡 折弯 ▾ 区域 ▨折弯 ▾ 节点下的 ▨折弯 按钮，系统弹出图 10.6.4 所示的"折弯"操控板。

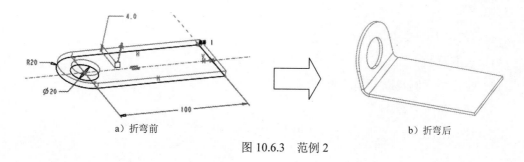

a）折弯前　　　　　　　　　　　　　　b）折弯后

图 10.6.3　范例 2

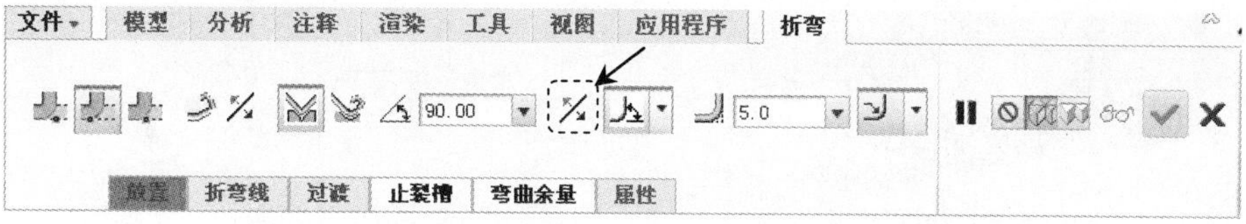

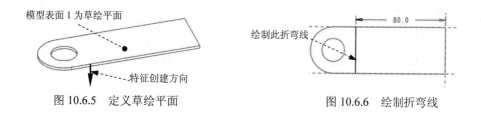

图 10.6.4　"折弯"操控板

Step 3 选取折弯类型。在"折弯"操控板中单击 按钮和 按钮（使其处于被按下的状态）。

Step 4 绘制折弯线。单击 **折弯线** 按钮，选取图 10.6.5 所示的模型表面 1 为草绘平面，单击该界面中的 **草绘...** 按钮，在弹出的"参考"对话框中选取 RIGHT 基准平面为参考平面，再单击对话框中的 **关闭(C)** 按钮；进入草绘环境后，绘制图 10.6.6 所示的折弯线。

注意：折弯线的两端必须与钣金边线对齐。

图 10.6.5　定义草绘平面　　　　　　　　图 10.6.6　绘制折弯线

Step 5 定义折弯方向和固定侧。折弯箭头方向和固定侧箭头方向如 10.6.7 所示。

说明：如果方向跟图形中不一致，可以直接单击箭头或在操控板中单击 按钮来改变方向。

Step 6 单击 **止裂槽** 按钮，在系统弹出界面中的 **类型** 下拉列表框中选择 **无止裂槽** 选项。

Step 7 在操控板中的 后文本框中输入折弯角度值 90.0，并单击其后的 按钮改变折弯方向；在 后的文本框中选择 **厚度** 选项，折弯半径所在侧为 。

Step 8 单击操控板中的 按钮，预览所创建的折弯特征，然后单击 按钮，完成折弯特征的创建。

5. 轧折弯

轧折弯的一般创建步骤如下：

（1）选取草绘平面及参考平面后，绘制折弯线。

（2）指定折弯侧及固定侧。

（3）指定折弯半径。

下面以图 10.6.8 所示为例，介绍轧折弯的操作过程。

图 10.6.7 定义折弯方向和固定侧   图 10.6.8 钣金轧折弯

Step 1 将工作目录设置为 D:\creo2pd\work\ch10.06，打开文件 bend_roll.prt。

Step 2 单击 模型 功能选项卡 折弯 ▾ 区域 ⛏折弯 ▾ 节点

下的 ⛏折弯 按钮。

Step 3 单击折弯操控板中的"折弯折弯线两侧的材料"

按钮 ⊥ 和 ⊿ 按钮（使其处于被按下的状态）。

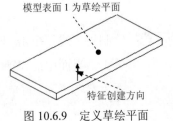

模型表面 1 为草绘平面

特征创建方向

图 10.6.9 定义草绘平面

Step 4 绘制折弯线。单击 折弯线 按钮，选取图 10.6.9
所示的模型表面 1 为草绘平面，然后单击"折弯
线"界面中的 草绘... 按钮，选取 RIGHT 基准平面为参考平面，再选取图 10.6.10
所示边线为参考边线。再单击 关闭(C) 按钮，进入草绘环境，绘制 10.6.10 所示
的折弯线。

Step 5 定义折弯方向和固定侧。折弯箭头方向和固定侧箭头方向如 10.6.11 所示。

选取此边线为草绘参考

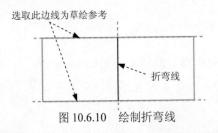

折弯线

图 10.6.10 绘制折弯线

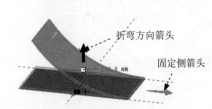

折弯方向箭头

固定侧箭头

图 10.6.11 定义折弯方向和固定侧

说明：如果方向跟图形中不一致，可以直接单击箭头或在操控板中单击 ⧄ 按钮来改变
方向。

Step 6 定义参数。在 ⅃ 后的文本框中输入折弯半径值 200.0，折弯半径所在侧为 ⌐⌐。

Step 7 定义止裂槽。单击 止裂槽 按钮，在系统弹出界面中的 类型 下拉列表框中选择

[扯裂]选项。

Step 8 单击操控板中的 ✔ 按钮，完成折弯特征的创建。

说明：在模型中双击所创建的折弯特征，可查看折弯特征的各尺寸，如图 10.6.12 所示。

6. 平面折弯

平面折弯的特点是钣金在折弯之后仍然保持平面状态。在创建平面折弯时，确定折弯角度与半径的值是操作的关键，如果其值不合理，特征就无法生成。图 10.6.13 所示是一个平面折弯的例子，下面说明其操作过程：

Step 1 将工作目录设置为 D:\creo2pd\work\ch10.06，打开文件 bend_planar.prt。

Step 2 单击 模型 功能选项卡 折弯▼ 区域中 ⚒ 折弯▼ 节点下的 ⚙平面折弯 命令。

Step 3 选择折弯方式。在 ▼ OPTIONS (选项) 菜单中，选择 Angle (角度) ➡ Done (完成) 命令。

Step 4 在系统弹出的 ▼ USE TABLE (使用表) 菜单中，选择 Part Bend Tbl (零件折弯表) ➡ Done/Return (完成/返回) 命令。

Step 5 定义草绘平面。选择 ▼ SETUP PLANE (设置平面) 菜单中的 Plane (平面) 命令，选取图 10.6.14 所示的模型表面 1 为草绘平面，再选择 Okay (确定) 命令，接受图中的箭头方向；选择 Bottom (底部) 命令，然后选取图 10.6.14 所示的模型表面 2 为参考平面。

图 10.6.12　查看折弯尺寸　　　　　图 10.6.13　钣金平面折弯

Step 6 绘制折弯线。进入草绘环境后，选取图 10.6.15 中的边线为参考，绘制图 10.6.15 所示的一条折弯线。完成绘制后，单击 ✔ 按钮。

Step 7 选择折弯侧。在系统 ➡指明在图元的哪一侧创建特征。的提示下，选择 Okay (确定) 命令，确认图 10.6.16 所示的折弯侧。

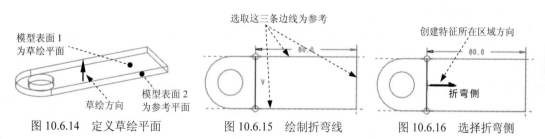

图 10.6.14　定义草绘平面　　　图 10.6.15　绘制折弯线　　　图 10.6.16　选择折弯侧

Step 8 选择固定侧。在系统 ➡箭头指示者要固定的区域。拾取反向或确定。的提示下，选择 Okay (确定) 命令，确认图 10.6.17 所示的固定侧。

Step **9** 在 ▼ DEF BEND ANGLE 菜单中选择折弯角度值为 `60.000`，再选中 ✔ `Flip (反向)` 复选框，使折弯方向反向，然后选择 `Done (完成)` 命令。

Step **10** 在 ▼ SEL RADIUS (选取半径) 菜单中选择 `Enter Value (输入值)` 命令，然后输入折弯半径值 20.0，并按回车键。

Step **11** 定义弯曲方向。此时系统提示 ➪ 箭头表示折弯轴边。选择"反向"或"确定"。，使弯曲方向如图 10.6.18 所示，再选择 `Okay (确定)` 命令。

Step **12** 单击对话框中的 `预览` 按钮，预览所创建的折弯特征，然后单击 `确定` 按钮，完成创建。

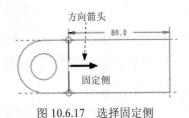

图 10.6.17　选择固定侧

图 10.6.18　定义弯曲方向

7. 带转接区的卷曲折弯

对于图 10.6.19 所示的平面钣金壁，假如要求在一端创建卷曲折弯时，另一端仍保持平面（图 10.6.20），则在它们中间必须有一个转接区（过渡区）。这种带转接区的钣金折弯操作方法如下。

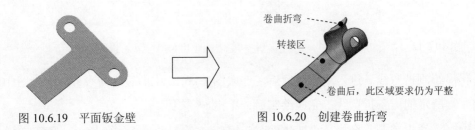

图 10.6.19　平面钣金壁

图 10.6.20　创建卷曲折弯

Stage1. 准备工作

创建一个图 10.6.19 所示的平面钣金壁，相关提示如下：

Step **1** 新建一个钣金件模型，命名为 transition_bend，模板为 `mmns_part_sheetmetal`。

Step **2** 单击 `模型` 功能选项卡 `形状 ▾` 区域中的"平面"按钮 ⏛ 平面 。

Step **3** 定义草绘平面。在图形区右击，从弹出的快捷菜单中选择 `定义内部草绘...` 命令；选取 TOP 基准平面为草绘平面，然后选取 RIGHT 基准平面为参考平面，方向为 `右`；单击 `草绘` 按钮。

Step **4** 绘制截面草图。进入草绘环境后，接受默认参考 FRONT 和 RIGHT，然后绘制图 10.6.21 所示的截面草图。完成绘制后，单击"确定"按钮 ✔。

Step 5 输入钣金壁厚度值 3.0，并按回车键。

Step 6 单击操控板中的"完成"按钮 ✔，完成平面钣金壁特征的创建。

Step 7 创建倒圆角特征 1。选取图 10.6.22 所示的边线为倒圆角的边线；输入倒圆角半径值 10.0。

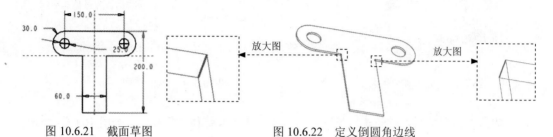

图 10.6.21 截面草图   图 10.6.22 定义倒圆角边线

Step 8 创建转接区的卷曲折弯。

下面开始创建带转接区的钣金折弯。

Step 1 单击 模型 功能选项卡 折弯 ▾ 区域中的 折弯 ▾ 命令。

Step 2 选取折弯类型。单击"折弯"操控板中的"折弯折弯线两侧的材料"按钮 和 按钮（使其处于被按下的状态）。

Step 3 绘制折弯线。单击 折弯线 按钮，选取图 10.6.23 所示的模型表面 1 为草绘平面，接受默认的特征创建方向；然后单击"折弯线"界面中的 草绘... 按钮，绘制图 10.6.24 所示的折弯线。

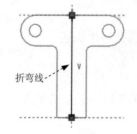

图 10.6.23 定义草绘平面   图 10.6.24 绘制折弯线

Step 4 选择折弯方向和固定侧。折弯箭头方向和固定侧箭头方向如图 10.6.25 所示。

Step 5 绘制过度区界线。单击"折弯"操控板中的 过渡 按钮，从弹出的界面中单击 添加过渡 字符，然后单击该界面中的 草绘... 按钮，进入草绘环境，绘制图 10.6.26 所示的两条线段，第一条线段的绘制技巧参见图中的说明。绘制时，请注意两条线段的端点需与钣金边线对齐。完成绘制后，单击"确定"按钮 ✔。

Step 6 在操控板中的 后的文本框中输入折弯半径值 35.0，折弯半径所在侧为 ↲（这里的折弯半径不能太小，否则生成折弯特征会失败）。

Step 7 单击"折弯"操控板中的 ∞ 按钮，预览所创建的带转接区的折弯特征（图 10.6.27），

10
Chapter

然后单击 ✓ 按钮，完成折弯特征的创建。

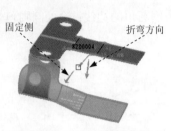

固定侧　　折弯方向

图 10.6.25　定义折弯侧和固定侧

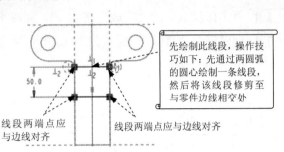

先绘制此线段，操作技巧如下：先通过两圆弧的圆心绘制一条线段，然后将该线段修剪至与零件边线相交处

线段两端点应与边线对齐

线段两端点应与边线对齐

图 10.6.26　截面草图

说明：在模型中双击所创建的折弯特征，可查看折弯特征的各尺寸，如图 10.6.28 所示。

图 10.6.27　带转接区的折弯特征

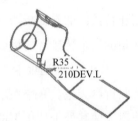

R35
210DEV.L

图 10.6.28　查看折弯尺寸

10.7　钣金展平

10.7.1　钣金展平概述

在钣金设计中，可以用展平命令（Unbend）将三维的折弯钣金件展平为二维的平面薄板（图 10.7.1），钣金展平的作用如下：

a）展开前

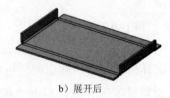

b）展开后

图 10.7.1　钣金的部分展平

- 钣金展平后，可更容易了解如何剪裁薄板以及其各部分的尺寸、大小。
- 有些钣金特征（如止裂切口）需要在钣金展平后创建。
- 钣金展平对于钣金的下料和创建钣金的工程图十分有用。

1. 选取钣金展平命令

选取钣金展平命令的方法：单击 模型 功能选项卡 折弯 ▼ 区域中的"展平"按钮 ▨。

2. 一般的钣金展平的方式

在图 10.7.2 所示的 菜单中，系统列出了三种展平方式，分别是规则展平、过渡展平和横截面驱动展平，后面的章节将分别介绍这几种展平的操作方法。

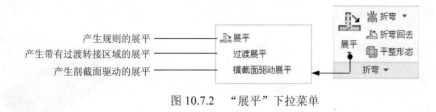

图 10.7.2　"展平"下拉菜单

10.7.2　规则展平方式

规则展平（Regular Unbend）是一种最为常用、限制最少的钣金展平方式。利用这种展平方式可以对一般的弯曲钣金壁进行展平，也可以对由折弯（Bend）命令创建的钣金折弯进行展平，但它不能展平不规则的曲面。

规则展平的操作过程分为两步：

Step 1　选取一个平面为钣金展平的固定面（Fixed plane），或选取一条边线为钣金展平的固定边（Fixed edge）。

Step 2　选取要展平的钣金面或利用 选项展平所有钣金壁。

下面是几个规则展平的范例。

1. 范例 1

在本范例中，我们将展平部分钣金壁（图 10.7.3 所示），其操作方法如下：

a）展开前　　　　　　　　b）展开后

图 10.7.3　钣金的部分展平

Step 1　将工作目录设置为 D:\creo2pd\work\ch10.07，打开文件 unbend_01.prt。

Step 2　单击 模型 功能选项卡 折弯 ▾ 区域中的"展平"按钮 ，系统弹出"展平"操控板。

Step 3　定义钣金展平选项。在操控板中单击 按钮，然后单击 参考 按钮，系统弹出图 10.7.4 所示的"参考"界面，在该界面中先将折弯几何区域的选项全部移除，再按住 Ctrl 键，选取图 10.7.5 所示的两个曲面为展平面。

Step 4　选取固定面（边）。在"参考"界面中单击 固定几何 下的文本框，同时在系统选择要在展平时保持固定的曲面或边. 的提示下，选取图 10.7.6 所示的表面为固定面。

Step 5 单击操控板中的 ∞ 按钮，预览所创建的展平特征，然后单击 ✔ 按钮，完成展特征的创建。

Step 6 保存零件模型文件。

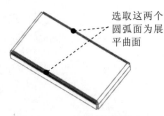

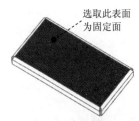

图 10.7.4 "参考"界面　　　图 10.7.5 选取展平面　　　图 10.7.6 选取固定面

说明： 如果在操控板中选择 ✔ 按钮，然后单击 ✔ 按钮，则所有的钣金壁都将展平，如图 10.7.7 所示。

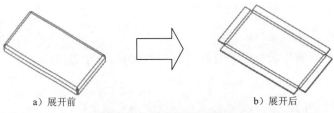

a）展开前　　　　　　　　　　　b）展开后

图 10.7.7 钣金的全部展开

2. 范例 2

在本范例中，我们将展平含转接区的折弯壁（图 10.7.8），其操作方法如下：

Step 1 将工作目录设置为 D:\creo2pd\work\ch10.07，打开文件 unbend_03.prt。

Step 2 单击 **模型** 功能选项卡 折弯 ▾ 区域中的"展平"按钮 。

Step 3 定义固定面。在"展平"操控板中单击 ✔ 按钮，在系统 选择要在展平时保持固定的曲面或边. 的提示下，选取图 10.7.8 所示的边为固定边。

a）展开前　　　　　　　　　　　b）展开后

图 10.7.8 含转接区的展开

Step 4 单击操控板中的 ✔ 按钮，完成展平特征的创建。

10.8　钣金的折弯回去

10.8.1　关于钣金折弯回去

可以将展平后的钣金壁部分或全部地折弯回去（BendBack），简称为钣金的折回，如图 10.8.1 所示。

　　　a）原钣金件　　　　　　　　　　b）展开钣金件　　　　　　　　　c）钣金的折弯回去

将该钣金壁折弯回去

图 10.8.1　钣金的折弯回去

1. 选取钣金折弯回去命令

选取钣金折弯回去命令的方法：单击 **模型** 功能选项卡 折弯▼ 区域中的"折弯回去"按钮 折弯回去。

2. 使用折弯回去的注意事项

虽然删除一个展平（Unbend）特征也可以使部分或全部钣金壁折弯回去，但要注意增加一个折弯回去（BendBack）特征与删除展平特征具有不同的操作意义：

如果进行展平操作（增加一个展平特征），只是为了查看钣金件在二维（平面）状态下的外观，那么在执行下一个操作之前请记得将前面的展平特征删除。

不要增加不必要的展平/折回特征对，否则它们会增大零件尺寸，并可能导致再生失败。

如果需要在二维平整状态下建立某些特征，则可先增加一个展平特征，再在二维平整状态下进行某些特征的创建，然后增加一个折弯回去特征恢复钣金件原来的三维状态。注意：在此情况下，不要删除展平特征，否则参考它的特征再生时会失败。

10.8.2　钣金折弯回去的一般操作过程

1. 范例 1：一般形式的折弯回去

图 10.8.1 所示是一个一般形式的钣金折弯回去，其操作步骤说明如下：

Step 1　将工作目录设置为 D:\creo2pd\work\ch10.08，打开文件 bendback_01.prt。

Step 2　单击 **模型** 功能选项卡 折弯▼ 区域中的"折弯回去"按钮 折弯回去，系统弹出"折回"操控板。

Step 3　选取固定面。在系统 ➡选择固定几何 的提示下，选取图 10.8.2 所示的表面为固定面。

Step 4 选取要折回的曲线或边。在"折回"操控板中单击 ➤ 按钮，然后单击 参考 按钮，系统弹出的"参考"界面，先将该界面 展平几何 下的选项全部移除，然后选取图 10.8.3 中的曲面为要折弯回去的曲面。

说明：如果选择 ➤ 按钮，则钣金全部展平的面都将折弯回去。

Step 5 单击操控板中的 ✔ 按钮，完成折弯回去特征的创建。

图 10.8.2　选取固定面

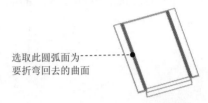
图 10.8.3　选取折弯回去的曲面

2．范例 2：含转接区的钣金折弯回去

本范例将介绍图 10.8.4 所示的钣金折弯回去，这是一个含转接区的折弯回去，其操作步骤说明如下：

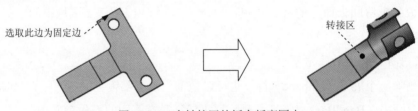
图 10.8.4　含转接区的钣金折弯回去

Step 1 将工作目录设置为 D:\creo2pd\work\ch10.08，打开文件 bendback_02.prt。

Step 2 单击 模型 功能选项卡 折弯 ▼ 区域中的"折弯回去"按钮 ⏧ 折弯回去。

Step 3 在系统 ➡选择固定几何 的提示下，选取图 10.8.4 所示的边为固定边。

Step 4 单击操控板中的 ✔ 按钮，完成折弯回去特征的创建。

10.9　钣金的平整形态

平整形态（Flat Pattern）特征与展平（Unbend）特征的功能基本相同，都可以将三维钣金件全部展平为二维平整薄板。但要注意，平整形态特征会被自动调整到新加入的特征之后，也就是当在模型上添加平整形态特征后，钣金会以二维展平方式显示在屏幕上，但在添加新的特征时，平整形态特征即会自动被暂时隐含（Suppress），钣金模型仍显示为三维状态，以利于新的特征的三维定位和定向，而在完成新特征之后，系统又自动恢复平整形态特征，因此钣金又显示为二维展平的状态。系统会永远把平整形态特征放在模型树的最后。在实际钣金设计中，作为操作技巧之一，应尽早加入平整形态特征，以利于钣金的二维工程图的创建和加工制造；另外，若不希望钣金的显示在三维与二维展平模式间来回切换，则可将平整形态特征进行隐含，当要查看钣金的二维展平状况时，再恢复被隐含的平整形态特征。

1. 选取钣金平整形态命令

选取钣金平整形态命令的方法：单击 模型 功能选项卡 折弯 ▾ 区域中的 平整形态 命令。

注意：一个钣金件中只能创建一个平整形态特征。在创建了平整形态特征之后，菜单中的 平整形态 命令呈灰色（不起作用）。

2. 平整形态特征的一般创建过程

下面以图 10.9.1 为例，说明平整形态特征的一般创建过程：

图 10.9.1　钣金的平整形态

Step 1 将工作目录设置为 D:\creo2pd\work\ch10.09，打开文件 flat_pattern.prt。

Step 2 单击 模型 功能选项卡 折弯 ▾ 区域中的 平整形态 命令。

Step 3 在系统的 ➡ 选择要在展平时保持固定的曲面或边. 提示下，选取图 10.9.1 所示的表面为固定面。此时钣金即被全部展平。

Step 4 读者可继续在钣金件上添加其他特征（如钣金切削特征），操作时仔细观察屏幕中钣金的显示变化，即二维与三维的切换。

10.10　钣金的切削

10.10.1　钣金切削与实体切削的区别

单击 模型 功能选项卡 形状 ▾ 区域中的 拉伸 按钮后，屏幕上方会出现图 10.10.1 所示的操控板，可看到当操控板中的切削按钮 被按下时，同时出现钣金切削按钮 。钣金切削（Sheetmetal Cut）与实体切削（Solid Cut）都是在钣金件上切除材料，它们之间的区别如下：

图 10.10.1　操控板

若要使用钣金切削，则在图 10.10.1 所示的操控板中单击“SMT”按钮。

若要使用实体切削（Solid Cut），则单击“SMT”按钮，使其处于弹起状态。

当草绘平面与钣金面平行时，二者没有区别；当草绘平面与钣金面不平行时，二者有很大的不同。钣金切削是将截面草图投影至模型的绿色或白色面，然后垂直于该表面去除材料，形成垂直孔，如图 10.10.2 所示；实体切削的孔是垂直于草绘平面去除材料，形成斜孔，如图 10.10.3 所示。

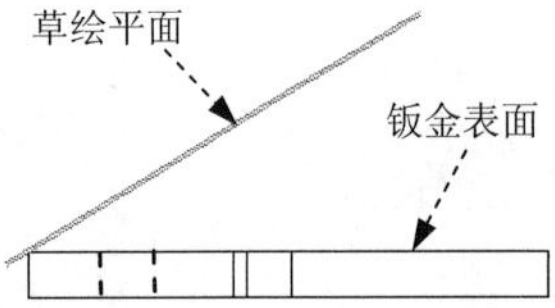

图 10.10.2 钣金切削

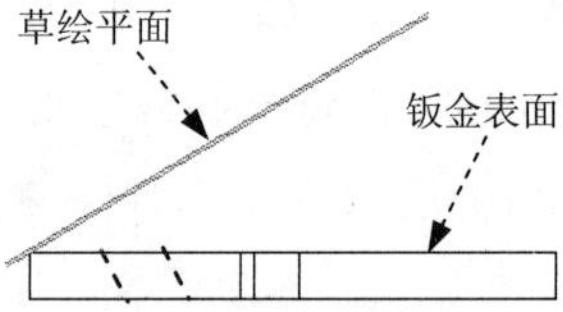

图 10.10.3 实体切削

10.10.2 钣金切削的一般创建过程

下面说明钣金切削的一般创建过程：

Step 1 将工作目录设置为 D:\creo2pd\work\ch10.10，打开文件 sm_cut.prt。

Step 2 单击 模型 功能选项卡 形状▼ 区域中的 拉伸 按钮，此时系统弹出图 10.10.1 所示的操控板。

Step 3 先确认“实体”类型按钮被按下，然后确认操控板中的“切削”按钮和“SMT 切削选项”按钮被按下。

Step 4 绘制截面草图。在图形区右击，从系统弹出的快捷菜单中选择 定义内部草绘... 命令；选取图 10.10.4 所示的 DTM1 基准平面为草绘平面，确认图中箭头指向为特征的创建方向；然后选取 FRONT 基准平面为参考平面，方向为 底部；单击 草绘 按钮，绘制图 10.10.5 所示的截面草图。

Step 5 接受图 10.10.6 所示的箭头方向为去材料的方向，在操控板中定义拉伸类型为，选择材料移除的方向类型为（图 10.10.7）。

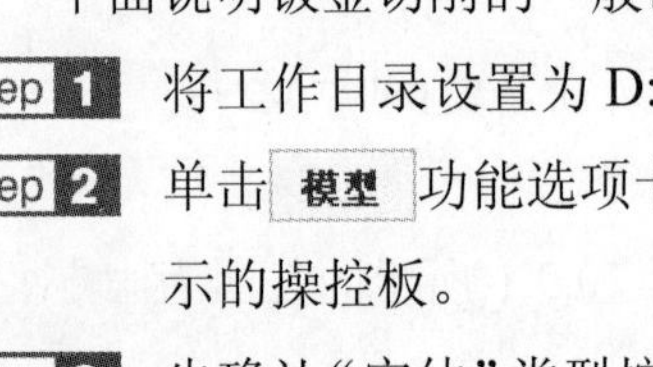

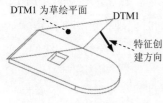

图 10.10.4 设置草绘平面

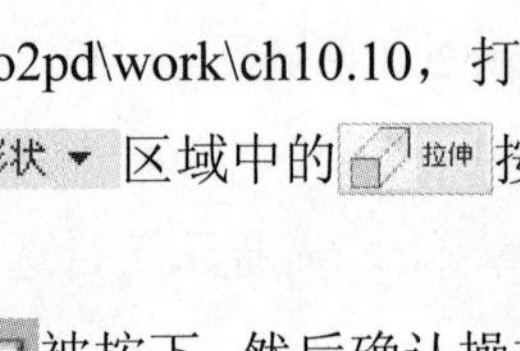

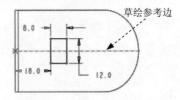

图 10.10.5 截面草图

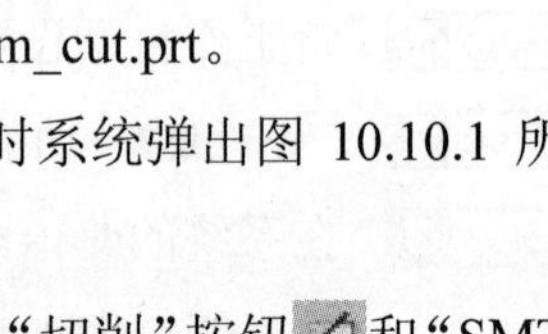

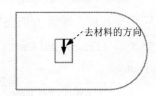

图 10.10.6 确定去材料的方向

Step 6 在操控板中单击“完成”按钮，完成拉伸特征的创建。

注意：在操控板中，如果选取按钮，则切削效果如图 10.10.8 所示；如果选取按钮后，切削效果如图 10.10.9 所示；如果选取 ⅛ 按钮，则切削效果如图 10.10.10 所示。

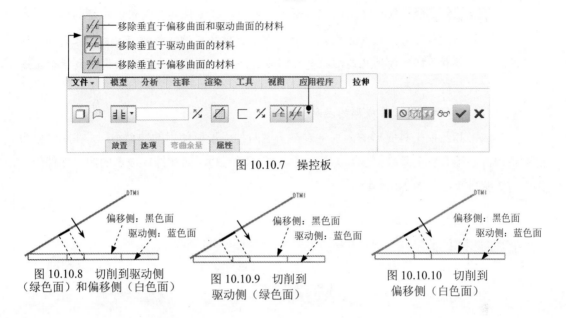

图 10.10.7　操控板

图 10.10.8　切削到驱动侧　　图 10.10.9　切削到　　图 10.10.10　切削到
（绿色面）和偏移侧（白色面）　　驱动侧（绿色面）　　偏移侧（白色面）

10.11　钣金成形特征

10.11.1　成形特征概述

把一个实体零件（冲模）上的某个形状印贴在钣金件上，这就是钣金成形（Form）特征，成形特征也称之为印贴特征。例如：图 10.11.1a 所示的实体零件为成形冲模，该冲模中的凸起形状可以印贴在一个钣金件上而产生成形特征（图 10.11.1b）。

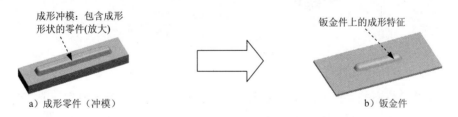

a）成形零件（冲模）　　　　　　　　　　b）钣金件

图 10.11.1　钣金成形特征

1. **选取钣金成形命令**

单击 模型 功能选项卡 工程 ▾ 区域 ⬇ 下的 凹模 按钮，即可选择凹模成形特征命令。

2. **钣金成形类型**

钣金成形分为凹模（Die）成形和凸模工具（Punch）成形。

单击 模型 功能选项卡 工程 ▾ 区域 ⬇ 下的 凹模 按钮，系统弹出图 10.11.2 所示的"选

10
Chapter

项"信息对话框,该对话框中各元素的说明如下:

- `Reference (参考)`:钣金件上的成形形状是参照冲模零件的几何形状而得到的,因此如果冲模零件有任何几何设计变更,则由冲模生成的成形特征也会随之改变。
- `Copy (复制)`:将冲模的几何形状复制到钣金件上,冲模的变更不会影响到钣金上成形特征的几何形状。

3. 凹模成形和凸模工具成形的区别

凹模成形和凸模工具成形的区别主要在于这两种成形所使用的冲模不同,在凹模成形的冲模中,必须有一个基础平面作为边界面(图 10.11.3),而在冲压成形的冲模零件中,则没有此基础平面(图 10.11.4)。

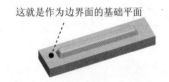
这就是作为边界面的基础平面

图 10.11.2 "选项"菜单   图 10.11.3 凹模成形的冲模   图 10.11.4 凸模成形的冲模

凸模成形的冲模的所有表面必须都是凸起的,所以凸模成形只能冲出凸起的成形特征;而凹模成形的冲模的表面可以是凸起的,也可以是凹陷的(图 10.11.5a),所以凹模成形可以冲出既有凸起又有凹陷的成形特征(图 10.11.5b)。

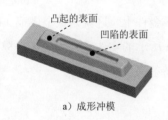
凸起的表面
凹陷的表面
a) 成形冲模

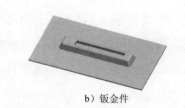
b) 钣金件

图 10.11.5 模具成形特征

4. 成形特征的一般创建过程

`Step 1` 创建冲模零件。在创建成形特征之前,必须先创建一个参考零件(即冲模零件),该参考零件中应包含成形几何形状的特征,参考零件可在零件(Part)模式下建立。

`Step 2` 根据冲模零件创建成形特征。

10.11.2 以凹模方式创建成形特征

下面举例说明以凹模方式创建成形特征的一般创建过程。在本例中将先在零件(Part)模式下创建一个 Die 冲模零件,然后打开一个钣金件并创建成形特征,其操作步骤说明如下:

Stage1. 创建 Die 冲模零件

Step 1 新建一个零件的三维模型，将零件的模型命名为 sm_die。

Step 2 创建图 10.11.6 所示的拉伸特征 1。

（1）选择命令。单击 **模型** 功能选项卡 **形状 ▾** 区域中的"拉伸"按钮 **拉伸**。

（2）绘制截面草图。选取 TOP 基准平面为草绘平面，RIGHT 基准平面为参考平面，方向为 **右**；单击 **草绘** 按钮，绘制图 10.11.7 所示的截面草图。

（3）在操控板中定义拉伸类型为 **⊥**，输入深度值 10.0；单击 **✔** 按钮，完成拉伸特征的创建。

Step 3 创建图 10.11.8 所示的拉伸特征 2。

图 10.11.6　拉伸特征 1

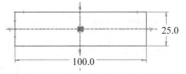

图 10.11.7　截面草图

图 10.11.8　拉伸特征 2

（1）选择命令。单击 **模型** 功能选项卡 **形状 ▾** 区域中的"拉伸"按钮 **拉伸**。

（2）绘制截面草图。选取图 10.11.8 所示的模型表面为草绘平面，RIGHT 基准平面为参考平面，方向为 **右**；单击 **草绘** 按钮，绘制图 10.11.9 所示的截面草图。

（3）在操控板中定义拉伸类型为 **⊥**，输入深度值 5.0；单击 **✔** 按钮，完成拉伸特征 2 的创建。

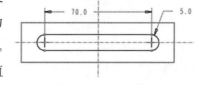

图 10.11.9　截面草图

Step 4 创建图 10.11.10 所示的拔模特征。

（1）选择命令。单击 **模型** 功能选项卡 **工程 ▾** 区域中的 **拔模 ▾** 按钮。

（2）定义要拔模的曲面。在操控板中单击 **参考** 选项卡，激活 **拔模曲面** 文本框，按住 Ctrl 键，在模型中选取图 10.11.11 所示的 4 个表面为要拔模的曲面。

图 10.11.10　拔模特征

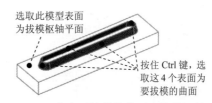

图 10.11.11　定义要拔模的曲面和拔模枢轴平面

（3）定义拔模枢轴平面。激活 **拔模枢轴** 文本框，选取图 10.11.11 所示的模型表面为拔模枢轴平面。

（4）定义拔模参数。在拔模角度文本框中输入拔模角度值-15.0。

（5）在操控板中单击 ✔ 按钮，完成拔模特征 1 的创建。

Step 5　创建图 10.11.12 所示的圆角 1。单击 **模型** 功能选项卡 **工程 ▼** 区域中的 **倒圆角 ▼** 按钮；按住 Ctrl 键，选取图 10.11.12a 所示的边线链为倒圆角的边线，圆角半径值为 2.0。

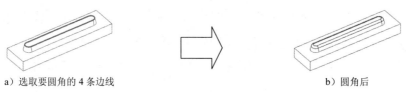

a）选取要圆角的 4 条边线　　　　　　　　　　　　　　　b）圆角后

图 10.11.12　倒圆角 1

Step 6　保存零件模型文件。

Stage2．创建图 10.11.13 所示的成形特征

Step 1　将工作目录设置为 D:\creo2pd\work\ch10.11.02，打开文件 sm_form_01.prt。

Step 2　单击 **模型** 功能选项卡 **工程 ▼** 区域 ▼ 下的 **凹模** 按钮。

a）原钣金件　　　　　　　　　　　　　　b）添加成形特征

图 10.11.13　创建成形

Step 3　在系统弹出的 ▼ OPTIONS（选项）菜单中，选择 Reference（参考） ➡ Done（完成）命令。

Step 4　在系统弹出的文件"打开"对话框中，选择 sm_die.prt 文件，并将其打开。此时系统弹出图 10.11.14 所示的"模板"信息对话框和图 10.11.15 所示的"元件放置"对话框。

图 10.11.14　"模板"信息对话框　　　　图 10.11.15　"元件放置"对话框

图 10.11.14 所示的"模板"信息对话框中各元素的说明如下：

● Placement（放置）：定义钣金件和冲压模型的装配约束条件。

● Bound Plane（边界平面）：定义边界曲面。

- ● Seed Surface (种子曲面)：定义种子曲面。
- ● Exclude Surf (排除曲面)：定义将移除的曲面。
- ● Tool Name (刀具名称)：可给定此成形冲模（刀具）的名称。

Step 5 定义成形模具的放置。如果成形模具显示为整屏，可调整其窗口大小。

（1）定义重合约束。在图 10.11.15 所示的"元件放置"对话框中，选择约束类型"重合"，然后分别在模具模型中和钣金件中选取图 10.11.16 中的重合面。

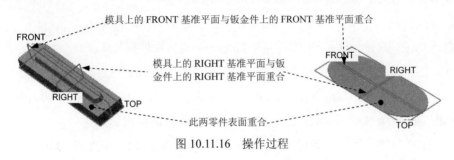

图 10.11.16　操作过程

（2）定义重合约束。在"元件放置"对话框中单击"新建约束"字符，选择新增加的约束类型"重合"，分别选取图 10.11.16 中所示的重合面（模具上的 FRONT 基准平面与钣金件上的 FRONT 基准平面）。

（3）定义重合约束。在"模板"对话框中单击 ➡新建约束 字符，选择新增加的约束类型"重合"，分别选取图 10.11.16 中所示的对齐面（模具上的 RIGHT 基准平面与钣金件上的 RIGHT 基准平面），此时"元件放置"对话框中显示 完全约束 。

（4）单击"元件放置"对话框中单击"完成"按钮 ✓ 。

Step 6 定义边界面。在系统 ➡从参考零件选择边界平面. 的提示下，在模型中选取图 10.11.17 中所示的面为边界面。

Step 7 定义种子面。在系统 ➡从参考零件选择种子曲面. 的提示下，在模型中选取图 10.11.17 中所示的面为种子面。

注意：在 Die 冲模零件上指定边界面（Boundary Sruface）及种子面（Seed Surface）后，其成形范围则由种子面往外扩张，直到碰到边界面为止的连续曲面区域（不包含边界面）。

Step 8 单击"模板"对话框中的 确定 按钮，完成成形特征——模板标识的创建。

Step 9 保存零件模型文件。

10.11.3　以凹模方式创建带排除面的成形特征

带排除面的成形特征就是指成形特征某个或几个表面是破漏的，图 10.11.18 是以凹模方式创建带排除面的成形特征的例子，其操作步骤如下：

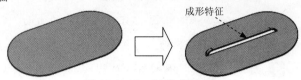

图 10.11.17 定义边界面和种子面   图 10.11.18 创建成形特征

Stage1. 创建图 10.11.19 所示的 Die 冲模零件

Step 1 新建一个零件的三维模型，将零件的模型命名为 sm_louver。

Step 2 创建图 10.11.20 所示的零件基础特征——实体拉伸特征 1。

（1）选择命令。单击 模型 功能选项卡 形状 ▼ 区域中的"拉伸"按钮 拉伸 。

（2）绘制截面草图。选取 TOP 基准平面为草绘平面，RIGHT 基准平面为参考平面，方向为 右 ；单击 草绘 按钮，绘制图 10.11.21 所示的截面草图。

（3）定义拉伸属性。在操控板中定义拉伸类型为 ⊥ ，输入深度值 10.0。

（4）在操控板中单击"完成"按钮 ✓ ，完成拉伸特征 1 的创建。

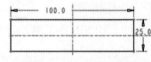

图 10.11.19 创建 Die 成形模具   图 10.11.20 拉伸特征 1   图 10.11.21 截面草图

Step 3 创建图 10.11.22 所示的旋转特征 1。在操控板中单击 拉伸 按钮；选取图 10.11.22 所示的模型表面为草绘平面，RIGHT 基准平面为参考平面，方向为 右 ；单击 草绘 按钮，绘制图 10.11.23 所示的截面草图（包括中心线），在操控板中选择旋转类型为 ⊥ ，在角度文本框中输入角度值 90.0，单击 ✓ 按钮，完成旋转特征 1 的创建。

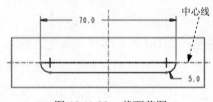

图 10.11.22 旋转特征 1   图 10.11.23 截面草图

Step 4 创建图 10.11.24 所示的倒圆角 1。单击 模型 功能选项卡 工程 ▼ 区域中的 倒圆角 ▼ 按钮，圆角半径值为 2.0。

Step 5 保存零件模型文件。

Stage2. 创建图 10.11.25 所示的成形特征

Step 1 将工作目录设置为 D:\creo2pd\work\ch10.11.03，打开文件 sm_form_02.prt。

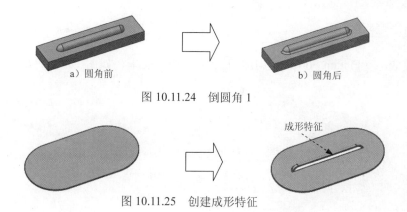

a）圆角前　　　　　　　　　　　　　　b）圆角后

图 10.11.24　倒圆角 1

成形特征

图 10.11.25　创建成形特征

Step 2　单击 模型 功能选项卡 工程 ▼ 区域 ⌄ 下的 凹模 按钮。

Step 3　在系统弹出的 ▼ OPTIONS (选项) 菜单中，选择 Reference (参考) ➡ Done (完成) 命令。

Step 4　在系统弹出的文件"打开"对话框中，选择 sm_louver.prt 文件，并将其打开。此时系统弹出"模板"信息对话框、"模板"窗口和"元件放置"对话框。

Step 5　定义成形模具的放置。如果成形模具显示为整屏，可调整其窗口大小。参照图 10.11.26 所示的操作过程定义成形模具的放置。

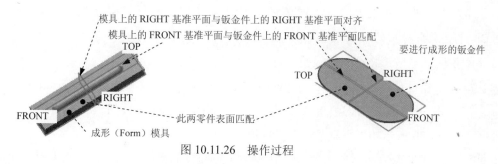

模具上的 RIGHT 基准平面与钣金件上的 RIGHT 基准平面对齐
模具上的 FRONT 基准平面与钣金件上的 FRONT 基准平面匹配
TOP
要进行成形的钣金件
RIGHT
TOP　　　RIGHT
FRONT
此两零件表面匹配
FRONT
成形（Form）模具

图 10.11.26　操作过程

Step 6　选取边界面和种子面，如图 10.11.27 所示。

Step 7　定义排除面。双击"模板"对话框中的 Exclude Surf (排除曲面)，选取图 10.11.28 所示的表面为排除面，在 ▼ FEATURE REFS (特征参考) 菜单中，选择 Done Refs (完成参考) 命令。

种子面
边界面

图 10.11.27　定义边界面和种子面

选取此表面为排除面

图 10.11.28　选取排除面

Step 8　单击"模板"对话框中的 确定 按钮，完成成形特征——模板标识的创建。

Step 9　保存零件模型文件。

10.11.4 平整成形

平整成形（Flatten Form）用于将钣金成形特征展平，如图 10.11.29 所示。

a）平整前　　　　　　　　　　　　　　b）平整后

图 10.11.29　平整成形

在进行平整成形时，需注意以下几点：

● 要平整的成形特征需位于钣金件的平面上，如果成形特征经过了折弯，则无法将其平整，经过折弯的成形特征可在钣金件展平（Unbend）后进行平整。

● 如果折弯处需要创建成形特征，建议先创建成形特征，然后进行折弯。

● 如果成形特征不能折弯，建议创建成形特征后，随即将成形特征进行平整，然后进行折弯。

1. 选取平整成形命令

选取平整成形命令的方法：单击 模型 功能选项卡 工程 ▾ 区域 ⬇ 下的 平整成型 按钮。

2. 平整成形特征的一般操作过程

下面说明平整成形特征的一般操作过程：

Step 1　将工作目录设置为 D:\creo2pd\work\ch10.11.04，打开文件 sm_flat_form.prt。

Step 2　单击 模型 功能选项卡 工程 ▾ 区域 ⬇ 下的 平整成型 按钮，此时系统弹出图 10.11.30 所示的"平整成形"操控板。

Step 3　选取成形表面。单击 ▸ 按钮，在模型中选取成形特征中的任意一个表面（注意：不要在模型树中选取成形特征）。

Step 4　单击"平整成形"操控板中的 ∞ 按钮，可浏览所创建的特征，然后单击 ✔ 按钮。

图 10.11.30　"平整成形"操控板

10.12　钣金综合范例——打印机钣金支架

范例概述

本范例主要介绍打印机钣金支架的设计过程，主要运用了如下一些设计钣金的方法：

利用"平面"的方法创建第一钣金壁后，再创建"平整"附加钣金壁、钣金壁展开、在展开的钣金壁上创建切削特征、折弯回去、创建成形特征等。其中将钣金展平创建切削特征后再折弯回去的做法以及 Die 模具的创建和模具成形特征的创建都有较高的技巧性。零件模型及模型树如图 10.12.1 所示。

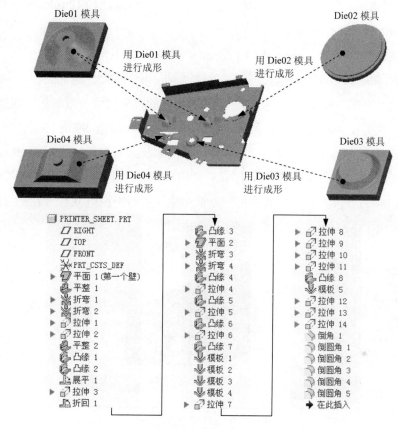

图 10.12.1　零件模型及模型树

Task1.　创建模具 1

本步的详细操作过程请参见随书光盘中 video\ch10.12\reference\文件下的语音视频讲解文件 printer_sheet-r01.avi。

Task2.　创建模具 2

本步的详细操作过程请参见随书光盘中 video\ch10.12\reference\文件下的语音视频讲解文件 printer_sheet-r02.avi。

Task3.　创建模具 3

本步的详细操作过程请参见随书光盘中 video\ch10.12\reference\文件下的语音视频讲解文件 printer_sheet-r03.avi。

Task4. 创建模具 4

本步的详细操作过程请参见随书光盘中 video\ch10.12\reference\文件下的语音视频讲解文件 printer_sheet-r04.avi。

Task5. 创建主体零件模型

说明：本应用前面的详细操作过程请参见随书光盘中 video\ch10.12\reference\文件下的语音讲解文件 printer_sheet-r05.avi。

Step 1. 打开文件 D:\creo2pd\work\ch10.12\printer_sheet_ex.prt。

Step 2. 创建图 10.12.2 所示的附加钣金壁平整特征 1。单击 模型 功能选项卡 形状 ▼ 区域中的"平整"按钮，选取图 10.12.3 所示的模型边线为附着边。在操控板中选择形状类型为 用户定义 ，在 ⌂ 后的文本框中输入角度值 90.0；在操控板中单击 形状 选项卡，然后单击 草绘... 按钮，采用系统默认参考，绘制图 10.12.4 所示的截面草图；单击 偏移 按钮，选中 ☑相对连接边偏移壁 复选框和 ◉ 添加到零件边 单选项；确认 ⌐ 按钮被按下，并在其后的文本框中输入折弯半径值 0.1；折弯半径所在侧为 ⌐ 。单击 ✔ 按钮，完成平整特征 1 的创建。

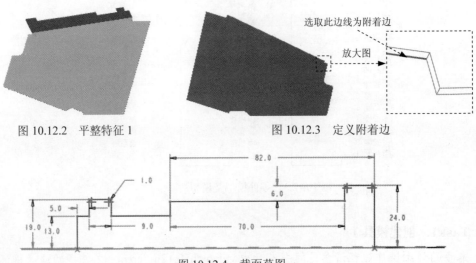

图 10.12.2　平整特征 1　　　　图 10.12.3　定义附着边

图 10.12.4　截面草图

Step 3. 创建图 10.12.5 所示的折弯特征 1。单击 模型 功能选项卡 折弯 ▼ 区域 ⚒折弯 ▼ 下的 ⚒折弯 按钮；在操控板中单击 ⊡ 按钮和 ⋉ 按钮。单击 折弯线 选项卡，选取图 10.12.5 所示的薄板表面为草绘平面；然后单击"折弯线"界面中的 草绘... 按钮，绘制图 10.12.6 所示的折弯线；在 ⌂ 后文本框中输入折弯角度值 90.0，然后在 ⌐ 后的文本框中输入折弯半径值 0.1，折弯半径所在侧为 ⌐ ；单击 ⁄ 按钮调整折弯方向；单击操控板中 ✔ 按钮，完成折弯特征 1 的创建。

Step 4. 创建图 10.12.7 所示的折弯特征 1，详细步骤参见上一步。

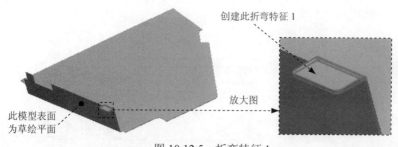

图 10.12.5　折弯特征 1

图 10.12.6　绘制折弯线

Step 5　创建图 10.12.8 所示的拉伸特征 1。在操控板中单击"拉伸"按钮 拉伸；在操控板中单击"移除材料"按钮；分别选取图 10.12.8 所示的模型表面为草绘平面和参考平面，方向为顶；单击 草绘 按钮，绘制图 10.12.9 所示的截面草图；在操控板中定义拉伸类型为；单击 按钮，完成拉伸特征 1 的创建。

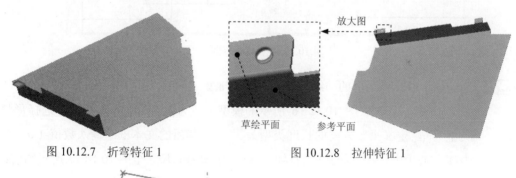

图 10.12.7　折弯特征 1　　　　　　图 10.12.8　拉伸特征 1

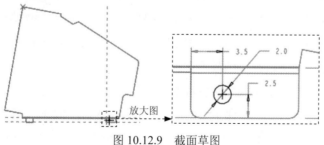

图 10.12.9　截面草图

Step 6　参考上一步创建图 10.12.10 所示的拉伸特征 2，图 10.12.11 所示为截面草图，具体方法参见录像。

Step 7　创建图 10.12.12 所示的附加平整特征 2。选取图 10.12.13 所示的边为附着边，在 形状 选项卡内单击 草绘... 按钮进入草绘环境，绘制如图 10.12.14 所示截面草图；其他操作过程参见 Step2。

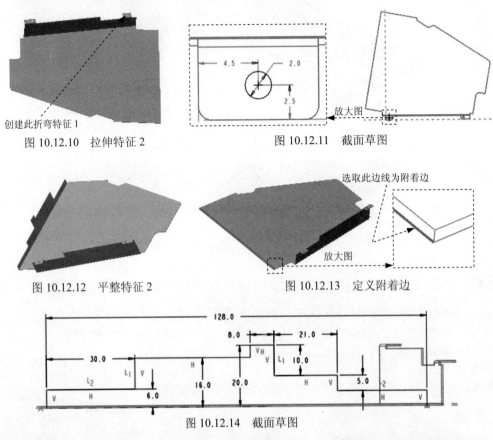

创建此折弯特征 1

图 10.12.10　拉伸特征 2　　　　图 10.12.11　截面草图

选取此边线为附着边

图 10.12.12　平整特征 2　　　　图 10.12.13　定义附着边

图 10.12.14　截面草图

Step 8　创建图 10.12.15 所示的凸缘特征 1。单击 **模型** 功能选项卡 **形状 ▾** 区域中的"法兰"按钮，选取图 10.12.16 所示的模型边线为附着边。在操控板中选择形状类型为 I，定义第一方向的长度类型为 ，在其后的文本框中输入数值-1.0；单击 **形状** 选项卡，在系统弹出的界面中修改草图内的尺寸至图 10.12.17 所示的值；单击 **偏移** 按钮，选中 ☑相对连接边偏移壁 复选框和 ⦿ 添加到零件边 单选项；确认 按钮被按下，并在其后的文本框中输入折弯半径值 0.1；折弯半径所在侧为 。单击 按钮，完成凸缘特征 1 的创建。

Step 9　创建图 10.12.18 所示的凸缘特征 2。单击 **模型** 功能选项卡 **形状 ▾** 区域中的"法兰"按钮，选取图 10.12.19 所示的模型边线为附着边。在操控板中选择形状类型为 用户定义，定义第一方向的长度类型为 ，在其后的文本框中输入数值-3.0；定义第二方向的长度类型为 ，在其后的文本框中输入值-30.0；在 **形状** 选项卡内单击 **草绘...** 按钮进入草绘环境，绘制如图 10.12.20 所示截面草图；单击 **偏移** 按钮，选中 ☑相对连接边偏移壁 复选框和 ⦿ 添加到零件边 单选项；确认 按钮被按下，并在其后的文本框中输入折弯半径值 0.1；折弯半径所在侧为 。单击 按钮，完成凸缘特征 2 的创建。

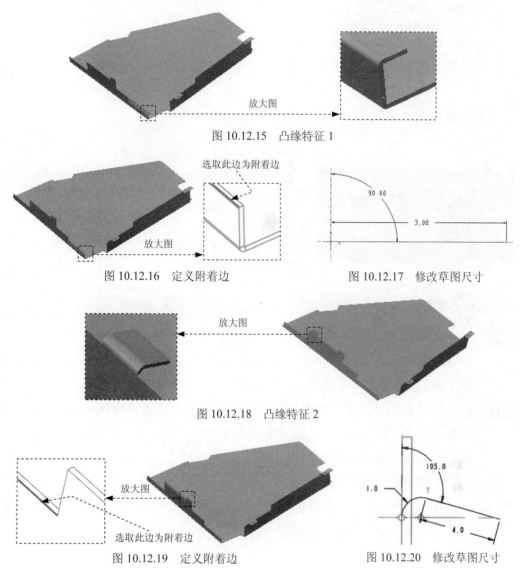

图 10.12.15　凸缘特征 1

选取此边为附着边

图 10.12.16　定义附着边　　　　　图 10.12.17　修改草图尺寸

图 10.12.18　凸缘特征 2

选取此边为附着边

图 10.12.19　定义附着边　　　　　图 10.12.20　修改草图尺寸

Step10 创建图 10.12.21 所示的钣金展平特征 1。单击 **模型** 功能选项卡 折弯▼ 区域中的 "展平"按钮；在"展平"操控板中单击 按钮，选取图 10.12.21 所示的平面为固定平面；单击 按钮，完成展平特征 1 的创建。

Step11 创建图 10.12.22 所示的拉伸特征 3。在操控板中单击"拉伸"按钮 拉伸。在操控板中单击"移除材料"按钮；分别选取图 10.12.22 所示的模型表面为草绘平面和选取 RIGHT 平面为参考平面，方向为 顶；单击 **草绘** 按钮，绘制图 10.12.23 所示的截面草图；在操控板中定义拉伸类型为 ；单击 按钮，完成拉伸特征 3 的创建。

图 10.12.21　展平特征 1

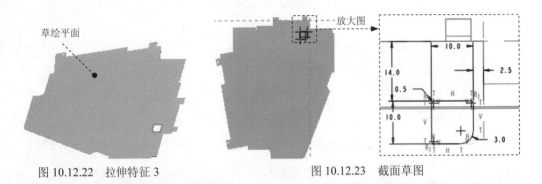

图 10.12.22　拉伸特征 3　　　　　　　　　　图 10.12.23　截面草图

Step 12　创建图 10.12.24 所示的钣金折弯回去特征 1。单击 **模型** 功能选项卡 折弯▼ 区域中的 "折弯回去" 按钮 折弯回去，在 "折回" 操控板中单击 按钮；然后单击 ✔ 按钮，完成折回特征 1 的创建。

Step 13　创建图 10.12.25 所示的凸缘特征 3。单击 **模型** 功能选项卡 形状▼ 区域中的 "法兰" 按钮，选取图 10.12.26 所示的模型边线为附着边。在操控板中选择形状类型为 I；单击 **形状** 选项卡，在系统弹出的界面中修改草图内的尺寸至图 10.12.27 所示的值；单击 **偏移** 按钮，选中 ✔ 相对连接边偏移壁 复选框和 ◉ 添加到零件边 单选项；确认 按钮被按下，在其后的文本框中输入折弯半径值 0.5；折弯半径所在侧为 。单击 ✔ 按钮，完成凸缘特征 3 的创建。

图 10.12.24　折弯回去特征 1　　　　　　图 10.12.25　凸缘特征 3

Step 14　创建如图 10.12.28 所示平面钣金 2。单击 **模型** 功能选项卡 形状▼ 区域中的 "平面" 按钮 平面。选取如图 10.12.28 所示模型表面作为草绘平面，选取 RIGHT 基准平面作为参考平面，方向为 右；单击 **草绘** 按钮；绘制图 10.12.29 所示的截面草图；单击 按钮调整厚度方向；单击 ✔ 按钮，完成平面 2 的创建。

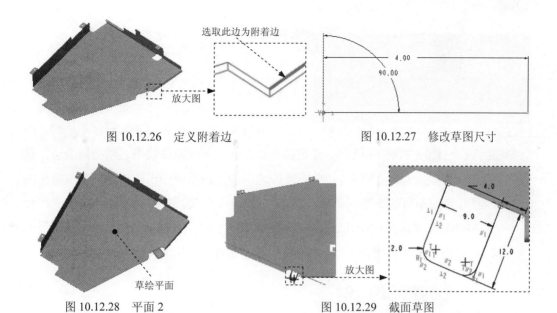

图 10.12.26　定义附着边　　　　　　　　　　图 10.12.27　修改草图尺寸

图 10.12.28　平面 2　　　　　　　　图 10.12.29　截面草图

Step 15 创建图 10.12.30 所示的折弯特征 3。单击 **模型** 功能选项卡 折弯▼ 区域 折弯 ▼ 下的 折弯 按钮；在操控板中单击 按钮和 按钮。单击 **折弯线** 选项卡，选取图 10.12.30 所示的模型表面为草绘平面；然后单击"折弯线"界面中的 **草绘...** 按钮，绘制图 10.12.31 所示的折弯线；在 后文本框中输入折弯角度值 90.0，然后在 后的文本框中输入折弯半径值 0.1，折弯半径所在侧为 ；单击 按钮调整折弯方向；单击操控板中 按钮，完成折弯特征 3 的创建。

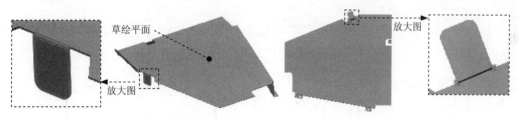

图 10.12.30　折弯特征 3　　　　　　　　图 10.12.31　绘制折弯线

Step 16 参考上一步创建图 10.12.32 所示的折弯特征 4，折弯线如图 10.12.33 所示，具体方法参见录像。

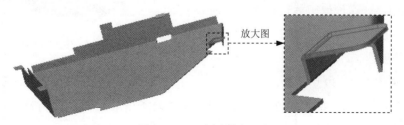

图 10.12.32　折弯特征 4

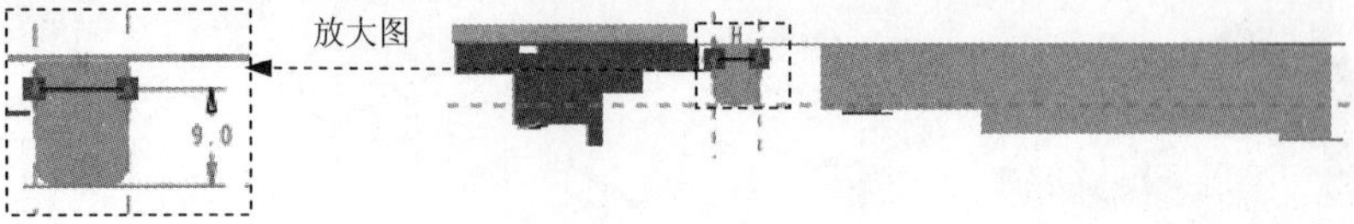

放大图

图 10.12.33　绘制折弯线

Step 17　创建图 10.12.34 所示的凸缘特征 4。单击 模型 功能选项卡 形状 ▼ 区域中的"法兰"按钮🔧；按住 Shift 键，选取图 10.12.36 所示的三条模型边线为附着边。在操控板中选择形状类型为 I；单击 形状 选项卡，在系统弹出的界面中修改草图内的尺寸至图 10.12.35 所示的值；单击 偏移 按钮，选中 ☑ 相对连接边偏移壁 复选框和 ⦿ 添加到零件边 单选项；确认 ⅃ 按钮被按下，并在其后的文本框中输入折弯半径值 0.1；折弯半径所在侧为 ↘ 。单击 ✔ 按钮，完成凸缘特征 4 的创建。

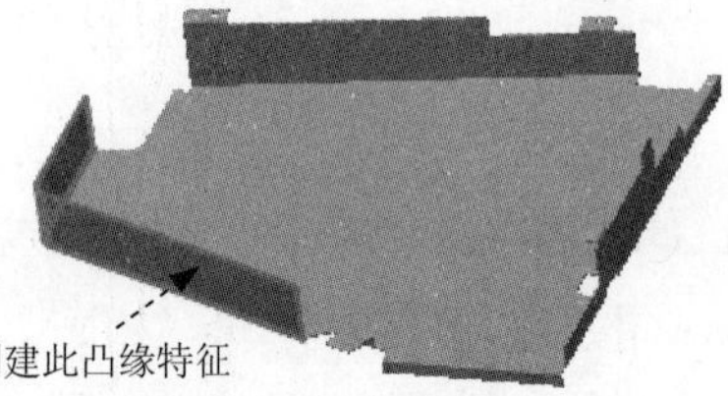

创建此凸缘特征

图 10.12.34　凸缘特征 4

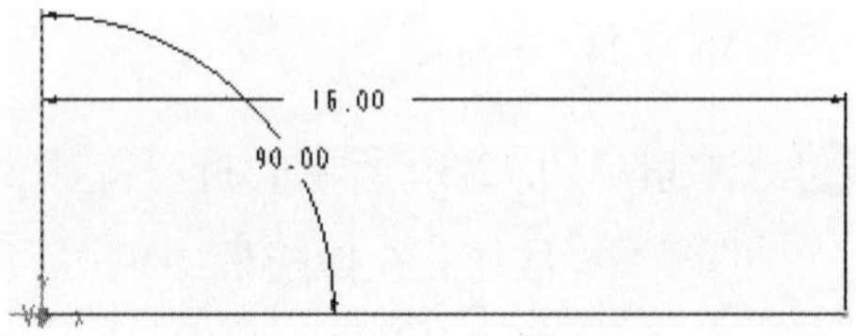

16.00

90.00

图 10.12.35　修改草图尺寸

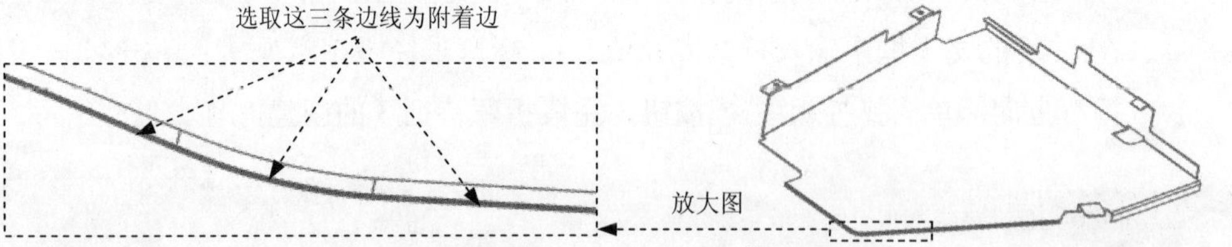

选取这三条边线为附着边

放大图

图 10.12.36　定义附着边

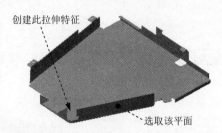

创建此拉伸特征

选取该平面

图 10.12.37　拉伸特征 4

Step 18　创建图 10.12.37 所示的拉伸特征 4。在操控板中单击"拉伸"按钮 ⌐⊐拉伸；在操控板中单击"移除材料"按钮 ⊘；选取图 10.12.37 所示的模型表面为草绘平面，选取 TOP 基准平面为参考平面，方向为 顶；单击 草绘 按钮，绘制图 10.12.38 所示的截面草图，在操控板中选择拉伸类型为 ⊥⊥，输入深度值 5.0；单击 ✔ 按钮，完成拉伸特征 4 的创建。

Step 19　创建图 10.12.39 所示的凸缘特征 5。单击 模型 功能选项卡 形状 ▼ 区域中的"法兰"按钮🔧；按住 Ctrl 键，选取图 10.12.41 所示的模型边线为附着边。在操控板中选择形状类型为 I；单击 形状 选项卡，在系统弹出的界面中修改草图内的尺寸至图 10.12.40 所示的值；单击 偏移 按钮，选中 ☑相对连接边偏移壁 复选框和 ◉添加到零件边 单选项；确认 ⤵ 按钮被按下，并在其后的文本框中输入折弯半径值 0.1；折弯半径所在侧为 ⤵。单击 ✔ 按钮，完成凸缘特征 5 的创建。

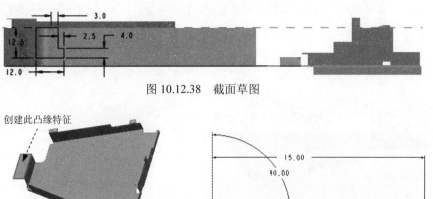

图 10.12.38　截面草图

图 10.12.39　凸缘特征 5　　　　图 10.12.40　修改草图尺寸

Step 20 创建图 10.12.42 所示的拉伸特征 5。在操控板中单击"拉伸"按钮 ⬚拉伸；在操控板中单击"移除材料"按钮 ⬚；选取图 10.12.42 所示的模型表面为草绘平面，选取 TOP 基准平面为参考平面，方向为 顶；单击 草绘 按钮，绘制图 10.12.43 所示的截面草图，在操控板中选择拉伸类型为 ⬓；单击 ✔ 按钮，完成拉伸特征 5 的创建。

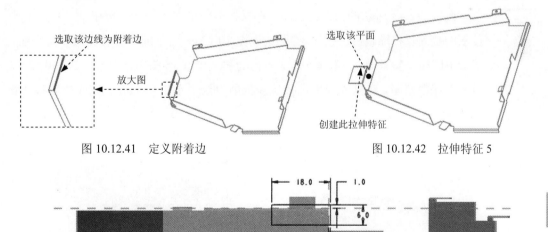

图 10.12.41　定义附着边　　　　　　　图 10.12.42　拉伸特征 5

图 10.12.43　截面草图

Step 21 创建图 10.12.44 所示的凸缘特征 6。单击 模型 功能选项卡 形状 ▾ 区域中的"法兰"按钮 🔩，选取图 10.12.46 所示的模型边线为附着边。在操控板中选择形状类型为 I，定义第一方向的长度类型为 ，在其后的文本框中输入数值-20.0；定义第二方向的长度类型为 ，在其后的文本框中输入值-45.5；单击 **形状** 选项卡，在系统弹出的界面中修改草图内的尺寸至图 10.12.45 所示的值；单击 **止裂槽** 选项卡，止裂槽类别 区域单击 折弯止裂槽 选项，在 类型 下拉列表框中选择 长圆形 选项，其他参数设置如图 10.12.47 所示；确认 按钮被按下，并在其后的文本框中输入折弯半径值 0.2；折弯半径所在侧为 。单击 按钮，完成凸缘特征 6 的创建。

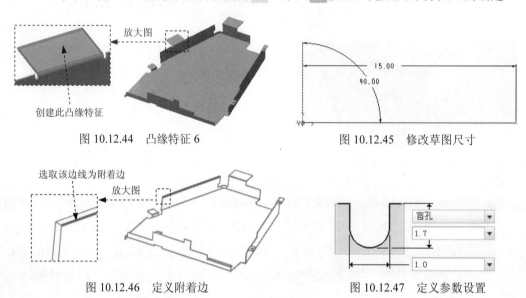

图 10.12.44 凸缘特征 6　　　　图 10.12.45 修改草图尺寸

图 10.12.46 定义附着边　　　　图 10.12.47 定义参数设置

Step 22 创建图 10.12.48 所示的拉伸特征 6。在操控板中单击"拉伸"按钮 拉伸；在操控板中单击"移除材料"按钮 ；选取图 10.12.48 所示的模型表面为草绘平面，选取 RIGHT 基准平面为参考平面，方向为 右；单击 **草绘** 按钮，绘制图 10.12.49 所示的截面草图，在操控板中选择拉伸类型为 ；单击 按钮，完成拉伸特征 6 的创建。

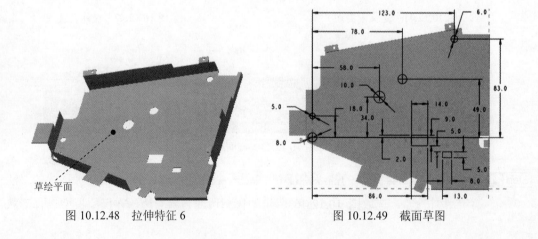

图 10.12.48 拉伸特征 6　　　　图 10.12.49 截面草图

Step 23 创建图 10.12.50 所示的凸缘特征 7。单击 模型 功能选项卡 形状 ▼ 区域中的"法兰"按钮 ，选取图 10.12.52 所示的模型边线为附着边。在操控板中选择形状类型为 I，定义第一方向的长度类型为 ，在其后的文本框中输入数值 1.0；定义第二方向的长度类型为 ，在其后的文本框中输入值 1.0；单击 形状 选项卡，在系统弹出的界面中修改草图内的尺寸至图 10.12.51 所示的值；单击 偏移 选项卡，选中 ✔ 相对连接边偏移壁 单选项与 ⦿ 添加到零件边 复选框；确认 按钮被按下，并在其后的文本框中输入折弯半径值 0.1；折弯半径所在侧为 。单击 ✔ 按钮，完成凸缘特征 7 的创建。

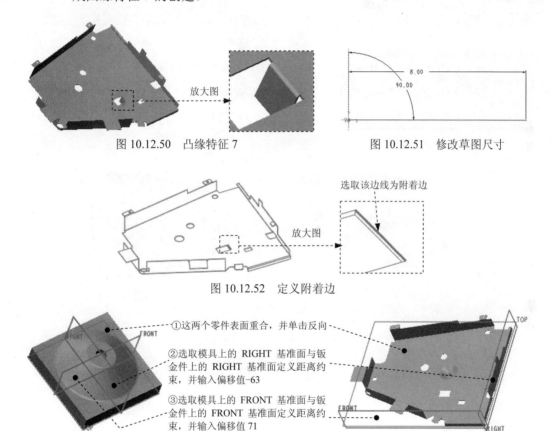

图 10.12.50　凸缘特征 7　　　　　图 10.12.51　修改草图尺寸

图 10.12.52　定义附着边

①这两个零件表面重合，并单击反向

②选取模具上的 RIGHT 基准面与钣金件上的 RIGHT 基准面定义距离约束，并输入偏移值-63

③选取模具上的 FRONT 基准面与钣金件上的 FRONT 基准面定义距离约束，并输入偏移值 71

图 10.12.53　定义成形模具的放置

Step 24 创建图 10.12.54 所示的凸模成形特征 1。单击 模型 功能选项卡 工程 ▼ 区域 下的 凸模 按钮。在系统弹出的"凸模"操控板中单击 按钮，系统弹出文件"打开"对话框，选择 D:\creo2pd\work\ch10.12 目录下的 die01.prt 文件为成形模具，并将其打开。单击操控板中的 放置 选项卡，在弹出的界面中选中 ✔ 约束已启用 复选框并添加图 10.12.53 所示的三组位置约束。单击 选项 选项卡，在弹出的界面中单击 排除冲孔模型曲面 下的空白区域，选取图 10.12.55 所示的模型表面为排除面；

10
Chapter

单击 ⚏ 按钮调整冲孔方向；单击 ✓ 按钮，完成凸模成形特征 1 的创建。

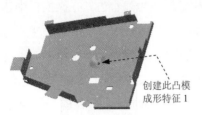

图 10.12.54 凸模成形特征 1

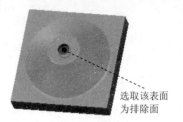

图 10.12.55 选取排除面

Step 25 参考上一步创建图 10.12.56 所示的凸模成形特征 2，具体方法参见录像。

Step 26 创建图 10.12.57 所示的凸模成形特征 3。单击 **模型** 功能选项卡 **工程 ▾** 区域 ⚏ 下的 ⚏ 凸模 按钮。在系统弹出的"凸模"操控板中单击 📁 按钮，选择 D:\creo2pd\work\ch10.12 目录下的 die02.prt 文件为成形模具，并将其打开。单击操控板中的 **放置** 选项卡，在弹出的界面中选中 **☑ 约束已启用** 复选框并添加图 10.12.58 所示的三组位置约束；单击 ⚏ 按钮调整冲孔方向；单击 ✓ 按钮，完成凸模成形特征 3 的创建。

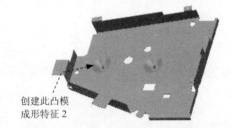

图 10.12.56 凸模成形特征 2

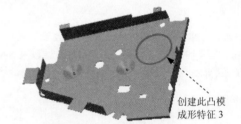

图 10.12.57 凸模成形特征 3

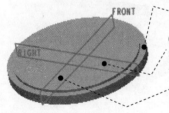

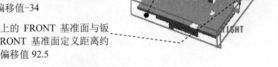

① 这两个零件表面重合，并单击反向

②选取模具上的 RIGHT 基准面与钣金件上的 RIGHT 基准面定义距离约束，并输入偏移值-34

③选取模具上的 FRONT 基准面与钣金件上的 FRONT 基准面定义距离约束，并输入偏移值 92.5

图 10.12.58 定义成形模具的放置

Step 27 参考上一步创建图 10.12.59 所示的凸模成形特征 4，具体方法参见录像。

Step 28 创建图 10.12.60 所示的拉伸特征 7。在操控板中单击"拉伸"按钮 拉伸；在操控板中单击"移除材料"按钮 ⚏；选取图 10.12.60 所示的模型表面为草绘平面，选取 RIGHT 基准平面为参考平面，方向为 **右**；单击 **草绘** 按钮，绘制图 10.12.61 所示的截面草图，在操控板中选择拉伸类型为 ⚏；单击 ✓ 按钮，完成拉伸特征 7 的创建。

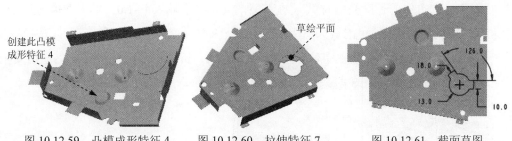

图 10.12.59 凸模成形特征 4　　图 10.12.60 拉伸特征 7　　图 10.12.61 截面草图

Step 29 创建图 10.12.62 所示的拉伸特征 8。在操控板中单击"拉伸"按钮 拉伸 ；在操控板中单击"移除材料"按钮 ；选取图 10.12.62 所示的模型表面为草绘平面，选取 RIGHT 基准平面为参考平面，方向为 右 ；单击 草绘 按钮，绘制图 10.12.63 所示的截面草图，在操控板中选择拉伸类型为 ；单击 按钮，完成拉伸特征 8 的创建。

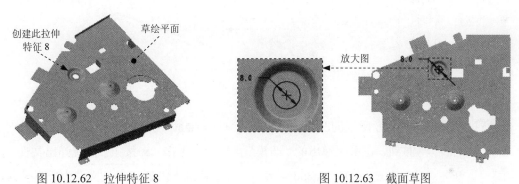

图 10.12.62 拉伸特征 8　　　　　　　图 10.12.63 截面草图

Step 30 参考上一步依次创建图 10.12.64 所示的拉伸特征 9、拉伸特征 10 和拉伸特征 11，具体方法参见录像。

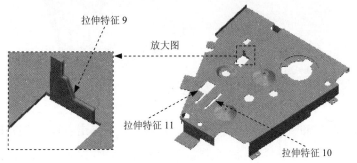

图 10.12.64 拉伸特征 9、10、11

Step 31 创建图 10.12.65 所示的凸缘特征 8。单击 模型 功能选项卡 形状 ▼ 区域中的"法兰"按钮 ，选取图 10.12.67 所示的模型边线为附着边。在操控板中选择形状类型为 I ，定义第一方向的长度类型为 ，在其后的文本框中输入数值-1.0；定义第二方向的长度类型为 ⬚，在其后的文本框中输入值-1.0；单击 **形状** 选项卡，在系统弹出的界面中修改草图内的尺寸至图 10.12.66 所示的值；确认 ⬚ 按钮被按下，并在其后的文本框中输入折弯半径值 0.1；折弯半径所在侧为 ⬚。单击 ✔ 按钮，完成凸缘特征 8 的创建。

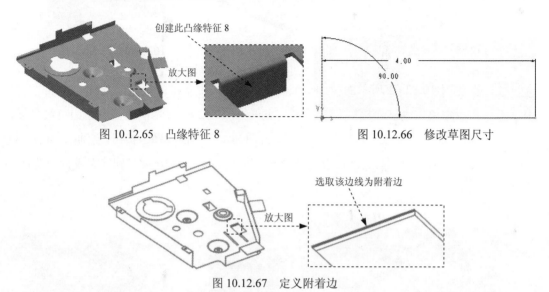

图 10.12.65   凸缘特征 8   图 10.12.66   修改草图尺寸

图 10.12.67   定义附着边

Step 32 创建图 10.12.68 所示的凸模成形特征 5。单击 **模型** 功能选项卡 **工程 ▼** 区域 ⬇ 下的 ⬇凸模 按钮。在系统弹出的"凸模"操控板中单击 ⬚ 按钮，系统弹出文件"打开"对话框，选择 D:\creo2pd\work\ch10.12 目录下的 die04.prt 文件为成形模具，并将其打开；其他操作步骤参考录像。

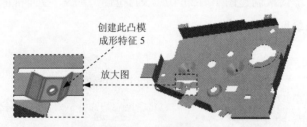

图 10.12.68   凸模成形特征 5

Step 33 创建图 10.12.69 所示的拉伸特征 12。在操控板中单击"拉伸"按钮 ⬚拉伸；在操控板中单击"移除材料"按钮 ⬚；依次选取图 10.12.69 所示的模型表面为草绘平面和参考平面，方向为 顶；单击 **草绘** 按钮，绘制图 10.12.70 所示的截面草图，在操控板中选择拉伸类型为 ⬚；单击 ✔ 按钮，完成拉伸特征 12 的创建。

Step 34 创建图 10.12.71 所示的拉伸特征 13。在操控板中单击"拉伸"按钮 ⬚拉伸；在操控板中单击"移除材料"按钮 ⬚；依次选取图 10.12.71 所示的模型表面为草绘平面和参考平面，方向为 顶；单击 草绘 按钮，绘制图 10.12.72 所示的截面草图，在操控板中选择拉伸类型为 ≐；单击 ✔ 按钮，完成拉伸特征 13 的创建。

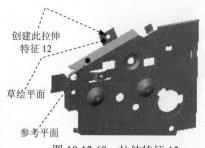

图 10.12.69　拉伸特征 12

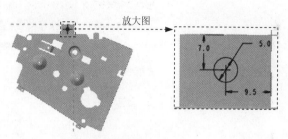

图 10.12.70　截面草图

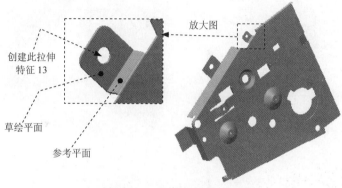

图 10.12.71　拉伸特征 13

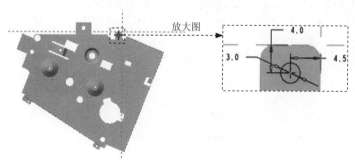

图 10.12.72　截面草图

Step 35　创建图 10.12.73 所示的拉伸特征 14。在操控板中单击"拉伸"按钮 ⬚ 拉伸；在操控板中单击"移除材料"按钮 ⬚；依次选取图 10.12.73 所示的模型表面为草绘平面和选取 RIGHT 平面为参考平面，方向为 右；单击 草绘 按钮，绘制图 10.12.74 所示的截面草图，在操控板中选择拉伸类型为 ≐；单击 ✔ 按钮，完成拉伸特征 14 的创建。

Step 36　后面的详细操作过程请参见随书光盘中 video\ch10.12\reference\文件下的语音视频讲解文件 printer_sheet-r06.avi。

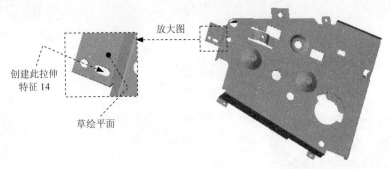

图 10.12.73　拉伸特征 14

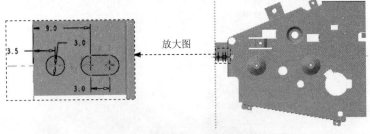

图 10.12.74　截面草图

11

产品的装配设计

Creo 的装配模块用来建立零件间的相对位置关系，从而形成复杂的装配体。

Creo 提供了自底向上和自顶向下两种装配功能。如果首先设计好全部零件，然后将零件作为部件添加到装配体中，则称之为自底向上装配；如果是首先设计好装配体模型，然后在装配体中组建模型，最后生成零件模型，则称之为自顶向下装配。自底向上装配是一种常用的装配模式，本书主要介绍自底向上装配。

11.1 各种装配约束的概念

利用装配约束，可以指定一个元件相对于装配体（组件）中其他元件（或装配环境中基准特征）的放置方式和位置。装配约束的类型包括匹配（Mate）、对齐（Align）、插入（Insert）等。在 Creo 中，一个元件通过装配约束添加到装配体中后，它的位置会随着与其有约束关系的元件的改变而相应改变，而且约束设置值作为参数可随时修改，并可与其他参数建立关系方程，这样整个装配体实际上是一个参数化的装配体。

关于装配约束，请注意以下几点：

- 一般来说，建立一个装配约束时，应选取元件参考和组件参考。元件参考和组件参考分别是元件和装配体中用于约束定位和定向的点、线、面。例如通过对齐（Align）约束将一根轴放入装配体的一个孔中，轴的中心线就是元件参考，而孔的中心线就是组件参考。

- 系统一次只添加一个约束。例如不能用一个"对齐"约束将一个零件上两个不同的孔与装配体中的另一个零件上的两个不同的孔对齐，必须定义两个不同的对齐约束。

● 要对一个元件在装配体中完整地指定放置和定向（即完整约束），往往需要定义数个装配约束。

● 在 Creo 中装配元件时，可以将多于所需的约束添加到元件上。即使从数学的角度来说，元件的位置已完全约束，还可能需要指定附加约束，以确保装配件达到设计意图。建议将附加约束限制在 10 个以内，系统最多允许指定 50 个约束。

1. "面与面"重合

当约束对象是两平面或基准平面时，两零件的朝向可以通过"反向"按钮来切换，如图 11.1.1 所示。

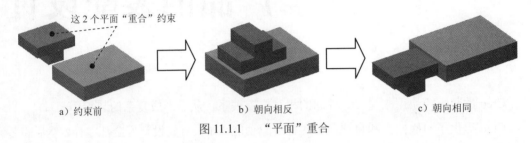

这 2 个平面"重合"约束

a）约束前　　　　　　　b）朝向相反　　　　　　c）朝向相同

图 11.1.1　　"平面"重合

当约束对象是具有中心轴线的圆柱面时，圆柱面的中心轴线将重合，如图 11.1.2 所示。

选取元件 1 的轴的圆柱面

选取元件 2 的孔的圆柱面

a）约束前　　　　　　　　　　　　b）约束后

图 11.1.2　　"圆柱面"重合

2. "线与线"重合

当约束对象是直线或基准轴时，直线或基准轴相重合，如图 11.1.3 所示。

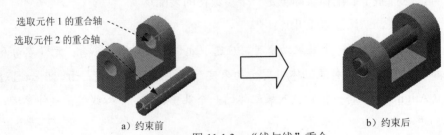

选取元件 1 的重合轴

选取元件 2 的重合轴

a）约束前　　　　　　　　　　　　b）约束后

图 11.1.3　　"线与线"重合

注意：图 11.1.3 所示的"线与线"重合与图 11.1.2 所示的"圆柱面"重合结果是一样

的，但是选取的约束对象不同，前者需要选取轴线，后者需要选取旋转面。

3."距离"约束

使用"距离"约束定义两个装配元件中的点、线和平面之间的距离值。约束对象可以是元件中的平整表面、边线、顶点、基准点、基准平面和基准轴，所选对象不必是同一种类型，例如可以定义一条直线与一个平面之间的距离。当约束对象是两平面时，两平面平行（图 11.1.4）；当约束对象是两直线时，两直线平行；当约束对象是一直线与一平面时，直线与平面平行。当距离值为 0 时，所选对象将重合、共线或共面。

a）约束前   b）约束后

图 11.1.4   "距离"约束

4."相切"约束

用"相切（Tangent）"约束可控制两个曲面相切，如图 11.1.5 所示。

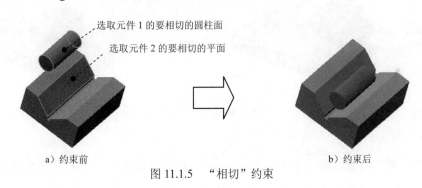

a）约束前   b）约束后

图 11.1.5   "相切"约束

5."坐标系"约束

用"坐标系（Coord Sys）"约束可将两个元件的坐标系对齐，或者将元件的坐标系与装配件的坐标系对齐，即一个坐标系中的 X 轴、Y 轴、Z 轴与另一个坐标系中的 X 轴、Y 轴、Z 轴分别对齐，如图 11.1.6 所示。

6."线上点"约束

用"线上点（Pnt On Line）"约束可将线与点对齐。"线"可以是零件或装配件上的边线、轴线或基准曲线；"点"可以是零件或装配件上的顶点或基准点，如图 11.1.7 所示。

7."曲面上的点"约束

用"曲面上的点（Pnt On Srf）"约束可使一个曲面和一个点对齐。"曲面"可以是零件或装配件上的基准平面、曲面特征或零件的表面；"点"可以是零件或装配件上的顶点或基准点，如图 11.1.8 所示。

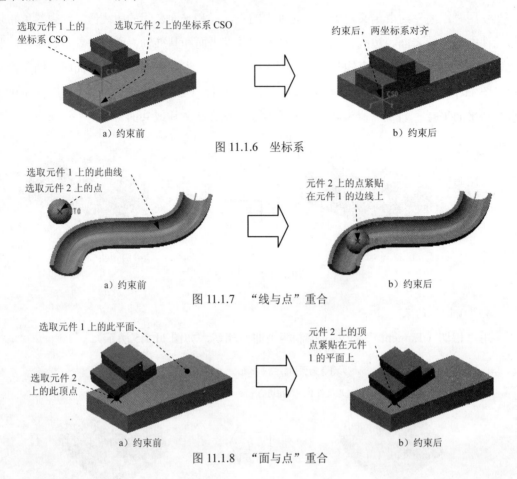

选取元件 1 上的坐标系 CSO
选取元件 2 上的坐标系 CSO
约束后，两坐标系对齐
a）约束前
b）约束后

图 11.1.6　坐标系

选取元件 1 上的此曲线
选取元件 2 上的点
元件 2 上的点紧贴在元件 1 的边线上
a）约束前
b）约束后

图 11.1.7　"线与点"重合

选取元件 1 上的此平面
选取元件 2 上的此顶点
元件 2 上的顶点紧贴在元件 1 的平面上
a）约束前
b）约束后

图 11.1.8　"面与点"重合

8. "线与面"约束

"线与面"约束可将一个曲面与一条边线对齐。"曲面"可以是零件或装配件中的基准平面、表面或曲面面组；"边线"为零件或装配件上的边线，如图 11.1.9 所示。

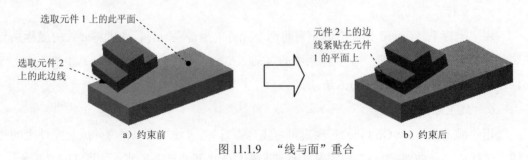

选取元件 1 上的此平面
选取元件 2 上的此边线
元件 2 上的边线紧贴在元件 1 的平面上
a）约束前
b）约束后

图 11.1.9　"线与面"重合

9. "默认"约束

"默认"约束也称为"缺省"约束，可以用该约束将元件上的默认坐标系与装配环境的默认坐标系对齐。当向装配环境中引入第一个元件（零件）时，常常对该元件实施这种约束形式。

10. "固定"约束

"固定"约束也是一种装配约束形式，可以用该约束将元件固定在图形区的当前位置。当向装配环境中引入第一个元件（零件）时，也可对该元件实施这种约束形式。

11.2　产品装配的一般过程

下面以一个装配体模型——轴和齿轮的装配（transmission_shaft_asm）为例（图 11.2.1），说明装配体创建的一般过程。

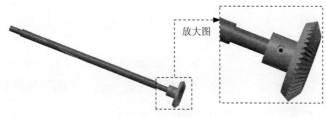

放大图

图 11.2.1　轴和齿轮的装配

11.2.1　新建装配文件

新建装配文件的步骤如下：

Step 1　将工作目录设置为 D:\creo2pd\work\ch11.02。

Step 2　单击"新建"按钮 🗋，在弹出的文件"新建"对话框中，进行下列操作：

（1）选中 类型 选项组下的 ● 🔲 装配 单选项。

（2）选中 子类型 选项组下的 ◉ 设计 单选项。

（3）在 名称 文本框中输入文件名 transmission_shaft_asm。

（4）通过取消 □ 使用默认模板 复选框中的"√"号，来取消"使用默认模板"。后面将介绍如何定制和使用装配默认模板。

（5）单击该对话框中的 确定 按钮。

Step 3　在系统弹出的"新文件选项"对话框中（图 11.2.2），进行下列操作：

（1）选取适当的装配模板。在模板选项组中，选取 mmns_asm_design 模板命令。

（2）对话框中的两个参数 DESCRIPTION 和 MODELED_BY 与 PDM 有关，一般不对此进行操作。

（3）□ 复制关联绘图 复选框一般不用进行操作。

（4）单击该对话框中的 确定 按钮。

Chapter
11

完成这一步操作后，系统进入装配模式（环境），此时在图形区可看到三个正交的装配基准平面（图 11.2.3）。

图 11.2.2　"新文件选项"对话框

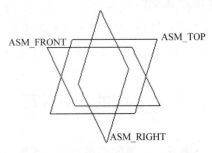

图 11.2.3　三个默认的基准平面

11.2.2　装配第一个元件

在向装配环境中添加装配元件之前，一般应先建立三个正交的装配基准平面，方法为：进入装配模式后，单击 模型 功能选项卡 基准 ▼ 区域中的"平面"按钮 ⬜，系统便自动创建三个正交的装配基准平面。

说明：本例中，由于选取了 mmns_asm_design 模板命令，系统便自动创建三个正交的装配基准平面，所以无须再创建装配基准平面。

如果不创建三个正交的装配基准平面，那么基础元件就是放置到装配环境中的第一个零件、子组件或骨架模型，此时无须定义位置约束，元件只按默认放置。如果用互换元件来替换基础元件，则替换元件也总是按默认放置。

Step 1　引入第一个零件。

（1）单击 模型 功能选项卡 元件 ▼ 区域（图 11.2.4）中的"组装"按钮 🔧 （或单击 组装 按钮，然后在弹出的菜单中选择 组装 选项，如图 11.2.5 所示。

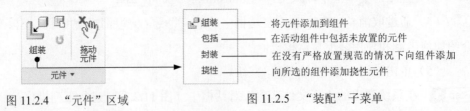

图 11.2.4　"元件"区域　　　　图 11.2.5　"装配"子菜单

元件 ▼ 区域及 组装 菜单下的几个命令的说明：

组装：将已有的元件（零件、子装配件或骨架模型）装配到装配环境中。用"元件放置"对话框，可将元件完整地约束在装配件中。

（创建）：选择此命令，可在装配环境中创建不同类型的元件，如零件、子装配件、骨架模型及主体项目，也可创建一个空元件。

⟳（重复）：使用现有的约束信息在装配中添加一个当前选中零件的新实例，但是当选中零件以"默认"或"固定"约束定位时无法使用此功能。

封装：选择此命令可将元件不加装配约束地放置在装配环境中，它是一种非参数形式的元件装配。关于元件的"封装"详见后面的章节。

包括：选择此命令，可在活动组件中包括未放置的元件。

挠性：选择此命令可以向所选的组件添加挠性元件（如弹簧）。

（2）此时系统弹出文件"打开"对话框，选择驱动杆零件模型文件 transmission_shaft.prt，然后单击 打开 ▾ 按钮。

Step 2 完全约束放置第一个零件。完成上步操作后，系统弹出元件放置操控板，在该操控板中单击 放置 按钮，在"放置"界面的 约束类型 下拉列表中选择 □ 默认 选项，将元件按默认放置，此时操控板中显示的信息为 状况·完全约束 ，说明零件已经完全约束放置；单击操控板中的 ✓ 按钮。

11.2.3　装配第二个元件

1. 引入第二个零件

单击 模型 功能选项卡 元件 ▾ 区域中"组装"按钮 ⬈ ；然后在弹出的文件"打开"对话框中，选取轴套零件模型文件 cone_gear02.prt，单击 打开 ▾ 按钮。

说明：在第二个零件引入后，可能与第一个零件相距较远，或者其方向和方位不便于进行装配放置。解决这个问题的方法有两种。

● 移动元件（零件）。在元件放置操控板中单击 移动 按钮，系统弹出"移动"界面；在 运动类型 下拉列表中选择 平移 或 旋转 选项；既可得到装配元件随着鼠标的移动而平移或旋转。

● 打开辅助窗口（图 11.2.6）。在元件放置操控板中，单击 ▣ 按钮即可打开一个包含要装配元件的辅助窗口。在此窗口中可单独对要装入的元件进行缩放（中键滚轮）、旋转（中键）和平移（Shift + 中键）。这样就可以将要装配的元件调整到方便选取装配约束参考的位置。

2. 完全约束放置第二个零件

当引入元件到装配件中时，系统将选择"自动"放置。从装配体和元件中选择一对有效参考后，系统将自动选择适合指定参考的约束类型。约束类型的自动选择可省去手动从约束列表中选择约束的操作步骤，从而有效地提高工作效率。但某些情况下，系统自动指定的约束不一定符合设计意图，需要重新进行选取。这里需要说明一下，本书中的例子都是采用手动选择装配的约束类型，这主要是为了方便讲解，使讲解内容条理清楚。

Step 1 定义第一个装配约束。

（1）在"放置"界面的 约束类型 下拉列表框中选择 重合 选项。

（2）分别选取图 11.2.7 所示的两个圆柱面为约束对象。

注意：为了保证参考选择的准确性，建议采用列表选取的方法选取参考。

此时"放置"界面的 状况 选项组中显示的信息为 部分约束 ，所以还得继续添加装配约束，直至显示 完全约束 。

图 11.2.6　辅助窗口

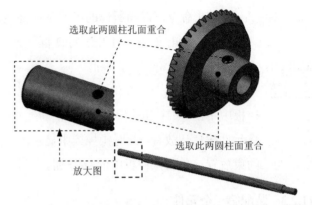

选取此两圆柱孔面重合

选取此两圆柱面重合

放大图

图 11.2.7　选取约束面

Step 2　定义第二个装配约束。

（1）在"放置"界面中单击 ➜新建约束 字符，在 约束类型 下拉列表框中选择 平行 选项。

（2）分别选取图 11.2.7 所示的两圆柱孔面为约束对象；然后在 约束类型 下拉列表框中选择 定向 选项；此时界面下部的 状况 栏中显示的信息为 完全约束 。

Step 3　单击"元件放置"操控板中的 ✔ 按钮，完成装配体的创建。

11.3　允许假设

在装配过程中，Creo 会自动启用"允许假设"功能，通过假设存在某个装配约束，使元件自动地被完全约束，从而帮助用户高效率地装配元件。 ✔允许假设 复选框位于"放置"界面的 状况 选项组，用以切换系统的约束定向假设开关。在装配时，只要能够做出假设，系统即显示 ✔允许假设 复选框，并自动将其选中（即使之有效）。"允许假设"的设置是针对具体元件的，并与该元件一起保存。

例如：图 11.3.1 所示的例子，现要将图中的一个螺钉装配到端盖上，在分别添加两个重合约束后，"元件放置"操控板中的 状况 选项组就显示 完全约束 ，如图 11.3.2 所示，这是因为系统自动启用了"允许假设"，假设存在第三个约束，该约束限制螺钉在端盖中的径向位置，这样就完全约束了该螺钉，完成了螺钉装配。

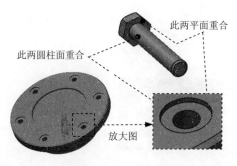

此两平面重合

此两圆柱面重合

放大图

图 11.3.1　元件装配

图 11.3.2　"放置"界面

有时系统假设的约束，虽然能使元件完全约束，但有可能并不符合设计意图，如何处理这种情况呢？可以先取消选中 □ 允许假设 复选框，添加和明确定义另外的约束，使元件重新完全约束；如果不定义另外的约束，用户可以使元件在"假定"位置保持包装状态，也可以将其拖出假定的位置，使其在新位置上保持包装状态（当再次单击 ☑ 允许假设 复选框时，元件会自动回到假设位置），下面以图 11.3.1 所示的例子来进行说明。

先将元件 1 引入装配环境中，并使其完全约束。然后引入元件 2，并分别添加两个"重合"约束，此时 状况 选项组下的 ☑ 允许假设 复选框被自动选中，并且系统在对话框中显示 完全约束 信息，两个元件的装配效果如图 11.3.3 所示。

放大图　　　　　　　　　　　　　　　　放大图

a）操作前　　　　　　　　　　　　　　　b）操作后

图 11.3.3　装配效果

请按下面的操作方法进行练习：

Step 1　设置工作目录和打开文件。

（1）选择下拉菜单 文件▾ ➡ 管理会话(M)▸ ➡ 选择工作目录(W) 更改工作目录. 命令，将工作目录设置为 D:\creo2pd\work\ch11.03。

（2）选择下拉菜单 文件▾ ➡ 打开(O) 命令，打开文件 if_asm.asm。

Step 2　编辑定义元件 bolt.prt，在模型树中右击 BOLT.PRT 在系统弹出的快捷菜单中选择 编辑定义 命令，在系统弹出"元件放置"操控板中进行如下操作：

（1）在操控板中单击 放置 按钮，在弹出的"放置"界面中取消选中 □ 允许假设 复选框。

（2）设置元件的定向。

① 在"放置"界面中，单击"新建约束"字符，在 约束类型 下拉列表框中选择 角度偏移 选项。

② 分别选取图 11.3.5 所示螺钉表面以 ASM.TOP 基准面；偏移角度值设为 45.0。

（3）在元件放置操控板中单击 ✓ 按钮。

ASM.TOP 基准面　　　放大图　　　螺钉表面

图 11.3.5　对齐表面选取

11.4　元件的复制

可以对完成装配后的元件进行复制。如图 11.4.1 和图 11.4.2 所示，现需要对图中的连接插头元件进行复制，下面介绍其操作过程：

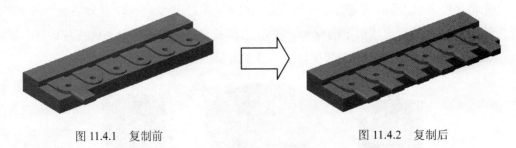

图 11.4.1　复制前　　　　　　　　　　　　图 11.4.2　复制后

Step 1　将工作目录设置为 D:\creo2pd\work\ch11.04，打开 component_copy.asm。

Step 2　单击 模型 功能选项卡 元件 ▼ 节点下的 元件操作 命令。

Step 3　在弹出的菜单管理器中选择 Copy (复制) 命令。•

Step 4　在弹出的菜单中选择 Select (选择) 命令，并选择刚创建的坐标系。

Step 5　选择要复制的连接插头元件，并在"选择"对话框中单击 确定 按钮。

Step 6　选择复制类型。在"复制"子菜单中选择 Translate (平移) 命令。

Step 7　在 Z 轴方向进行平移复制（注此处复制会根据所建坐标轴方向不同而选择不同的轴方向）。

（1）在菜单中选择 Z Axis (Z 轴) 命令。

（2）在系统 输入 平移的距离x方向: 的提示下，输入沿 Z 轴的移动距离值-15.0。

（3）选择 Done Move (完成移动) 命令。

（4）在系统 输入沿这个复合方向的实例数目: 的提示下，输入沿 Z 轴的实例个数 6。

Step 8　选择菜单中的 Quit Move (退出移动) 命令，选择 Done (完成) 命令。

Step 9　在弹出的菜单管理器中选择 Done/Return (完成/返回) 命令。

11.5　元件的阵列

与在零件模型中特征的阵列（Pattern）一样，在装配体中，也可以进行元件的阵列（Pattern），装配体中的元件包括零件和子装配件。元件阵列的类型主要包括"参考阵列"和"尺寸阵列"。

1. 参考阵列

如图 11.5.1 至图 11.5.3 所示，元件"参考阵列"是以装配体中某一零件中的特征阵列为参考，来进行元件的阵列。图 11.5.3 中的 6 个阵列螺钉，是参考装配体中元件 1 上的 6 个阵列孔来进行创建的，所以在创建"参考阵列"之前，应提前在装配体的某一零件中创建参考特征的阵列。

图 11.5.1　装配前　　　　　　图 11.5.2　装配后　　　　　　图 11.5.3　元件阵列

在 Creo 中，用户还可以用参考阵列后的元件为另一元件创建"参考阵列"。在图 11.5.3 的例子中，已使用"参考阵列"选项创建了 6 个螺钉阵列，因此可以再一次使用"参考阵列"命令将螺母阵列装配到螺钉上。

下面介绍创建元件 2 的参考阵列的操作过程：

Step 1　将工作目录设置为 D:\creo2pd\work\ch11.05.01，打开文件 pattern_ ref.asm。

Step 2　在图 11.5.4 所示的模型树中单击 BOLT.PRT（元件 2），右击，从系统弹出的图 11.5.5 所示的快捷菜单中选择 阵列... 命令。

图 11.5.4　模型树　　　　　　　　图 11.5.5　快捷菜单

说明：在装配环境中，另一种进入的方式：单击 模型 功能选项卡 修饰符▼ 区域中的"阵列"命令 ⊞。

Step 3　在"阵列"操控板的阵列类型框中选取 参考 ，单击"完成"按钮 ✓。此时，系统便自动参考元件 1 中的孔的阵列，创建图 11.5.3 所示的元件阵列。如果修改阵列中的某一个元件，则系统就会像在特征阵列中一样修改每一个元件。

2. 尺寸阵列

如图 11.5.6 所示，元件的"尺寸阵列"是使用装配中的约束尺寸创建阵列，所以只有使用诸如"距离"或"角度偏移"这样的约束类型才能创建元件的"尺寸阵列"。创建元件的"尺寸阵列"，也遵循"零件"模式中"特征阵列"的规则。这里请注意：如果要重定义阵列化的元件，必须在重定义元件放置后再重新创建阵列。

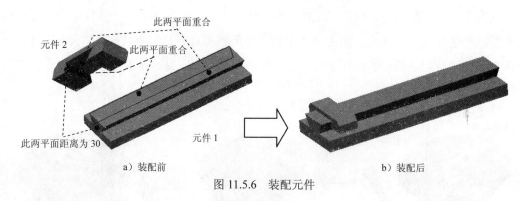

a）装配前　　　　　　　　　　　　　　b）装配后

图 11.5.6　装配元件

下面开始创建元件 2 的尺寸阵列，操作步骤如下：

Step 1 将工作目录设置为 D:\creo2pd\work\ch11.05.02，打开 scale_pattern.asm。

Step 2 在模型树中选取元件 2，右击，从弹出的快捷菜单中选择 阵列... 命令。

Step 3 系统提示 ➡ 选择要在第一方向上改变的尺寸，选取图 11.5.7 中的尺寸 30.0。

Step 4 在出现的增量尺寸文本框中输入数值 100.0，并按回车键，如图 11.5.7 所示。也可单击"阵列"操控板中的 尺寸 按钮，在弹出的"尺寸"界面中作相应的设置或修改。

Step 5 在"阵列"操控板中输入实例总数 5。

Step 6 单击操控板中的 ✔ 按钮，此时即得到图 11.5.8 所示的元件 2 的阵列。

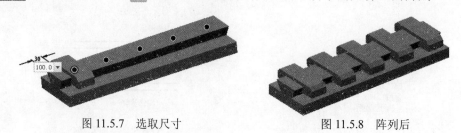

图 11.5.7　选取尺寸　　　　　　　　图 11.5.8　阵列后

11.6　修改装配体中的元件

一个装配体完成后，可以对该装配体中的任何元件（包括零件和子装配件）进行下面的一些操作：元件的打开与删除、元件尺寸的修改、元件装配约束偏距值的修改（如匹配约束和对齐约束偏距的修改）、元件装配约束的重定义等。这些操作命令一般从模型树中获取。

下面以修改装配体 edit_assembly.asm 中的 fix_bottom_bolt 零件来进行说明：

Step 1　将工作目录设置为 D:\creo2pd\work\ch11.06，打开文件 edit_assembly.asm。

Step 2　在装配模型树界面中选择 ⌜⌝ ▼ ⟶ ⌸ 树过滤器 (F)... 命令，然后选中"显示"选项组下的 ☑ 特征 复选框，这样每个零件中的特征都将在模型树中显示。

Step 3　单击模型树中 ▶ ☐ FIX_BOTTOM_BOLT.PRT 前面的 ▶ 号。

Step 4　此时 ▶ ☐ FIX_BOTTOM_BOLT.PRT 中的特征显示出来，右击要修改的特征（如 ▶ ⌂ 拉伸 2），系统弹出的快捷菜单中，可选取所需的编辑、编辑定义等命令，对所选特征进行相应操作。

如图 11.6.1 所示，在装配体 edit_assembly.asm 中，如果要将零件 fix_bottom_bolt 中的尺寸 13.5 改成 10.0，操作方法如下：

图 11.6.1　修改尺寸

Step 1　显示要修改的尺寸。在模型树中，右击零件 FIX_BOTTOM_BOLT.PRT 中的 ▶ ⌂ 拉伸 2 特征，选择 编辑定义 命令，系统即显示该特征的尺寸。

Step 2　将原有尺寸 13.5 修改为 10.0，单击操控板中的 ✔ 按钮。

Step 3　装配模型的再生：右击零件 ▶ ☐ FIX_BOTTOM_BOLT.PRT，在弹出的菜单中选择 重新生成 命令。

注意：修改装配模型后，必须进行"重新生成"操作，否则模型不能按修改的要求更新。

说明：再生：单击 模型 功能选项卡 操作 ▼ 区域中的 ⌸ 按钮，（或者在模型树中，右击要进行再生的元件，然后从弹出的快捷菜单中选取 重新生成 命令），此方式只再生被选中的对象。

11.7　装配体中的层操作

当向装配体中引入更多的元件时，屏幕中的基准面、基准轴等太多，这就要用"层"的功能，将暂时不用的基准元素遮蔽起来。

可以对装配体中的各元件分别进行层的操作，下面以装配体 valve_asm.asm 为例介绍其操作方法：

Step 1　将工作目录设置为 D:\creo2pd\work\ch011.07，打开文件 valve_asm.asm。

Step 2　在导航选项卡中选择 🗒️ ▾ ➡ 层树(L) 命令，此时在导航区显示装配层树。

Step 3　选取对象。从装配模型下拉列表框中选取零件 SHAFT.PRT，此时 SHAFT 零件所有的层显示在层树中。

Step 4　对 shaft 零件中的层进行诸如隐藏、新建层、设置层的属性等操作。

11.8　模型的视图管理

11.8.1　模型的定向视图

定向（Orient）视图功能可以将组件以指定的方位进行摆放，以便观察模型或为将来生成工程图做准备。图 11.8.1 是装配体 view_manage.asm 定向视图的例子，下面说明创建定向视图的操作方法。

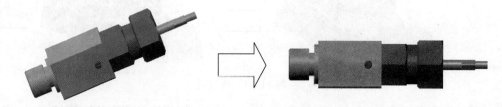

图 11.8.1　定向视图

1.　创建定向视图

Step 1　将工作目录设置为 D:\creo2pd\work\ch11.08.01，打开文件 orient_view.asm。

Step 2　选择 视图 功能选项卡 模型显示 区域 🗒️ 节点下的 🔲 视图管理器 命令，在弹出的"视图管理器"对话框的 定向 选项卡中单击 新建 按钮，并按回车键。

Step 3　选择 编辑 ▾ ➡ 重新定义 命令，系统弹出"方向"对话框；在 类型 下拉列表中选取 按参考定向 选项，如图 11.8.2 所示。

Step 4　定向组件模型。

（1）定义放置参考 1：在 参考1 下面的下拉列表中选择 后面，再选取图 11.8.3 中的装配基准平面 ASM_TOP。该步操作的意义是使所选的装配基准平面 ASM_TOP 朝后（即与屏幕平行且面向操作者）。

（2）定义放置参考 2：在 参考2 下面的列表中选择 左，再选取图 11.8.3 所示的模型表面，即使所选表面朝向左边。

Step 5 单击 **确定** 按钮，关闭"方向"对话框，再单击"视图管理器"对话框的 **关闭** 按钮。

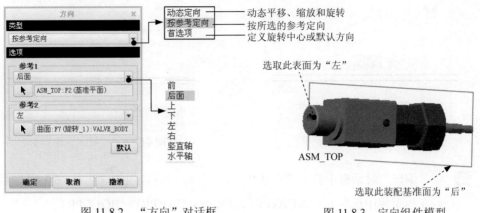

　　　　　　　图 11.8.2　　"方向"对话框　　　　　　图 11.8.3　　定向组件模型

2. 设置不同的定向视图

　　用户可以为装配体创建多个定向视图，每一个都对应于装配体的某个局部或层，在进行不同局部的设计时，可将相应的定向视图设置到当前工作区中，操作方法是在"视图管理器"对话框的 **定向** 选项卡中，选择相应的视图名称，然后双击；或选中视图名称后，选择 **选项 ▾** ➡ **激活** 命令。

11.8.2　模型的样式视图

　　样式（Style）视图可以将指定的零部件遮蔽起来或以线框、隐藏线等样式显示。图 11.8.4 是装配体 style_view.asm 样式视图的例子，下面说明创建样式视图的操作方法。

图 11.8.4　样式视图

1. 创建样式视图

Step 1 将工作目录设置为 D:\creo2pd\work\ch11.08.02，打开文件 style_view.asm。

Step 2 选择 **视图** 功能选项卡 **模型显示** 区域 ▮▮节点下的 **视图管理器** 命令。

Step 3 在"视图管理器"对话框的 **样式** 选项卡中，单击 **新建** 按钮，并按回车键。

Step 4 系统弹出图 11.8.5 所示的"编辑"对话框，此时 **遮蔽** 选项卡中提示"选取将被遮蔽的元件"，在模型树中选取 PRESS_BOLT.PRT。

Step 5 在"编辑"对话框中打开 **显示** 选项卡，在 **方法** 选项组中选中 **⦿ 线框** 单选项，如图 11.8.6 所示，然后在模型树中选取元件 VAKVE_CAP.PRT，FILL_RING.PRT（阵列）。

图 11.8.5　"编辑"对话框

图 11.8.6　"显示"选项卡

Step 6 在"编辑"对话框中打开 显示 选项卡，在 方法 选项组中选中 ⊙ 着色 单选项，然后在模型树中选取元件 RING.PRT，PRESS_CAP.PRT，BOLT.PRT。

Step 7 在"编辑"对话框中打开 显示 选项卡，在 方法 选项组中选中 ⊙ 透明 单选项，然后在模型树中选取元件 VALVE_BODY.PRT。此时模型树的显示如图 11.8.7 所示。

图 11.8.6 中"显示"选项卡的 方法 区域中各项的说明：

- ⊙ 线框 单选项：将所选元件以"线条框架"的形式显示，显示其所有的线，对线的前后位置关系不加以区分，如图 11.8.4 所示。

- ⊙ 隐藏线 单选项：与"线框"方式的区别在于它区分线的前后位置关系，将被遮挡的线以"灰色"线表示。

- ⊙ 消隐 单选项：将所选元件以"线条框架"的形式显示，但不显示被遮挡的线。

- ⊙ 着色 单选项：以"着色"方式显示所选元件。

- ⊙ 透明 单选项：以"透明"方式显示所选元件。

Step 8 单击"编辑"对话框中的 ✔ 按钮，完成视图的编辑，再单击"视图管理器"对话框中的 关闭 按钮。

2. 设置不同的样式视图

用户可以为装配体创建多个样式视图，每一个都对应于装配体的某个局部，在进行不同局部的设计时，可将相应的样式视图设置到当前工作区中。操作方法：在"视图管理器"对话框中的 样式 选项卡中，选择相应的视图名称，然后双击，或选中视图名称后，选择 ● 选项 ▼ ➡ ➡ 激活 命令，此时在当前视图名称前有一个红色箭头指示。

11.8.3　模型的横截面

1. 横截面概述

横截面（X-Section）也称 X 截面、剖截面，它的主要作用是查看模型剖切的内部形状和结构。在零件模块或装配模块中创建的横截面，可用于在工程图模块中生成剖视图。

在 Creo 中，横截面分两种类型：

● "平面"横截面：用平面对模型进行剖切，如图 11.8.8 所示。

● "偏距"横截面：用草绘的曲面对模型进行剖切，如图 11.8.9 所示。

图 11.8.7　模型树　　　　图 11.8.8　"平面"横截面　　　图 11.8.9　"偏距"横截面

选择 视图 功能选项卡 模型显示 区域"管理视图" 节点下的 视图管理器 命令，在弹出的对话框中单击 截面 选项卡，即可进入横截面操作界面。

2. 创建一个"平面"横截面

下面以零件模型 planar_section.prt 为例，说明创建图 11.8.8 所示的"平面"横截面的一般操作过程：

Step 1　将工作目录设置为 D:\creo2pd\work\ch11.08.03.01，打开文件 planar_section.prt。

Step 2　选择 视图 功能选项卡 模型显示 区域 节点下的 视图管理器 命令。

Step 3　选择截面类型。单击 截面 选项卡，在弹出的视图管理器操作界面中，单击 新建 ➡ 平面 命令，并按回车键，此时系统弹出"截面"操控板。

Step 4　定义截面参考。

（1）单击"截面"操控板的"参考"按钮 参考 。

（2）在模型中选取 TOP 基准面，此时模型上显示新建的剖面。

（3）单击"截面"对话框中的 ✓ 按钮，完成截面的创建。

3. 创建一个"偏距"横截面

下面以零件模型 offset_section.prt 为例，说明创建图 11.8.9 所示的"偏距"横截面的一般操作过程：

Step 1　将工作目录设置为 D:\creo2pd\work\ch11.08.03.02，打开文件 offset_section.prt。

Step 2　选择 视图 功能选项卡 模型显示 区域 节点下的 视图管理器 命令。

Step 3　单击 截面 选项卡，在其选项卡中单击 新建 按钮，选择"偏移"选项 偏移 ，并按回车键。

Step 4　系统弹出"截面"操控板，如图 11.8.10 所示。

Step 5　绘制偏距横截面草图。

图 11.8.10 "截面"操控板

（1）定义草绘平面。在图 11.8.10 所示的"截面"操控板的 草绘 界面中单击 定义... 按钮，然后选取图 RIGHT 基准平面平面为草绘平面。

（2）绘制图 11.8.11 所示的偏距横截面草图，完成后单击"确定"按钮 ✓。

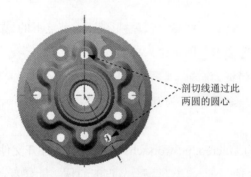

剖切线通过此
两圆的圆心

图 11.8.11 偏距剖截面草图

4.创建装配的横截面

下面以图 11.8.12 为例，说明创建装配件横截面的一般操作过程：

a）创建"剖截面"前   b）创建"剖截面"后

图 11.8.12 装配件的剖截面

Step 1 将工作目录设置为 D:\creo2pd\work\ch11.08.03.03，打开文件 lip_section.asm。

Step 2 选择 视图 功能选项卡 模型显示 区域 节点下的 视图管理器 命令。

Step 3 在 截面 选项卡中单击 新建 按钮，选择"平面"选项 平面 ，接受系统默认的名称，并按回车键，系统弹出"截面"操控板。

Step 4 选取装配基准平面。

（1）在"截面"操控板中单击 参考 按钮，选取模型中的 ASM_RIGHT 基准平面为草绘平面。

（2）在"截面"操控板中单击"确定"按钮 ✔。

11.8.4　模型的简化表示

对于复杂的装配体的设计，存在下列问题：

（1）重绘、再生和检索的时间太长。

（2）在设计局部结构时，感觉图面太复杂、太乱，不利于局部零部件的设计。

为了解决这些问题，可以利用简化表示（Simplfied Rep）功能，将设计中暂时不需要的零部件从装配体的工作区中移除，从而可以减少装配体的重绘、再生和检索的时间，并且简化装配体。例如在设计轿车的过程中，设计小组在设计车厢里的座椅时，并不需要发动机、油路系统、电气系统，这时就可以用简化表示的方法将这些暂时不需要的零部件从工作区中移除。

图 11.8.13 是装配体 simplfied_view.asm 简化表示的例子，下面说明创建简化表示的操作方法：

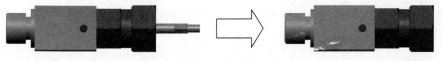

图 11.8.13　简化表示

Step 1　将工作目录设置为 D:\creo2pd\work\ch11.08.04，打开文件 simplfied_view.asm。

Step 2　选择 视图 功能选项卡 模型显示 区域 节点下的 🔲 视图管理器 命令，在"视图管理器"对话框的（图 11.8.14）的 简化表示 选项卡中单击 新建 按钮，并按回车键。

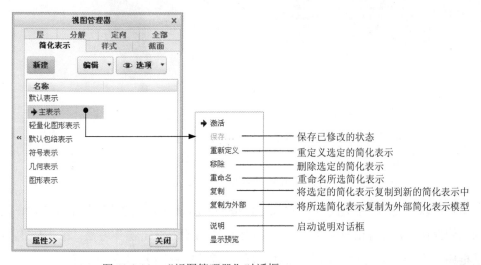

图 11.8.14　"视图管理器"对话框

Step 3 完成上步操作后，系统弹出图 11.8.15 所示的"编辑"对话框（一），单击图 11.8.15 所示的位置，系统弹出图 11.8.15 所示的下拉列表。

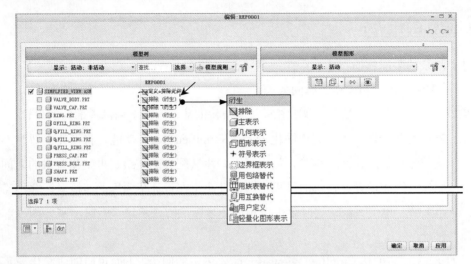

图 11.8.15　"编辑"对话框（一）

Step 4 在"编辑"对话框进行图 11.8.16 所示的设置。

Step 5 单击"编辑"对话框中的 确定 按钮，完成视图的编辑，然后单击"视图管理器"对话框中的 关闭 按钮。

图 11.8.16　"编辑"对话框（二）

　　用户可以为装配体创建多个简化表示，每一个都对应于装配体的某个局部，在进行不同局部的设计时，可将相应的简化表示设置到当前工作区中。操作方法：在"视图管理器"对话框中，选择相应的视图名称，然后双击；或选中视图名称后，选择 选项

→激活 命令，此时在当前视图名称前有一个红色箭头指示。

11.8.5　模型的分解视图（爆炸图）

装配体的分解（Explode）状态也叫爆炸状态，就是将装配体中的各零部件沿着直线或坐标轴移动或旋转，使各个零件从装配体中分解出来，如图 11.8.17 所示。分解状态对于表达各元件的相对位置十分有帮助，因而常常用于表达装配体的装配过程、装配体的构成。

1. 创建分解视图

下面以装配体 explode_view.asm 为例，说明创建装配体的分解状态的一般操作过程：

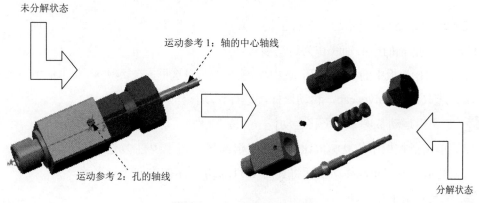

图 11.8.17　装配体的分解图

Step 1　将工作目录设置为 D:\creo2pd\work\ch11.08.05.01，打开文件 explode_view.asm。

Step 2　选择 视图 功能选项卡 模型显示 区域 节点下的 视图管理器 命令，在"视图管理器"对话框的 分解 选项卡中单击 新建 按钮，并按回车键。

Step 3　单击"视图管理器"对话框中的 属性>> 按钮，在图 11.8.18 所示的"视图管理器"对话框中单击 按钮，系统弹出图 11.8.19 所示的"分解工具"操控板。

图 11.8.18　"视图管理器"对话框

Step 4　定义沿运动参考 1 的平移运动。

（1）在"分解工具"操控板中单击"平移"按钮。

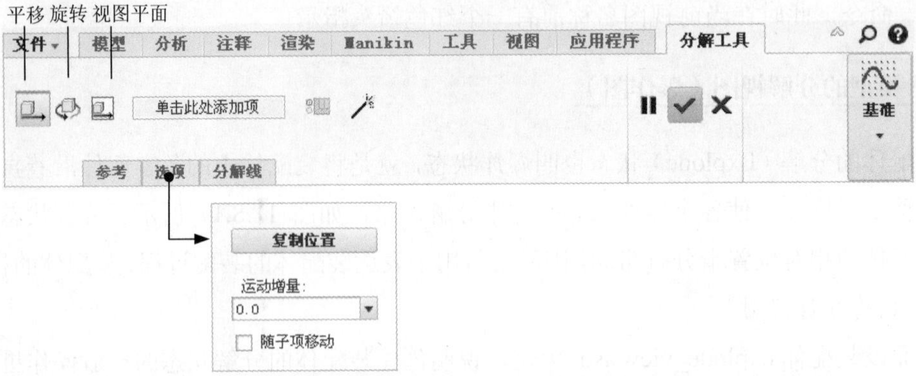

平移 旋转 视图平面

图 11.8.19   "分解工具"操控板

（2）在图 11.8.19 所示的"分解工具"操控板中激活"单击此处添加项"，再选取图 11.8.17 中的轴的中心轴线作为运动参考。

（3）单击操控板中的 选项 按钮，选中 ☑ 随子项移动 复选框，在 运动增量: 文本框中输入 10。

（4）选取元件 valve_cap，移动鼠标，进行移动操作。

Step 5　定义沿运动参考 2 的平移运动。

（1）单击操控板中的 选项 按钮，然后取消选择 ☑ 随子项移动 复选框。

（2）选取元件 bolt，移动鼠标将其沿图 11.8.20 所示的方向进行平移。

Step 6　定义其余平移运动。

具体操作可参照 Step4 与 Step5，完成如图 11.8.21 所示。

Step 7　保存分解状态。

（1）在"视图管理器"对话框中单击 << ... 按钮。

（2）在"视图管理器"对话框中依次单击 编辑 ▼ ➡ 保存... 按钮。

（3）在"保存显示元素"对话框中单击 确定 按钮。

Step 8　单击"视图管理器"对话框中的 关闭 按钮。

2．设定当前状态

用户可以为装配体创建多个分解状态，根据需要，可以将某个分解状态设置到当前工作区中。操作方法：在"视图管理器"对话框的 分解 选项卡中，选择相应的视图名称，然后双击，或选中视图名称后，选择 ● 选项 ▼ ➡ ➡ 激活 命令，此时在当前视图位置有一个红色箭头指示。

3．取消分解视图的分解状态

选择 视图 功能选项卡 模型显示 区域中的 📖 分解图 命令，可以取消分解视图的分解状态，从而回到正常状态。

4．创建分解状态的分解线

下面以图 11.8.21 为例，说明创建分解线的一般操作过程：

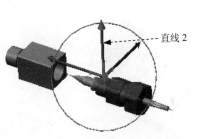

直线 2

图 11.8.20　选取平移方向

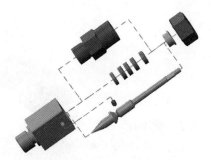

图 11.8.21　创建装配体的分解状态的偏距线

Step 1　将工作目录设置为 D:\creo2pd\work\ch11.08.05.02，打开文件 explode_line.asm。

Step 2　选择 视图 功能选项卡 模型显示 区域 节点下的 视图管理器 命令，在"视图管理器"对话框的 分解 选项卡中单击 按钮。

Step 3　修改分解线的样式。

（1）单击"分解工具"操控板中的 分解线 按钮，然后再单击 默认线造型 按钮。

（2）系统弹出图 11.8.22 所示的"线造型"对话框，在下拉列表框中选择 短划线 线型，单击 应用 ➡ 关闭 按钮。

图 11.8.22　"线造型"对话框

Step 4　创建装配体的分解状态的分解线。

（1）单击"分解工具"操控板中的 分解线 按钮，然后再单击"创建修饰偏移线"按钮 ，如图 11.8.23 所示。

图 11.8.23　"分解工具"操控板

（2）参照图 11.8.24 所示的参考对象指示，创建分解线（详细操作方法和过程详见视频录像，结果如图 11.8.21 所示）。

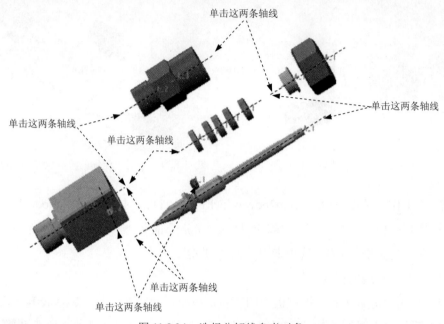

图 11.8.24　选择分解线参考对象

注意：选取轴线时，在轴线上单击的位置不同，会出现不同的结果，如图 11.8.25 所示。

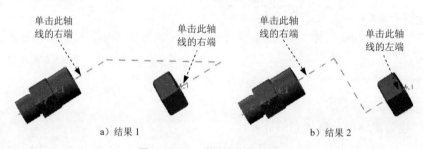

a）结果 1　　　　　　　　　　　　　　b）结果 2

图 11.8.25　不同的结果对比

Step 5　保存分解状态。

（1）在"视图管理器"对话框中单击 ⟨⟨... 按钮。

（2）在"视图管理器"对话框中依次单击 编辑▼ ➡ 保存... 按钮。

（3）在"保存显示元素"对话框中单击 确定 按钮。

Step 6　单击"视图管理器"对话框中的 关闭 按钮。

11.8.6　模型的组合视图

组合视图可以将以前创建的各种视图组合起来，形成一个新的视图，例如在图 11.8.26 所示的组合视图中，既有分解视图，又有样式视图、剖面视图等视图。下面以此为例，说明创建组合视图的操作方法：

Step 1　将工作目录设置为 D:\creo2pd\work\ch11.08.06，打开文件 combination_view.asm。

Step 2　选择 视图 功能选项卡 模型显示 区域 节点下的 视图管理器 命令，在"视图管理器"对话框的 全部 选项卡中单击 新建 按钮，组合视图名称为默认的 Comb0001，并按回车键。

Step 3　如果系统弹出图 11.8.27 所示的对话框，可单击 参考原件 按钮。

Step 4　在"视图管理器"对话框中选择 编辑 ▼ ➡ 重新定义 命令。

Step 5　在"组合视图"对话框中，分别在定向视图、简化视图、样式视图等列表中选择要组合的视图，各视图名称和设置如图 11.8.28 所示。

　　说明：如果各项设置均正确，但模型不显示分解状态，需选择下拉菜单 视图(V) ➡ 分解图 命令，显示分解状态。

Step 6　单击 ✔ 按钮，在"视图管理器"对话框中单击 关闭 按钮。

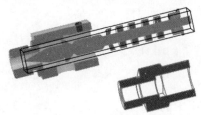

图 11.8.26　模型的组合视图

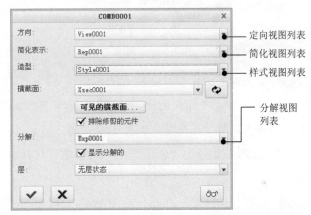

图 11.8.27　"新建显示状态"对话框

图 11.8.28　"组合视图"对话框

11.9　在装配体中创建零件

11.9.1　概述

　　在实际产品开发过程中，产品中的一些零部件的尺寸、形状可能依赖于产品中其他零部件，这些零件如果在零件模块中单独进行设计，会存在极大的困难和诸多不便，同时也很难建立各零部件间的相关性。Creo 软件提供在装配体中直接创建零部件的功能，下面用两个例子说明在装配体中创建零部件的一般操作过程。

11.9.2　在装配体中创建零件

　　本范例是在装配体中创建零件，其目的是装配尺寸和基座的孔直径的变化能够驱动轴

AXES 的轴头的尺寸及长度的变化。

如图 11.9.1 所示，现需要在装配体 create_part.asm 中创建一个元件 washer，操作过程如下：

Step 1 先将工作目录设置为 D:\creo2pd\work\ch11.09，然后打开文件 create_part.asm。

Step 2 在图 11.9.2 所示的装配体模型树中，右击 CREATE_PART.ASM，从弹出的快捷菜单中，选择 **激活** 命令（本例已经是激活状态，则没有此命令）；单击 **模型** 功能选项卡 **元件 ▼** 区域中的"创建"按钮 ⬚。

图 11.9.1　在装配体中创建元件　　　　图 11.9.2　模型树

Step 3 定义元件的类型及创建方法。

（1）系统弹出"元件创建"对话框，选中 **类型** 选项组中的 ◉ **零件**，再选中 **子类型** 选项组中的 ◉ **实体**，然后在 **名称** 文本框中输入文件名 washer；单击 **确定** 按钮。

（2）此时系统弹出"创建选项"对话框，选择 ◉ **创建特征** 单选项，并单击 **确定** 按钮。

Step 4 创建拉伸特征。在操控板中单击"拉伸"按钮 ⬚ 拉伸。设置图 11.9.3 所示平面为草绘平面，默认参考平面，默认方向；选取图 11.9.4 所示两基准平面为草绘参考；绘制图 11.9.5 所示的截面草图（未标注圆的尺寸为投影）；选取拉伸类型 ⊥，深度值为 2.0。

注意：在进行草绘时，为了使创建的 WASHER.PRT 能够随装配尺寸的变化而相应改变，即装配尺寸的改变能够驱动轴 WASHER.PRT 的变化，需要手动选取参考。

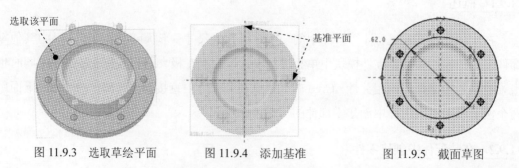

图 11.9.3　选取草绘平面　　　图 11.9.4　添加基准　　　图 11.9.5　截面草图

说明：在创建该元件的其他特征（例如倒角等）时，可以在模型树中右击 WASHER.PRT，

选择 打开 命令，系统进入零件模型环境，即可添加其他零件特征。

Step 5　验证：在该装配体中改变基座 flange 的尺寸，元件 washer 的尺寸也相应改变，
这就实现了在装配体中创建零件的最终目的。

11.10　装配挠性元件

Creo 软件提供了挠性元件的装配功能。最常见的挠性元件为弹簧，由于弹簧零件在装
配后其形状和尺寸均会产生变化，所以装配弹簧需要较特殊的装配方法和技巧。下面以图
11.10.1 中的弹簧装配为例，说明挠性元件装配的一般操作过程。

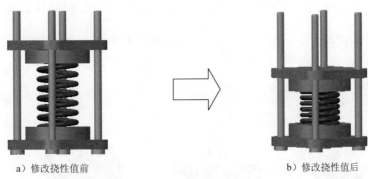

a）修改挠性值前　　　　　　　　　　　b）修改挠性值后

图 11.10.1　挠性元件的装配

Stage1. 设置目录

将工作目录设置为 D:\creo2pd\work\ch11.10，打开文件 spring.prt。

Stage2. 建立关系

Step 1　单击 工具 功能选项卡 模型意图 ▼ 区域中 d= 关系 按钮，系统弹出图 11.10.2 所示的
"关系"对话框。

Step 2　在绘图区选取弹簧零件模型，在弹出的菜单管理器中选择 Specify（指定）➡
☑轮廓 ➡ Done（完成）命令，如图 11.10.3 所示，此时尺寸参数符号如图 11.10.4
所示。

Step 3　在"关系"对话框中输入关系式：

cmass=mp_mass("")

d2=d29/8

然后单击"关系"对话框中的 确定 按钮。

Step 4　保存零件模型文件。

Stage3. 装配图 11.10.5 所示的弹簧

Step 1　打开装配体文件 spring_asm.asm。

Step 2　单击 模型 功能选项卡 元件 ▼ 区域中的"组装"按钮 ，打开零件模型文

件 spring.prt。

图 11.10.2 "关系"对话框

图 11.10.3 菜单管理器

Step 3 如图 11.10.6 所示，定义第一个约束 ⊥ 重合（SPRING 零件的下底面和原装配零件的圆柱形特征周围的凹面）；定义第二个约束 ⊥ 重合（两轴线对齐），在"元件放置"操控板中单击 ✔ 按钮。

图 11.10.4 显示尺寸参数符号　图 11.10.5 装配弹簧　图 11.10.6 定义装配约束

Stage4. 将弹簧变成挠性元件（图 11.10.7）

Step 1 在模型树中右击弹簧零件模型（spring.prt），选择 挠性化 命令。

Step 2 选取绘图区的弹簧零件模型，从菜单管理器中选择 Specify (指定) ➡ ✔轮廓 ➡ Done (完成) 命令，然后选取图 11.10.8 所示的尺寸"80"，并在"SPING：可变项"对话框中空白格中单击。

Step 3 在图 11.10.9 所示的"可变项目"对话框中选择 距离 方式。此时，系统弹出图 11.10.10 所示的"距离"对话框。

Step 4 选取图 11.10.11 中的两个模型表面为测量面，系统即可测出这两个面的距离。单击 ✔ 按钮，再单击"SPING：可变项"对话框中的 确定 按钮。

Step 5 在"元件放置"操控板中单击 ✔ 按钮。

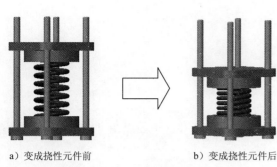

a）变成挠性元件前　　　　b）变成挠性元件后

图 11.10.7　将弹簧变成挠性元件

单击此尺寸

图 11.10.8　选取尺寸

图 11.10.9　"SPRING：可变项"对话框

图 11.10.10　"距离"对话框

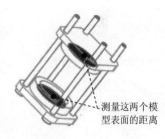

测量这两个模型表面的距离

图 11.10.11　测量距离

Stage5. 验证弹簧的挠性

Step 1　在模型树中右击 □ TOP_PART.PRT 零件，选择 编辑定义 命令，系统弹出元件放置操控板。

Step 2　在操控板中单击 放置 按钮，然后将"距离"约束的偏移值修改为 50.0（图 11.10.12 所示），然后单击 ✔ 按钮。

Step 3　在系统工具栏中单击"重新生成"按钮 🔄，此时绘图区的弹簧零件模型将按新"偏移值"发生变化，表明挠性元件——弹簧已成功装配。

a）修改前　　　　　　　　　　　　　　b）修改后

图 11.10.12　验证挠性

11.11 元件的布尔运算

11.11.1 合并元件

元件合并操作就是对装配体中的两个零件进行合并。下面以图 11.11.1 为例，说明元件合并操作的一般方法和过程：

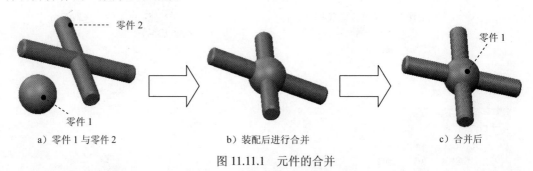

a）零件 1 与零件 2   b）装配后进行合并   c）合并后

图 11.11.1　元件的合并

Stage1. 设置目录

将工作目录设置为 D:\creo2pd\work\ch11.11.01。

Stage2. 创建装配

Step 1 新建一个装配体模型，命名为 unite_asm，采用 `mmns_asm_design` 模板。

Step 2 装配第一个零件。单击 `模型` 功能选项卡 `元件 ▾` 区域中的"组装"按钮，打开零件模型文件 component_01.prt；在系统弹出的元件放置操控板中的 `放置` 界面中，选择 `约束类型` 下拉列表中的 `默认` 选项，将其固定，然后单击 ✔ 按钮。

Step 3 装配第二个零件。单击 `模型` 功能选项卡 `元件 ▾` 区域中的"组装"按钮，打开零件模型文件 component_02.prt；在系统弹出的元件放置操控板中的 `放置` 界面中，选择 `约束类型` 下拉列表中的 `默认` 选项，将其固定，然后单击 ✔ 按钮。

Stage3. 创建合并

Step 1 在 `模型` 功能选项卡中选择 `元件 ▾` ➡ `元件操作` 命令，系统弹出图 11.11.2 所示的菜单，选择 `Merge (合并)` 命令。

Step 2 在系统 `⇨选择要对其执行合并处理的零件.` 的提示下，选取零件模型 COMPONENT_01（建议从模型树上选取），并单击"选择"对话框中的 `确定` 按钮。

Step 3 在系统 `⇨为合并处理选择参考零件.` 的提示下，选取零件模型 COMPONENT_02（建议从模型树上选取），并单击"选择"对话框中的 `确定` 按钮。

Step 4 在弹出的菜单中，选择 `Reference (参考)` ➡ `No Datums (无基准)` ➡ `Done (完成)` 命令。

Step **5** 在弹出图 11.11.3a 对话框中选取 是(Y) ，在再次弹出图 11.11.3b 对话框中选取 否(N) 。

图 11.11.2 系统弹出图菜单

a）第一个对话框

b）第二个对话框

图 11.11.3 系统弹出对话框

Step **6** 在"元件"菜单中单击 Done/Return (完成/返回) 按钮。

Step **7** 保存装配体模型。

Stage4. 验证结果

打开零件模型 COMPONENT_01，可看到此时的零件 COMPONENT_01 是由原来的 COMPONENT_01 和 COMPONENT_02 合并而成的，如图 11.11.1c 所示。

11.11.2 切除元件

元件切除操作就是从装配体的一个零件的体积中减去另一个零件与其相交部位的体积。下面以图 11.11.4 为例，说明元件切除操作的一般方法和过程。

a）零件 1 与零件 2   b）装配后进行合并   c）切除后

图 11.11.4 元件的切除

Stage1. 设置目录

将工作目录设置为 D:\creo2pd\work\ch11.11.02。

Stage2. 创建装配

详细操作过程参见 11.11.1 节中的 Stage2（装配体的文件名为 subtract_asm）。

Stage3. 创建切除

Step **1** 在 模型 功能选项卡中选择 元件 ▼ ➡ 元件操作 命令，然后在菜单中选择 Cut Out (切除) 命令。

Step **2** 在系统 ➭ 选择要对其执行切出处理的零件. 的提示下，从模型树上选取 COMPONENT_01，并单击"选择"对话框中的 确定 按钮。

Step **3** 在系统 ➭ 为切出处理选择参考零件. 的提示下，从模型树上选取 COMPONENT_02，并单击"选择"对话框中的 确定 按钮。

Step **4** 在系统弹出的"选项"菜单中选择 Reference (参考) ➡ Done (完成) 命令。

Step **5** 系统返回到"元件"菜单，单击 Done/Return (完成/返回) 按钮。

Stage4. 验证结果

打开零件模型 COMPONENT_01，可看到此时的零件 COMPONENT_01。

11.11.3 创建相交元件

创建相交元件就是由装配体中两个零件的相交部位生成新的零件。下面以图 11.11.5 为例，说明其一般操作方法和过程。

Stage1. 设置目录并创建装配文件

Step **1** 将工作目录设置为 D:\creo2pd\work\ch11.11.03。

Step **2** 详细操作过程参见 11.11.1 节中的 Stage2（装配体的文件名为 intersect.asm）。

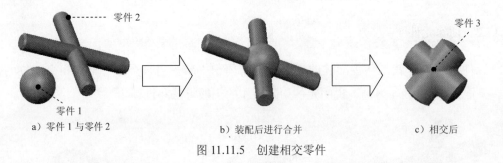

零件 2

零件 3

零件 1

a）零件 1 与零件 2   b）装配后进行合并   c）相交后

图 11.11.5   创建相交零件

Stage2. 创建相交零件

Step **1** 单击 模型 功能选项卡 元件 ▼ 区域中的"创建"按钮 ，在图 11.11.6 所示的对话框中选中 类型 中的 ◉ 零件，选中 子类型 中的 ◉ 相交，输入文件名 COMPONENT_03，然后单击 确定 按钮。

Step **2** 在 ➭ 选择第一个零件. 的提示下，在模型树中选取 COMPONENT_01.PRT。

Step **3** 在 ➭ 选择零件求交. 的提示下，在模型树中选取 COMPONENT_02.PRT，然后单击"选择"对话框中的 确定 按钮，此时系统提示 • 已经创建交集零件COMPONENT_03。。

Step **4** 保存装配模型。

Stage3. 验证结果

打开零件模型 COMPONENT_03，可看到此时的零件模型 COMPONENT_03。

11.11.4　创建镜像元件

创建镜像元件就是将装配体中的某个零件相对一个平面进行镜像，从而产生另外一个新的零件。下面以图 11.11.7 例，说明其一般操作方法和过程。

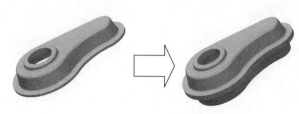

图 11.11.6　"元件创建"对话框　　　　　图 11.11.7　创建镜像零件

Stage1. 设置目录

将工作目录设置为 D:\creo2pd\work\ch011.11.04。

Stage2. 创建装配

Step 1　新建一个装配体模型，命名为 mirror，选用 `mmns_asm_design` 模板。

Step 2　装配第一个零件。

（1）单击 `模型` 功能选项卡 `元件 ▾` 区域中的"组装"按钮 ，打开零件模型文件 cover_part.prt。

（2）在系统弹出的元件放置操控板的 `放置` 界面中，选择 `约束类型` 下拉列表中的 `默认` 选项，将其固定，然后单击 ✔ 按钮。

Stage3. 创建镜像零件

Step 1　新建零件。

（1）单击 `模型` 功能选项卡 `元件 ▾` 区域中的"创建"按钮 。

（2）在图 11.11.8 所示的对话框中，选中 `类型` 中的 ⊙`零件` 单选项，选中 `子类型` 中的 ⊙`镜像` 单选项，输入文件名 COVER_MIRROR，单击 `确定` 按钮。

Step 2　系统弹出图 11.11.9 所示的"镜像零件"对话框，并且提示 ⇨`选择要进行镜像的零件.`，在模型树中选取 `COVER_PART.PRT`。

Step 3　在"镜像零件"对话框的 `平面参考` 区域中单击 `单击此处添加项` 字符，在系统 ⇨`选择一个平面或创建一个基准以作镜象.` 的提示下，选取图 11.11.10 中所示的模型表面作为镜像面，并单击"镜像零件"对话框中的 `确定` 按钮，此时系统提示 •`成功创建镜像零件。`。

选取此基准面

图 11.11.8 "元件创建"对话框   图 11.11.9 "镜像零件"对话框   图 11.11.10 镜像平面

11.12 装配设计实际应用——轴箱装配

Stage1. 创建子装配——轴装配（图 11.12.1）

Step 1 设置工作目录。选择下拉菜单 文件 ➡ 管理会话(M) ▶ ➡ 选择工作目录(E) 更改工作目录。 命令（或单击 主页 选项卡中的 ⬚ 按钮），将工作目录设置至 D:\creo2pd\work\ch11.13。

Step 2 新建文件。选择下拉菜单 文件 ➡ 新建(N) 命令，系统弹出"新建"对话框，在 类型 选项组中选择 ◉ □ 装配 单选项，选中 子类型 选项组下的 ◉ 设计 单选项；在 名称 文本框中输入文件名 shaft，取消选中 □ 使用默认模板 复选框，单击 确定 按钮，在系统弹出的"新文件选项"对话框的 模板 选项组中选择 mmns_asm_design 模板，单击 确定 按钮，系统进入装配环境。

Step 3 添加轴并定位。

（1）单击 模型 功能选项卡 元件 ▾ 区域中的"组装"按钮 ⬚，此时系统弹出文件"打开"对话框，选择 shaft.prt，然后单击 打开 ▾ 按钮。

（2）完全约束放置第一个零件。在该操控板中单击 放置 按钮，在其界面的 约束类型 下拉列表中选择 ⊥ 默认 选项，将元件按默认放置，此时操控板中显示的信息为 状况:完全约束；说明零件已经完全约束放置；单击操控板中的 ✔ 按钮。

Step 4 添加键 1 并定位，如图 11.12.2 所示。

11 Chapter

图 11.12.1 轴装配

图 11.12.2 添加键 1

（1）单击 模型 功能选项卡 元件 ▾ 区域中的"组装"按钮 ⬚，此时系统弹出文件"打开"对话框，选择 key01.prt，然后单击 打开 ▾ 按钮。

（2）添加约束。单击 放置 选项卡，系统弹出"放置"界面，在 约束类型 下拉列表框中选择 ⊥ 重合 约束类型，分别选取图 11.12.4 所示的模型表面 1（下侧面）和图 11.12.3 所示的模型表面 2；单击"新建约束"字符，在 约束类型 下拉列表框中选择 ⊥ 重合 约束类型，分别选取图 11.12.4 所示的模型表面 3 和图 11.12.3 所示的模型表面 4；分别选取图 11.12.4 所示的模型表面 5 和图 11.12.3 所示的模型表面 6；单击 ✔ 按钮，完成键 1 的装配。

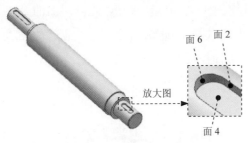
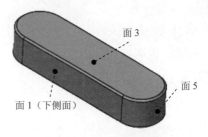

图 11.12.3　选取重合面 1　　　　　　图 11.12.4　选取重合面 2

Step 5　添加键 2 并定位，如图 11.12.1 所示。

（1）单击 模型 功能选项卡 元件 ▾ 区域中的"组装"按钮 ⬚，此时系统弹出文件"打开"对话框，选择 key02.prt，然后单击 打开 ▾ 按钮。

（2）添加约束。单击 放置 选项卡，系统弹出"放置"界面，在 约束类型 下拉列表框中选择 ⊥ 重合 约束类型，分别选取图 11.12.6 所示的模型表面 1（下侧面）和图 11.12.5 所示的模型表面 2；单击"新建约束"字符，在 约束类型 下拉列表框中选择 ⊥ 重合 约束类型，分别选取图 11.12.6 所示的模型表面 3 和图 11.12.5 所示的模型表面 4；分别选取图 11.12.6 所示的模型表面 5 和图 11.12.5 所示的模型表面 6；单击 ✔ 按钮，完成键 2 的装配。

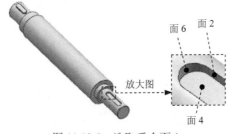
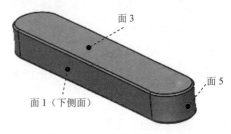

图 11.12.5　选取重合面 1　　　　　　图 11.12.6　选取重合面 2

Step 6　保存子装配文件，完成组件的装配。

Step 7　关闭子装配文件并拭除内存。

Stage2．创建总装配（图 11.12.7）

Step 1　新建文件。选择下拉菜单 文件 ▾ ➡ ▢ 新建(N) 命令，系统弹出"新建"对话框，在 类型 选项组中选择 ⊙ 🔲 装配 单选项，选中 子类型 选项组下的 ⊙ 设计 单选项；在 名称 文本框中输入文件名 axle_box，取消选中 ☐ 使用默认模板 复选框，单击 确定 按钮，在系统弹出的"新文件选项"对话框的 模板 选项组中选择 mmns_asm_design 模板，单击 确定 按钮，系统进入装配环境。

Step 2 添加下基座。

（1）单击 模型 功能选项卡 元件 ▼ 区域中的"组装"按钮 🖳，此时系统弹出文件"打开"对话框，选择 axle_box.prt，然后单击 打开 ▼ 按钮。

（2）完全约束放置第一个零件。在该操控板中单击 放置 按钮，在其界面的 约束类型 下拉列表中选择 ⊔ 默认 选项，将元件按默认放置，此时操控板中显示的信息为 状况:完全约束；说明零件已经完全约束放置；单击操控板中的 ✔ 按钮。

Step 3 添加轴子装配并定位，如图 11.12.8 所示。

（1）单击 模型 功能选项卡 元件 ▼ 区域中"组装"按钮 🖳；然后在弹出的文件"打开"对话框中，选取轴子零件模型文件 shaft.asm，单击 打开 ▼ 按钮。

（2）添加约束。单击 放置 选项卡，系统弹出"放置"界面，在 约束类型 下拉列表框中选择 ⊥ 重合 约束类型，分别选取图 11.12.10 所示的模型表面 1 和图 11.12.9 所示的模型表面 2；单击"新建约束"字符，在 约束类型 下拉列表框中选择 ⊥ 重合 约束类型，分别选取图 11.12.10 所示的模型表面 3（圆柱面）和图 11.12.9 所示的模型表面 4（圆柱面）；单击 ✔ 按钮，完成轴子的装配。

图 11.12.7 综合装配实例

图 11.12.8 添加轴子装配

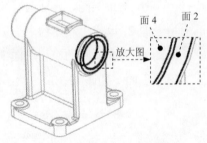
图 11.12.9 选取重合面 1

Step 4 添加轴承 1 并定位，如图 11.12.11 所示。

（1）单击 模型 功能选项卡 元件 ▼ 区域中"组装"按钮 🖳；然后在弹出的文件"打开"对话框中，选取轴承 1 零件模型文件 axle_bearing01.asm，单击 打开 ▼ 按钮。

（2）添加约束。单击 放置 选项卡，系统弹出"放置"界面，在 约束类型 下拉列表框中选择 ⊥ 重合 约束类型，分别选取图 11.12.13 所示的模型表面 1 和图 11.12.12 所示的模型表面 2；单击"新建约束"字符，在 约束类型 下拉列表框中选择 ⊥ 重合 约束类型，分别选取图 11.12.13 所示的模型表面 3 和图 11.12.12 所示的模型表面 4；单击 ✔ 按钮，完成轴承 1 的装配。

图 11.12.10　选取重合面 2　　图 11.12.11　添加轴承 1　　图 11.12.12　选取重合面 1

Step 5　添加轴承 2 并定位，如图 11.12.14 所示。

（1）单击 模型 功能选项卡 元件 ▼ 区域中"组装"按钮 ；然后在弹出的文件"打开"对话框中，选取轴承 2 零件模型文件 axle_bearing02.asm，单击 打开 ▼ 按钮。

（2）添加约束。单击 放置 选项卡，系统弹出"放置"界面，在 约束类型 下拉列表框中选择 重合 约束类型，分别选取图 11.12.16 所示的模型表面 1 和图 11.12.15 所示的模型表面 2；单击"新建约束"字符，在 约束类型 下拉列表框中选择 重合 约束类型，分别选取图 11.12.16 所示的模型表面 3 和图 11.12.15 所示的模型表面 4；单击 ✔ 按钮，完成轴承 2 的装配。

图 11.12.13　选取重合面 2　　图 11.12.14　添加轴承 2　　图 11.12.15　选取重合面 1

Step 6　添加齿轮并定位，如图 11.12.17 所示。

（1）单击 模型 功能选项卡 元件 ▼ 区域中"组装"按钮 ；然后在弹出的文件"打开"对话框中，选取齿轮零件模型文件 cylinder_gear.prt，单击 打开 ▼ 按钮。

（2）添加约束。单击 放置 选项卡，系统弹出"放置"界面，在 约束类型 下拉列表框中选择 重合 约束类型，分别选取图 11.12.19 所示的模型表面 1 和图 11.12.18 所示的模型表面 2；单击"新建约束"字符，在 约束类型 下拉列表框中选择 重合 约束类型，分别选取图 11.12.19 所示的模型表面 3 和图 11.12.18 所示的模型表面 4；分别选取图 11.12.19 所示的模型表面 5 和图 11.12.18 所示的模型表面 6；单击 ✔ 按钮，完成齿轮的装配。

Step 7　添加锥齿轮并定位，如图 11.12.20 所示。

（1）单击 模型 功能选项卡 元件 ▼ 区域中"组装"按钮 ；然后在弹出的文件"打开"对话框中，选取锥齿轮零件模型文件 cone_gear01.prt，单击 打开 ▼ 按钮。

面 1
面 3
图 11.12.16　选取重合面 2

图 11.12.17　添加齿轮

面 2
放大图
面 4
面 6
图 11.12.18　选取重合面 1

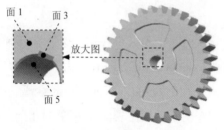

面 1
面 3
放大图
面 5
图 11.12.19　选取重合面 2

图 11.12.20　添加锥齿轮

（2）添加约束。单击 放置 选项卡，系统弹出"放置"界面，在 约束类型 下拉列表框中选择 ⊥ 重合 约束类型，分别选取图 11.12.22 所示的模型表面 1 和图 11.12.21 所示的模型表面 2；单击"新建约束"字符，在 约束类型 下拉列表框中选择 ⊥ 重合 约束类型，分别选取图 11.12.22 所示的模型表面 3 和图 11.12.21 所示的模型表面 4；分别选取图 11.12.22 所示的模型表面 5 和图 11.12.21 所示的模型表面 6；单击 ✔ 按钮，完成锥齿轮的装配。

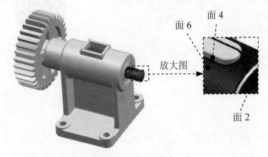

面 6
面 4
放大图
面 2
图 11.12.21　选取重合面 1

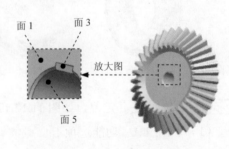

面 1
面 3
放大图
面 5
图 11.12.22　选取重合面 2

Step 8　添加箱盖并定位。

（1）单击 模型 功能选项卡 元件 ▾ 区域中"组装"按钮 ⏍；然后在弹出的文件"打开"对话框中，选取箱盖零件模型文件 box_cover.prt，单击 打开 ▾ 按钮。

（2）添加约束。单击 放置 选项卡，系统弹出"放置"界面，在 约束类型 下拉列表框中选择 ⊥ 重合 约束类型，分别选取图 11.12.24 所示的模型表面 1 和图 11.12.23 所示的模型表面 2；单击"新建约束"字符，在 约束类型 下拉列表框中选择 ⊥ 重合 约束类型，分别选取图 11.12.24 所示的模型表面 3 和图 11.12.23 所示的模型表面 4；分别选取图 11.12.24 所示的模型表面 5 和图 11.12.23 所示的模型表面 6；单击 ✔ 按钮，完成箱盖的装配。

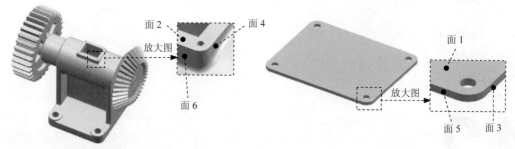

图 11.12.23　选取重合面 1　　　　　图 11.12.24　选取重合面 2

Step 9　添加螺栓并定位。

（1）单击 模型 功能选项卡 元件▼ 区域中"组装"按钮 ；然后在弹出的文件"打开"对话框中，选取螺栓零件模型文件 cover_bolt.prt，单击 打开 ▼ 按钮。

（2）添加约束。单击 放置 选项卡，系统弹出"放置"界面，在 约束类型 下拉列表框中选择 重合 约束类型，分别选取图 11.12.26 所示的模型表面 1 和图 11.12.25 所示的模型表面 2；单击"新建约束"字符，在 约束类型 下拉列表框中选择 重合 约束类型，分别选取图 11.12.26 所示的模型表面 3 和图 11.12.25 所示的模型表面 4；单击 ✔ 按钮，完成螺栓的装配。

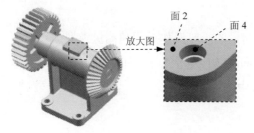

图 11.12.25　选取重合面 1　　　　　图 11.12.26　选取重合面 2

Step 10　参照上一步的详细操作步骤，添加另外 3 个螺栓，结果如图 11.12.27 所示（具体操作参见录像）。

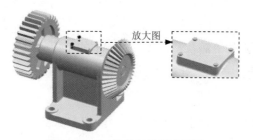

图 11.12.27　镜像另外两个螺栓

Step 11　保存装配零件文件，完成组件的装配。

12

产品的测量与分析

12.1 模型的测量

1. 测量距离

下面以一个简单的模型为例，说明距离测量的一般操作过程和测量类型：

Step 1 将工作目录设置为 D:\creo2pd\work\ch12.01.01，打开文件 distance.prt。

Step 2 选择 分析 功能选项卡 测量 区域中的"测量"命令 🖉，系统弹出"测量：汇总"对话框。

Step 3 测量面到面的距离。

（1）在系统弹出图 12.1.1 所示的"测量：汇总"对话框中，单击"距离"按钮 🖱，然后单击"展开对话框"按钮 ▼。

（2）先选取图 12.1.2 所示的模型表面 1，按住 Ctrl 键，选取图 12.1.2 所示的模型表面 2。

（3）在图 12.1.1 所示的"测量：距离"对话框的结果区域中，可查看测量后的结果。

说明：可以在"测量：距离"对话框的结果区域中查看测量结果，也可以在模型上直接显示测量或分析结果。

Step 4 测量点到面的距离，如图 12.1.3 所示。操作方法参见 Step3。

Step 5 测量点到线的距离，如图 12.1.4 所示。操作方法参见 Step3。

Step 6 测量线到线的距离，如图 12.1.5 所示。操作方法参见 Step3。

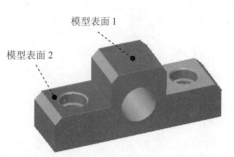

图 12.1.1　"距离"对话框　　　　图 12.1.2　测量面到面的距离

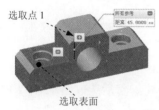
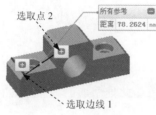
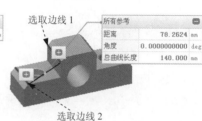

图 12.1.3　点到面的距离　　图 12.1.4　点到线的距离　　图 12.1.5　线到线的距离

Step 7　测量点到点的距离，如图 12.1.6 所示。操作方法参见 Step3。

Step 8　测量点到坐标系的距离，如图 12.1.7 所示。操作方法参见 Step3。

Step 9　测量点到曲线的距离，如图 12.1.8 所示。操作方法参见 Step3。

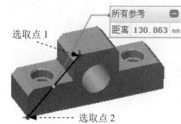
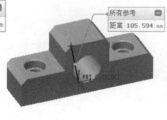
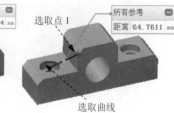

图 12.1.6　点到点的距离　　图 12.1.7　点到坐标系的距离　　图 12.1.8　点到曲线的距离

Step 10　测量点与点间的投影距离，投影参考为平面。在图 12.1.9 所示的"测量：距离"
对话框中进行下列操作：

（1）选取图 12.1.10 所示的点 1。

（2）按住 Ctrl 键，选取图 12.1.10 所示的点 2。

（3）在"投影"文本框中的"单击此处添加项目"字符上单击，然后选取图 12.1.10
中的模型表面 3。

（4）在图 12.1.9 所示的"测量：距离"对话框的结果区域中，可查看测量的结果。

图 12.1.9 "测量：距离"对话框

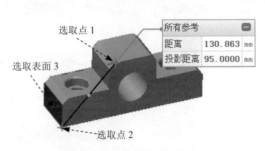

图 12.1.10 投影参考为平面

Step 11 测量点与点间的投影距离（投影参考为直线）。

（1）选取图 12.1.11 所示的点 1。

（2）按住 Ctrl 键，选取图 12.1.11 所示的点 2。

（3）在"投影"文本框中的"单击此处添加项"字符上单击，然后选取图 12.1.11 中的模型边线 3。

（4）在图 12.1.12 所示的"测量：距离"对话框的结果区域中，可查看测量的结果。

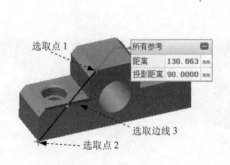

图 12.1.11 投影参考为直线

图 12.1.12 "测量：距离"对话框

2. 测量角度

Step 1 将工作目录设置为 D:\creo2pd\work\ch12.01.02，打开文件 angle.prt。

Step 2 选择 分析 功能选项卡 测量 ▾ 区域中的"测量"命令 ，系统弹出"测量：汇总"对话框。

Step 3 在弹出的"测量：汇总"对话框中，单击"角度"按钮 ，如图 12.1.13 所示。

Step 4 测量面与面间的角度。

（1）选取图 12.1.14 所示的模型表面 1。

（2）按住 Ctrl 键，选取图 12.1.14 所示的模型表面 2。

（3）在图 12.1.13 所示的"测量：角度"对话框的结果区域中，可查看测量的结果。

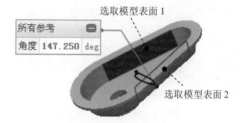

图 12.1.13　"测量：角度"对话框　　　图 12.1.14　测量面与面间的角度

Step 5　测量线与面间的角度。

（1）选取图 12.1.15 所示的模型表面 1。

（2）按住 Ctrl 键，选取图 12.1.15 所示的边线 2。

（3）在图 12.1.16 所示的"测量：角度"对话框的结果区域中，可查看测量的结果。

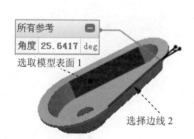

图 12.1.15　测量线与面间的角度　　　图 12.1.16　"测量：角度"对话框

Step 6　测量线与线间的角度。

（1）选取图 12.1.17 所示的边线 1。

（2）按住 Ctrl 键，选取图 12.1.17 所示的边线 2。

（3）在图 12.1.18 所示的"测量：角度"对话框的结果区域中，可查看测量的结果。

3．测量曲线长度

Step 1　将工作目录设置为 D:\creo2pd\work\ch12.01.03，打开文件 curve_length.prt。

Step 2　选择 分析 功能选项卡 测量 ▼ 区域中的"测量"命令 ✐，系统弹出"测量：汇总"对话框。

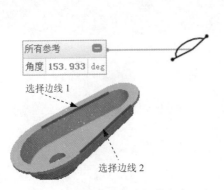

图 12.1.17 测量线与线间的角度

图 12.1.18 "分析"选项卡

Step 3 在弹出的"测量：汇总"对话框中，单击"长度"按钮 ，如图 12.1.19 所示。

Step 4 测量多个相连的曲线的长度，在图 12.1.19 所示的"测量：长度"对话框中进行下列操作：

（1）选取图 12.1.20 所示的边线 1，再按住 Ctrl 键，选取图 12.1.20 所示的其余边线，直到图 12.1.20 所示的一整圈边线被选取。

说明：当只需要测量一条曲线时，只需选取要测量的曲线，就会在结果区域中查看到测量的结果。

（2）在图 12.1.19 所示的"测量：长度"对话框的结果区域中，可查看测量的结果。

图 12.1.19 "测量：长度"对话框

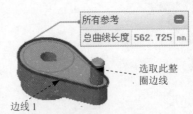

图 12.1.20 测量模型边线

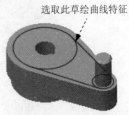

图 12.1.21 测量草绘曲线

Step 5 测量曲线特征的总长。在图 12.1.22 所示的"测量：长度"对话框中进行下列操作：

（1）在模型树中选取图 12.1.21 所示的草绘曲线特征。

（2）在图 12.1.22 所示的"测量：长度"对话框的结果区域中，可查看测量的结果。

4. 测量面积

Step 1 工作目录设置为 D:\creo2pd\work\ch12.01.04，打开文件 area.prt。

Step **2** 选择 **分析** 功能选项卡 **测量** ▾ 区域中的"测量"命令 📏，系统弹出"测量：汇总"对话框。

Step **3** 在弹出的"测量：汇总"对话框中，单击"面积"按钮 ⊠，如图 12.1.23 所示。

Step **4** 测量曲面的面积。

（1）选取图 12.1.24 所示的模型表面。

（2）在图 12.1.23 所示的"测量：面积"对话框的结果区域中，可查看测量的结果。

5．计算两坐标系间的转换值

模型测量功能还可以对任意两个坐标系间的转换值进行计算。

Step **1** 将工作目录设置为 D:\creo2pd\work\ch12.01.05，打开文件 csys_transform.prt。

Step **2** 选择 **分析** 功能选项卡 **测量** ▾ 区域中的"测量"命令 📏，系统弹出"测量：汇总"对话框。

图 12.1.22 "测量：长度"对话框

图 12.1.23 "测量：面积"对话框

图 12.1.24 测量面积

Step **3** 在弹出的"测量：汇总"对话框中，单击"变换"按钮 🔧，如图 12.1.25 所示。

Step **4** 选取测量目标。

（1）在视图控制工具栏中 ⚙ 节点下选中 ✔ ⚙ 坐标系显示 复选框，显示坐标系。

（2）选取图 12.1.26 所示的坐标系 1，按住 Ctrl 键，选取坐标系 2。

（3）在图 12.1.25 所示的"测量：变换"对话框的结果区域中，可查看测量的结果。

图 12.1.25 "测量：变换"对话框

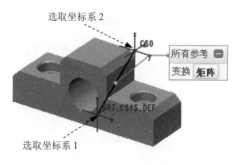

图 12.1.26 计算两坐标系间的转化值

12.2 模型的基本分析

1. 模型的质量属性分析

通过模型质量属性分析，可以获得模型的体积、总的表面积、质量、重心位置、惯性力矩、惯性张量等数据。下面简要说明其操作过程：

Step 1 将工作目录设置为 D:\creo2pd\work\ch12.02.01，打开文件 mass_analysis.prt。

Step 2 选择 分析 功能选项卡 模型报告 区域 质量属性 ▼ 节点下的 质量属性 命令。

Step 3 在弹出的"质量属性"对话框中，打开 分析 选项卡，如图 12.2.1 所示。

Step 4 在视图控制工具栏中 节点下选中 ✓ 坐标系显示 复选框，显示坐标系。

Step 5 在 坐标系 区域取消选中 □ 使用默认设置 复选框（否则系统自动选取默认的坐标系），然后选取图 12.2.2 所示的坐标系。

Step 6 在图 12.2.1 所示的 分析 选项卡的结果区域中，显示出分析后的各项数据。

图 12.2.1 "质量属性"对话框

说明：这里模型质量的计算是采用默认的密度，如果要改变模型的密度，可选择下拉菜单 文件 ▼ ➡️ 准备(R) ▶ 模型属性(I) 编辑模型属性 命令。

2. 横截面质量属性分析

通过横截面（剖截面）质量属性分析，可以获得模型上某个横截面的面积、重心位置、惯性张量、截面模数等数据。

Step 1 将工作目录设置为 D:\creo2pd\work\ch12.02.02，打开文件 section_analysis.prt。

Step 2 选择 分析 功能选项卡 模型报告 区域 质量属性 ▼ 节点下的 横截面质量属性 命令。

Step 3 在弹出的"横截面属性"对话框中，打开 分析 选项卡。

Step 4 在视图控制工具栏中 节点下选中 ✓ 坐标系显示 和 ✓ 平面显示 复选框，显示坐标系和基准平面。

Step 5 在 分析 选项卡的 名称 下拉列表框中选择 XSEC0001 横截面。

说明：XSEC0001 是提前创建的一个横截面。

Step 6 在 坐标系 区域取消选中 □ 使用默认设置 复选框，然后选取图 12.2.3 所示的坐标系。

Step 7 在图 12.2.4 所示的 分析 选项卡的结果区域中，显示出分析后的各项数据。

3. 配合间隙

通过配合间隙分析，可以计算模型中的任意两个曲面之间的最小距离，如果模型中布置有电缆，配合间隙分析还可以计算曲面与电缆之间、电缆与电缆之间的最小距离。下面简要说明其操作过程：

Step 1　将工作目录设置为 D:\creo2pd\work\ch12.02.03，打开文件 clearance_analysis.asm。

　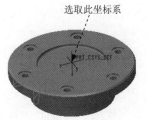

图 12.2.2　模型质量属性分析　　　图 12.2.3　横截面质量属性分析

Step 2　选择 **分析** 功能选项卡 **检查几何▼** 区域中的 **全局干涉▼** 节点下的 **配合间隙** 命令。

Step 3　在弹出的"配合间隙"对话框中，打开 **分析** 选项卡，如图 12.2.5 所示。

Step 4　在 **几何** 区域的 **自** 文本框中单击"选取项"字符，然后选取图 12.2.6 所示的模型表面 1。

Step 5　在 **几何** 区域的 **至** 文本框中单击"选取项"字符，然后选取图 12.2.6 所示的模型表面 2。

Step 6　在图 12.2.4 所示的 **分析** 选项卡的结果区域中，显示出分析后的结果。

　　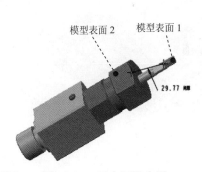

图 12.2.4　"分析"选项卡　　图 12.2.5　"配合间隙"对话框　　图 12.2.6　配合间隙分析

4. 体积块

通过体积块分析可以计算模型中的某个基准平面一侧的模型体积，下面简要说明其操作过程：

Step 1　将工作目录设置为 D:\creo2pd\work\ch12.02.04，打开文件 one_side_vol.prt。

Step 2　选择 **分析** 功能选项卡 **测量▼** 区域中的"体积"命令。

Step 3　在视图控制工具栏中 节点下选中 ☑ **平面显示** 复选框，显示基准平面。

Step **4** 在 平面 文本框中单击"选择项"字符，然后选取图 12.2.7 所示的基准平面 DTM1。

Step **5** 在图 12.2.8 所示的 分析 选项卡的结果区域中，显示出分析后的结果。

5. 装配干涉检查

在实际的产品设计中，当产品中的各个零部件组装完成后，设计人员往往比较关心产品中各个零部件间的干涉情况：有没有干涉？哪些零件间有干涉？干涉量是多大？而通过 检查几何 ▼ 子菜单中的 🖳 全局干涉 ▼ 命令可以解决这些问题。下面以一个简单的装配体模型为例，说明干涉分析的一般操作过程：

Step **1** 将工作目录设置为 D:\creo2pd\work\ch12.02.05，打开文件 inter_analysis.asm。

Step **2** 在装配模块中，选择 分析 功能选项卡 检查几何 ▼ 区域的 🖳 全局干涉 ▼ 命令。

Step **3** 在弹出的"全局干涉"对话框中，打开 分析 选项卡，如图 12.2.9 所示。

Step **4** 由于 设置 区域中的 ⊙ 仅零件 单选项已经被选中（接受系统默认的设置），所以此步操作可以省略。

Step **5** 单击 分析 选项卡下部的"计算当前分析以供预览"按钮 👓 。

Step **6** 在图 12.2.9 所示的 分析 选项卡的结果区域中，可看到干涉分析的结果：干涉的零件名称、干涉的体积大小，同时在图 12.2.10 所示的模型上可看到干涉的部位以红色加亮的方式显示。如果装配体中没有干涉的元件，则系统在信息区显示 🔲 没有干涉零件. 。

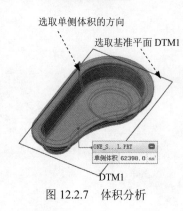

图 12.2.7 体积分析

图 12.2.8 分析结果

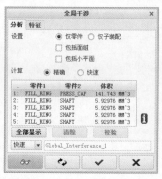

图 12.2.9 "分析"选项卡

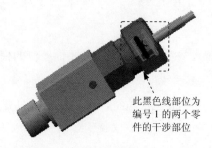

图 12.2.10 装配干涉检查

12.3　曲线与曲面的曲率分析

1. 曲线的曲率分析

下面简要说明曲线的曲率分析的操作过程：

Step 1　将工作目录设置为 D:\creo2pd\work\ch12.03，打开文件 curve_analysis.prt。

Step 2　选择 **分析** 功能选项卡 检查几何 ▾ 区域 曲率 ▾ 节点下的 曲率 命令。

Step 3　在图 12.3.1 所示的"曲率"对话框的 **分析** 选项卡中进行下列操作：

（1）单击 几何 文本框中的"选取项"字符，然后选取要分析的曲线。

（2）在 质量 文本框中输入质量值 50。

（3）在 比例 文本框中输入比例值 150.00。

（4）其余参数均采用默认设置值，此时在绘图区中显示图 12.3.2 所示的曲率图，通过显示的曲率图可以查看该曲线的曲率走向。

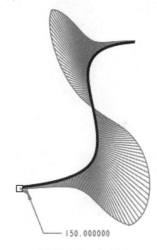

图 12.3.1　"分析"选项卡　　　　　　图 12.3.2　曲率图

Step 4　在 **分析** 选项卡的结果区域中，可查看曲线的最大曲率和最小曲率，如图 12.3.1 所示。

2. 曲面的曲率分析

下面简要说明曲面的曲率分析的操作过程：

Step 1　将工作目录设置为 D:\creo2pd\work\ch12.03，打开文件 surface_analysis.prt。

Step 2　选择 **分析** 功能选项卡 检查几何 ▾ 区域 曲率 ▾ 节点下的 着色曲率 命令。

Step 3　在图 12.3.3 所示的"着色曲率"对话框中，打开 **分析** 选项卡，单击 曲面 文本框中单击"选取项"字符，然后选取要分析的曲面，此时曲面上呈现出一个彩色分布图（图 12.3.4），同时系统弹出"颜色比例"对话框（图 12.3.5）。彩色分布图中的不同颜色代表不同的曲率大小，颜色与曲率大小的对应关系可以从"颜色比例"对话框中查阅。

Step 4　在 分析 选项卡的结果区域中，可查看曲面的最大高斯曲率和最小高斯曲率。

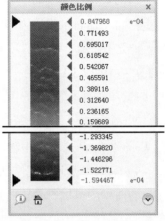

图 12.3.3　"着色曲率"对话框　　　图 12.3.4　要分析的曲面　　　图 12.3.5　"颜色比例"对话框

13

产品的动画设计

13.1 概述

动画模块可以实现以下功能：

- 将产品的运行用动画来表示，使其具有可视性。只需将主体拖动到不同的位置并拍下快照即可创建动画。
- 可以用动画的方式形象地表示产品的装配和拆卸序列。
- 可以创建维护产品步骤的简短动画，用以指导用户如何维修或建立产品。

13.1.1 进入与退出动画模块

Step 1 新建或打开一个装配模型。如：将工作目录设置为 D:\creo2pd\work\ch13.01，然后打开装配模型 valve_explode_animation.asm。

（注意：要进入动画模块，必须在装配模块中进行）。

Step 2 进入动画模块。单击 **应用程序** 功能选项卡 运动 区域中的"动画"按钮 📹，系统进入动画模块，界面如图 13.1.1 所示。

Step 3 退出动画模块。单击 **应用程序** 功能选项卡 关闭 区域中的"关闭"按钮 ✖ 。

13.1.2 动画模块菜单及按钮

进入动画模块后，系统弹出图 13.1.2 所示的 动画 功能选项卡，其中包括所有与机构相关的操作命令。

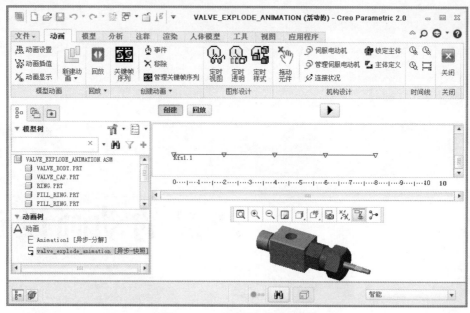

图 13.1.1 "动画"模块界面

图 13.1.2 "动画"功能选项卡

13.1.3 动画设计一般流程

下面简要介绍动画设计一般流程：

Step 1 进入动画模块。

Step 2 新建并命名动画。

Step 3 定义主体。

Step 4 拖动主体并生成一连串的快照。

Step 5 用所生成的快照建立关键帧。

Step 6 播放、检查动画。

Step 7 保存动画文件。

13.2 拖动元件

13.2.1 概述

在动画模块中，定义主体之后，单击 动画 功能选项卡 机构设计 区域中的"拖动元件"

按钮 🖐️，可以对主体进行"拖移（Drag）"。拖移的目的是为了定义产品中零件位置的或者使机构进行运转，以便模拟机产品的装配、拆卸过程或机构的运行状况。在拖移过程中，可以对机构装置的关键位置进行"拍照"，然后将所得的"照片"形成关键帧的序列，最后根据关键帧生成动画。

13.2.2 "拖动"对话框简介

如图 13.2.1 所示，"拖动"对话框中有两个选项卡：**快照** 选项卡和 **约束** 选项卡，下面将分别予以介绍。

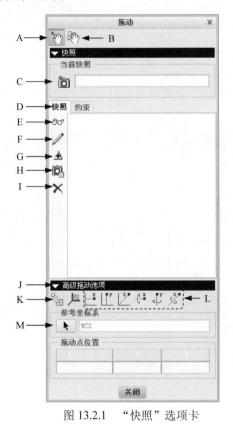

图 13.2.1 "快照"选项卡

图 13.2.2 "约束"选项卡

1．"快照"选项卡

利用该选项卡，可在机构装置的移动过程中拍取快照。各选项的说明如下：

A：点拖动：在某主体上，选取要拖移的点，该点将突出显示并随光标移动。

B：主体拖动：选取一个要拖移的主体，该主体将突出显示并随光标移动。

C：单击该按钮后，系统立即给机构装置拍照一次，并在下面列出该快照名。

D：单击此标签，可打开图 13.2.1 所示的 **快照** 选项卡。

E：单击此按钮，将显示所选取的快照。

F：单击此按钮，从其他快照中借用零件位置。

G：单击此按钮，将选定快照更新为当前屏幕上的位置。

H：单击此按钮，使选取的快照可用作分解状态，此分解状态可用在工程图的视图中。

I：从列表中删除选定的快照。

J：单击此标签，可显示下部的"高级拖动选项"。

K：单击此按钮，选取一个元件，打开"移动"对话框，可进行封装移动操作。

L：分别单击这些运动按钮后，然后选取一个主体，可使主体仅沿按钮中所示的坐标轴方向运动（平移或转动），沿其他方向的运动则被锁定。

M：单击此按钮，可通过选取主体来选取一个坐标系（所选主体的默认坐标系是要使用的坐标系），主体将沿该坐标系的 x、y、z 方向平移或旋转。

2．"约束"选项卡

在图 13.2.2 所示的 约束 选项卡中，可应用或删除约束以及打开和关闭约束。各选项的说明如下：

A：单击此标签，将打开图 13.2.2 所示的 约束 选项卡。

B：对齐两个图元：选取点、直线或平面，创建一个临时约束来对齐图元。该约束只有在拖动操作期间才有效，但当显示或更新快照时，该约束与快照相关，并强制执行。

C：配对两个图元：选取平面，创建一个临时约束来配对图元。该约束只有在拖动操作期间才有效，但当显示或更新快照时，该约束与快照相关，并强制执行。

D：定向两个曲面：选取平面来定向两个曲面，使彼此形成一个角度或互相平行。可以指定"偏距"值。

E：运动轴约束：单击此按钮后，再选取某个连接轴，系统将冻结此连接轴，这样该连接轴的主体将不可拖移。

F：启用/禁用凸轮升离：用来启用或者禁用凸轮升离效果。

G：在主体的当前位置锁定或解锁主体。可相对于基础或另一个选定主体来锁定所选的主体。

H：启用/禁用连接：临时禁用所选的连接。该状态与快照一起保存。如果在列表中的最后一个快照上使用该设置，并且以后也不改变状态，其余的快照也将禁用连接。

I：从列表中删除选取的约束。

J：使用相应的约束来装配模型。

3．点拖移

点拖移的操作步骤如下：

Step 1　在"拖动"对话框的 快照 选项卡中，单击"点拖动"按钮。

Step 2　在当前机构装置的某个主体上单击，则单击处会显示一个标记◆，这就是将拖移该主体的确切位置（注意：不能为点拖移选取基础主体）。

Step **3** 移动鼠标，选取的点将跟随光标移动。

Step **4** 要完成此操作，可单击下列任一鼠标键：

- 鼠标左键：接受当前主体的位置。
- 鼠标中键：取消刚才执行的拖移。
- 鼠标右键：取消刚才进行的拖移，并退出"拖动"对话框。

4．主体拖移

进行"主体拖移"时，屏幕上主体的位置将改变，但其朝向保持固定不变。如果机构装置需要在主体位置改变的情况下还要改变方向，则该主体将不会移动，因为在此新位置的机构装置将无法重新装配。如果发生这种情况，就尝试使用点拖移来代替。主体拖移的操作步骤如下：

Step **1** 在"拖动"对话框中，单击"主体拖移"按钮 。

Step **2** 在当前模型中选取一个主体。

Step **3** 移动光标，选取的主体将跟随光标的位置。

Step **4** 要完成此操作，单击下列任一鼠标键：

- 鼠标左键：接受当前的主体位置并开始拖移另一个主体。
- 鼠标中键：取消刚才执行的拖移。
- 鼠标右键：取消刚才执行的拖移，并关闭"拖动"对话框。

5．将"快照"用作机构装置的分解状态

要将"快照"用作机构装置的分解状态，可在"拖动"对话框的 快照 选项卡中，选取一个或多个快照，然后单击 按钮，这样这些快照可在装配模块和工程图中用作分解状态。如果改变快照，分解状态也会改变。

当修改或删除一个快照，而分解状态在此快照中处于使用状态时，需注意以下几点：

- 对快照进行的任何修改将反映在分解状态中。
- 如果删除快照，会使分解状态与快照失去关联关系，分解状态仍然可用，但独立于任何快照。如果接着创建的快照与删除的快照同名，分解状态就会与新快照关联起来。

6．在拖移操作之前锁定主体

在"拖动"对话框的 约束 选项卡中单击 按钮（主体－主体锁定约束），然后先选取一个导引主体，再选取一组要在拖动期间锁定的随动主体，则随动主体相对于导引主体将保持固定，它们之间就如同粘接在一起一样，不能相互运动。这里请注意下列两点：

- 要锁定在一起的主体不需要接触或邻接。
- 关闭"拖动"对话框时，所有的锁定将被取消，也就是当再一次进行拖移时，将不锁定任何主体或连接。

13.3　动画设计一般过程

下面将以图 13.3.1 所示的模型为例，详细说明此动画的制作过程。

Step 1 将工作目录设置为 D:\creo2pd\work\ch13.03，然后打开文件 valve_explode_animation.asm。

Step 2 进入动画模块。单击 应用程序 功能选项卡 运动 区域中的"动画"按钮📹，系统进入动画模块。

Step 3 定义一个主动画。

（1）选择 动画 功能选项卡中的 新建动画 ➡ 📷快照 命令，此时系统弹出图 13.3.2 所示的"定义动画"对话框。

（2）命名动画：动画默认名称为 Animation2，本例中在对话框中输入动画名称 valve_explode_animation，然后单击 确定 按钮。

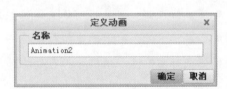

图 13.3.1　动画设计一般过程　　　　　图 13.3.2　"动画"对话框

Step 4 定义主体（本步的详细操作过程请参见随书光盘中 video\ch13.03\reference\文件下的语音视频讲解文件 valve_explode_animation-r01.avi）。

Step 5 创建快照。单击 动画 功能选项卡 机构设计 区域中的"拖动元件"按钮👆，此时系统弹出图 13.3.3 所示的"拖动"对话框，该对话框中有两个选项卡：快照 和 约束，在 快照 选项卡中可移动主体并拍取快照，在 约束 选项卡中可设置主体间的约束。

（1）创建第一个快照。在图 13.3.4 所示的状态创建第一个快照，方法是单击"拖动"对话框中的📷按钮，此时在快照栏中便生成了 Snapshot1 快照。

（2）创建图 13.3.5 所示的第二个快照。

①选择"拖动"对话框的 约束 选项卡，单击"对齐两个图元"按钮🔗，然后选取图 13.3.6 所示的模型表面。

②在 约束 选项卡的"偏移"文本框中输入偏距值-20，

图 13.3.3　"拖动"对话框

并按回车键。

③ 单击"拖动"对话框中的 📷 按钮，生成 Snapshot2 快照。

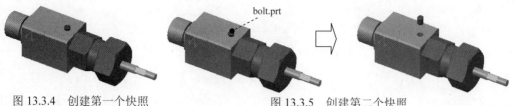

图 13.3.4　创建第一个快照　　　　　图 13.3.5　创建第二个快照

（3）创建图 13.3.7 所示的第三个快照。

①选择"拖动"对话框的 **约束** 选项卡，单击"对齐两个图元"按钮 📏，然后选取图 13.3.7 所示的模型表面。

②在 **约束** 选项卡的"偏移"文本框中输入偏距值-150，并按回车键。

③单击"拖动"对话框中的 📷 按钮，生成 Snapshot3 快照。

（4）创建图 13.3.8 所示的第四个快照。

①选择"拖动"对话框的 **约束** 选项卡，单击"对齐两个图元"按钮 📏，然后选取图 13.3.8 所示的模型表面。

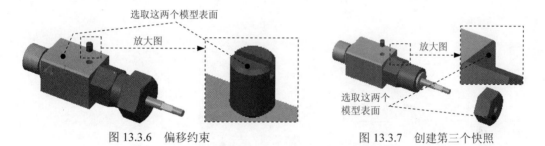

图 13.3.6　偏移约束　　　　　　　　图 13.3.7　创建第三个快照

②在 **约束** 选项卡的"偏移"文本框中输入偏距值-110，并按回车键。

③单击"拖动"对话框中的 📷 按钮，生成 Snapshot4 快照。

（5）创建图 13.3.9 所示的第五个快照。

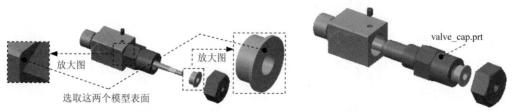

图 13.3.8　创建第四个快照　　　　　图 13.3.9　创建第五个快照

①在"拖动"对话框中单击"向 Z 平移"按钮 📐，然后选取图 13.3.9 所示的零件（valve_cap.prt）进行拖移。

②单击"拖动"对话框中的 📷 按钮，生成 Snapshot5 快照。

（6）单击"拖动"对话框中的 关闭 按钮。

Step 6 创建关键帧序列。

（1）单击 动画 功能选项卡 创建动画 ▼ 区域中的"管理关键帧序列"按钮 🔳 管理关键帧序列，此时系统弹出"关键帧序列"对话框。

（2）单击"关键帧序列"对话框中的 新建 按钮，系统弹出图 13.3.10 所示的"关键帧序列"对话框。在"关键帧序列"对话框中包含 序列 选项卡（图 13.3.10）和 主体 选项卡（图 13.3.11）。

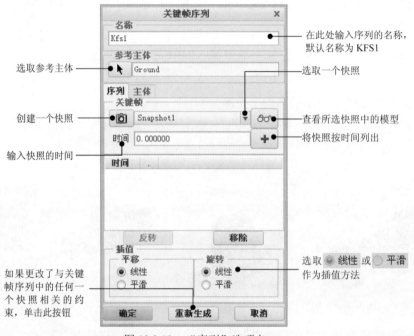

选取参考主体

在此处输入序列的名称，默认名称为 KFS1

选取一个快照

创建一个快照

查看所选快照中的模型

将快照按时间列出

输入快照的时间

如果更改了与关键帧序列中的任何一个快照相关的约束，单击此按钮

选取 ⦿ 线性 或 ○ 平滑 作为插值方法

图 13.3.10　"序列"选项卡

①在 序列 选项卡中的 关键帧 下拉列表中选取快照 Snapshot1，采用系统默认的时间，单击 ➕ 按钮；用同样的方法设置 Snapshot2、Snapshot3、Snapshot4 和 Snapshot5，并定义其时间分别为 2、4、6 和 8。

②单击"关键帧序列"对话框中的 确定 按钮。

③在"关键帧序列"对话框中单击 封闭 按钮。

Step 7 修改时间域。完成上一步操作后，时间域如图 13.3.12 所示。

说明：动画时间线中的鼠标操作：

● 左键可执行单选。

● Ctrl + 左键可执行多选。

● 双击左键可编辑对象。

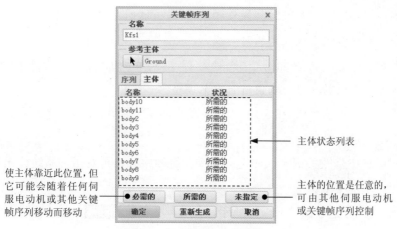

图 13.3.11   "主体"选项卡

- 左键 + 拖动可编辑时间。
- 中键 + 拖动可编辑竖向位置。
- Shift + 左键可撤消以前的操作。
- Shift + 中键可重做以前的撤消操作。
- 右击可弹出适用于所选对象的菜单。

在时间线上右击，系统会弹出图 13.3.13 所示的快捷菜单，各项功能操作如下：

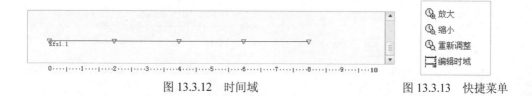

图 13.3.12   时间域   图 13.3.13   快捷菜单

- 放大：放大时间线。选取图 13.3.13 所示的菜单中的 🔍 放大 命令，在时间域中框出要放大的范围，此时时间线就被局部放大了，如图 13.3.14 所示。

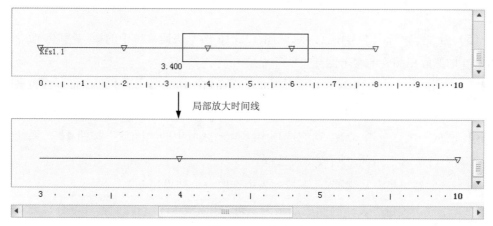

图 13.3.14   放大时间线

● 缩小: 缩小时间线。与"放大"操作相反, 如果选取图 13.3.13 所示的菜单中的 ⊖ 缩小 命令, 则逐步缩小被放大的时间线。

● 重新调整: 重新调整时间线。选取图 13.3.13 所示的菜单中的 ⊖ 重新调整 命令, 可以恢复到最初的状态, 以便进行重新调整。

● 编辑时间域: 选取图 13.3.13 所示菜单中的 编辑时域 命令, 系统弹出图 13.3.15 所示的"动画时域"对话框。

Step 8 在时间域中修改关键帧。先选取某个关键帧序列, 再右击, 系统弹出图 13.3.16 所示的快捷菜单。

（1）编辑时间。选取图 13.3.16 所示快捷菜单中的 编辑时间 命令, 系统弹出 13.2.17 所示的"KFS 实例"对话框, 可以编辑开始时间。

（2）编辑关键帧序列。选取图 13.3.16 所示快捷菜单中的 编辑 KFS 命令, 系统弹出"关键帧序列"对话框, 可以编辑关键帧序列。

图 13.3.15 "动画时域"对话框

图 13.3.16 快捷菜单

（3）复制关键帧。选取图 13.3.16 所示快捷菜单中的 复制 命令, 可以复制一个新的关键帧。

（4）删除关键帧。选取图 13.3.16 所示快捷菜单中的 移除 命令, 可以删除选定的关键帧。

（5）为关键帧选取参考图元。选取图 13.3.16 所示快捷菜单中的 选择参考图元 命令, 可以为关键帧选取相关联的参考图元。

Step 9 启动动画。在界面中单击"生成并运行动画"按钮 ▶, 启动动画进行查看, 可以启动动画进行查看。

Step 10 回放动画。单击 动画 功能选项卡 回放 ▼ 区域中的"回放"按钮 ◀▶, 系统弹出图 13.3.18 所示的"回放"对话框。

（1）选取结果集。从 结果集 下拉列表中选取一个结果集。

（2）生成影片进度表。当回放动画时, 可以指定要查看动画的哪一部分, 要实现这种功能, 需单击"回放"对话框中的 影片进度表; 如果要查看整个动画过程, 可选中

☑️默认进度表 复选框；如果要查看指定的动画部分，则取消 ☐ 默认进度表 复选框，此时系统显示图 13.3.19 所示的"影片进度表"选项卡。

图 13.3.19 所示 影片进度表 选项卡中有关选项和按钮的含义说明如下：

● 开始：指定要查看片段的起始时间。起始时间可以大于终止时间，这样就可以反向播放影片。

图 13.3.17　"KFS 实例"对话框

图 13.3.18　"回放"对话框

图 13.3.19　"影片进度表"选项卡

● 终止：指定要查看片段的结束时间。

● ➕（增加影片段）：指定起始时间和终止时间后，单击此按钮可以向回放列表中增加片段。通过多次将其增加到列表中，可以重复播放该片段。

● ⬆️（更新影片段）：当改变回放片段的起始时间或终止时间后，单击此按钮，系统立即更新起始时间和终止时间。

● ❌（删除影片段）：要删除影片段，选取该片段并单击此按钮。

（3）开始回放演示。在"回放"对话框中单击"播放当前结果集"按钮◀▶，系统弹出图 13.3.20 所示的"播放"操控板。

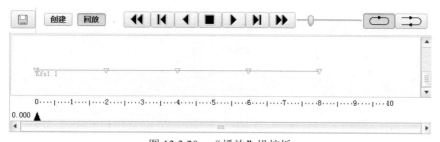

图 13.3.20　"播放"操控板

图 13.3.20 所示的"播放"操控板中各按钮的说明如下：

- ◀ : 向前播放。
- ■ : 停止播放。
- ▶ : 向后播放。
- ◀◀ : 将动画重新设置到开始。
- ▮◀ : 显示上一帧。
- ▶▮ : 显示下一帧。
- ▶▶ : 将动画设置到结尾。
- ⟳ : 重复动画。
- ⇄ : 在结尾处反转。
- 速度滑杆：改变动画的速度。

图 13.3.21　"捕获"对话框

（4）制作播放文件。单击图 13.3.20 所示的"播放"操控板中的 ▣ 按钮，系统弹出图 13.3.21 所示的"捕获"对话框，进行相应的设置后，单击 确定 按钮即可生成一个*.mpg 文件，该文件可以在其他软件（例如 Windows Media Player）中播放。

13.4　创建事件动画

"事件"用来定义时间线上各对象之间的特定相关性，如果某对象的时间发生变化，与之相关联的对象也同步改变。

创建事件动画的一般过程如下：

Step 1　单击 动画 功能选项卡 创建动画▼ 区域中的"事件"按钮 ☯ 事件，系统弹出图 13.4.1 所示的"事件定义"对话框。

Step 2　在"事件定义"对话框中的 名称 文本框中输入事件的名称。

Step 3　在"事件定义"对话框中的 时间 文本框中输入时间，并从 之后 列表中选取一个参考事件。

新定义的事件在参考事件的给定时间后开始。相对于选取的事件，输入的时间可以为负，但在动画开始时间之前不能发生。

Step 4　单击"事件定义"对话框中的 确定 按钮。

事件定义完成后，一个带有新事件名称的事件符号便出现在动画时间线中。如果事件与时间线上的一个现有对象有关，一条虚线会从参考事件引向新事件。

例如，事件定义如图 13.4.2 所示，即事件 Event1 在 Kfs1.1:1 Snapshot2 后 0.5 秒开始执行，在动画时间线中则表示为如图 13.4.3 所示。

图 13.4.1 "事件定义"对话框（一）　　　图 13.4.2 "事件定义"对话框（二）

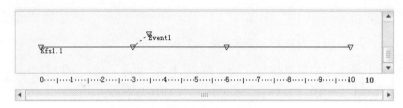

图 13.4.3 时间域

13.5 创建定时视图动画

创建定时视图动画，可以在特定时间处从特定的视图方向查看模型。此处的视图可以预先使用视图管理器工具命令进行设置、保存。下面举例说明建立时间与视图关系的一般操作过程：

Step 1 设置工作目录和打开文件。

（1）将工作目录设置为 D:\creo2pd\work\ch13.05。

（2）打开文件 time_view_animation.asm。

Step 2 单击 应用程序 功能选项卡 运动 区域中的 "动画"按钮🎥，系统进入动画模块。

Step 3 单击 动画 功能选项卡 图形设计 区域中的"定 时视图"按钮🔘，系统弹出图 13.5.1 所示的 "定时视图"对话框。

图 13.5.1 "定时视图"对话框

Step 4 建立第一个时间与视图间的关系。

（1）在"定时视图"对话框的 名称 栏中选取 V001 视图，如图 13.5.1 所示。

说明： V1 和 V2 视图是事先通过视图管理器工具进行设置和保存的视图。

（2）单击"定时视图"对话框中的 应用 按钮，定时视图事件 V001.1 出现在时间线中。

Step 5 建立第二个时间与视图间的关系。

（1）在"定时视图"对话框的 名称 栏中选取 V002 视图。

（2）在对话框的 时间 区中输入时间值 0.5，并从 之后 列表中选取一个参考事件 Kfs1.1:6 Snapshot4，动画将在该时间和参考事件后改变到该视图。

（3）单击"定时视图"对话框中的 应用 按钮，定时视图事件 V002.1 出现在时间线中，如图 13.5.2 所示。

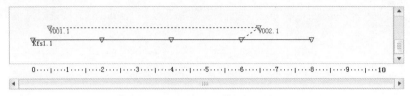

图 13.5.2　时间域

Step 6 单击"定时视图"对话框中的 关闭 按钮。

Step 7 在界面中单击"生成并运行动画"按钮 ▶ ，动画启动，可以观察到动画开始时为 V1 视图，在 Kfs1.1:6 Snapshot3 后 0.5 秒切换到 V2 视图。

13.6　创建定时透明动画

创建定时透明动画，可以控制组件元件在动画运行或回放过程中的透明程度。下面举例说明建立时间与透明关系的一般操作过程：

Step 1 设置工作目录和打开文件。

（1）将工作目录设置为 D:\creo2pd\work\ch13.06。

（2）打开文件 time_tran_animation.asm。

Step 2 单击 应用程序 功能选项卡 运动 区域中的"动画"按钮 📹，系统进入动画模块。

Step 3 单击 动画 功能选项卡 图形设计 区域中的"定时透明"按钮，系统弹出图 13.6.1 所示的"定时透明"对话框。

图 13.6.1　"定时透明"对话框

Step 4 建立第一个时间与透明间的关系。

（1）在系统 ➡选择零件 的提示下，在模型中选取零件 PRESS_BOLT.PRT。

（2）在"选择"对话框中单击 确定 按钮。

（3）其余参数设置如图 13.6.1 所示。

（4）单击"定时透明"对话框中的 应用 按钮，定时显示事件 Transparency1 出现在时间线中。

Step 5 建立第二个时间与透明间的关系。

（1）在系统 ➡选择零件 的提示下，在模型中选取零件 VALVE_CAP.PRT。

（2）在"选择"对话框中单击 确定 按钮。

（3）在"定时透明"对话框的 透明 文本框中输入数值 75。

（4）从 <u>之后</u> 列表中选取一个参考事件 Kfs1.1:6 Snapshot4，动画将在该时间和参考事件后改变到该透明状态。

（5）其余参数都采用系统默认的设置值。

（6）单击"定时透明"对话框中的 应用 按钮，定时显示事件 Transparency2 出现在时间线中，如图 13.6.2 所示。

Step 6 单击"定时透明"对话框中的 关闭 按钮。

Step 7 在界面中单击"生成并运行动画"按钮 ▶，动画启动，可以观察到动画开始时的零件由不透明状态渐变到透明状态。

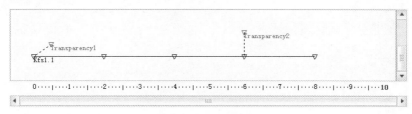

图 13.6.2　时间域

13.7 创建定时样式动画

创建定时样式动画，可以控制组件元件在动画运行或回放过程中的显示样式，例如：一些元件不可见，或者显示为"线框"、"隐藏线"方式等。此处的显示样式可以预先使用视图管理器工具进行设置、保存。下面举例说明建立时间与显示关系的一般操作过程。下面举例说明建立时间与显示关系的一般操作过程：

Step 1 设置工作目录和打开文件。

（1）将工作目录设置为 D:\creo2pd\work\ch13.07。

（2）打开文件 time_display_animation.asm。

Step 2 单击 应用程序 功能选项卡 运动 区域中的"动画"按钮 🎥，系统进入动画模块。

Step 3 单击 动画 功能选项卡 图形设计 区域中的"定时样式"按钮 🔲，系统弹出图 13.7.1 所示的"定时样式"对话框。

图 13.7.1　"定时样式"对话框

Step 4 建立第一个时间与显示间的关系。

（1）在"定时样式"对话框的 样式名 栏中选取 STYLE0001，如图 13.7.1 所示。

（2）单击"定时样式"对话框中的 应用 按钮，定时显示事件 STYLE0001 出现在时间线中。

Step 5　建立第二个时间与显示间的关系。

在"定时显示"对话框的 样式名称 栏中选取 STYLE0002。

说明：STYLE0001 是事先通过视图管理器工具命令进行设置和保存的显示样式。

（1）在对话框的 时间 区中输入时间值 0.5，并从 之后 列表中选取一个参考事件 Kfs1.1:6 Snapshot4，动画将在该时间和参考事件后改变到该显示状态。

（2）单击"定时样式"对话框中的 应用 按钮，定时显示事件 STYLE0002 出现在时间线中，如图 13.7.2 所示。

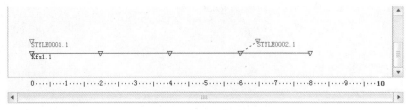

图 13.7.2　时间域

Step 6　单击"定时样式"对话框中的 关闭 按钮。

Step 7　在界面中单击"生成并运行动画"按钮 ▶，动画启动，可以观察到动画开始时为 STYLE0001 显示，在 Kfs1.1:6 Snapshot4 后 0.5 秒切换到 STYLE0002 显示。

13.8　动画设计综合实际应用——轴箱组件拆卸动画

本例将制作一个轴箱组件拆卸动画，此动画的制作要点有以下几点：

- 描述轴箱组件的拆卸过程，首先拆卸顶部箱盖的螺栓，然后拆卸箱盖，再拆卸圆柱齿轮以及对应的键 1，最后拆卸锥齿轮和键 2。
- 动画中要应用视图的切换，从多个视角展示装配体的拆卸过程。
- 动画中要应用不同的模型显示样式以及透明度，以便显示组件中的内部零件。

操作过程如下：

Step 1　打开装配模型文件并进入动画模块。

（1）将工作目录设置为 D:\creo2pd\work\ch13.08。

（2）打开文件 axle_box_explode_animation.asm。

（3）单击 应用程序 功能选项卡 运动 区域中的"动画"按钮 ，进入动画模块。

Step 2　定义视图。

（1）单击 模型 功能选项卡 模型显示 ▾ 区域中的"视图管理器"按钮 ，此时系统弹出"视图管理器"对话框。

（2）在"视图管理器"对话框中选取 定向 选项卡，单击 新建 按钮，采用系统默认的名称 View0001，并按回车键。

（3）单击 编辑 ▾ 菜单下的 重新定义 命令，系统弹出"方向"对话框。

（4）定向组件模型。将模型调整到图 13.8.1 所示的位置及大小。

（5）单击"方向"对话框中的 确定 按钮。

（6）单击 新建 按钮，采用系统默认的名称 View0002，并按回车键。

（7）单击 编辑 ▾ 菜单下的 重新定义 命令，系统弹出"方向"对话框。

（8）定向组件模型。将模型调整到图 13.8.2 所示的位置及大小。

（9）单击"方向"对话框中的 确定 按钮。

（10）用同样的方法分别建立 View0003（图 13.8.3）、View0004（图 13.8.4）和 View0005（图 13.8.5）视图。

图 13.8.1　View0001 视图

图 13.8.2　View0002 视图

图 13.8.3　View0003 视图

图 13.8.4　View0004 视图

完成视图定义后，先不要关闭"视图管理器"，进行下一步工作。

Step 3　定义显示样式 1。

（1）在"视图管理器"对话框中选取 样式 选项卡，单击 新建 按钮，输入样式的名称 STYLE0001，并按回车键。

（2）完成上一步后，系统弹出"编辑：STYLE0001"对话框，选择 遮蔽 选项卡，然后从模型树中选取图 13.8.6 所示的元件。

（3）单击"编辑"对话框中的 ✔ 按钮，完成此视图的定义。

Step 4　定义显示样式 2。

（1）在"视图管理器"对话框中选取 样式 选项卡，单击 新建 按钮，输入样式的名称

STYLE0002，并按回车键。

图 13.8.5　View0005 视图

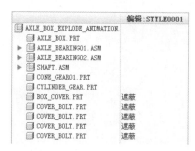

图 13.8.6　编辑：STYLE0001 样式

（2）选择"编辑"对话框的 **遮蔽** 选项卡，然后从模型树中选取图 13.8.7 所示的元件。

（3）选取"编辑"对话框的 **显示** 选项卡，在其 **方法** 区域中选中 ⊙ 线框 单选项，此时系统提示"选取要以线框表示的元件"，在模型树中选取图 13.8.7 所示的元件。

（4）单击"编辑"对话框中的 **✓** 按钮，完成此视图的定义。

Step 5　定义显示样式 3。

（1）在"视图管理器"对话框中选取 **样式** 选项卡，单击 **新建** 按钮，输入样式的名称 STYLE0003，并按回车键。

（2）选择"编辑"对话框的 **遮蔽** 选项卡，然后从模型树中选取图 13.8.8 所示的元件。

（3）选取"编辑"对话框的 **显示** 选项卡，在其 **方法** 区域中选中 ⊙ 线框 单选项，此时系统提示"选取要以线框表示的元件"，在模型树中选取图 13.8.8 所示的元件。

（4）选取"编辑"对话框的 **显示** 选项卡，在其 **方法** 区域中选中 ⊙ 透明 单选项，此时系统提示"选取要透明着色的元件"，在模型树中选取图 13.8.8 所示的元件。

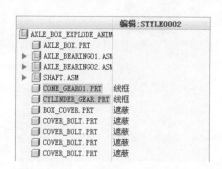

图 13.8.7　编辑：STYLE0002 样式

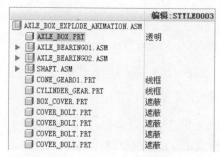

图 13.8.8　编辑：STYLE0003 样式

（5）单击"编辑"对话框中的 **✓**，完成此视图的定义。

Step 6　在"视图管理器"对话框的 **样式** 选项卡中，将"主样式"设为活动状态。

Step 7　单击"视图管理器"对话框中的 **关闭** 按钮。

Step 8　定义一个主动画。

选择　动画　功能选项卡中的　新建动画▼　➡　📷快照　命令，在对话框中输入动画名称 axle_box_explode_animation，单击　确定　按钮。

Step 9　定义主体（本步的详细操作过程请参见随书光盘中 video\ch13.08\reference\文件下的语音视频讲解文件 axle_box_explode_animation-r01.avi）。

Step 10　单击　动画　功能选项卡　机构设计　区域中的"拖动元件"按钮👆，系统弹出"拖动"对话框。

（1）创建第一个快照。在图 13.8.9 所示的状态，单击"拖动"对话框中的📷按钮。此时在图 13.8.10 所示的快照栏中便生成了 Snapshot1 快照。

图 13.8.9　创建第一个快照

图 13.8.10　"拖动"对话框

（2）创建图 13.8.11 所示的第二个快照。

①选择"拖动"对话框的　约束　选项卡，单击"对齐两个图元"按钮，然后选取图 13.8.12 所示的模型表面。

②在　约束　选项卡的"偏移"文本框中输入偏距值-260，并按回车键。

③参照上述步骤对其余三只螺钉进行偏移。

④单击"拖动"对话框中的📷按钮，生成 Snapshot2 快照。

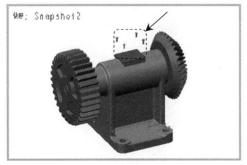

图 13.8.11　创建第二个快照

图 13.8.12　偏移约束

放大图

选取这两个模型表面

（3）创建图 13.8.13 所示的第三个快照。

①选择"拖动"对话框的 **约束** 选项卡，单击"对齐两个图元"按钮 ，然后选取图 13.8.14 所示的模型表面。

②在 **约束** 选项卡的"偏移"文本框中输入偏距值-230，并按回车键。

③单击"拖动"对话框中的 按钮，生成 Snapshot3 快照。

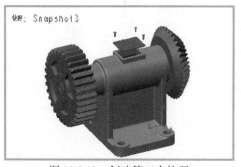

选取这两个模型表面

图 13.8.13　创建第三个快照　　　　　　　图 13.8.14　偏移约束

（4）创建图 13.8.15 所示的第四个快照。

①在"拖动"对话框中单击"向 Z 平移"按钮 ，然后选取图 13.8.15 所示的零件（CYLINDER_GEAR.PRT）进行拖移。

②单击"拖动"对话框中的 按钮，生成 Snapshot4 快照。

（5）创建图 13.8.16 所示的第五个快照。

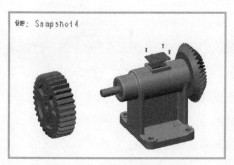

图 13.8.15　创建第四个快照　　　　　　　图 13.8.16　创建第五个快照

①在"拖动"对话框中单击"向 Y 平移"按钮 ，然后选取图 13.8.16 所示的零件（KEY02.PRT）进行拖移。

②单击"拖动"对话框中的 按钮，生成 Snapshot5 快照。

（6）创建图 13.8.17 所示的第六个快照。

①在"拖动"对话框中单击"向 Z 平移"按钮 ，然后选取图 13.8.17 所示的零件（KEY02.PRT）进行拖移。

②单击"拖动"对话框中的 按钮，生成 Snapshot6 快照。

（7）创建图 13.8.18 所示的第七个快照。

①在"拖动"对话框中单击"向 Y 平移"按钮，然后选取图 13.8.18 所示的零件（KEY02.PRT）进行拖移。

②单击"拖动"对话框中的 按钮，生成 Snapshot7 快照。

图 13.8.17　创建第六个快照

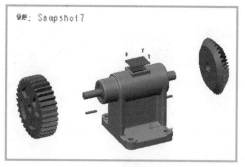

图 13.8.18　创建第七个快照

（8）单击"拖动"对话框中的 关闭 按钮。

Step 11 创建关键帧序列。

（1）单击 动画 功能选项卡 创建动画 ▼ 区域中的"管理关键帧序列"按钮 管理关键帧序列 。

（2）单击"关键帧序列"对话框中的 新建 按钮。

①在 序列 选项卡中的"关键帧"列表中选取快照 Snapshot1，输入时间为 0，单击 ＋ 按钮；从列表中选取快照 Snapshot2，输入时间为 3；用同样的方法设置 Snapshot3、Snapshot4、Snapshot5、Snapshot6 和 Snapshot7，并定义其时间分别为 6、9、12、15 和 18。

②单击"关键帧序列"对话框中的 确定 按钮。

③在"关键帧序列"对话框中单击 封闭 按钮。

Step 12 在时间线上右击，在系统弹出的快捷菜单中选择 编辑时域 命令，系统弹出"动画时域"对话框，在 终止时间 文本框总输入 18，单击 确定 按钮。

Step 13 建立时间与视图间的关系。

（1）单击 动画 功能选项卡 图形设计 区域中的"定时视图"按钮，系统弹出"定时视图"对话框。

（2）设定视图 1。

①在"定时视图"对话框的 名称 栏中选取视图 View0001。

②在对话框的 时间 区中输入时间值 0，并从 之后 列表中选取参考事件 开始 。

③单击 应用 按钮。"定时视图"事件出现在时间线中。

（3）设定视图 2。

①在"定时视图"对话框的 名称 栏中选取视图 View0002。

②在对话框的 时间 区中输入时间值 0.5，并从 之后 列表中选取参考事件 Kfs1.1:3

Snapshot2。

③单击 应用 按钮。"定时视图"事件出现在时间线中。

（4）设定视图 3。

①在"定时视图"对话框的 名称 栏中选取视图 View0003。

②在对话框的 时间 区中输入时间值 0，并从 之后 列表中选取参考事件 Kfs1.1:9 Snapshot4。

③单击 应用 按钮。"定时视图"事件出现在时间线中。

（5）设定视图 4。

①在"定时视图"对话框的 名称 栏中选取视图 View0004。

②在对话框的 时间 区中输入时间值 0，并从 之后 列表中选取参考事件 Kfs1.1:15 Snapshot6。

③单击 应用 按钮。"定时视图"事件出现在时间线中。

（6）设定视图 5。

①在"定时视图"对话框的 名称 栏中选取视图 View0005。

②在对话框的 时间 区中输入时间值 0，并从 之后 列表中选取参考事件 Kfs1.1:18 Snapshot7。

③单击 应用 按钮。"定时视图"事件出现在时间线中。

（7）单击对话框中的 关闭 按钮。

Step 14 建立时间与显示间的关系。

（1）单击 动画 功能选项卡 图形设计 区域中的"定时样式"按钮 ，系统弹出"定时样式"对话框。

（2）定义显示样式 1。

①在"定时样式"对话框的 样式名 栏中选取显示样式"主样式"。

②在对话框的 时间 区中输入时间值0，并从 之后 列表中选取参考事件"开始"。

③单击 应用 按钮。"定时显示"事件出现在时间线中。

（3）定义显示样式 2。

①在"定时显示"对话框的 样式名 栏中选取显示样式 STYLE0001。

②在对话框的 时间 区中输入时间值 0.5，并从 之后 列表中选取参考事件 Kfs1.1:6 Snapshot3。

③单击 应用 按钮。"定时显示"事件出现在时间线中。

（4）定义显示样式 3。

①在"定时显示"对话框的 样式名 栏中选取显示样式 STYLE0002。

②在对话框的 时间 区中输入时间值 0.2，并从 之后 列表中选取参考事件 Kfs1.1:9

Snapshot4。

　　③单击 应用 按钮。"定时显示"事件出现在时间线中。

　　（5）定义显示样式 4。

　　①在"定时显示"对话框的 样式名 栏中选取显示样式 STYLE0003。

　　②在对话框的 -时间- 区中输入时间值 0，并从 之后 列表中选取参考事件 Kfs1.1:15
Snapshot6。

　　③单击 应用 按钮。"定时显示"事件出现在时间线中。

　　（6）单击 关闭 按钮。至此动画定义完成，时间域如图 13.8.19 所示。

Step 15　启动动画。在界面中单击"生成并运行动画"按钮 ▶ ，可启动动画进行查看。

Step 16　保存动画。

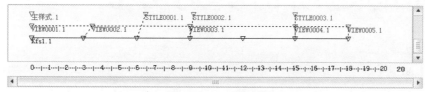

图 13.8.19　时间域

14

产品的运动仿真与分析

14.1 概述

在 Creo 的机构模块中，可以对一个机构装置进行运动仿真及分析，除了查看机构的运行状态，检查机构运行时有无碰撞外，还能进行进一步的位置分析、运动分析、动态分析、静态分析和力平衡分析，为检验和进一步改进机构的设计提供参考数据。

14.1.1 机构模块关键术语

在 Creo 的机构模块中，常用的术语解释如下：

- 机构（机械装置）：由一定数量的连接元件和固定元件所组成，能完成特定动作的装配体。
- 连接元件：以"连接"方式添加到一个装配体中的元件。连接元件与它附着的元件间有相对运动。
- 固定元件：以一般的装配约束（重合、角度等）添加到一个装配体中的元件。固定元件与它附着的元件间没有相对运动。
- 连接：指能够实现元件之间相对机械运动的约束集，例如销钉连接、滑块连接和圆柱连接等。
- 自由度：各种连接类型提供不同的运动（平移和旋转）限制。
- 环连接：增加到运动环中的最后一个连接。

- 主体：机构中彼此间没有相对运动的一组元件（或一个元件）。
- 基础：机构中固定不动的一个主体。其他主体可相对于"基础"运动。
- 伺服电动机（驱动器）：伺服电动机为机构的平移或旋转提供驱动。可以在连接或几何图元上放置伺服电动机，并指定位置、速度或加速度与时间的函数关系。
- 执行电动机：作用于旋转或平移连接轴上而引起运动的力。

14.1.2　进入与退出机构模块

要进入 Creo 机构模块，必须先新建或打开一个装配模型。下面以一个已完成运动仿真的机构模型为例，说明进入机构模块的操作过程。

Step 1　将工作目录设置为 D:\creo2pd\work\ch14.01，然后打开装配模型 motion_asm.asm。

Step 2　进入机构模块。单击 应用程序 功能选项卡 运动 区域中的"机构"按钮 ，则进入机构模块，此时界面如图 14.1.1 所示。

Step 3　退出机构模块。单击 应用程序 功能选项卡 关闭 区域中的"关闭"按钮 。

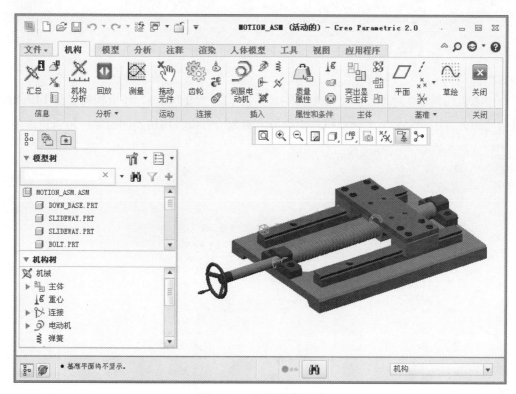

图 14.1.1　机构模块界面

14.1.3　机构模块菜单及按钮

进入机构模块后，系统弹出图 14.1.2 所示的 机构 功能选项卡，其中包括所有与机构相关的操作命令。

图 14.1.2 "机构"操控板

图 14.1.2 所示的 机构 选项卡中各区域的功能说明如下：

- 信息 ：显示当前机构中的质量属性、机构图标和细节信息。

- 分析 ▾：创建或查看机构分析、已有分析结果回放和创建测量项目。

- 运动 ：拖动元件到合适的位置以便进行仿真。

- 连接 ：创建特殊机构连接，如齿轮、凸轮、带传动和 3D 接触等。

- 插入 ：在机构中创建伺服电动机、执行电动机、弹簧、衬套、阻尼、力和扭矩等。

- 属性和条件 ：设置质量属性、重力、初始条件和终止条件。

- 主体 ：定义和编辑主体元件。

- 基准 ▾：创建基准特征。

- 关闭 ：退出机构模块。

进入机构模块后，系统界面左侧分别显示模型树（图 14.1.3）和机构树（图 14.1.4），机构树十分有用，它显示了当前机构中的所有对象，右击机构树不同对象，可以快速地进行创建或编辑操作（表 14.1.1）。

图 14.1.3 模型树

图 14.1.4 机构树

表 14.1.1 项目与对应的操作

项目名称	操作
旋转轴、平移轴（在 Connection_name 下）	运动轴设置、伺服电动机
旋转轴、平移轴（在 Driver_name 下）	运动轴设置
凸轮、槽、驱动器、运动定义	新建
Camconnection_name、Slotconnection_name、Driver_name	编辑、删除、复制
Motion_def_name	编辑、删除、复制、运行
回放	演示……
Playback_name	演示、保存

14.1.4 主体

"主体"是机构装置中彼此间没有相对运动的一组元件（或一个元件）。在创建一个机构装置时，根据主体的创建规则，一般第一个放置到装配体中的元件将成为该机构的"基础"主体，以后如果在基础主体上添加固定元件，那么该元件将成为"基础"的一部分；如果添加连接元件，系统则将其作为另一个主体。当为一个连接定义约束时，只能分别从装配体的同一个主体和连接件的同一个主体中选取约束参考。

进入机构模块后，单击 机构 功能选项卡 主体 区域中的"突出显示主体"按钮，系统将加亮机构装置中的所有主体。不同的主体显示为不同的颜色，基础主体为绿色。

如果机构装置没有以预期的方式运动，或者如果因为两个零件在同一主体中而不能创建连接，就可以使用"重新定义主体"来实现以下目的。

● 查明是什么约束使零件属于一个主体。

● 删除某些约束，使零件成为具有一定运动自由度的主体。

具体步骤如下：

Step 1 单击 机构 功能选项卡 主体 区域中的"重新定义主体"按钮，系统弹出"重新定义主体"对话框。

Step 2 在模型中选取要重定义主体的零件，则对话框中显示该零件的约束信息，如图 14.1.5 所示，类型 列显示约束类型，参考 列显示各约束的参考零件。

注意：约束 列表框不列出用来定义连接的约束，只列出固定约束。

Step 3 从 约束 列表中选择一个约束，系统即显示其 元件参考 和 装配参考，显示格式为："零

图 14.1.5 "重新定义主体"对话框

件名称：几何类型"，同时在模型中，元件参考以洋红色加亮，组件参考以青色加亮。

Step 4 如果要删除一个约束，可从列表中选择该约束，然后单击 移除 按钮。根据主体的创建规则，将一个零件"连接"到机构装置中时，结果会使零件变成一个主体。所以一般情况下，删除零件的某个约束可以将零件重定义为符合运动自由度要求的主体。

Step 5 如果要删除所有约束，可单击 全部移除 按钮。系统将删除所有约束，同时零件被包装。

注意：不能删除子装配件的约束。

Step 6 单击 确定 按钮。

14.1.5 创建运动仿真的一般过程

下面将简要介绍建立一个机构装置并进行运动仿真的一般操作过程：

Step 1 新建一个装配体模型，进入装配模块。

Step 2 单击 模型 功能选项卡 元件 ▾ 区域中的"组装"按钮 🔄，可向装配体中添加组成机构装置的固定元件及连接元件。

Step 3 单击 应用程序 功能选项卡 运动 区域中的"机构"按钮 ⚙，进入机构模块，然然后单击 运动 区域中的"拖动元件"按钮 👆，可拖动机构装置，以研究机构装置移动方式的一般特性以及可定位零件的范围；同时也可以创建快照来保存重要位置，便于以后查看。

Step 4 单击 机构 功能选项卡 连接 区域中的"凸轮"按钮 👆凸轮，可向机构装置中增加凸轮从动机构连接（此步操作可选）。

Step 5 单击 机构 功能选项卡 插入 区域中的"伺服电动机"按钮 ⚙，可向机构装置中增加一个伺服电动机。伺服电动机用于准确定义某些连接或几何图元应如何旋转或平移。

Step 6 单击 机构 功能选项卡 分析 ▾ 区域中的"机构分析"按钮 ✖，定义机构装置的运动分析，然后指定影响的时间范围并创建运动记录。

Step 7 单击 机构 功能选项卡 分析 ▾ 区域中的"回放"按钮 ◀▶，可重新演示机构装置的运动、检测干涉、研究从动运动特性、检查锁定配置以及保存重新演示的运动结果，便于以后查看和使用。

Step 8 单击 机构 功能选项卡 分析 ▾ 区域中的"测量"按钮 ✖，以图形方式查看位置结果。

14.2　连接类型

14.2.1　自由度与连接

　　自由度是指一个主体（单个元件或多个元件）具有可独立运动方向数目。对于空间中不受任何约束的主体，具有 6 个自由度，沿空间参考坐标系 X 轴、Y 轴和 Z 轴平移和旋转。而当主体在平面上运动时，具有 3 个自由度，沿平面参考坐标系 X 轴、Y 轴和平面内旋转。创建机构模型时使用"连接"来装配元件，就是通过机械约束集来减少主体的自由度，使其可以按要求进行独立的运动。Creo 提供了多种"连接"类型，各种连接类型允许不同的运动自由度，每种连接类型都与一组预定义的约束集相关联，使用"连接"来装配元件时，要注意每种连接提供的自由度，以及创建连接所需的约束集。

　　创建机构时，还要注意机构中的冗余约束。冗余约束是指在元件已达到约束目的情况下，依然向元件添加与现有约束不冲突的连接或约束。例如对于一组刚性连接的元件，再添加一个约束限制某个方向上的平移运动，这个约束就是冗余约束。冗余约束一般情况下不会影响机构的运动状态分析，但涉及机构的力分析时，必须考虑冗余约束的影响。

　　在 Creo 中添加连接元件的方法与添加固定元件大致相同，首先单击 模型 功能选项卡 元件 ▼ 区域中的"组装"按钮，并打开一个元件，系统弹出图 14.2.1 所示的"元件放置"操控板，在操控板的"约束集"列表框中，可看到系统提供了多种"连接"类型（如刚性、销和滑块等），各种连接类型允许不同的运动自由度，每种连接类型都与一组预定义的放置约束相关联。

图 14.2.1　"元件放置"操控板

　　在向机构装置中添加一个"连接"元件前，应知道该元件与装置中其他元件间的放置约束关系、相对运动关系和该元件的自由度。

图 14.2.1 所示的"元件放置"操控板中的连接列表中显示了可用的机械连接，每种连接的运动状况及自由度说明如下：

- 刚性 刚性（Rigid）连接：两个元件固定在一起，自由度为 0。
- 销 销（Pin）连接：元件可以绕配合轴线进行旋转，旋转自由度为 1，平移自由度为 0。
- 滑块 滑块（Slider）连接：元件可以沿配合方向进行平移，旋转自由度为 0，平移自由度为 1。
- 圆柱 圆柱（Cylinder）连接：元件可以相对于配合轴线同时进行平移和旋转，旋转自由度为 1，平移自由度为 1。
- 平面 平面（Planar）连接：元件可以在配合平面内进行平移和绕平面法向的轴线旋转，旋转自由度为 1，平移自由度为 2。
- 球 球（Ball）连接：元件可以绕配合点进行空间旋转，旋转自由度为 3，平移自由度为 0。
- 焊缝 焊缝（Weld）连接：两个元件按指定坐标系固定在一起，自由度为 0。
- 轴承 轴承（Bearing）连接：元件可以绕配合点进行空间旋转，也可以沿指定方向平移，旋转自由度为 3，平移自由度为 1。
- 常规 常规（General）连接：元件连接时约束自行定义，自由度根据约束的结果来判断。
- 6DOF 6 自由度（6DOF）连接：元件可以在任何方向上平移及旋转，旋转自由度为 3，平移自由度为 3。
- 万向 万向（Gimbal）连接：元件可以绕配合坐标系的原点进行空间旋转，旋转自由度为 3，平移自由度为 0。
- 槽 槽（Solt）连接：元件上的某点沿曲线运动。

14.2.2 刚性（Rigid）连接

刚性连接如图 14.2.2 所示，它在改变底层主体定义时将两个元件粘接在一起。刚性连接的连接元件和附着元件间没有任何相对运动，它们构成一个单一的主体。

刚性连接需要一个或多个约束，以完全约束元件。

刚性连接不提供平移和旋转自由度。

举例说明如下：

Step 1 将工作目录设置为 D:\creo2pd\work\ch14.02.02，然后打开装配模型 rigid_join.asm。

Step 2 在模型树中选取模型 RIGID_02.PRT，右击，从快捷菜单中选择 编辑定义 命令。

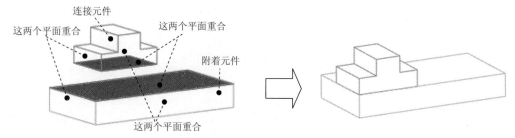

图 14.2.2 刚性（Rigid）连接

Step 3 创建刚性连接。

（1）在操控板的约束集列表中选取 <kbd>刚性</kbd> 选项。

（2）单击操控板中的 <kbd>放置</kbd> 按钮。

（3）定义"重合"约束（一）。选取图 14.2.2 中两个要重合的表面；选择约束类型为 <kbd>重合</kbd>。

（4）定义"重合"约束（二）。选取图 14.2.2 中两个要重合的表面；选择约束类型为 <kbd>重合</kbd>。

（5）定义"重合"约束（三）。选取图 14.2.2 中另外两个要重合的表面；选择约束类型为 <kbd>重合</kbd>。

Step 4 单击操控板中的 ✔ 按钮，完成刚性连接的创建。

14.2.3 销（Pin）连接

销连接是最基本的连接类型，销连接的元件可以绕着附着元件转动，但不能相对于附着元件移动。

销连接需要一个轴对齐约束，还需要一个平面重合（或点重合）约束，以限制连接元件沿轴线的平移。

销连接提供一个旋转自由度，没有平移自由度。

举例说明如下：

Step 1 将工作目录设置为 D:\creo2pd\work\ch14.02.03，然后打开装配模型 pin_join.asm。

Step 2 在模型树中选取零件 □ <kbd>UPIN_02.PRT</kbd>，右击，在弹出的快捷菜单中选择 <kbd>编辑定义</kbd> 命令。

Step 3 创建销（Pin）连接。

（1）在操控板的约束集列表中选取 <kbd>销</kbd> 选项，此时系统弹出"元件放置"操控板。

（2）单击操控板中的 <kbd>放置</kbd> 按钮，在弹出的界面中可看到，销连接包含两个预定义的约束："轴对齐"和"平移"。

（3）为"轴对齐"约束选取参考。选取图 14.2.3 所示的两柱面。

（4）为"平移"约束选取参考。选取图 14.2.3 所示的两个平面重合，限制连接元件沿轴线平移。

Step 4 单击操控板中的 ✔ 按钮，完成销（Pin）连接的创建。

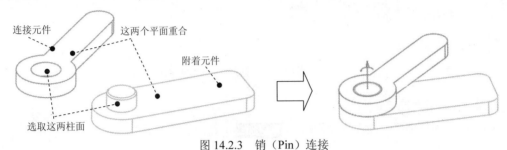

图 14.2.3　销（Pin）连接

14.2.4　滑块（Slider）连接

滑块连接如图 14.2.4 所示，滑块连接的连接元件只能沿着轴线移动。

滑块连接需要一个轴对齐约束，还需要一个平面重合约束以限制连接元件转动。

滑块连接提供了一个平移自由度，没有旋转自由度。

举例说明如下：

Step 1 将工作目录设置为 D:\creo2pd\work\ch14.02.04，然后打开装配模型 slider_join.asm。

Step 2 在模型树中选取模型 □ SLIDER_02.PRT，然后右击，从快捷菜单中选择 编辑定义 命令。

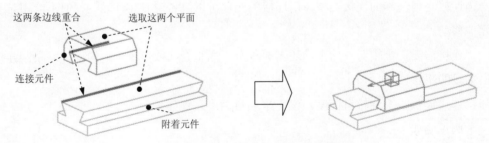

图 14.2.4　滑块（Slider）连接

Step 3 创建滑块连接。

（1）在操控板的约束集列表中选取 滑块 选项。

（2）在弹出的操控板中单击 放置 按钮。

（3）选取"轴对齐"约束的参考。选取图 14.2.4 中的两条边线。

（4）选取"旋转"约束的参考。选取图 14.2.4 中的两个表面。

Step 4 单击操控板中的 ✔ 按钮，完成滑块连接的创建。

14.2.5　圆柱（Cylinder）连接

圆柱连接与销连接有些相似，如图 14.2.5 所示，圆柱连接的连接元件既可以绕轴线相对于附着元件转动，也可以沿轴线平移。

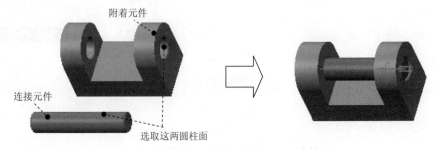

图 14.2.5　圆柱（Cylinder）连接

圆柱连接只需要一个轴对齐约束，它提供一个旋转自由度和一个平移自由度。举例说明如下：

Step 1　将工作目录设置为 D:\creo2pd\work\ch14.02.05，然后打开装配模型 cylinder_join.asm。

Step 2　在模型树中选取模型 □ DCYLINDER_02.PRT，右击，从快捷菜单中选择 编辑定义 命令，此时出现"元件放置"操控板。

Step 3　创建圆柱连接。

（1）在操控板的约束集列表中选取 ⚒ 圆柱 选项。

（2）在弹出的操控板中单击 放置 按钮。

（3）为"轴对齐"约束选取参考。选取图 14.2.5 中的两圆柱面。

Step 4　单击操控板中的 ✔ 按钮，完成圆柱连接的创建。

14.2.6　平面（Planar）连接

平面连接如图 14.2.6 所示，平面连接的连接元件既可以在一个平面内移动，也可以绕着垂直于该平面的轴线转动。

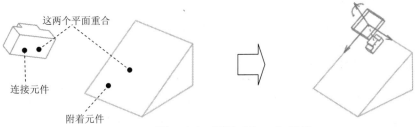

图 14.2.6　平面（Planar）连接

平面连接只需要一个平面重合约束。

平面连接提供了两个平移自由度和一个旋转自由度。

举例说明如下：

Step 1　将工作目录设置为 D:\creo2pd\work\ch14.02.06，然后打开装配模型 planar_join.asm。

Step 2　在模型树中选取模型 □ ⊞PLANAR_02.PRT，右击，从快捷菜单中选择 编辑定义 命令。

Step 3　创建平面连接。

（1）在操控板的约束集列表中选取 平面 选项。

（2）单击操控板菜单中的 放置 按钮。

（3）选取"平面"约束的参考。选取图 14.2.6 中的两个表面以将其重合。

Step 4　单击操控板中的 ✔ 按钮，完成平面连接的创建。

14.2.7　球（Ball）连接

球连接如图 14.2.7 所示，球连接的连接元件在约束点上可以向任何方向转动。球连接只需一个点重合约束。球连接提供三个旋转自由度，没有平移自由度。

举例说明如下：

Step 1　将工作目录设置为 D:\creo2pd\work\ch14.02.07，然后打开装配模型 ball_join.asm。

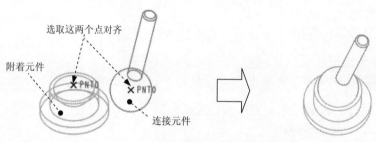

图 14.2.7　球（Ball）连接

Step 2　在模型树中选取模型 □ ⊞BALL_02.PRT，右击，从快捷菜单中选择 编辑定义 命令。

Step 3　创建球连接。在操控板的约束集列表中选取 球 选项；单击 放置 按钮，然后选取图 14.2.7 中的两个点为"点对齐"约束的参考。

Step 4　单击操控板中的 ✔ 按钮，完成球连接的创建。

14.2.8　焊缝（Weld）连接

焊缝连接如图 14.2.8 所示，它将两个元件粘接在一起。焊缝连接的连接元件和附着元件间没有任何相对运动。

焊缝连接只需要一个坐标系重合约束。

注意：当连接元件中包含有连接，且要求与同一主体进行连接时，应使用焊缝连接，焊缝连接允许系统根据开放的自由度调整元件，以便与主装配件重合。如气缸与气缸固定架间的连接应为焊缝连接。

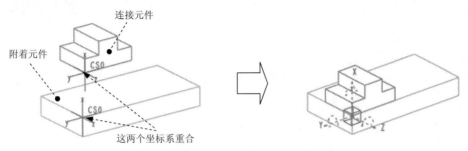

图 14.2.8 焊缝（Weld）连接

举例说明如下：

Step 1 将工作目录设置为 D:\creo2pd\work\ch14.02.08，然后打开装配模型 weld_join.asm。

Step 2 在模型树中选取模型 □ □WELD_02.PRT，右击，从快捷菜单中选择 编辑定义 命令。

Step 3 创建焊缝连接。

（1）在操控板的约束集列表中选取 □ 焊缝 选项。

（2）单击操控板中的 放置 按钮。

（3）选取"坐标系"约束的参考。选取图 14.2.8 中的两个坐标系。

Step 4 单击操控板中的 ✔ 按钮，完成焊缝连接的创建。

14.2.9 轴承（Bearing）连接

轴承连接是球连接和滑块连接的组合，如图 14.2.9 所示，轴承连接的连接元件既可以在约束点上向任何方向转动，也可以沿轴线移动。

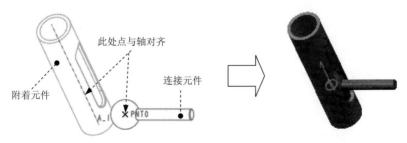

图 14.2.9 轴承（Bearing）连接

轴承连接需要一个点与边线（或轴）的重合约束。

轴承连接提供一个平移自由度和三个旋转自由度。

举例说明如下：

Step 1 将工作目录设置为 D:\creo2pd\work\ch14.02.09，然后打开装配模型 bearing_ join.asm。

Step 2 在模型树中选取模型 □BEARING_02.PRT，右击，从快捷菜单中选择 **编辑定义** 命令，此时出现"元件放置"操控板。

Step 3 创建轴承连接。

（1）在操控板的约束集列表中选取 ⚲ 轴承 选项。

（2）单击操控板中的 **放置** 按钮。

（3）选取"点对齐"约束的参考。选取图 14.2.9 中的点和轴线（组件上的点 PNT0 和连接件的中心轴线）。

Step 4 单击操控板中的 ✔ 按钮，完成轴承连接的创建。

14.2.10 常规（General）连接

常规连接是向元件中施加一个或数个约束，然后根据约束的结果来判断元件的自由度及运动状况。在创建常规连接时，可以在元件中添加距离、定向和重合等约束，根据约束的结果，可以实现元件间的旋转、平移、滑动等相对运动。

举例说明如下：

Step 1 将工作目录设置为 D:\creo2pd\work\ch14.02.10，然后打开装配模型 general_ join.asm。

Step 2 在模型树中选取模型 □GENERAL_02.PRT，右击，从快捷菜单中选择 **编辑定义** 命令，此时出现"元件放置"操控板。

Step 3 创建槽连接。

（1）在连接列表中选取 🐾 常规 选项，此时系统弹出"元件放置"操控板，单击操控板菜单中的 **放置** 选项卡。

（2）定义约束参考。选取图 14.2.10 所示的两个平面为约束参考。

Step 4 单击操控板中的 ✔ 按钮，完成常规连接的创建。

14.2.11 6 自由度（6DOF）连接

6 自由度（6DOF）连接的元件具有 3 个平移轴和 3 个旋转轴共 6 个自由度，创建此连接时，需要选择两个基准坐标系为参考，并能在元件中指定 3 组点参考来限制 3 个平移轴的运动限制。该连接不会影响元件之间的相对运动，可以用于创建伺服电动机和任何连接方式。

举例说明如下：

Step 1 将工作目录设置为 D:\creo2pd\work\ch14.02.11，然后打开装配模型 6DOF_ join.asm。

Step **2** 在模型树中选取模型 □ ᴥ6DOF_02.PRT ，右击，从快捷菜单中选择 编辑定义 命令，此时出现"元件放置"操控板。

Step **3** 创建 6 自由度连接。

（1）在连接列表中选取 ✺ 6DOF 选项，此时系统弹出"元件放置"操控板，单击操控板菜单中的 放置 选项卡。

（2）定义"坐标系对齐"约束。选取图 14.2.11 所示的两个坐标系为约束参考

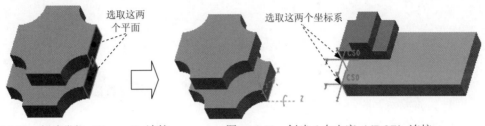

图 14.2.10　创建常规（General）连接　　图 14.2.11　创建 6 自由度（6DOF）连接

Step **4** 单击操控板中的 ✔ 按钮，完成连接的创建。

14.2.12　万向（Gimbal）连接

创建万向（Gimbal）连接需要指定一组坐标系为参考，元件可以绕坐标系的原点进行自由旋转。

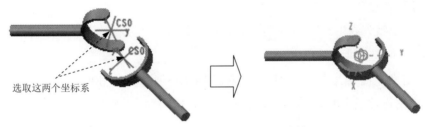

图 14.2.12　创建万向（Gimbal）连接

举例说明如下：

Step **1** 将工作目录设置为 D:\creo2pd\work\ch14.02.12，然后打开装配模型 gimbal_join.asm。

Step **2** 在模型树中选取模型 □ ᴥGIMBAL_02.PRT ，右击，从快捷菜单中选择 编辑定义 命令，此时出现"元件放置"操控板。

Step **3** 创建万向连接。

（1）在连接列表中选取 ✲ 万向 选项，此时系统弹出"元件放置"操控板，单击操控板菜单中的 放置 选项卡。

（2）定义约束。选取图 14.2.12 所示的两个坐标系为约束参考。

Step 4 单击操控板中的 ✔ 按钮，完成连接的创建。

14.2.13 槽（Solt）连接

槽连接可以使元件上的一点始终在另一元件中的一条曲线上运动。点可以是基准点或元件中的顶点，曲线可以是基准曲线或 3D 曲线。创建槽连接约束需要选取一个点和一条曲线重合。由于槽连接在运动时不会考虑零件之间的干涉，所以在创建连接时要注意点和曲线的相对位置。

图 14.2.13　创建槽（Solt）连接

举例说明如下：

Step 1 将工作目录设置为 D:\creo2pd\work\ch14.02.07，然后打开装配模型 solt_join.asm。

Step 2 在模型树中选取模型 ☐ `BSOLT_02.PRT`，右击，从快捷菜单中选择 `编辑定义` 命令，此时出现"元件放置"操控板。

Step 3 创建槽连接。

（1）在连接列表中选取 `槽` 选项，此时系统弹出"元件放置"操控板，单击操控板菜单中的 `放置` 选项卡。

（2）定义"直线上的点"约束。选取图 14.2.13 所示的点和曲线为约束参考。

Step 4 单击操控板中的 ✔ 按钮，完成连接的创建。

注意：

● 可以选取下列任一类型的曲线来定义槽：封闭或不封闭的平面或非平面曲线、边线、基准曲线。

● 如果选取多条曲线，这些曲线必须连续。

● 如果要在曲线上定义运动的端点，可在曲线上选取两个基准点或顶点。如果不选取端点，则默认的运动端点就是所选取的第一条和最后一条曲线的最末端。

● 可以为槽端点选取基准点、顶点，或者曲线边、曲面，如果选取一条曲线、边或曲面，槽端点就是所选图元和槽曲线的交点。可以用从动机构点移动主体，该从动机构将从槽的一个端点移动到另一个端点。

- 如果不选取端点，槽—从动机构的默认端点就是为槽所选的第一条和最后一条曲线的最末端。

- 如果为槽—从动机构选取一条闭合曲线，或选取形成一闭合环的多条曲线，就不必指定端点。但是，如果选择在一闭合曲线上定义端点，则最终槽将是一个开口槽。通过单击 **反向** 按钮来指定原始闭合曲线的那一部分，将成为开口槽，如图 14.2.14 所示。

闭合的槽曲线   开口槽曲线   反向（Flip）的曲线槽

图 14.2.14　槽曲线的定义

14.3　机构运动轴设置

在机构装置中添加连接元件后，可对"运动轴"进行设置，其意义如下：

- 设置运动轴的当前位置：通过在连接件和组件中分别选取零参考，然后输入其间角度（或距离），可设置该运动轴的位置。定义伺服电动机和运行机构时，系统将以当前位置为默认的初始位置。

- 设置极限：设置运动轴的运动范围，超出此范围，连接就不能平移或转动。

- 设置再生值：可将运动轴的当前位置定义为再生值，也就是装配件再生时运动轴的位置。如果设置了运动轴极限，则再生值就必须设置在指定的限制内。

下面以一个实例说明运动轴设置的一般过程。

Step 1 将工作目录设置为 D:\creo2pd\work\ch14.03，打开装配模型 axis_edit.asm。

Step 2 单击 **应用程序** 功能选项卡 **运动** 区域中的"机构"按钮，进入机构模块，然后单击 **运动** 区域中的"拖动元件"按钮；用"点拖动"的方法将滑块拖到图 14.3.1 所示的位置，然后关闭"拖动"对话框。

Step 3 对运动轴进行设置。选取图 14.3.1 所示的运动轴，右击，从快捷菜单中选择 **编辑定义** 命令，此时系统弹出"运动轴"对话框；选取图 14.3.2 所示的模型表面为平移轴参考对象；在 **当前位置** 文本框中输入值 40，按回车键确认，并单击 **设置零位置** 按钮；在对话框中分别选中 ☑ **最小限制** 和 ☑ **最大限制** 复选框，并定义其值为 0 和 550；单击 ✓ 按钮，完成对运动轴进行设置。

Step 4 验证运动轴设置是否正确。单击 **应用程序** 功能选项卡 **运动** 区域中的"拖动元件"按钮 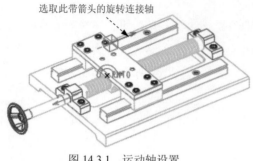，然后拖移滑块（slider_asm.asm），可验证所定义的运动轴极限。

选取此带箭头的旋转连接轴

图 14.3.1　运动轴设置

选取这两个平面

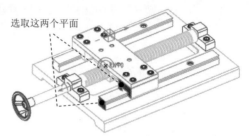

图 14.3.2　定义"平移轴"参考

14.4　定义初始条件

初始条件就是机构运动仿真的开始状态，在运动仿真开始之前定义初始条件，可以使每次的仿真都从初始条件开始进行。初始条件包括初始位置和初始速度。定义初始位置可以使机构仿真从指定的位置开始进行，保证每次仿真的一致性，否则机构将从当前位置开始进行。

Step 1　将工作目录设置为 D:\creo2pd\work\ch14.04，打开装配模型 initial_set.asm。

Step 2　进入机构模块。单击 **应用程序** 功能选项卡 **运动** 区域中的"机构"按钮 ，进入机构模块。

Step 3　对运动轴进行设置。选取图 14.4.1 所示的运动轴，右击，从快捷菜单中选择 **编辑定义** 命令，此时系统弹出"运动轴"对话框；在 **当前位置** 文本框中输入值 10，按回车键确认，单击 ✔ 按钮，完成对运动轴的设置。

选取此运动轴

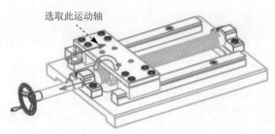

图 14.4.1　运动轴设置

Step 4　设置初始位置。单击 **运动** 区域中的"拖动元件"按钮 ，系统弹出"拖动"对话框；单击对话框 **当前快照** 区域中的 按钮，即可记录当前位置为快照 1（Snapshot1）；单击 **关闭** 按钮，关闭"拖动"对话框。

Step 5　设置初始条件。

（1）选择命令。单击 **属性和条件** 区域中的"初始条件"按钮 ，系统弹出图 14.4.2 所示的"初始条件定义"对话框。

（2）在 **快照** 下拉列表中选择 Snapshot1 为初始位置条件，然后单击 按钮。

（3）单击 确定 按钮，完成初始条件的定义。

图 14.4.2 所示的"初始条件定义"对话框中部分
选项说明如下：

图 14.4.2 "初始条件定义"对话框

- （定义点的速度）：单击该按钮，可以选择
零件中的一个点或顶点为参考来定义线性速
度，并需要在-模-文本框中定义速度值，在
方向区域定义速度的方向。

- （定义连接轴速度）：单击该按钮，可以选
择机构中的一个连接定义旋转速度或平移速
度，并需要在-模-文本框中定义速度值。

- （定义角速度）：单击该按钮，可以选择机
构中的一个主体为参考来定义线角速度，并
需要在-模-文本框中定义角速度值，在 方向 区域定义角速度的参考。

- （定义切向槽速度）：单击该按钮，可以选择机构中的一个槽连接定义从动机构
点相对于槽曲线的初始切向速度，在 方向 区域单击 反向 按钮可以反转速度方向。

- （用速度条件评估模型）：单击该按钮，可以检测机构模型中的冲突，如果初
始条件设置正确，系统将弹出"速度分析成功"对话框。在使用初始条件进行分
析前，应检查其正确性，保证初始条件与机构连接和伺服电动机不冲突。如果初
始条件不一致，系统将弹出错误提示对话框。

- （删除突出显示的条件）：选择一个速度条件将其删除。

14.5 定义电动机

14.5.1 概述

在 Creo 的仿真中，能使机构运动的"驱动"有伺服电动机、执行电动机和力/扭矩等。
其中伺服电动机最常用，当两个主体以单个自由度的连接进行装配时，伺服电动机可以驱
动它们以特定方式运动。添加伺服电动机，是为机构运行做准备。电动机是机构运动的动
力来源，没有电动机，机构将无法进行仿真。

定义伺服电动机时，可定义速度、位置或加速度与时间的函数关系，并可显示运动的
轮廓图。常用的函数有下列几种：

- 常量：$y = A$，其中 $A=$常量；该函数用于定义恒定运动。

- 斜插入：$y = A + B*t$，其中 $A=$常量，$B=$斜率；该函数用于定义恒定运动或随时

间成线性变化的运动。

- 余弦：$y = A*\cos（2*Pi*t/T + B）+ C$，其中 A=振幅，B=相位，C=偏移量，T=周期；该函数用于定义振荡往复运动。

- 摆线：$y = L*t/T\ L*\sin（2*Pi*t/T）/2*Pi$，L=总上升数，T=周期；该函数用于模拟一个凸轮轮廓输出。

- 表：通过输入一个表来定义位置、速度或加速度与时间的关系，表文件的扩展名为.tab，可以在任何文本编辑器中创建或打开。文件采用两栏格式，第一栏是时间，该栏中的时间值必须从第一行到最后一行按升序排列；第二栏是速度、加速度或位置。

伺服电动机可以放置在连接轴或几何图元（如零件平面、基准平面和点）上。对于一个图元，可以定义任意多个伺服电动机。但是，为了避免过于约束模型，要确保进行运动分析之前，已关闭所有冲突的或多余的伺服电动机。例如沿同一方向创建了一个连接轴旋转伺服电动机和一个平面－平面旋转伺服电动机，则在同一个运行内不要同时打开这两个伺服电动机。可以使用下列类型的伺服电动机：

- 连接轴伺服电动机：用于创建沿某一方向明确定义的运动。

- 几何伺服电动机：利用下列简单伺服电动机的组合，可以创建复杂的三维运动（如螺旋或其他空间曲线）。

  ☑ 平面—平面平移伺服电动机：这种伺服电动机是相对于一个主体中的一个平面来移动另一个主体中的平面，同时保持两平面平行。当从动平面和参考平面重合时，出现零位置。平面－平面平移伺服电动机的一种应用，是用于定义开环机构装置的最后一个链接和基础之间的平移。

  ☑ 平面—平面旋转伺服电动机：这种伺服电动机是移动一个主体中的平面，使其与另一主体中的某一平面成一定的角度。在运行期间，从动平面围绕一个参考方向旋转，当从动平面和参考平面重合时定义为零位置。因为未指定从动主体上的旋转轴，所以平面—平面旋转伺服电动机所受的限制要少于销（Pin）或圆柱连接的伺服电动机所受的限制，因此从动主体中旋转轴的位置可能会任意改变。平面—平面旋转伺服电动机可用来定义围绕球连接的旋转；另一个应用是定义开环机构装置的最后一个主体和基础之间的旋转。

  ☑ 点—平面平移伺服电动机：这种伺服电动机是沿一个主体中平面的法向移动另一主体中的点。以点到平面的最短距离测量伺服电动机的位置值。仅使用点—平面伺服电动机，不能相对于其他主体来定义一个主体的方向。还要注意从动点可平行于参考平面自由移动，所以可能会沿伺服电动机未指定的方向移动，使用另一个伺服电动机或连接可锁定这些自由度。通过定义一个点相对于一个平面运动的 x、y 和 z 分量，可以使一个点沿一条复杂的三维曲线运动。

☑ 平面—点平移伺服电动机: 这种伺服电动机除了要定义平面相对于点运动的方向外，其余都和点—平面伺服电动机相同。在运行期间，从动平面沿指定的运动方向运动，同时保持与之垂直。以点到平面的最短距离测量伺服电动机的位置值。在零位置处，点位于该平面上。

☑ 点—点平移伺服电动机: 这种伺服电动机是沿一个主体中指定的方向移动另一主体中的点。可用到一个平面的最短距离来测量该从动点的位置，该平面包含参考点并垂直于运动方向。当参考点和从动点位于一个法向是运动方向的平面内时，出现点—点伺服电动机的零位置。点—点平移伺服电动机的约束很宽松，所以必须十分小心，才可以得到可预期的运动。仅使用点—点伺服电动机不能定义一个主体相对于其他主体的方向。实际上，需要 6 个点—点伺服电动机才能定义一个主体相对于其他主体的方向。使用另一个伺服电动机或连接可锁定一些自由度。

14.5.2　定义伺服电动机

下面以实例介绍定义伺服电动机的一般操作过程:

Step 1　将工作目录设置为 D:\creo2pd\work\ch14.05，打开装配模型 motor.asm。

Step 2　进入机构模块。单击 应用程序 功能选项卡 运动 区域中的"机构"按钮，进入机构模块。

Step 3　单击 机构 功能选项卡 插入 区域中的"伺服电动机"按钮，系统弹出"伺服电动机定义"对话框。

Step 4　在对话框中进行下列操作。

（1）输入伺服电动机的名称（或采用系统的默认名）。

（2）选择从动图元。在图 14.5.1 所示的模型上，可采用"从列表中拾取"的方法选取图中所示的旋转运动轴。

注意: 如果选取点或平面来放置伺服电动机，则创建的是几何伺服电动机。

（3）这时模型中出现一个洋红色的箭头，表明从动图元将相对于参考图元移动的方向（可以单击 反向 按钮来改变方向）。

（4）定义运动函数。单击对话框中的 轮廓 选项卡，在图 14.5.2 所示的选项卡界面中进行如下操作:

① 在 规范 区域的列表框中选择 速度 选项。

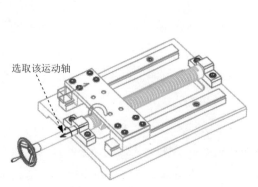

图 14.5.1 选取运动轴

图 14.5.2 "轮廓"选项卡

规范 下拉列表中的各项说明如下：

- 位置：定义从动图元的位置函数。

- 速度：定义从动图元的速度函数。选择此选项后，需指定运行的初始位置，默认的初始位置为"当前"。

- 加速度：定义从动图元的加速度函数。选择此项后，可以指定运行的初始位置和初始速度，其默认设置分别为"当前"和 0.0。

② 定义位置函数。在 模 区域的下拉列表中选择函数为 常量，然后在 A 文本框中键入其参数值 240。

Step 5 单击对话框中的 确定 按钮，完成"伺服电动机"的定义。

说明：如果要绘制连接轴的位置、速度、加速度与时间的函数图形，可在对话框的"图形"区域单击 ⊠ 按钮，系统弹出图 14.5.3 所示的函数图形窗口，在该窗口中单击 🖨 按钮可打印函数图形；选择 文件(F) 下拉菜单可按"文本"或 Excel 格式输出图形；单击该窗口中的 🖼 按钮，系统弹出图 14.5.4 所示的"图形窗口选项"对话框，该对话框中有四个选项卡：Y 轴、X 轴、数据系列 和 图形显示，Y 轴 选项卡用于修改图形 Y 轴的外观、标签和栅格线，以及更改图形的比例，如图 14.5.4 所示；X 轴 选项卡用于修改图形 X 轴的外观、标签和栅格线，以及更改图形的比例；数据系列 选项卡用于控制所选数据系列的外观及图例的显示，如图 14.5.5 所示；图形显示 选项卡用于控制图形标题的显示，并可更改窗口的背景颜色，如图 14.5.6 所示。

图 14.5.4 所示的 X 轴 和 Y 轴 选项卡中各选项的说明如下：

- 图形：此区域仅显示在 Y 轴 选项卡中，如有子图形还可显示子图形的一个列表。可以使拥有公共 X 轴、但 Y 轴不同的多组数据出图。从列表中选取要定制其 Y 轴的子图形。

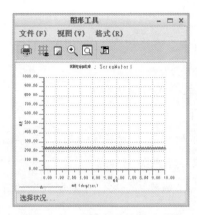

图 14.5.3　"图形工具"对话框

图 14.5.4　"图形窗口选项"对话框

- 　轴标签：此区域可编辑 Y 轴标签。标签为文本行，显示在每个轴旁。单击 文本样式... 按钮，可更改标签字体的样式、颜色和大小。使用 ☑ 显示轴标签 复选框可打开或关闭轴标签的显示。

- 　范围：更改轴的刻度范围。可修改最小值和最大值，以使窗口能够显示指定的图形范围。

- 　刻度线：设置轴上长刻度线（主）和短刻度线（副）的数量。

- 　刻度线标签：设置长刻度线值的放置方式。还可单击 文本样式... 按钮，更改字体的样式、颜色和大小。

- 　栅格线：选取栅格线的样式。如果要更改栅格线的颜色，可单击颜色选取按钮。

- 　轴：设置 Y 轴的线宽及颜色。

- 　缩放：使用此区域可调整图形的比例。

- 　☐ 对数标尺：将轴上的值更改为对数比例。使用对数比例能提供在正常比例下可能无法看到的其他信息。

- 　☑ 缩放：此区域仅出现在 Y 轴 选项卡中。可使用此区域来更改 Y 轴比例。

图 14.5.5 所示的 数据系列 选项卡中各选项的说明如下：

图 14.5.5　"数据系列"选项卡

- 图形：选取要定制其数据系列的图形或子图形。

- 数据系列：此区域可编辑所选数据系列的标签。还可更改图形中点和线的颜色以及点的样式、插值。

- 图例：此区域可切换图例的显示及更改其字体的样式、颜色和大小。

图 14.5.6 所示的 图形显示 选项卡中各选项的说明如下：

- 标签：编辑图形的标题。如果要更改标题字体的样式、颜色和大小，可单击 文本样式... 按钮；可使用 ☑ 显示标签 复选框来显示或关闭标题。

- 背景颜色：修改背景颜色。如选中 ☑ 混合背景，单击 编辑... 按钮可定制混合的背景颜色。

- 选择颜色：更改用来加亮图形中的点的颜色。

图 14.5.6 "图形显示"选项卡

14.6 定义机构分析

14.6.1 概述

当机构模型创建完成并定义伺服电动机后，便可以对机构进行基本的位置分析。在 Creo 机构模块中，可以进行位置分析、运动分析、动态分析、静态分析和力平衡分析，不同的分析类型对机构的运动环境要求也不同。

使用位置分析模拟机构的运动，可以记录在机构中所有连接的约束下各元件的位置数据，分析时可以不考虑重力、质量和摩擦等因素，因此只要元件连接正确，定义伺服电动机便可以进行位置分析。

单击 机构 功能选项卡 分析 ▼ 区域中的"机构分析"按钮 ✕，系统弹出图 14.6.1 所示的"分析定义"对话框。单击对话框中的 电动机 选项卡，系统弹出图 14.6.2 所示的"电动机"选项卡，可选择要打开或关闭的伺服电动机并指定其时间周期，以定义机构的运动方式。

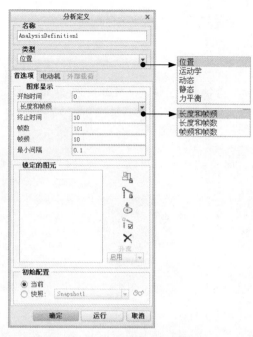

图 14.6.1　"分析定义"对话框

图 14.6.2　"电动机"选项卡

图 14.6.1 所示的"分析定义"对话框"类型"下拉列表中选项说明如下：

● 位置：使用位置分析模拟机构的运动，可以记录在机构中所有连接的约束下各元件的位置数据，分析时可以不考虑重力、质量和摩擦等因素。位置分析可以研究机构中的元件随时间而运动的位置、元件干涉和机构运动的轨迹曲线。

● 运动学：使用运动学分析模拟机构的运动，可以使用具有特定轮廓，并产生有限加速度的伺服电动机。同位置分析一样，机构中的弹簧、阻尼器、重力、力/力矩以及执行电动机等均不会影响运动分析。运动分析除了可以研究机构中的元件随时间而运动的位置、元件干涉和机构运动的轨迹曲线外，还能研究机构中的速度和加速度参数。

● 动态：使用动态分析可研究作用于机构中各主体上的惯性力、重力和外力之间的关系。

● 静态：使用静态分析可研究作用在已达到平衡状态的主体上的力。

● 力平衡：力平衡分析是一种逆向的静态分析。在力平衡分析中，是从具体的静态形态获得所施加的作用力，而在静态分析中，是向机构施加力来获得静态形态。

图 14.6.1 所示的"分析定义"对话框 首选项 选项卡中的部分选项说明如下：

● 图形显示 区域：用于设置运动的开始时间、终止时间和动画时域。

　　☑ 开始时间：设置机构开始运行的时间秒数。

　　☑ 长度和帧频：使用 开始时间、终止时间 和 帧频 设置动画时域。

☑ 长度和帧数：使用 开始时间、终止时间 和 帧频 设置动画时域。

☑ 帧频和帧数：使用 帧频 和 帧数 设置动画时域。

☑ 终止时间：设置机构终止的时间秒数。

☑ 帧数：设置动画时域的总帧数，总帧数=帧频×（终止时间-开始时间）+1。

☑ 帧频：设置动画时域的帧频，即动画运行时的每秒采样帧数，帧频越大动画运行越慢。

☑ 最小间隔：动画运行时的每帧之间的采样时间间隔，与帧频同步设置动画运行速度，最小间隔=1/帧频。

- 锁定的图元 区域：设置机构运行时锁定的主体或连接。
  ☑ （创建主体锁定）：单击该按钮后首先需要选取锁定主体的参考元件，然后可以选择其它主体与参考元件锁定在一起；如果单击该按钮后按鼠中键后再选择主体，则可以将选择的主体锁定在基础（预先定义固定的主体）之上，在运动分析时，锁定的主体之间相对固定。

  ☑ （创连接锁定）：单击该按钮，选择一个连接后按鼠中键，则该接在运动分析时固定在当前的配置，不发生运动。

  ☑ （启用/禁用连接）：单击该按钮，选择一个连接后按鼠中键，则该接在运动分析时禁用。

  ☑ （删除图元）：删除选中的锁定项目。

- 初始配置 区域的选项说明如下：
  ☑ ⦿ 当前：以机构装置的当前位置为运行的初始位置。

  ☑ ⦿ 快照：从保存在"拖动"对话框中的快照列表中选择某个快照，机构装置将从该快照位置开始运行。

图 14.6.2 所示的"分析定义"对话框 电动机 选项卡中的部分选项说明如下：

- 电动机：当机构中有多个电动机时，选择当前行中的电动机。
- 自 和 至：单击下方的"开始"和"终止"字符，可以设置电动机的启动和结束时间。
- ：添加新的电动机设置行。
- ：移除选定的电动机设置行。
- ：添加所有电动机至当前仿真中。

14.6.2　定义机构分析

下面以实例说明定义机构分析的一般操作过程：

Step 1　将工作目录设置为 D:\creo2pd\work\ch14.06，然后打开模型文件 analysis_

definition.asm。

Step 2 进入机构模块。单击 **应用程序** 功能选项卡 运动 区域中的"机构"按钮 ⚙，进入机构模块。

Step 3 选择命令。单击 **机构** 功能选项卡 分析 ▼ 区域中的"机构分析"按钮 ✗，系统弹出"分析定义"对话框。

Step 4 定义分析类型。在对话框的 类型 下拉列表中选择 位置 选项。

Step 5 定义图形显示。在 首选项 选项卡的 图形显示 区域下拉列表中选择 长度和帧频 选项，在 终止时间 文本框中输入值 20。

Step 6 定义初始配置。在 初始配置 区域中选择 ⦿ 快照:单选项，在右侧的下拉列表中选择快照 Snapshot2 为初始配置，然后单击 ∞ 按钮。

Step 7 定义电动机设置。单击 **电动机** 选项卡，在该选项卡中可以添加或移除仿真时运行的电动机，也可以设置电动机的开始和终止时间。在本例中，采用默认的设置。

Step 8 运行运动分析。单击"分析定义"对话框中的 运行 按钮，查看机构的运行状况。

Step 9 完成运动定义。单击"分析定义"对话框中的 确定 按钮，即可以保存运动定义并关闭对话框。

说明:

● 当分析结果运行完成后，不管是否修改了分析参数，如果再次单击 运行 按钮，此系统都会弹出图 14.6.3 所示的"确认"对话框，提示是否要覆盖上一组分析结果。因此，如果需要得到多组新的分析结果，需要再次单击"机构分析"按钮 ✗ 新建多组机构分析。

● 当机构连接装配错误，机构无法运行时，系统会弹出图 14.6.4 所示的"错误"对话框，此时要终止仿真并检查机构的连接。

● 仿真运行过程中，界面右下方会显示图 14.6.5 所示的进度条，显示仿真的运行进度，单击其中的 ⊗ 按钮可以强行终止仿真进度。

图 14.6.3 "确认"对话框   图 14.6.4 "错误"对话框   图 14.6.5 仿真进度条

● 完成运动分析后，此时在机构树中将显示一组分析结果及回放结果，如图 14.6.6 所示，右击 分析 节点下的分析结果 AnalysisDefinition1 (位置)，即可对当前结果进行编辑、复制和删除等操作。

图 14.6.6　机构树

14.7　修复失败的装配

14.7.1　装配失败

有时,"连接"操作、"拖动"或"运行"机构时,系统会提示"装配失败"信息,这可能是由于未正确指定连接信息,或者因为主体的初始位置与最终的装配位置相距太远等。

如果装配件未能连接,应检查连接定义是否正确。应检查机构装置内的连接是如何组合的,以确保其具有协调性。也可以锁定主体或连接并删除环连接,以查看在不太复杂的情况下,机构装置是否可以装配。最后,可以创建新的子机构,并个别查看、研究它们如何独立工作。通过从可工作的机构装置中有系统地逐步进行,并一次增加一个小的子系统,可以创建非常复杂的机构装置并成功运行。

如果运行机构时出现"装配失败"信息,则很可能是因为无效的伺服电动机值。如果对某特定时间所给定伺服电动机的值超出可取值的范围,从而导致机构装置分离,系统将声明该机构不能装配。在这种情况下,要计算机构装置中所有伺服电动机的给定范围以及启动时间和结束时间。使用伺服电动机的较小振幅,是进行试验以确定有效范围的一个好的方法。伺服电动机也可能会使连接超过其限制,可以关闭有可能出现此情形连接的限制,并重新进行运行来研究这种可能性。

修复失败装配的一般方法:

- 在模型树中用鼠标右键单击元件,在弹出的快捷菜单中选择 编辑定义 命令,查看系统中环连接的定向箭头。通常,只有闭合环的机构装置才会出现失败,包括具有凸轮或槽的机构装置,或者超出限制范围的带有连接限制的机构装置。

- 检查装配件公差,以确定是否应该更严格或再放宽一些,尤其是当装配取得成功但机构装置的性能不尽人意时。要改变绝对公差,可调整特征长度或相对公差,或两者都调整。装配件级和零件级中的 Creo 精度设置也能影响装配件的绝对公差。

- 查看是否有锁定的主体或连接,这可能会导致机构装置失败。

- 尝试通过使用拖动对话框来禁用环连接,将机构装置重新定位到靠近所期望的位置，然后启用环连接。

14.7.2　装配件公差

　　绝对装配件公差是机械位置约束允许从完全装配状态偏离的最大值。绝对公差是根据相对公差和特征长度来计算的。相对公差是一个系数，默认值是 0.001，即为模型特征长度的 0.1%；特征长度是所有零件长度的总和除以零件数后的结果，零件长度（或大小）是指包含整个零件的边界框的对角长度。计算绝对公差的公式为：

$$绝对公差 = 相对公差 \times 特征长度$$

改变绝对装配件公差的操作过程为：

Step 1　选择下拉菜单 **文件 ▾** ➡ **准备 (R) ▸** ➡ **编辑模型属性 模型属性(I)** 命令，系统弹出"模型属性"对话框。

Step 2　在"模型属性"对话框的 **装配** 区域中单击 **机构** 后面的 **更改** 选项，系统弹出"设置"对话框。如果要改变装配件的"相对公差"设置，可在 **相对公差** 的文本框中输入 0~0.1 的值。默认值 0.001 通常可满足要求。

Step 3　如果要改变"特征长度"设置，可在 **特征长度** 的文本框中输入其他值。当最大零件比最小零件大很多时，应考虑改变这项设置。

Step 4　在装配件失败情况下，如果不让系统发出警告提示，可取消选中 **重新连接** 区域中的 **□ 装配连接失败时发出警告** 复选框。

Step 5　单击 **确定** 按钮。

14.8　结果回放与干涉检查

14.8.1　结果回放

　　完成一组仿真后，对每一组分析的结果，系统将单独进行保存，利用"回放"命令可以对已运行的运动分析结果进行回放，在回放中还可以进行动态干涉检查和输出视频文件，也可以根据结果对机构的运行情况、关键位置的运动轨迹、运动状态下组件干涉等进行进一步的分析，以便检验和改进机构的设计。

　　本节将继续以上一小节的模型为例，介绍查看回放并输出视频文件的一般操作过程。

Step 1　将工作目录设置为 D:\creo2pd\work\ch14.08.01，打开文件 replay.asm。

Step 2　进入机构模块。单击 **应用程序** 功能选项卡 **运动** 区域中的"机构"按钮，进入机构模块。

Step 3　选择命令。单击 **机构** 功能选项卡 **分析 ▾** 区域中的"回放"按钮，系统弹出图

14.8.1 所示的"回放"对话框。

Step 4 选择回放结果。在对话框中单击"打开"按钮 📂，系统弹出图 14.8.2 所示的"选择回放文件"对话框，选择结果文件 AnalysisDefinition1.pbk，单击 **打开** 按钮。

图 14.8.1 "回放"对话框

图 14.8.2 "选择回放文件"对话框

图 14.8.1 所示的"回放"对话框中的部分选项说明如下：

- 📄 ：播放当前结果集。
- 📂 ：打开一组结果集。
- 💾 ：保存当前结果集。
- ✖ ：从会话中删除当前结果集。
- 📄 ：将当前结果集导出为 FRA 文件，FRA 格式文件是记录每帧零件位置信息的文本文件，可以用记事本打开。
- ✉ ：创建运动包络体。
- **碰撞检测设置...** ：单击该按钮系统弹出"碰撞检测设置"对话框，可以设置仿真时是否进行碰撞检测。
- ☑ 显示时间 ：选中该复选框，则播放仿真结果时显示时间。
- ☑ 默认进度表 ：取消该复选框，可以指定播放的时间段，具体操作方法是指定开始和终止时间秒数后，单击 ➕ 按钮。

Step 5 播放回放。单击对话框中的"播放当前结果集"按钮 ，系统弹出图 14.8.3 所示的"动画"对话框，拖动播放速度控制滑块至图 14.8.3 所示的位置，单击"重复播放"按钮 ，然后单击"播放"按钮 ，即可在图形区中查看机构运动。

Step 6 输出视频文件。

（1）单击"回放"对话框中的"停止播放"按钮 ，然后单击"重置动画到开始"按钮 ，结束动画的播放。

（2）单击"回放"对话框中的"录制动画为 MPEG 文件"按钮 **捕获...** ，系统弹出"捕获"对话框，在该对话框中采用图 14.8.4 所示的设置，然后单击 **确定** 按钮，机构开始运行输出视频文件。

（3）在工作目录中播放视频文件"REPLAY.mpg"查看结果。

图 14.8.3　"动画"对话框

图 14.8.4　"捕获"对话框

图 14.8.3 所示"动画"对话框中各按钮的说明如下：

- ◀ ：向前播放
- ■ ：停止播放
- ▶ ：向后播放
- ◀◀ ：将结果重新设置到开始
- ◀| ：显示上一帧
- |▶ ：显示下一帧
- ▶▶ ：将结果推进到结尾
- ⟲ ：重复结果
- ⟳ ：在结尾处反转
- 速度滑杆：改变结果的速度

图 14.8.4 所示的"捕获"对话框中的部分选项说明如下：

- **名称**：设置输出文件的名称。

- **浏览...**：设置输出文件的保存路径，默认路径在当前工作目录中。

- **类型**：设置输出结果的类型，除 MPEG 格式外，还可以输出 JPEG、TIFF、BMP 和 AVI 格式的文件。

- **质量**：选中该区域的 ☑照片级渲染帧 选项，则输出的图片和视频文件的每一帧均按默认的渲染设置进行渲染。在输出结果为视频文件时，系统需要较长的处理时间，也较占用系统资源。

- **帧频**：用于设置视频的时间，根据分析是的视频总帧数，视频时间=总帧数/帧频。

Step 7 单击"动画"对话框中的 **关闭** 按钮，结束回放并返回到"回放"对话框，单击其中的 **封闭** 按钮关闭对话框。

14.8.2　动态干涉检查

下面用实例说明进行机构动态干涉检查操作的一般过程：

Step 1 将工作目录设置为 D:\creo2pd\work\ch14.08.02，打开文件 inter_analysis.asm。

Step 2 进入机构模块。单击 **应用程序** 功能选项卡 运动 区域中的"机构"按钮⚙，进入机构模块。

Step 3 选择命令。单击 **机构** 功能选项卡 分析 ▾ 区域中的"回放"按钮◀▶。

Step 4 系统弹出图 14.8.5 所示的"回放"对话框，在该对话框中进行下列操作：

（1）从 结果集 下拉列表中，选取一个运动结果。

（2）定义回放中的动态干涉检查。单击"回放"对话框中的 碰撞检测设置... 按钮，系统弹出图 14.8.6 所示的"碰撞检测设置"对话框，在该对话框中选中 ◉ 部分碰撞检测 单选项，按住 Ctrl 键，选取图 14.8.6 所示的 2 个元件为检查对象，并在对话框中选中 ☑ 碰撞时铃声警告 和 ☑ 碰撞时停止动画回放 复选框。

图 14.8.5 "回放"对话框 1

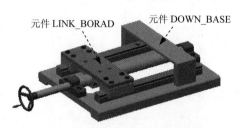

元件 LINK_BORAD   元件 DOWN_BASE

图 14.8.6 定义检查对象

图 14.8.7 中 一般设置 区域的各选项说明如下：

- ◉ 无碰撞检测：回放时，不检查干涉。

- ◉ 全局碰撞检测：回放时，检测整个装配体中所有元件间的干涉。当系统检测到干涉时，干涉区域将会加亮。

- ◉ 部分碰撞检测：回放时，检测选定零件间的干涉。当系统检测到干涉时，干涉区域将会加亮。

（3）选择回放结果。在对话框中单击"打开"按钮 ，系统弹出"选择回放文件"对话框，选择结果文件 AnalysisDefinition1.pbk，单击 打开 按钮。

图 14.8.7 "碰撞检测设置"对话框

（4）开始回放演示。在"回放"对话框中单击 按钮，系统将弹出"动画"对话框，拖动播放速度控制滑块至合适位置，单击"重复播放"按钮 ，然后单击"播放"按钮 ▶ ，即可在图形区中查看机构运动，回放中如果检测到元件干涉，系统将加亮干涉区域并停止回放。

（5）单击"动画"对话框中的 关闭 按钮。

Step 5 完成观测后，单击"回放"对话框中的 封闭 按钮。

14.9 机构测量与分析

14.9.1 测量

利用"测量"命令可创建一个图形，对于一组运动分析结果显示多条测量曲线，或者也可以观察某一测量如何随不同的运行结果而改变。测量有助于理解和分析运行机构装置产生的结果，并可提供改进机构设计的信息。

测量项目是基于机构分析进行的，要进行机构中项目的测量，必须先对机构进行运动分析。

选取该顶点

图 14.9.1　测量操作

下面以图 14.9.1 所示的实例说明测量操作的一般过程：

Step 1　将工作目录设置为 D:\creo2pd\work\ch14.09，打开文件 measure.asm。

Step 2　进入机构模块。单击 **应用程序** 功能选项卡 **运动** 区域中的"机构"按钮 ，进入机构模块。

Step 3　单击 **机构** 功能选项卡 **分析▼** 区域中的"测量"按钮 。

Step 4　系统弹出图 14.9.2 所示的"测量结果"对话框，在该对话框中进行下列操作。

（1）选取测量的图形类型。在 **图形类型** 下拉列表中选择 **测量对时间** 选项。

图形类型 下拉列表中的各选项的说明如下：

● **测量对时间**：反映某个测量（位置、速度等）与时间的关系。

● **测量对测量**：反映一个测量（位置、速度等）与另一个测量（位置、速度等）的关系，如果选择此项，需选择一个测量为 X 轴。

（2）新建一个测量。单击 按钮，系统弹出"测量定义"对话框，在该对话框中进行下列操作：

① 输入测量名称（或采用系统的默认名）。

② 选择测量类型。在 **类型** 下拉列表中选择 **位置** 选项。

③ 选取测量点（或运动轴）。在图 14.9.1 所示的模型中，选取边线上的顶点。

④ 选取测量参考坐标系。本例采用默认的坐标系 WCS（注：如果选取一个连接轴作为测量目标，就无须参考坐标系）。

⑤ 选取测量的矢量方向。在 **分量** 下拉列表中选择 **Z 分量** 选项。

⑥ 选取评估方法。在 **评估方法** 下拉列表中选择 **每个时间步长** 选项。

⑦ 单击"测量定义"对话框中的 **确定** 按钮，系统立即将该测量（measure1）添加到"测量结果"对话框的列表中。

（3）选择回放结果。在对话框中单击"打开"按钮 ，系统弹出"选择回放文件"对话框，选择结果文件 AnalysisDefinition1.pbk，单击 **打开** 按钮。

（4）进行动态测量。

① 选取测量名称。在"测量结果"对话框的列表中，选取测量 measure1。

② 选取运动分析的名称。在"测量结果"对话框的列表中，选取运动分析

AnalysisDefinition1。

③ 绘制测量结果图。单击"测量结果"对话框上部的  按钮，系统即绘制选定结果集的所选测量的图形（如图 14.9.3 所示，该图反映点的位置与时间的关系），此图形可打印或保存。

Step 5 关闭"图形工具"对话框，然后单击对话框中的 **封闭** 按钮。

图 14.9.2 "测量结果"对话框

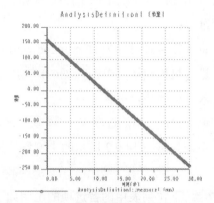

图 14.9.3 测量的结果图

14.9.2 轨迹曲线

1. 概述

在 **机构** 功能选项卡中选择 **分析 ▼** ➡ **⊕ 轨迹曲线** 命令，可以：

- 记录轨迹曲线。轨迹曲线用图形表示机构装置中某一点或顶点相对于零件的运动。
- 记录凸轮合成曲线。凸轮合成曲线用图形表示机构装置中曲线或边相对于零件的运动。
- 创建"机构装置"中的凸轮轮廓。
- 创建"机构装置"中的槽曲线。

注意：创建 Creo 的实体几何。与前面的"测量"特征一样，必须提前为机构装置运行一个运动分析，然后才能创建轨迹曲线。

2. 关于"轨迹曲线"对话框

在 **机构** 功能选项卡中选择 **分析 ▼** ➡ **⊕ 轨迹曲线** 命令，系统弹出图 14.9.4 所示的"轨迹曲线"对话框，该对话框中的选项用于生成轨迹曲线或凸轮合成曲线：

- **纸零件**：在装配件或子装配件上选取一个主体零件，作为描绘曲线的参考。假如想象纸上有一支笔描绘轨迹，那么可以将该主体零件看作纸张，生成的轨迹曲线将是属于纸张零件的一个特征。可从模型树访问轨迹曲线和凸轮合成曲线。如果要描绘一个主体相对于基础的运动，可在基础中选取一个零件作为纸张零件。

- **轨迹** ：可选取要生成的曲线类型。
  - ☑ **轨迹曲线**：在装配体上选取一个点或顶点，此点所在的主体必须与纸张零件的主体不同，系统将创建该点的轨迹曲线。可以想象纸上有一支笔描绘轨迹，此点就如同笔尖。
  - ☑ **凸轮合成曲线**：在装配件上选取一条曲线或边（可选取开放或封闭环，也可选取多条连续曲线或边，系统会自动使所选曲线变得光滑），此曲线所在的主体必须与纸张零件的主体不同。系统将以此曲线的轨迹来生成内部和外部包络曲线。如果在运动运行中以每个时间步长选取开放曲线，系统则在曲线上确定距旋转轴最近和最远的两个点，最后生成两条样条曲线：一条来自最近点的系列，另一条来自最远点的系列。
  - ☑ **曲线类型** **区域**：可指定轨迹曲线为 ◉ 2D 或 ◯ 3D 曲线。
- **结果集**：从可用列表中，选取一个运动分析结果。
- **按钮**：单击此按钮可装载一个已保存的结果。
- **确定**：单击此按钮，系统即在纸张零件中创建一个基准曲线特征，对选定的运动结果显示轨迹曲线或平面凸轮合成曲线。要保存基准曲线特征，必须保存该零件。
- **预览**：单击此按钮，可预览轨迹曲线或凸轮合成曲线。

14.10 机构仿真实际应用实例——齿轮冲压机构

应用概述：

本应用将介绍图 14.10.1 所示的齿轮冲压机构运动仿真的创建过程。在该机构中，电动机通过曲柄和齿轮系带动传动轴旋转，传动轴与工作台之间是螺旋式的"槽"连接，使工作台实现上下运动。读者可以打开视频文件 D:\creo2pd\work\ch14.10\ok\WINCH_MACHINE_MOTION.mpg 查看机构运行状况。

图 14.9.4 "轨迹曲线"对话框

图 14.10.1 机构模型

Task1. 新建装配模型

Step 1 将工作目录设置至 D:\creo2pd\work\ch14.10。

Step 2 新建文件。新建一个装配模型，命名为 winch_machine_motion，选取 mmns_asm_design 模板。

Task2. 组装机构模型

Step 1 引入第一个元件 down_base_asm.asm，并使用 □ 默认 约束完全约束该元件。

Step 2 引入第二个元件 crank_wheel.prt 并将其调整到合适的位置。

Step 3 创建 crank_wheel 和 down_base_asm 之间的销连接。

（1）在"元件放置"操控板的机械连接约束列表中选择 ⚙ 销 选项。

（2）定义"轴对齐"约束。单击操控板中的 放置 按钮，分别选取图 14.10.2 中的两个柱面为"轴对齐"约束参考。

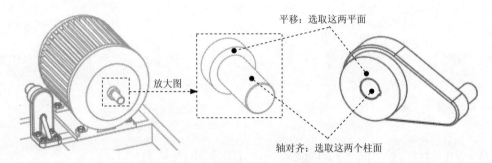

图 14.10.2 创建"销（Pin）"连接

（3）定义"平移"约束。分别选取图 14.10.2 中的两个平面为"平移"约束的参考。

（4）单击操控板中的 ✔ 按钮。

Step 4 引入元件 sector_gear.prt 并将其调整到合适的位置。

Step 5 创建 sector_gear 和 down_base_asm 之间的销连接。

（1）在"元件放置"操控板的机械连接约束列表中选择 ⚙ 销 选项。

（2）定义"轴对齐"约束。单击操控板中的 放置 按钮，分别选取图 14.10.3 中的两个柱面为"轴对齐"约束参考。

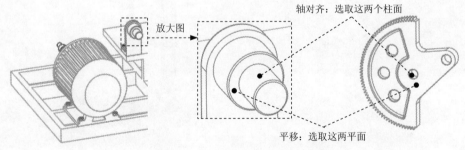

图 14.10.3 创建"销（Pin）"连接

（3）定义"平移"约束。分别选取图 14.10.3 中的两个平面为"平移"约束的参考，此时 放置 界面如图 14.10.4 所示。

（4）单击操控板中的 ✔ 按钮。

Step 6 引入元件 connecting_bar.prt 并将其调整到合适的位置。

Step 7 创建 connecting_bar 和 crank_wheel 之间的销连接。

（1）在"元件放置"操控板的机械连接约束列表中选择 ✗ 销 选项。

（2）定义"轴对齐"约束。单击操控板中的 放置 按钮，分别选取图 14.10.4 中的两个柱面为"轴对齐"约束参考。

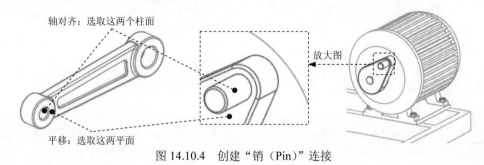

图 14.10.4 创建"销（Pin）"连接

（3）定义"平移"约束。分别选取图 14.10.4 中的两个平面为"平移"约束的参考。

Step 8 创建 connecting_bar 和 crank_wheel 之间的圆柱连接。

（1）在图 14.10.5 所示的 放置 界面中单击 新建集 选项；在"元件放置"操控板的机械连接约束列表中选择 ✗ 圆柱 选项。

（2）定义"轴对齐"约束。单击操控板中的 放置 按钮，分别选取图 14.10.5 中的两个柱面为"轴对齐"约束参考。

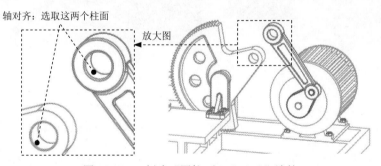

图 14.10.5 创建"圆柱（Cylinder）"连接

（3）单击操控板中的 ✔ 按钮。

Step 9 引入元件 shaft_asm.asm，并将其调整到合适的位置。

Step 10 创建 shaft_asm 和 down_base_asm 之间的销连接。

（1）在"元件放置"操控板的机械连接约束列表中选择 ✗ 销 选项。

（2）定义"轴对齐"约束。单击操控板中的 放置 按钮，分别选取图 14.10.6 中的两个柱面为"轴对齐"约束参考。

（3）定义"平移"约束。分别选取图 14.10.6 中的两个平面为"平移"约束的参考。

（4）单击操控板中的 ✔ 按钮。

Step 11 引入元件 transmission_shaft_asm.asm，并将其调整到合适的位置。

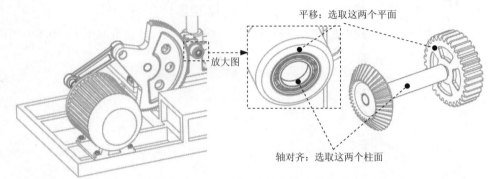

图 14.10.6 创建"销（Pin）"连接

Step 12 创建 transmission_shaft_asm 和 down_base_asm 之间的销连接。

（1）在"元件放置"操控板的机械连接约束列表中选择 ⚙ 销 选项。

（2）定义"轴对齐"约束。单击操控板中的 放置 按钮，分别选取图 14.10.7 中的两个柱面为"轴对齐"约束参考。

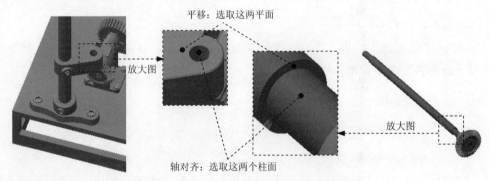

图 14.10.7 创建"销（Pin）"连接

（3）定义"平移"约束。分别选取图 14.10.7 中的两个平面为"平移"约束的参考。

（4）单击操控板中的 ✔ 按钮。

Step 13 引入元件 work_station.prt，并将其调整到合适的位置。

Step 14 创建 work_station 和 transmission_shaft_asm 之间的圆柱连接。

（1）在"元件放置"操控板的机械连接约束列表中选择 ⚙ 圆柱 选项。

（2）定义"轴对齐"约束。单击操控板中的 放置 按钮，分别选取图 14.10.8 中的两个柱面为"轴对齐"约束参考。

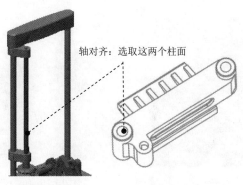

轴对齐：选取这两个柱面

图 14.10.8 创建"圆柱（Cylinder）"连接

Step 15 后面的详细操作过程请参见随书光盘中 video\ch14.10\reference\文件下的语音视频讲解文件 winch_machine_motion-r01。

Task3. 定义仿真与分析

Step 1 进入机构模块。单击 应用程序 功能选项卡 运动 区域中的"机构"按钮，进入机构模块。

Step 2 定义齿轮连接 1。

（1）选择命令。单击 连接 区域中的"齿轮"按钮，此时系统弹出"齿轮副定义"对话框。

（2）定义"齿轮 1"。在对话框中的 类型 下拉列表中选择 一般 选项，选取图 14.10.9 所示运动轴 1 为"齿轮 1"的参考，并在对话框 节圆 区域的 直径 文本框中输入数值 560。

（3）定义"齿轮 2"。单击"齿轮副定义"对话框中的 齿轮2 选项卡，选取图 14.10.9 所示运动轴 2 为"齿轮 2"的参考，并在对话框 节圆 区域的 直径 文本框中输入数值 180，单击 确定 按钮，完成齿轮连接 1 的创建。

Step 3 定义齿轮连接 2。

（1）选择命令。单击 连接 区域中的"齿轮"按钮，此时系统弹出"齿轮副定义"对话框。

（2）定义"齿轮 1"。在对话框中的 类型 下拉列表中选择 一般 选项，选取图 14.10.10 所示运动轴 1 为"齿轮 2"的参考，并在对话框 节圆 区域的 直径 文本框中输入数值 150。

（3）定义"齿轮 2"。单击"齿轮副定义"对话框中的 齿轮2 选项卡，选取图 14.10.10 所示运动轴 2 为"齿轮 2"的参考，并在对话框 节圆 区域的 直径 文本框中输入数值 150，单击 确定 按钮，完成齿轮连接 2 的创建。

Step 4 定义伺服电动机 1。

（1）选择命令。单击 插入 区域中的"伺服电动机"按钮，系统弹出"伺服电动机定义"对话框。

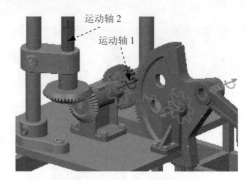

图 14.10.9　定义齿轮连接 1　　　　　图 14.10.10　定义齿轮连接 2

（2）选取参考对象。选取图 14.10.11 所示的运动轴 1 为参考对象。

（3）设置轮廓参数。单击"伺服电动机定义"对话框中 轮廓 选项卡，在"定义运动轴设置"按钮 右侧的下拉列表中选择 速度 选项，在"模"下拉列表中选择 常量 选项，设置 A=30。

（4）单击对话框中的 确定 按钮，完成伺服电动机的定义。

Step 5　设置初始位置。

（1）选择拖动命令。单击 运动 区域中的"拖动元件"按钮 ，系统弹出"拖动"对话框。

（2）在图形取选中图 14.10.12 所示的轴，移动鼠标至合适的位置，单击鼠标左键，此时模型位置如图 14.10.13 所示。

图 14.10.11　定义伺服电机 1　　　　　图 14.10.12　定义移动参考

（3）记录快照 1。单击对话框 当前快照 区域中的 按钮，即可记录当前位置为快照 1（Snapshot1）。

（4）单击 关闭 按钮，关闭"拖动"对话框。

Step 6　定义机构分析。单击 分析 ▾ 区域中的"机构分析"按钮 ，系统弹出"分析定义"对话框；在 类型 下拉列表中选择 位置 选项；在 终止时间 文本框中输入值 30，在 帧频 文本框中输入值 10；在 初始配置 区域中选择 ⦿ 快照: 单选项；单击 电动机 选项卡，在"电动机"选项卡中单击"添加新行"按钮 ，在 电动机 列表中选择 ServoMotor1，进行图 14.10.14 所示的电动机配置；单击"分析定义"对话框中的按钮，查看机构的运行状况；单击 **确定** 完成运动分析。

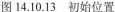
图 14.10.13　初始位置

图 14.10.14　定义电动机配置

Step 7　保存回放结果。

（1）单击 **机构** 功能选项卡 **分析▼** 区域中的"回放"按钮 ，系统弹出"回放"对话框。

（2）在"回放"对话框中单击"保存"按钮 ，系统弹出"保存分析结果"对话框，采用默认的名称，单击 **保存** 按钮，即可保存仿真结果。

Step 8　输出视频。

（1）单击"回放"对话框中的"播放当前结果集"按钮 ，系统弹出"动画"对话框。

（2）单击"回放"对话框中的"录制动画为 MPEG 文件"按钮 **捕获...**，系统弹出"捕获"对话框，单击 **确定** 按钮，机构开始运行输出视频文件。

（3）在工作目录中播放视频文件"WINCH_MACHINE_MOTION.mpg"查看结果。

（4）单击"动画"对话框中的 **关闭** 按钮，返回到"回放"对话框，单击其中的 **封闭** 按钮关闭对话框。

Step 9　再生模型。单击 **模型** 功能选项卡 **操作▼** 区域中的"重新生成"按钮 ，再生机构模型。

Step 10　保存机构模型。

15

产品的工程图设计（基础）

15.1　工程图设计概述

在 Creo 的工程图模块中，可创建 Creo 三维模型的工程图，可以用注解来注释工程图、处理尺寸以及使用层来管理不同项目的显示。工程图中的所有视图都是相关的，例如改变一个视图中的尺寸值，系统就相应地更新其他工程图视图。

工程图模块还支持多个页面，允许定制带有草绘几何的工程图、定制工程图格式等。另外，还可以利用有关接口命令，将工程图文件输出到其他系统或将文件从其他系统输入到工程图模块中。

创建工程图的一般过程如下：

Stage1. 通过新建一个工程图文件，进入工程图模块环境

Step 1　选取文件新建命令或按钮。

Step 2　选取"绘图"（即工程图）文件类型。

Step 3　输入文件名称，选择工程图模型及工程图图框格式或模板。

Stage2. 创建视图

Step 1　添加主视图。

Step 2　添加主视图的投影图（左视图、右视图、俯视图、仰视图）。

Step 3　如有必要，可添加详细视图（即放大图）、辅助视图等。

Step 4　利用视图移动命令，调整视图的位置。

Step 5　设置视图的显示模式，如视图中的不可见的孔，可进行消隐或用虚线显示。

Stage3. 尺寸标注

Step **1**　显示模型尺寸，将多余的尺寸拭除。

Step **2**　添加必要的草绘尺寸。

Step **3**　添加尺寸公差。

Step **4**　创建基准，进行几何公差标注，标注表面粗糙度（表面光洁度）。

　　注意：Creo 软件的中文简化汉字版和有些参考书，将 Drawing 翻译成"绘图"，本书则一概翻译成"工程图"。

15.2　设置工程图环境

　　我国国家标准（GB 标准）对工程图规定了许多要求，例如尺寸文本的方位和字高、尺寸箭头的大小等都有明确的规定。本书随书光盘中的 creo2_system_file 文件夹中提供了一些 Creo 软件的系统文件，正确地配置系统文件，可以使创建的工程图基本符合我国国家标准。下面将介绍其配置方法：

Step **1**　将随书光盘中的 creo2_system_file 文件夹复制到 C 盘中。

Step **2**　将随书光盘中 creo2_system_file 文件夹的 config.pro 文件复制到 Creo 安装目录中的\text 目录下（假设 Creo2 软件安装在 C:\Program Files 目录中，则将该文件复制到 C:\Program Files\PTC\Creo 2.0\Common Files\F000\text 下）。

Step **3**　启动 Creo 2.0。注意如果在进行上述操作前，已经启动了 Creo，应先退出 Creo，然后再次启动 Creo。

Step **4**　选择"文件"下拉菜单中的 **文件 ▾** ➡ 选项 命令，在弹出的"Creo Parametri 选项"对话框中选择 配置编辑器 选项，即可进入软件环境设置界面，如图 15.2.1 所示。

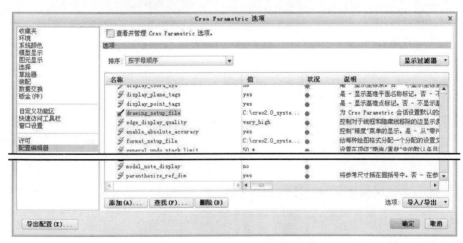

图 15.2.1　Creo Parametric 选项

Step **5**　设置配置文件 config.pro 中的相关选项的值，如图 15.2.1 所示。

（1）drawing_setup_file 的值设置为 C:\creo2_system_file\drawing.dtl。

（2）format_setup_file 的值设置为 C:\creo2_system_file\format.dtl。

（3）pro_format_dir 的值设置为 C:\creo2_system_file\GB_format。

（4）template_designasm 的值设置为 C:\creo2_system_file\temeplate\asm_start.asm。

（5）template_drawing 的值设置为 C:\creo2_system_file\temeplate\draw.drw。

（6）template_mfgcast 的值设置为 C:\creo2_system_file\temeplate\cast.mfg。

（7）template_mfgmold 的值设置为 C:\creo2_system_file\temeplate\mold.mfg。

（8）template_sheetmetalpart 的值设置为 C:\creo2_system_file\temeplate\sheetstart.prt。

（9）template_solidpart 的值设置为 C:\creo2_system_file\temeplate\start.prt。

Step **6**　把设置加到工作环境中。在图 15.2.1 所示的"配置编辑器"设置界面中单击 **确定** 按钮。

Step **7**　退出 Creo，再次启动 Creo，系统新的配置即可生效。

15.3　新建工程图文件

新建工程图的操作过程如下：

Step **1**　将工作目录设置至 D:\creo2pd\work\ch15.03，然后在工具栏中单击"新建"按钮 。

Step **2**　在弹出的图 15.3.1 所示的"新建"对话框中，进行如下操作。

图 15.3.1　"新建"对话框

图 15.3.2　"新建绘图"对话框（一）

（1）选中 类型 区域中的 ◉ 绘图 单选项。

注意： 在这里不要将"草绘"和"绘图"两个概念相混淆。"草绘"是指在二维平面里绘制图形；"绘图"指的是绘制工程图。

（2）在 名称 文本框中输入工程图的文件名，例如 base_part_drw。

（3）取消选中 □ 使用默认模板 复选框，即不使用默认的模板。

（4）在对话框中单击 确定 按钮，系统弹出图 15.3.2 所示的"新建绘图"对话框（一）。

图 15.3.2 所示的"新建绘图"对话框（一）中各选项的功能说明如下：

● 默认模型 区域：在该区域中选取要生成工程图的零件或装配模型，一般系统会默认选取当前活动的模型，如果要选取其他模型，请单击 浏览... 按钮。

● 指定模板 区域：在该区域中选取工程图模板。

　☑ ◉空 单选项：在图 15.3.2 所示的 方向 区域中选取图纸方向，其中"可变"为自定义图纸幅面尺寸，在 大小 区域中定义图纸的幅面尺寸；使用此单选项打开的绘图文件既不使用模板，也不使用图框格式。

　☑ ◉格式为空 单选项：在图 15.3.3 所示的 格式 区域中，单击 浏览... 按钮，然后选取所需的格式文件，并将其打开；其中，打开的绘图文件只使用其图框格式，不使用模板。

　☑ ◉使用模板 单选项：在图 15.3.4 所示 模板 区域的文件列表中选取所需模板或单击 浏览... 按钮，然后选取所需的模板文件。

图 15.3.3　新建绘图"对话框（二）

图 15.3.4　"新建绘图"对话框（三）

Step 3 定义工程图模板。

（1）在图 15.3.2 所示的"新建绘图"对话框（一）中，单击 浏览... 按钮，在图 15.3.5 所示的"打开"对话框中选取模型文件 base_part.prt，单击 打开 ▼ 按钮。

图 15.3.5　"打开"对话框

（2）在 指定模板 区域中选中 ◉ 空 单选项，在 方向 区域中单击"横向"按钮，然后在 大小 区域的下拉列表中选取 A3 选项。

注意：在本书中，如无特别说明，默认工程图模板为空模板，方向为"横向"，幅面尺寸为 A3。

（3）在对话框中单击 确定 按钮，则系统将会自动进入工程图模式（工程图环境）。

15.4　工程图视图的创建

15.4.1　创建主视图

下面介绍如何创建 base_part.prt 零件模型主视图，如图 15.4.1 所示。操作步骤如下：

Step 1　将工作目录设置至 D:\creo2pd\work\ch015.04。

Step 2　在工具栏中单击"新建"按钮 □，参考 15.3 节"新建工程图"的操作过程，选择三维模型 base_part.prt 为绘图模型，进入工程图模块。

Step 3　在绘图区中右击，系统弹出图 15.4.2 所示的快捷菜单，选择 插入普通视图... 命令。

说明：（1）还有一种进入"普通视图"（即"一般视图"）命令的方法，就是在工具栏区选择 布局 ➡ ▱ 命令。

（2）如果在图 15.3.3 所示的"新建绘图"对话框中没有默认模型，也没有选取模型，那么在执行 插入普通视图... 命令后，系统会弹出一个文件"打开"对话框，让用户选择一个三维模型来创建其工程图。

Step 4　在系统 ➡ 选择绘图视图的中心点. 的提示下，在屏幕图形区选择一点，系统弹出图 15.4.3 所示的"绘图视图"对话框。

图 15.4.1　主视图

图 15.4.2　快捷菜单

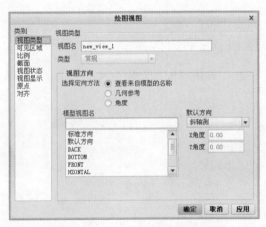

图 15.4.3　"绘图视图"对话框

Step 5 定向视图。视图的定向一般采用下面两种方法：

方法一：选取参考进行定向。

（1）定义放置参考 1。

① 在"绘图视图"对话框中，选择"类别"下的"视图类型"；在其选项卡界面的 视图方向 选项组中，选中 选取定向方法 中的 ⊙ 几何参考 ，如图 15.4.4 所示。

② 单击对话框中"参考 1"旁的箭头 ，在弹出的方位列表中，选择 前 选项（图 15.4.5），再选择图 15.4.6 中的模型表面 1。这一步操作的意义是使所选模型表面朝前（即与屏幕平行且面向操作者）。

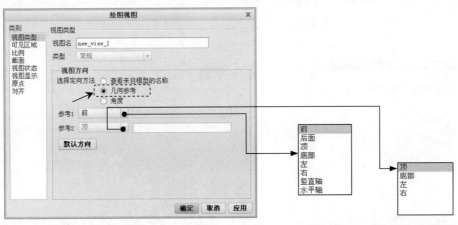

图 15.4.4　"绘图视图"对话框　　　　图 15.4.5　"参考"选项

（2）定义放置参考 2。单击对话框中"参考 2"旁的箭头 ，在弹出的方位列表中，选择 顶 选项，再选取图 15.4.6 中的模型表面 2。这一步操作的意义是使所选模型表面朝向屏幕的顶部。这时模型即按图 15.4.1 所示的方位摆放在屏幕中。

说明：如果此时希望返回以前的默认状态，请单击对话框中的 默认方向 按钮。

方法二：采用已保存的视图方位进行定向。

（1）在零件或装配环境中，可以很容易地将模型摆放在工程图视图所需要的方位。方法如下：

① 选择 视图 功能选项卡 模型显示 区域 节点下的 视图管理器 命令，系统弹出图 15.4.7 所示的"视图管理器"对话框，在 定向 选项卡中单击 新建 按钮，并命名新建视图为 V1，然后选择 编辑 ▾ ➡ 重新定义 命令。

② 系统弹出图 15.4.8 所示的"方向"对话框，可以按照方法一中的操作步骤将模型在空间摆放好，然后单击 确定 ➡ 关闭 按钮。

（2）在模型的零件或装配环境中保存了视图 V1 后，就可以在工程图环境中用第二种方法定向视图。操作方法：在图 15.4.9 所示的对话框中，找到并选取视图名称 V1，则系统即按 V1 的方位定向视图。

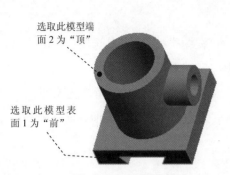

图 15.4.6　模型的定向

图 15.4.7　"视图管理器"对话框

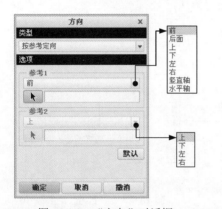

图 15.4.8　"方向"对话框

图 15.4.9　"绘图视图"对话框

Step 6 定制比例。在弹出的对话框中，选择 类别 选项组中的 比例 选项，选中 ◉ 自定义比例 单选项，并输入比例值 1.0。

Step 7 单击"绘图视图"对话框中的 确定 按钮，关闭对话框。至此，就完成了主视图的创建。

15.4.2　创建投影视图

在 Creo 中，可以创建投影视图，投影视图包括右视图、左视图、俯视图和仰视图。下面以创建左视图为例，说明创建这类视图的一般操作过程：

Step 1 选择图 15.4.10 所示的主视图，然后右击，系统弹出图 15.4.11 所示的快捷菜单，然后选择该快捷菜单中的 插入投影视图... 命令。

说明：还有一种进入"投影视图"命令的方法，就是在工具栏区选择 布局 ➡ 投影 命令。利用这种方法创建投影视图，必须先单击选中其父视图。

Step 2 在系统 ➡ 选择绘图视图的中心点. 的提示下，在图形区的主视图的右部任意选择一点，系统自动创建左视图，如图 15.4.10 所示。

Step 3 参照上面的方法在主视图的下边任意选择一点，则会产生俯视图。

15.4.3 创建轴测图

在工程图中创建图 15.4.12 所示的轴测图的目的主要是为了方便读图（图 15.4.12 所示的轴测图为消隐的显示状态），其创建方法与主视图基本相同，它也是作为"常规"视图来创建。通常轴测图是作为最后一个视图添加到图纸上的。下面说明其操作的一般过程。

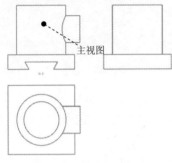

图 15.4.10 投影视图

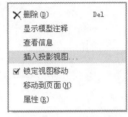

图 15.4.11 快捷菜单

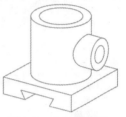

图 15.4.12 轴测图

Step 1 在绘图区中右击，从弹出的快捷菜单中选择 插入普通视图... 命令。

Step 2 在系统 ➡ 选择绘图视图的中心点. 的提示下，在图形区选取一点作为轴测图位置点。

Step 3 系统弹出"绘图视图"对话框，选取查看方位 VIEW0001 （可以选取 默认方向，也可以预先在 3D 模型中保存好创建的合适方位，再选取所保存的方位）。

Step 4 定制比例。在"绘图视图"对话框中，选取 类别 区域中的 比例 选项，选中 ⦿ 自定义比例 单选项，并输入比例值为 1。

Step 5 单击对话框中的 确定 按钮，关闭对话框。

注意：要使轴测图的摆放方位满足表达要求，可先在零件或装配环境中，将模型在空间摆放到合适的视角方位，然后将这个方位保存成一个视图名称（如 VIEW0001）。然后在工程图中，在添加轴测图时，选取已保存的视图方位名称（如 VIEW0001），即可进行视图定向。这种方法很灵活，能使创建的轴测图摆放成任意方位，以适应不同的表达要求。具体操作请读者回顾预备知识里的相关内容。

15.5 工程图视图基本操作

15.5.1 移动视图与锁定视图

基本视图创建完毕后往往还需对其进行移动和锁定操作，将视图摆放在合适的位置，使整个图面更加美观明了。

1. 移动视图

移动视图前首先选取所要移动的视图，并且查看该视图是否被锁定。一般在第一次移动前，系统默认所有视图都是被锁定的，因此需要解除锁定再进行移动操作。下面说明移动视图操作的一般过程。

Step 1 将工作目录设置至 D:\creo2pd\work\ch15.05.01，打开文件 move_view.drw。

Step 2 在图形区中右击左视图，在弹出的图 15.5.1 所示的快捷菜单中选择 ☑ 锁定视图移动 命令（去掉该命令前面的 ☑）。

Step 3 选取并拖动俯视图，将其放置在合适位置，如图 15.5.2 所示。

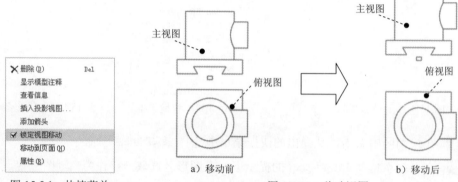

图 15.5.1　快捷菜单　　　　　图 15.5.2　移动视图

说明：

- 若移动主视图，则相应的子视图也会随之移动；如果移动投影视图则只能上下或左右移动，以保持该视图与主视图对应关系不变。一旦某个视图被解除锁定状态，则其他视图也同时被解除锁定，同样一个视图被锁定后其他视图也同时被锁定。
- 当视图解除锁定时，单击视图，视图边界线顶角处会出现图 15.5.3 所示的点，且光标显示为四向箭头形式；当锁定视图时，视图边界线会变成图 15.5.4 所示的形状。

2. 锁定视图

在视图移动调整后，为了避免今后因误操作使视图相对位置发生变化，这时需要对视图进行锁定。在绘图区右击需要锁定的视图，在弹出的快捷菜单中选择 ☐ 锁定视图移动 命令，如图 15.5.5 所示，操作后视图被锁定。

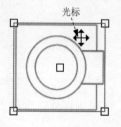 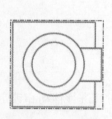 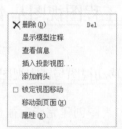

图 15.5.3　解除锁定视图　　　图 15.5.4　锁定视图　　　图 15.5.5　快捷菜单

15.5.2 拭除、恢复和删除视图

对于大型复杂的工程图，尤其是零件成百上千的复杂装配图，视图的打开、再生与重画等操作往往会占用系统很多资源。因此除了对众多视图进行移动锁定操作外，还应对某些不重要的或暂时用不到的视图采取拭除操作，将其暂时从图面中拭去，当要进行编辑时还可将视图恢复显示，而对于不需要的视图则可以将其删除。

1. 拭除视图

拭除视图就是将视图暂时隐藏起来，但该视图还存在。在这里拭除的含义和在 Creo 2.0 其他应用中拭除的含义是相同的。当需要显示已拭除的视图时还可通过恢复视图操作来将其恢复显示，下面说明拭除视图的一般操作过程。

Step 1　将工作目录设置至 D:\creo2pd\work\ch15.05.02，打开 remove_view.drw 工程图文件。

Step 2　在功能选项卡区域的 布局 选项卡中单击 拭除视图 按钮。

Step 3　在系统 ⇨ 选取要拭除的绘图视图。 的提示下，选取图 15.5.6a 中的轴测图，则系统会用一个带有视图名的矩形框来临时代替该轴测图，如图 15.5.6b 所示。

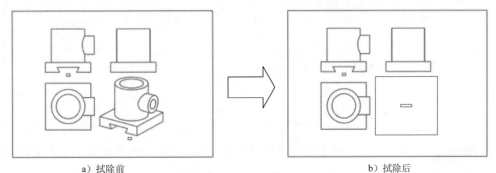

a）拭除前　　　　　　　　b）拭除后

图 15.5.6　拭除视图

Step 4　单击中键，完成对轴测图的拭除操作。

2. 恢复视图

如果想恢复已经拭除的视图，须进行恢复视图操作。恢复视图和拭除视图是相逆的过程，恢复视图操作的一般过程如下：

Step 1　将工作目录设置至 D:\creo2pd\work\ch15.05.02，打开 resume_view.drw 工程图文件。

Step 2　在功能选项卡区域的 布局 选项卡中单击 恢复视图 按钮。

Step 3　系统弹出图 15.5.7 所示的 ▼ 视图名称 菜单。

Step 4　在系统 ⇨ 选取要恢复的绘图视图. 的提示下，选取图 15.5.8a 所示的视图 NEW_VIEW_5（即轴测图）。

Step 5　选择 Done Sel（完成选择）命令，完成视图的恢复操作，视图恢复后如图 15.5.8b 所示。

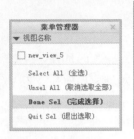

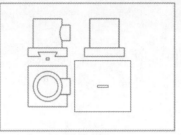

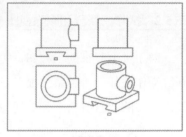

图 15.5.7 "视图名称"菜单　　a）恢复前　　b）恢复后

图 15.5.8 恢复视图

3. 删除视图

对于不需要的视图可以进行视图的删除操作，其一般操作过程如下：

Step 1 将工作目录设置至 D:\creo2pd\work\ch15.05.02，打开 delete_view.drw 工程图文件。

Step 2 选取图 15.5.9a 所示的轴测图为要删除的视图，在该视图上右击，在图 15.5.10 所示的快捷菜单中选择 ✕ 删除(D) 命令，删除视图后如图 15.5.9b 所示。

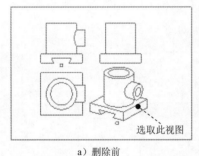

a）删除前　　　选取此视图　　　b）删除后

图 15.5.9 删除视图　　　图 15.5.10 快捷菜单

注意：如果删除主视图则子视图也将被删除，而且是永久性的删除，如果是误操作可以单击"撤消"按钮↶马上将视图恢复过来，但存盘后无法再恢复被删除的视图。

15.5.3 视图显示模式

为了符合工程图的要求，常常需要对视图的显示方式进行编辑控制。由于在创建零件模型时，模型显示一般都为着色图状态，当在未改变视图显示模式的情况下创建工程图视图时，系统将默认视图显示为图 15.5.1a 所示的着色状态。这种着色状态不容易反映视图特征，这时可以编辑视图为消隐状态，使视图清晰简洁，其操作过程如下：

Step 1 将工作目录设置至 D:\creo2pd\work\ch15.05.03，打开文件 view_display.drw。

Step 2 双击要更改显示方式的视图，系统弹出"绘图视图"对话框。

Step 3 在 类别 区域中选取 视图显示 选项，如图 15.5.12 所示，在 显示样式 下拉列表中 消隐 选项，单击 确定 按钮，完成操作后该视图的显示如图 15.5.11b 所示；如果选取 线框 选项，则该视图的显示如图 15.5.11c 所示；如果选取 隐藏线 选项，则该视图的显示如图 15.5.11d 所示。

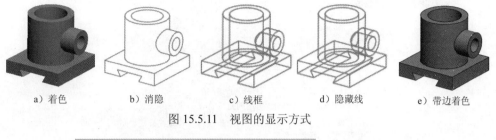

a) 着色　　　　　b) 消隐　　　　　c) 线框　　　　　d) 隐藏线　　　　　e) 带边着色

图 15.5.11　视图的显示方式

图 15.5.12　"绘图视图"对话框

注意：以下各章节创建视图时，如无特别说明，均在"绘图视图"对话框中将视图显示模式设置为"消隐"，且在操作过程中省略此步骤，请读者留意。

15.5.4　边显示、相切边显示控制

1. 边显示

使用 Creo 2.0 绘制工程图，不仅可以设置各个视图的显示方式，甚至可以设置各个视图中每根线条的显示方式，这就是边显示。边显示一般有拭除直线、线框、隐藏方式、隐藏线及消隐五种方式。这样一来，可以通过修改边的显示方式使视图清晰简洁，而且容易区分零组件。边显示在装配体工程图中尤为重要。

在功能选项卡区域的 布局 选项卡中单击 边显示 按钮，打开图 15.5.13 所示的 ▼ EDGE DISP (边显示) 菜单。

a. 拭除直线

如果需要简化视图里的图线，可以根据情况选择性地拭除一些直线，这样使视图显得清晰明白。可拭除的直线为可见直线，对于不可见的直线则没有拭除的意义。下面以图 15.5.14 所示拭除 erase_line 零件主视图的圆角边线为例，说明拭除直线的一般操作过程。

Step 1　将工作目录设置至 D:\creo2pd\work\ch15.05.04，打开 erase_line.drw 工程图文件。

Step 2 在功能选项卡区域的 布局 选项卡中单击 边显示 按钮，系统弹出 ▼ EDGE DISP (边显示)菜单。

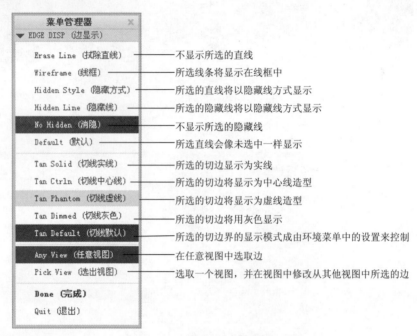

图 15.5.13　"边显示"菜单

说明（图右标注）：

- Erase Line (拭除直线) —— 不显示所选的直线
- Wireframe (线框) —— 所选线条将显示在线框中
- Hidden Style (隐藏方式) —— 所选的直线将以隐藏线方式显示
- Hidden Line (隐藏线) —— 所选的隐藏线将以隐藏线方式显示
- No Hidden (消隐) —— 不显示所选的隐藏线
- Default (默认) —— 所选直线会像未选中一样显示
- Tan Solid (切线实线) —— 所选的切边显示为实线
- Tan Ctrln (切线中心线) —— 所选的切边将显示为中心线造型
- Tan Phantom (切线虚线) —— 所选的切边将显示为虚线造型
- Tan Dimmed (切线灰色) —— 所选的切边将用灰色显示
- Tan Default (切线默认) —— 所选的切边界的显示模式成由环境菜单中的设置来控制
- Any View (任意视图) —— 在任意视图中选取边
- Pick View (选出视图) —— 选取一个视图，并在视图中修改从其他视图中所选的边

Step 3 选择 Erase Line(拭除直线) 命令，系统会提示选取要拭除的直线，按住 Ctrl 键选取图 15.5.14a 所示的六条边线，选择 ▼ EDGE DISP (边显示)菜单中的 Done (完成) 命令，完成后的视图如图 15.5.14b 所示。

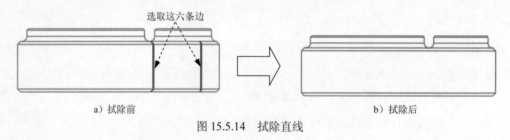

选取这六条边

a) 拭除前　　　　　　　　　　　　　b) 拭除后

图 15.5.14　拭除直线

b. 线框

如果视图处于无隐藏线显示状态，许多图线在当前视图中不可见或以虚线显示，这时如果有必要可以把在视图中不可见的边线设置为可见形式，此时需选择 Wireframe (线框)命令。将虚线或不可见边线设置为实线形式显示的一般操作过程如下：

Step 1 将工作目录设置至 D:\creo2pd\work\ch15.05.04，打开 wireframe.drw 工程图文件。

Step 2 在功能选项卡区域的 布局 选项卡中单击 边显示 按钮，此时系统弹出 ▼ EDGE DISP (边显示)菜单。

Step 3　选择 Wireframe (线框) 命令，系统提示选取要显示的边线，选取图 15.5.15a 所示的边线（该边线在光标划过时以淡蓝色显示），选择 ▼ EDGE DISP (边显示) 菜单中的 Done (完成) 命令，完成后的视图如图 15.5.15b 所示。

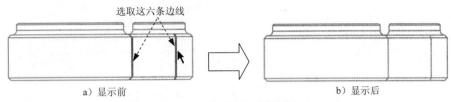

选取这六条边线

a）显示前　　　　　b）显示后

图 15.5.15　不可见边线以线框显示

c．隐藏方式

当需要指定某些边线（这些边线可以是可见边线，也可以是不可见边线）为虚线时，可以设置其为"隐藏方式"显示。其一般操作过程如下：

Step 1　将工作目录设置至 D:\creo2pd\work\ch15.05.04，打开文件 hidden_style.drw 工程图文件。

Step 2　在功能选项卡区域的 布局 选项卡中单击 边显示 按钮，此时系统弹出 ▼ EDGE DISP (边显示) 菜单。

Step 3　选择 Hidden Style (隐藏方式)，系统提示选取要显示的边线，按住 Ctrl 键选取图 15.5.16a 所示的两条边线，选择 ▼ EDGE DISP (边显示) 菜单中的 Done (完成) 命令，完成后的视图如图 15.5.16b 所示。

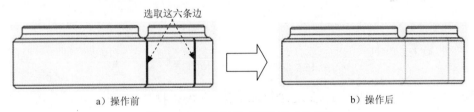

选取这六条边

a）操作前　　　　　b）操作后

图 15.5.16　边线以"隐藏方式"显示

d．隐藏线

前面提到以 Wireframe (线框) 形式显示边线可以将不可见边线以实线形式显示，而以 Hidden Line (隐藏线) 方式显示边线时则是将不可见边线变换成虚线。Hidden Line (隐藏线) 命令对可见边线不起作用。将不可见边线以虚线形式显示的一般操作过程如下：

Step 1　将工作目录设置至 D:\creo2pd\work\ch15.05.04，打开文件 hidden_line.drw。

Step 2　在功能选项卡区域的 布局 选项卡中单击 边显示 按钮，此时系统弹出 ▼ EDGE DISP (边显示) 菜单。

Step 3　选择 Hidden Line (隐藏线)，系统提示选取要显示的边线，选取图 15.5.17a 所示的"不可见边线"（该边线和前面提到的一样，在光标划过时以淡蓝色显示），选择

▼ EDGE DISP (边显示) 菜单中的 Done (完成) 命令，完成后的视图如图 15.5.17b 所示。在图 15.5.17b 中，读者可以对照以 Hidden Line (隐藏线) 方式和以 Wireframe (线框) 方式显示边线的不同效果。

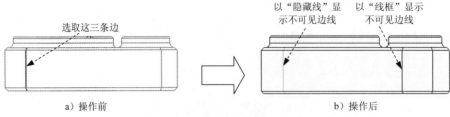

a) 操作前　　　　　　　　　　　　　　　　　　b) 操作后

图 15.5.17　不可见边线以"隐藏线"显示

e．消隐

对前面使用 Wireframe (线框) 和 Hidden Line (隐藏线) 方式显示的不可见边线，如果希望恢复其原来的不可见状态，可以通过 No Hidden (消隐) 命令来实现。读者可以自己尝试操作一下。

2．相切边显示控制

在工程图里，对于某些视图，尤其对于轴测图来说，许多情况需要显示或者不显示零组件的相切边（默认情况下零件的倒圆角也具有相切边），Creo 提供了对零件的相切边显示进行控制的功能；如图 15.5.18 所示，对于该轴测图，可以进行如下操作使其不显示相切边。

a) 相切边显示　　　　　　　　　　　　　　　　b) 相切边不显示

图 15.5.18　相切边显示控制

Step 1　将工作目录设置至 D:\creo2pd\work\ch15.05.04，打开文件 tan_display.drw。

Step 2　双击图形区中的视图，系统弹出"绘图视图"对话框。

Step 3　选取 视图显示 选项，在 相切边显示样式 中选取 无选项，如图 15.5.19 所示，然后单击 确定 按钮，完成操作后该视图的显示如图 15.5.18b 所示。

图 15.5.19　"绘图视图"对话框

15.6　创建高级工程图视图

15.6.1　破断视图

在机械制图中，经常遇到一些细长形的零件，若要反映整个零件的尺寸形状，需用大幅面的图纸来绘制。为了既节省图纸幅面，又可以反映零件形状尺寸，在实际绘图中常采用破断视图。破断视图指的是从零件视图中删除选定两点之间的视图部分，将余下的两部分合并成一个带破断线的视图。创建破断视图之前，应当在当前视图上绘制破断线。通常有两种方法绘制破断线：一是通过创建几个断点，然后以绘制通过这些断点的直线（垂直线或者水平线）作为破断线；二是通过绘制样条曲线、选取视图轮廓为"S"曲线或几何上的心电图形等形状来作为破断线。确认后系统将删除视图中两破断线间的视图部分，合并保留需要显示的部分（即破断视图）。下面以创建图 15.6.1 所示长轴的破断视图为例说明创建破断视图的一般操作步骤。

Step 1　将工作目录设置至 D:\creo2pd\work\ch15.06.01，打开文件 broken_view.drw。

说明：在创建投影视图时，如果视图显示为着色，而不是线框模式，请读者参照 15.5.3 节中的操作步骤，先将投影视图的显示模式调整为"无隐藏线"模式，再进行其他操作。本章或以后章节中出现此情况，将不在操作步骤中指出。

Step 2　双击图形区中的视图，系统弹出"绘图视图"对话框。

Step 3　在该对话框中，选取 类别 区域中的 可见区域 选项，将 视图可见性 设置为 破断视图。

Step 4　单击"添加断点"按钮 ✚ ，再选取图 15.6.2 所示的点（注意：点在图元上，不是在视图轮廓线上），接着在系统 ➡ 草绘一条水平或竖直的破断线. 的提示下绘制一条垂直线作为第一破断线（不用单击"草绘直线"按钮 ＼ ，直接以刚才选取的点作为起点绘制垂直线），此时视图如图 15.6.3 所示，然后选取图 15.6.3 所示的点，此时自动生成第二破断线，如图 15.6.4 所示。

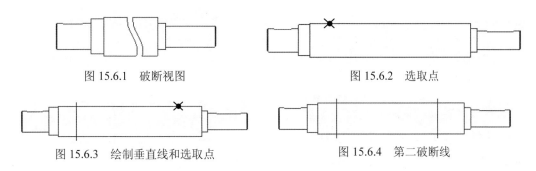

图 15.6.1　破断视图　　　　　　　　图 15.6.2　选取点

图 15.6.3　绘制垂直线和选取点　　　图 15.6.4　第二破断线

Step 5　选取破断线造型。在 破断线造型 栏中选取 草绘 选项。

Step 6 绘制图 15.6.5 所示的样条曲线（不用单击草绘样条曲线按钮 ∿，直接在图形区绘制样条曲线），草绘完成后单击中键，此时生成草绘样式的破断线，如图 15.6.6 所示。

图 15.6.5　草绘样条曲线　　　　　图 15.6.6　生成"草绘"样式的破断线

注意：如果在草绘样条曲线时，样条曲线和视图的相对位置不同，则视图被删除的部分不同，如图 15.6.7 所示。

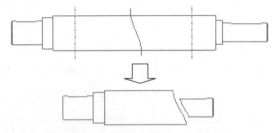

图 15.6.7　样条曲线相对位置不同时的破断视图

Step 7 单击"绘图视图"对话框中的 确定 按钮，关闭对话框，此时生成图 15.6.1 所示的破断视图。

说明：

● 选取不同的"破断线线体"将会得到不同的破断线效果，如图 15.6.8 所示。

● 在工程图配置文件中，可以用 broken_view_offset 参数来设置破断线的间距，也可在图形区先解除视图锁定，然后拖动破断视图中的一个视图来改变破断线的间距。

15.6.2　全剖视图

全剖视图属于 2D 截面视图，在创建全剖视图时需要用到截面。全剖视图如图 15.6.9 所示，操作过程如下：

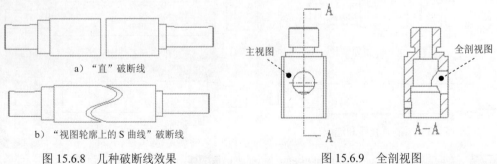

a）"直"破断线

b）"视图轮廓上的 S 曲线"破断线

图 15.6.8　几种破断线效果　　　　　图 15.6.9　全剖视图

Step **1**　将工作目录设置至 D:\creo2pd\work\ch15.06.02，打开 all_cut_view. drw 工程图文件。

Step **2**　双击左视图，系统弹出图 15.6.10 所示的"绘图视图"对话框。

Step **3**　设置剖视图选项。

（1）在图 15.6.10 所示的对话框中，选取 类别 区域中的 截面 选项。

（2）将 截面选项 设置为 ◉ 2D 横截面 ，然后单击 ＋ 按钮。

（3）将 模型边可见性 设置为 ◉ 总计 。

（4）在 名称 下拉列表框中选取剖截面 ✔ A （A 剖截面在零件模块中已提前创建），在 剖切区域 下拉列表框中选取 完全 选项。

（5）单击对话框中的 确定 按钮，关闭对话框。

Step **4**　添加箭头。

（1）选取图 15.6.9 所示的全剖视图，然后右击，从图 15.6.11 所示的快捷菜单中选择 添加箭头 命令。

图 15.6.10　"绘图视图"对话框

图 15.6.11　快捷菜单

（2）在系统 ⇨ 给箭头选出一个截面在其处垂直的视图。中键取消。 的提示下，单击主视图，系统自动生成箭头。

注意：本章在选取新制工程图模板时选用了"空"模板，如果选用了其他模板所得到的箭头可能会有所差别。

15.6.3　半视图与半剖视图

半视图常用于表达具有对称形状的零件模型，使视图简洁明了。创建半视图时需选取一个基准平面来作为参照平面（此平面在视图中必须垂直于屏幕），视图中只显示此基准平面指定一侧的视图，另一侧不显示。

在半剖视图中，参照平面指定的一侧以剖视图显示，而在另一侧以普通视图显示，所以需要创建剖截面。

半视图和半剖视图分别如图 15.6.12 和图 15.6.13 所示，下面分别介绍其操作步骤。

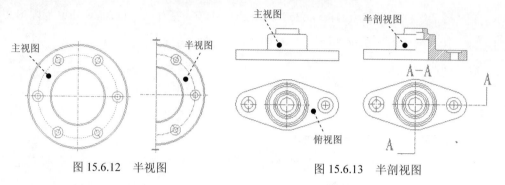

图 15.6.12　半视图　　　　　图 15.6.13　半剖视图

1. 创建半视图

Step 1 将工作目录设置至 D:\creo2pd\work\ch15.06.03.01，打开 half_view. drw 工程图文件。

Step 2 双击图 15.6.12 所示的主视图，系统弹出"绘图视图"对话框。

Step 3 在对话框的 `类别` 区域中选取 `可见区域` 选项，将 `视图可见性` 设置为 `半视图`。

Step 4 在系统 `给半视图的创建选择参考平面。` 的提示下，选取图 15.6.14 所示的 FRONT 基准平面。此时视图如图 15.6.15 所示，图中箭头为半视图的创建方向（箭头指向左侧表示仅显示左侧部分，箭头指向右侧表示仅显示右侧部分）；单击"保留侧"按钮 `╳` 使箭头指向右侧；将 `对称线标准` 设置为 `对称线`；单击对话框中的 `应用` 按钮。

Step 5 单击对话框中的 `关闭` 按钮，关闭对话框。

2. 创建半剖视图

Step 1 将工作目录设置至 D:\creo2pd\work\ch15.06.03.02，打开 half_cut_view.drw 工程图文件。

图 15.6.14　选取参照平面

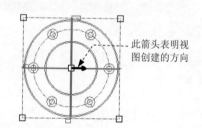

图 15.6.15　选择视图的创建方向

Step 2 双击图 15.6.12 所示的主视图，系统弹出"绘图视图"对话框。

Step 3 设置剖视图选项。

（1）在对话框中选择 `类别` 区域中的 `截面` 选项。

（2）将 `截面选项` 设置为 `● 2D 横截面`，将 `模型边可见性` 设置为 `● 总计`，然后单击 `＋` 按钮。

（3）在 `名称` 下拉列表中选取剖截面 `✔ A`（A 剖截面在零件模块中已提前创建），在 `剖切区域` 下拉列表框中选取 `一半` 选项。

（4）在系统 ⇨为半截面创建选择参考平面. 的提示下，选取图 15.6.16 所示的 RIGHT 基准平面，此时视图如图 15.6.17 所示，图中箭头表明半剖视图的创建方向；单击绘图区 RIGHT 基准平面右侧任一点使箭头指向右侧；单击对话框中的 应用 按钮，系统生成半剖视图，单击"绘图视图"对话框中的 关闭 按钮。

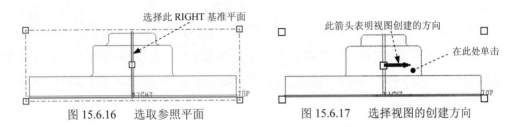

图 15.6.16　选取参照平面　　　　图 15.6.17　选择视图的创建方向

Step 4　添加箭头。

（1）选取图 15.6.13 所示的半剖视图，右击，从弹出的菜单中选择 添加箭头 命令。

（2）在系统 ⇨给箭头选出一个截面在其处垂直的视图。中键取消. 的提示下，单击俯视图，系统自动生成箭头。

15.6.4　局部视图与局部剖视图

局部视图只显示视图欲表达的部位，且将视图的其他部分省略或断裂，创建局部视图时需先指定一个参照点作为中心点并在视图上草绘一条样条曲线以选定一定的区域，生成的局部视图将显示以此样条曲线为边界的区域。

局部剖视图以剖视的形式显示所选定区域的视图，可以用于某些复杂的视图中，使图样简洁，增加图样的可读性。在一个视图中还可以做多个局部截面，这些截面可以不在一个平面上，用以更加全面地表达零件的结构。

1.　创建局部视图

创建局部视图如图 15.6.18 所示，操作步骤如下：

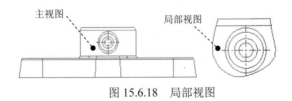

图 15.6.18　局部视图

Step 1　将工作目录设置至 D:\creo2pd\work\ch15.06.04.01，打开 local_view.drw 工程图文件。

Step 2　双击图 15.6.18 所示的主视图，系统弹出"绘图视图"对话框，选取 类别 区域中的 可见区域 选项，将 视图可见性 设置为 局部视图，如图 15.6.19 所示。

Step 3 绘制局部视图的边界线。

（1）此时系统提示 ➡ 选择新的参考点，单击"确定"完成. ，在视图的边线上选取一点（如果不在模型的边线上选取点，则系统不认可），这时在选取的点附近出现一个十字线，如图 15.6.20 所示。

注意：在视图较小的情况下，此十字线不易看见，可通过放大视图区来观察；移动或缩放视图区时，十字线可能会消失，但不妨碍操作的进行。

（2）在系统 ➡ 在当前视图上草绘样条来定义外部边界. 的提示下，直接绘制图 15.6.21 所示的样条线来定义外部边界。当绘制到封闭时，单击中键结束绘制（在绘制边界线前，不要选择样条线的绘制命令，可直接单击进行绘制）。

Step 4 单击对话框中的 **确定** 按钮，关闭对话框。

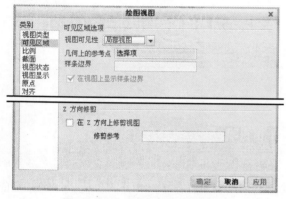

图 15.6.19 "绘图视图"对话框

图 15.6.20 选取边界中心点

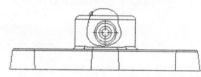

图 15.6.21 定义外部边界

2. 创建局部剖视图

创建局部剖视图如图 15.6.22 所示，操作步骤如下：

Step 1 将工作目录设置至 D:\creo2pd\work\ch15.06.04.02，打开 local_cut_view.drw 工程图文件。

Step 2 双击图 15.6.22 所示主视图，系统弹出"绘图视图"对话框。

Step 3 设置剖视图选项。

（1）在"绘图视图"对话框中，选取 类别 区域中的 截面 选项。

（2）将 截面选项 设置为 ◉ 2D 横截面 ，将 模型边可见性 设置为 ◉ 总计 ，然后单击 **+** 按钮。

（3）在 名称 下拉列表框中选取剖截面 ☑ A（A 剖截面在零件模块中已提前创建），在 剖切区域 下拉列表框中选取 局部 选项。

Step 4 绘制局部剖视图的边界线。

（1）此时系统提示 ➡ 选择截面间断的中心点 < A >. ，在投影视图（图 15.6.23）的边线上选取一点（如果不在模型边线上选取点，系统不认可），这时在选取的点附近出现一个十字线。

（2）在系统 $\Rightarrow$ 草绘样条，不相交其它样条，来定义一轮廓线。的提示下，直接绘制图 15.6.24 所示的样条线来定义局部剖视图的边界，当绘制到封闭时，单击中键结束绘制。

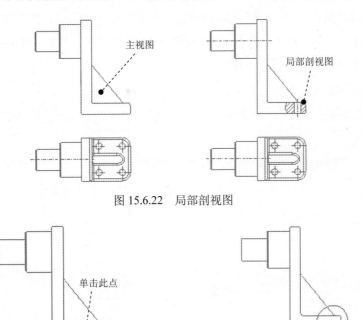

图 15.6.22　局部剖视图

图 15.6.23　截面间断的中心点

图 15.6.24　草绘轮廓线

Step 5　单击 确定 按钮，关闭对话框。

3. 在同一个视图上产生多个局部剖截面

同一视图上显示多个局部剖截面的效果如图 15.6.25 所示，操作步骤如下：

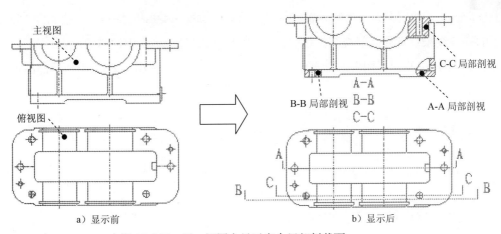

a）显示前

b）显示后

图 15.6.25　同一视图上显示多个局部剖截面

Step 1　将工作目录设置至 D:\creo2pd\work\ch15.06.04.03，打开文件 multi_cut_view.drw。

Step 2　双击图 15.6.25a 所示的主视图，系统弹出"绘图视图"对话框。

（1）设置剖视图选项。

① 在"绘图视图"对话框中，选取 类别 区域中的 截面 选项。

② 将 截面选项 设置为 ⦿ 2D 横截面 ，将 模型边可见性 设置为 ⦿ 总计 ，然后单击 ＋ 按钮。

③ 在 名称 下拉列表框中选取剖截面 ✔ A （A 剖截面在零件模块中已提前创建），在 剖切区域 下拉列表框中选取 局部 选项。

（2）绘制局部剖视图的边界线。

① 此时系统提示 ⇨ 选择截面间断的中心点＜ A ＞. ，在图 15.6.26 所示的投影视图中边线上选取一点。

② 在系统 ⇨ 草绘样条，不相交其它样条，来定义一轮廓线. 的提示下，直接绘制图 15.6.27 所示的样条线来定义局部剖视图的边界，当绘制到封闭时，单击中键结束绘制。

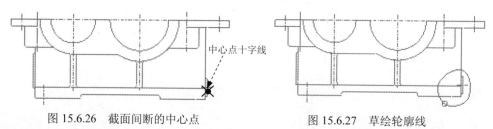

图 15.6.26　截面间断的中心点　　　　图 15.6.27　草绘轮廓线

（3）单击"绘图视图"对话框中的 应用 按钮，此时主视图中显示 A-A 局部剖视图。

Step 3　创建 B-B 局部剖视。

（1）单击"添加截面"按钮 ＋ ，在 名称 下拉列表框中选取剖截面 ✔ B （B 剖截面在零件模块中已提前创建），在 剖切区域 下拉列表框中选取 局部 选项。

（2）首先在系统 ⇨ 选择截面间断的中心点＜ B ＞. 的提示下，在图 15.6.28 所示的投影视图的边线上选取一点，然后在系统 ⇨ 草绘样条，不相交其它样条，来定义一轮廓线. 的提示下，绘制图 15.6.29 所示的样条线来定义局部剖视图的边界，当绘制到封闭时，单击中键结束绘制。

（3）单击"绘图视图"对话框中的 应用 按钮，此时主视图中显示 B-B 局部剖视图。

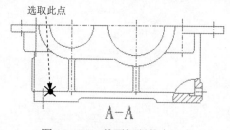 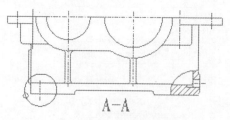

图 15.6.28　截面间断的中心点　　　　图 15.6.29　草绘轮廓线

Step 4　创建 C-C 局部剖视。

（1）单击"添加截面"按钮 ＋ ，在 名称 下拉列表框中选取剖截面 ✔ C （C 剖截面在零件模块中已提前创建），在 剖切区域 下拉列表框中选取 局部 选项。

（2）首先在系统 ⇨ 选择截面间断的中心点< C >。 的提示下，在图 15.6.30 所示的投影视图的边线上选取一点，然后在系统 ⇨ 草绘样条，不相交其它样条，来定义一轮廓线。 的提示下，绘制图 15.6.31 所示的样条线来定义局部剖视图的边界，当绘制到封闭时，单击中键结束绘制。

（3）单击"绘图视图"对话框中的 确定 按钮，此时主视图除了显示 A-A、B-B 局部剖视图外，还显示 C-C 局部剖视图。

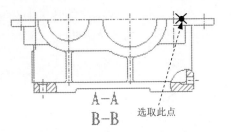

图 15.6.30　截面间断的中心点

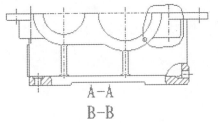

图 15.6.31　草绘轮廓线

Step 5 添加箭头。

（1）添加 A-A 局部剖视在俯视图上的箭头。

① 选取图 15.6.25b 所示的局部剖视图，然后右击，从弹出的快捷菜单中选择 添加箭头 命令，此时系统弹出菜单管理器，并显示提示 ⇨ 从菜单选择横截面。

② 在菜单管理器（图 15.6.32）中选取截面 A，再选取图 15.6.25b 所示的俯视图，系统立即在俯视图上生成 A-A 局部剖视的箭头。

（2）添加 B-B 局部剖视在俯视图上的箭头。

① 选取图 15.6.25b 所示的局部剖视图，右击，从弹出的快捷菜单中选择 添加箭头 命令，此时系统弹出菜单管理器。

② 在菜单管理器中选取截面 B，再选取图 15.6.25b 所示的俯视图，系统立即在俯视图上生成 B-B 局部剖视的箭头。

（3）添加 C-C 局部剖视在俯视图上的箭头。

① 选取图 15.6.25b 所示的局部剖视图，右击，从弹出的快捷菜单中选择 添加箭头 命令。

② 单击图 15.6.25b 所示的俯视图，系统立即在俯视图上生成 C-C 局部剖视的箭头。

15.6.5　辅助视图

辅助视图又叫向视图，它也是投影生成的，它和一般投影视图的不同之处在于它是沿着零件上某个斜面投影生成的，而一般投影视图是正投影。它常用于具有斜面的零件。在工程图中，当正投影视图表达不清楚零件的结构时，可以采用辅助视图。

辅助视图如图 15.6.33 所示，操作过程如下：

Step 1 将工作目录设置至 D:\creo2pd\work\ch15.06.05，打开 aide_view.drw 工程图文件。

Step 2 在功能选项卡区域的 布局 选项卡中单击 ❖辅助 按钮。

Step 3 在系统 ➡在主视图上选择穿过前侧曲面的轴或作为基准曲面的前侧曲面的基准平面. 的提示下，选取图 15.6.34 所示的边线（在图 15.6.34 所示的视图中，所选取的边线其实为一个面，由于此面和视图垂直，所以其退化为一条边线；在主视图非边线的地方选取，系统不认可）。

Step 4 在系统 ➡选择绘图视图的中心点. 的提示下，在主视图的右上方选取一点来放置辅助视图。

Step 5 修改辅助视图显示样式，并将其移动至合适的位置，具体操作过程参见录像。

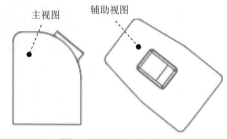

图 15.6.32　菜单管理器　　　　图 15.6.33　辅助视图　　　　图 15.6.34　选取基准平面

15.6.6　放大视图

放大视图是对视图的局部进行放大显示，所以又被称为"局部放大视图"。放大视图以放大的形式显示所选定区域，可以用于显示视图中相对尺寸较小且较复杂的部分，增加图样的可读性；创建局部放大视图时需先在视图上选取一点作为参照中心点并草绘一条样条曲线以选定放大区域，放大视图所显示的大小和图纸缩放比例有关。例如，图纸比例为 2:1 时，则放大视图所显示的大小为其父项视图的两倍，并可以根据实际需要调整比例，这在后面视图的编辑与修改中会讲到。

放大视图如图 15.6.35 所示，其操作过程如下：

Step 1 将工作目录设置至 D:\creo2pd\work\ch15.06.06，打开文件 magnify_view.drw。

Step 2 在功能选项卡区域的 布局 选项卡中单击 ❖详细 按钮。

Step 3 在系统 ➡在一现有视图上选择要查看细节的中心点. 的提示下，在图样的边线上选取一点（在视图的非边线的地方选取的点，系统不认可），此时在选取的点附近出现一个十字线，如图 15.6.36 所示。

注意：在视图较小的情况下，此十字线不易看见，可通过放大视图区来观察；移动或缩放视图区时，十字线可能会消失，但不妨碍操作的进行。

Step 4 绘制放大视图的轮廓线。

在系统 ➡草绘样条，不相交其它样条，来定义一轮廓线. 的提示下，绘制图 15.6.37 所示的样条线以定义放大视图的轮廓，当绘制到封闭时，单击中键结束绘制（在绘制边界线前，不要选择样条线的绘制命令，而是直接单击进行绘制）。

Step 5 在系统 ⇨ 选择绘图视图的中心点. 的提示下，在图形区选取一点来放置放大图。

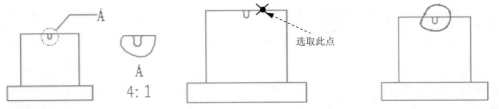

图 15.6.35　局部放大视图　　图 15.6.36　选择放大图的中心点　　图 15.6.37　放大图的轮廓线

Step 6 设置轮廓线的边界类型。

（1）在创建的局部放大视图上双击，系统弹出图 15.6.38 所示的"绘图视图"对话框。

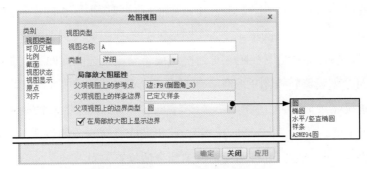

图 15.6.38　"绘图视图"对话框

（2）在 视图名 文本框中输入放大图的名称 A；在 父项视图上的边界类型 下拉列表中，选取 圆 选项，然后单击 应用 按钮，此时轮廓线变成一个双点画线的圆，如图 15.6.39 所示。

Step 7 在"绘图视图"对话框中，选取 类别 区域中的 比例 选项，再选中 ⦿ 自定义比例 单选项，然后在后面的文本框中输入比例值 4.000。

Step 8 单击对话框中的 关闭 按钮，关闭对话框。

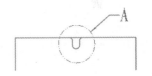

图 15.6.39　注释文本的放置位

15.6.7　旋转视图和旋转剖视图

旋转视图又叫旋转截面视图，因为在创建旋转视图时常用到剖截面。它是从现有视图引出的，主要用于表达剖截面的剖面形状，因此常用于"工字钢"等零件。此剖截面必须和它所引出的那个视图相垂直。在 Creo 2.0 工程图环境中，旋转视图的截面类型均为区域截面，即只显示被剖切的部分，因此在创建旋转视图的过程中不会出现"截面类型"菜单。

　旋转剖视图是完整截面视图，但它的截面是一个偏距截面（因此需创建偏距剖截面）。其显示绕某一轴的展开区域的截面视图，在"绘图视图"对话框中用到的是"全部对齐"选项，且需选取某个轴。

1. 旋转视图

旋转视图如图 15.6.40 所示，操作步骤如下：

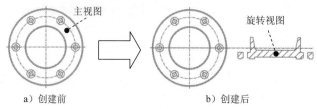

a）创建前　　　　　　　b）创建后

图 15.6.40　旋转视图

Step 1　将工作目录设置至 D:\creo2pd\work\ch15.06.07.01，打开文件 rotate_view.drw。

Step 2　在功能选项卡区域的 布局 选项卡中单击 旋转 按钮。

Step 3　在系统 选择旋转界面的父视图. 的提示下，单击所选取图形区中的主视图。

Step 4　在 选择绘图视图的中心点. 的提示下，在图形区的俯视图的右侧选取一点，系统生成旋转视图，并弹出"绘图视图"对话框（系统已自动选取截面 A，在此例中只有截面 A 符合创建旋转视图的条件；如果有多个截面符合条件，需读者自己选取）。

Step 5　此时系统显示提示 选择对称轴或基准(中键取消). ，一般不需要选取对称轴或基准，直接单击中键或在对话框中单击 确定 按钮完成旋转视图的创建（如果旋转视图和主视图重合在一起，可移动旋转视图到合适位置）。

2. 旋转剖视图

旋转剖视图如图 15.6.41 所示，操作步骤如下：

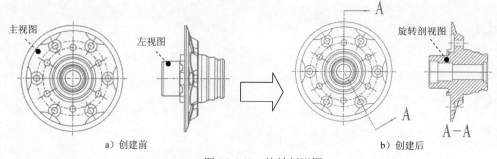

a）创建前　　　　　　　b）创建后

图 15.6.41　旋转剖视图

Step 1　将工作目录设置至 D:\creo2pd\work\ch15.06.07.02，打开 rotate_cut_view.drw 文件。

Step 2　双击左视图，系统弹出"绘图视图"对话框。

Step 3　设置剖视图选项。

（1）在图 15.6.42 所示的对话框中，选取 类别 区域中的 截面 选项。

（2）将 截面选项 设置为 2D 横截面，将 模型边可见性 设置为 总计，然后单击 + 按钮。

（3）在 名称 下拉列表框中选取剖截面 A（A 剖截面是偏距剖截面，在零件模块中已提前创建），在 剖切区域 下拉列表框中选取 全部(对齐) 选项。

（4）在系统 ➡ 选择轴(在轴线上选择). 的提示下选取图 15.6.43 所示的轴线（如果在视图中基准轴没有显示，需单击 /. 按钮打开基准轴的显示）。

Step 4 单击对话框中的 确定 按钮，关闭对话框。

图 15.6.42 "绘图视图"对话框

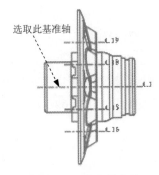

图 15.6.43 选取基准轴

Step 5 添加箭头。选取图 15.6.41 所示的旋转剖视图，然后右击，从弹出的快捷菜单中选择 添加箭头 命令；单击主视图，系统自动生成箭头。

15.6.8 阶梯剖视图

阶梯剖视图属于 2D 截面视图，其与全剖视图在本质上没有区别，但它的截面是偏距截面。创建阶梯剖视图的关键是创建好偏距截面，可以根据不同的需要创建偏距截面来实现阶梯剖视以达到充分表达视图的需要。阶梯剖视图如图 15.6.44 所示，创建操作步骤如下：

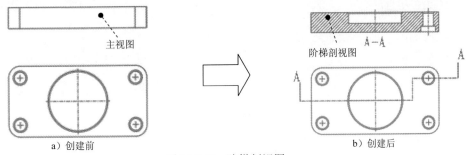

图 15.6.44 阶梯剖视图

Step 1 将工作目录设置至 D:\creo2pd\work\ch15.06.08，打开 step_cut_view.drw 工程图文件。

Step 2 双击图 15.6.44 所示的主视图，系统弹出"绘图视图"对话框。

Step 3 设置剖视图选项。在"绘图视图"对话框中，选取 类别 区域中的 截面 选项；将 截面选项 设置为 ◉ 2D 横截面，然后单击 ＋ 按钮；将 模型边可见性 设置为 ◉ 总计；在 名称 下拉列表框中选取剖截面 ✔A，在 剖切区域 下拉列表框中选取 完全 选项；单击对话框

中的 确定 按钮，关闭对话框。

Step 4 添加箭头。选取图 15.6.44 所示的阶梯剖视图，然后右击，从弹出的快捷菜单中选择 添加箭头 命令；单击主视图，系统自动生成箭头。

15.6.9 移出剖面

移出剖面也被称为"断面图"，常用在只需表达零件断面的场合下，这样可以使视图简化，又能使视图所表达的零件结构清晰易懂。在创建移出剖面时关键是要将"绘图视图"对话框中的 模型边可见性 设置为 ◎ 区域 选项。

移出剖面如图 15.6.45 所示，创建操作步骤如下：

a) 创建前   b) 创建后

图 15.6.45 移出剖面

Step 1 将工作目录设置至 D:\creo2pd\work\ch15.06.09，打开文件 section_view.drw。

Step 2 在图形区的左视图双击，系统弹出"绘图视图"对话框。

Step 3 设置剖视图选项。在"绘图视图"对话框中，选取 类别区域中的 截面 选项；将 截面选项 设置为 ◎ 2D 横截面，然后单击 ＋ 按钮；将 模型边可见性 设置为 ◎ 区域 ；在 名称 下拉列表框中选取剖截面 ✔ A，在 剖切区域 下拉列表框中选取 完全 选项，单击对话框中的 确定 按钮，关闭对话框，完成移出剖面的添加，如图 15.6.46 所示。

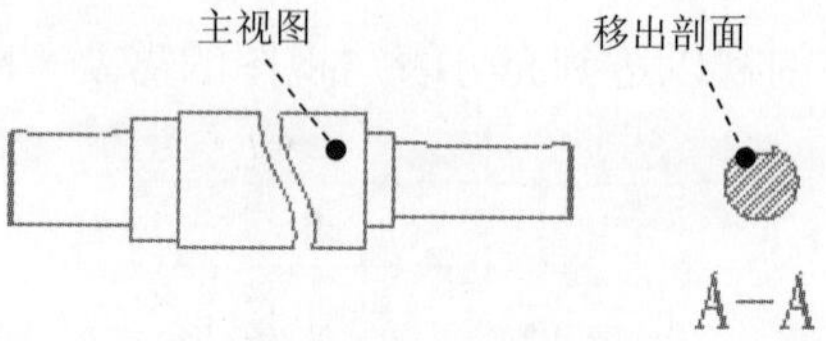

Step 4 添加箭头。

图 15.6.46 移出剖面

（1）选取图 15.6.46 所示的断面图，然后右击，从快捷菜单中选择 添加箭头 命令。

（2）在系统 ➪给箭头选出一个截面在其处垂直的视图。中键取消。 的提示下，单击主视图，系统自动生成箭头。

注意：

● 本章在选取新制工程图模板时选用了"空"模板，如果选用了其他模板，所得到的箭头可能会有所差别。

● 移出剖面是可以移动，这样可以放在图纸上合适的位置，可以充分利用图纸的幅面来表达零件的结构。

● 在创建带有截面的视图时，可以将 模型边可见性 设置为 ◎ 区域 来表达只被剖截到的部分。

15.6.10 多模型视图

多模型视图是指在同一张工程图中显示两个或多个零件视图的视图。当表达某个零件的结构时，需要参照其他零件的结构就需要用到多模型视图。多模型视图中，各个零件的视图仍与其相应的零件模型相关联。

多模型视图如图 15.6.47 所示，创建操作方法如下：

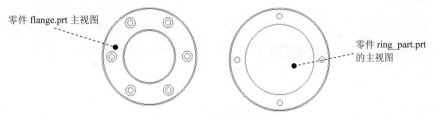

零件 flange.prt 主视图

零件 ring_part.prt 的主视图

图 15.6.47 多模型视图

Step 1 将工作目录设置至 D:\creo2pd\work\ch15.06.10，新建工程图文件并命名为 multi_view，取消选中□ 使用默认模板 复选框（本例 默认模型 设置为 无 ， 指定模板 设置为 ◉ 空 ，方向为"横向"，幅面大小为 A3）。

Step 2 在绘图区中右击，在弹出的快捷菜单中选择 插入普通视图... 命令，此时系统弹出图 15.6.48 所示的"打开"对话框，选取零件模型 flange.prt，单击 打开 按钮。

Step 3 此时系统出现提示 ⇨ 选择绘图视图的中心点. ，在绘图区左侧单击，此时绘图区出现系统默认的零件 flange.prt 的斜轴测图，并弹出"绘图视图"对话框。

Step 4 在"绘图视图"对话框的 视图方向 区域中，选中 选取定向方法 中的 ◉ 查看来自模型的名称 单选项，在 模型视图名 中找到视图名称 LEFT 。

Step 5 定制比例。在弹出的对话框中，选择 类别 选项组中的 比例 选项，选中 ◉ 自定义比例 单选项，并输入比例值 1.5；单击 确定 按钮，完成零件 flange.prt 主视图的创建。

Step 6 在绘图区中右击，在弹出的快捷菜单中选择 绘图模型 命令，系统弹出图 15.6.49 所示的 ▼ DWG MODELS (绘图模型) 菜单。

图 15.6.48 "打开"对话框

图 15.6.49 菜单管理器

Step 7 在 ▼ DWG MODELS (绘图模型) 菜单中选择 Add Model (添加模型)命令，此时系统弹出"打开"对话框，从中选择零件模型 ring_part.prt，单击 **打开** 按钮，再选择 Done/Return (完成/返回)命令。

Step 8 在绘图区中右击，在弹出的快捷菜单中选择 插入普通视图... 命令，在 ➡选择绘图视图的中心点. 的提示下，在零件模型 flange.prt 的主视图的右侧选取一点，此时在绘图区出现系统默认的零件 ring_part.prt 的斜轴测图，并弹出"绘图视图"对话框。

Step 9 在"绘图视图"对话框中按视图方向 BOTTOM 设置零件模型 ring_part.prt 的视图，并选择 类别 选项组中的 比例 选项，选中 ● 自定义比例 单选项，并输入比例值 1.5；单击"绘图视图"对话框中的 确定 按钮，关闭对话框，完成零件 ring_part.prt 的主视图的创建。

15.7 工程图的尺寸标注与编辑

15.7.1 概述

在工程图模式下，可以创建下列几种类型的尺寸。

1. 被驱动尺寸

被驱动尺寸来源于零件模块中的三维模型的尺寸，它们源于统一的内部数据库。在工程图模式下，可以利用 注释 工具栏下的"显示模型注释"命令 ，将被驱动尺寸在工程图中自动地显现出来或拭除（即隐藏），但它们不能被删除。在三维模型上修改模型的尺寸，在工程图中，这些修改的尺寸会随之变化，反之亦然。这里有一点要注意：在工程图中可以修改被驱动尺寸值的小数位数，但是舍入之后的尺寸值不驱动模型几何。

2. 草绘尺寸

在工程图模式下利用 注释 工具栏下的 尺寸 命令，可以手动标注两个草绘图元间、草绘图元与模型对象间以及模型对象本身的尺寸，这类尺寸称为"草绘尺寸"，其可以被删除。还要注意：在模型对象上创建的"草绘尺寸"不能驱动模型，也就是说，在工程图中改变"草绘尺寸"的大小，不会引起零件模块中的相应模型的变化，这一点与"被驱动尺寸"有根本的区别，所以如果在工程图环境中发现模型尺寸标注不符合设计的意图（例如标注的基准不对），最佳的方法是进入零件模块环境，重定义截面草绘图的标注，而不是简单地在工程图中创建"草绘尺寸"来满足设计意图。

由于草绘图可以与某个视图相关，也可以不与任何视图相关，因此"草绘尺寸"的值有两种情况：

（1）当草绘图元不与任何视图相关时，草绘尺寸的值与草绘比例（由绘图设置文件 drawing.dtl 中的选项 draft_scale 指定）有关，例如，假设某个草绘圆的半径值为 5：

- 如果草绘比例为 1.0，该草绘圆半径尺寸显示为 5。
- 如果草绘比例为 2.0，该草绘圆半径尺寸显示为 10。
- 如果草绘比例为 0.5，在绘图中出现的图元就为 2.5。

注意：改变选项 draft_scale 的值后，应该进行再生。方法为选择下拉菜单 审阅 ➡ 更新绘制 命令。

虽然草绘图的草绘尺寸的值随草绘比例变化而变化，但草绘图的显示大小不受草绘比例的影响。

配置文件 config.pro 中的选项 create_drawing_dims_only 用于控制系统如何保存被驱动尺寸和草绘尺寸，该选项设置为 no（默认）时，系统将被驱动尺寸保存在相关的零件模型（或装配模型）中；设置为 yes 时，仅将草绘尺寸保存在绘图中。所以用户正在使用 intralink 时，如果尺寸被存储在模型中，则在修改时要对此模型进行标记，并且必须将其重新提交给 intralink，为避免绘图中每次参考模型时都进行此操作，可将选项设置为 yes。

（2）当草绘图元与某个视图相关时，草绘图的草绘尺寸的值不随草绘比例而变化，草绘图的显示大小也不受草绘比例的影响，但草绘图的显示大小随着与其相关的视图的比例变化而变化。

3. 草绘参考尺寸

在工程图模式下，在功能区中选择 注释 ➡ 参考尺寸 命令，可以将两个草绘图元间、草绘图元与模型对象间以及模型对象本身的尺寸标注成参考尺寸，参考尺寸是草绘尺寸中的一个分支。所有的草绘参考尺寸一般都带有符号 REF，从而与其他尺寸相区别；如果配置文件选项 parenthesize_ref_dim 设置为 yes，系统则将参考尺寸放置在括号中。

注意：当标注草绘图元与模型对象间的参考尺寸时，应提前将它们关联起来。

15.7.2　被驱动尺寸

下面以图 15.7.1 所示的零件 gear_box 为例，说明创建被驱动尺寸的一般操作过程：

Step 1 将工作目录设置至 D:\creo2pd\work\ch15.07.02，打开文件 dimension.drw。

Step 2 在功能区中选择 注释 ➡ 命令。按住 Ctrl 键，在图形中选择图 15.7.1 所示的主视图和投影视图。

Step 3 在系统弹出的图 15.7.2 所示的对话框中，进行下列操作：

（1）单击对话框顶部的 选项卡。

（2）选取显示类型：在对话框的 类型 下拉列表中选择 全部 选项，然后单击 按钮，如果还想显示轴线，则在对话框中单击 选项卡，然后单击 按钮。

（3）单击对话框底部的 **确定** 按钮。

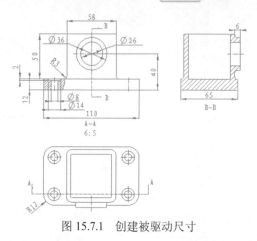

图 15.7.1　创建被驱动尺寸

图 15.7.2　"显示模型注释"对话框

图 15.7.2 所示的"显示模型注释"对话框中各选项卡说明如下：

⊢▯⊣：显示模型尺寸　　　　　　　　▯⊠：显示模型几何公差

A≡：显示模型注解　　　　　　　　³²⁄：显示模型表面粗糙度（光洁度）

⚠：显示模型符号　　　　　　　　▯：显示模型基准

⊱：全部选取　　　　　　　　　　▯：全部取消选取

在进行被驱动尺寸显示操作时，请注意下面几点：

- 使用图 15.7.2 所示的"显示/拭除"对话框，不仅可以显示三维模型中的尺寸，还可以显示在三维模型中创建的几何公差、基准和表面粗糙度（光洁度）等。

- 如果要在工程图的等轴测视图中显示模型的尺寸，应先将工程图设置文件 drawing.dtl 中的选项 allow_3D_dimensions 设置为 yes，然后在"显示/拭除"对话框中的"显示方式"区域中选中◯零件和视图 等单选项。

- 在工程图中，显示尺寸的位置取决于视图定向，对于模型中拉伸或旋转特征的截面尺寸，在工程图中显示在草绘平面与屏幕垂直的视图上。

- 如果用户想拭除被驱动尺寸，可以通过在"绘图树"中选中要拭除的被动尺寸并右击，在弹出的快捷菜单中选择 拭除 命令，即可将被动尺寸拭除，这里要特别注意：在拭除后，如果再次显示尺寸，各尺寸的显示位置、格式和属性（包括尺寸公差、前缀、后缀等）均恢复为上一次拭除前的状态，而不是更改以前的状态。

- 如果用户想删除被驱动尺寸，可以通过在"绘图树"中选中要拭除的被动尺寸并右击，在弹出的快捷菜单中选择 删除(D) 命令，即可将被动尺寸删除。

15.7.3　草绘尺寸

在 Creo 中，草绘尺寸分为一般的草绘尺寸、草绘参考尺寸和草绘坐标尺寸三种类型，它们主要用于手动标注工程图中两个草绘图元间、草绘图元与模型对象间以及模型对象本身的尺寸，坐标尺寸是一般草绘尺寸的坐标表达形式。

从在功能区 **注释** 选项中，"尺寸"、"参考尺寸"和"纵坐标尺寸"下拉选项说明如下：

● "新参考"：每次选取新的参考进行标注。

● "公共参考"：使用某个参考进行标注后，可以以这个参考为公共参考，连续进行多个尺寸的标注。

● "纵坐标尺寸"：创建单一方向的坐标表示的尺寸标注。

● "自动标注纵坐标"：在模具设计和钣金件平整形态零件上自动创建纵坐标尺寸。

由于草绘尺寸和草绘参考尺寸的创建方法一样，所以下面仅以一般的草绘尺寸为例，说明"新参考"和"公共参考"这两种类型尺寸的创建方法。

1. "新参考"尺寸标注

下面以图 15.7.3 所示的零件模型 valve_body 为例，说明在模型上创建草绘"新参考"尺寸的一般操作过程：

Step 1 将工作目录设置至 D:\creo2pd\work\ch15.07.03，打开文件 dimension.drw。

Step 2 在功能区中选择 **注释** ➡ **尺寸** 命令。

Step 3 在图 15.7.4 所示的 **▼ ATTACH TYPE（依附类型）** 菜单中，选择 **Center（中心）** 命令，然后在图 15.7.3 所示的"1"点处单击（"1"点为孔的中心），以选取该孔的中心。

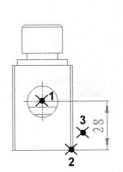

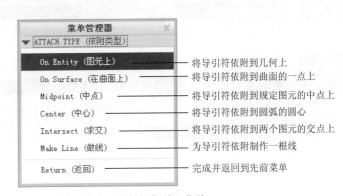

图 15.7.3 "新参考"尺寸标注 　　　　图 15.7.4 "依附类型"菜单

Step 4 在图 15.7.4 所示的菜单中，选择 **On Entity（图元上）** 命令，然后在图 15.7.3 所示的"2"点处单击（"2"点为边线上的端点），以选取该边线上的端点。

Step 5 在图 15.7.3 所示的"3"点处单击鼠标中键，确定尺寸文本的位置。

Step 6 在图 15.7.5 所示的 **▼ DIM ORIENT（尺寸方向）** 菜单中，选择 **Vertical（竖直）** 命令，创建竖直方向的尺寸（在标注点到点的距离时，图 15.7.5 所示的菜单才可见）；在 **▼ ATTACH TYPE（依附类型）** 菜单中，选择 **Return（返回）** 命令。

2. "公共参考"尺寸标注

下面继续以图 15.7.6 所示的零件模型 valve_body 为例，说明在模型上创建草绘"公共参考"尺寸的一般操作过程：

Step 1 在功能区中选择 **注释** ➡ **尺寸** 命令。

Step 2 在 **ATTACH TYPE (依附类型)** 菜单中选择 **Midpoint (中点)** 命令，单击图 15.7.6 所示的"1"点处（"1"点在模型边线上）。

Step 3 在 **ATTACH TYPE (依附类型)** 菜单中选择 **Midpoint (中点)** 命令，单击图 15.7.6 所示的"2"点处（"2"点在模型边线上）。

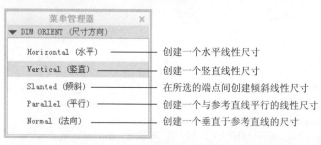

图 15.7.5　"尺寸方向"菜单　　　图 15.7.6　"公共参考"尺寸标注

Step 4 用鼠标中键单击图 15.7.6 所示的"3"点处，确定尺寸文本的位置。

Step 5 在 **DIM ORIENT (尺寸方向)** 菜单中选择 **Vertical (竖直)** 命令，创建竖直尺寸 49。

Step 6 在 **ATTACH TYPE (依附类型)** 菜单中选择 **Midpoint (中点)** 命令，单击图 15.7.6 所示的"4"点处（"4"点在模型边线上）。

Step 7 用鼠标中键单击图 15.7.6 所示的"5"点处，确定尺寸文本的位置。

Step 8 在 **DIM ORIENT (尺寸方向)** 菜单中选择 **Vertical (竖直)** 命令，创建竖直尺寸 52。

Step 9 继续标注，参照 Step5 至 Step8 创建竖直尺寸 56 和 72；在 **ATTACH TYPE (依附类型)** 菜单中，选择 **Return (返回)** 命令。

15.7.4　尺寸的编辑

从前面一节创建被驱动尺寸的操作中，我们会注意到，由系统自动显示的尺寸在工程图上有时会显得杂乱无章，尺寸相互遮盖，尺寸间距过松或过密，某个视图上的尺寸太多，出现重复尺寸（例如：两个半径相同的圆标注两次），这些问题通过尺寸的操作工具都可以解决，尺寸的操作包括尺寸（包括尺寸文本）的移动、拭除、删除（仅对草绘尺寸），尺寸的切换视图，修改尺寸的数值和属性（包括尺寸公差、尺寸文本字高、尺寸文本字型）等。下面分别进行介绍。

1. 移动尺寸及其尺寸文本

移动尺寸及其尺寸文本的方法：选择要移动尺寸，当尺寸加亮变红后，再将鼠标指针放到要移动的尺寸文本上，按住鼠标的左键，并移动鼠标，尺寸及尺寸文本会随着鼠标移动，移到所需的位置后，松开鼠标的左键。

2. 尺寸编辑的快捷菜单

如果要对尺寸进行其他的编辑，可以这样操作：选择要编辑的尺寸，当尺寸加亮变红后，右击，此时系统会依照单击位置的不同弹出不同的快捷菜单，具体有以下几种情况。

第一种情况：如果右击在尺寸标注位置线或尺寸文本上，则弹出图 15.7.7 所示的快捷菜单，其各主要选项的说明如下：

- 拭除：选择该选项后，系统会拭除选取的尺寸（包括尺寸文本和尺寸界线），也就是使该尺寸在工程图中不显示。

尺寸"拭除"操作完成后，如果要恢复它的显示，操作方法如下：

Step 1 在绘图树中单击 ▶ 注释 前的节点。

Step 2 选中被拭除的尺寸并右击，在弹出的快捷菜单中选择 取消拭除 命令。

- 修剪尺寸界线：该选项的功能是修剪尺寸界限。

- 将项移动到视图：该选项的功能是将尺寸从一个视图移动到另一个视图，操作方法：选择该选项后，接着选择要移动到的目的视图。

下面将在模型 bracket 的工程图的放大图中创建图 15.7.8 所示的尺寸，方法如下：

Step 1 将工作目录设置至 D:\creo2pd\work\ch15.07.04，打开文件 edit_dimension_01.drw。

图 15.7.7　快捷菜单

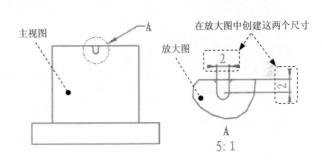

图 15.7.8　将尺寸从"主视图"移动到"放大图"

Step 2 在图 15.7.9 所示的主视图中选取水平尺寸"2"，然后右击，从弹出的快捷菜单中选择 将项移动到视图 命令。

Step 3 在系统 ➡ 选择模型视图或窗口. 的提示下，选择图 15.7.9 所示的放大图，此时"主视图"中的水平尺寸"2"被移动到"放大图"中。

Step 4 参考 Step2 和 Step3，将"主视图"中的竖直尺寸"2"移动到"放大图"中。

- 边显示：该选项的功能是在绘图视图中修改零件或组件边的显示。

- 修改公称值：该选项的功能是修改工程图中的尺寸值（即尺寸的大小），如果被修改的尺寸是草绘尺寸，则不会引起三维模型的变化；如果是被驱动尺寸，工程图中尺寸的修改将导致三维模型的相应变化。其操作方法如下：

Step 5 选择该选项。

Step 6 在编辑文本框中输入新的尺寸值，并按回车键。

Step 7 单击快速工具栏中的"重新生成"命令 。

- **切换纵坐标/线性(L)**：该选项的功能是将线性尺寸转换为纵坐标尺寸或将纵坐标尺寸转换为线性尺寸。在由线性尺寸转换为纵坐标尺寸时，需选取纵坐标基线尺寸。

- **反向箭头**：选择该选项即可切换所选尺寸的箭头方向，如图 15.7.10 所示。

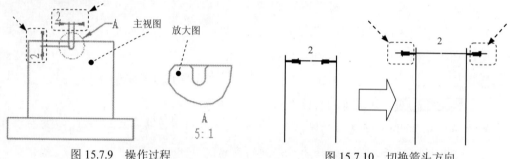

图 15.7.9　操作过程　　　　图 15.7.10　切换箭头方向

- **属性(R)**：选择该选项后，系统弹出图 15.7.11 所示"尺寸属性"对话框，该对话框有三个选项卡，即 **属性**、**显示** 和 **文本样式** 选项卡的内容分别如图 15.7.11、图 15.7.12 和图 15.7.13 所示，下面对其中各功能进行简要介绍：

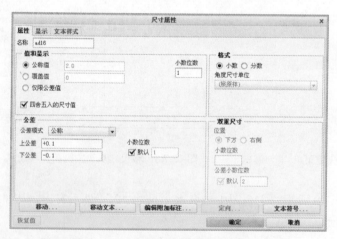

图 15.7.11　"尺寸属性"对话框的"属性"选项卡

☑ **属性** 选项卡：

➢ 在 **公差** 选项组中，可单独设置所选尺寸的公差，设置项目包括公差显示模式、尺寸的公称值和尺寸的上下公差值。

➢ 在 **格式** 选项组中，可选择尺寸显示的格式，即尺寸是以小数形式显示还是分数形式显示，保留几位小数位数，角度单位是度还是弧度。

图 15.7.12　"尺寸属性"对话框的"显示"选项卡

➢ 在 值和显示 选项组中，用户可以将工程图中零件的外形轮廓等基础尺寸按"基本"形式显示，将零件中重要的、需检验的尺寸按"检查"形式显示。另外在该区域中，还可以设置尺寸箭头的反向。

➢ 在对话框下部的区域中，可单击相应的按钮来移动尺寸及其文本或修改尺寸的附件。

☑ 显示 选项卡：可在"前缀"文本栏内输入尺寸的前缀，例如可将尺寸 Φ4 加上前缀 2-，变成 2-Φ4。当然也可以给尺寸加上后缀。

☑ 文本样式 选项卡：

➢ 在 字符 选项组中，可选择尺寸、文本的字体，取消"默认"复选框可修改文本的字高等。

➢ 如果选取的是注释文本，在 注解/尺寸 选项组中，可调整注释文本的水平和竖直两个方向的对齐特性和文本的行间距，单击 预览 按钮可立即查看显示效果。

　　第二种情况：在尺寸界线上右击，弹出图 15.7.14 所示的快捷菜单，其各主要选项的说明如下：

● 拭除尺寸界线：拭除尺寸界线 命令的作用是将尺寸界线拭除（即不显示），如图 15.7.15 所示；如果要将拭除的尺寸界线恢复为显示状态，则要先选取尺寸，然后右击并在弹出的快捷菜单中选取 显示尺寸界线 命令。

● 插入角拐：该选项的功能是创建尺寸边线的角拐，如图 15.7.16 所示。操作方法：选择该选项后，接着选择尺寸边线上的一点作为角拐点，移动鼠标，直到该点移到所希望的位置，然后再次单击，单击中键结束操作。

图 15.7.13　"尺寸属性"对话框的"文本样式"选项卡

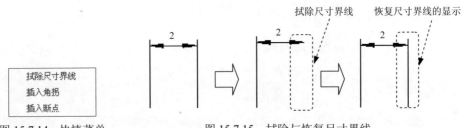

图 15.7.14　快捷菜单　　　　图 15.7.15　拭除与恢复尺寸界线

选中尺寸后，右击角拐点的位置，在弹出的快捷菜单中选取 删除(D) 命令，即可删除角拐。

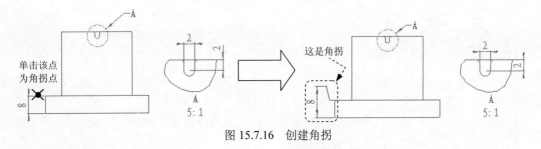

图 15.7.16　创建角拐

第三种情况：在尺寸标注线的箭头上右击，弹出图 15.7.17 所示的快捷菜单，其各主要选项的说明如下：

箭头样式(A)...

图 15.7.17　快捷菜单

- 箭头样式(A)...：该选项的功能是修改尺寸箭头的样式，箭头的样式可以是箭头、实心点、斜杠等，如图 15.7.18 所示，可以将尺寸箭头改成实心点，其操作方法如下：

Step 1　选择 箭头样式(A)... 命令。

Step 2　系统弹出图 15.7.19 所示的"箭头样式"菜单，从该菜单中选取 Filled Dot (实心点) 命令。

Step **3** 选择 **Done/Return（完成/返回）** 命令。

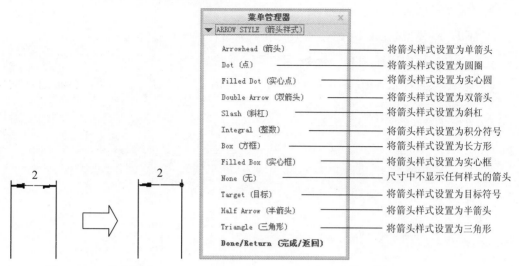

图 15.7.18　箭头样式　　　　　　　　　图 15.7.19　"箭头样式"菜单

3. 尺寸界线的破断

尺寸界线的破断是将尺寸界线的一部分断开，如图 15.7.20 所示；而删除破断的作用是将尺寸线断开的部分恢复。其操作方法是在工具栏中选择 **注释** ➡ **断点** 命令，在要破断的尺寸界线上先选择一点，此时系统弹出图 15.7.21 所示的"断裂线类型"菜单，然后在尺寸界线上选择另一点，"破断"即可形成，单击中键完成；如果先在破断的尺寸界线上的断点处单击，然后右击，在弹出的图 15.7.22 所示的快捷菜单中选取"移除断点"命令，即可将断开的部分恢复。

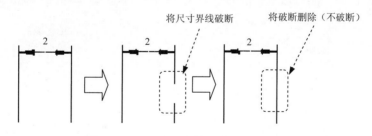

图 15.7.20　尺寸界线的破断及恢复

4. 清理尺寸（Clean Dims）

对于杂乱无章的尺寸，Creo 系统提供了一个强有力的整理工具，这就是"清理尺寸（Clean Dims）"功能。该功能可以：

● 在尺寸界线之间居中尺寸（包括带有螺纹、直径、符号、公差等的整个文本）。

● 在尺寸界线间或尺寸界线与草绘图元交截处，创建断点。

● 向模型边、视图边、轴或捕捉线的一侧，放置所有尺寸。

- 反向箭头。
- 将尺寸的间距调到一致。

下面以零件模型 bracket 为例，说明"清理尺寸"的一般操作过程：

Step 1 在功能区中选择 注释 ➡ 清理尺寸命令。

Step 2 此时系统提示 ⇨ 选择要清除的视图或独立尺寸。，如图 15.7.23 所示，选择模型 bracket 的主视图，并单击鼠标中键一次。

图 15.7.21　"断裂线类型"菜单

图 15.7.22　快捷菜单

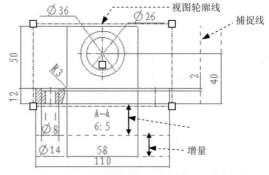

图 15.7.23　整理尺寸

Step 3 完成上步操作后，图 15.7.24 所示的"清除尺寸"对话框被激活，该对话框有 放置 选项卡和 修饰 选项卡，这两个选项卡的内容分别如图 15.7.24 和图 15.7.25 所示，现对其中各选项的操作进行简要介绍。

图 15.7.24　"放置"选项卡

图 15.7.25　"修饰"选项卡

- 放置 选项卡：
  - ☑ 选中 ☑分隔尺寸 复选框后，可调整尺寸线的偏距值和增量值。
  - ☑ 偏移 是视图轮廓线（或所选基准线）与视图中最靠近它们的某个尺寸间的距离（图 15.7.24）。输入偏距值，并按回车键，然后单击对话框中的 应用 按钮，可将输入的偏距值立即施加到视图中，并可看到效果。一般以"视图轮廓"为"偏移参考"，也可以选取某个基准线为参考。

☑ 增量 是两相邻尺寸的间距（图 15.7.24）。输入增量值，并按回车键，然后单击对话框中的 应用 按钮，可将输入的增量值立即施加到视图中，并可看到效果。

☑ 选中 ☑创建捕捉线 复选框后，工程图中便显示捕捉线，捕捉线是表示水平或垂直尺寸位置的一组虚线。单击对话框中的 应用 按钮，可看到屏幕中立即显示这些虚线。

☑ 选中 ☑破断尺寸界线 复选框后，在尺寸界限与其他草绘图元相交位置处，尺寸界限会自动产生破断。注意：证示线就是尺寸界限。

● 修饰 选项卡：

☑ 选中 ☑反向箭头 复选框后，如果视图中某个尺寸的尺寸界线内放不下箭头，该尺寸的箭头自动反向到外面。

☑ 选中 ☑居中文本 复选框后，每个尺寸的文本自动居中。

☑ 当视图中某个尺寸的文本太长，在尺寸界线间放不下时，系统可自动将它们放到尺寸线的外部，不过应该预先在 水平 和 垂直 区域单击相应的方位按钮，告诉系统将尺寸文本移出后放在什么方位。

15.7.5　关于尺寸公差的显示设置

配置文件 drawing.dtl 中的选项 tol_display 和配置文件 config.pro 中的选项 tol_mode 与工程图中的尺寸公差有关，如果要在工程图中显示和处理尺寸公差，必须配置这两个选项：

● tol_display 选项：该选项控制尺寸公差的显示。如果设置为 yes，则尺寸标注显示公差；如果设置为 no，则尺寸标注不显示公差。

● tol_mode 选项：该选项控制尺寸公差的显示形式。如果设置为 nominal，则尺寸只显示名义值，不显示公差；如果设置为 limits，则公差尺寸显示为上限和下限；如果设置为 plusminus，则公差值为正负值，正值和负值是独立的；如果设置为 plusminussym，则公差值为正负值，正负公差的值用一个值表示。

15.8　工程图中基准的创建

15.8.1　创建工程图基准

1. 在工程图模块中创建基准轴

下面将在模型 wheel_hub 的工程图中创建图 15.8.1 所示的基准轴 A，以此说明在工程图模块中创建基准轴的一般操作过程：

Step 1 将工作目录设置至 D:\creo2pd\work\ch15.08，打开文件 datum_aixs.drw。

Step 2 在功能区中选择 注释 ➡ ⬜ 模型基准 ▾ ➡ 🖊 模型基准轴 命令。

Step 3 系统弹出图 15.8.2 所示的基准"轴"对话框，在此对话框中进行下列操作：

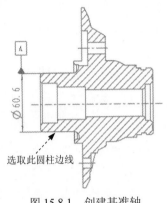

图 15.8.1 创建基准轴

图 15.8.2 "轴"对话框

（1）在"轴"对话框的"名称"文本栏中输入基准名 A。

（2）单击该对话框中的 定义... 按钮，在弹出的图 15.8.3 所示的"基准轴"菜单中选取 Thru Cyl（过柱面）命令，然后选取图 15.8.1 所示的圆柱的边线。

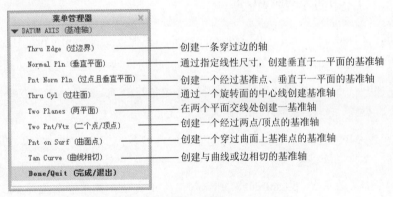

图 15.8.3 "基准轴"菜单

（3）在"轴"对话框的 显示 选项组中单击 A◀ 按钮。

（4）在"轴"对话框的 放置 选项组中选中 ⦿ 在尺寸中 单选项，并选取尺寸 Φ60.6。

（5）在"轴"对话框中单击 确定 按钮，系统即在视图中创建基准符号。

Step 4 将基准符号移至合适的位置，基准的移动操作与尺寸的移动操作方法一样。

2. 在工程图模块中创建基准面

下面将在模型 box_part 的工程图中创建图 15.8.4 所示的基准 A，以此说明在工程图模块中创建基准面的一般操作过程：

Step 1 将工作目录设置至 D:\creo2pd\work\ch15.08，打开文件 datum_planar.drw。

Step 2　在功能区中选择 **注释** ➡ *△* **模型基准** ▼ ➡ *□* **模型基准平面**命令。

Step 3　系统弹出图 15.8.5 所示的"基准"对话框，在此对话框中进行下列操作：

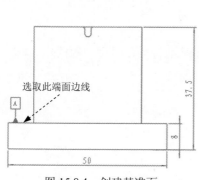

图 15.8.4　创建基准面　　　　　　　　图 15.8.5　"基准"对话框

（1）在"基准"对话框中的"名称"文本栏中输入基准名 A。

（2）单击该对话框中的 定义 选项组中的 **在曲面上**… 按钮，然后选择图 15.8.4 所示的端面的边线。

说明：如果没有现成的平面可选取，可单击"基准"对话框中 定义 选项组中的 **定义**… 按钮，此时系统弹出图 15.8.6 所示的菜单管理器，利用该菜单管理器可以定义所需的基准平面。

图 15.8.6　"基准平面"菜单

（3）在"基准"对话框的 **显示** 选项组中单击 **A** ◀ 按钮。

（4）在"基准"对话框的 **放置** 选项组中选中 ⊙ **在基准上** 单选项。

（5）在"基准"对话框中单击 **确定** 按钮。

Step **4** 将基准符号移至合适的位置。

Step **5** 视情况将某个视图中不需要的基准符号拭除。

15.8.2 工程图基准的拭除与删除

拭除基准的真正含义是在工程图环境中不显示基准符号，同尺寸的拭除一样；而基准的删除是将其从模型中真正完全地去除，所以基准的删除要切换到零件模块中进行，其操作方法如下：

（1）切换到模型窗口。

（2）从模型树中找到基准名称，并单击该名称，再右击，从弹出的菜单中选择"删除"命令。

注意：一个基准被拭除后，系统还不允许重名，只有切换到零件模块中，将其从模型中删除后才能给出同样的基准名。

如果一个基准被某个几何公差所使用，则只有先删除该几何公差，才能删除该基准。

15.9 形位公差

下面将在模型 wheel_hub 的工程图中的几何公差（形位公差），以此说明在工程图模块中创建几何公差的一般操作过程：

Step **1** 将工作目录设置至 D:\creo2pd\work\ch15.09，打开文件 tolerance.drw。

Step **2** 在功能区中选择 **注释** ➡️ **⊅1M** 命令。

Step **3** 系统弹出图 15.9.1 所示的"几何公差"对话框，在此对话框中进行下列操作：

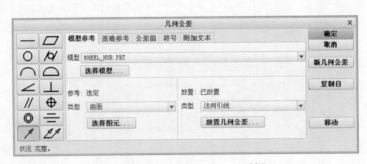

图 15.9.1 "几何公差"对话框

（1）在左边的公差符号区域中，单击位置公差符号 **⫽**。

（2）在 **模型参考** 选项卡中进行下列操作：

① 定义公差参考。如图 15.9.1 所示，单击 **参考**: 选项组中的 **类型** 箭头 **▼**，从弹出的菜

单中选取 曲面 选项，并选取图 15.9.2 所示的曲面。

② 定义公差的放置。如图 15.9.1 所示，单击 放置: 选项组中的 类型 箭头 ▼，从弹出的菜单中选取 法向引线 选项，在弹出的图 15.9.3 所示的"引线类型"菜单中选取 Automatic（自动）命令，然后选取图 15.9.2 所示的模型边线，选择 Done（完成）命令；单击图 15.9.2 所示的"1"点处，以确定几何公差的放置位置。

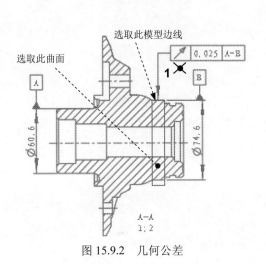

图 15.9.2　几何公差

图 15.9.3　"引线类型"菜单

（3）在 基准参考 选项卡中单击 首要 子选项卡中的 基本 箭头 ▼（图 15.9.4），从弹出的列表中选取基准 A，单击 首要 子选项卡中的 复合 箭头 ▼，从弹出的列表中选取基准 B，如图 15.9.4 所示。

注意：如果该位置公差参考的基准不止一个，请选择 第二 和 第三 子选项卡，再进行同样的操作，以增加第二、第三参考。

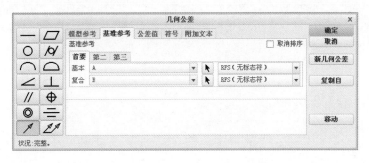

图 15.9.4　"几何公差"对话框的"基准参考"选项卡

（4）在 公差值 选项卡中输入公差值 0.025，按回车键，如图 15.9.5 所示。

注意：如果要注明材料条件，请单击 材料条件 选项组中的箭头 ▼，从弹出的列表中选取所希望的选项，如图 15.9.5 所示。

（5）单击"几何公差"对话框中的 确定 按钮。

说明：在"几何公差"对话框中，符号选项卡（图 15.9.6 所示）用于添加文本符号；附加文本选项卡（图 15.9.7 所示）用于添加附加文本及文本符号。

图 15.9.5　"几何公差"对话框的"公差值"选项卡

图 15.9.6　"几何公差"对话框的"符号"选项卡

图 15.9.7 所示的 附加文本 选项卡中各选项的说明：

- ☑ 上方的附加文本 复选框：选中此复选框，系统会弹出图 15.9.8 所示"文本符号"对话框，系统将"文本符号"对话框中选取的符号或☑ 上方的附加文本 复选框下方的文本框中输入的文本添加到在"几何公差"的控制框上方。

图 15.9.7　"几何公差"对话框的"附加文本"选项卡

图 15.9.8　"文本符号"对话框

- ☑ 右侧附加文本 复选框：该复选框的功能与☑ 上方的附加文本 功能相同，区别在于该复选框可以将文本或文本符号添加到"几何公差"的控制框右侧。

- ☑ 前缀 或 ☑ 后缀 复选框：在☑ 前缀 或 ☑ 后缀 复选框下方的文本框中输入文本或文本符号，前缀会插入到几何公差文本的"公差值"的前面，后缀则会插入到几何公差文本的"公差值"的后面，并且具有与几何公差文本相同的文本样式。

15.10　表面粗糙度

下面将在模型 box_part 的工程图中创建如图 15.10.1 所示的表面粗糙度（表面光洁度），以此说明在工程图模块中创建表面粗糙度的一般操作过程：

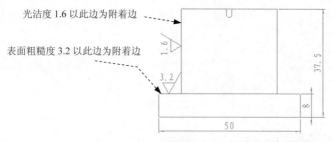

图 15.10.1　创建表面粗糙度

Step 1　将工作目录设置至 D:\creo2pd\work\ch15.10，打开文件 surf_fini_drw.drw。

Step 2　在功能区中选择 **注释** ➡ ³²⁄ **表面粗糙度** 命令。

Step 3　检索表面粗糙度。

（1）从弹出的图 15.10.2 所示的 ▼ GET SYMBOL （得到符号）菜单中选择 Retrieve （检索）命令。

注意：如果首次标注表面粗糙度，需进行检索，这样在以后需要再标注表面粗糙度时，便可直接在 ▼ GET SYMBOL （得到符号）菜单中选择 Name （名称）命令，然后从"符号名称"列表中选取一个表面粗糙度符号名称。

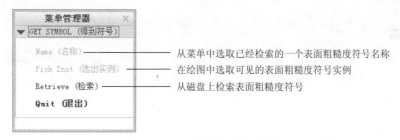

图 15.10.2　"得到符号"菜单

（2）从"打开"对话框中，选取 machined 文件夹，单击 **打开** ▼ 按钮，选取 standard1.sym，单击 **打开** ▼ 按钮（图 15.10.3）。

Step 4　选取附着类型。从系统弹出的图 15.10.4 所示的 ▼ INST ATTACH（实例依附）菜单中，选择 Normal（法向）命令。

Step 5　在图形区中选取图 15.10.1 所示表面粗糙度为 3.2 的附着边，在系统弹出 输入 roughness_height 的值 的提示在输入数值 3.2，并按回车键，完成表面粗糙度 3.2 的标注。

Step 6 按照相同方法即可标注表面粗糙度 1.6 的标注，最后单击中键结束标注。

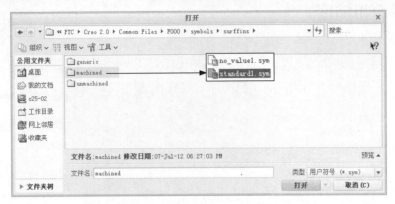

图 15.10.3　"打开"对话框

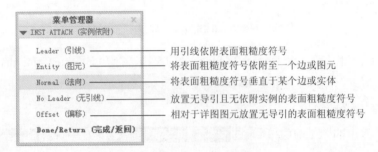

图 15.10.4　"实例依附"菜单

15.11　工程图中的注释

1. 关于注释菜单

在功能区中选择　**注释**　➡　$\boxed{\text{A}\equiv 注解}$ 命令，系统弹出 $\boxed{\blacktriangledown\ \text{NOTE TYPES (注解类型)}}$ 菜单（图 15.11.1）。在该菜单下，可以创建用户所要求的属性的注释，例如注释可连接到模型的一个或多个边上，也可以是"自由的"。创建第一个注释后，Creo 使用先前指定的属性要求来创建后面的注释。

2. 创建无方向指引注释

下面以图 15.11.2 中所示的注释为例，说明创建无方向指引注释的一般操作过程：

Step 1 将工作目录设置至 D:\creo2pd\work\ch015.11，打开文件 note.drw。

Step 2 在功能区中选择　**注释**　➡　$\boxed{\text{A}\equiv 注解}$ 命令。

Step 3 在图 15.11.1 所示的菜单中，选择 $\boxed{\text{No Leader (无引线)}}$ ➡ $\boxed{\text{Enter (输入)}}$ ➡ $\boxed{\text{Horizontal (水平)}}$ ➡ $\boxed{\text{Standard (标准)}}$ ➡ $\boxed{\text{Default (默认)}}$ ➡ $\boxed{\text{Make Note (进行注解)}}$ 命令。

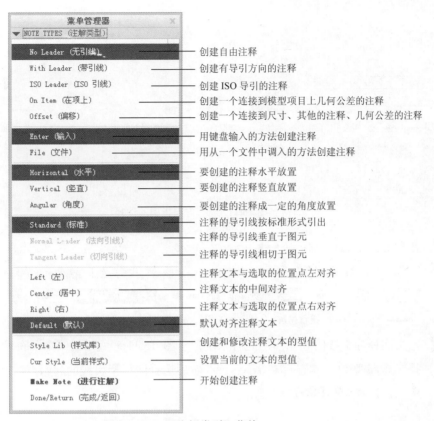

图 15.11.1　"注解类型"菜单

Step 4　在弹出的图 15.11.3 所示的菜单中选取 ⬚ 命令，并在屏幕选择一点作为注释的放置点。

Step 5　在系统 输入注解: 的提示下，输入"技术要求"，按回车键，再按回车键。

Step 6　选择 **Make Note (进行注解)** 命令，在注释"技术要求"下面选择一点。

Step 7　在系统 输入注解: 的提示下，输入"1. 未注铸造圆角 R1。"，按回车键，输入"2.表面无沙眼，毛刺等铸造缺陷。"，按两次回车键。

Step 8　选择 **Done/Return (完成/返回)** 命令。

Step 9　调整注释中的文本——"技术要求"的位置、大小。

技术要求
1. 未注铸造圆角R1。
2.表面无沙眼，毛刺等铸造缺陷。

图 15.11.2　无方向指引的注释

图 15.11.3　"获得点"菜单

3. 创建有方向指引注释

下面继续以图 15.11.4 中的注释为例，说明创建有方向指引注释的一般操作过程：

图 15.11.4　有方向指引的注释

Step 1 在功能区中选择 **注释** ➡ A≡注解 命令。

Step 2 系统弹出图 15.11.1 所示的菜单，在该菜单中选择 With Leader (带引线) ➡
Enter (输入) ➡ Horizontal (水平) ➡ Standard (标准) ➡ Default (默认)
➡ Make Note (进行注解) 命令。

Step 3 定义注释导引线的起始点：此时系统弹出图 15.11.5 所示的菜单，在该菜单中选
择 On Entity (图元上) □ Arrow Head (箭头) 命令，然后选择注释指引线的起始点，如图 15.11.4
所示，选择 Done (完成) 命令。

菜单管理器	
▼ ATTACH TYPE (依附类型)	
On Entity (图元上)	注释导引线的起始点在某个指定的图元上
On Surface (在曲面上)	注释导引线的起始点在某个指定的曲面上
Free Point (自由点)	注释导引线的起始点自由选取
Midpoint (中点)	注释导引线的起始点在某个指定的图元的中点上
Intersect (求交)	注释导引线的起始点在两个图元的交点上
Automatic (自动)	注释导引线的起始端为默认设置
Arrow Head (箭头)	注释导引线的起始端为标准箭头
Dot (点)	注释导引线的起始端为一个点
Filled Dot (实心点)	注释导引线的起始端为实心箭头
No Arrow (没有箭头)	注释导引线的起始端没有箭头
Slash (斜杠)	注释导引线的起始端为斜杠
Integral (整数)	注释导引线的起始端为一个平放的 S 形符号
Box (方框)	注释导引线的起始端为一个方框
Filled Box (实心框)	注释导引线的起始端为一个实心的矩形
Double Arrow (双箭头)	注释导引线的起始端为一个双箭头
Target (目标)	对连接点使用目标箭头
Half Arrow (半箭头)	注释导引线的起始端为一个半箭头
Triangle (三角形)	注释导引线的起始端为三角形
Done (完成)	
Quit (退出)	

图 15.11.5　"依附类型"菜单

Step 4 定义注释文本的位置点：在屏幕选择一点作为注释的放置点，如图 15.11.4 所示。

Step 5 在系统 输入注解: 的提示下，输入"此端面需精加工"，按两次回车键。

Step 6 选择 Done/Return (完成/返回) 命令。

4. 注释的编辑

与尺寸的编辑操作一样，单击要编辑的注释，再右击，在弹出的快捷菜单中选择 属性(R) 命令，此时系统弹出图 15.11.6 所示的对话框，在该对话框的 文本 选项卡中可以修改注释文本，在 文本样式 选项卡中可以修改文本的字型、字高、字的粗细等造型属性。

图 15.11.6　"注解属性"对话框

15.12　创建钣金的工程图

15.12.1　钣金工程图概述

钣金件工程图的创建方法与一般零件基本相同，所不同的是钣金件的工程图需要创建展开视图。钣金件工程图的创建方法有两种，简要介绍如下：

方法一：

Step 1 打开钣金件三维模型。

Step 2 使用 命令，将三维钣金展平。

Step 3 使用 族表 命令，在族表中创建一个不含展平特征的三维模型实例。

Step 4 创建钣金件工程图。

（1）新建工程图。

（2）创建展开视图。

（3）单击 布局 功能选项卡 模型视图 ▼ 区域中的"绘图模型"按钮 ，在系统弹出的 ▼ DWG MODELS (绘图模型) 菜单中选择 Add Model (添加模型) 命令，在工程图中添加三维模型（即族表中的不含展平特征的三维模型实例）。

（4）创建三维钣金件的视图。

① 创建主视图。

② 创建右视图（或左视图、俯视图）。

③ 创建立体图。

（5）标注所有视图的尺寸，书写技术要求等。

方法二：

Step **1** 打开钣金件三维模型。

Step **2** 使用 [平整形态] 命令，设置三维钣金的"平整形态"，使系统自动在族表中创建一个含有展平特征的三维模型实例。

Step **3** 与"方法一"中的 Step4 相似。

15.12.2 钣金工程图创建范例

图 15.12.1 是一个钣金件的工程图，下面介绍其两种创建方法。

1. 创建方法一

Stage1. 设置工作目录和打开文件

将工作目录设置为 D:\creo2pd\work\ch15.12.01，打开钣金文件 sm_drawing.prt。

Stage2. 展平钣金件

用展平命令将三维钣金件展平为二维的平板，如图 15.12.2 所示。

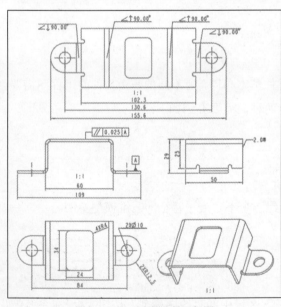

图 15.12.1 创建钣金工程图

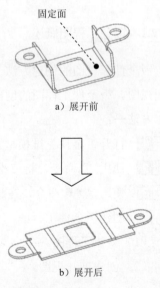

a）展开前

b）展开后

图 15.12.2 创建钣金展开

Step **1** 单击 [模型] 功能选项卡 [折弯 ▼] 区域中的"展平"按钮 [展平图标]。

Step **2** 定义固定面。在"展平"操控板中单击 [箭头图标] 按钮，在系统 [选择要在展平时保持固定的曲面或边.]

的提示下，选取图 15.12.2 所示的表面为固定面。

Step 3 单击 ✔ 按钮，完成展平特征 1 的创建。

Stage3. 创建族表

创建族表，在族表中产生一个不含展平特征的实例零件。

Step 1 选择 模型 功能选项卡 模型意图 ▾ 节点下的 田 族表 命令，系统弹出"族表"对话框。

Step 2 增加族表的列。在"族表"对话框中，选择下拉菜单 插入(I) ➡ 田 列(C)... 命令；在"族项"对话框的 添加项 区域选中 ⊙ 特征 单选项，则系统弹出 ▾ SELECT FEAT（选择特征）菜单，选择 Select（选择）命令；然后在模型树中选取上一步创建的展平特征，再选择 Done（完成）命令；单击"族项"对话框中的 确定 按钮。

Step 3 增加族表的行。在"族表"对话框中，选择下拉菜单 插入(I) ➡ 品 实例行(R) 命令，系统立即添加新的一行（图 15.12.3），单击*号栏，将*号改成 N，这样在 SM_EXTRUDE_ RELIEF_INST 实例中就不显示展平特征了。

图 15.12.3　"族表"对话框

Step 4 单击"族表"对话框中的 确定(O) 按钮，然后保存钣金零件。

Stage4. 创建钣金工程图

Step 1 新建一张空白工程图文件，文件名称为 sheet_drawing。

Step 2 创建图 15.12.4 所示的展开视图。在绘图区右击，从系统弹出的快捷菜单中选择 插入普通视图... 命令；在图形区选择一点，系统弹出"绘图视图"对话框；在对话框的 模型视图名 区域选择视图方向为 BOTTOM，单击 应用 按钮；在对话框的 类别 区域选

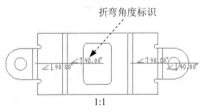

折弯角度标识

1:1

图 15.12.4　创建展开视图

择比例选项，选中 ⊙ 自定义比例 单选项，输入比例值 1，单击 应用 按钮；在对话框的 类别 区域选择 视图显示 选项，在对话框中选择显示样式 □ 消隐；单击对话框中的 确定 按钮，完成展开图的创建。

15
Chapter

说明：如果想要删除图 15.12.4 所示的展开视图中的折弯角度标识，其方法如下：在图 15.12.4 所示的图形中单击要拭除的折弯角度标识。右击，从系统弹出的快捷菜单中选择 拭除 命令。

Step 3 在工程图中添加不含展平特征的三维模型的族表实例。单击 布局 功能选项卡 模型视图 ▾ 区域中的"绘图模型"按钮 ，在系统弹出的 ▾ DWG MODELS (绘图模型) 菜单中选择 Add Model (添加模型) 命令；在弹出的"打开"对话框中，单击 在会话中 按钮，打开进程中的模型文件 sm_drawing.prt；此时系统弹出的"选择实例"对话框，选取该零件模型的 SM_DRAWING_INST 实例，单击 打开 按钮，单击 Done/Return (完成/返回) 按钮。

Step 4 创建三维钣金件的主视图（图 15.12.5）。在绘图区右击，从系统弹出的快捷菜单中选择 插入普通视图... 命令；在图形区选择一点，系统弹出"绘图视图"对话框；在对话框的 模型视图名 区域选择视图方向 BACK，单击 应用 按钮；在对话框的 类别 区域选择比例选项，选中 ⦿ 自定义比例 单选项，输入比例值 1；单击 确定 按钮，完成主视图的创建。

Step 5 创建三维钣金件的左视图（图 15.12.6）。选取图 15.12.6 中的主视图右击，在弹出的快捷菜单中选择 插入投影视图... 命令；在主视图的右部任意选择一点，系统自动创建左视图；双击左视图，系统弹出"绘制视图"对话框，在对话框的 类别 区域选择 视图显示 选项，在对话框中选择显示样式 ◻ 消隐 （图 15.12.6）。

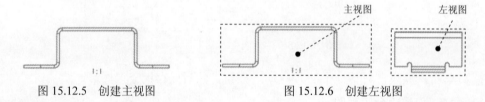

图 15.12.5　创建主视图　　　　图 15.12.6　创建左视图

Step 6 创建三维钣金件的俯视图（图 15.12.7）。选取主视图右击，从快捷菜单中选择 插入投影视图... 命令；在主视图的下面任意选择一点，则系统自动创建俯视图；双击俯视图，系统弹出"绘制视图"对话框，在对话框的 类别 区域选择 视图显示 选项，在对话框中选择显示样式 ◻ 消隐 （图 15.12.7）。

Step 7 插入新实例的轴测图（图 15.12.8）。在绘图区右击，在系统弹出的快捷菜单中选择 插入普通视图... 命令；在图形区选择一点，系统弹出"绘图视图"对话框；在对话框的 模型视图名 区域选择"默认方向"，单击 应用 按钮；在对话框的 类别 区域选择比例选项，选中 ⦿ 自定义比例 单选项，输入比例值 1；单击 确定 按钮，完成轴测图的创建。

Step 8 进行尺寸标注。

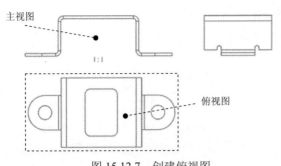

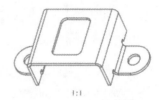

图 15.12.7　创建俯视图 　　　　　　　图 15.12.8　创建轴测图

（1）选择 注释 ➡ 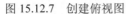命令，创建部分尺寸。

（2）在工具栏中选择 注释 ➡ ⊢¬尺寸 ▾ 命令，创建其余尺寸。

Step 9 保存工程图文件。

2. 创建方法二

Stage1. 设置工作目录和打开文件

将工作目录设置为 D:\creo2pd\work\ch15.12.02，打开钣金文件 sm_drawing.prt。

说明：在操作此步骤前，将所有窗口关闭并清除内存中的所有文件。

Stage2. 创建图 15.12.10 所示的钣金平整状态

Step 1 单击 模型 功能选项卡 折弯 ▾ 区域中的 平整形态 按钮，系统弹出的"平整形态"操控板。

Step 2 在系统提示下，选取图 15.12.9 所示的模型表面为固定面。

Step 3 单击操控板中的 ∞ 按钮，预览所创建的平整状态，然后单击 ✔ 按钮。

Stage3. 创建简化表示

Step 1 单击 视图 功能选项卡 模型显示 区域中"管理视图" 节点下的 视图管理器 命令，系统弹出"视图管理器"对话框。

Step 2 在"视图管理器"对话框的 简化表示 选项卡中单击 新建 按钮，接受系统默认的名称，并按回车键。

Step 3 在 ▼ EDIT METHOD（编辑方法） 菜单中选择 Features（特征）命令，进入 ▼ FEAT INC/EXC（增加/删除特征）菜单，选择该菜单中的 Exclude（排除）命令，选取 ▶ 平整形态 1 为排除项，单击 Done（完成）命令；再单击 Done/Return（完成/返回）命令。

Step 4 单击 关闭 按钮，关闭"视图管理器"对话框。

Stage4. 创建钣金工程图

Step 1 新建一张空白工程图文件，文件名称为 sheet_drawing。

Step 2 创建图 15.12.11 所示的展开视图。在绘图区右击，从系统弹出的快捷菜单中选择 插入普通视图... 命令；在图形区选择一点，系统弹出"绘图视图"对话框；在对话框

的 模型视图名 区域选择 BOTTOM 方向，单击 应用 按钮；在对话框的 类别 区域选择比例选项，选中 ⊙ 自定义比例 单选项，输入比例值 1；单击 确定 按钮，完成展开图的创建。

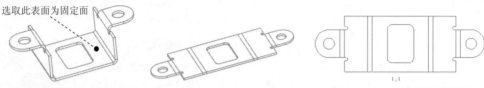

图 15.12.9　选取固定面　　图 15.12.10　平整状态钣金件　　图 15.12.11　创建展开视图

Step 3　在工程图中添加三维钣金件模型（该模型中不含展平特征）。单击 布局 功能选项卡 模型视图 ▼ 区域中的"绘图模型"按钮 ，在系统弹出的 ▼ DWG MODELS (绘图模型) 菜单中选择 Set/Add Rep (设置/增加表示) ➡ Rep0001 命令，单击 Done/Return (完成/返回) 命令。

Step 4　创建新实例的主视图、左视图、俯视图和轴测图。

Step 5　进行尺寸标注。

Step 6　保存工程图文件。

15.13　Creo 工程图设计综合实际应用

下面以前面创建的轴箱零件模型为例，介绍创建零件工程图的操作过程，轴箱零件工程图如图 15.13.1 所示。

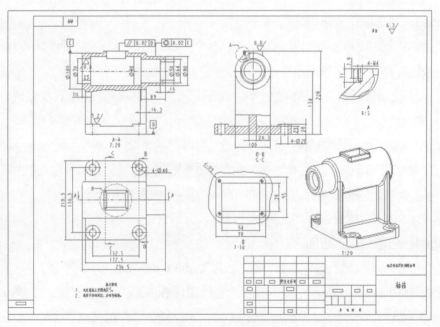

图 15.13.1　零件工程图范例

注意：创建工程图前，需正确配置 Creo 软件的工程图环境，配置方法参见 15.2 节。

Task1. 设置工作目录和打开三维零件模型

将工作目录设置至 D:\creo2pd\work\ch15.13，打开文件 axle_box.prt。

Task2. 新建工程图

Step 1 新建工程图文件，命名为 axle_box_drawing。

Step 2 导入工程图模板。在系统弹出的"新建绘图"对话框中的 指定模板 选项组中，选中 ⦿ 格式为空 单选项；在 格式 选项组中，单击 浏览... 按钮；在"打开"对话框中，选取 a3_form.frm 格式文件（D:\creo2pd\work\ch15.11），单击 确定 按钮。

Task3. 创建图 15.13.2 所示的主视图

创建主视图。在绘图区中右击，在系统弹出的快捷菜单中选择 插入普通视图... 命令；在图形区选择一点，系统弹出"绘图视图"对话框；选择"类别"选项组中的"视图类型"选项，在对话框中找到视图名称 LEFT，然后单击 应用 按钮，系统即按 LEFT 的方位定向视图；选择"类别"选项组中的"比例"选项，在对话框中选中 ⦿ 自定义比例 单选项，在后面的文本框中输入比例值 0.350，单击 应用 按钮；选择"类别"选项组中的"视图显示"选项，在对话框中选择显示样式 ⬚ 消隐，再选择相切边样式 ⟋ 无，单击 应用 ➡ 关闭 按钮，完成主视图的创建。

注意：在选择 插入普通视图... 命令后，系统会弹出"选择组合状态"对话框，选中 ✔ 不要提示组合状态的显示 复选框，单击 确定 按钮即可，不影响后续的操作。

Task4. 创建左视图

Step 1 选择图 15.13.3 中的主视图右击，在弹出的快捷菜单中选择 插入投影视图... 命令；在图形区的主视图的右部任意选择一点，系统自动创建左视图。

Step 2 编辑左视图属性。选择创建的左视图后右击，在弹出的快捷菜单中选择 属性(R) 命令，系统弹出"绘图视图"对话框，选择"类别"选项组中的"视图显示"选项，在对话框中选择显示样式 ⬚ 消隐，选择相切边样式为 ⟋ 无，单击 应用 ➡ 关闭 按钮。

Task5. 创建俯视图

Step 1 选择图 15.13.2 所示的主视图右击，在弹出的快捷菜单中选择 插入投影视图... 命令；在图形区的主视图的下部任意选择一点，系统自动创建俯视图。

Step 2 编辑俯视图属性。在弹出的快捷菜单中选择 属性(R) 命令，系统弹出"绘图视图"对话框，选择"类别"选项组中的"视图显示"选项，在对话框中选择显示样式 ⬚ 消隐，选择相切边样式为 ⟋ 无，单击 应用 ➡ 关闭 按钮。

Task6. 创建轴测图

创建轴测图。在绘图区中右击，在快捷菜单中选择 插入普通视图... 命令。在图形区选择一点；在系统弹出的"绘图视图"对话框中，找到视图名称 VIEW0001，然后单击 应用 按钮，则系统按照 VIEW0001 的方位定向视图；选择"类别"选项组中的"视图显示"选项，在对话框中选择显示样式 □ 消隐 ，单击 应用 ➡ 关闭 按钮。

Task7. 移动视图的位置

在创建完视图后，如果它们在图纸上的位置不合适、视图间距太紧或太松，用户可以移动视图，操作方法是：

Step 1 取消"锁定视图移动"功能。选中某一视图右击，在系统弹出的快捷菜单中选择 锁定视图移动 命令，去掉该命令前面的 ✓ 。

Step 2 移动视图的位置。移动各视图位置，结果如图 15.13.4 所示。

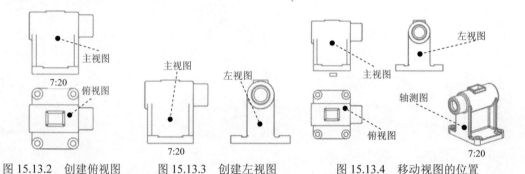

图 15.13.2　创建俯视图　　　图 15.13.3　创建左视图　　　图 15.13.4　移动视图的位置

Task8. 创建局部剖视图

创建局部剖视图如图 15.13.5 所示，操作步骤如下：

Step 1 双击上一步创建的主视图，系统弹出"绘图视图"对话框。

Step 2 设置剖视图选项。在"绘图视图"对话框中，选取 类别 区域中的 截面 选项；将 截面选项 设置为 ◉ 2D 横截面 ，单击 + 按钮，在 名称 下拉列表框中选取剖截面 ✓ A （A 剖截面在零件模块中已提前创建），在 剖切区域 下拉列表框中选取 局部 选项。

Step 3 绘制局部剖视图的边界线。在主视图（图 15.13.6）的边线上选取一点（如果不在模型边线上选取点，系统不认可），这时在选取的点附近出现一个十字线，直接绘制图 15.13.6 所示的样条线来定义局部剖视图的边界，当绘制到封闭时，单击中键结束绘制；单击 确定 按钮，关闭对话框。

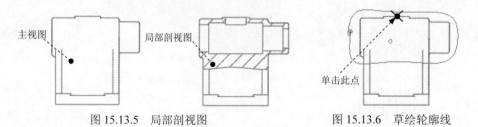

图 15.13.5　局部剖视图　　　　　　图 15.13.6　草绘轮廓线

Step 4 参照上一步，创建其余局部剖视图，结果如图 15.13.7 所示，具体方法参见录像。

Step 5 双击图 15.13.8a 所示剖面线，系统弹出 ▼ MOD XHATCH (修改剖面线) 菜单，在该菜单中选择 Spacing (间距) 命令，系统弹出 ▼ MODIFY MODE (修改模式) 菜单，在该菜单中选择 Value (值) 命令，在弹出的窗口中输入间距值 2.5，单击 ✓ 按钮，完成剖面线间距的设置。

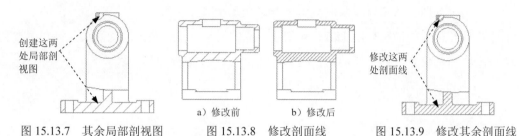

创建这两处局部剖视图

修改这两处剖面线

图 15.13.7　其余局部剖视图　　　a）修改前　　b）修改后　　　图 15.13.9　修改其余剖面线
图 15.13.8　修改剖面线

Step 6 参照上一步，修改其余两处剖面线，间距值为 2.5，结果如图 15.13.9 所示，具体方法参见录像。

Task9. 创建放大视图

Step 1 在功能选项卡区域的 **布局** 选项卡中单击 详细 按钮，在系统 ▷在一观有视图上选择要查看细节的中心点. 的提示下，在图 15.13.10 所示的边线上选取一点（如果不在模型边线上选取点，系统不认可），绘制如图 15.13.10 所示样条线以定义放大视图的轮廓，当绘制到封闭时，单击中键结束绘制（在绘制边界线前，不要选择样条线的绘制命令，而是直接单击进行绘制）。

Step 2 参照上一步，创建另一个放大视图，结果如图 15.13.11 所示，具体方法参见录像。

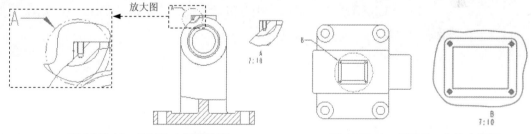

放大图

图 15.13.10　绘制放大视图轮廓　　　　　图 15.13.11　创建另一个放大视图

Step 3 在 Step1 创建的放大视图上双击，在"绘图视图"对话框中，选择"类别"选项组中的"比例"选项，在对话框中选中 ◉ 自定义比例 单选项，然后在后面的文本框中输入比例值 1.200，单击 应用 按钮。

Task10. 添加箭头

Step 1 选取主视图，然后右击，从弹出的快捷菜单中选择 添加箭头 命令，在系统 ▷给箭头选出一个截面在其处垂直的视图。中键取消。 的提示下，单击俯视图，系统自动生成箭头；结果如图 15.13.12 所示。

Step 2 选取左视图，然后右击，从弹出的快捷菜单中选择 添加箭头 命令，系统弹出 横截面名称 选项卡，选择 B 选项，在系统 给箭头选出一个截面在其处垂直的视图。中键取消。 的提示下，单击俯视图，系统自动生成箭头；选取左视图，然后右击，从弹出的快捷菜单中选择 添加箭头 命令，在系统 给箭头选出一个截面在其处垂直的视图。中键取消。 的提示下，单击俯视图，系统自动生成箭头；结果如图 15.13.13 所示。

Step 3 调整创建的箭头如图 15.13.14 所示。选中箭头，按住左键拖动箭头，将其调整到合适的位置，松开左键，依次将三个箭头调整到合适的位置。

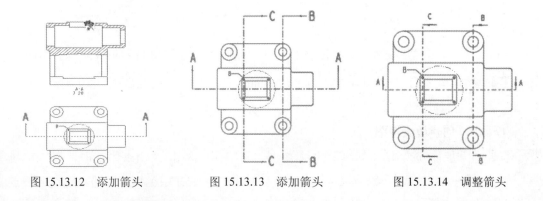

图 15.13.12　添加箭头　　　　图 15.13.13　添加箭头　　　　图 15.13.14　调整箭头

Task11. 显示及调整中心线

Step 1 在功能区中单击 注释 选项卡，然后选中主视图并右击，在快捷菜单中选择 显示模型注释 命令，系统弹出"显示模型注释"对话框。在对话框中单击 选项卡，在 显示 选项组中选中要显示的中心线的 ☑ ，单击 应用 ➡ 确定 按钮，其结果如图 15.13.15a 所示；选中显示的中心线，调整其长度如图 15.13.15b 所示（具体操作参见录像）。

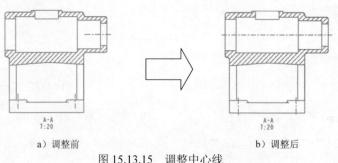

a）调整前　　　　　　　　　　　　b）调整后

图 15.13.15　调整中心线

Step 2 参照上一步，显示放大图和左视图中的中心线并调整到合适的长度，结果如图 15.13.16 所示，具体方法参见录像。

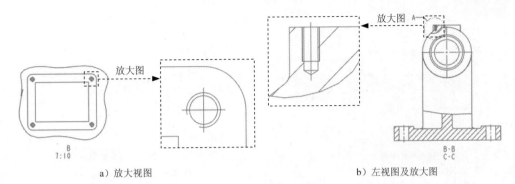

a）放大视图　　　　　　　　　　　　b）左视图及放大图

图 15.13.16　调整中心线

Task12. 添加文字

Step 1　创建如图 15.13.17 所示文字，单击双击该位置，系统弹出**注解属性**对话框，在**文本**文本框中输入如图 15.13.17 文字；单击**文本样式**选项卡，在**注解/尺寸**区域内的水平下拉列表中选择**中心**选项，在竖直下拉列表中选择**中间**选项；单击　**确定**　按钮。

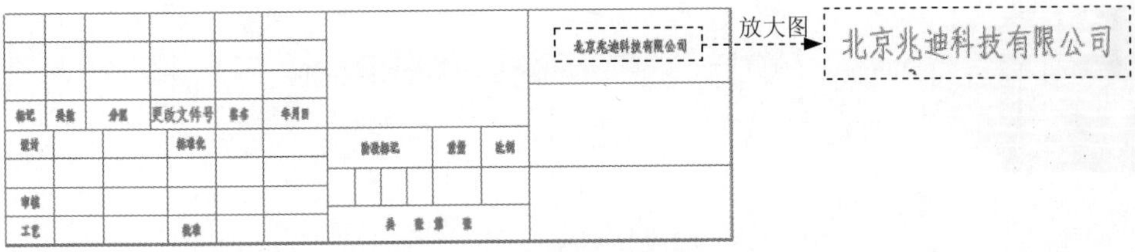

图 15.13.17　添加文字

Step 2　创建如图 15.13.18 所示文字，单击双击该位置，系统弹出**注解属性**对话框，在**文本**文本框中输入如图 15.13.18 文字；单击**文本样式**选项卡，在**字符**区域的高度文本框中输入值 7.0；在**注解/尺寸**区域内的水平下拉列表中选择**中心**选项，在竖直下拉列表中选择**中间**选项；单击　**确定**　按钮。

图 15.13.18　添加文字

Task13. 手动添加尺寸并编辑

Step 1　在功能选项卡区域的 **注释** 选项卡中选择 尺寸 ➡ 尺寸 - 新参考命令，在弹出的 ▼ ATTACH TYPE （依附类型）菜单中选择 On Entity （图元上）命令，选取图 15.13.19 所示的边线，在图 15.13.19 所示的位置单击中键，此时视图中显示尺寸，如图 15.13.20 所示；单击中键完成尺寸的标注。

Chapter 15

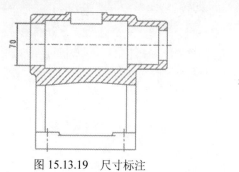

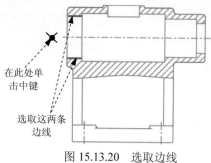

图 15.13.19　尺寸标注　　　　　　　　图 15.13.20　选取边线

Step 2　参照上一步，添加其余尺寸并调整到合适的位置，结果如图 15.13.21 所示，具体方法参见录像。

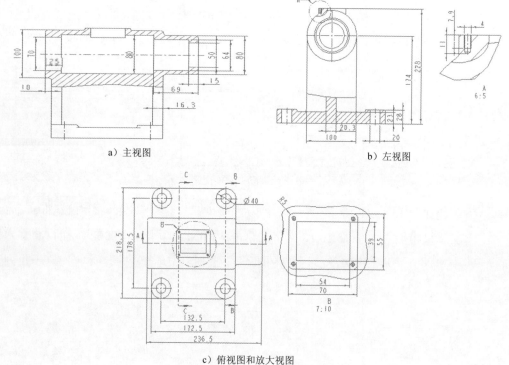

a）主视图　　　　　　　　　b）左视图

c）俯视图和放大视图

图 15.13.21　尺寸标注

Step 3　显示尺寸的直径符号"Ø"。按住 Ctrl 键，在主视图和左视图中依次选取尺寸 100、70、80、50、64、80 和 20，然后右击，在弹出的快捷菜单中选择 属性(R) 命令，系统弹出"尺寸属性"对话框，打开 显示 选项卡，单击以激活 前缀 文本框，然后在对话框的下方单击 文本符号... 按钮，在弹出的"文本符号"对话框中单击 Ø 按钮，单击 确定 按钮完成操作，结果如图 15.13.22 所示。

Step 4　选取尺寸 4，然后右击，在弹出的快捷菜单中选择 属性(R) 命令，系统弹出"尺寸属性"对话框，打开 显示 选项卡，在前缀文本框中输入"4XM"，单击 确定按钮完成操作；结果如图 15.13.23 所示。

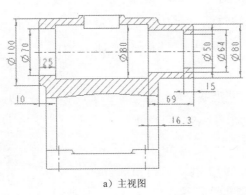 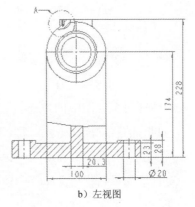

a）主视图　　　　　　　　　　　　　　b）左视图

图 15.13.22　显示直径符号 "Ø"

Step 5　选取尺寸 Ø20，然后右击，在弹出的快捷菜单中选择 属性(R) 命令，系统弹出 "尺寸属性" 对话框，打开 显示 选项卡，在前缀文本框中的 Ø 前输入 "4-"，单击 确定 按钮完成操作；结果如图 15.13.24 所示。

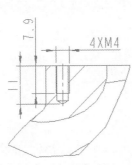 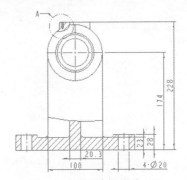

图 15.13.23　编辑尺寸 4　　　　　　　图 15.13.24　编辑尺寸 Ø20

Step 6　参照上一步，编辑其余两个尺寸 Ø40 和 R5，结果如图 15.13.25 所示，具体方法参见录像。

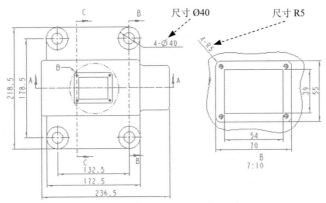

图 15.13.25　编辑尺寸 Ø40 和 R5

Task14. 添加与编辑基准轴

Step 1 在功能区中选择 **注释** ➡ **☐ 模型基准 ▾** ➡ **☐ 模型基准平面** 命令；在"轴"对话框的"名称"文本栏中输入基准名 D；在"基准"对话框的 **显示** 选项组中单击 **A◀** 按钮，单击该对话框中的 **在曲面上...** 按钮，然后选取图 15.13.26 所示的圆柱的边线；在 **放置** 区域中选中 ◉ **在基准上** 单选项。单击 **确定** 按钮，系统即在每个视图中创建基准符号；将基准符号移至合适的位置，基准的移动操作与尺寸的移动操作方法一样，将其他视图基准符号拭除。结果如图 15.13.26 所示。

Step 2 在功能区中选择 **注释** ➡ **☐ 模型基准 ▾** ➡ **／ 模型基准轴** 命令；在"轴"对话框的"名称"文本栏中输入基准名 E；单击该对话框中的 **定义...** 按钮，在弹出"基准轴"菜单中选取 **Thru Cyl (过柱面)** 命令，然后选取图 15.13.26 所示的圆柱的边线；在"轴"对话框的 **显示** 选项组中单击 **A◀** 按钮，在 **放置** 区域中选中 ◉ **在尺寸中** 单选项。单击 **确定** 按钮，选取图 15.13.27 所示尺寸，此时系统在视图中显示基准轴符号 E，如图 15.13.27 所示。

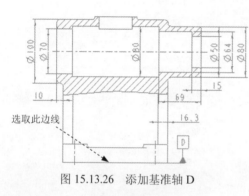

图 15.13.26 添加基准轴 D

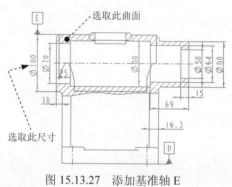

图 15.13.27 添加基准轴 E

Task15. 创建与编辑形位公差

Step 1 添加平行度。在功能选项卡区域的 **注释** 选项卡中单击"几何公差"按钮 **⇥ 1M**，系统弹出"几何公差"对话框；在对话框左侧的公差符号区域中，单击"平行度"按钮 **//**；在 **参考** 区域的 **类型** 下拉列表中选取 **曲面** 选项，选取图 15.13.28 所示的边线为公差参照；在对话框 **放置** 区域的 **类型** 下拉列表中选取 **法向引线** 选项，在弹出的 **▼ LEADER TYPE (引线类型)** 菜单中选择 **Automatic (自动)** 命令，选取图 15.13.28 所得的边线，在图 15.13.28 所示的位置单击中键，放置"平行度"公差；在对话框中选取 **基准参考** 选项卡，在 **首要** 子选项卡的 **基本** 下拉列表中选取 **D** 选项；在 **公差值** 选项卡中，将公差值设置为 0.02，结果如图 15.13.28 所示。

Step 2 参照上一步，添加同轴度，结果如图 15.13.29 所示，具体方法参见录像。

Task16. 创建粗糙度的标注

Step 1 在功能选项卡区域的 **注释** 选项卡中单击"表面粗糙度"按钮 **³²/ 表面粗糙度**，系统

弹出 ▼ GET SYMBOL (得到符号) 菜单；选择 Retrieve (检索) 命令，在弹出的"打开"对话框中，打开文件夹 □machined，双击文件 □standard1.sym，系统弹出 ▼ INST ATTACH (实例依附) 菜单。

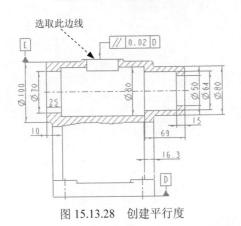

图 15.13.28　创建平行度

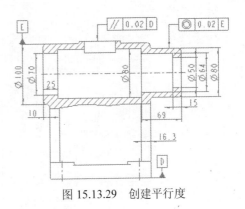

图 15.13.29　创建平行度

Step 2 选择 Entity (图元) 命令，选取图 15.13.30 所示的边线 1，输入粗糙度值"0.8"，单击 ✓ 按钮；选取图 15.13.30 所示的边线 2，在屏幕上方弹出的消息输入窗口中输入粗糙度值"3.2"，单击 ✓ 按钮；选取图 15.13.30 所示的边线 3，在屏幕上方弹出的消息输入窗口中输入粗糙度值"0.8"，单击 ✓ 按钮；结果如图 15.13.30 所示。

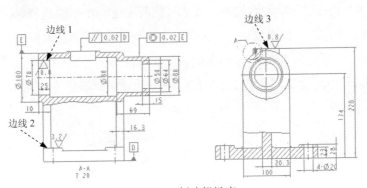

图 15.13.30　创建粗糙度

Task17.　插入并编辑注解

Step 1 创建其余粗糙度的注解。在功能选项卡区域的 **注释** 选项卡中选择 A≡注解 命令，在系统弹出的 ▼ NOTE TYPES (注解类型) 菜单中选择 No Leader (无引线) ➡ Enter (输入) ➡ Horizontal (水平) ➡ Standard (标准) ➡ Default (默认) ➡ Make Note (进行注解) 命令，在绘图区的空白处选取一点作为注解的放置点，在系统 输入注解: 的提示下输入文字"其余:"，按两次回车键确定；在功能选项卡区域的 **注释** 选项卡中单击"表面粗糙度"按钮 ³²√表面粗糙度，系统弹出 ▼ GET SYMBOL (得到符号) 菜单；选择 Retrieve (检索) 命令，在弹出的"打开"对话框中，打开文件夹 □machined，

双击文件 📄 standard1.sym ，在系统弹出的 ▼ INST ATTACH（实例依附）菜单中选择 No Leader（无引线）命令，选取合适的一点作为放置点，输入粗糙度值"6.3"，单击 ✓ 按钮；结果如图 15.13.31 所示。

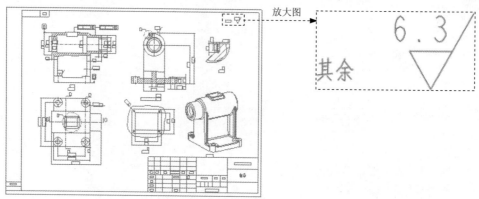

图 15.13.31　其余粗糙度的注解

Step 2　创建技术要求注释。在功能选项卡区域的 **注释** 选项卡中选择 A= 注解命令，在系统弹出的 ▼ NOTE TYPES（注解类型）菜单中选择 No Leader（无引线） ➡ Enter（输入） ➡ Horizontal（水平） ➡ Standard（标准） ➡ Default（默认） ➡ Make Note（进行注解）命令，在绘图区的空白处选取一点作为注解的放置点，在系统 输入注解：的提示下输入文字"技术要求"，按两次回车键确定；选择 Make Note（进行注解）命令，在注解"技术要求"下面选取一点，在输入注解：文本框中输入文字"1. 未注铸造工艺圆角 R5。"，按回车键，继续输入文字"2. 铸件不得有裂纹、沙眼等缺陷。"，按两次回车键，选择 Done/Return（完成/返回）命令完成操作，结果如图 15.13.32 所示。

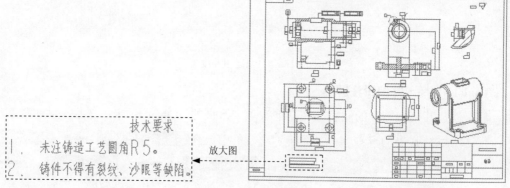

图 15.13.32　技术要求

Task18. 保存工程图

选择下拉菜单 文件 ▾ ➡ 💾 保存(S) 命令（或单击工具栏中的"保存"按钮 💾），保存完成的工程图。

16

产品的工程图设计（高级）

16.1　层的应用

与其他 CAD/CAM 系统一样，Creo 2.0 系统也提供图层管理，让用户快速、有效地组织、管理和应用工程图设计的各种操作。

16.1.1　关于层

随着绘图技术的进步，图样的设计越来越复杂，因此在做图样编辑工作时，选择需要的图元变得越来越麻烦，图层技术很好地解决了这个问题。

图层技术可以将各种制图元素，例如轮廓线、结构中心线、特征、注解、形位公差符号等，分类放在适当的层上，然后通过隐藏和取消隐藏的操作控制多个图元的显示和隐藏，使选取图元的操作大大简化。在模型中，想要多少层就可以有多少层，层中还可以有层，也就是说，一个层还可以组织和管理其他许多的层，通过组织层中的模型要素并用层来简化显示，可以使很多任务流水线化，并可提高可视化程度，极大地提高工作效率。

层显示状态与其对象一起局部存储，这意味着在当前 Creo 2.0 工作区改变一个对象的显示状态，不影响另一个活动对象的相同层的显示，然而装配中层的改变或许会影响到低层对象（子装配或零件）。

例如在图 16.1.1a 所示的工程图中，有两个层 DAM 和 DAT。DAM 层用于存放直线尺寸数据，包括六个制图元素；DAT 层用于存放直径尺寸，包括 4 个制图元素。

当不需要直线尺寸时，可以通过隐藏 DAM 层来实现，其效果显示如图 16.1.1b 所示；

当不需要显示直径尺寸时，可以通过隐藏 DAT 层来实现，其效果显示如图 16.1.1c 所示；当两个层的内容都不需要显示，可以通过隐藏 DAT 和 DAM 层来实现，其效果显示如图 16.1.1d 所示；若要恢复所有尺寸和标注的显示，则可通过取消隐藏 DAT 和 DAM 层来实现，其效果显示和初始状态一样，如图 16.1.1a 所示。

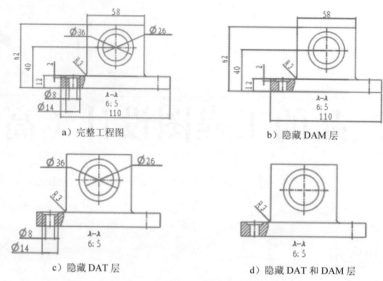

a）完整工程图　　　　　　　　　　　　b）隐藏 DAM 层

c）隐藏 DAT 层　　　　　　　　　　　　d）隐藏 DAT 和 DAM 层

图 16.1.1　层的隐藏与显示

16.1.2　进入层操作界面

这里介绍两种方法进入层的操作界面。

方法一：

在图 16.1.2 所示的导航选项卡中选择 🗒 ▾ ➡ 层树(L) 命令，即可进入图 16.1.3 所示的"层树"。

通过层树可以操作层、层的项目及层的显示状态。

说明：使用 Creo 2.0 时，当正在进行其他操作时（例如正在进行添加剖面的创建），可以同时使用"层"命令，以便按需要操作层显示状态或层关系，而不必退出正在进行的命令再进行"层"操作。另外，根据创建零件或装配时选取的模板，系统可进行层的预设置。

进行层操作的一般流程如下：

Step 1　在导航选项卡中选择 🗒 ▾ ➡ 层树(L) 命令。

Step 2　进行"层"操作，比如创建新层、向层中增加项目、设置层的显示状态等。

Step 3　保存状态文件（可选）。

Step 4　保存当前层的显示状态。

Step 5　关闭"层"操作界面。

16.1.3 创建新层

创建新层的一般过程如下：

Step 1 将工作目录设置至 D:\creo2pd\work\ch16.01.03，打开工程图文件 layer_01.drw。

Step 2 在层的操作界面中单击 ⬚▾ 按钮，选择 新建层(N)... 命令。

Step 3 系统弹出图 16.1.4 所示的"层属性"对话框，在"层属性"对话框中进行如下操作。

（1）在 名称 后面的文本框内输入新层的名称 LAY0001（接受默认名）。

说明：层是以名称来识别的，层的名称可以用数字或字母数字的形式表示，最多不能超过 31 个字符，在层树中显示层时，首先是数字名称层排序，然后是字母数字名称层排序，在创建新层时，一定要有新层的名称，否则不能创建新层。

图 16.1.2 导航选项卡   图 16.1.3 层树   图 16.1.4 "层属性"对话框

（2）在 层Id: 后面的文本框内输入"层标识"号。"层标识"的作用是当将文件输出到不同格式（如 IGES）时，利用它的标识，可以识别一个层，在一般情况下，可以不用输入"层标识"号。

Step 4 单击 确定 按钮，完成新层的创建。

16.1.4 在层中添加项目

层中的内容，如尺寸、标注、注解文本、剖面、基准线、基准面等，这些内容称为层的"项目"。向层中添加项目的方法如下：

Step 1 将工作目录设置至 D:\creo2pd\work\ch16.01.04，打开工程图文件 layer.drw。

Step 2 在"层树"中，右击层 ⬚ DIMENSION，在系统弹出的快捷菜单中选择 层属性...命令，系统弹出图 16.1.5 所示的"层属性"对话框。

Step 3 向层中添加项目。首先确认对话框中的 包括... 按钮被按下，选取图 16.1.6 所示的四个直径尺寸标注添加到该层中。

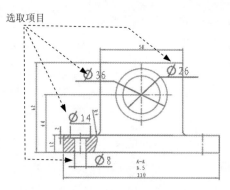

图 16.1.5 "层属性"对话框　　　　图 16.1.6 选取项目

说明： 当鼠标指针接触到图形内部的尺寸标注项目时，相应的项目未加亮显示，此时可将右下方的 全部 ▼ 改为 尺寸 ▼ ，就可以选取尺寸。

Step 4 如果要将项目从层中排除，可单击对话框中的 排除... 按钮，再选取项目列表中的相应项目。

Step 5 如果要将项目从层中完全删除，先选取项目列表中的相应项目，再单击 移除 按钮。

Step 6 单击 确定 按钮，关闭"层属性"对话框，完成对层中项目的添加。

16.1.5 设置层的隐藏

可以将某个层设置为隐藏状态，这样层中项目（如基准曲线、基准平面）在工程图中将不可见。层的隐藏也叫层的遮蔽，设置的一般方法如下：

Step 1 将工作目录设置至 D:\creo2pd\work\ch16.01.05，打开工程图文件 layer.drw。

Step 2 在"层树"中右击层 ⌕ DIMENSION ，在系统弹出的快捷菜单中选择 隐藏 命令，该层中包含的项目可以从图 16.1.7 反映。

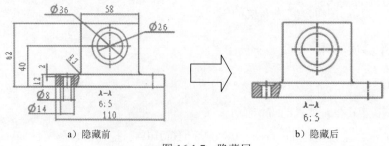

a）隐藏前　　　　　　　　　　　　b）隐藏后

图 16.1.7 隐藏层

说明：

● 层的隐藏或显示不影响工程图中零件的尺寸。

- 对含有特征的层进行隐藏操作，只有特征中的基准和曲面被隐藏，特征的实体几何则不受影响。例如在零件模式下，如果将孔特征放在层上，然后隐藏该层，则只有孔的基准轴被隐藏，但在装配模型中可以隐藏元件，在工程图中，层可以隐藏尺寸和标注。

- 对于隐藏的层，我们可以选取该层，右击，在弹出的快捷菜单中选择 取消隐藏 命令，重新显示该层。

16.1.6　层树的显示与控制

单击层操作界面中的 下拉菜单，可对层树中的层进行展开、收缩等操作，各命令的功能如图 16.1.8 所示。

图 16.1.8　层的"显示"下拉菜单

16.1.7　将工程图中层的显示状态与工程图文件一起保存

将工程图中的各层设置为所需要的显示状态后，只有将层的显示状态先保存起来，工程图中层的显示状态才能随工程图文件一起保存，否则下次打开工程图文件后，以前所设置的层的显示状态会丢失。保存层的显示状态的操作过程如下：

Step 1　将工作目录设置至 D:\creo2pd\work\ch16.01.07，打开工程图文件 layer.drw。

Step 2　在层树中，右击层 DIMENSION，在系统弹出的快捷菜单中选择 隐藏 命令。

Step 3　再次右击层 DIMENSION，从弹出的快捷菜单中选择 保存状况 命令。

说明：当没有修改模型中层的显示状态或层已保存时， 保存状况 命令是灰色的。

16.1.8　层的应用举例

下面以一个简单的例子说明层的应用。

Step 1 将工作目录设置至 D:\creo2pd\work\ch16.01.08，打开工程图文件 layer.drw。

Step 2 进入层的操作界面。在模型树中的导航选项卡中选择 ▤ ▾ ➡ 层树(L) 命令，此时进入到图 16.1.9 所示的层操作界面。

Step 3 创建新层 MEASURE。

（1）在层树上方的导航选项卡中选择 ❦ ▾ ➡ 新建层(N)... 命令。

（2）完成上步操作后，系统弹出"层属性"对话框，在 名称 后面的文本框内输入新层的名称 MEASURE。

Step 4 在层中添加项目。

（1）确认"层属性"对话框中的 包括... 按钮被按下。

（2）将鼠标指针移至绘图区的工程图上，当鼠标指针移至尺寸上方时，尺寸加亮显示，此时单击选取该尺寸，则其被添加到该层中。将工程图中所有尺寸添加到该层中（共 23 个）。

说明：在选取尺寸时，若有些尺寸不便于选取，可切换至注释界面，通过"层属性"对话框中的规则选项将尺寸调整到视图外部，再调整为内容选项来进行选取。

（3）完成上述操作后，"层属性"对话框如图 16.1.10 所示，单击 确定 按钮，关闭"层属性"对话框。

图 16.1.9   工程图的层树（一）

图 16.1.10   已添加项目的"层属性"对话框

Step 5 创建新层 NOTE。在层的操作界面中选择 ❦ ▾ ➡ 新建层(N)... 命令，将层名改为 NOTE，将技术要求和标题栏添加到该层中，添加方法和 Step4 类似。

Step 6 创建新层 TOLERANCE。在层的操作界面中选择 ❦ ▾ ➡ 新建层(N)... 命令；将层名改为 TOLERANCE，然后选取形位公差添加到该层中。完成上述操作后，工程图的层树如图 16.1.11 所示。

Step 7 设置层的隐藏。

（1）在左边的层树中右击选取层 MEASURE，在系统弹出的图 16.1.12 所示的快捷菜单（一）中选择 隐藏 命令，此时层 MEASURE 被隐藏。

（2）隐藏 NOTE 层、TOLERANCE 层，操作步骤同（1）。完成隐藏后，工程图的层树如图 16.1.13 所示。

（3）此时可以看到工程图如图 16.1.14 所示，此时尺寸、标注、标题栏已被隐藏。

图 16.1.11　工程图的层树（二）　　图 16.1.12　快捷菜单（一）　　图 16.1.13　隐藏新层后的层树

Step 8　保存隐藏状态。在层树中右击 层，在弹出的图 16.1.15 所示的快捷菜单（二）中选择 保存状况 命令，则所有层的隐藏状态被保存。

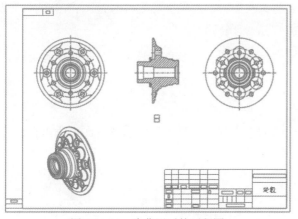

图 16.1.14　隐藏层后的工程图

图 16.1.15　快捷菜单（二）

Step 9　验证隐藏状态是否随工程图一起保存。选择下拉菜单 文件 ➡ 保存(S) 命令，保存工程图 layer.drw。退出 Creo 2.0 软件并重新进入软件或者拭除内存中的同名文件，再打开工程图文件 layer.drw，可以看到模型中的尺寸、标注及其标题栏已被隐藏。

16.2　复杂、大型工程图的处理

大部分工程图都含有多个视图，当要进行视图、线条、显示方式的修改时，系统总是需要更新界面才有较好的显示效果，所以，当工程图的页面和视图达到一定数量后，其更新速度也可能变得很慢。通常情况下我们将以下这些工程图称为大型工程图：

- 特征、元素丰富的零件模型工程图。
- 含有丰富视图和较多页面的工程图。
- 包含多个组件的装配体工程图。

如今计算机硬件的发展异常快速，显卡的性能也越来越优越，大型工程图的显示也不再需要太多时间，但可利用有效的方法处理这些大型复杂的工程图以提高工作效率。

16.2.1　改善绘图性能

一般来说，在 Creo 2.0 中，系统打开一张工程图时，会做出如下三个操作：

Step 1　将所有模型加载到内存中。

Step 2　在工程图上再生所有视图。

Step 3　显示视图。

在处理大型、复杂工程图时，下面两种情况会占用系统较多的内存资源：

- 检索模型。当打开一个较大的工程图时，系统会首先将与该工程图相关的模型加载到内存中，当模型较大时，加载速度较慢。
- 再生三维模型。当与工程图相关的三维模型改变和再生时，系统会再次执行检索模型的操作，此时系统需要重新执行打开工程图的三个操作对视图重绘，如果模型较大，加载速度较慢。

因此，检索三维模型、模型和视图的再生都会消耗大量的系统资源，所以在此介绍改善工程图性能的几种方法。

1. 减少屏幕重画时间

在检索大型组件和零件时，显示信息（如基准面、基准轴等信息）的多少直接影响到工程图的性能，在打开工程图的时候，不是每次都希望打开的工程图里面有大量凌乱的基准面、基准轴的显示，因此在打开工程图之前就禁止了这些基准的显示，可以使检索模型消耗的时间大大地减少，可以通过表 16.2.1 所示的配置选项控制基准的显示。

表 16.2.1　基准显示配置选项

配置选项	配置值		参数说明
display_planes	yes	no	控制基准平面的显示
display_plane_tags	yes	no	控制基准平面名称标签的显示
display_axes	yes	no	控制基准轴的显示
display_axis_tags	yes	no	控制基准轴名称标签的显示
display_points	yes	no	控制基准点的显示
display_point_tags	yes	no	控制基准点名称标签的显示
display_coord_sys	yes	no	控制基准坐标的显示
display_coord_sys_tags	yes	no	控制基准坐标名称标签的显示

2. 减少视图再生时间

在 Creo 2.0 工程图中，当执行再生模型、切换页面和改变活动窗口等操作时，系统将自动在绘图的所有页面上再生所有的视图，因而每次再生大型复杂的工程图时会消耗大量的时间，这里介绍几种方式，以减少视图的数量和控制视图的自动再生。

- 拭除视图：前面讲过，拭除并非删除，拭除只是将不需要显示的内容暂时隐藏起来，通过拭除视图，隐藏暂时不需要的视图，可以减少重画时间和视图再生时间。

- 使用 Z 方向修剪：关于 Z 方向修剪的功能和用法将在下一节给出详细的介绍。通过 Z 方向修剪，视图将仅显示剪切平面前面的几何图元，而将剪切平面以后的平面进行隐藏。该方法不仅让视图显示更加清晰，而且能提高单个复杂视图的显示性能。

- 使用区域横截面：只有被切割平面交截的图形才被显示出来，系统将自动隐藏切割平面前后的图形，这种方法可提高剖视图的显示性能。

16.2.2 优化配置文件

设置合理的配置文件是加快处理工程图最基本方式。通过选择下拉菜单 文件▼
➡ 选项 命令，在系统弹出的图 16.2.1 所示的"选项"对话框中，选择 配置编辑器 选项。在表 16.2.2 中列出了部分加快处理工程图的配置选项。

16.2.3 合并和叠加工程图

这里介绍两种可以加快工程图处理效率的办法，即"合并工程图"和"叠加工程图"。

图 16.2.1 "Creo Parametric 选项"对话框

1. 合并工程图

合并两个工程图不仅可以提高大型绘图的性能，而且方便绘图管理。在 Creo 2.0 工程图中，可以将两个独立的工程图合并成一个单一的工程图文件，源文件作为附加页面被添加到目标文件中。例如，将一个一页面的工程图合并到一个两页面的工程图中，那么该工程图就成为含有三页面的工程图。合并工程图的一般过程如下：

Step 1 将工作目录设置至 D:\creo2pd\work\ch16.02.03.01，打开工程图文件 axle_box_asm_drawing.drw，如图 16.2.2a 所示。

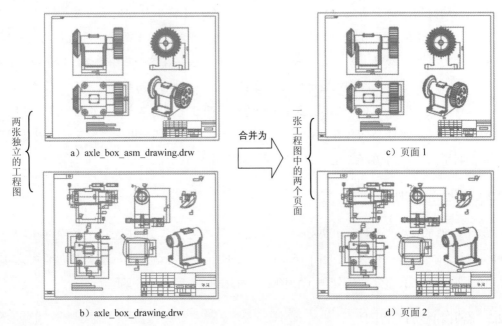

a）axle_box_asm_drawing.drw

两张独立的工程图

合并为

一张工程图中的两个页面

c）页面 1

b）axle_box_drawing.drw

d）页面 2

图 16.2.2　合并工程图

Step 2 选择 **布局** 功能选项卡 **插入 ▼** 节点下的 **导入绘图/数据** 命令，系统弹出 "打开" 对话框，添加 D:\creo2pd\work\ch16.02.03.01 中的文件 axle_box_drawing.drw，如图 16.2.2b 所示。

Step 3 此时在底部工具栏中单击 **页面 2** 按钮，便可以查看该工程图的页面 2，如图 16.2.2c、16.2.2d 所示。

　　2. 叠加工程图

　　使用 "叠加" 命令，可以将工程图中选定的视图或某一工程图的单一页面叠加到当前工程图的页面上。叠加工程图的一般过程如下：

Step 1 将工作目录设置至 D:\creo2pd\work\ch16.02.03.02，打开工程图文件 overlay_01.drw，如图 16.2.3 所示。

Step 2 选择 **布局** 功能选项卡 **插入 ▼** 区域中的 **叠加** 命令，系统弹出图 16.2.4 所示的 **▼ OVERLAY DWG（叠加绘图）** 菜单。

Step 3 在该菜单中选择 **Add Overlay（增加叠加）** ➝ **Place Views（放置视图）** 命令，添加 D:\creo2pd\work\ch16.02.03.02 目录中的工程图文件 overlay_02.drw，系统将用只

读模式显示 overlay_02.drw。

表 16.2.2　加快处理工程图的配置选项配置选项

配置选项	配置值	参数说明
auto_regen_views	yes	视图自动再生
	no	取消视图自动再生
disp_trimetric_dwg_mode_view	yes	系统显示模型视图
	no	系统不会显示模型视图
display_in_adding_view	default	使用环境设置显示
	wireframe	线框结构图形显示
	minimal_wireframe	当 auto_regen_views 设置为 no，并且第一次在绘图上放置视图时，系统以最简单的线结构图形来显示
force_wireframe_in_drawings	yes	不管设置的显示如何，总以线框显示所有视图
	no	视图的显示方式随环境设置选项的设置改变
tangent_edge_display	solid	以实线显示相切边
	no	不显示相切边
	centerline	以中心线（点画线）显示相切边
	phantom	以双点画线显示相切边
	dimmed	以灰色实线显示相切边
display_silhouette_edges	yes	系统显示侧投影边
	no	系统不显示侧投影边
edge_display_quality	normal	边线品质较好，显示速度一般
	high	以 2 为增量增加镶嵌，显示速度较慢
	very_high	以 3 为增量增加镶嵌，显示速度很慢
	low	降低边线品质，加快显示速度
retain_display_memory	yes	切换绘图页面时，会加快页面的显示
	no	切换绘图页面时，页面显示正常
save_display	yes	以"只读模式"打开时，视图与相关的注释、图元等一起显示
	no	以"只读模式"打开时，视图与相关的注释、图元等不一起显示
save_modified_draw_models_only	yes	保存绘图时，如果模型没有改变则不保存模型
	no	保存绘图
interface_quality	0	出图时，不检查线条重叠情况

说明：如果在 ▼ OVERLAY DWG（叠加绘图）菜单中选择 Place Sheet（放置页面）命令，并且所选工程图有多个页面，系统会提示选取页码。

图 16.2.3　打开工程图　　　　　　图 16.2.4　"叠加绘图"菜单

Step 4　此时系统弹出图 16.2.5 所示的"选择点"对话框，然后在系统 ⇨ 选择原点（默认：中央突出显示的）。 的提示下，在 overlay.drw 工程图中主视图的右侧单击选取一点放置 overlay_02.drw 的主视图，放置完成后如图 16.2.6 所示。

图 16.2.5　"选择点"对话框

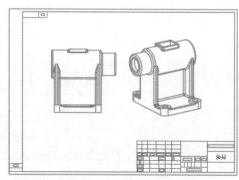

图 16.2.6　叠加工程图

注意：

● 当前工程图中叠加的视图以只读状态显示，不可以移动和修改。

● 叠加视图会带着所有详图的项目出现在当前工程图中。

● 若当前工程图幅面与源工程图幅面大小不同，引入当前工程图的叠加时，引入的工程图不会随当前工程图大小而改变，而保持与在源工程图中相同的屏幕大小。

16.2.4　视图只读模式

大多时候打开工程图只是为了查看图样或打印出图，这时以视图只读模式打开则可以最快地显示工程图。当然，很多情况为避免误操作损坏源工程图样，则应该以只读模式打开工程图。视图在只读模式下打开时，系统不检索与之相关的模型，所以显示速度较快。视图以只读模式打开操作的一般过程如下：

Step 1　将工作目录设置至 D:\creo2pd\work\ch16.02.04。

Step 2　选择下拉菜单 文件 ▾ ➡ 📂 打开(O) 命令，系统弹出图 16.2.7 所示的"文件打开"对话框。

图 16.2.7　"文件打开"对话框

Step 3　在"文件打开"对话框中，先选取工程图文件"winch_machine_drawing.drw"，然后单击 **打开** ▼ 按钮中的 ▼ 按钮，在下拉列表中选取 仅查看 命令，系统就会快速打开该工程图文件，如图 16.2.8 所示。

说明：

- 如果要编辑视图，可以通过选择 **布局** 功能选项卡 模型视图 ▼ 区域中的"检索模型"命令 ⬚ ，在系统弹出的图 16.2.9 所示的 ▼ CONFIRMATION（确认）菜单中选择 **Confirm（确认）** 命令，系统自动检索与之相关的所有模型，并返回到编辑模式中进行工程图的编辑操作。

- 使用只读模式打开的工程图，其配置选项"save_display"必须设置为"yes"才能显示完整的视图信息。

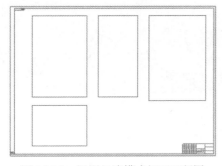

图 16.2.8　视图只读模式打开工程图　　　图 16.2.9　"确认"菜单

16.3　Z 方向修剪

Z 方向修剪即是指定一个平行于屏幕的平面，在执行 Z 方向修剪后，删除指定平面后面的所有图形。

创建 Z 方向修剪操作的一般过程如下：

Step 1　将工作目录设置至 D:\creo2pd\work\ch16.03，打开工程图文件 z_prune.drw。

Step 2 双击图 16.3.1 所示的主视图，系统弹出图 16.3.2 所示的"绘图视图"对话框。

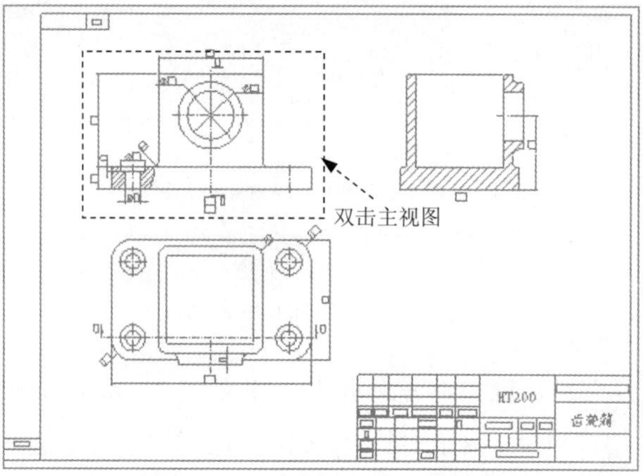

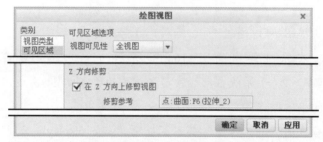

图 16.3.1　选择添加 Z 方向修剪的视图

图 16.3.2　"绘图视图"对话框

Step 3 在"绘图视图"对话框中，在 类别 区域选中 可见区域 选项，在 Z 方向修剪 区域中，选中 ☑ 在 Z 方向上修剪视图 复选框。

Step 4 单击 修剪参考 后面的 选择项 字符，再选取图 16.3.3 所示的平面，单击 确定 按钮，此时主视图显示如图 16.3.4 所示。

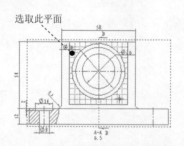

图 16.3.3　选择 Z 方向修剪的平面

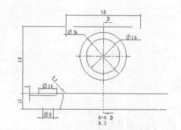

图 16.3.4　Z 方向修剪后

说明：

- 创建 Z 方向修剪时，不能在下列类型的视图中执行：展开剖面、区域截面、分解图和透视图。

- 详细视图的 Z 方向修剪总与其父视图相同，不能单独修改。

16.4　OLE 对象

16.4.1　关于 OLE 对象

链接和嵌入对象（OLE）是用外部应用程序创建的外部文件（如文档、图形文件或视频文件），其可插入其他应用程序（如 Word、Excel、PowerPoint 等）；作为 Windows 下的程序，Creo 2.0 也支持 OLE 对象，可以创建所支持的 OLE 对象，并将其插入到二维 Creo 2.0 文件（如绘图、报告、格式文件、布局或图表）中；插入一个对象后，可在 Creo 2.0 环境中或在 Creo 2.0 之外的其单独的应用程序窗口中编辑它。Creo 2.0 工程图提供了"链接"和"嵌入"这两种插入 OLE 对象的方法。

Creo 2.0 工程图中 OLE 的特点主要有四点：OLE 对象显示、链接对象、嵌入对象、OLE 对象的出图选项。

1.　OLE 对象显示

OLE 对象创建和编辑功能只应用于 Windows 系统（Windows 95、98、2000、XP 和 NT 等）。在 UNIX 系统中，只显示文本、线条、边界框和对象类型信息，不显示对象本身。因此不能在 UNIX 中创建或编辑 OLE 对象，只能移动对象或重新调整对象尺寸。

除了操作系统的影响，不同机器上的 Creo 2.0 支持的 OLE 对象的数量和类型也可能有所不同，取决于系统中安装的其他应用程序。

2.　链接对象

链接对象是在 Creo 2.0 外部创建完成，然后链接到 Creo 2.0 中的文件，例如，链接到文件的一部分数据出现在工程图中，如果对外部文件进行更改，则将在绘图中反映出来，而且从 Creo 2.0 内部对对象所做的任何更改也会保存到原始对象中。

3.　嵌入对象

嵌入对象完全保存在 Creo 2.0 绘图文件中，与外部文件没有任何联系。当嵌入对象时，Creo 2.0 会复制该文件，然后将其放置在文档中。在 Creo 2.0 中仍可用创建对象的程序激活该对象，但对原始外部文件进行的任何更改不会反映在嵌入的副本中。也可在 Creo 2.0 工程图中创建新的嵌入对象，这种在 Creo 2.0 工程图中创建的新对象均为嵌入式的。

4.　OLE 对象的出图选项

OLE 机制不支持 Creo 2.0 支持的所有类型的绘图仪。目前，一般只有 MS 绘图仪能够打印 OLE 对象。因此当绘制的 Creo 2.0 工程图中含有 OLE 对象时，最好使用 MS 绘图仪，否则很可能打印不出 OLE 对象。

16.4.2 插入新建的 OLE 对象

插入新建的 OLE 对象属于嵌入对象。在 Creo 2.0 中创建新的 OLE 对象操作的一般步骤如下：

Step 1 将工作目录设置至 D:\creo2pd\work\ch16.04.02，打开工程图文件 ole_01.drw。

Step 2 选择 布局 功能选项卡 插入 ▾ 区域中的 对象 命令，系统弹出图 16.4.1 所示的"插入对象"对话框。

Step 3 在"插入对象"对话框中选中 ⊙ 新建(N) 单选项。

Step 4 在 对象类型(T): 列表中选取 Microsoft Word 文档 选项，作为要插入到 Creo 2.0 工程图中的对象类型，单击 确定 按钮，插入 OLE 对象，在绘图区会出现图 16.4.2 所示的 Word 文档作为 OLE 对象。

Step 5 在 Word 文档中输入文字"技术要求"，然后在任意位置单击，完成 OLE 对象的插入，此时图形区显示图 16.4.3 所示的文字，读者可将其拖动到合适的位置。

图 16.4.1 "插入对象"对话框

图 16.4.2 绘图区的 OLE 对象

图 16.4.3 显示 OLE 对象

说明：
- 新建的 OLE 对象都为嵌入对象。
- 在 Creo 2.0 工程图中，通常添加 Excel 为 OLE 对象。
- 双击添加的 OLE 对象，可以进行编辑文字（如修改字体和字号）等工作。
- 在 对象类型(T): 列表中可能会列出 Creo 2.0 不支持的对象。

16.4.3 链接对象

由外部文件插入 OLE 对象可以是嵌入的，也可以是链接的。下面介绍在 Creo 2.0 中插入链接对象的操作步骤如下：

Step 1 将工作目录设置至 D:\creo2pd\work\ch16.04.03，打开工程图文件 ole_02.drw。

Step 2 选择 布局 功能选项卡 插入 ▾ 区域中的 对象 命令，系统弹出图 16.4.4 所示的"插入对象"对话框。

Step 3 选中"插入对象"对话框中的 ⊙ 由文件创建(F) 单选项。

Step 4 单击 文件(E): 选项下的 浏览(B)... 按钮，在路径 D:\creo2pd\work\ch16.04.03 中找到文档"箱体设计.doc"并打开，选中 ☑ 链接(L) 复选框，单击对话框的 确定 按钮，此时在绘图区会出现图 16.4.5 所示的 Word 文档。

图 16.4.4　"插入对象"对话框

图 16.4.5　插入 Word 文档

注意：此时打开"箱体设计.doc"，删除其中所有文字后保存退出，在 Creo 2.0 中的 OLE.drw 中双击刚才插入的 OLE 对象，就会发现刚才的文字将被完全删除，这体现了"链接对象"与其他 OLE 对象的创建之间的差别。

16.4.4　修改插入的 OLE 对象

下面以 Microsoft Word 的 OLE 对象为例，说明插入 OLE 对象后，修改编辑 OLE 对象的操作步骤。

Step 1 将工作目录设置至 D:\creo2pd\work\ch16.04.04，打开工程图文件 ole_03.drw。

Step 2 选中要修改的对象，然后右击，系统弹出图 16.4.6 所示的 OLE 对象快捷菜单。

Step 3 在快捷菜单中选择 编辑(E) 命令，OLE 对象将在 Creo 2.0 环境中进行修改，Microsoft Word 的工具栏将在绘图区上方和下方打开，如图 16.4.7 所示。

图 16.4.6　OLE 对象快捷菜单

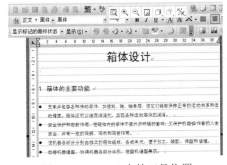

图 16.4.7　Word 中的工具位置

说明：若选择 打开(O) 命令，则 OLE 对象将在 Microsoft Word 中打开，此处的 OLE 对象是新建的对象，对于由文件创建的对象，选择 编辑(E) 和 打开(O) 命令，OLE 对象都将在 Microsft Word 中打开。

Step 4　要退出"编辑"模式并返回 Creo 2.0，请进行下列操作之一。

（1）如果在 Creo 2.0 中编辑对象，则在 OLE 对象窗口之外任意处单击，Microsoft Word 工具栏关闭，对象按编辑完后的状态显示。

（2）如果在 Step3 中选择 打开(O) 命令，即在 Creo 2.0 之外的 Microsoft Word 程序编辑对象，则选择 Microsoft Word 的 文件(F) ➡ 退出(X) 命令，返回 Creo 2.0 工程图环境。

16.5　图文件交换

通常现代的企业、公司都会采用多种软件进行产品的协同设计，这使得各软件文件格式的转化变得十分重要；就 Creo 2.0 工程图而言，它经常要与 AutoCAD 或其他软件进行文件转化，Creo 2.0 工程图的存储格式为 DRW，其他常用格式有 DWG、DXF 和 IGES。本节将以 DRW 和 DWG 格式间的相互转化为例，介绍如何进行格式的转化。

16.5.1　导入 DWG/DXF 文件

将 DWG 或 DXF 格式转化为 DRW 格式操作的一般步骤如下：

Step 1　将工作目录设置至 D:\creo2pd\work\ch16.05.01。

Step 2　在工具栏单击"打开"按钮，系统弹出"文件打开"对话框，如图 16.5.1 所示。

Step 3　在"文件打开"对话框下方的 类型 区域选取 DWG (*.dwg) 选项，选取 exchange_01.dwg 文件，单击 打开 ▼ 按钮，系统弹出图 16.5.2 所示的"导入新模型"对话框。

Step 4　在该对话框的 类型 区域中选中 ◉ 📄 绘图 单选项，在 名称 文本框中使用系统给出的默认名称 DRW0001，单击 确定 按钮。

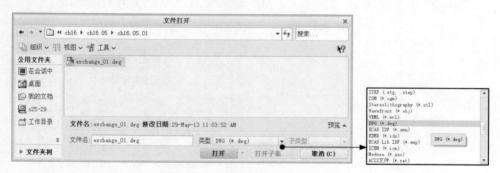

图 16.5.1　"文件打开"对话框

Step 5　系统弹出图 16.5.3 所示的"导入 DWG"对话框。

（1）在对话框 选项 选项卡的 空间名称 区域中，接受系统默认的空间名称 Model Space，

在 导入尺寸 区域中选中 ◉ 作为尺寸 单选项、☑ 创建可变页面大小 和 ☑ 创建多行文本 复选框，其他参数采用系统默认，如图 16.5.3 所示。

图 16.5.2　"导入新模型"对话框　　图 16.5.3　"导入 DWG"对话框　图 16.5.4　"颜色"子选项卡

（2）打开 属性 选项卡，在图 16.5.4 所示的 颜色 子选项卡中将 Creo Parametric 下列表均设置为 几何（几何 的默认颜色为黑色），其他三个子选项卡均采用系统默认设置，其中 文本字体 子选项卡如图 16.5.5 所示，单击 确定 按钮。

说明：如果 Creo 2.0 界面的背景颜色为黑色，请在图 16.5.4 所示的"颜色"子选项卡中将 Creo Parametric 的颜色设置为较浅的颜色。

Step 6　此时在绘图区出现工程图，如图 16.5.6 所示。

Step 7　保存文件，生成 DRW 格式的文件。

 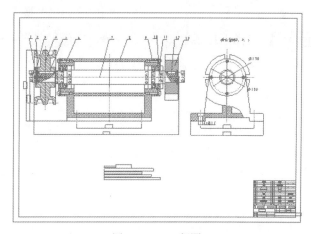

图 16.5.5　"文本字体"子选项卡　　　　图 16.5.6　工程图

注意：导入的 DWG 或 DXF 文件必须是 AutoCAD 2007/LT2007 格式或更低版本的，

否则 Creo 2.0 将视为无效的 DWG 或 DXF 文件。另外文件导入后，尺寸标注可能会出现不标准现象，逐一调整即可使标注更加清晰简洁。

16.5.2　导出 DWG/DXF 文件

将 DRW 格式转化为 DWG 或 DXF 格式操作的一般步骤如下：

Step 1　将工作目录设置至 D:\creo2pd\work\ch16.05.02，打开工程图文件 exchange_02.drw，如图 16.5.7 所示。

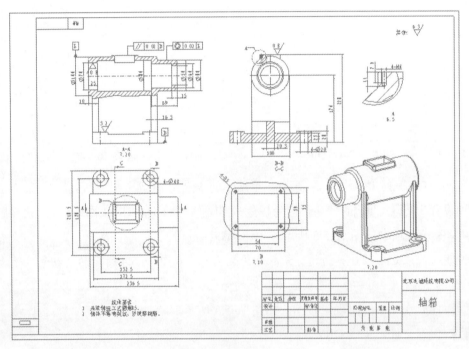

图 16.5.7　DRW 格式工程图

Step 2　选择下拉菜单 文件 ➡ 📙 另存为(A) ➡ 📄 保存副本(A) 命令，系统弹出 图 16.5.8 所示的"保存副本"对话框。

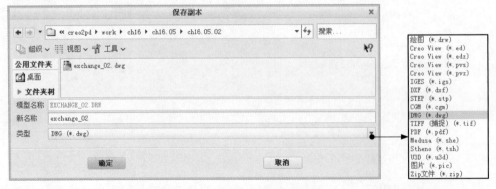

图 16.5.8　"保存副本"对话框

Step **3** 选取保存位置为工作目录，在对话框下方的 类型 下拉列表中选取 DWG (*.dwg) 选项，
单击 确定 按钮。

Step **4** 在系统弹出的 "DWG 的导出环境" 对话框中，进行下列操作。

（1）在 DWG版本 后面的下拉列表中选取 AutoCAD 版本为 2007 。

（2） 图元 选项卡的相关设置如图 16.5.9 所示。

（3）在图 16.5.10 所示的 页面 选项卡中选中 ◉ 当前页面作为模型空间 单选项，其他复选框
中所指的 "图纸空间" 为 AutoCAD 中的布局空间。

（4）在图 16.5.11 所示的 杂项 选项卡中选取 ☑ 导出遮蔽的层 复选框，其他参数采用系
统默认设置值。

图 16.5.9 "图元" 选项卡

图 16.5.10 "页面" 选项卡

图 16.5.11 "杂项" 选项卡

（5）选取 属性 选项卡，该选项卡又分为四个子选项卡，分别为 颜色 、 层 、 线型 和
文本字体 。

①在图 16.5.12 所示的 颜色 子选项卡中，系统已列出了 Creo Parametric 系统颜色在
"DWG" 文件中对应的颜色，本例中不对颜色作修改，读者在练习和实际设计过程中可
根据需要作相应的修改。

②在图 16.5.13 所示的 层 子选项卡中，系统已列出了 Creo Parametric 的 "层" 在
"DWG" 文件中对应 "图层" 的名称，默认情况下二者所使用的名称相同。

③在图 16.5.14 所示的 线型 子选项卡中，系统已列出了 Creo Parametric 中当前所有
线型在 "DWG" 文件中对应线型的名称，本例中将不做修改。

④在图 16.5.15 所示的 文本字体 子选项卡中，系统已列出了 Creo Parametric 中当前

16
Chapter

所有字体及文字样式在"DWG"文件中对应的名称，本例中将不做修改。

图 16.5.12　"颜色"子选项卡

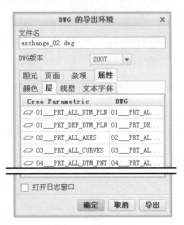

图 16.5.13　"层"选项卡

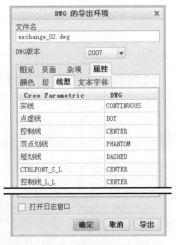

图 16.5.14　"线型"子选项卡

图 16.5.15　"文本字体"子选项卡

Step 5　在对话框中单击 确定 按钮，完成文件的导出，导出的 DWG 文件将放置在工作目录中。

Step 6　启动 AutoCAD 2008 应用软件（或其他版本的 AutoCAD 软件，本例中使用的为 AutoCAD 2008 版本），选择 AutoCAD 的下拉菜单 文件(E): ➡ 打开(O)... 命令。

Step 7　系统弹出图 16.5.16 所示的"选择文件"对话框，选择工程图文件 D:\creo2pd\work\ch16.05.02，单击 打开(O) ▼按钮，则可打开 DWG 格式的工程图，如图 16.5.17 所示。

Step 8　在该 AutoCAD 界面中编辑工程图，在编辑标题栏的文字时，先单击选取表格，再将其分解，然后编辑文字，否则会出现错误，其他项目的编辑此处不作赘述。

说明：
● 在导出工程图时，先在 Creo 2.0 环境中将工程图的文字设置为宋体或仿宋体，这样可防止导出文件在打开时出现乱码，本例亦是如此。

● 转化 DWG 或 DXF 文件后，汉字注解出现乱码，主要原因是 Creo 2.0 的字体在 AutoCAD 2008 中不能被识别，必要时请在 AutoCAD 2008 中重新填写注解。

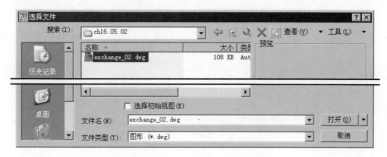

图 16.5.16　"选择文件"对话框

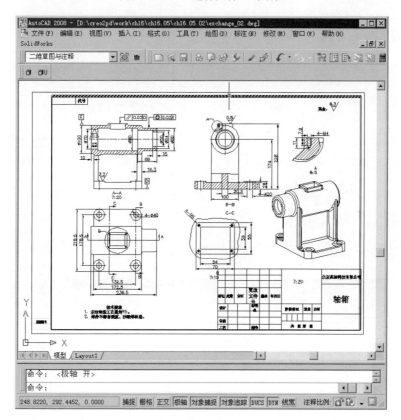

图 16.5.17　DWG 格式的工程图

16.5.3　将 Creo 2.0 工程图转化为 PDF 格式

可以将 Creo 2.0 工程图转化为 PDF 格式文件以便于浏览，转化的一般步骤如下：

Step 1　将工作目录设置至 D:\creo2pd\work\ch16.05.03，打开工程图文件 exchange_03.drw。

Step 2 选择下拉菜单 文件 ▾ ➡ 另存为(A) ▸ ➡ 导出 设置导出属性、预览结果然后将活动 对象输出为另一种格式。 命令，在系统弹出的操控板中选择"设置"命令 📋，弹出图 16.5.18 所示的"PDF 导出设置"对话框。

Step 3 在对话框中打开图 16.5.19 所示的 内容 选项卡，在 字体 区域选中 ◉ 勾画所有字体 单选项，其他参数在本例中均采用系统默认设置值，读者也可根据需要作相应的修改。

图 16.5.18 "PDF 导出设置"对话框

图 16.5.19 "内容"选项卡

Step 4 在对话框中单击 确定 按钮，然后单击"导出"按钮 📇，系统弹出"保存副本"对话框，选择保存位置，然后单击该对话框中的 确定 按钮，系统自动打开导出的 PDF 文件，结果如图 16.5.20 所示。

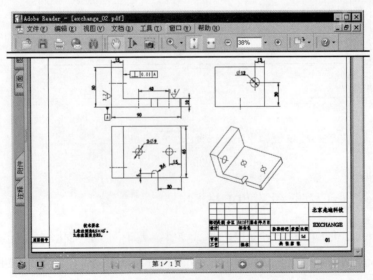

图 16.5.20 PDF 格式

16.6 工程图打印出图

打印出图是 CAD 工程设计中必不可少的一个环节，在 Creo 2.0 软件中，无论是在零件（Part）模式、装配（Assembly）模式还是在工程图（Drawing）模式下，都可以选择下拉菜单 文件 ➡ 🖨打印(P) 命令，进行打印出图操作。

下面介绍打印出图的一般操作过程：

Step 1 将工作目录设置至 D:\creo2pd\work\ch16.06，打开工程图文件 print_drawing.drw。

Step 2 选择下拉菜单 文件 ➡ 🖨打印(P) ➡ 🖨打印设置/预览 在打印之前预览和修改设置。命令，系统弹出图 16.6.1 所示的"打印预览"操控板。

Step 3 在"操控板"中单击"设置"按钮📋，系统弹出图 16.6.2 所示的"打印机配置"对话框，在该对话框中有如下选项影响打印输出。

（1）目标。该选项用于控制打印输出的目的地。打印的目的地有两个：文件和打印机。用户可以通过选取其中的一个或两个来指定工程图打印的具体位置；打开 目标 选项卡后单击 👆 按钮，在弹出的图 16.6.1 所示的下拉菜单中，用户可以指定现有的打印机或增加新的打印机类型，本例中选取 DESIGNJET600 选项；在"打印机配置"对话框的 目标 选项卡中选中 ✔到打印机 复选框时，份数 文本框中采用系统默认设置值；使用绘图仪命令 指定将文件发送到打印机的系统命令；此外，还可以在此区域输入命令，或者使用配置文件选项 " plotter_command " 来指定命令，默认情况下，在 Windows 系统中的绘图仪命令 是 "windows_printer_manager"，本例中此处不做修改。

图 16.6.1 "打印预览"操控板　　　　图 16.6.2 "打印机配置"对话框

说明：
- 对于 Creo 2.0 系统可识别并且已在 Windows 系统中安装的标准打印机，可以在"打印"窗口中选取 MS Printer Manager 选项直接打印；另外，如果选取图 16.6.1 所示的添加打印机类型…选项，系统会弹出"增加打印机类型"对话框，在该对话框中列出了一些较常用的打印机，读者可在此直接选取。

● 对于一些 Creo 2.0 系统无法自动识别的打印机，需读者通过手动来创建打印机配置文件；假设 Creo 2.0 软件默认安装在 C 盘的"Program Files"文件夹中，则系统默认的打印机配置文件就放置于"C:\Program Files\Creo 2.0\text\plot_config"目录中，是扩展名为"pcf"的文本文件。读者可将自定义的打印机配置文件放置在该目录中，但为了方便管理，用户也可以将自定义的配置文件放置在指定的文件夹中，然后在系统环境配置文件 config.pro 中，将 pro_plot_config_dir 选项的目录设置为自定义配置文件所在的目录，此时，系统将自定义配置文件添加到"打印"对话框的打印机选择列表中。

● 下面以添加惠普的 Laserjet 1022 打印机，来说明创建打印机配置文件的方法，用记事本进行如下编辑：

```
plotter designjet1055c
button_name Laserjet 1022
button_help Laserjet 1022(ALL size)
allow_file_naming yes
delete_after_plotting no
interface_quality 3
paper_size variable
pen_slew 15
pen_table_file d:\user\table.pnt
plot_access create
plot_clip no
plot_drawing_format yes
plot_label no
plot_layer current
plot_linestyle_scale .25
plot_names no
plot_segmented no
plot_sheets current
plotter_command windows_print_manager
```

编辑后保存为 Laserjet 1022.txt，然后更改其扩展名为 Laserjet 1022.pcf，以上出现的配置选项请参照 16.6.3 节中的表 16.6.2，其中 pen_table_file 是笔宽配置文件 table.pnt 的保存路径，用记事本编辑笔宽配置文件 table.pnt 如下：

```
pen 1 color 0.0 0.0 0.0; thickness 0.050 cm
pen 2 color 0.0 0.0 0.0; thickness 0.025 cm
pen 3 color 0.0 0.0 0.0; thickness 0.025 cm
pen 4 color 0.0 0.0 0.0; thickness 0.025 cm
pen 5 color 0.0 0.0 0.0; thickness 0.025 cm
pen 6 color 0.0 0.0 0.0; thickness 0.025 cm
pen 7 color 0.0 0.0 0.0; thickness 0.025 cm
pen 8 color 0.0 0.0 0.0; thickness 0.025 cm
```

读者可根据需要修改以上八种画笔的颜色（color）和笔宽值（thickness），系统默认的八种画笔与图形中图线的对应关系如表 16.6.1 所示。

表 16.6.1　画笔与图线对应表

笔号	对应的图线	笔号	对应的图线
1	可见几何（显示为实线），包括： 横截面切线（打印后显示为节线） 横截面剖切面箭头和文字 工程图的格式和图纸界线 基准平面的棕色部分 带白色的中心线型 卷标文字	3	隐藏线：显示为灰色实线，打印后为虚线
		4	云规线曲面网格（工程图中不显示）
		5	钣金件颜色图元
2	包括以下实线： 尺寸线 轴和中心线（显示为点画线） 几何公差引线 所有文字（除横截面） 球标注解 剖面线 带黄色的中心线型	6	草绘器截面图元
		7	切换截面 灰色尺寸和文字 灰色切边 基准平面的灰色部分
		8	云规线曲面网格

（2）页面。在 页面 选项卡中 尺寸 区域的 大小 下拉列表中选择 A3 选项，对 偏移 、 标签 和 单位 区域先不要进行操作，待首次打印操作完成后，如果发现图形在打印纸上存在偏移，则可在 偏移 选项组输入 X、Y 的偏距值进行打印位置的调整。

图 16.6.3 所示的 页面 选项卡中各选项的功能说明如下：

- 尺寸 ：用户可以指定打印图纸的大小，从列表中选取标准幅面，也可以自定义大小。值得说明的是，选取的打印页面大小可以和图纸的实际尺寸不符，通过选取出图方式或缩放打印处理。例如，图纸是 A2 幅面的，要在 A4 的打印机上输出，此时必须选取 A4 的尺寸，出图时使用"全部出图"（Full Plot）方式。

图 16.6.3　"页面"选项卡

- 偏移 ：基于绘图原点的偏距值。
- 标签 ：出图时是否包括标签，如果包含，可以设置标签高度。标签的内容包括：用户名称、对象名称、日期。下面是一个简单标签实例：NAME:ABC Co.Ltd OBJECT:BODY DATE:26-May-08。
- 单位 ：当用户定义可变（Varable）的打印纸幅面时，可以选取不同的长度单位：Inches（英寸）和 Millimeters（毫米）。

（3）打印机。单击 **打印机** 选项卡，在该选项卡中，可以选取使用笔参数文件、裁剪刀具、纸的类型等，本例中均采用默认值。

图 16.6.4 所示的 打印机 选项卡中各选项的功能说明如下：

- **笔**：是否使用默认的绘图笔线条文件。选项中选中 ☑ 表文件 复选框，可以选取笔表文件，控制系统不同类型的线条所采用的笔，也可对可以控制笔速度的打印机设定笔速。

- **信号交换**：选择绘图仪的初始化类型。

- **页面类型**：指定纸的类型，包括 ◉ 页面 （Sheet 平纸，例如复印纸）或 ◉ 滚动 （Roll 卷纸）两种形式。

- **旋转**：指定图形的旋转角度。

（4）模型。单击 **模型** 选项卡，在该选项卡中，可以定义和设置打印类型、打印比例、打印质量等，详见图 16.6.5 中的说明。在进行本例操作时，无需对 **模型** 选项卡的各选项进行操作，采用默认值即可，待首次打印操作完成后，如果发现图形打印不完整或比例不合适，再调整出图类型和比例，在"打印机配置"对话框中单击 **确定** 按钮。

图 16.6.4　"打印机"选项卡

图 16.6.5　"模型"选项卡

图 16.6.5 所示的 模型 选项卡中各选项的功能说明如下：

- **出图**：在此区域中可以选取以下出图类型，并可以输入打印。

  - ☑ **全部出图**：创建整个幅面的出图。

  - ☑ **修剪的**：通过定义围绕在要出图区域四周的边框，创建经过修剪的出图。此区域以相对于左下角的正常位置出现在图纸上。

  - ☑ **在缩放的基础上**：该选项是系统的默认值。创建经过缩放和修剪的出图，比例和修剪基于图形窗口的纸张尺寸和缩放设置。

  - ☑ **出图区域**：通过将修剪框中的区域移到纸张左下角，并调整修剪区域，使之与用户定义的比例相匹配，从而进行打印出图；在出图区域内也将缩放和平移屏幕因子及模型尺寸比例考虑在内。

- ☑ 　纸张轮廓　: 此选项仅在工程图（Drawing）模式下有效，在指定纸张大小的绘图上创建特定大小的出图。例如，对于大尺寸 A0 幅面的工程图，如果要在 A4 大小的幅面上打印，可选用此项。

- ● 　比例　: 指定工程图的打印比例，范围从 0.01 到 100，此选项只在 2D 模式下有效。

- ● 　层　: 用 Creo 2.0 软件中的层来选取打印对象。用户可以选中 ◉ 全部可见 让出图显示所有可见层，也可以选中 ◉ 按名称 输入图层的名称输出指定的层。

- ● 　质量　: 用户可以通过选取 0(无线检测)、1(无重叠检测)、2(简单重叠检测)、3(复杂重叠检测) 控制 Creo 2.0 执行重叠线检查的总量来指定输出文件的品质。

Step 4 在"操控板"中单击"预览"按钮 ，预览打印效果，单击"打印"按钮 ，打印工程图文件。

17

产品的特征变形

17.1 特征的扭曲

17.1.1 扭曲操控板

使用特征的扭曲（Warp）命令可以对实体、曲面、曲线的结构与外形进行变换。为了便于学习扭曲命令的各项功能，下面先打开一个模型，然后启动扭曲命令，进入其操控板。具体操作如下：

`Step 1` 将工作目录设置至 D:\creo2pd\work\ch17.01，打开文件 warp_instance.prt。

`Step 2` 在 `模型` 功能选项卡选择 `编辑 ▾` ➡ `扭曲` 命令。

`Step 3` 系统弹出"扭曲"操控板（此时操控板中的各按钮以灰色显示，表示其未被激活），选取打开的模型。

`Step 4` 完成以上操作后，"扭曲"操控板中的各按钮加亮显示（图 17.1.1），然后就可以选择所需工具按钮进行模型的各种扭曲操作了。

图 17.1.1 所示"扭曲"操控板中的各按钮如下：

A: 启动变换工具;   B: 启动扭曲工具;   C: 启动骨架工具;   D: 启动拉伸工具;

E: 启动折弯工具;   F: 启动扭转工具;   G: 启动雕刻工具。

● `参考` : 单击该选项卡，在打开的面板中可以设定要进行扭曲操作的对象及其操作参考。

     ☑   ☑ `隐藏原件` : 在扭曲操作过程中，隐藏原始几何体。

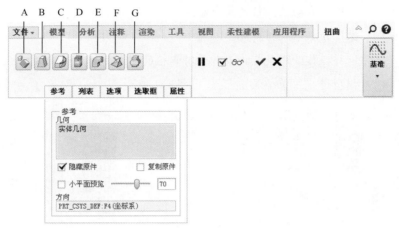

图 17.1.1   "扭曲"操控板

☑   ☑复制原件：在扭曲操作过程中，仍保留原始几何体。

☑   ☑小平面预览：启用小平面预览。

☑   列表：单击该选项卡，在打开的面板中将列出所有的扭曲操作过程，选择
其中的一项，图形窗口中的模型将显示在该操作状态时的形态。

●   选项：单击该选项卡，在打开的面板中可以进行一些扭曲操作的设置。选择
不同的扭曲工具，面板中显示的内容各不相同。

17.1.2   变换操作

使用变换工具，可对几何体进行平移、旋转或缩放。下面以打开的模型 warp_instance.prt
为例，说明其操作过程：

Step 1   在操控板中单击变换按钮 ，操控板进入图 17.1.2 所示的"变换"操作界面，同
时图形区中的模型周围出现图 17.1.3 所示的控制杆和背景对罩框。

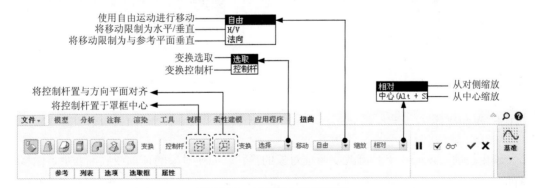

图 17.1.2   "变换"操作界面

Step 2   "变换"操作。利用控制杆和背景对罩框可进行旋转和缩放操作（操作中，可用
多级撤消功能），下面具体介绍。

- "旋转"操作：拖动控制杆的某个端点（图 17.1.4），可对模型进行旋转。
- "缩放"操作分以下几种情况：
  - ☑ 三维缩放操作：用鼠标拖动背景对罩框的某个拐角，如图 17.1.5a 所示，可以对模型进行三维缩放。

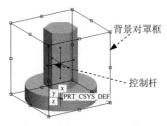

图 17.1.3　进入"变换"环境

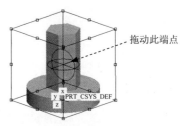

图 17.1.4　"旋转"操作

说明：用鼠标拖动某点的操作方法是将光标移至某点处，按下左键不放，同时移动鼠标，将该点移至所需位置后再松开左键。

- 二维缩放操作：当将鼠标指针移至边线上的边控制滑块时，出现操作手柄（图 17.1.5b），拖动边控制滑块，可以对模型进行二维缩放。
- 一维缩放操作：如图 17.1.5b 所示，若只拖动边控制滑块操作手柄的某个箭头，则相对于该边的对边进行一维缩放。

注意：若在进行缩放操作的同时按住 Alt+Shift 键（或在操控板的 缩放 下拉列表框中选择 中心 ），则将相对于中心进行缩放。

Step 3　在操控板中单击"完成"按钮 ✔ 。

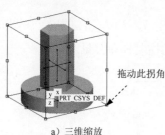

a）三维缩放

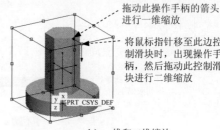

b）一维和二维缩放

图 17.1.5　"缩放"操作

17.1.3　扭曲操作

使用扭曲（Warp）工具可改变所选对象的形状，如使对象的顶部或底部变尖、偏移对象的重心等。下面以打开的模型 warp_instance.prt 为例，说明其操作过程：

Step 1　在操控板中单击扭曲按钮 🔁 ，操控板进入图 17.1.6 所示的"扭曲"操作界面，同时图形区中的背景对罩框上出现图 17.1.7 所示的控制滑块。

图 17.1.6　"扭曲"操作界面

Step 2 "扭曲"操作。利用背景对罩框可进行不同的扭曲,下面分别介绍:

●　将鼠标指针移至背景对罩框的某个拐角,系统即在该拐角处显示操作手柄(图 17.1.8),拖动各箭头可调整模型的形状,其中沿某个边拖动该边的边箭头如图 17.1.9 所示。

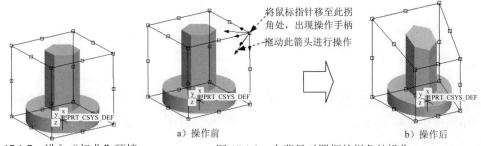

图 17.1.7　进入"扭曲"环境　　　图 17.1.8　在背景对罩框的拐角处操作

●　将鼠标指针移至边线上的边控制滑块时,立即显示图 17.1.10 所示的操作手柄,在平面中或沿边拖动箭头可调整模型的形状。

注意:若在拖动的同时按住 Alt 键(或在操控板的 扭曲 下拉列表框中选择 自由),可以进行自由拖动;若按住 Alt+Shift 键(或在操控板的 扭曲 下拉列表框中选择 中心),则可以相对于中心进行拖动。

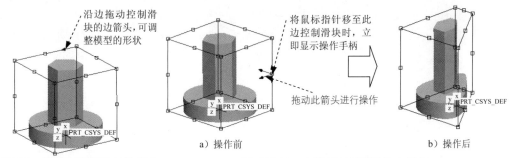

图 17.1.9　拖动控制滑块的边箭头　　　图 17.1.10　在背景对罩框的边上操作

Step 3 在操控板中单击"完成"按钮✔。

17.1.4　骨架操作

骨架(Spline)操作是通过对模型某边线进行操作,使模型产生变形。

Step **1**　将工作目录设置至 D:\creo2pd\work\ch17.01，打开文件 spline_instance.prt。

Step **2**　在操控板中单击骨架按钮 ，操控板进入图 17.1.11 所示的"骨架"操作界面。

图 17.1.11 所示的"骨架"操作界面中的各按钮说明如下：

A：相对于矩形罩框扭曲。

B：从中心快速扭曲。

C：沿轴快速扭曲。

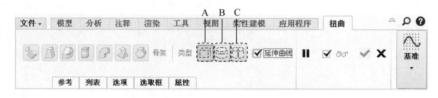

图 17.1.11　"骨架"操作界面

Step **3**　定义参考。

（1）在"扭曲"操控板中单击 按钮，然后在系统 选择一条曲线以定义变形 的提示下，单击操控板中的 参考 按钮，在"参考"界面中单击 细节 按钮，系统弹出"链"对话框。

（2）选取图 17.1.12a 所示的模型边线，并单击"链"对话框中的 确定 按钮。

Step **4**　完成以上操作后，在图形区中的所选边线上出现图 17.1.12b 所示的若干控制点和控制线。

Step **5**　骨架操作：拖动控制点和控制线可使模型发生变形。

Step **6**　在操控板中单击"完成"按钮 。

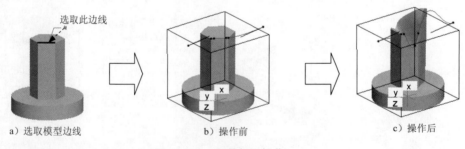

a）选取模型边线　　　　b）操作前　　　　c）操作后

图 17.1.12　"骨架"操作

17.1.5　拉伸操作

使用拉伸（Stretch）工具，可沿指定的坐标轴方向对所选对象进行拉长或缩短。

Step **1**　将工作目录设置至 D:\creo2pd\work\ch17.01，打开文件 stretch_instance.prt。

Step **2**　在"扭曲"操控板中单击"启动拉伸工具"按钮 ，操控板进入图 17.1.13 所示的"拉伸"操作界面，同时图形区中出现图 17.1.14 所示的背景对罩框和控制柄。

图 17.1.13　"拉伸"操作界面

Step 3 在该界面中选中 ☑ 比例 复选框，然后输入拉伸比例值 1.5，并按回车键，此时模型如图 17.1.15 所示。

Step 4 可进行如下"拉伸"操作。

● 拖动控制柄可以对模型进行拉伸，如图 17.1.16 所示。

● 拖动加亮面，可以调整拉伸的起点和长度。

● 拖动背景对罩框可以进行定位或调整大小（按住 Shift 键不放，进行法向拖动）。

Step 5 在操控板中单击"完成"按钮 ☑。

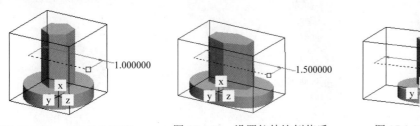

图 17.1.14　"拉伸"环境　　图 17.1.15　设置拉伸比例值后　　图 17.1.16　操作过程

17.1.6　折弯操作

使用折弯（Bend）工具，可以沿指定的坐标轴方向对所选对象进行弯曲，下面说明其操作过程。"折弯"操作界面如图 17.1.17 所示。

图 17.1.17　"折弯"操作界面

图 17.1.17 所示的"折弯"操作界面中的各按钮说明如下：

A：切换到下一个轴。

B：反转轴的方向。

C：以 90°增大倾角。

Step 1 将工作目录设置至 D:\creo2pd\work\ch17.01，打开文件 bend_instance.prt。

Step 2 在 模型 功能选项卡 编辑 ▼ 下拉菜单中选择 扭曲 命令。

Step 3 在系统 ➡选择要框曲的实体、面组、小平面或曲线。的提示下，在图形区选取图 17.1.18a 所示的模型；单击操控板中的 参考 选项卡，在系统弹出的"参考"界面中单击激活 方向 下的文本框，再在模型树中选取 RIGHT 基准平面。

Step 4 在操控板中单击"启动折弯工具"按钮 ，操控板进入图 17.1.19 所示的"折弯"操作界面，同时图形区中的模型进入"折弯"环境，如图 17.1.18b 所示。

Step 5 "折弯"操作。

● 在操控板中选中 ☑角度 复选框，输入折弯角度值 120.0，并按回车键。此时模型按指定的角度折弯，如图 17.1.18c 所示。

● 拖动控制柄（图 17.1.19），可以控制折弯角度的大小。

● 拖动加亮面（图 17.1.18d），可以调整拉伸的起点和长度。

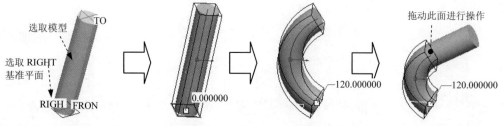

a) 选取实体和参考平面　　　b) 进入"折弯"环境　　　c) 设置折弯角度值后　　　d) 操作过程

图 17.1.18　"折弯"操作

● 拖动背景对罩框可对其定位（按住 Alt 键，进行法向拖动）。

● 拖动轴心点或拖动斜箭头（图 17.1.19），可以旋转背景对罩框。

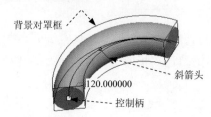

Step 6 在操控板中单击"完成"按钮 ✔。

17.1.7 扭转操作

使用扭转（Twist）工具可将所选对象进行扭转。

图 17.1.19　"折弯"环境中的各元素

Step 1 将工作目录设置为 D:\creo2pd\work\ch17.01，打开文件 twist_instance.prt。

Step 2 在 模型 功能选项卡 编辑 ▼ 下拉菜单中选择 扭曲 命令。

Step 3 在系统 ➡选择要框曲的实体、面组、小平面或曲线。的提示下，选取图形区中的模型；单击操控板中的 参考 选项卡，在系统弹出的"参考"界面中单击激活 方向 区域下文本框，再在模型树中选取 RIGHT 基准平面。

Step 4 在操控板中单击"启动扭转工具"按钮 ，操控板进入图 17.1.20 所示的"扭转"操作界面，同时图形区中的模型进入"扭曲"环境，如图 17.1.21a 所示。

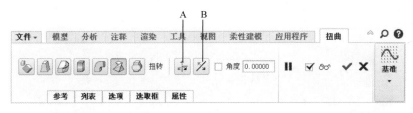

图 17.1.20　"扭转"操作界面

图 17.1.20 所示的"扭曲"操控板中的各按钮说明如下：

A：切换到下一个轴。

B：反转轴的方向。

Step 5　扭转操作。

- 拖动图 17.1.21b 中的控制柄可以进行扭转。
- 拖动加亮面调整拉伸的起点和长度；拖动背景对罩框进行定位（按住 Shift 键不放，进行法向拖动），如图 17.1.21c 所示。

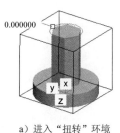
　　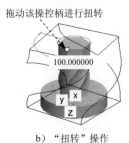
　　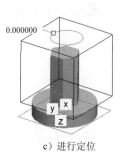

a）进入"扭转"环境　　　b）"扭转"操作　　　c）进行定位

图 17.1.21　"扭转"操作

Step 6　在操控板中单击"完成"按钮 ✔。

17.1.8　雕刻操作

雕刻（Sculpt）操作是通过拖动网格的点使模型产生变形。

Step 1　将工作目录设置为 D:\creo2pd\work\ch17.01，打开文件 sculpt_instance.prt。

Step 2　在操控板中单击"启动雕刻工具"按钮 🖾，操控板进入图 17.1.22 所示的"雕刻"操作界面，同时图形区中的模型进入"雕刻"环境，如图 17.1.23a 所示。

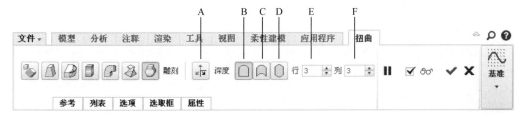

图 17.1.22　"雕刻"操作界面

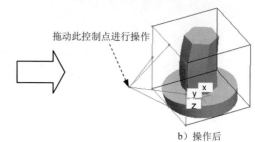

a）操作前　　　　　　　　　　　　　　　　　　b）操作后

图 17.1.23　　"雕刻"操作

图 17.1.22 所示的"雕刻"操作界面中的各按钮说明如下：

A：将雕刻网格的方位切换到下一罩框面。

B：应用到选定项目的一侧。

C：应用到选定项目的双侧。

D：对称应用到选定项目的双侧。

E：雕刻网格的行数。

F：雕刻网格的列数。

Step 3　雕刻操作。

（1）在操控板中单击 □ 按钮，然后在 行 文本框中输入雕刻网格的行数 3，在 列 文本框中输入雕刻网格的列数 3。

（2）拖动网格控制点进行雕刻操作，如图 17.1.23b 所示。

Step 4　在操控板中单击"完成"按钮 ✔ 。

17.2　实体自由形状

实体自由形状（Solid Free Form）命令是一种利用网格对实体表面进行变形的工具，下面以一个例子说明其一般操作过程：

Step 1　将工作目录设置为 D:\creo2pd\work\ch17.02，打开文件 solid_free.prt。

Step 2　在 模型 功能选项卡 编辑 ▼ 下拉菜单中选择 实体自由成型 命令。

Step 3　系统弹出图 17.2.1 所示的 ▼ FORM OPTS (形式选项) 菜单，选择 Pick Surf (选出曲面) □ ➡ Done (完成) 命令。

Step 4　在系统 ➡ 为自由印贴特征选择基础曲面。 的提示下，选取图 17.2.2 所示的模型表面为要变形的曲面。

Step 5　在系统 输入在指定方向的控制曲线号 的提示下，分别输入所选曲面上第一、第二方向的网格线数量 10 和 6。

Step 6　定义变形区域。

（1）此时系统弹出图 17.2.3 所示的"修改曲面"对话框，在▼区域栏的-第一方向-中选中✓区域复选框，按住 Ctrl 键，在变形曲面上选取第一方向的两条控制曲线（图 17.2.4）。

图 17.2.1 "形式选项"菜单

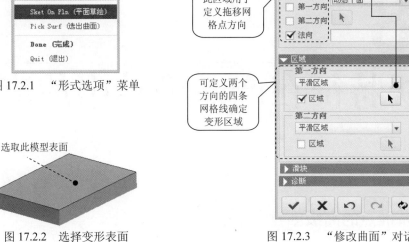

选取此模型表面

图 17.2.2 选择变形表面

图 17.2.3 "修改曲面"对话框

（2）在-第二方向-中选中□区域复选框，并在⇨在暗红色箭头所指的方向上选取两条控制曲线。的提示下，按住 Ctrl 键，在曲面上选取第二方向的两条控制曲线（图 17.2.5）。

Step 7 在系统⇨选择要移动的点.提示下，在曲面上拖移控制点，可使所定义的区域产生变形（图 17.2.6）。完成操作后，在"修改曲面"对话框中单击✓按钮。

Step 8 单击信息对话框中的 预览 按钮，再单击⬜按钮，预览所创建的"实体自由形状"特征，然后单击 确定 按钮，完成特征的创建，结果如图 17.2.7 所示。

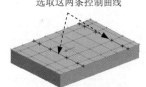

选取这两条控制曲线

图 17.2.4 选取两条控制曲线

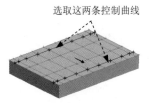

选取这两条控制曲线

图 17.2.5 选取两条控制曲线

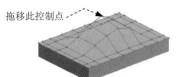

拖移此控制点

图 17.2.6 拖移控制点

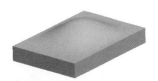

图 17.2.7 特征创建结果

18

高级特征在产品设计中的应用

18.1 基准点的高级创建方法

18.1.1 在曲面上创建基准点

在曲面上创建基准点时，可以参考两个平面或两条边来对其进行定位。创建基准点后如要进行阵列，可将定位尺寸作为阵列的引导尺寸。如果在属于面组的曲面上创建基准点，则该点参考整个面组，而不是单独的曲面。

下面将在某个模型的圆弧曲面上创建基准点，操作步骤如下：

Step 1　将工作目录设置为 D:\creo2pd\work\ch18.01，打开文件 point_on_suf.prt。

Step 2　单击 **模型** 功能选项卡 **基准 ▼** 区域中的"点"按钮 ×× 点 ▼。

Step 3　在图 18.1.1 所示的曲面上单击，系统立即产生一个缺少定位的基准点 PNT0，并弹出图 18.1.2 所示的"基准点"对话框。

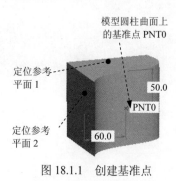

图 18.1.1　创建基准点

图 18.1.2　"基准点"对话框

Step **4**　在"基准点"对话框中进行如下操作：

（1）在 偏移参考 下面的空白区单击，以激活此区域。

（2）按住 Ctrl 键，选取图 18.1.1 所示的平面 1 和平面 2 为偏移参考，修改偏移尺寸。

18.1.2　偏移曲面创建基准点

可在一个曲面的外部创建基准点，此时应给出基准点从曲面偏移的距离值，并参考两平面（边）对其进行定位。

如图 18.1.3 所示，现需要在模型圆弧曲面的外部创建一个基准点 PNT0，方法如下：

Step **1**　将工作目录设置为 D:\creo2pd\work\ch18.01，打开文件 point_off_suf.prt。

Step **2**　单击 模型 功能选项卡 基准 ▼ 区域中的"点"按钮 ×ˣ点 ▼ 。

Step **3**　在图 18.1.3 所示的圆弧曲面上单击，系统立即产生一个缺少定位的基准点 PNT0。

Step **4**　在图 18.1.4 所示的"基准点"对话框中进行如下操作：

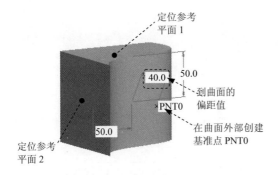

图 18.1.3　创建基准点

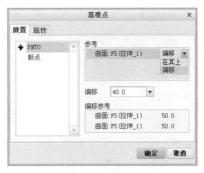

图 18.1.4　"基准点"对话框

（1）在 参考 栏的下拉列表框中选择"偏移"选项，并在 偏移 文本框中输入从该曲面偏移的距离值。

（2）在 偏移参考 栏内单击，激活此区域，然后按住 Ctrl 键，选取图 18.1.3 所示的平面 1 和平面 2 为定位参考，并修改定位尺寸。

18.1.3　在曲线与曲面相交处创建基准点

可在一条曲线和一个曲面的相交处创建基准点。曲线可以是零件边、曲面特征边、基准曲线（包括输入的基准曲线）或轴；曲面可以是零件曲面、曲面特征或基准平面。

如图 18.1.5 所示，现需要在曲面与模型边线的相交处创建一个基准点 PNT0，操作步骤如下：

Step **1**　将工作目录设置为 D:\creo2pd\work\ch18.01，打开文件 point_int_suf.prt。

Step **2**　单击 模型 功能选项卡 基准 ▼ 区域中的"点"按钮 ×ˣ点 ▼ 。

Step **3**　选取放置参考。选取图 18.1.5 中的曲面 A；按住 Ctrl 键，选取模型的边线，系统立即在其相交处创建一个基准点 PNT0。

18.1.4　在坐标系原点上创建基准点

在一个坐标系的原点处创建基准点的方法如下：

Step 1 单击 **模型** 功能选项卡 **基准 ▾** 区域中的"点"按钮 。

Step 2 选取一个坐标系为参考，该坐标系的原点处即产生一个基准点 PNT0。

18.1.5　偏移坐标系创建基准点

此方法是通过给定基准点的坐标值来创建基准点。

如图 18.1.6 所示，CSYS1 是一个坐标系，现需要创建三个基准点 PNT0、PNT1 和 PNT2，它们相对该坐标系的坐标值分别为 （10.0，5.0，0.0）、（20.0，5.0，0.0）和（30.0，0.0，0.0），操作步骤如下：

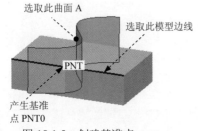

图 18.1.5　创建基准点

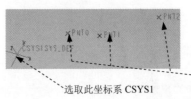

图 18.1.6　创建基准点

Step 1 将工作目录设置为 D:\creo2pd\work\ch18.01，打开文件 point_by_csys.prt。

Step 2 在 **模型** 功能选项卡的 **基准 ▾** 区域中选择 ⟶ **偏移坐标系** 命令，系统弹出"偏移坐标系基准点"对话框。

Step 3 单击选取坐标系 CSYS1。

Step 4 在对话框中，单击 **名称** 下面的方格，则该方格中显示出 PNT0；分别输入其 **X 轴**、**Y 轴** 和 **Z 轴** 坐标值 15.0、18.0 和 5.0。以同样的方法创建点 PNT1 和 PNT2。

18.1.6　在三个曲面相交处创建基准点

可在三个曲面的相交处创建基准点。每个曲面可以是零件曲面、曲面特征或基准平面。

如图 18.1.7 所示，现需要在曲面 A、模型圆柱曲面和 RIGHT 基准平面相交处创建一个基准点 PNT0，操作步骤如下：

Step 1 将工作目录设置为 D:\creo2pd\work\ch18.01，打开文件 point_on_3surf.prt。

Step 2 单击 **模型** 功能选项卡 **基准 ▾** 区域中的"点"按钮 。

Step 3 选取参考。如图 18.1.7 所示，选取曲面 A；按住 Ctrl 键，选取模型的圆柱曲面及

RIGHT 基准平面，系统立即在其交点处创建一个基准点 PNT0。此时"基准点"
对话框如图 18.1.8 所示。

注意：

（1）如图 18.1.9 所示，如果曲面 A、模型圆柱曲面和 RIGHT 基准平面有两个或两个
以上的交点，则图 18.1.8 对话框中的 下一相交 按钮将变亮，单击该按钮，系统则在另一
交点处创建基准点。

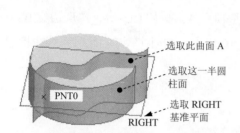

图 18.1.7　创建基准点

图 18.1.8　"基准点"对话框

（2）在 Creo 软件中，一个完整的圆柱曲面由两个半圆柱面组成（图 18.1.10），在计
算曲面与曲面、曲面与曲线的交点个数时要注意这一点。

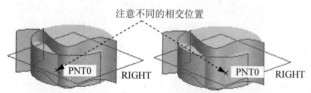

图 18.1.9　创建的交点

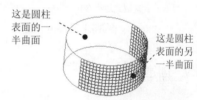

图 18.1.10　圆柱曲面的组成元素

18.1.7　用两条曲线创建基准点

可在一条曲线上距另一曲线最近的位置创建基准点（不要求这两条曲线相交）。曲线
可以是零件边、曲面特征边、轴、基准曲线或输入的基准曲线。

如图 18.1.11 所示，现需要在模型表面上的曲线 A 和模型边线的相交处创建一个基准
点，操作步骤如下：

Step 1　将工作目录设置为 D:\creo2pd\work\
ch18.01，打开文件 point_on_2curve.prt。

Step 2　单击 模型 功能选项卡 基准 ▼ 区域中
的"点"按钮 ×× 点 ▼。

Step 3　选取参考。如图 18.1.11 所示，选取曲

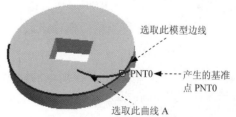

图 18.1.11　曲线与曲线相交

线 A；按住 Ctrl 键，选取模型边线，系统立即在其相交处创建一个基准点 PNT0。

18.1.8　偏移一点创建基准点

可沿某个方向在与一点有一定距离的位置创建基准点。

如图 18.1.12 所示，现需要创建模型顶点 A 的偏移基准点，该点沿边线 B 方向的偏移值为 40.0，操作步骤如下：

Step 1　将工作目录设置为 D:\creo2pd\work\ch18.01，打开文件 point_off_point.prt。

Step 2　单击 模型 功能选项卡 基准 ▼ 区域中的"点"按钮 ××点 ▼ 。

Step 3　选取参考。如图 18.1.12 所示，选取模型顶点 A；按住 Ctrl 键，选取边线 B。

Step 4　在图 18.1.13 所示的对话框中输入偏移值 40.0，并按回车键。此时系统在指定位置创建一个基准点 PNT0。

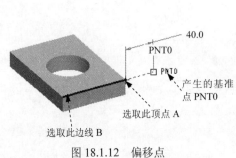

图 18.1.12　偏移点

图 18.1.13　"基准点"对话框

18.1.9　创建域点

可在一个曲面、曲线上的任意位置创建基准点而无须进行尺寸定位，这样的基准点称为域点。

1. 域点的一般创建过程

如图 18.1.14 所示，现需要在模型的圆锥面上创建一个域点 FPNT0，操作步骤如下：

Step 1　将工作目录设置为 D:\creo2pd\work\ch18.01，打开文件 point_fie.prt。

Step 2　在 模型 功能选项卡的 基准 ▼ 区域中选择 ××点 ▼ ➡ 域 命令。

Step 3　如图 18.1.14 所示，在圆锥面上的某位置单击，系统即在单击处创建一个基准点 FPNT0。可用鼠标拖移该点，以改变其在曲面上的位置。

2. 域点的应用

练习要求：在图 18.1.15 所示的柱内曲面的曲线上创建域点。

Step 1　将工作目录设置为 D:\creo2pd\work\ch18.01，打开文件 point_fie_surf.prt。

Step 2　在 模型 功能选项卡的 基准 ▼ 区域中选择 ××点 ▼ ➡ 域 命令。

Step 3 在图 18.1.15 所示的柱内曲面的曲线上任意单击一点，系统立即创建基准点。

Step 4 将此基准点的名称改为 fie_point。

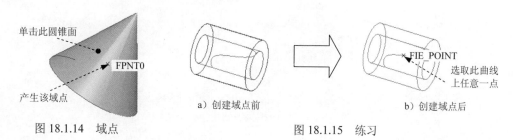

图 18.1.14　域点　　　　　　　图 18.1.15　练习

18.2　坐标系的高级创建方法

18.2.1　使用一个点和两个不相交的轴（边）创建坐标系

可以参考一点和两个不相交的轴来创建坐标系。系统将参考点作为坐标系的原点，两个不相交的轴定义坐标系两个轴的方向。点可以是基准点、模型的顶点、曲线的端点，轴（边）可以是模型的边线、曲面边线、基准轴和特征中心轴线。

如图 18.2.1 所示，现要通过模型的一个顶点和两条边线创建一个坐标系，操作步骤如下：

Step 1 单击 模型 功能选项卡 基准▼ 区域中的"坐标系"按钮 坐标系。

Step 2 如图 18.2.1 所示，选取模型顶点为参考。

Step 3 定义坐标系两个轴的方向。

（1）在"坐标系"对话框中，单击 方向 选项卡。

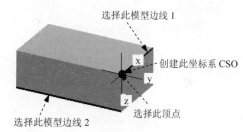

图 18.2.1　由点+两不相交的轴创建坐标系

（2）在 方向 选项卡中，单击第一个 使用 后的文本框，选取图 18.2.1 中的模型边线 1，并确定其方向为 X 轴；选取模型边线 2，并确定其方向为 Y 轴。此时便创建了图 18.2.1 所示的坐标系。

18.2.2　使用两个相交的轴（边）创建坐标系

可以参考两条相交的轴线（或模型的边线）来创建坐标系，系统在其交点处设置原点。

如图 18.2.2 所示，现需要在模型两条边线的交点处创建一个坐标系，操作步骤如下：

Step 1 单击 模型 功能选项卡 基准▼ 区域中的"坐标系"按钮 坐标系。

Step 2 选取参考。如图 18.2.2 所示，选取模型边线 1；按住 Ctrl 键，选取模型边线 2，此时系统便在两边线的交点处创建坐标系 CSO。

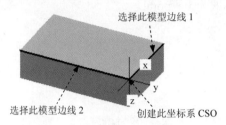

图 18.2.2　由两相交轴创建坐标系

18.2.3　创建偏距坐标系

可通过对参考坐标系进行偏移和旋转来创建坐标系。

如图 18.2.3 所示，现需要参考坐标系 PRT_CSYS_DEF 创建偏距坐标系 CSO，操作步骤如下：

Step 1　将工作目录设置为 D:\creo2pd\work\ch18.02，打开文件 csys_offset.prt。

Step 2　单击 模型 功能选项卡 基准 ▾ 区域中的"坐标系"按钮 ✗ 坐标系 。

Step 3　如图 18.2.3 所示，选取坐标系 PRT_CSYS_DEF 为参考。

Step 4　在图 18.2.4 所示的"原点"选项卡中，输入偏距坐标系与参考坐标系在 X、Y、Z 三个方向上的偏距值。

Step 5　在图 18.2.5 所示的"方向"选项卡中，输入偏距坐标系与参考坐标系在 X、Y、Z 三个方向上的旋转角度值。

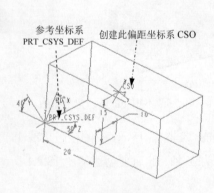

图 18.2.3　创建偏距坐标系

图 18.2.4　"原点"选项卡

图 18.2.5　"方向"选项卡

18.2.4　创建与屏幕正交的坐标系

可通过参考坐标系来创建与屏幕正交的坐标系（Z 轴垂直于屏幕并指向用户）。在图 18.2.6a 的"坐标系"对话框的 方向 选项卡中，如果单击 设置 Z 垂直于屏幕 按钮，系统便自动对参考坐标系进行旋转并给出各轴的旋转角，使 Z 轴与屏幕垂直，如图 18.2.6b 所示。

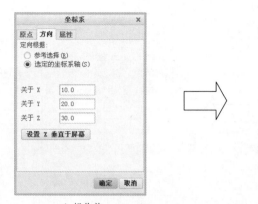

a）操作前　　　　　　　　　　　　b）操作后

图 18.2.6　"坐标系"对话框

18.2.5　使用一个平面和两个轴（边）创建坐标系

一个平面和两个轴（边）来创建坐标系，平面与第一个选定轴线的交点成为坐标原点。

Step 1　将工作目录设置为 D:\creo2pd\work\ch18.02，打开文件 pln_2axis_ csys.prt。

Step 2　单击 模型 功能选项卡 基准 ▾ 区域中的"坐标系"按钮 ⋇ 坐标系 。

Step 3　选取参考。如图 18.2.7a 所示，选取模型表面 1；按住 Ctrl 键，选取边线 1，则在其相交处出现一个临时坐标系，且所选边线方向成为 X 轴方向。

a）操作前　　　　　　　　　　　　b）操作后

图 18.2.7　一个平面＋两个轴

Step 4　定义坐标系另一轴的方向。

（1）在"坐标系"对话框中，打开 方向 选项卡。

（2）在 方向 选项卡中，单击第二个 使用 后的空白区，然后选取模型边线 2，系统立即创建坐标系。

（3）在"坐标系"对话框中单击 确定 按钮。

18.2.6　从文件创建偏距坐标系

如图 18.2.8 和图 18.2.9 所示，先指定一个参考坐标系，然后使用数据文件，创建参考坐标系的偏距坐标系。

图 18.2.8　操作前　　　　　　　　图 18.2.9　操作后

18.3　基准曲线的高级创建方法

18.3.1　使用横截面创建基准曲线

使用横截面创建基准曲线就是创建横截面与零件表面的相交线。下面以图 18.3.1 所示的模型为例介绍这种曲线的创建方法：

Step 1 将工作目录设置为 D:\creo2pd\work\ch18.03，然后打开文件 sec_curve.prt。

Step 2 单击 模型 功能选项卡 基准 ▾ 下拉菜单中选择
～曲线 ▸ ➡ ～来自横截面的曲线 命令，系统弹出
"曲线"操控板。

Step 3 在横截面的下拉列表中选择 XSEC001，此时即在模型上创建了图 18.3.2 所示的基准曲线。

注意：不能使用"偏距横截面"的边界创建基准曲线。

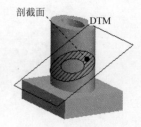

图 18.3.1　创建横截面曲线

18.3.2　从方程创建基准曲线

该方法是使用一组方程创建基准曲线。图 18.3.3 所示为一个灯罩模型，下面将介绍用方程创建图 18.3.4 所示的灯罩下缘基准曲线的操作过程。

Step 1 将工作目录设置为 D:\creo2pd\work\ch18.03，然后打开文件 equ_curve.prt。

Step 2 单击 模型 功能选项卡 基准 ▾ 下拉菜单中选择 ～曲线 ▸ ➡ ～来自方程的曲线
命令，系统弹出图 18.3.5 所示的"曲线：从方程"操控板。

Step 3 选取坐标系 PRT_CSYS_DEF，在操控板的坐标系类型下列列表中选择 柱坐标 选项。

Step 4 输入螺旋曲线方程。在操控板中单击 方程... 按钮，系统弹出"方程"对话框，在对话框的编辑区域输入曲线方程，结果如图 18.3.6 所示。

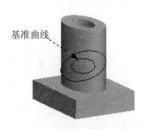

图 18.3.2 基准曲线

图 18.3.3 灯罩模型

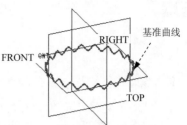

图 18.3.4 创建基准曲线

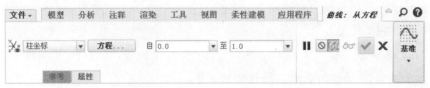

图 18.3.5 "曲线：从方程"操控板

Step 5 单击对话框中的 **确定** 按钮。

Step 6 单击"曲线：从方程"操控板中 ✔ 按钮，完成曲线的创建。

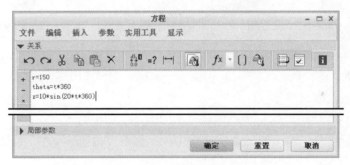

图 18.3.6 输入曲线方程

18.3.3 在两个曲面相交处创建基准曲线

这种方法可在模型表面、基准平面与曲面特征间两者的交截处、任意两个曲面特征的交截处创建基准曲线。

每对交截曲面产生一个独立的曲线段，系统将相连的段合并为一条复合曲线。

如图 18.3.7 所示，需要在曲面 1 和模型表面 2 的相交处创建一条曲线，操作方法如下：

Step 1 将工作目录设置为 D:\creo2pd\work\ch18.03，打开文件 curve_by_surf.prt。

Step 2 选择曲面 1。

Step 3 单击 **模型** 功能选项卡 **编辑▾** 区域中的"相交"按钮 ⌕相交，系统弹出"曲面相交"操控板。

Step 4 按住 Ctrl 键,选取图中的模型表面 2,系统立即创建基准曲线,单击操控板中的 ✔ 按钮。

注意:

① 不能在两个实体表面的相交处创建基准曲线。

② 不能在两基准平面的相交处创建基准曲线。

18.3.4 用修剪创建基准曲线

通过对基准曲线进行修剪,将曲线的一部分截去,可产生一条新的曲线。创建修剪曲线后,原始曲线将不可见。

如图 18.3.8a 所示,曲线 1 是模型表面上的一条草绘曲线,FPNT0 是曲线 1 上的基准点,现需要在 FPNT0 处修剪曲线,操作步骤如下:

Step 1 将工作目录设置为 D:\creo2pd\work\ch18.03,打开文件 curve_trim.prt。

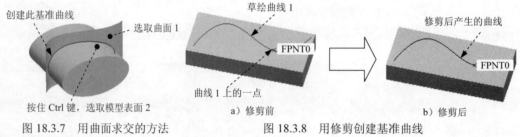

图 18.3.7 用曲面求交的方法   图 18.3.8 用修剪创建基准曲线

Step 2 在图 18.3.8 所示的模型中,选择草绘曲线 1。

Step 3 单击 模型 功能选项卡 编辑 ▾ 区域中的"修剪"按钮 修剪,系统弹出"曲线修剪"操控板。

Step 4 选择基准点 FPNT0。此时基准点 FPNT0 处出现一方向箭头(图 18.3.9),用于确定修剪后的保留侧。

说明:单击操控板中的 ✗ 按钮,切换箭头的方向(图 18.3.10),这也是本例所要的方向。再次单击 ✗ 按钮,出现两个箭头(图 18.3.11),这意味着将保留整条曲线。

Step 5 在操控板中单击"完成"按钮 ✔,系统立即创建图 18.3.8b 所示的修剪曲线。

图 18.3.9 切换方向 1   图 18.3.10 切换方向 2   图 18.3.11 切换方向 3

18.3.5 沿曲面创建偏移基准曲线

可以沿曲面对现有曲线进行偏移来创建基准曲线，可以使用正、负尺寸值修改方向。如图 18.3.12a 所示，曲线 1 是模型表面上的一条草绘曲线，现需要创建图 18.3.12b 所示的偏移曲线，操作步骤如下：

Step 1 将工作目录设置为 D:\creo2pd\work\ch18.03，打开文件 curve_along_surf.prt。

Step 2 选取 18.3.12a 所示的曲线 1（先单击曲线将其选中，然后再单击将其激活）。

a）偏移前　　　　　　　　　　　　　　b）偏移后

图 18.3.12　沿曲面偏移的方法

Step 3 单击 **模型** 功能选项卡 **编辑** ▼ 区域中的"偏移"按钮 偏移，系统弹出操控板。

Step 4 此时操控板中的"沿参考曲面偏移"类型按钮 自动按下，在文本框中输入偏移值 50，即产生如图 18.3.12 b 所示的曲线；单击"完成"按钮 。

18.3.6 垂直于曲面创建偏移基准曲线

可以垂直于曲面对现有曲线进行偏移来创建基准曲线。

如图 18.3.13 所示，曲线 1 是模型表面上的一条草绘曲线，现需要垂直于该表面创建一条偏移曲线，其偏移值由一图形特征来控制（图 18.3.13）。操作步骤如下：

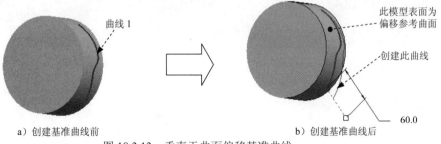

a）创建基准曲线前　　　　　　　　　　b）创建基准曲线后

图 18.3.13　垂直于曲面偏移基准曲线

Step 1 将工作目录设置为 D:\creo2pd\work\ch18.03，然后打开文件 curve_offset_surf.prt。在打开的模型中，已经创建了一个图形特征。

Step 2 在图 18.3.13a 所示的模型中，选取曲线 1。

Step 3 单击 **模型** 功能选项卡 **编辑** ▼ 区域中的"偏移"按钮 偏移。

Step 4 在"曲线偏移"操控板中选择 按钮，然后单击 **选项** 选项卡，在弹出的"选项"界面中，单击"单位图形"栏，然后在模型树中选择 ∼图形1 特征；在操控板的文本框中输入曲线的端点从选定曲面偏移的距离值 60.0；此时即产生了图 18.3.13b 所示的偏移曲线，单击操控板中的"完成"按钮 ✓。

18.3.7 从曲面边界偏移创建基准曲线

可以从曲面的边界偏移一定距离以创建基准曲线。

如图 18.3.14 所示，现需要参考一个曲面特征的边界来创建一条曲线，操作步骤如下：

Step 1 将工作目录设置为 D:\creo2pd\work\ch18.03，打开文件 curve_by_border.prt。

Step 2 如图 18.3.15 所示，选中曲面的任一边线。

Step 3 单击 模型 功能选项卡 编辑 ▾ 区域中的"偏移"按钮 偏移，系统弹出"曲线：基准曲线边界偏移"操控板。

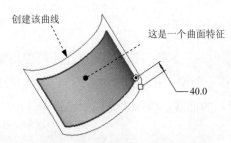

图 18.3.14　从曲面边界创建基准曲线　　　　图 18.3.15　选中曲面的一条边线

Step 4 按住 Shift 键，再单击曲面另外的三条边线，在操控板中输入偏移值-40.0，系统立即创建图 18.3.14 所示的基准曲线。

Step 5 在操控板的"测量"界面中的空白处右击，选择 添加 命令，可增加新的偏距条目（图 18.3.16）。编辑新条目中的"距离"、"距离类型"、"边"、"参考"和"位置"等选项可改变曲线的形状。

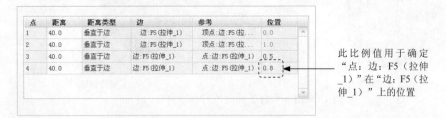

此比例值用于确定"点：边：F5（拉伸_1）"在"边：F5（拉伸_1）"上的位置

图 18.3.16　增加新的偏距条目

18.3.8 通过投影创建基准曲线

通过将曲线投影到一个或多个曲面，可创建投影基准曲线。可把基准曲线投影到实体表面、曲面、面组或基准平面上。投影基准曲线将"扭曲"原始曲线。

如果曲线是通过在平面上草绘来创建的，那么可对其阵列。

投影曲线不能是截面线。如果选择截面线基准曲线来投影，那么系统将忽略该截面线。

如图 18.3.17 所示，现需要将 DTM1 基准平面上的草绘曲线 1 投影到曲面特征 2 上，产生投影曲线，操作步骤如下：

Step 1　将工作目录设置为 D:\creo2pd\work\ch18.03，打开文件 proj_curve.prt。

Step 2　在图 18.3.17 所示的模型中，选择草绘曲线 1。

Step 3　单击 模型 功能选项卡 编辑 ▾ 区域中的"投影"按钮 ⌇ 投影，系统弹出"投影曲线"操控板。

Step 4　选择曲面特征 2，系统立即创建图 18.3.17 所示的投影曲线。

Step 5　在操控板中单击"完成"按钮 ✓。

18.3.9　创建包络曲线

可使用"包络（Wrap）"工具在曲面上创建印贴的基准曲线，就像将贴花转移到曲面上一样。包络（印贴）曲线保留原曲线的长度。基准曲线只能在可展开的曲面上印贴（如圆锥面、平面和圆柱面）。

如图 18.3.18 所示，现需要将 DTM1 基准平面上的草绘曲线印贴到实体表面上，产生一包络曲线，操作步骤如下：

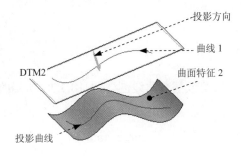

图 18.3.17　通过投影创建基准曲线

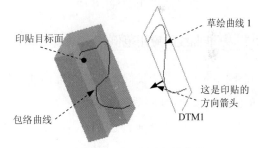

图 18.3.18　创建包络曲线

Step 1　将工作目录设置为 D:\creo2pd\work\ch18.03，打开文件 wrap_curve.prt。

Step 2　选取图 18.3.18 所示的草绘曲线 1。

Step 3　选择 模型 功能选项卡 编辑 ▾ 节点下的"包络"命令 🗗 包络。

Step 4　此时弹出"包络"操控板，从该操控板中可看出，系统自动选取了实体表面作为包络曲面，因而便产生了图 18.3.18 所示的包络曲线。

说明：系统通常在与原始曲线最近的一侧实体曲面上创建包络曲线。

Step 5　在操控板中单击"完成"按钮 ✓。

18.3.10 用二次投影创建基准曲线

此方法可参考不平行的草绘平面上的两条草绘曲线来创建一条基准曲线。系统将沿其各自的草绘平面投影两个草绘曲线，产生的交线便是二次投影曲线。或者说，系统将由两草绘曲线分别创建拉伸曲面，两个拉伸曲面在空间的交线就是二次投影曲线。

如图 18.3.19 所示，曲线 1 是基准平面 DTM1 上的一条草绘曲线，曲线 2 是基准平面 DTM2 上的一条草绘曲线，现需要创建这两条曲线的二次投影曲线（图 18.3.19b），操作步骤如下：

图 18.3.19　用二次投影创建基准曲线

Step 1　将工作目录设置为 D:\creo2pd\work\ch18.03，打开文件 curve_by_2proj.prt。

Step 2　按住 Ctrl 键，选取图 18.3.19a 所示的草绘曲线 1 和草绘曲线 2。

Step 3　单击 模型 功能选项卡 编辑▼ 区域中的"相交"按钮 相交，即产生图 18.3.19b 所示的二次投影曲线。

18.3.11 基准曲线的应用范例

在下面的练习中，我们先创建基准曲线，然后借助该基准曲线创建图 18.3.20 所示的筋（Rib）特征，操作步骤如下：

Step 1　将工作目录设置为 D:\creo2pd\work\ch18.03，打开文件 curve_appl_ex.prt。

Step 2　创建基准曲线。

（1）选取图 18.3.21 所示的 TOP 基准平面。

（2）单击 模型 功能选项卡 编辑▼ 区域中的"相交"按钮 相交。

（3）按住 Ctrl 键，选取图 18.3.21 中的两个圆柱表面。

（4）单击 ∞ 按钮，预览所创建的基准曲线，然后单击"完成" 按钮 ✓。

Step 3　创建筋特征。选择 模型 功能选项卡 工程▼ 区域中 筋▼ 节点下的 轮廓筋 命令；设置 TOP 基准面为草绘面，RIGHT 基准面为参考面，方向为 左；选取图 18.3.22 所示的基准曲线为草绘参考；绘制该图所示的截面草图；加材料的方向如图 18.3.23 所示；筋的厚度值为 2。

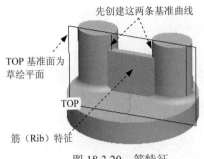

先创建这两条基准曲线

TOP 基准面为
草绘平面

TOP

筋（Rib）特征

图 18.3.20 筋特征

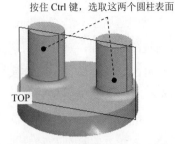

按住 Ctrl 键，选取这两个圆柱表面

TOP

图 18.3.21 操作过程

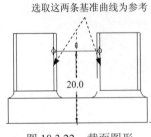

选取这两条基准曲线为参考

20.0

图 18.3.22 截面图形

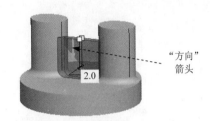

"方向"
箭头

2.0

图 18.3.23 定义加材料的方向

18.4 图形特征

1. 图形特征概述

图形特征允许将功能与零件相关联。图形用于关系中，特别是多轨迹扫描中。

Creo 通常按其定义的 X 轴值计算图形特征。当图形计算超出定义范围时，Creo 外推计算 Y 轴值。对于小于初始值的 X 值，系统通过从初始点延长切线的方法计算外推值。同样，对于大于终点值的 X 值，系统通过将切线从终点往外延伸计算外推值。

图形特征不会在零件上的任何位置显示——它不是零件几何，它的存在反映在零件信息中（图 18.4.1）。

2. 图形特征的一般创建过程

Step 1 新建一个零件模型，选择 模型 功能选项卡 基准 ▾ 节点下的 ⌒ 图形 命令。

Step 2 输入图形名称，系统进入草绘环境。

Step 3 在草绘环境中，单击 草绘 功能选项卡 草绘 区域中的"坐标系"按钮 ⤴ 坐标系，创建一个坐标系。

Step 4 创建轮廓草图。注意：截面中应含有一个坐标系；截面必须为开放式，并且只能包含一个轮廓（链），该轮廓可以由直线、弧、样条等组成，沿 X 轴的每一点都只能对应一个 Y 值。

Step 5 单击"确定"按钮 ✔，退出草绘环境，系统即创建一个图形特征。

3. 图形特征应用范例

本范例运用了一些很新颖、技巧性很强的创建实体的方法，首先利用从动件的位移数据表创建图形特征，然后利用该图形特征及关系式创建扫描曲面，这样便得到凸轮的外轮廓线，再由该轮廓线创建拉伸实体得到凸轮模型。零件模型如图 18.4.2 所示。

Step 1 先将工作目录设置为 D:\creo2pd\work\ch18.04，然后新建一个零件模型，命名为 instance_cam。

Step 2 利用从动件的位移数据表创建图 18.4.3 所示的图形特征。

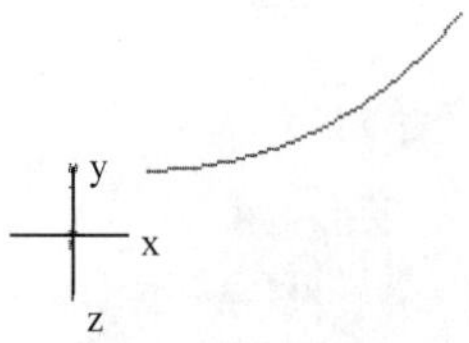

图 18.4.1 图形特征

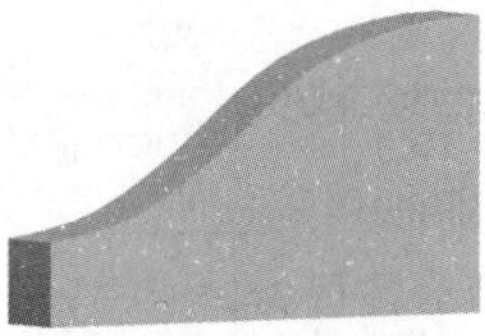

图 18.4.2 零件模型

（1）选择 模型 功能选项卡 基准▾ 节点下的 图形 命令。

（2）在系统提示为feature 输入一个名字时，输入图形名称 cam01 并按回车键。

（3）系统进入草绘环境，单击 草绘 功能选项卡 草绘 区域中的“坐标系”按钮 坐标系，创建一个坐标系。

（4）通过坐标原点分别绘制水平、垂直中心线。

（5）绘制图 18.4.4 所示的样条曲线（绘制此样条曲线时，首尾点的坐标要正确，其他点的位置及个数可任意绘制，其将由后面的数据文件控制）。

（6）生成数据文件（注：本步的详细操作过程请参见随书光盘中 video\ch18.04.03\reference\文件下的语音视频讲解文件 instance_cam-r01.avi）。

（7）利用文本编辑软件如“记事本”等，修改上面所生成的数据文件 cam01.pts，最后形成的数据如图 18.4.5 所示（此数据文件为从动件的位移数据文件）；存盘退出。

图 18.4.3 用位移数据表创建图形

图 18.4.4 截面图形

cam01.pts - 记事本

文件(F) 编辑(E) 格式(O) 查看(V) 帮助(H)

Coordinates of spline points:
(they may be edited using available editor; changes in X and Y coordinates of the first and the last points will be ignored)

CARTESIAN COORDINATES:

X	Y	Z
0	0	0
30	5	0
60	14	0
90	30	0
120	50	0
150	74	0
180	95	0
210	109	0
240	118	0
270	123.5	0
300	125	0

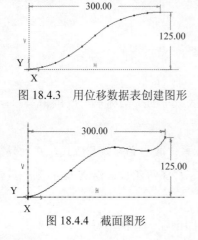

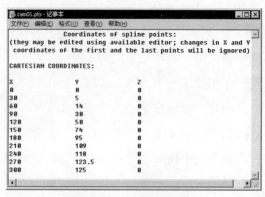

图 18.4.5 修改数据文件

（8）利用数据文件重新生成样条曲线。

① 打开数据文件 cam1.pts。

② 在系统弹出的"确认"对话框中单击 是(Y) 按钮；然后单击操控板中的 ✔ 按钮。

（9）完成后单击"确定"按钮 ✔ 。

Step 3 创建图 18.4.6 所示的基准曲线。单击"草绘"按钮 ；选取 FRONT 基准面为草绘平面，RIGHT 基准面为参考平面，方向为 右 ；绘制图 18.4.7 所示的截面草图。

Step 4 创建图 18.4.8 所示的扫描曲面。

（1）单击 模型 功能选项卡 形状 ▾ 区域中的 扫描 ▾ 按钮，系统弹出"扫描"操控板。

（2）定义扫描特征类型。在操控板中单击"曲面"类型按钮 □ 和 ✔ 按钮。

（3）定义扫描轨迹。单击操控板中的 参考 按钮，在出现的操作界面中，选择 Step3 创建的基准曲线——直线作为原始轨迹。

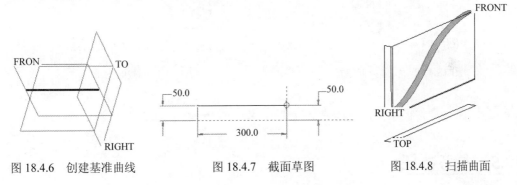

图 18.4.6　创建基准曲线　　　图 18.4.7　截面草图　　　图 18.4.8　扫描曲面

（4）定义扫描中的截面控制。在 参考 界面的 截平面控制 下拉列表框中选择 垂直于轨迹 选项。

（5）创建扫描特征的截面。

① 在操控板中单击 按钮，进入草绘环境后，创建图 18.4.9 所示的特征截面——直线（直线段到原始轨迹直线的距离值将由关系式定义）。

② 定义关系。单击 工具 功能选项卡 模型意图 ▾ 区域中的 d=关系 按钮，在弹出的"关系"对话框中的编辑区输入关系 sd4=evalgraph("cam01",trajpar*300)，如图 18.4.10 和图 18.4.11 所示。

图 18.4.9　截面草图　　　　　图 18.4.10　切换至符号状态

③ 单击工具栏中的 ✔ 按钮。

（6）单击操控板中的按钮 进行预览，然后单击"完成"按钮 ✔ 。

Step 5 创建图 18.4.12 所示的实体拉伸特征。在操控板中单击 拉伸 按钮；选取 FRONT 基准面为草绘平面，RIGHT 基准面为参考平面，方向为 右 ；绘制图 18.4.13 所示的截面草图；选取深度类型 ⊥ ，深度值为 50.0。

图 18.4.11　"关系"对话框

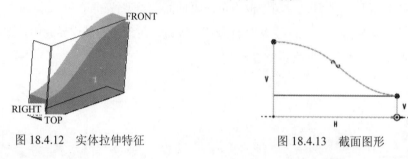

图 18.4.12　实体拉伸特征　　　　　图 18.4.13　截面图形

Step 6　保存零件模型文件。选择下拉菜单 文件 ▾ ━▶ 💾 保存(S) 命令。

18.5　参考特征

1. 关于参考特征

参考特征是模型中一组边或曲面的自定义集合。与目的边或目的曲面类似，可以将参考特征用作其他特征的基础。例如，要在零件中对一组边进行倒圆角，可以收集这一组边创建参考特征，然后对该特征进行倒圆角。参考特征会作为模型中的一项而存在，可重命名、删除、修改及查看。

2. 参考特征应用范例

Step 1　将工作目录设置为 D:\creo2pd\work\ch18.05，打开文件 ref_feature.prt。

Step 2　创建参考特征。

（1）在屏幕右下方的"智能选择"栏中选择 几何 ，然后按住 Ctrl 键，选取图 18.5.1 中的八条边线。

（2）在 模型 功能选项卡区域选择 基准 ▾ ━▶ 🔗 参考 命令，在系统弹出的"基准参考"对话框中单击 确定 按钮。

Step 3　对参考特征进行倒圆角。在模型树中选择 〰 参考1 ，单击 模型 功能选项卡 工程 ▾ 区域中的 🔘 倒圆角 ▾ 按钮，即可一次性对 〰 参考1 中的八条边线同时进行倒圆角（图 18.5.2）。

图 18.5.1 选择边线

图 18.5.2 对参考特征倒圆角后

18.6 拔模特征

18.6.1 使用草绘分割创建拔模特征

图 18.6.1a 为拔模前的模型，图 18.6.1b 是进行草绘分割拔模后的模型。由此图可看出，拔模面被草绘截面分离成两个拔模面，这两个拔模面可以有独立的拔模角度和方向。下面以此模型为例，讲述如何创建一个草绘分割的拔模特征：

a）拔模前　　　　　　　　　　　　　　　　b）拔模后

图 18.6.1 草绘分割的拔模特征

Step 1 将工作目录设置为 D:\creo2pd\work\ch18.06，打开文件 sketch_draft.prt。

Step 2 单击 **模型** 功能选项卡 **工程 ▼** 区域中的 **拔模 ▼** 按钮。

Step 3 选取图 18.6.2 中的模型表面为要拔模的曲面。

Step 4 选取图 18.6.3 中的模型表面为拔模枢轴平面。

Step 5 采用系统默认的拔模方向参考，如图 18.6.4 所示。

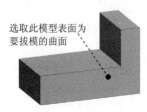

图 18.6.2 拔模曲面

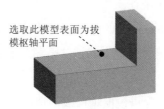

图 18.6.3 拔模枢轴平面

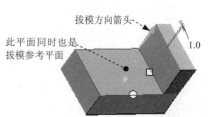

图 18.6.4 拔模方向

Step 6 选取草绘分割选项、绘制分割截面。

（1）在"拔模"操控板中单击 分割 选项卡，然后在 分割选项 下拉列表框中选取 根据分割对象分割 。

（2）在 分割 选项卡中单击 定义... 按钮，进入草绘环境。设置图 18.6.5 中的拔模面为草绘平面，图中另一表面为参考平面，方向为 左 ；绘制图 18.6.5 所示的三角形。

Step 7 在操控板中的相应区域修改两个拔模区的拔模角度和方向，也可在模型上动态修改拔模角度，如图 18.6.6 所示。

Step 8 单击操控板中的 ✔ 按钮，完成特征的创建。

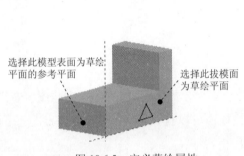

图 18.6.5　定义草绘属性

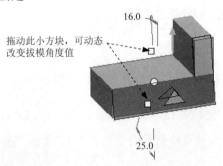

图 18.6.6　修改拔模角度和方向

18.6.2　使用枢轴曲线创建拔模特征

图 18.6.7a 为拔模前的模型，图 18.6.7b 是进行枢轴曲线拔模后的模型。下面以此为例，讲述如何创建一个枢轴曲线拔模特征。

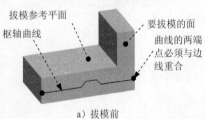

a）拔模前

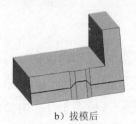

b）拔模后

图 18.6.7　枢轴曲线的拔模

Step 1 将工作目录设置为 D:\creo2pd\work\ch18.06，打开文件 curve_draft.prt。

Step 2 先绘制一条基准曲线，方法是在操控板中单击"草绘"按钮 ；草绘一条由数个线段构成的基准曲线，注意曲线的两端点必须与模型边线重合。

Step 3 单击 模型 功能选项卡 工程 ▾ 区域中的 拔模 ▾ 按钮。

Step 4 选取图 18.6.8 中的模型表面为要拔模的曲面。

Step 5 选取图 18.6.9 中的草绘曲线为拔模枢轴曲线。选中后的模型如图 18.6.10 所示。

Step 6 选取图 18.6.11 中的模型表面为拔模参考平面。

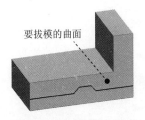
图 18.6.8   选取拔模的曲面

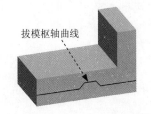
图 18.6.9   选取拔模枢轴曲线前

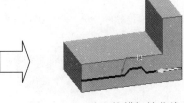
图 18.6.10   选取拔模枢轴曲线后

Step 7   动态修改拔模角度，如图 18.6.12 所示；也可在操控板中修改拔模角度和方向。

Step 8   单击操控板中的"完成"按钮 ✔，完成操作。

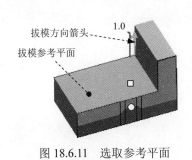
图 18.6.11   选取参考平面

图 18.6.12   修改拔模角度及方向

18.6.3   拔模特征的延伸相交

在图 18.6.13a 所示的模型中，有两个特征（实体拉伸特征和旋转特征），现要对图中所示拉伸特征的表面进行拔模，该拔模面势必会遇到旋转特征的边。如果在操控板中选择合适选项和拔模角，可以创建图 18.6.13b 所示的延伸相交拔模特征，下面说明其操作过程：

Step 1   将工作目录设置为 D:\creo2pd\work\ch18.06，打开文件 extend_draft.prt。

Step 2   单击 模型 功能选项卡 工程 ▾ 区域中的 拔模 ▾ 按钮。

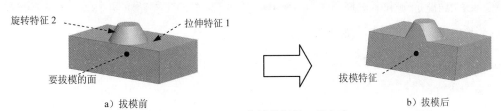

a）拔模前

b）拔模后

图 18.6.13   拔模特征的延伸相交

Step 3   选取图 18.6.14 中的模型表面为要拔模的曲面。

Step 4   选取图 18.6.15 中的模型底面为拔模枢轴平面。

Step 5   调整拔模方向，如图 18.6.16 所示。

Step 6   在操控板的"选项"界面中选中 ☑延伸相交曲面 复选框，如图 18.6.17 所示。注意：

如果不选中 ☐延伸相交曲面 复选框，结果会如图 18.6.18 所示。

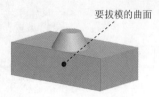

图 18.6.14　选取要拔模的曲面

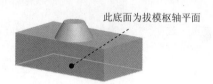

图 18.6.15　选取拔模枢轴平面

Step 7 在操控板中修改拔模角度和方向，拔模角度值为 12.0。

注意：如果拔模角度太大，拔模面将超出旋转特征的圆锥面，这时即使选中了 ☑延伸相交曲面 复选框，系统也将创建悬垂在模型边上的拔模斜面，与未选中 ☐延伸相交曲面 复选框的结果一样。

Step 8 单击操控板中的 ✔ 按钮，完成特征的创建。

图 18.6.16　拔模参考平面　　　图 18.6.17　"选项"界面　　　图 18.6.18　结果

18.7　混合特征

18.7.1　一般混合特征

在 模型 功能选项卡中选择 形状 ▼ ➡ ♂混合命令，系统弹出图 18.7.1 所示的"混合"操控板。各部分的基本功能介绍如下：

图 18.7.1　"混合"操控板

1. "截面"选项卡

单击"混合"操控板中的 截面 选项卡，系统弹出图 18.7.2 所示的"截面"选项卡。在该选项卡中选中 ◉ 草绘截面 单选项，可以绘制草绘截面作为混合截面；选中 ◉ 选定截面 单选项，可以选定已有的截面作为混合截面。

2. "选项"选项卡

单击"混合"操控板中的 选项 选项卡,系统弹出图 18.7.3 所示的"选项"选项卡。在该选项卡中设置混合属性,还可以对混合曲面进行封闭端处理。

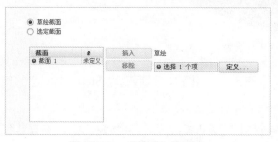

图 18.7.2 "截面"选项卡

图 18.7.3 "选项"选项卡

3. "相切"选项卡

单击"混合"操控板中的 相切 选项卡,系统弹出图 18.7.4 所示的"相切"选项卡。在该选项卡中设置混合曲面的边界属性。

下面以图 18.7.5 所示的模型为例,介绍根据选定截面创建混合特征的一般过程。

Step 1 将工作目录设置至 D:\creo2pd\work\ch18.07,打开文件 mix.prt。

Step 2 创建混合截面。

(1)绘制第一个截面。在"混合"操控板中单击"草绘"按钮 ,选取图 18.7.6 所示的表面 1 为草绘平面,选取图 18.7.6 所示的表面 2 为参考平面,方向为 顶 ;单击 草绘 按钮,绘制图 18.7.7 所示的第一个截面草图。

图 18.7.4 "相切"选项卡

图 18.7.5 混合特征

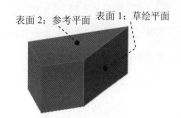

图 18.7.6 选取草绘平面

(2)绘制第二个截面。在"混合"操控板中单击"草绘"按钮 ,选取图 18.7.8 所示的表面 1 为草绘平面,选取图 18.7.8 所示的表面 2 为参考平面,方向为 顶 ;单击 草绘 按钮,绘制图 18.7.9 所示的第二个截面草图。

Step 3 创建混合特征。

(1)选择命令。在 模型 功能选项卡中选择 形状 ▾ ➡ 混合 命令。

(2)定义截面 1。单击"混合"操控板中的 截面 选项卡,在系统弹出的选项卡中选中 ● 选定截面 单选项,选取 Step2 中创建的第一个截面为混合截面 1。

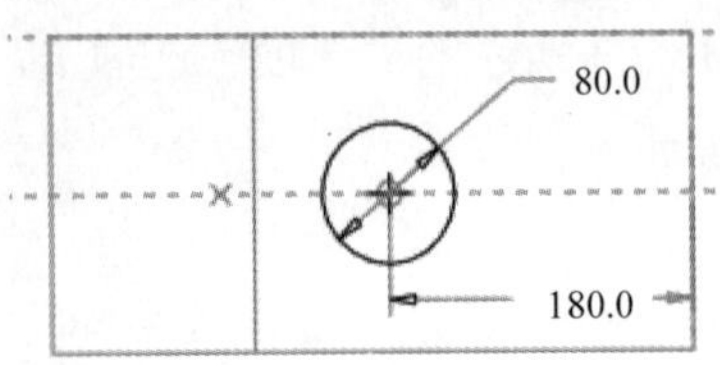

图 18.7.7　第一个截面草图 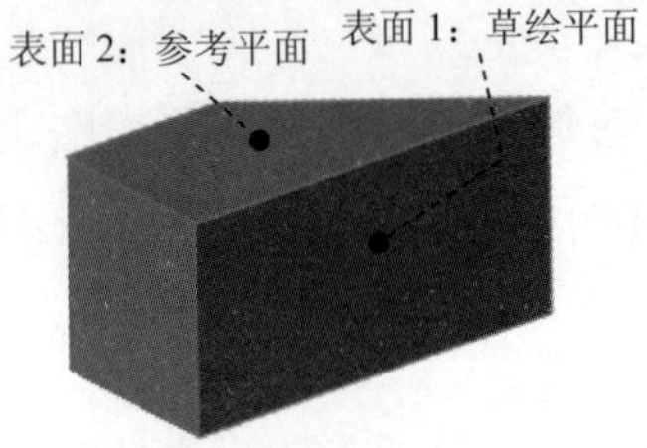　　　图 18.7.8　选取草绘平面 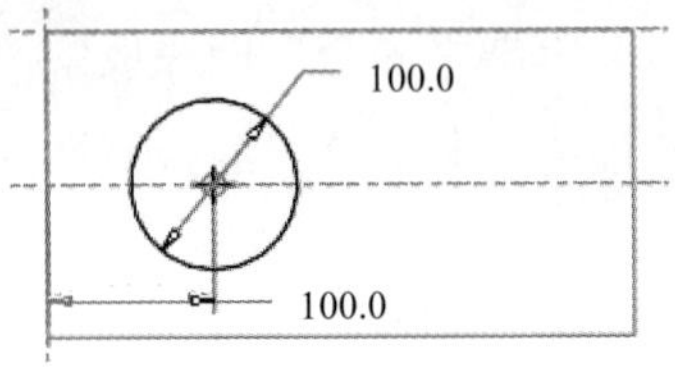　　　图 18.7.9　第二个截面

（3）定义截面 2。单击选项卡中的 <kbd>插入</kbd> 按钮，然后选取 Step2 中创建的第二个截面为混合截面 2。

（4）单击"混合"操控板中的"移除材料"按钮 ⎇，单击 ✔ 按钮，完成混合特征的创建，结果如图 18.7.5 所示。

18.7.2　旋转混合特征

使用旋转混合命令可以使用互成角度的若干截面来创建混合特征，其操作方法和混合类似。在 <kbd>模型</kbd> 功能选项卡中选择 <kbd>形状 ▾</kbd> ➡ <kbd>旋转混合</kbd>命令，系统弹出图 18.7.10 所示的"旋转混合"操控板。

图 18.7.10　"旋转混合"操控板

下面以图 18.7.11 所示的模型为例，介绍根据选定截面创建旋转混合特征的一般过程。

Step 1 将工作目录设置至 D:\creo2pd\work\ch18.07，打开文件 revolution.prt。

Step 2 创建混合特征。

（1）选择命令。在 <kbd>模型</kbd> 功能选项卡中选择 <kbd>形状 ▾</kbd> ➡ <kbd>旋转混合</kbd>命令。

（2）定义截面 1。单击"旋转混合"操控板中的 <kbd>截面</kbd> 选项卡，在系统弹出的选项卡中选中 ⦿ 草绘截面 单选项，单击 <kbd>定义...</kbd> 按钮，选取图 18.7.12 所示的模型表面为草绘平面，选取 TOP 基准面为参考平面，方向为 <kbd>左</kbd>；绘制图 18.7.13 所示的第一个截面草图，单击 ✔ 按钮，完成截面 1 的绘制。

图 18.7.11　混合特征

（3）定义旋转轴。在系统 ➡ Select axis of revolution. 的提示下，选取图 18.7.14 所示的边线为旋转轴。

（4）定义截面 2。单击"旋转混合"操控板中的 <kbd>截面</kbd> 选项卡，单击选项卡中的 <kbd>插入</kbd> 按钮，在偏移自下的文本框中输入旋转角度值 100.0。然后单击 <kbd>草绘...</kbd> 按钮，绘制图 18.7.15 所示的第二个截面草图，单击 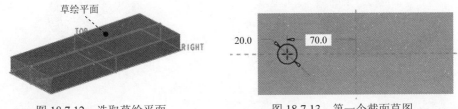 按钮，完成截面 2 的绘制。

图 18.7.12　选取草绘平面　　　　　　　图 18.7.13　第一个截面草图

（5）单击"旋转混合"操控板中的 ☑ 按钮，完成旋转混合特征的创建，结果如图 18.7.15 所示。

图 18.7.14　选择旋转轴 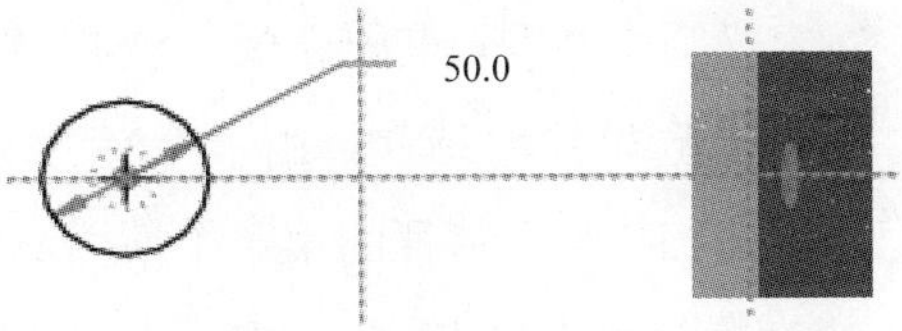　　　　　　　图 18.7.15　第二个截面草图

18.8　扫描混合特征

18.8.1　扫描混合特征创建的一般过程

将一组截面使用过渡曲面沿某一条轨迹线进行连接，形成一个连续特征，这就是扫描混合（Swept Blend）特征，它既具扫描特征的特点，又有混合特征的特点。扫描混合特征需要一条扫描轨迹和至少两个截面。图 18.8.1 所示的扫描混合特征是由三个截面和一条轨迹线扫描混合而成的。

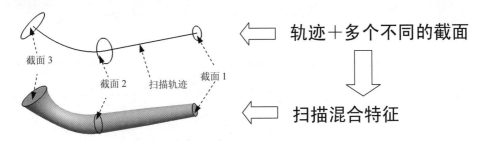

图 18.8.1　扫描混合特征

下面说明图 18.8.2 中扫描混合特征的创建过程：

Step 1　设置工作目录和打开文件。将工作目录设置为 D:\creo2pd\work\ch18.08，然后打开文件 nrmtoorigintraj.prt。

a）扫描前　　　　　　　　　　　　　b）扫描后

图 18.8.2　扫描混合特征

Step 2　单击 模型 功能选项卡 形状 ▼ 区域中的 扫描混合 按钮，在弹出的"扫描混合"操控板中单击"实体"类型按钮 □ 。

Step 3　定义扫描轨迹：选取图 18.8.3 所示的曲线，箭头方向如图 18.8.4 所示。

Step 4　定义混合类型。在操控板中单击 参考 选项卡，在其界面的 截平面控制 下拉列表中选择 垂直于轨迹 选项。由于 垂直于轨迹 为默认的选项，此步可省略。

Step 5　创建扫描混合特征的第一个截面。

（1）在操控板中单击 截面 选项卡，在弹出的"截面"界面中接受系统默认的设置值。

（2）定义第一个截面定向。在"截面"界面中单击 截面 X 轴方向 文本框中的 默认 字符，然后选取图 18.8.5 所示的边线，接受图 18.8.6 所示的箭头方向。

（3）定义第一个截面在轨迹线上的位置点。在"截面"界面中单击 截面位置 文本框中的 开始 字符，选取图 18.8.6 所示的轨迹的起始端点作为截面在轨迹线上的位置点。

（4）在"截面"界面中，将"截面 1"的 旋转 角度值设置为 0.0。

（5）在"截面"界面中单击 草绘 按钮，此时系统进入草绘环境。

（6）进入草绘环境后，绘制和标注图 18.8.7 所示的截面，单击"确定"按钮 ✔ 。

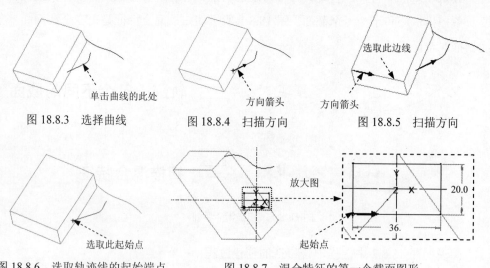

图 18.8.3　选择曲线　　　图 18.8.4　扫描方向　　　图 18.8.5　扫描方向

图 18.8.6　选取轨迹线的起始端点　　　图 18.8.7　混合特征的第一个截面图形

Step 6　创建扫描混合特征的第二个截面。

（1）在 截面 界面中单击 插入 按钮。

（2）定义第二个截面定向。在"截面"界面中单击 截面 X 轴方向 文本框中的
默认 字符，然后选取图 18.8.8 a 所示的边线，此时的方向箭头如图 18.8.8 a 所
示，在"截面"界面中单击 ╱ 按钮，将方向箭头调整到图 18.8.8b 所示的方向。

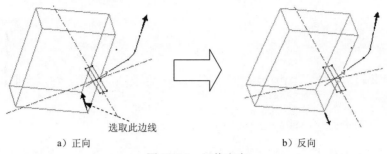

选取此边线

a）正向   b）反向

图 18.8.8 切换方向

（3）定义第二截面在轨迹线上的位置点。在"截面"界面中单击 截面位置 文本框中
的 结束 字符，选取图 18.8.9 所示的轨迹的终点作为截面在轨迹线上的位置点。

（4）在"截面"界面中，将"截面 2"的 旋转 角度值设置为 0.0。

（5）在"截面"界面中单击 草绘 按钮，此时系统进入草绘环境。

（6）绘制和标注图 18.8.10 所示的截面图形，单击"确定"按钮 ✔。

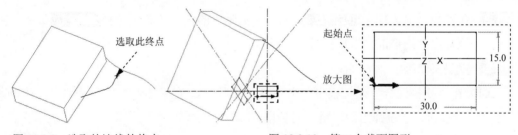

选取此终点   起始点   放大图   15.0   30.0

图 18.8.9 选取轨迹线的终点   图 18.8.10 第二个截面图形

Step 7 单击 ∞ 按钮，预览所创建的扫描混合特征。

Step 8 在操控板中单击"完成"按钮 ✔，完成扫描混合特征的创建。

Step 9 编辑特征。

（1）在模型树中选择 扫描混合 1，右击，从弹出的快捷菜单中选择 编辑 命令。

（2）在图 18.8.11 a 所示的图形中双击 0Z，然后将该值改为-90（图 18.8.11b）。

（3）单击"再生"按钮，对模型进行再生。

Step 10 验证原始轨迹是否与截面垂直。

（1）单击 分析 功能选项卡 测量 ▾ 区域中的 △ 按钮。

（2）在系统弹出的"角"对话框中，打开 分析 选项卡。

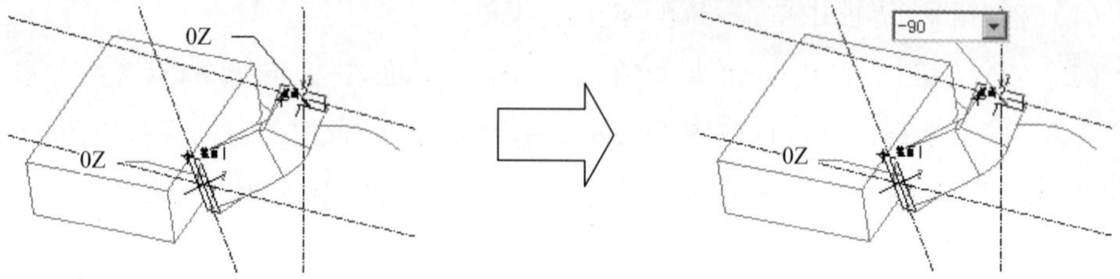

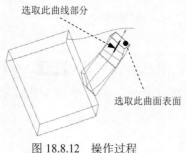

a）修改前　　　　　　　　　　　　　　　b）修改后

图 18.8.11　编辑特征

（3）定义起始参考。单击 − 起始 − 文本框中的"选取项"字符，然后选取 18.18.12 所示的曲线部分。

（4）定义至点参考。选取图 18.8.12 所示的模型表面。

（5）此时在 分析 选项卡中显示角度值为 90°，这个结果表示原始轨迹与截面垂直，验证成功。

18.8.2　重定义扫描混合特征的轨迹和截面

下面举例说明如何重新定义扫描混合特征的轨迹和截面：

Step 1 设置工作目录和打开文件。将工作目录设置为 D:\creo2pd\work\ch18.08，然后打开文件 redefine_sweepblend.prt。

Step 2 在模型树中选择 🖊扫描混合 1，右击，从弹出的快捷菜单中选择 编辑定义 命令，系统弹出"扫描混合"操控板。

Step 3 重定义轨迹。

（1）在"扫描混合"操控板中单击 参考 选项卡，在弹出的"参考"界面中单击 细节... 按钮，系统弹出的"链"对话框。

（2）在"链"对话框中单击 选项 选项卡，在 排除 文本框中单击 单击此处添加项 字符，在系统 ➭ 选择一个或多个边或曲线以从链尾排除. 的提示下，选取图 18.8.13 所示的曲线部分为要排除的链。

选取此曲线部分

选取此曲面表面

选取此加粗的曲线部分为要排除的曲线

图 18.8.12　操作过程 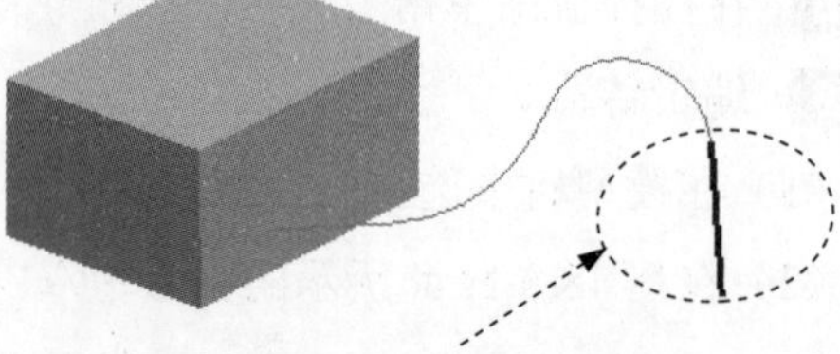　　　　　　　　图 18.8.13　选取要排除的曲线

（3）在"链"对话框中单击 确定 按钮。

Step 4 重定义第二个截面。

（1）在"扫描混合"操控板中单击 截面 选项卡，在"截面"界面中单击"截面"列表中的 截面 2 。

（2）重定截面形状。在"截面"界面中单击 草绘 按钮，进入草绘环境后，将图 18.8.14a 所示的截面四边形改成图 18.8.14b 所示的梯形，单击"确定"按钮 ✓ 。

Step 5 在操控板中单击 ∞ 按钮，预览所创建的扫描混合特征；单击 ✓ 按钮，完成扫描混合特征的创建。

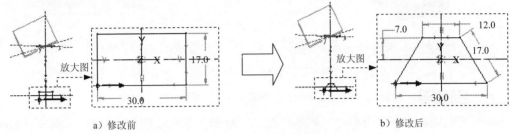

a）修改前   b）修改后

图 18.8.14 截面草图

18.8.3 扫描混合的选项说明

1. 截面控制

三个混合选项的区别如下：

- 垂直于轨迹：特征的各个截面在扫描过程中保持与"原始轨迹"垂直，如图 18.8.15 a 所示。此选项为系统默认的设置。如果用"截面"界面中的 截面 X 轴方向 确定截面的定向，则截面的 X 向量（即截面坐标系的 X 轴方向）与选取的平面的法线方向、边线/轴线方向或者与选取的坐标系的某个坐标轴一致，如图 18.8.15b 所示。查看模型 D:\creo2pd\work\ch18.08\normtotraj_ok.prt。

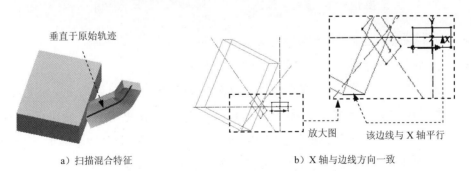

a）扫描混合特征   b）X 轴与边线方向一致

图 18.8.15 垂直于轨迹

- 垂直于投影：沿投影方向看去，特征的各个截面在扫描过程中保持与"原始轨迹"垂直，Z 轴与指定方向上的"原始轨迹"的投影相切，此时需要首先选取一个方向参考，并且截面坐标系的 Y 轴方向与方向参考一致，如图 18.8.16b 所示。查看模型 D:\creo2pd\work\ch18.08\normtopro_ok.prt。

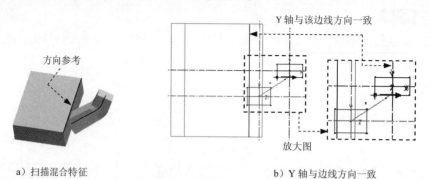

a）扫描混合特征   b）Y 轴与边线方向一致

图 18.8.16　垂直于投影

- 恒定法向：在扫描过程中，特征各个截面的 Z 轴平行于指定方向向量，此时需要首先选取一个方向参考，如图 18.8.17b 所示。查看模型 D:\creo2pd\work\ch18.08\consnormdire_ok.prt。

2. 混合控制

在"扫描混合"操控板中单击 选项 选项卡，系统弹出图 18.8.18 所示的界面，在该界面中选中不同的选项，可以控制特征截面的形状。

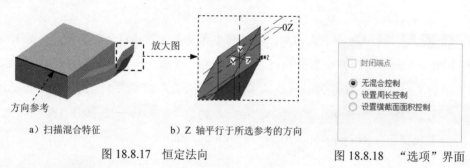

a）扫描混合特征　　　　b）Z 轴平行于所选参考的方向

图 18.8.17　恒定法向　　　　　　图 18.8.18　"选项"界面

- 封闭端点 复选框：设置曲面的封闭端点。

- 无混合控制 单选项：将不设置任何混合控制。

- 设置周长控制 单选项：混合特征中的各截面的周长将沿轨迹线呈线性变化，这样通过修改某个已定义截面的周长便可以控制特征中各截面的形状。当选中 设置周长控制 单选项时，"选项"界面如图 18.8.19 所示，若选中 通过折弯中心创建曲线 复选框，可将曲线放置在扫描混合的中心。

- 设置横截面面积控制 单选项：用户可以通过修改截面的面积来控制特征中各截面的形状。在下面的例子中，可以通过调整轨迹上基准点 PNT0 处的截面面积来调整特征的形状（图 18.8.20）。

Step 1　设置工作目录和打开文件。将工作目录设置为 D:\creo2pd\work\ch18.08，然后打开文件 sweepblend_area.prt。

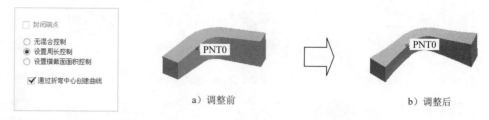

图 18.8.19　"选项"选项卡　　　　　　　　图 18.8.20　调整特征形状

Step 2　在模型树中选择 ⊘扫描混合 1，右击，从弹出的快捷菜单中选择 编辑定义 命令。在 "扫描混合"操控板中单击 选项 选项卡，在"选 项"界面中选中 ⦿ 设置横截面面积控制 单选项（图 18.8.21）。

Step 3　定义控制点。

（1）在系统 ➡ 在原点轨迹上选择一个点或顶点以指定区域。 的提示 下，选取图 18.8.22 所示的基准点 PNT0。

（2）在"选项"界面中，将"PNT0：F6（基准点）" 的"面积"改为 300。

图 18.8.21　"选项"界面

Step 4　单击"完成"按钮 ✔，完成扫描混合特征的创建。

3. 相切

在"扫描混合"操控板中单击 相切 选项卡，系统弹出如 图 18.8.23 所示的界面，用于控制扫描混合特征与其他特征的相 切过渡，如图 18.8.24 所示。

图 18.8.22　选择基准点

图 18.8.23　"相切"界面

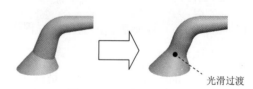

图 18.8.24　相切

Step 1　设置工作目录和打开文件。将工作目录设置为 D:\creo2pd\work\ch18.08，然后打 开文件 sweepblend_tangent.prt。

Step 2　在模型树中选择 ⊘扫描混合 1，右击，从弹出的快捷菜单中选择 编辑定义 命令。在 "扫描混合"操控板中单击 相切 选项卡，系统弹出"相切"界面。

Step 3　在"相切"界面中选择"终止截面"，将"终止截面"设置为"相切"，此时图 18.8.25 所示的边线被加亮显示。

Step 4　在模型上依次选取图 18.8.26、图 18.8.27 所示的曲面。

图 18.8.25　边线被加亮显示　　图 18.8.26　选取一相切的面　　图 18.8.27　选取另一相切的面

Step 5 单击操控板中的 ∞ 按钮，预览所创建的扫描混合特征；单击 ✔ 按钮，完成扫描混合特征的创建。

说明：要注意特征截面图元必须在要选取的相切面上。在本例打开的模型中，可先在轨迹的端点处创建一个与轨迹垂直的基准平面 DTM1（图 18.8.28），然后用"相交"命令得到 DTM1 与混合特征的交线（图 18.8.29），用交线作为扫描混合特征的第一个截面（图 18.8.29），这样便保证了扫描混合特征第一个截面的图元在要相切的混合特征的表面上。

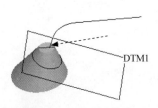 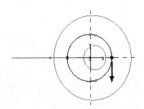

图 18.8.28　创建相交曲线　　　　　图 18.8.29　扫描混合特征的第一个截面

18.9　扫描特征

18.9.1　关于扫描特征

扫描（Sweep）特征是一种在扫描过程中，截面的方向和形状由若干轨迹线所控制的特征。如图 18.9.1 所示，扫描特征一般要定义一条原始轨迹线、一条 X 轨迹线、多条一般轨迹线和一个截面。其中，原始轨迹是截面经过的路线，即截面开始于原始轨迹的起点，终止于原始轨迹的终点；X 轨迹线决定截面上坐标系的 X 轴方向；多条一般轨迹线用于控制截面的形状。另外，还需要定义一条法向轨迹线以控制特征截面的法向，法向轨迹线可以是原始轨迹线、X 轨迹线或某条一般轨迹线。

18.9.2　扫描的选项说明

单击 模型 功能选项卡 形状 ▾ 区域中的 扫描 ▾ 按钮，系统弹出"扫描"操控板。

1. 截面方向控制

在"扫描"操控板中单击 参考 按钮，在其界面中可看到，截平面控制列表框中有如下三个选项：

- **垂直于轨迹**：扫描过程中，特征截面始终垂直于某个轨迹，该轨迹可以是原始轨迹线、X 轨迹线或某条一般轨迹线。

- **垂直于投影**：扫描过程中，特征截面始终垂直于一条假想的曲线，该曲线是某个轨迹在指定平面上的投影曲线。

- **恒定法向**：截面的法向与指定的参考方向保持平行。

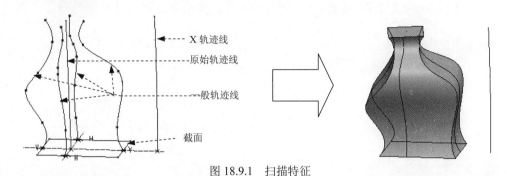

图 18.9.1　扫描特征

2. 截面形状控制

- **✓** 按钮：草绘截面在扫描过程中可变。

- **—** 按钮：草绘截面在扫描过程中不变。

18.9.3　用"垂直于轨迹"确定截面的法向

在图 18.9.2 中，特征的截面保持与曲线 2 垂直，其创建过程如下：

Step 1 设置工作目录和打开文件。将工作目录设置为 D:\creo2pd\work\ch18.09，然后打开文件 varsecsweep_normtraj.prt。

Step 2 单击 **模型** 功能选项卡 **形状 ▼** 区域中的 **🗘扫描 ▼** 按钮。

Step 3 在操控板中单击"实体"类型按钮 **□**。

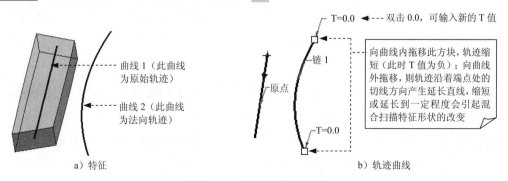

图 18.9.2　截面垂直于轨迹

Step 4 选择轨迹曲线。第一个选择的轨迹必须是原始轨迹，先选择基准曲线 1，然后按住 Ctrl 键，选择基准曲线 2。

Step 5 定义截面的控制。

（1）选择控制类型。在操控板中单击 参考 选项卡，在其界面的 截平面控制 下拉列表中选择 垂直于轨迹 选项。由于 垂直于轨迹 为默认的选项，此步可省略。

（2）选择控制轨迹。在 参考 界面中选中"链 1"中的 N 栏，如图 18.9.3 所示。

Step 6 创建扫描特征的截面。在操控板中单击"创建或编辑扫描截面"按钮 ，进入草绘环境后创建图 18.9.4 所示的截面草图，然后单击"确定"按钮 。

图 18.9.3 "参考"界面

图 18.9.4 截面草图

Step 7 单击"完成" 按钮，完成特征的创建。

18.9.4 用"垂直于投影"确定截面的法向

在图 18.9.5 中，特征的截面在扫描过程中始终垂直于投影曲线 2 的投影，该特征的创建过程如下：

Step 1 设置工作目录和打开文件。将工作目录设置为 D:\creo2pd\work\ch18.09，然后打开文件 varsecsweep_normproject.prt。

Step 2 单击 模型 功能选项卡 形状 ▾ 区域中的 扫描 ▾ 按钮。

Step 3 在操控板中单击"实体"类型按钮 。

Step 4 选择轨迹曲线。第一个选择的轨迹必须是原始轨迹，在图 18.9.5 中，先选择基准曲线 1，然后按住 Ctrl 键，选择基准曲线 2。

Step 5 定义截面的控制。

（1）选择控制类型。在操控板中单击 参考 按钮，在 截平面控制 列表框中选择 垂直于投影。

（2）选择方向参考。在图 18.9.5 所示的模型中选取基准平面 DTM1。

Step 6 创建扫描特征的截面。在操控板中单击"创建或编辑扫描截面"按钮 ，进入草绘环境后，绘制图 18.9.6 所示的特征截面，然后单击"确定"按钮 。

Step 7 单击操控板中 按钮，完成特征的创建。

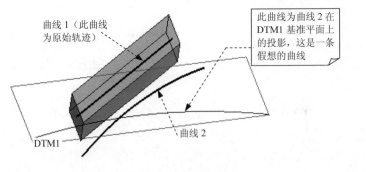

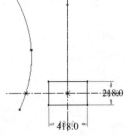

图 18.9.5　垂直于投影　　　　　　　　　　图 18.9.6　截面草图

18.9.5　用"恒定法向"确定截面的法向

在图 18.9.7 中，特征截面的法向在扫描过程中是恒定的，该特征的创建过程如下：

Step 1 设置工作目录和打开文件。将工作目录设置为 D:\creo2pd\work\ch18.09，然后打开文件 varsecsweep_const.prt。

Step 2 单击 模型 功能选项卡 形状 ▼ 区域中的 扫描 ▼ 按钮。

Step 3 在操控板中单击"实体"类型按钮 □。

Step 4 选择轨迹曲线。第一个选择的轨迹必须是原始轨迹，在图 18.9.8 中，先选择基准曲线 1，然后按住 Ctrl 键，选择基准曲线 2。

Step 5 定义截面的控制。

（1）选择控制类型。在操控板中单击 参考 按钮，在 截平面控制 列表框中选择 恒定法向。

（2）选择方向参考。在如图 18.9.7 所示的模型中选择 DTM2 基准平面。

Step 6 创建扫描特征的截面。在操控板中单击"创建或编辑扫描截面"按钮 ☑，进入草绘环境后，绘制图 18.9.8 所示的特征截面，然后单击"确定"按钮 ✔。

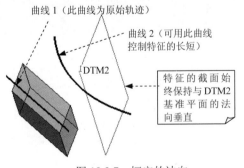

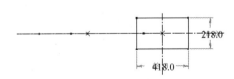

图 18.9.7　恒定的法向　　　　　　　　　　图 18.9.8　截面草图

Step 7 改变特征长度。单击曲线 2，使其两端显示 T＝0.0，将其左端的 T 值改为 50.0，如图 18.9.9 所示。

Step 8 单击操控板中的 ✔ 按钮，完成特征的创建。

18.9.6 使用 X 轨迹线

在图 18.9.10 中，特征截面坐标系的 X 轴方向在扫描过程中由曲线 2 控制，该特征的创建过程如下：

Step 1 设置工作目录和打开文件。将工作目录设置为 D:\creo2pd\work\ch18.09，然后打开文件 varsecsweep_xvector.prt。

Step 2 单击 模型 功能选项卡 形状 ▼ 区域中的 扫描 ▼ 按钮。

Step 3 在操控板中单击"实体"类型按钮 □。

Step 4 选择轨迹曲线。第一个选择的轨迹必须是原始轨迹，在图 18.9.10 中，先选择基准曲线 1，然后按住 Ctrl 键，选择基准曲线 2。

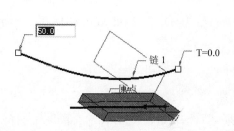

图 18.9.9 改变特征长度

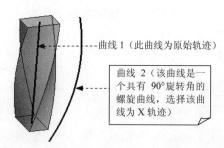

曲线 1（此曲线为原始轨迹）

曲线 2（该曲线是一个具有 90°旋转角的螺旋曲线，选择该曲线为 X 轨迹）

图 18.9.10 使用 X 轨迹线

Step 5 定义截面的控制。在操控板中单击 参考 按钮，选中"链 1"中的 X 栏。

Step 6 创建扫描特征的截面。在操控板中单击"创建或编辑扫描截面"按钮 ☑，进入草绘环境后，绘制图 18.9.11 所示的特征截面，然后单击"确定"按钮 ✓。

Step 7 单击操控板中的 ✓ 按钮，完成特征的创建。从完成后的模型中可以看到前后两个截面成 90°，如图 18.9.12 所示。

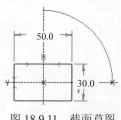

图 18.9.11 截面草图

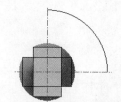

图 18.9.12 完成后的模型结果

18.9.7 使用轨迹线控制特征的形状

在图 18.9.13 中，特征的形状在扫描过程中由曲线 2 和曲线 3 控制，该特征的创建过程如下：

Step 1 将工作目录设置为 D:\creo2pd\work\ch18.09，打开文件 varsecsweep_traj.prt。

Step 2 单击 **模型** 功能选项卡 **形状 ▼** 区域中的 **⚲扫描 ▼** 按钮。

Step 3 在操控板中单击"实体"类型按钮 **▢**。

Step 4 选择轨迹曲线。第一个选择的轨迹必须是原始轨迹，在图 18.9.13 中，先选择基准曲线 1，然后按住 Ctrl 键，选择基准曲线 2 和曲线 3。

Step 5 创建扫描特征的截面。在操控板中单击"创建或编辑扫描截面"按钮 **✎**，进入草绘环境后，绘制图 18.9.14 所示的截面草图。注意：点 P0、P1 是曲线 2 和曲线 3 端点，为了使曲线 2 和曲线 3 能够控制可变扫描特征的形状，截面草图必须与点 P0、P1 对齐。绘制完成后，然后单击"确定"按钮 **✔**。

Step 6 单击操控板中的 **✔** 按钮，完成特征的创建。

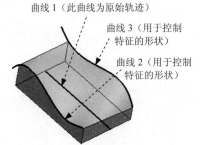

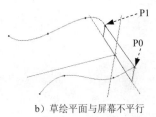

a）草绘平面与屏幕平行　　　　b）草绘平面与屏幕不平行

图 18.9.13　用轨迹线控制特征的形状　　　图 18.9.14　截面草图

18.9.8　扫描特征应用举例

图 18.9.15 所示的模型是用扫描特征创建的异形壶，这是一个关于扫描特征的综合练习，下面介绍其操作过程：

Step 1 将工作目录设置为 D:\creo2pd\work\ch18.09，打开文件 tank_design.prt。打开的文件中，基准曲线 0、基准曲线 1、基准曲线 2、基准曲线 3 和基准曲线 4 是一般的平面草绘曲线，基准曲线 5 是用方程创建的螺旋基准曲线。

Step 2 创建扫描特征。

（1）单击 **模型** 功能选项卡 **形状 ▼** 区域中的 **⚲扫描 ▼** 按钮。

（2）在操控板中单击"实体"类型按钮 **▢**。

（3）选择轨迹曲线。第一个选择的轨迹必须是原始轨迹，在图 18.9.16 中，先选择基准曲线 0，然后按住 Ctrl 键，选择基准曲线 1、曲线 2、曲线 3、曲线 4 和曲线 5。

（4）创建扫描特征的截面。在操控板中单击"创建或编辑扫描截面"按钮 **✎**，进入草绘环境后，绘制图 18.9.17 所示的截面草图。完成后，单击"确定"按钮 **✔**。

注意：P1、P2、P3 和 P4 是曲线 1、曲线 2、曲线 3 和曲线 4 的端点，为了使这四条曲线能够控制可变扫描特征的形状，截面草图必须与点 P1、P2、P3 和 P4 对齐。曲线 5 是一个具有 15° 旋转角的螺旋曲线。

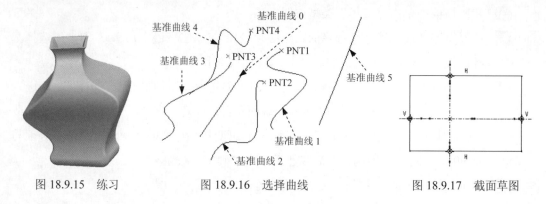

图 18.9.15　练习　　　　图 18.9.16　选择曲线　　　　图 18.9.17　截面草图

（5）在操控板中单击 ∞ 按钮，预览所创建的特征；单击"完成"按钮 ✔。

Step 3　对模型的侧面进行圆角。

（1）单击 模型 功能选项卡 工程 ▾ 区域中的 ⌒倒圆角 ▾ 按钮。

（2）选取图 18.9.18 所示的四条边线，圆角半径值为 18.0。

Step 4　对图 18.9.19 所示的模型底部进行圆角，圆角半径值为 10.0。

Step 5　创建抽壳特征。

（1）单击 模型 功能选项卡 工程 ▾ 区域中的"壳"按钮 回壳。

（2）要去除的面如图 18.9.20 所示，抽壳厚度值为 5.0。

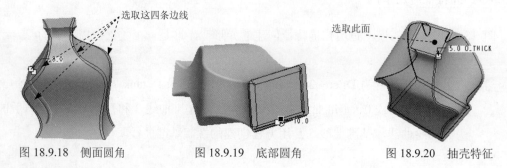

图 18.9.18　侧面圆角　　　　图 18.9.19　底部圆角　　　　图 18.9.20　抽壳特征

18.10　环形折弯特征

环形折弯（Toroidal Bend）命令是一种改变模型形状的操作，它可以对实体特征、曲面、基准曲线进行环状的折弯变形。图 18.10.1 所示的模型是使用环形折弯命令产生的汽车轮胎，该模型的创建方法是先在平直的实体上构建切削花纹并进行阵列，然后用环形折弯命令将模型折弯成环形，再镜像成为一个整体轮胎模型。

说明：本例前面的详细操作过程请参见随书光盘中 video\ch18.10\reference\文件下的语

音视频讲解文件 instance_tyre-r01.avi。

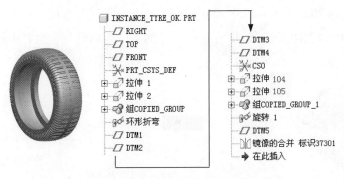

图 18.10.1　模型及模型树

Step 1 打开文件 D:\creo2pd\work\ch18.10\instance_tyre_ex.prt。

Step 2 创建图 18.10.2 所示的拉伸特征 2。在操控板中单击"拉伸"按钮 <kbd>拉伸</kbd>，单击"移除材料"按钮 <kbd>⬜</kbd>；选取图 18.10.2 所示的草绘平面和参考平面，方向为 <kbd>右</kbd>；绘制图 18.10.3 所示的截面草图，定义拉伸类型为 <kbd>⬥</kbd>，输入深度值 3.0。

Step 3 创建图 18.10.4 所示的平移复制特征。

（1）在 <kbd>模型</kbd> 功能选项卡选取 <kbd>操作 ▾</kbd> ➡ <kbd>特征操作</kbd> 命令。

（2）在菜单管理器中，选择 <kbd>Copy（复制）</kbd> ➡ <kbd>Move（移动）</kbd> ➡ <kbd>Select（选择）</kbd> ➡ <kbd>Independent（独立）</kbd> ➡ <kbd>Done（完成）</kbd>命令，选取上一步创建的拉伸特征 2，再选择 <kbd>Done（完成）</kbd> 命令。

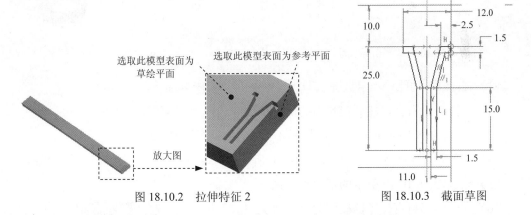

图 18.10.2　拉伸特征 2　　　　　图 18.10.3　截面草图

（3）在菜单管理器中，选择 <kbd>Translate（平移）</kbd> ➡ <kbd>Plane（平面）</kbd>命令，再选取图 18.10.5 所示的面作为平移方向参考面，调整平移正方向如图 18.10.5 所示；平移距离值为 12.0；选择 <kbd>Done Move（完成移动）</kbd> ➡ <kbd>Done（完成）</kbd> ➡ <kbd>Done（完成）</kbd>命令。

（4）在"组元素"对话框中，单击 <kbd>确定</kbd> 按钮，完成平移复制。

Step 4 创建图 18.10.6 所示的特征阵列。选取上一步创建的平移复制特征右击，选择阵列... 命令。在阵列控制方式下拉列表中选择 尺寸 选项。单击 尺寸 选项卡，选取图 18.10.7 所示的尺寸 12.0 作为第一方向阵列参考尺寸，在 方向1 区域的 增量 文本栏中输入增量值 12.0；在操控板中的第一方向阵列个数栏中输入数值 49。单击 ✔ 按钮，完成阵列特征的创建。

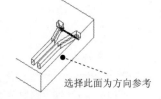

选择此面为方向参考

图 18.10.4 平移复制特征   图 18.10.5 平移方向   图 18.10.6 阵列特征

Step 5 创建图 18.10.8 所示的环形折弯特征。

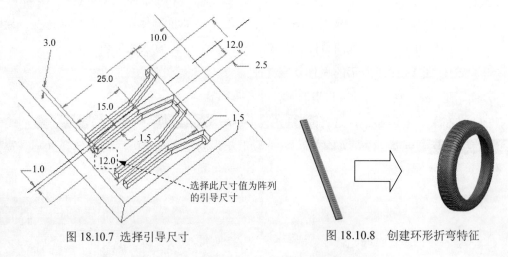

选择此尺寸值为阵列的引导尺寸

图 18.10.7 选择引导尺寸   图 18.10.8 创建环形折弯特征

（1）在 模型 功能选项卡选择 工程 ▼ ➡ ⟳环形折弯 命令。

（2）在图形区右击，然后在弹出的快捷菜单中选择 定义内部草绘... 命令。

（3）选取图 18.10.9 所示的端面为草绘平面，接受默认的草绘参考。

（4）进入草绘环境后，先选取图 18.10.10 所示的边线为参考，然后绘制特征截面草图。

（5）创建图 18.10.10 所示的草绘坐标系。

（6）在"环形折弯"操控板中的"折弯类型"下拉列表中选择 360 度折弯 ；然后分别单击其后的 ◉ 单击此处添加项 字符，分别选取图 18.10.11 所示的两个端面。

（7）在操控板中单击 参考 选项卡，选中 ☑ 实体几何复选框，单击 ✔ 按钮。

Step 6 创建图 18.10.12 中所示的基准平面 DTM1。单击 模型 功能选项卡 基准 ▼ 区域中的"平面"按钮 ▱ ，选取环形折弯特征的端面为参考，输入偏移值 0.0。单击对话框中的 确定 按钮。

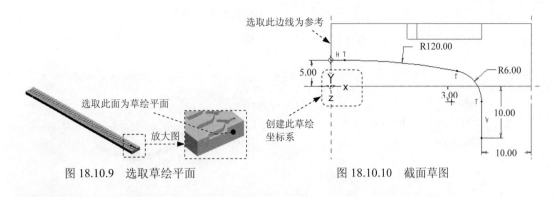

图 18.10.9　选取草绘平面　　　　　图 18.10.10　截面草图

Step 7 创建图 18.10.14 所示的镜像复制特征。

（1）在 **模型** 功能选项卡选取 **操作 ▾** ➡ **特征操作** 命令。

（2）在菜单管理器中选择 **Copy（复制）** ➡ **Mirror（镜像）** ➡ **All Feat（所有特征）** ➡ **Independent（独立）** ➡ **Done（完成）** 命令。

（3）选择 **Plane（平面）** 命令，再选取图 18.10.13 所示的 DTM1 基准平面为镜像中心平面；选择 **Done（完成）** 命令。

图 18.10.11　选取端面　　图 18.10.12　创建 DTM1　　图 18.10.13　选取曲面　图 18.10.14　镜像特征

18.11　特征阵列的高级应用

18.11.1　填充阵列

填充阵列就是用阵列的成员来填充所草绘的区域，如图 18.11.1 所示。

下面说明填充阵列的创建过程：

Step 1 将工作目录设置为 D:\creo2pd\work\ch18.11，打开文件 fill_array.prt。

Step 2 在模型树中单击 ✍组GROUP_1，再右击，选择 **阵列...** 命令。

Step 3 选取阵列类型。在"阵列"操控板的 **选项** 选项卡下拉列表中选择 **一般** 选项。

Step 4 选取控制阵列方式。在"阵列"操控板中选取以"填充"方式来控制阵列。

Step 5 绘制填充区域。

（1）在绘图区中右击，从弹出的快捷菜单中选择 定义内部草绘... 命令，选取图 18.11.2 所示的表面为草绘平面，接受系统默认的参考平面和方向。

a）阵列前

b）阵列后

选择此表面为草绘平面

图 18.11.1　创建填充阵列

图 18.11.2　选择草绘平面

（2）进入草绘环境后，绘制图 18.11.3 所示的草绘图作为填充区域。

Step 6 设置填充阵列形式并输入控制参数值。在操控板的 A 区域中选取"圆"作为排列阵列成员的方式；在 B 区域中输入阵列成员中心之间的距离值 25；在 C 区域中输入阵列成员中心和草绘边界之间的最小距离值 0.0；在 D 区域中输入栅格绕原点的旋转角度值 0.0；在 E 区域输入径向间距值 20。

Step 7 在操控板中单击 ✔ 按钮，完成操作。

18.11.2　表阵列

图 18.11.4 中的几个孔是用"表阵列"的方法创建的。下面介绍其创建方法：

Step 1 将工作目录设置为 D:\creo2pd\work\ch18.11；打开文件 table_array.prt。

Step 2 在模型树中选择 组GROUP 1，右击，选择 阵列... 命令。

Step 3 在"阵列"操控板的下拉列表框中选择"表"。

绘制此圆为填充区域

a）阵列前

a）阵列后

图 18.11.3　绘制填充区域

图 18.11.4　创建表阵列

Step 4 选择表阵列的尺寸。在操控板中单击 表尺寸 选项卡，系统弹出界面；按住 Ctrl 键，在图 18.11.5 中分别选取尺寸 25、26、12、24，此时"表尺寸"界面如图 18.11.6 所示。

Step 5 编辑表。在操控板中单击 编辑 按钮，系统弹出图 18.11.7a 所示的窗口，按照图 18.11.7b 所示的窗口修改值。

Step 6 在操控板中单击 ✔ 按钮，完成操作。

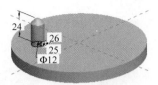

图 18.11.5 选取尺寸

图 18.11.6 "表尺寸"界面

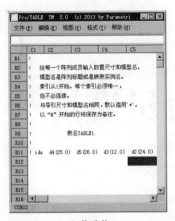

a) 修改前

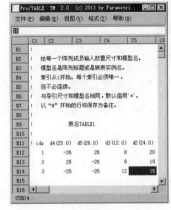

b) 修改后

图 18.11.7 "Pro/TABLE"(表)窗口

19

产品设计中的行为建模技术

19.1 行为建模功能概述

行为建模工具可以完成以下功能：

- 创建基于模型测量和分析的特征参数。
- 创建基于模型测量和分析的几何图元。
- 创建符合特殊要求的测量的新类型。
- 分析变量尺寸和参数改变时测量参数的行为。
- 自动查找满足所需的模型行为的尺寸和参数值。
- 分析指定设计空间内测量参数的行为。

行为建模的基本模块如下：

- 域点
- 分析特征
- 持续分析显示
- 用户定义分析（UDA）
- 灵敏度、可行性和优化研究
- 优化特征
- 多目标设计研究
- 外部分析
- 运动分析

行为建模器是新一代目标导向智能型模型分析工具。

图 19.1.1 所示是发动机油箱的油底壳模型，在要求 DTM2 到顶端高度（图中尺寸 30）固定不变的前提下，应用行为建模器功能，当容积大小要求改变时，可以轻易求解出改变后的容器的长度及宽度尺寸。

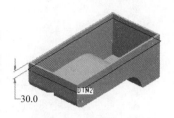

图 19.1.1　油底壳模型

有了行为建模器的帮助，工程师不再需要使用最原始的手动方式重复求解。现在的设计过程仅需专注于设计意图，将模型行为信息融入设计中，由行为建模器进行快速运算求解，使工程师能有更多时间去思考其他的解决方法，研究设计改变所带来的影响程度。

行为建模器可提供给设计师更理想的解决方案，使他们可以设计出优良的产品。

行为建模分析的一般过程如下：

Step 1　创建合适的分析特征，建立分析参数，利用分析特征对模型进行如物理性质、曲线性质、曲面性质和运动情况等的测量。

Step 2　定义设计目标，通过分析工具产生有用的特征参数，准确计算后找出最佳解。

行为建模模块中的命令主要分布在　分析　功能选项卡中，如图 19.1.2 所示。

图 19.1.2　"分析"功能选项卡

19.2　分析特征

19.2.1　分析特征概述

上一节我们介绍了行为建模器是一种分析工具，它在特定的设计意图、设计约束前提下，经一系列测试参数迭代运算后，可以为设计人员提供最佳的设计建议。

既然是一种分析工具，势必需要建立分析特征，由于特征参数的产生，清楚定义设计变量与设计目标后，系统会寻找出合理的参考解答方案。

1. 模型基准分析特征（包括：UDA、关系、Excel 分析、Mechanica）

（1）进入模型基准分析特征对话框。要进入分析特征对话框，首先打开一个模型文件。

单击　分析　功能选项卡　管理▼　区域中的"分析"按钮　🔳分析　，系统弹出图 19.2.1 所示的"分析"对话框。

图 19.2.1 所示"分析"对话框的　类型　区域各选项的说明如下：

- ◉　UDA 单选项：使用以前的 UDA 结果作为"分析特征"的输入。

- ● Excel 分析单选项：运行 Excel 分析。
- ● 外部分析单选项：运行外部分析。
- ● 关系单选项：写入特征关系。
- ● Creo Simulate 单选项：执行 Pro/MECHA- NICA 分析。
- ● 人类工程学分析 单选项：进行人类工程学分析。

在 **重新生成请求** 区域各选项的说明如下：

- ● 始终单选项：在模型再生期间总是再生分析特征。
- ● 只读单选项：将分析特征从模型再生中排除。
- ● 仅设计研究单选项：仅当其用于设计研究时才再生分析特征。

2. 其他分析特征（包括：测量、模型分析等）

可以在 分析 功能选项卡中，选取相应的命令进行操作，在下面几节我们会进行详细的介绍。

图 19.2.1 "分析"对话框

19.2.2 测量分析特征——Measure

使用测量功能在模型上进行测量，并且可将此测量的结果创建为可用的参数，进而产生分析基准特征，并在模型树中显示出来。

测量功能如表 19.2.1 所示。

表 19.2.1 测量功能

测量项目	默认参数名称	参数说明	默认基准名称
Curve Length	LENGTH	长度	N/A
Distance	DISTANCE	距离	PNT FROM_entid
			PNT_TO_entid
Angle	ANGLE	角度	N/A
Area	AREA	面积	N/A
Diameter	DIAMETER	直径	N/A

下面举例说明测量分析特征的创建过程，创建该特征后的模型树如图 19.2.2 所示。

Step 1 将工作目录设置为 D:\creo2pd\work\ch19.02，打开文件 area_analysis.prt。

Step 2 在 分析 功能选项卡 测量 区域中，选择

测量 ➡ ⊠ 面积 命令。

Step 3 在图 19.2.3 所示的"测量：面积"对话框中，进行如下操作：

（1）选择测量对象。选取图 19.2.2 所示的模

图 19.2.2 模型及模型树

19 Chapter

型表面，测量结果自动显示在结果区域中。

（2）生成特征。在对话框中单击  按钮，在系统弹出的图 19.2.4 所示的界面中选中

⦿ 生成特征 单选项，在其下的文本框中输入特征名称 ANALYSIS_AREA，单击　确定　按钮。

图 19.2.3　模型树及"区域"对话框　　　　图 19.2.4　"区域"对话框

19.2.3　模型分析特征——Model Analysis

模型分析功能可以在模型上进行各种物理量的计算，并且可将计算的结果建立为可用的参数，最后形成分析基准特征，并显示在模型树中。

模型分析功能如表 19.2.2 所示。

表 19.2.2　模型分析功能

测量项目	默认参数名称	参数说明	默认基准名称
Model Mass Properties（模型质量属性）	VOLUME	体积	CSYS_COG_entid PNT_COG_entid
	SURF_AREA	表面积	
	MASS	质量	
	INERTIA_1	主惯性矩（最小）	
	INERTIA_2	主惯性矩（中间）	
	INERTIA_3	主惯性矩（最大）	
	XCOG	重心的 X 值	
	YCOG	重心的 Y 值	
	ZCOG	重心的 Z 值	
	MP_IXX	惯量 XX	
	MP_IYY	惯量 YY	
	MP_IZZ	惯量 ZZ	
	MP_IXY	惯量 XY	
	MP_IXZ	惯量 XZ	
	MP_IYZ	惯量 YZ	

测量项目	默认参数名称	参数说明	默认基准名称
	ROT_ANGL_X	重心 X 轴角度	
	ROT_ANGL_Y	重心 Y 轴角度	
	ROT_ANGL_Z	重心 Z 轴角度	
X-Section Mass Properties	XSEC_AREA	X 截面面积	CSYS_XSEC_COG_entid PNT_XSEC_COG_entid
	XSEC_INERTIA_1	主惯性矩（最小）	
	XSEC_INERTIA_2	主惯性矩（最大）	
	XSEC_XCG	质心的 X 值	
	XSEC_YCG	质心的 Y 值	
	XSEC_IXX	惯量 XX	
	XSEC_IYY	惯量 YY	
	XSEC_IXY	惯量 XY	
One-Sided olume（一侧体积块）	ONE_SIDED_VOL	一侧体积	N/A
Paris Clearance（对间隙）	CLEARANCE	最小间隙	PNT_FROM_entid PNT_TO_entid
	INTERFERENCE_STATUS	干涉状态（0 或 1）	
	INTERFERENCE_VOLUME	干涉体积	

下面举例说明模型分析特征的创建过程，如图 19.2.5 所示，创建该特征后的模型树如图 19.2.6 所示。

图 19.2.5 示例 2

```
MODEL_ANALYSIS.PRT
    RIGHT
    TOP
    FRONT
    PRT_CSYS_DEF
  ▶  拉伸 1
  ▶  拉伸 2
    MASS_CENTER
  ◆ 在此插入
```

图 19.2.6 模型树

具体操作步骤如下：

Step 1 将工作目录设置为 D:\creo2pd\work\ch19.02，打开文件 model_analysis.prt。

Step 2 设置模型密度。选择下拉菜单 文件 ▾ ➡ 准备 (R) ▸ ➡ 模型属性 (I) 编辑模型属性. 命令；系统弹出图 19.2.7 所示的"模型属性"对话框，在 材料 区域下面的 质量属性 栏中单击 更改 命令，系统弹出"质量属性"对话框；在 基本属性 区域的 密度 文本框中输入零件的密度值 "7.8e-3"，单击 确定 按钮，单击 关闭 按钮，完成零件密度的定义。

Step 3 单击 分析 功能选项卡 模型报告 区域中的"质量属性"按钮 质量属性 ▾，系统弹出图 19.2.8 所示的"质量属性"对话框；在 分析 选项卡的"创建临时分析"下

拉列表中选择 特征 选项，在其右边的文本框中输入分析特征的名称 MASS_CENTER，按回车键；在模型树中选取 ✗ PRT_CSYS_DEF 坐标系，此时对话框界面显示分析的结果；单击 特征 选项卡，在 重新生成 选项列表中选择"始终"；在"参数"区域，将参数"XCOG"、"YCOG"、"ZCOG"的创建栏选中（图 19.2.9）。

图 19.2.7　"模型属性"对话框

图 19.2.8　"质量属性"对话框（一）　　图 19.2.9　"质量属性"对话框（二）

Step 4　完成分析特征的创建。单击"质量属性"对话框中的 ✔ 按钮。

19.2.4　曲线分析——Curve Analysis

曲线分析功能可以针对模型上的曲线或实体边等进行曲线的性质分析，并且可以将此分析结果建立为可用的参数，从而产生分析基准特征，并在模型树中显示出来。

曲线分析功能如表 19.2.3 所示。

表 19.2.3　曲线分析功能

测量项目	默认参数名称	参数说明	默认基准名称
Curvature（曲率）	CURVATURE	曲率	PNT_MAX_CURV_entid
	MAX_CURV	最大曲率	
	MIN_CURV	最小曲率	PNT_MIN_CURV_entid
Radius（半径）	MAX_RADIUS	最大曲率半径	PNT_MAX_RADIUS_entid
	MIN_RADIUS	最小曲率半径	PNT_MIN_RADIUS_entid

测量项目	默认参数名称	参数说明	默认基准名称
Deviation（偏差）	MAX_DEVIATION	最大偏差	N/A
	MIN_DEVIATION	最小偏差	
Dihedral Angle（二面角）	MAX_DIHEDRAL	最大二面角	PNT_MAX_DIHEDRAL_entid
	MIN_DIHEDRAL	最小二面角	PNT_MIN_DIHEDRAL_entid
Info at Point（点信息）	CURVATURE	某点曲率	PNT_CLOSE_entid
	LENGTH_RATIO	某点的长度比例	

下面举例说明曲线分析特征的创建过程，模型范例及创建该特征后的模型树如图 19.2.10 所示。

图 19.2.10　示例和模型树

具体操作步骤如下：

Step 1　将工作目录设置为 D:\creo2pd\work\ch19.02，打开文件 curve_analysis.prt

Step 2　单击 分析 功能选项卡 检查几何 ▾ 区域中的"曲率"按钮 曲率 ▾ 。

Step 3　在图 19.2.11 所示的"曲率"对话框中，进行如下操作：

（1）在 分析 选项卡的"创建临时分析"下拉列表中选择 特征 选项，并在其右边的文本框中输入分析特征的名称"CURVE_ANALYSIS"，并按回车键。

（2）定义分析特征。选取图 19.2.12 所示的模型中要分析的曲线为几何参考，选取图 19.2.12 中的坐标系 PRT_CSYS_DEF 为坐标系参考。

（3）选择再生请求类型并创建参数及基准。在 特征 选项卡的 重新生成 区域中选择"始终"，在 参数 区域中将 MAX_CURV、MIN_CURV 参数的创建栏选中，参见图 19.2.13。

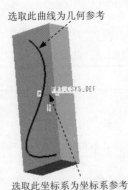

选取此曲线为几何参考

选取此坐标系为坐标系参考

图 19.2.11　"曲率"对话框　　图 19.2.12　选取坐标系　　图 19.2.13　"曲率"选项卡

Step **4**　在图 19.2.11 所示的 "曲率" 对话框中，可查看分析结果。

Step **5**　完成分析特征的创建。单击 "曲率" 对话框中的 ☑ 按钮。

19.2.5　曲面分析——Surface Analysis

曲面分析功能是针对模型上的曲面或实体面进行曲面性质的分析，并且可将此测量结果建立为可用的参数，从而产生分析基准特征，并在模型树中显示出来。

曲面分析功能如表 19.2.4 所示。

表 19.2.4　曲面分析功能

测量项目	默认参数名称	参数说明	默认基准名称
Gauss Curvature（高斯曲率）	MAX_GAUSS_CURV	最大高斯曲率	PNT_MAX_GAUSS_CURV_entid
	MIN_GAUSS_CURV	最小高斯曲率	PNT_MIN_GAUSS_CURV_entid
Section Curvature（截面曲率）	MAX_SEC_CURV	最大截面曲率	PNT_MAX_SEC_CURV_entid
	MIN_SEC_CURV	最小截面曲率	PNT_MIN_SEC_CURV_entid
Slope（斜率）	MAX_SLOPE	最大斜率	PNT_MAX_SLOPE_entid
	MIN_SLOPE	最小斜率	PNT_MIN_SLOPE_entid
Deviation（偏差）	MAX_DEVIATION	最大偏差	N/A
	MIN_DEVIATION	最小偏差	
Info at Point（点信息）	MAX_CURV	某点最大曲率	CSYS_MIN_RADIUS_entid
	MIN_CURV	某点最小曲率	PNT_CLOSE_entid
Radius（半径）	MIN_RADIUS_OUT	最小外侧半径	PNT_MIN_RADIUS_OUT_entid
	MIN_RADIUS_IN	最小内侧半径	PNT_MIN_RADIUS_IN_entid

下面举例说明曲面分析特征的创建过程，如图 19.2.14 所示，创建该特征后的模型树如图 19.2.15 所示。

图 19.2.14　例子

图 19.2.15　模型树

具体操作步骤如下：

Step **1**　将工作目录设置为 D:\creo2pd\work\ch19.02，打开文件 surface_analysis.prt。

Step **2**　在 **分析** 功能选项卡 检查几何 ▾ 区域中选择 ⛰ 曲率 ▾ ➡ 🔲 着色曲率 命令。

Step **3**　在图 19.2.16 所示的 "着色曲率" 对话框中进行下列操作：

（1）在 分析 选项卡的"创建临时分析"下拉列表中选择 特征 选项，在其右面的文本框中输入分析特征的名称 SURFACE_ANALYSIS，并按回车键。

（2）在 曲面 文本框中单击"选择项"字符，选取图 19.2.17 所示的要分析的曲面。此时曲面上呈现出一个彩色分布图（图 19.2.17），同时系统弹出"颜色比例"对话框（图 19.2.18）。彩色分布图中的不同颜色代表不同的曲率大小，颜色与曲率大小的对应关系可以从"颜色比例"对话框中查阅。

图 19.2.16　"着色曲率"对话框（一）

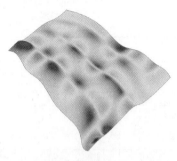

图 19.2.17　要分析的曲面

（3）查看结果。图 19.2.19 所示的"颜色比例"对话框中，可查看分析结果。

Step 4　在 特征 选项卡的 重新生成 下拉列表框中，选择"始终"。在"参数"区域中将 MAX_GAUSS_CURV、MIN_GAUSS_CURV 参数的创建栏选中，参见图 19.2.19。

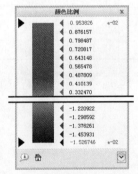

图 19.2.18　"颜色比例"对话框

图 19.2.19　"着色曲率"对话框（二）

Step 5　完成分析特征的创建：单击"着色曲率"对话框中的 ✓ 按钮。

19.2.6　关系——Relation

在行为建模器中，"关系"功能可以定义并加以约束某些特定的关联性，使模型保持一致性。

如图 19.2.20 所示的容器模型，内部容积的计算原则是：内部容积等于薄壳产生前的实体体积减去薄壳产生后的实体体积。所以，必须在抽壳特征产生前、后分别测量实体体积，然后再相减。

关系式的书写形式如下面所示，等号左边可以自定义为易
理解的名词（如 INNER_VOLUME）。在抽壳特征产生前的实
体体积，其特征名称为：VOLUME_1，参数为 one_sided_vol；
在抽壳特征建立后的实体体积，其特征名称为：VOLUME_2，
参数为 one_sided_vol。

DTM2

图 19.2.20　例子

｛关系特征名称｝＝

｛参数名称｝：fid_｛特征名称｝－｛参数名称｝：fid_｛特征名称｝

（抽壳前的实体体积）　　　　　　（抽壳后的实体体积）

INNER_VOLUME＝one_sided_vol: FID_VOLUME_1-one_sided_vol: FID_VOLUME_2

完成上述估算内部容积过程后，在模型树中显示了 VOLUME_1、VOLUME_2 和
INNER_VOLUME 三个分析特征。

其中，VOLUME_1 与 VOLUME_2 都使用分析功能中的模型分析，而
INNER_VOLUME 则是分析特征中的"关系"。通过右击"关系"特征，从快捷菜单中选
择 信息 ▶ ➡ 特征 命令，可检查内容积的大小。

下面详细说明"关系"的创建过程，具体操作步骤如下：

Step 1 将工作目录设置为 D:\creo2pd\work\ch19.02，打开文件 rela_analysis.prt。

Step 2 计算抽壳前的单侧体积（注：本步的详细操作过程请参见随书光盘中 video\
ch19.02.06\reference\文件下的语音视频讲解文件 area_analysis-r01.avi）。

Step 3 计算抽壳后的单侧体积（注：本步的详细操作过程请参见随书光盘中 video\
ch19.02.06\reference\文件下的语音视频讲解文件 area_analysis-r02.avi）。

Step 4 用关系分析特征计算内部单侧体积。

（1）单击 分析 功能选项卡 管理 ▾ 区域中的"分析"按钮 ▣ 分析 。

（2）在"分析"对话框中，进行如下操作：

① 输入分析特征的名称：在 名称 下面的文本框中输入分析特征 INNER_VOLUME，
并按回车键。

② 选择分析特征类型。在 类型 区域选中 ◉ 关系单选项。

③ 选择再生请求类型。在 重新生成请求 区域选中 ◉ 始终单选项。

④ 单击 下一页 按钮。

（3）在图 19.2.21 所示的"关系"对话框中，进行如下操作：

① 输入关系表达式：在"关系"对话框的编辑区输入关系表达式，参见图 19.2.21。

② 单击对话框中的 确定 按钮。

Chapter
19

611

图 19.2.21　"关系"对话框

（4）在"分析"对话框中，单击 ✔ 按钮。

Step 5　检查内容积的大小。

（1）在模型树中，右击 INNER_VOLUME。

（2）从弹出的快捷菜单中选择 信息 ▶ ➡ 特征 命令。

（3）在出现的"特征信息"页面中会出现图 19.2.22 所示的特征信息。

关系表			
关系		参数	新值
	特征关系：		
inner_volume=one_side_vol:FID_VOLUME_1-one_side_vol:FID_VOLUME_2		INNER_VOLUME	1.035758e+07

局部参数							
符号带数	当前值	类型	源	访问	指定	说明	单位
INNER_VOLUME	1.035758e+07	实数	关系	锁定	否		mm^3

图 19.2.22　"特征信息"页面

19.2.7　电子表格分析——Excel Analysis

Microsoft（微软）公司发布的 Excel 电子表格软件，可以通过变量的设定立即处理复杂的公式运算。

电子表格分析功能是利用 Excel 强大的功能来处理较复杂的公式运算，并将结果转为可用的参数，从而产生分析基准特征，并在模型树中显示出来。

下面举例说明 Excel 分析特征的应用。图 19.2.23 所示模型是一个 C 型平键，在某个特殊的行业，该平键的宽度 W（即尺寸 10.0）由表 19.2.5 所示的计算公式所决定。

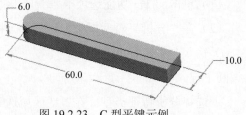

图 19.2.23　C 型平键示例

具体操作步骤如下：

Step 1　将工作目录设置为 D:\creo2pd\work\ch19.02，打开文件 excel_analysis.prt。

Step 2　创建 Excel 分析特征。

表 19.2.5　平键的计算公式

设计变量	值
材料	42Cr
工作载荷 F/N	25000
材料的屈服强度 Q/Pa	700
键的长度 L/mm	60
安全系数 n	1.8
键的宽度 W/mm	14.6
键的宽度 W/mm 计算公式：W＝SQRT（2.3*F*n/Q）+L/25	

（1）单击 分析 功能选项卡 管理 ▾ 区域中的"分析"按钮 📊 分析。

（2）在"分析"对话框中，进行如下操作：

① 输入分析特征的名称：在 名称 下面文本框中输入分析特征的名称 EXCEL_ ANALYSIS，并按回车键。

② 选择分析特征类型：在 类型 区域选中 ◉ Excel 分析单选项。

③ 选择再生请求类型：在 重新生成请求 区域选中 ◉ 始终单选项。

④ 单击 下一页· 按钮。

（3）在图 19.2.24 所示的"Excel 分析"对话框中，进行如下操作：

① 载入 Excel 文件：单击 加载文件... 按钮，打开文件 excel_analysis.xls。

② 创建输入设置：单击 添加尺寸 按钮，在系统 ⇨ 选择特征或尺寸. 的提示下，单击拉伸特征，并单击模型中的尺寸 60.0；在系统 ⇨ 选择当前Excel工作簿中一个单元格 的提示下，单击图 19.2.26 中的"60"所在的单元格；在菜单管理器中选择 Done Sel (完成选取) 命令。

③ 创建输出设置：单击 ▶ 输出单元格 按钮，在 ⇨ 选择当前Excel工作簿中单元格的范围 的提示下，单击图 19.2.25 中的"14.5597"所在的单元格；在系统的菜单管理器中选择 Done Sel (完成选取) 命令。

④ 在"Excel 分析"对话框中单击 计算 按钮。

⑤ 在"Excel 分析"对话框中单击 关闭 按钮。

（4）在"分析"对话框中，进行如下操作：

① 创建结果参数：在 参数名 区域将参数名改为 width，并按回车键，在 创建 区域选中 ◉ 是单选项。

② 完成分析特征的创建：单击"分析"对话框中的 ✔ 按钮。

Step 3　创建关系。

（1）在模型树中，将插入符号拖至"拉伸 1"特征前面。

（2）在功能选项卡区域的 工具 选项卡中单击 d= 关系 按钮。

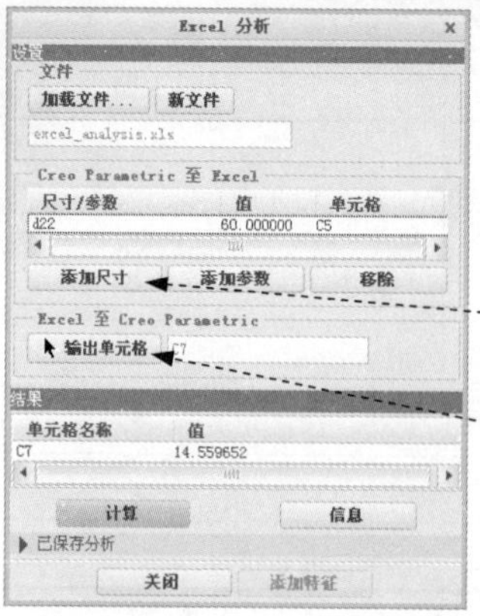

图 19.2.24　"Excel 分析"对话框

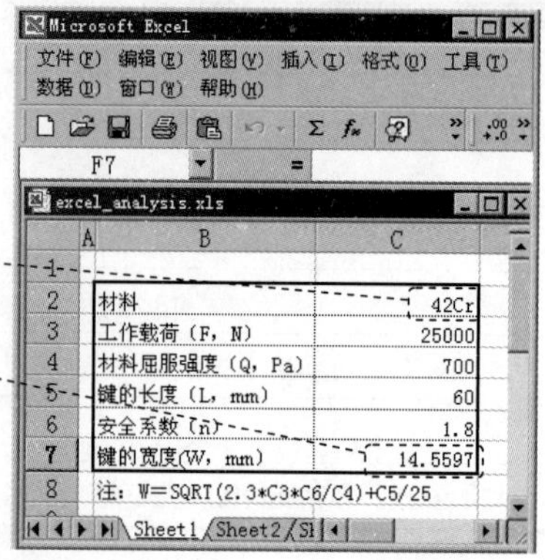

图 19.2.25　Excel 软件

（3）在"关系"对话框中，进行如下操作：

① 在关系编辑区中输入关系式 d21=width:FID_EXCEL_ANALYSIS。

② 单击"关系"对话框的 确定 按钮。

Step 4　验证。

（1）在模型树中，将插入符号拖至最后。

（2）单击"重新生成"按钮，此时可以看到模型变为图 19.2.26 所示的形状。与图 19.2.23 相对照，宽度尺寸（10）已经按照给出的公式进行了变化。

19.2.8　用户定义分析——UDA

1. 关于用户定义分析

使用用户定义分析（UDA）来创建"分析"菜单以外的测量和分析。用户定义分析由一组特征构成，该组特征是为进行所需的测量而创建的，这组特征称为"构造"组。可以把"构造"组认为是进行测量的定义，根据需要可以保存和重新使用该定义。要定义一个"构造"组，就应创建一个以分析特征为最后特征的局部组。

如果"构造"组将一个域点作为它的第一个特征，那么在域内的任何选定点处或域点的整个域内都能执行分析。当分析在整个域内执行时，UDA 所起作用相当于曲线或曲面分析。因此，系统在域内的每一个点都临时形成构建，然后显示与标准曲线和曲面分析结果相同的结果。如果 UDA 不基于域点，则它表示一个可用作任何其他标准测量的简单测量。

执行用户定义分析包括两个主要过程：

- 创建"构造"组：创建将用于所需测量的所有必要特征，然后使用"局部组"命令将这些特征分组。创建"构造"组所选定的最后一项必须是"分析"特征。

- 应用"构造"组创建 UDA：单击 模型 功能选项卡 获取数据 ▼ 区域中的"用户定义特征"按钮，并使用"用户定义分析"对话框来执行分析。

2. 使用 UDA 功能的规则和建议

使用 UDA 创建定制测量来研究模型的特征。用这些测量可以查找满足用户定义约束的建模解决方案。

注意下列规则和建议：

● 创建几何的目的仅在于定义 UDA "构造"组（域点、基准平面等）。不要将这些特征用于常规建模活动。

● 在创建了"构造"组之后，必须隐含它，以确保其特征不用于建模的目的。在隐含时，"构造"组仍然可以用于 UDA 的目的。

● 为了避免构造组特征用于建模，一些特征可能需要创建两次：一次用于建模的目的，而另一次用于 UDA 的目的。

域点（Field Point）：域点属基准点的一种，是专门用来协助 UDA 分析的。域点的特征如下：

● 为基准点的一种。

● 可位于曲线、边、曲面等参考几何，仅能在这些参考几何上自由移动。

● 没有尺寸的限制。

● 在参考几何上的每一次移动间距相当小，可视为连续且遍布整个参考几何，协助寻找出某性质的最大/最小值位置。

下面举例说明 UDA 分析特征的应用范例（图 19.2.27）：

Step 1 将工作目录设置为 D:\creo2pd\work\ch19.02，打开文件 section_uda.prt。

Step 2 在轨迹曲线上创建一个域点。

（1）在 **模型** 功能选项卡的 基准 ▼ 区域中选择 ╳╳点 ▼ ━━━▶ ╳╳ 域 命令。

（2）如图 19.2.28 所示，单击选取轨迹曲线，系统立即在单击处的轨迹曲线产生一个基准点 FPNT0，这就是域点。

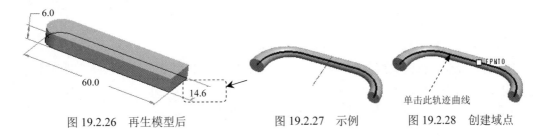

图 19.2.26　再生模型后　　　　图 19.2.27　示例　　　　图 19.2.28　创建域点

（3）在"基准点"对话框中单击 **确定** 按钮。

Step 3 创建一个通过域点的基准平面，如图 19.2.29 所示。

（1）单击 **模型** 功能选项卡 基准 ▼ 区域中的"平面"按钮 ▢ 。

（2）选取约束。

① 穿过域点：单击图 19.2.28 所示的域点。

② 垂直于曲线：按住 Ctrl 键，选取图 19.2.30 所示的曲线；设置为"法向"。

③ 完成基准面的创建：单击 确定 按钮。

Step 4 创建一个分析特征来测量管道的横截面。

（1）在 分析 功能选项卡的 模型报告 区域中选择 ▲ 质量属性 ▼ ➡ 横截面质量属性 命令。

（2）在图 19.2.31 所示的"横截面属性"对话框中，进行如下操作：

图 19.2.29　创建基准平面

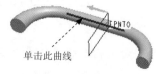

图 19.2.30　操作过程

① 输入分析特征的名称。在 分析 选项卡的"创建临时分析"下拉列表中选择 特征 选项，在其右面的文本框中输入分析特征的名称 SECTION_ANALYSIS，并按回车键。

② 选取图中的基准平面 DTM1，此时系统在图 19.2.31 所示结果区域显示分析结果。

③ 单击 特征 选项卡，在 重新生成 选项列表中选择"始终"；在"参数"区域中将参数 XSEC_AREA 的创建栏选中，在 基准 区域中将参数 CSYS_XSEC_COG 的创建栏选中。

（3）完成分析特征的创建。单击"横截面属性"对话框中的 ✔ 按钮。

Step 5 通过归组所有需要的特征和参数来创建 UDA 构造组。

（1）在模型树中，按住 Ctrl 键，选择 ✕ FPNTO 、 ⟋ DTM1 和 ▨ SECTION_ANALYSIS 三个特征。

（2）单击鼠标右键，从快捷菜单中选取 组 命令，此时模型树中会生成一个局部组 组 LOCAL_GROUP 。

（3）右键单击模型树中的 组 LOCAL_GROUP ，从快捷菜单中选取"重命名"命令，并将组的名称改为 group_1。

Step 6 用已经定义过的"构造"组创建用户定义分析。

（1）单击 分析 功能选项卡 管理 ▼ 区域中的"分析"按钮 ▲ 分析 。

（2）在"分析"对话框中，进行如下操作：

① 输入分析特征的名称：在 名称 区域输入分析特征的名称 UDF_AREA，按回车键。

② 选择分析特征类型：在 类型 区域选中 ◉ UDA 单选项。

③ 选择再生请求类型：在 重新生成请求 区域选中 ◉ 始终单选项。

④ 单击 下一页 按钮。

（3）在图 19.2.32 所示的"用户定义分析"对话框中，进行如下操作：

① 选择 GROUP_1 作为测量类型。

② 选中 ✔ 默认 复选框，采用默认参考。

③ 在**计算设置**区域设定参数为 XSEC_AREA，区域为"整个场"。

④ 单击 计算 按钮，此时系统显示图 19.2.33 所示的曲线图，并在模型上显示出分布图，如图 19.2.34 所示。

图 19.2.31　"横截面属性"对话框

图 19.2.32　"用户定义分析"对话框

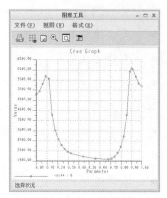

图 19.2.33　曲线图

⑤ 单击 关闭 按钮。

（4）在"分析"对话框中，进行如下操作：

① 在**结果参数**下选择参数 UDM_min_VAL，并选中 ⊙ 是单选项来创建这个参数，用同样的方法创建参数 UDM_max_val。

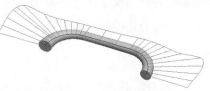

图 19.2.34　曲线分布图

② 选择 下一页 按钮，转到下一页来创建基准参数。

（5）在"分析"对话框中，进行如下操作：

① 在**结果基准**下选择 UDA_min_pnt_196 基准名，然后选中 ⊙ 是单选项来创建此基准参数，用同样的方法创建基准参数 UDA_max_pnt_196 及 GraphEntity_196。

② 单击"分析"对话框中的 ✔ 按钮。

19.2.9　运动分析——Motion Analysis

运动分析功能是用来分析、度量组件运动时所产生的距离、角度的变化值。可将此测量结果建立为可用的参数，进而产生分析基准，并在模型树中显示出来。

组合件需完成运动副、运动驱动等设定方能进行运动分析，并且由于分析特征建立参数，例如距离、角度等，伴随运动过程计算出分析参数值，也能产生运动包络（Envelope）。

19.3　敏感度分析

19.3.1　概述

敏感度分析可以用来分析当模型尺寸或独立模型参数在指定范围内改变时，多种测量参数的变化情况，然后使每一个选定的参数得到一个图形，把参数值显示为尺寸函数。要获取敏感度分析，单击 分析 功能选项卡 设计研究 区域中的"敏感度分析"按钮 。

要创建分析，需进行下列定义：

要改变的模型尺寸或参数：

- 尺寸值的改变范围。

- 步数（在范围内计算）。

- 作为分析特征的结果而创建的参数。

要生成敏感度分析，系统要进行下列操作：

- 在范围内改变选定的尺寸或参数。

- 每一步都重新生成该模型。

- 计算选定的参数。

- 生成一个图形。

通过灵敏度分析功能，使设计人员可以知道：当模型的某一尺寸或参数变动时，连带引起分析特征改变的情况，并用 X−Y 图形来显示影响程度。

灵敏度分析能在较短时间内，让设计师知道哪些尺寸与设计目标存在较明显的关联性。

19.3.2 举例说明

下面以图 19.3.1 所示的油底壳模型为例来详细说明灵敏度分析的过程：

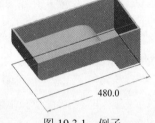
图 19.3.1 例子

Step 1 将工作目录设置为 D:\creo2pd\work\ch19.03，打开文件 sens_analysis.prt。

Step 2 单击 分析 功能选项卡 设计研究 区域中的"敏感度分析"按钮 ，系统弹出图 19.3.2 所示的"敏感度"对话框。

"敏感度"对话框中下拉菜单的说明如图 19.3.3 和图 19.3.4 所示。

图 19.3.2 "敏感度"对话框

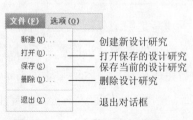
图 19.3.3 "文件"下拉菜单

图 19.3.4 "选项"下拉菜单

Step 3 在图 19.3.2 所示的"敏感度"对话框中，进行如下操作：

（1）设置研究首选项：选择"敏感度"对话框中的下拉菜单 选项(O) ➡ 首选项(P)... 命令，系统弹出图 19.3.5 所示的"首选项"对话框，然后在该对话框中单击 确定 按钮。

图 19.3.5 "首选项"对话框

（2）设置研究的范围首选项：选择"敏感度"对话框中的下拉菜单 选项(O) ➡ 默认范围(D)... 命令，系统弹出图 19.3.6 所示的"范围首选项"对话框，范围选项采用图 19.3.6 所示的 ⊙ +/-百分比 方式（默认方式），然后在该对话框中单击 确定 按钮。

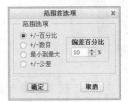

图 19.3.6 "范围首选项"对话框

注意：该对话框中各选项的含义如下：

- ⊙ +/-百分比 单选项：以百分比的方式来表示范围。
- ⊙ +/-数目 单选项：以数字的方式来表示范围。
- ⊙ 最小到最大 单选项：以从最小到最大的方式来表示范围。
- ⊙ +/-公差 单选项：以公差的方式来表示范围。

（3）输入分析特征的名称：在 名称 文本框中输入分析特征的名称 SENS1。

（4）选取变量（X 轴对象），即从模型中选取要分析的可变尺寸或参数，其操作方法为：

① 在"敏感度"对话框中，单击 变量选择 区域中的 ↖ 尺寸 按钮。

② 在模型树中，单击"拉伸 1"。

③ 在模型中，单击尺寸 240.0。

（5）输入变动范围的最小值及最大值：采用系统默认值。

（6）选取分析参数（Y 轴对象），即选取已建立的分析特征的参数，其操作方法为：

① 在 出图用的参数 区单击 ↖ 按钮，系统弹出"参数"对话框，然后选取参数 INNER_VOLUME:INNER_VOLUME。

② 单击 确定 按钮。

（7）设置运算步数：输入数值 20，按回车键。

Step 4 查看分析结果，在图 19.3.2 所示的"敏感度"对话框中，进行如下操作：

（1）单击 计算 按钮，此时系统显示图 19.3.7 所示的灵敏度曲线图。

（2）单击 关闭 按钮。

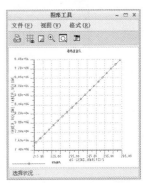

图 19.3.7 灵敏度曲线图

20

产品的柔性建模技术

20.1 柔性建模基础

20.1.1 柔性建模用户界面

将工作目录设置至 D:\creo2pd\work\ch20.01,打开模型文件 charger_cover.prt,单击功能选项卡区域的 柔性建模 选项卡,系统进入柔性建模环境,如图 20.1.1 所示。

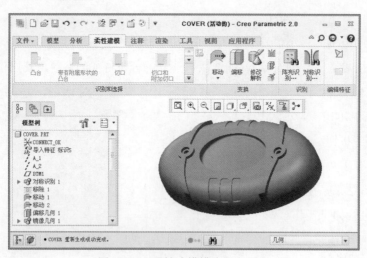

图 20.1.1 柔性建模模块用户界面

20.1.2 柔性建模功能概述

图 20.1.1 所示虚线框示意的部分为柔性建模操控板,下面具体介绍操控板中各主要功

能区域作用。

1. "识别和选择" 区域

图 20.1.2 所示的区域为 "识别和选择" 区域，该区域用于设置选择几何的规则，按照指定规则识别和选择所需曲面集。

图 20.1.2　"识别和选择" 区域

2. "变换" 区域

图 20.1.3 所示的区域为 "变换" 区域，该区域提供了柔性变换工具来修改几何对象。

3. "识别" 区域

图 20.1.4 所示的区域为 "识别" 区域，该区域用来识别阵列和对称性，从而在修改一个成员时，所做修改可以传递到所有阵列成员或对称的几何对象中。

4. "编辑特征" 区域

图 20.1.5 所示的区域为 "编辑特征" 区域，该区域用于编辑选定的几何对象或曲面。

图 20.1.3　"变换" 区域　　　图 20.1.4　"识别" 区域　　　图 20.1.5　"编辑特征" 区域

20.2　识别和选择

20.2.1　选择凸台类曲面

使用选择凸台类曲面命令，可以方便选择凸台曲面，包括两种方式的选择：一种是使用 "凸台" 命令 ▮ 来选择形成凸台的曲面；另外一种是使用 "带有附属形状的凸台" 命令 ▮ 来选择形成凸台以及与其相交的附属曲面。下面以图 20.2.1 所示的例子介绍选择凸台类曲面的操作方法。

Step 1　将工作目录设置至 D:\creo2pd\work\ch20.02，打开文件 pad_select.stp。

Step 2　选择凸台曲面。选择图 20.2.2 所示的模型表面，单击 柔性建模 功能选项卡 识别和选择 区域中的 "凸台" 按钮 ▮，系统选中凸台曲面，结果如图 20.2.3 所示。

Step 3　选择带有附属形状凸台曲面。重新选择图 20.2.2 所示的模型表面，单击 柔性建模

功能选项卡 识别和选择 区域中的"带有附属形状的凸台"按钮 ，系统选中凸台曲面，结果如图 20.2.4 所示。

图 20.2.1　打开模型文件　　图 20.2.2　选择曲面对象　　图 20.2.3　选择凸台曲面

说明：使用"带有附属形状的凸台"命令来选择凸台曲面时，系统会自动选择与选定曲面小的凸台曲面而不会选择比该面大的凸台曲面。如果选择图 20.2.5 所示的模型表面，则系统选择结果如图 20.2.6 所示；如果选择图 20.2.7 所示的模型表面，则系统选择结果如图 20.2.8 所示。

图 20.2.4　选择带有附属形状凸台曲面　　图 20.2.5　选择曲面对象　　图 20.2.6　选择结果

20.2.2　选择切口类曲面

使用选择切口类曲面命令，可以方便选择切口曲面，包括两种方式的选择：一种是使用"切口"命令 来选择形成切口的曲面；另外一种是使用"切口和附加切口"命令 来选择形成切口以及与其相交的附属曲面。下面以图 20.2.9 所示的例子介绍选择切口类曲面的操作方法。

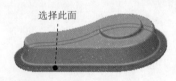

图 20.2.7　选择曲面对象　　图 20.2.8　选择结果　　图 20.2.9　打开模型文件

Step 1　将工作目录设置至 D:\creo2pd\work\ch20.02，打开文件 cut_select.stp。

Step 2　选择切口曲面。选择图 20.2.10 所示的模型表面，单击 柔性建模 功能选项卡 识别和选择 区域中的"切口"按钮 ，系统选中切口曲面，结果如图 20.2.11 所示。

Step 3　选择切口和附加切口曲面。重新选择图 20.2.10 所示的模型表面，单击 柔性建模 功能选项卡 识别和选择 区域中的"切口和附加切口"按钮 ，系统选中切口曲面，结果如图 20.2.12 所示。

说明：使用"切口和附加切口"命令来选择切口曲面时，与使用"带有附属形状的凸台"命令来选择凸台曲面一样，系统会自动选择与选定曲面小的切口曲面而不会选择比该面大的切口曲面。

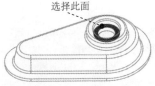

图 20.2.10　选择曲面对象

图 20.2.11　选择切口曲面

图 20.2.12　选择切口和附加切口曲面

20.2.3　选择圆角类曲面

使用选择圆角类曲面命令，可以方便选择圆角曲面，包括两种方式的选择：一种是使用"圆形"命令 🔲 来选择形成倒圆角的曲面；另外一种是使用"倒圆角和附加倒圆角"命令 🔲 来选择形成倒圆角以及与其延伸过渡的相等半径的圆角曲面。下面以图 20.2.13 所示的例子介绍选择圆角类曲面的操作方法。

Step 1　将工作目录设置至 D:\creo2pd\work\ch20.02，打开文件 round_select.stp。

Step 2　选择圆形曲面。选择图 20.2.14 所示的圆角表面，单击 柔性建模 功能选项卡 识别和选择 区域中的"圆形"按钮 🔲，系统选中圆形曲面，结果如图 20.2.15 所示。

图 20.2.13　打开模型文件

图 20.2.14　选择曲面对象

图 20.2.15　选择圆形曲面

Step 3　选择倒圆角和附加倒圆角曲面。重新选择图 20.2.14 所示的模型表面，单击 柔性建模 功能选项卡 识别和选择 区域中的"倒圆角和附加倒圆角"按钮 🔲，系统选中圆角曲面，结果如图 20.2.16 所示。

20.2.4　几何规则选择

在选择曲面对象时，除了以上介绍的三种常用方法之外，还可以使用几何规则命令来选择曲面对象，该种方式的选择是前面三种方法的补充。下面以图 20.2.17 所示的例子介绍使用几何规则选择对象的操作方法。

Step 1　将工作目录设置至 D:\creo2pd\work\ch20.02，打开文件 law_select.stp。

Step 2　选择图 20.2.18 所示的模型表面为基础曲面，单击 柔性建模 功能选项卡 识别和选择 区域中的"几何规则"按钮 📖，系统弹出图 20.2.19 所示的"几何规则"对话框（一）。

Step 3　在对话框中选中 ☑ 共面复选框，单击 确定 按钮，系统选中与基础曲面共面的曲面对象，结果如图 20.2.20 所示。

图 20.2.16　选择倒圆角和附加倒圆角曲面

图 20.2.17　打开模型文件

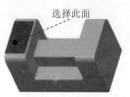
选择此面
图 20.2.18　选择曲面对象

Step 4　重新选择图 20.2.18 所示的模型表面为基础曲面，单击 柔性建模 功能选项卡 识别和选择 区域中的"几何规则"按钮 ，系统弹出"几何规则"对话框。

Step 5　在对话框中仅选中 ☑ 平行 复选框，单击 确定 按钮，系统选中与基础曲面平行的曲面对象，结果如图 20.2.21 所示。

图 20.2.19　"几何规则"对话框（一）

图 20.2.20　选择共面曲面

图 20.2.21　选平行曲面

Step 6　选择图 20.2.22 所示的圆角曲面，单击 柔性建模 功能选项卡 识别和选择 区域中的"几何规则"按钮 ，系统弹出图 20.2.23 所示的"几何规则"对话框（二）。

Step 7　在对话框中选中 ☑ 同轴 复选框，单击 确定 按钮，系统选中与基础曲面同轴的圆角曲面对象，结果如图 20.2.24 所示。

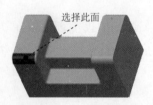
选择此面
图 20.2.22　选择圆角曲面

图 20.2.23　"几何规则"对话框（二）

图 20.2.24　选同轴圆角曲面

Step 8　重新选择图 20.2.22 所示的圆角曲面，单击 柔性建模 功能选项卡 识别和选择 区域中的"几何规则"按钮 ，系统弹出"几何规则"对话框。

Step 9　在对话框中仅选中 ☑ 相等半径 复选框，单击 确定 按钮，系统选中与基础曲面等半径的圆角曲面对象，结果如图 20.2.25 所示。

Step 10　重新选择图 20.2.22 所示的圆角曲面，单击 柔性建模 功能选项卡 识别和选择 区域中的"几何规则"按钮 ，系统弹出"几何规则"对话框。

Step 11　在对话框中仅选中 ☑ 相同凸度 复选框，单击 确定 按钮，系统选中与基础曲面相同凸度的圆角曲面对象，结果如图 20.2.26 所示。

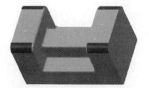

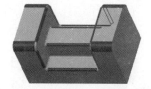

图 20.2.25　选择等半径倒圆角曲面　　　　图 20.2.26　选择相同凸度倒圆角曲面

20.3　柔性变换

20.3.1　柔性移动

使用柔性移动工具可以将选定的几何对象移动到一个新的位置，也可将选定的几何对象移动到新位置的同时在原处保持原样地创建选定几何对象的副本。柔性移动包括使用 3D 拖动器移动、按尺寸移动和按约束移动三种方式。

1. 使用 3D 拖动器移动

使用 3D 拖动器移动就是使用三重轴坐标系对选定对象进行移动，下面以图 20.3.1 所示的例子介绍使用 3D 拖动器移动的操作方法。

Step 1　将工作目录设置至 D:\creo2pd\work\ch20.03，打开文件 move_01.stp。

Step 2　选择移动对象。选择图 20.3.1 所示的模型表面，单击 柔性建模 功能选项卡 识别和选择 区域中的"凸台"按钮 ，系统选中凸台曲面。

Step 3　在 柔性建模 功能选项卡的 变换 区域中选择 移动 下的 使用拖动器移动 命令，此时在模型中出现图 20.3.2 所示的三重轴，系统弹出图 20.3.3 所示的"移动"操控板。

选择此面

图 20.3.1　打开模型文件

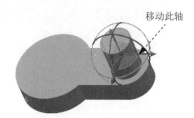

移动此轴

图 20.3.2　选择移动对象

图 20.3.3　"移动"操控板

Step 4　移动对象。选择图 20.3.2 所示的坐标轴并沿轴向方向移动到图 20.3.4 所示的位置（大概位置）。

20
Chapter

Step 5 完成移动。单击 ✓ 按钮，完成移动操作，结果如图 20.3.5 所示。

说明：在"移动"操控板中选中 ☑ 保留原件复选框，系统将保留移动的源特征，如图 20.3.6 所示。

图 20.3.4　移动位置　　　　图 20.3.5　移动结果　　　　图 20.3.6　保留原件

2. 按尺寸移动

按尺寸移动就是在移动几何和固定几何之间最多创建三个尺寸并对它们进行修改来定义移动。下面以图 20.3.7 所示的例子介绍按尺寸移动的操作方法。

Step 1 将工作目录设置至 D:\creo2pd\work\ch20.03，打开文件 move_02.stp。

Step 2 选择移动对象。选择图 20.3.8 所示的模型表面，单击 柔性建模 功能选项卡 识别和选择区域中的"带有附属形状的凸台"按钮 ▇，系统选中整个凸台表面为移动对象。

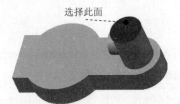

图 20.3.7　打开模型文件　　　　　　　图 20.3.8　选择模型表面

Step 3 定义移动。在 柔性建模 功能选项卡的 变换 区域中选择 移动 下的 ┗⌐ 按尺寸移动 命令，系统弹出图 20.3.9 所示的"移动"操控板。

图 20.3.9　"移动"操控板

Step 4 定义移动参数。按住 Ctrl 键选择图 20.3.10 所示两个模型表面为尺寸参考，在操控板中单击 尺寸 选项卡，在值文本框中输入移动距离值为 45.0，并按回车键。

Step 5 完成移动。单击 ✓ 按钮，完成移动操作，结果如图 20.3.11 所示。

3. 按约束移动

按约束移动就是在移动几何固定几何之间定义一组装配约束来定义移动，注意，需要定义完全约束才能完成定义移动。下面以图 20.3.12 所示的例子介绍按约束移动的操作方法。

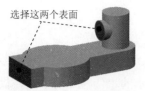

选择这两个表面

图 20.3.10　选择参考面

图 20.3.11　移动结果

图 20.3.12　打开模型文件

Step 1　将工作目录设置至 D:\creo2pd\work\ch20.03，打开文件 move_03.stp。

Step 2　选择移动对象。选择图 20.3.13 所示的模型表面，单击 柔性建模 功能选项卡 识别和选择 区域中的"凸台"按钮 ，系统选中整个凸台表面为移动对象。

Step 3　选择命令。在 柔性建模 功能选项卡的 变换 区域中选择 移动 下的 使用约束移动 命令，系统弹出图 20.3.14 所示的"移动"操控板。

选择此面

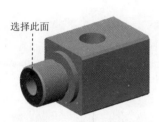

图 20.3.13　选择模型表面

图 20.3.14　"移动"操控板

Step 4　定义移动约束。

（1）选择第一对约束参考。在"约束"对话框中单击 放置 选项卡，选择图 20.3.15 所示的两个圆柱面为参考，在 放置 界面的 约束类型 下拉列表中选择 重合选项。

（2）选择第二对约束参考。选择图 20.3.16 所示的两个模型表面为参考，在 放置 界面的 约束类型 下拉列表中选择 重合选项。

选择此面

图 20.3.15　选择第一对约束参考

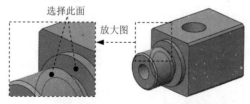
选择此面　放大图

图 20.3.16　选择第二对约束参考

Step 5　完成移动。单击 按钮，完成移动操作，结果如图 20.3.17 所示。

20.3.2　柔性偏移

使用偏移命令可以偏移选定的曲面对象。下面以图 20.3.18 所示的例子介绍柔性偏移的操作方法。

Step 1 将工作目录设置至 D:\creo2pd\work\ch20.03，打开文件 offset.stp。

Step 2 选择偏移曲面。选择图 20.3.19 所示的模型表面，单击 **柔性建模** 功能选项卡 **变换** 区域中的"偏移"按钮，系统弹出图 20.3.20 所示的"偏移几何"操控板。

图 20.3.17　移动结果

图 20.3.18　打开模型文件

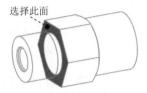
选择此面
图 20.3.19　选择偏移曲面

图 20.3.20　"偏移几何"操控板

Step 3 定义偏移参数。在"偏移几何"操控板的距离文本框中输入偏移距离值为-8.0。

Step 4 完成偏移。单击 ✔ 按钮，完成偏移操作，结果如图 20.3.21 所示。

说明：在图 20.3.22 所示的"移动几何"操控板的 **附件** 选项卡中取消选中 ☐ 连接偏移几何 复选框，系统将创建分离的偏移几何对象，结果如图 20.3.23 所示。

图 20.3.22　"偏移几何"操控板

图 20.3.21　偏移结果

图 20.3.23　偏移结果

20.3.3　修改解析

使用修改解析命令可以方便修改各种圆弧曲面或圆锥曲面的半径值，使对这类对象参数的修改更加方便。下面以图 20.3.24 所示的例子介绍修改解析的操作方法。

Step 1 将工作目录设置至 D:\creo2pd\work\ch20.03，打开文件 modify.stp。

Step 2 修改圆锥曲面角度。选择图 20.3.25 所示的圆锥曲面，单击 **柔性建模** 功能选项卡

变换 区域中的"修改解析"按钮 ，系统弹出图 20.3.26 所示的"修改解析曲面"操控板。在"修改解析曲面"操控板的 角度 文本框中输入角度值为 25.0；单击 ✔ 按钮完成修改操作，结果如图 20.3.27 所示。

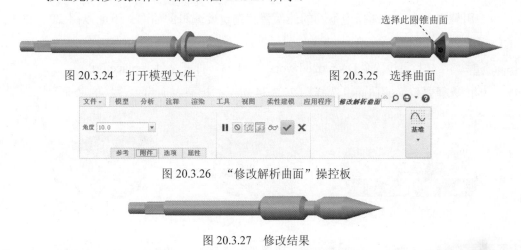

图 20.3.24　打开模型文件　　　　图 20.3.25　选择曲面

图 20.3.26　"修改解析曲面"操控板

图 20.3.27　修改结果

20.3.4　柔性镜像

使用柔性镜像可以镜像选定的几何对象，并可以根据要求设置几何连接选项。下面以图 20.3.28 所示的例子介绍柔性镜像的操作方法。

Step 1 将工作目录设置至 D:\creo2pd\work\ch20.03，打开文件 mirror.prt。

Step 2 选择凸台曲面。选择图 20.3.29 所示的模型表面为基础曲面，单击 柔性建模 功能选项卡 识别和选择 区域中的"切口和附加切口"按钮 ▭，系统选中图 20.3.30 所示的表面。

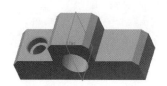  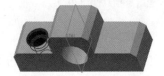

图 20.3.28　打开模型文件　　图 20.3.29　选择基础曲面　　图 20.3.30　选择切口曲面

Step 3 镜像曲面。单击 柔性建模 功能选项卡 变换 区域中的"镜像"按钮 ▥镜像，系统弹出图 20.3.31 所示的"镜像几何"操控板，单击操控板中的 ⊙ 单击此处添加项 区域，选择 DTM1 平面为镜像平面。

图 20.3.31　"镜像几何"操控板

Step 4 完成镜像。单击 ✔ 按钮，完成镜像操作，结果如图 20.3.32 所示。

20.3.5 柔性替代

使用替代命令可以选择用不同的曲面替代选定要编辑的曲面。下面以图 20.3.33 所示的例子介绍替代的操作方法。

Step 1 将工作目录设置至 D:\creo2pd\work\ch20.03，打开文件 replace.prt。

Step 2 选择要替换的曲面。选择图 20.3.34 所示的模型表面为要替换的曲面。

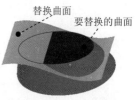

图 20.3.32　镜像结果　　图 20.3.33　打开模型文件　　图 20.3.34　选择曲面

Step 3 选择替换曲面。单击 柔性建模 功能选项卡 变换 区域中的"替代"按钮 替代，系统弹出图 20.3.35 所示的"替代"操控板，选择图 20.3.36 所示的曲面为替换曲面。

Step 4 完成替代。单击 ✔ 按钮，完成替代操作，结果如图 20.3.41 所示。

图 20.3.35　"替代"操控板　　　　　　图 20.3.36　替代结果

20.3.6 编辑倒圆角

使用编辑倒圆角命令可以修改选择倒圆角半径或者移除倒圆角特征。下面以图 20.3.37 所示的例子介绍编辑倒圆角的操作方法。

Step 1 将工作目录设置至 D:\creo2pd\work\ch20.03，打开文件 round_edit.stp。

Step 2 选择圆角曲面。选择图 20.3.38 所示的圆角曲面为基础曲面，单击 柔性建模 功能选项卡识别和选择区域中的"几何规则"按钮，系统弹出"几何规则"对话框。在对话框中选中☑相等半径复选框，单击 确定 按钮，系统选中图 20.3.39 所示的圆角曲面对象。

Step 3 修改圆角半径。单击 柔性建模 功能选项卡 变换 区域中的"编辑倒圆角"按钮 编辑倒圆角，系统弹出图 20.3.40 所示的"编辑倒圆角"操控板，在操控板的 半径 文本框中输入值 8.0。单击 ✔ 按钮，结果如图 20.3.41 所示。

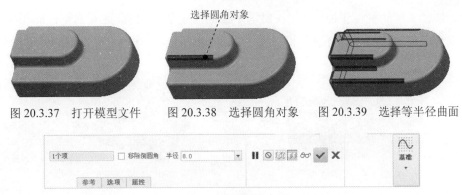

选择圆角对象

图 20.3.37　打开模型文件　　图 20.3.38　选择圆角对象　　图 20.3.39　选择等半径曲面

图 20.3.40　"编辑倒圆角"操控板

20.4　识别

20.4.1　阵列识别

使用阵列识别命令识别阵列中相似的对象，方便对其进行统一操作，下面以图 20.4.1 所示的例子介绍阵列识别的操作方法。

Step 1　将工作目录设置至 D:\creo2pd\work\ch20.04，打开文件 array.stp。

Step 2　选择凸台曲面。按住 Ctrl 键，选择图 20.4.2 所示的模型表面。

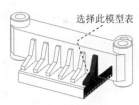

选择此模型表

图 20.3.41　修改半径　　图 20.4.1　打开模型文件　　图 20.4.2　选择曲面

Step 3　阵列识别。单击 柔性建模 功能选项卡 识别 区域中的"阵列识别"按钮，系统弹出图 20.4.3 所示的"阵列识别"操控板，单击 按钮，结果如图 20.4.4 所示。

图 20.4.3　"阵列识别"操控板

20.4.2　对称识别

使用对称识别命令，可以选择彼此互为镜像的两个曲面，然后找出镜像平面；也可以选择一个曲面和一个镜像平面，然后找出选定曲面的镜像，找出彼此互为镜像的相邻曲面，可以将其变成对称组的一部分。下面以图 20.4.5 所示的例子介绍对称识别的操作过程。

图 20.4.4 识别结果   图 20.4.5 打开模型文件

Step 1 将工作目录设置至 D:\creo2pd\work\ch20.04，打开文件 symmetry.prt。

Step 2 创建"对称识别"（注：本步的详细操作过程请参见随书光盘中 video\ch20.04.02\reference\文件下的语音视频讲解文件 symmetry-r01.avi）。

20.5 编辑特征

20.5.1 连接

使用连接命令，可以用来修剪或延伸开放面组，直到可以连接到实体几何或选定面组，下面以图 20.5.1 所示的例子介绍连接的操作方法。

Step 1 将工作目录设置至 D:\creo2pd\work\ch20\ch20.05，打开文件 connect.prt。

Step 2 定义连接。单击 柔性建模 功能选项卡 编辑特征 区域中的"连接"按钮，系统弹出图 20.5.2 所示

图 20.5.1 打开模型文件

的"连接"操控板，选择图 20.5.3 所示的曲面，并单击 按钮调整移除方向；单击 按钮，结果如图 20.5.4 所示。

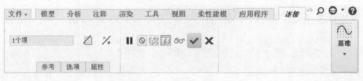

图 20.5.2 "连接"操控板

选择此曲面

图 20.5.3 选择曲面对象   图 20.5.4 连接结果

20.5.2 移除

使用移除命令，可以从实体或面组中移除选定的曲面对象，下面以图 20.5.5 所示的例子介绍移除的操作方法。

Step 1 将工作目录设置至 D:\creo2pd\work\ch20\ch20.05，打开文件 remove.stp。

Step 2 选择移除曲面。选择图 20.5.6 所示的模型表面为移除面。

选择此模型表面

图 20.5.5 打开模型文件   图 20.5.6 选择移除面

Step 3 定义移除。单击 柔性建模 功能选项卡 编辑特征 区域中的"移除"按钮 ，系统弹出图 20.5.7 所示的"移除曲面"操控板，在操控板中选中 ☑ 保持打开状态复选框，单击 ✔ 按钮，结果如图 20.5.8 所示。

图 20.5.7 "移除曲面"操控板   图 20.5.8 移除结果

20.6 柔性建模实际应用

应用概述

本应用是一个柔性建模实际应用的例子，其建模思路是先打开 STP 格式的参考模型文件（图 20.6.1a），然后进入到柔性建模模块对参考模型进行柔性建模，最后在基础模块中对模型进行细节特征的设计，得到我们需要的零件模型（图 20.6.1b）。零件模型及模型树如图 20.6.1 所示。

Stage1. 设置工作目录打开参考模型文件

Step 1 将工作目录设置至 D:\creo2pd\work\ch20\ch20.06。

Step 2 打开参考模型文件 cover.stp。

Stage2. 使用柔性建模编辑参考模型

Step 1 创建图 20.6.2 所示的参考基准轴 A_1。单击 模型 功能选项卡 基准 ▼ 区域中的 ⁄ 轴 按钮；选取图 20.6.2 所示的圆柱孔面为参考，单击 确定 按钮，完成基准轴的创建。

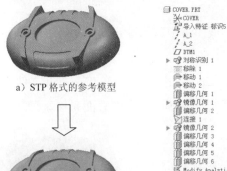

a）STP 格式的参考模型

b）最终零件模型

图 20.6.1　零件模型和模型树

Step 2 参考上一步，创建图 20.6.3 所示的参考基准轴 A_2。

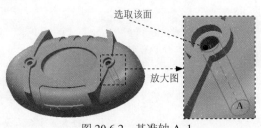

选取该面

放大图

图 20.6.2　基准轴 A_1

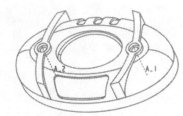

图 20.6.3　基准轴 A_2

Step 3 创建参考基准平面 DTM1。单击 模型 功能选项卡 基准▼ 区域中的"平面"按钮 ⬜；按住 Ctrl 键，选取基准轴 A_1 和 A_2 作为参考，单击 确定 按钮，完成基准平面的创建。

说明：此处创建参考基准平面 DTM1 可以作为后面创建镜像几何的镜像平面。

Step 4 创建"对称识别"基准平面 DTM2（本步的详细操作过程请参见随书光盘中 video\ch20.06\reference\文件下的语音视频讲解文件 cover-r01.avi）。

说明：此处创建对称识别的目的就是要找到所选择的两个曲面的对称平面 DTM2，该基准平面还可以作为后面创建镜像特征的镜像平面。

Step 5 选择切口曲面。选择图 20.6.4 所示的模型表面为基础曲面，单击 柔性建模 功能选项卡 识别和选择 区域中的"切口"按钮 ⬜，系统选中图 20.6.5 所示的切口曲面。

Step 6 创建移除 1。单击 柔性建模 功能选项卡 编辑特征 区域中的"移除"按钮 ⬜，系统弹出"移除曲面"操控板，单击 ✔ 按钮，结果如图 20.6.6 所示。

Step 7 创建移动 1。按住 Ctrl 键，选择图 20.6.7 所示的模型表面为移动对象，在 柔性建模 功能选项卡的 变换 区域中选择 移动▼ 下的 按尺寸移动 命令，系统弹出"移动"操控板；选择图 20.6.8 所示模型表面与基准平面 DTM2 为尺寸参考，在操控板中单击 尺寸 选项卡，在弹出的界面的 值 文本框中输入距离值为 5.0，并按回车键；单击 ✔ 按钮，完成移动操作，结果如图 20.6.9 所示。

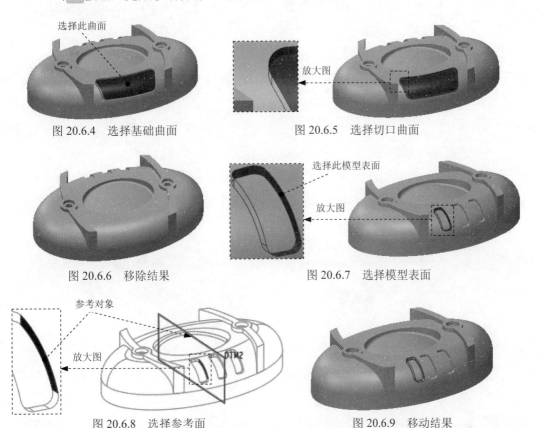

选择此曲面

图 20.6.4　选择基础曲面　　　　放大图　　图 20.6.5　选择切口曲面

图 20.6.6　移除结果　　选择此模型表面　放大图　图 20.6.7　选择模型表面

参考对象　DTM2　放大图

图 20.6.8　选择参考面　　　　图 20.6.9　移动结果

Step 8 创建移动 2。按住 Ctrl 键，选择图 20.6.10 所示的模型表面为移动对象，在 柔性建模 功能选项卡的 变换 区域中选择 移动 下的 按尺寸移动 命令，系统弹出"移动"操控板；选择图 20.6.11 所示模型表面与基准平面 DTM2 为尺寸参考，在操控板中单击 尺寸 选项卡，在弹出的界面的 值 文本框中输入距离值为 5.0，并按回车键；单击 ✔ 按钮，完成移动操作，结果如图 20.6.12 所示。

选择此模型表面　　　放大图

图 20.6.10　选择模型表面

图 20.6.11　选择参考面　　　　　　　图 20.6.12　移动结果

Step 9 创建偏移曲面 1。按住 Ctrl 键，选择图 20.6.13 所示的模型表面，单击 柔性建模 功能选项卡 变换 区域中的"偏移"按钮 ▯，系统弹出"偏移几何"操控板，在"偏移几何"操控板的距离文本框中输入偏移距离值为 0.7；单击 ✔ 按钮，完成偏移曲面 1 的创建。

Step 10 选择切口曲面。选择图 20.6.14 所示的模型表面为基础曲面，单击 柔性建模 功能选项卡 识别和选择 区域中的"切口"按钮 ▭，系统选中图 20.6.15 所示的切口曲面。

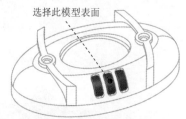

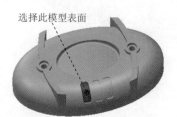

图 20.6.13　选择偏移曲面　　　　　　图 20.6.14　选择基础曲面

Step 11 选择其他切口曲面。按住 Ctrl 键，参照 Step10 的操作步骤，选择图 20.6.16 所示的切口曲面。

Step 12 创建图 20.6.17 所示的镜像几何 1。单击 柔性建模 功能选项卡 变换 区域中的"镜像"按钮 ▮▮镜像，系统弹出"镜像几何"操控板，单击操控板中的 ⦿单击此处添加项 区域，选择基准平面 DTM1 为镜像平面；单击 ✔ 按钮，完成镜像操作。

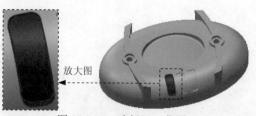

图 20.6.15　选择切口曲面　　　　　　图 20.6.16　选择其他切口曲面

Step 13 创建图 20.6.18 所示的偏移曲面 2。选择图 20.6.19 所示的模型表面，单击 柔性建模 功能选项卡 变换 区域中的"偏移"按钮 ▯，系统弹出"偏移几何"操控板，单击 附件 选项卡，取消选中 ☐ 连接偏移几何 复选项，在"偏移几何"操控板的距离文本框中输入偏移距离值为 2.2；单击 ✔ 按钮，完成偏移曲面 2 的创建。

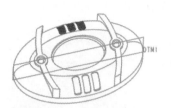

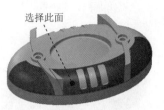

图 20.6.17　镜像几何 1　　　图 20.6.18　偏移曲面 2　　　图 20.6.19　选择偏移曲面

Step 14 创建连接 1。单击 **柔性建模** 功能选项卡 **编辑特征** 区域中的 "连接" 按钮 ↘，并单击 "移除材料" 按钮 ⊿；选择偏移曲面 2 为参考对象；单击 ✔ 按钮，结果如图 20.6.20 所示。

Step 15 创建图 20.6.21 所示的镜像几何 2。选择图 20.6.22 所示的模型表面，单击 **柔性建模** 功能选项卡 **变换** 区域中的 "镜像" 按钮 ⋙ 镜像，系统弹出 "镜像几何" 操控板，单击操控板中的 ⚫ 单击此处添加项 区域，选择基准平面 DTM1 为镜像平面；单击 ✔ 按钮，完成镜像操作。

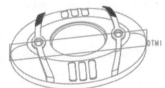

图 20.6.20　连接 1　　　　图 20.6.21　镜像几何 1　　　图 20.6.22　选择镜像曲面

Step 16 创建偏移曲面 3。按住 Ctrl 键，选择图 20.6.23 所示的模型表面，单击 **柔性建模** 功能选项卡 **变换** 区域中的 "偏移" 按钮 ▯，系统弹出 "偏移几何" 操控板，在 "偏移几何" 操控板的距离文本框中输入偏移距离值为 0.5，并单击 ⤢ 按钮调整其偏移方向向内；单击 ✔ 按钮，完成偏移曲面 3 的创建。

Step 17 参照 Step16 的操作步骤创建图 20.6.24 所示的偏移曲面 4，其偏移方向向内。

Step 18 参照 Step16 的操作步骤创建图 20.6.25 所示的偏移曲面 5，其偏移方向向内。

Step 19 参照 Step16 的操作步骤创建图 20.6.26 所示的偏移曲面 6，其偏移方向向内。

图 20.6.23　选择偏移曲面　　　图 20.6.24　偏移曲面 4　　　图 20.6.25　偏移曲面 5

Step 20 修改圆柱曲面半径 1。选择图 20.6.27 所示的圆柱曲面，单击 **柔性建模** 功能选项

卡 变换 区域中的"修改解析"按钮🔧，系统"修改解析曲面"操控板，在操控板的 半径 文本框中输入半径值为 1.5，单击 ✔ 按钮，结果如图 20.6.28 所示。

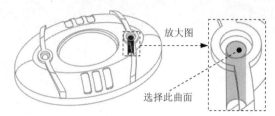

放大图

选择此曲面

图 20.6.26　偏移曲面 6　　　　　图 20.6.27　选取圆柱曲面

Step 21 修改圆柱曲面半径 2。参照 Step20 修改另外一侧圆柱曲面半径值，结果如图 20.6.29 所示。

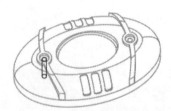

图 20.6.28　修改曲面半径 1　　　　　图 20.6.29　修改曲面半径 2

Step 22 修改圆柱曲面半径 3。选择图 20.6.30 所示的圆柱曲面，单击 柔性建模 功能选项卡 变换 区域中的"修改解析"按钮🔧，系统"修改解析曲面"操控板，在操控板的 半径 文本框中输入半径值为 2.5，单击 ✔ 按钮，结果如图 20.6.31 所示。

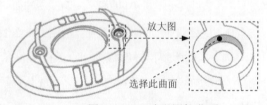

放大图

选择此曲面

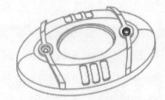

图 20.6.30　选取圆柱曲面　　　　　图 20.6.31　修改曲面半径 3

Step 23 修改圆柱曲面半径 4。参照 Step22 修改另外一侧圆柱曲面半径值，结果如图 20.6.32 所示。

Step 24 选择圆角曲面。选择图 20.6.33 所示的圆角曲面为基础曲面，单击 柔性建模 功能选项卡 识别和选择 区域中的"几何规则"按钮▤，系统弹出"几何规则"对话框；在对话框中选中 ☑ 相等半径 复选框，单击 确定 按钮，系统选中图 20.6.34 所示的圆角曲面对象。

Step 25 修改倒圆角半径。单击 柔性建模 功能选项卡 变换 区域中的"编辑倒圆角"按钮 🖌编辑倒圆角，系统弹出"编辑倒圆角"操控板，在操控板的 半径 文本框中输入半径值为 1.0，单击 ✔ 按钮，完成半径值的修改。

图 20.6.32　修改曲面半径 4　　　　图 20.6.33　选择基础圆角曲面

Stage3. 细节部分设计

Step 1 创建图 20.6.35 所示的移除 2。选择图 20.6.36 所示的模型表面为移除面；单击 柔性建模 功能选项卡 编辑特征 区域中的"移除"按钮 ，系统弹出"移除曲面"操控板，在操控板中选中 ☑ 保持打开状态复选框，单击 ✔ 按钮，完成移除的创建。

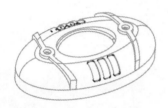  

图 20.6.34　选择圆角曲面　　　图 20.6.35　移除 2　　　图 20.6.36　定义移除曲面

Step 2 创建图 20.6.37 所示的加厚曲面。选择整个面组，单击 模型 功能选项卡 编辑 ▾ 区域中的"加厚"按钮 加厚，在厚度文本框中输入厚度值为 0.6，单击 ⚄ 按钮调整加厚方向为曲面内侧，单击 ✔ 按钮，完成加厚操作。

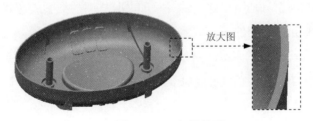

图 20.6.37　加厚曲面

Step 3 文件保存。

21

关系、族表及其他

21.1 使用模型关系

21.1.1 关于关系

1. 关系的基本概念

关系（也称参数关系）是用户定义的尺寸和参数之间的数学表达式。关系捕捉特征之间、参数之间或装配元件之间的设计联系，是捕捉设计意图的一种方式。用户可用它驱动模型——改变关系也就改变了模型。例如在图 21.1.1 所示的模型中，通过创建关系 d10 = 2*d9，可以使孔特征 2 的直径总是孔特征 1 的直径的两倍，而且孔特征 2 的直径始终由孔特征 1 的直径所驱动和控制。

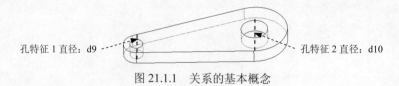

孔特征 1 直径：d9   孔特征 2 直径：d10

图 21.1.1　关系的基本概念

有两种类型的关系：

- 等式：使等式左边的一个参数等于右边的表达式。这种关系用于给尺寸和参数赋值。例如：简单的赋值 d1 = 3.86，复杂的赋值 d4 = d3*（SQRT（d2/9.0+d4））。
- 比较：比较左边的表达式和右边的表达式。这种关系一般用来作为一个约束或用于逻辑分支的条件语句中。例如：

作为约束（d9 + d7）＞（d5 + 5.8）

在条件语句中 IF（d5 + 3.6）<= d11

可以把关系增加到：

- 特征的截面草图中（在二维草绘模式下）。
- 特征（在零件或装配模式下）。
- 零件（在零件或装配模式下）。
- 装配（在装配模式下）。

在零件和装配模式下，要进入关系操作界面，单击 **工具** 功能选项卡 模型意图 ▾ 区域中 d=关系 按钮，此时系统弹出图 21.1.2 所示的"关系"对话框。当第一次进入关系操作界面时，系统默认查看或改变当前模型中的关系，可从"对象类型"列表中选择下列选项之一：

图 21.1.2　"关系"对话框

- 装配：访问装配中的关系。
- 骨架：访问装配中骨架模型的关系（只对装配适用）。
- 零件：访问零件中的关系。
- 元件：访问元件中的关系（只对装配适用）。
- 特征：访问特征特有的关系。
- 继承：访问继承关系。适用于"零件"和"装配"。
- 截面：如果特征有一个截面，那么用户就可对截面中关系或者对作为一个整体的特征中的关系进行访问。
- 阵列：访问阵列所特有的关系。

2. 关系中使用的参数符号

在关系中，Creo 支持 4 种类型的参数符号：

（1）尺寸符号：

−d#：零件或装配模式下的尺寸。

−d#:#：装配模式下的尺寸。第二个#为装配或元件的进程标识。

—rd#：零件或顶层装配中的参考尺寸。

—rd#:#：装配模式中的参考尺寸。第二个#为装配或元件的进程标识。

—rsd#：草绘环境中截面的参考尺寸。

—kd#：在草绘环境下，截面中的已知尺寸（在父零件或装配中）。

（2）公差：与公差格式相关的参数，当尺寸由数字转向参数的时候出现这些符号。

—tpm#：加减对称格式中的公差，#是尺寸数。

—tp#：加减格式中的正公差，#是尺寸数。

—tm#：加减格式中的负公差，#是尺寸数。

（3）实例数：这是整数参数，比如阵列方向上的实例个数。

—p#：阵列实例的个数。

注意： 如果将实例数输入为一个非整数值，Creo 将截去其小数部分。例如，4.75 将变为 4。

（4）用户参数：这是由用户所定义的参数。

例如：Vol = d10*d11*d12　　　　　　　　Ven = "TWTI Corp."

注意：

● 用户参数名必须以字母开头（如果它们要用于关系的话）。

● 用户参数名不能包含非字母数字字符，例如!、@、#、$。

● 不能使用 d#、kd#、rd#、tm#、tp#或 tpm#作为用户参数名，因为它们是由尺寸保留使用的。

● 下列参数是由系统保留使用的：

　　☑ PI（几何常数）：3.14159（不能改变该值）。

　　☑ G（引力常数）：9.8m/s2。

　　☑ C1、C2、C3 和 C4：默认值，分别等于 1.0、2.0、3.0 和 4.0。

3. 关系中的运算符

下列三类运算符可用于关系中：

（1）算术运算符：

+ 加　　　　　　　 – 减　　　　　　　 / 除

* 乘　　　　　 ^ 指数　　　　　 （）分组括号

（2）赋值运算符：

= 是一个赋值运算符，它使得两边的式子或关系相等。应用时，等式左边只能有一个参数。

（3）比较运算符：只要能返回 TRUE 或 FALSE 值，就可使用比较运算符。

系统支持下列比较运算符：

| == | 等于 | <= | 小于或等于 |
| < | 小于 | > | 大于 |

>=	大于或等于	&	与
|	或	~或！	非
~=	不等于		

运算符 |、&、！和 ~ 扩展了比较关系的应用，它们使得能在单一的语句中设置若干条件。例如，当 d0 在 5 和 7 之间且不等于 6 时，下面关系返回 TRUE：

d0 > 5 & d0 < 7 & d0 ~= 6

4. 关系中使用的函数

（1）数学函数：

cos()	余弦	asin()	反正弦	cosh()	双曲线余弦
tan()	正切	acos()	反余弦	tanh()	双曲线正切
sin()	正弦	atan()	反正切		
sqrt()	平方根	sinh()	双曲线正弦		
log()	以 10 为底的对数		abs()	绝对值
ln()	自然对数		ceil()	不小于其值的最小整数
exp()	e 的幂		floor()	不超过其值的最大整数

注意：

● 所有三角函数都使用单位"度"。

● 可以给函数 ceil 和 floor 加一个可选的自变量，用它指定要保留的小数位数。

这两个函数的语法如下：

ceil（参数名或数值,小数位数）

floor（参数名或数值,小数位数）

其中，小数位数是可选值：

● 可以被表示为一个数或一个用户自定义参数。如果该参数值是一个实数，则被截尾成为一个整数。

● 它的最大值是 8。如果超过 8，则不会舍入要舍入的数（第一个自变量），并使用其初值。

● 如果不指定它，则功能同前期版本一样。

使用不指定小数部分位数的 ceil 和 floor 函数，其举例如下：

ceil（3.8）值为 4   floor（3.8）值为 3

使用指定小数部分位数的 ceil 和 floor 函数，其举例如下：

ceil（3.8125, 1）　等于 3.9　　　floor（3.8125, 3）　等于 3.812

ceil（3.8125, 2）　等于 3.82　　　floor（3.8125, 0）　等于 3

（2）曲线表计算：使用户能用曲线表特征通过关系来驱动尺寸。尺寸可以是截面、零件或装配尺寸。格式如下：evalgraph("gra_name", x)，其中 gra_name 是曲线表的名称，x 是沿曲线表 x 轴的值，返回 y 值。

对于混合特征，可以指定轨道参数 trajpar 作为该函数的第二个自变量。

注意：曲线表特征通常是用于计算 x 轴上所定义范围内 x 值对应的 y 值。当超出范围时，y 值是通过外推的方法来计算的：对于小于初始值的 x 值，系统通过从初始点延长切线的方法计算外推值；同样，对于大于终点值的 x 值，系统通过将切线从终点往外延伸计算外推值。

（3）复合曲线轨道函数：在关系中可以使用复合曲线的轨道参数 trajpar_of_pnt。

此函数返回一个 0.0～1.0 的值，格式如下：trajpar_of_pnt("trajname", "pointname")，其中，trajname 是复合曲线名，pointname 是基准点名。

5. 关系中的条件语句

● IF 语句

IF 语句可以加到关系中以形成条件语句。例如：

IF d0 >= d1　　　　　　length = 15.0
ENDIF　　　　　　　　IF d0 < d1
length = 20.0　　　　　　ENDIF

条件是一个值为 TRUE（或 YES）或 FALSE（或 NO）的表达式，这些值也可以用于条件语句中。例如：

IF ANSWER == YES
IF ANSWER == TRUE
IF ANSWER

● ELSE 语句

即使再复杂的条件结构，也可以通过在分支中使用 ELSE 语句来实现。用这一语句，前一个关系可以修改成如下的样子：

IF d1 >= d2　　　　　　length = 6.5
ELSE　　　　　　　　　length =15.0
ENDIF

在 IF、ELSE 和 ENDIF 语句之间可以有若个特征。此外，IF-ELSE-ENDIF 结构可以在特征序列（它们是其他 IF-ELSE-ENDIF 结构的模型）内嵌套。IF 语句的语法如下：

IF <条件>
若干个关系的序列或 IF 语句
ELSE （可选项）
若干个关系的序列或 IF 语句
ENDIF

注意:

● ENDIF 必须作为一个字来拼写。

● ELSE 必须本身占一行。

● 条件语句中的相等必须使用两个等号（==）；赋值号必须是一个等号（=）。

6. 关系中的联立方程组

联立方程组是这样的若干关系，在其中必须联立解出若干变量或尺寸。例如，假设有一个宽为 d1、高为 d2 的长方形，并要指定下列条件：其面积等于 600，且其周长要等于 100。

可以输入下列方程组：

```
SOLVE                      d1*d2 = 600
2*(d1+d2)= 100             FOR d1 d2   （或 FOR d1,d2）
```

所有 SOLVE 和 FOR 语句之间的行成为方程组的一部分。FOR 行列出要求解的变量；所有在联立方程组中出现而在 FOR 列表中不出现的变量被解释为常数。

用在联立方程组中的变量必须预先初始化。

由联立方程组定义的关系可以同单变量关系自由混合。选择"显示关系"时，两者都显示，并且它们可以用"编辑关系"进行编辑。

注意：即使方程组有多组解，也只返回一组。但用户可以通过增加额外的约束条件来解决他所需要的那一组方程解。比如，上例中有两组解，用户可以增加约束 d1 <= d2，程序为：

```
IF d1 >d2              temp = d1
d1 = d2                d2 = temp
ENDIF
```

7. 用参数来传递字符串

可以给参数赋予字符串值，字符串值放在双引号之间。例如，在工程图注释内可使用参数名，参数关系可以表示如下：

```
IF d1 > d2
MIL_REF = "M-ST XXXX1"
ELSE
MIL_REF = "M-ST XXXX2"
ENDIF
```

8. 字符串运算符和函数

字符串可以使用下列运算符：

==	比较字符串的相等
!= , <> , ~=	比较字符串的不等
+	合并字符串

下面是与字符串有关的几个函数：

（1）itos(int)：将整数转换为字符串。其中，int 可以是一个数或表达式，非整数将被舍入。

（2）search(字符串,子串)：搜索子串。结果值是子串在串中的位置（如未找到，返回 0）。

（3）extract(字符串,位置,长度)：提取一个子串。

（4）string_length()：返回某参数中字符的个数。例如，串参数 robbot 的值是 model，则 string_length(robot)等于 5，因为 model 有 5 个字母。

（5）rel_model_name()：返回当前模型名。例如，如果当前在零件 par 中工作，则 rel_model_name()等于 par。要在装配的关系中使用该函数，关系应为：

名称 = rel_model_name:2()

注意括号内是空的。

（6）rel_model_type()：返回当前模型的类型。如果正在"装配"模式下工作，则 rel_model_type()等于装配名。

（7）exists()：判断某个项目（如参数、尺寸）是否存在。该函数适用于正在计算关系的模型。例如：

if exists("d0:11")检查运行时标识为 11 的模型的尺寸是否为 d0。

if exists ("par:fid_25:cid_12")检查元件标识 12 中特征标识为 25 的特征是否有参数 par。

该参数只存在于大型装配的一个零件中。例如，在机床等大型装配中有若干系统（诸如液压的、气动的、电气的系统），但大多数对象不属于任何系统，在这种情况下，为了进行基于参数的计算评估，只需给系统中所属的模型指派适当的参数。例如，电气系统中的项目需要使用 BOM 报表中的零件号，而不是模型名，则可以创建一个报表参数 bom_name，并写出如下关系：

```
if exists("asm_mbr_cabling")        bom_name = part_no
else                                bom_name = asm_mbr_name
endif
```

9. 关系错误信息

系统会检查刚刚编辑的文件中关系的有效性，并且如果发现了关系文件中的错误，则立即返回到编辑模式，并给错误的关系打上标记，然后可以修正有标记的关系。

在关系文件中可能出现三种类型的错误信息：

（1）长行：关系行超过 80 个字符。可编辑改行，或把该行分成两行（其方法是输入反斜杠符号\，以表示关系在下一行继续）。

（2）长符号名：符号名超过 31 个字符。

（3）错误：发生语法错误。例如，出现没有定义的参数。此时可检查关系中的错误并编辑。

注意：*这种错误检查捕捉不到约束冲突。如果联立关系不能成立，则在消息区出现警告；如果遇到不确定的联立关系，则在最后一个关系行下的空行上出现错误信息。*

21.1.2　创建关系举例

1.　在零件模型中创建关系

在本节中，将给图 21.1.3 所示的零件模型中两个孔的直径添加关系，注意这里的两个孔应该是两个独立的特征。

Step 1　将工作目录设置为 D:\creo2pd\work\ch21.01，打开文件 rod.prt。

Step 2　在零件模块中，单击 工具 功能选项卡 模型意图 ▼ 区域中 d=关系 按钮。

Step 3　此时系统弹出"关系"对话框，然后从"对象类型"列表中选择 零件 。

Step 4　在屏幕中单击模型，此时在模型上显示所有尺寸的参数符号（图 21.1.3）；在工具栏中单击 按钮（即图 21.1.4 中的按钮 G），可以使模型尺寸在符号与数值间进行切换。

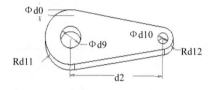

图 21.1.3　在零件模型中创建关系　　　　图 21.1.4　"关系"对话框中的命令按钮

图 21.1.4 中各命令按钮的说明如下：

A: 撤消　　　　　　　　　　　　　B: 重做

C: 剪切　　　　　　　　　　　　　D: 复制

E: 粘贴　　　　　　　　　　　　　F: 删除选定项目

G: 在尺寸值与名称间切换　　　　　H: 计算尺寸、参数和表达式的值

I: 显示当前模型中的特定尺寸　　　J: 将关系设置为对参数和尺寸的单位敏感

K: 从列表中插入函数　　　　　　　L: 从列表中插入参数名称

M: 从列表中为关系选取单位　　　　N: 排序关系

O: 执行/校验关系并按关系创建新参数

Step 5　添加关系：在对话框中的关系编辑区，输入关系式 d9＝1.5*d10。

Step 6　单击对话框中的 确定 按钮。

Step 7　验证所创建的关系：改变 d10 的值，再生后，d9 的值按关系式的约束自动改变。

注意：添加关系后，用户不能直接修改 d9 的值。

在"关系"对话框中，除上例用到的选项外，其他几个主要选项的说明如下：

● 在"关系"对话框的 参数 菜单中：

☑ 添加参数 通过该命令，可在模型中增加用户参数。

☑ 删除参数 通过该命令，可在模型中删除用户参数。

- 单击按钮 ⊢⊣ 后，再输入一个尺寸名（即尺寸参数符号，如 d9），系统即在模型上显示该参数符号的位置。
- 通过按钮 =?，可计算某个参数或某一个表达式（可为单一参数或等式）的值。
- 无论何时选择按钮 ，系统将对模型中的关系进行排序，从而使得依赖于另一关系值的关系在另一关系之后计算。

例如，用户按下列顺序输入了关系式：

d1 = 5*d4   d4 = 3*d2 + d3

则单击"排序关系"按钮后，关系式的顺序如下：

d4 = 3*d2 + d3   d1 = 5*d4

这就是计算关系时应该有的次序。

注意：

- 如果模型内存在多个关系式，关系的计算从输入的第一个关系开始，以输入的最近的关系结束。因此，如果两个关系驱动一个参数，则后一个关系覆盖前一个关系。在有些情况下，在不同层级定义的关系会相互矛盾。可使用有关工具查看关系，确保实现设计意图。
- 如果尺寸由关系驱动，则不能直接修改它。如果用户试图修改它，系统会显示错误信息。例如，本例中已输入关系 d9 = 1.5*d10，则不能直接修改 d9 的值，如果一定要改变 d9 的值，可以通过修改 d10 的值或者编辑关系来实现。如果修改尺寸符号，这种改变会自动地反映在关系文件中。
- 关系式 d9 = 1.5*d10 和 d10 = 0.9*d12 的区别：在关系式 d9 = 1.5*d10 中，d10 是驱动尺寸，d9 是被驱动尺寸，d9 的值由 d10 驱动和控制；而在关系式 d10 = 0.9*d12 中，d10 是被驱动尺寸，d12 则是驱动尺寸，d10 的值由 d12 驱动和控制。

2. 在特征的截面中创建关系

这里将给图 21.1.3 所示的零件模型中的基础特征的截面添加关系。该特征的截面草图如图 21.1.5 所示。

Step 1　将工作目录设置为 D:\creo2pd\work\ch21.01，打开文件 rod_section.prt。

Step 2　通过对模型的"拉伸特征 1"进行编辑定义，进入截面的草绘环境。

Step 3　在草绘环境中，单击 工具 功能选项卡 模型意图 ▾ 区域中 d=关系 按钮。

Step 4　通过单击 按钮可以使截面尺寸在符号与数值间进行切换（注意要单击尺寸显示按钮 ）。

Step 5　添加关系：在弹出的关系对话框的编辑区中，输入关系式 d9=1.5*d10，单击对话框中的 确定 按钮，此时可立即看到刚才输入的关系已经起作用了。

在截面中创建或修改关系时的注意事项：

（1）截面关系与截面一起存储，不能在零件模型环境中编辑某个特征截面中的关系，但可以查看。

（2）不能在一个特征的截面关系式中，直接引入另一个特征截面的尺寸。

例如，sd15 是一个截面中的草绘尺寸，而 sd20 是另一特征（特征标识 feat_1）截面中的草绘尺寸，系统不会接受截面关系：sd15=6*sd20:feat_1。

但在模型级中，可以使用不同截面中的等价尺寸（d#）来创建所需的关系。另外，也可以在模型中创建一个过渡用户参数，然后可以从截面中访问它。

例如，在前面的 sd15=6*sd20:feat_1 中，如果 sd15 在模型环境中显示为 d25，而 sd20: feat_1 在模型环境中显示为 d30，则在模型级中创建的关系式 d25=6*d30，可以实现相同的设计意图。

（3）在截面级（草绘环境模式）中，只能通过关系创建用户参数（因为此时"增加参数"命令不能用），在模型级中用户可以像任何其他模型参数一样使用它们。

例如，在前面的基础特征的截面环境中可以通过关系 relat＝2*sd9 来创建用户参数 relat，再在模型中添加新的关系 d11＝relat，然后再单击"关系"对话框中的 ▣（排序关系）按钮。

3．在装配体中创建关系

为了方便下面的学习，建议读者将工作目录设置为 D:\creo2pd\work\ch21.01\asm，打开文件 axes_relation.asm。

在装配体中创建关系与在零件中创建关系的操作方法和规则基本相同。不同的是，要注意装配中的进程标识。

当创建装配或将装配带入工作区时，每一个模型（包括顶层装配、子装配和零件）都被赋予一个进程标识（Session Id）。例如，在图 21.1.6 所示的装配模型中，尺寸符号后面的"0"、"2"和"4"分别是装配体三个零件的进程标识。在装配中创建关系时，必须将各元件的进程标识作为后缀包括在尺寸符号中。

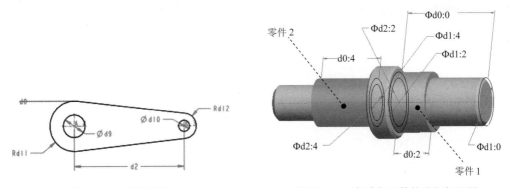

图 21.1.5　截面草图　　　　　　图 21.1.6　查看各元件的进程标识号

例如，装配关系式 d0:4=2.0*d0:2 是正确的关系式，而不带进程标识的关系式 d0=2*d2 则是无效的。

21.2　使用用户参数

21.2.1　关于用户参数

单击 工具 功能选项卡 模型意图 ▾ 区域中的 [] 参数 按钮，可以创建用户参数并给其赋值，我们也可以使用"模型树"将参数增加到项目中。用户参数同模型一起保存，不必在关系中定义。

用户参数的值不会在再生时随模型的改变而更新，即使是使用系统参数（如模型的尺寸参数或质量属性参数），定义的用户参数值也是这样。例如假设系统将 d0 这个参数自动分配给模型中某一尺寸 25，而又用 [] 参数 命令创建了一个用户参数 material，那么可用关系式 material = d0，将系统参数 d0 的值 25 赋给用户参数 material，当尺寸 d0 的值从 25 修改为 50 时，material 的值不会随 d0 的改变而更新，仍然为 25。

但要注意，如果把用户参数的值赋给系统参数，则再生时系统参数的值会随用户参数值的改变而更新。例如，用 [] 参数 命令创建 material=60，然后建立关系 d0=material，那么在模型再生后，d0 将更新为新的值 60。

21.2.2　创建用户参数举例

下面以零件模型连杆（rod）为例，说明创建用户参数的一般操作步骤：

Step 1 　将工作目录设置为 D:\creo2pd\work\ch21.02，打开 rod_par.prt 零件模型，然后单击 工具 功能选项卡 模型意图 ▾ 区域中 [] 参数 按钮。

Step 2 　在系统弹出的图 21.2.1 所示的"参数"对话框中的 查找范围 一栏下，选取对象类型为 零件 ，然后单击对话框下部的 ✚ 按钮。

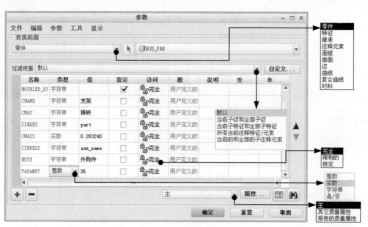

图 21.2.1　"参数"对话框

Step 3 在 名称 栏中输入参数名 len，按回车键。

注意：参数名称不能包含非字母字符，如!、"、@和#等。

Step 4 定义用户参数的类型。在 类型 栏中，选取"整数"。

Step 5 在 值 栏中输入参数 len 的值 36，按回车键。

Step 6 单击对话框中的 确定 按钮。

其他选项栏的说明：

- 指定（Designate）：如果选定此选项，则在 PDM 中此参数是可见的。

- 访问（Access）：选取此参数的可访问类型，包括：

  ☑ 完全：完整访问参数是用户定义的参数，可在任何地方修改它们。

  ☑ 限制的：完整访问参数可被设置为"受限制的"访问，这意味着它们不能被"关系"修改。"受限制的"参数可由"族表"和 Pro/PROGRAM 修改。

  ☑ 锁定：锁住访问意味着参数是由"外部应用程序"（数据管理系统、分析特征、关系、Pro/PROGRAM 或族表）创建的。被锁住的参数只能从外部应用程序进行修改。

- 源（Source）：反映参数的访问情况，如用户定义。

- 说明（Description）：对已添加的新参数进行注释。

21.3 用户自定义特征

21.3.1 关于用户自定义特征

在 Creo 中，用户可将经常使用的某个特征和几个特征定义为自定义特征（UDF），这样在以后的设计中可以方便地调用它们，从而有效地提高工作效率。例如，可将图 21.3.1 所示模型中的加强筋（肋）部分定义为自定义特征（UDF），该加强筋（肋）部分包括一个实体拉伸特征和一个孔特征。

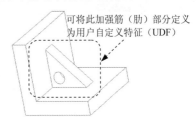

可将此加强筋（肋）部分定义为用户自定义特征（UDF）

图 21.3.1　自定义特征（UDF）

1. UDF 包含的要素

每个 UDF 包含选定的特征、它们的所有相关尺寸、选定特征之间的任何关系以及在零件上放置 UDF 的参考列表。在创建和修改 UDF 过程中，UDF 对话框提供这些 UDF 元素的当前状态。

2. 使用 UDF 的建议

- 确保有预期的标注形式。

- 在创建 UDF 之前，提供定义的特征之间的必要关系。

21 Chapter

3. UDF 的使用限制

● 在创建 UDF 时，不能将合并几何组及其外部特征作为用户自定义特征。

● 关系中未使用的参数不能与 UDF 一起复制到其他零件。

● 如果复制带有包含用户定义过渡的高级倒圆角的组，系统将从生成的特征中删除用户定义的过渡，并在新特征中重定义适当的倒圆角过渡。

21.3.2　创建用户自定义特征

这里将把图 21.3.1 所示的部分定义为用户自定义特征。

1. 创建原始模型

首先创建一个图 21.3.1 所示的零件模型，创建过程如下：

Step 1　先将工作目录设置为 D:\creo2pd\work\ch21.03。

Step 2　新建一个名称为 udf 的零件。

Step 3　创建图 21.3.2 所示的零件基础拉伸特征 1。在操控板中单击 [拉伸] 按钮；设置 FRONT 基准平面为草绘平面，TOP 基准平面为参考平面，方向为 顶；绘制图 21.3.3 所示的截面草图；拉伸深度选项为 [日]，深度为 36.0。

Step 4　创建图 21.3.4 所示的实体拉伸特征 2，产生加强筋（肋）。在操控板中单击 [拉伸] 按钮；设置 FRONT 基准平面为草绘平面，TOP 基准平面为参考平面，方向为 顶；绘制图 21.3.5 所示的截面草图；拉伸深度选项为 [日]，深度为 6.0。

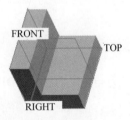

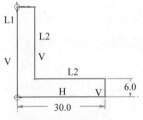

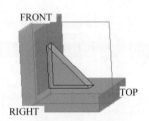

图 21.3.2　拉伸特征 1　　　　　图 21.3.3　截面草图　　　　　图 21.3.4　拉伸特征 2

Step 5　创建图 21.3.6 所示的左侧孔特征。单击 模型 功能选项卡 工程 ▼ 区域中的 [孔] 按钮；孔放置的主参考面和次参考面如图 21.3.6 所示，放置方式为线性，其偏移的距离均为 4.0（参见放大图），孔的类型为直孔，孔直径为 5.0；孔深选项为 [⊥]，选取主参考面后面的平面为孔终止面。

2. 创建用户自定义特征

创建了上面的零件模型后，就可以创建用户自定义特征。

Step 1　单击 工具 功能选项卡 实用工具 区域中 [UDF 库] 按钮。

Step 2　在系统弹出的图 21.3.7 所示的 ▼ UDF (UDF) 菜单中，选择 Create (创建) 命令。

Step 3　在系统 UDF名[退出]: 的提示下，输入名称 tend，并按回车键。

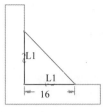
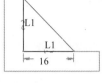

选取此平面为主参考

放大图

分别选取这两个平面为次参考

图 21.3.5 截面草图   图 21.3.6 孔特征

Step 4 在图 21.3.8 所示的菜单中，选择 `Stand Alone (独立)` 命令，然后选择 `Done (完成)` 命令。

图 21.3.8 所示的"UDF 选项"菜单说明如下：

图 21.3.7 "UDF"菜单

- `Stand Alone (独立)` （注：此处应将 Stand Alone 翻译成"独立的"）选择该命令后，表明所创建的用户自定义特征（UDF）是"独立的"，即相对于原始模型是独立的，如果改变原始模型，其变化不会反映到 UDF 中。创建独立的 UDF 时，通过对从中生成该 UDF 的原始零件进行复制，可创建参考零件。参考零件与 UDF 名称相同，只是多了一个扩展名_gp。例如，本例中将 UDF 命名为 tend，

图 21.3.8 "UDF 选项"菜单

则参考零件命名为 tend_gp.prt。参考零件通过原始参考，显示 UDF 参考和元素。

注意：在钣金模块中，冲孔和切口 UDF 应该是"独立"的。

- `Subordinate (从属的)` 从属的 UDF 直接从原始模型获得其值，如果在原始模型中改变尺寸值，它们会自动反映到 UDF 中。

Step 5 完成上步操作后，在系统弹出的"确认"对话框中，选择 `是(Y)` 按钮。

注意：这里回答"是"，则在以后放置该 UDF 特征时，系统会显示一个包含原始模型的窗口，这样便于用户放置 UDF 特征，所以建议用户在这里都回答"是"。

图 21.3.9 信息对话框

Step 6 完成上步操作后，系统弹出图 21.3.9 所示的信息对话框和图 21.3.10 所示的"UDF 特征"菜单，选择 `Add (添加)` ➡ `Select (选择)` 命令，然后按住 Ctrl 键，选取拉伸的加强筋（肋）特征及其上面的孔特征（建议从模型树上选取这些特征）；在"选择"对话框中单击 `确定` 按钮；选择 `Done (完成)` ➡ `Done/Return (完成/返回)` 命令。

图 21.3.9 所示的信息对话框中各元素的含义说明如下：

- `Features` （特征）：选取要包括在 UDF 中的特征。

- `Ref Prompts`（参考提示）：为放置参考输入提示。放置 UDF 时，系统将显示这些提示，以便用户选取对应的放置参考。

- `Var Elements`（可变元素）：在零件中放置 UDF 时，指定要重定义的特征元素。

- `Var Dims`（可变尺寸）：（可选）在零件中放置 UDF 时，选取要修改的尺寸，并为它们输入提示。

图 21.3.10 "UDF 特征"菜单

- `Dim Prompts`（尺寸提示）：（在定义了可变尺寸后才会出现此提示）选取要修改其提示的尺寸，并为其输入新提示。

- `Dim Value`（尺寸值）：（可选）选取属于 UDF 的尺寸，并输入其新值。

- `Var Parameters (可`（可变参数）：添加/移除可变参数。

- `Family Table`（族表）：（可选）创建 UDF 的族表。

- `Units`（单位）：（可选）改变当前单位。

- `Ext Symbols`（外部符号）：（可选）在 UDF 中包括外部尺寸和参数。

`Step 7` 为参考输入提示。这是为了以后使用 UDF 时，确定其如何放置。

（1）模型中图 21.3.11 所示的参考平面变亮，在系统 `以参考颜色为曲面输入提示:` 的提示下，可输入提示信息 cen，按回车键。

（2）模型中图 21.3.12 所示的参考平面变亮，输入提示信息 bot，按回车键。

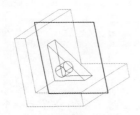 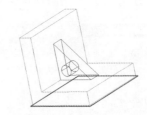

图 21.3.11 操作过程（一）　　　图 21.3.12 操作过程（二）

注意： 由于模型中各特征创建的顺序、方法，选取的草绘平面和草绘参考等不一样，加亮的参考（包括参考的个数）及其顺序也会不一样。

说明： 系统加亮每个参考，并要求输入提示。例如为加亮曲面输入 [选择底面]，那么在放置 UDF 时，系统将提示"选择底面"。

（3）此时模型中图 21.3.13 所示的参考平面变亮，系统提示 `以参考颜色为边输入提示:`；输入提示信息 flo，按回车键。

（4）此时模型中图 21.3.14 所示的参考平面变亮，输入提示信息 bac，按回车键。

（5）所有的参考提示完成后，系统弹出图 21.3.15 所示的 `MOD PRMPT (修改提示)` 菜单，该菜单给用户再次修改参考提示的机会，通过单击 `Next (下一个)` 和 `Previous (先前)` 可以找到某个参考，通过选择 `Enter Prompt (输入提示)` 命令可以对该参考重新输入提示，然后选择 `Done/Return (完成/返回)` 命令退出该菜单。

Step 8　单击 UDF 对话框中的 `确定` 按钮，完成 UDF 特征的创建，然后保存零件模型。

此底面平面变亮

此右侧平面变亮

图 21.3.13　操作过程（五）　　　图 21.3.14　操作过程（六）　　　图 21.3.15　"修改提示"菜单

21.4　使用族表

21.4.1　关于族表

族表是本质上相似零件（或装配或特征）的集合，这些零件在一两个方面稍有不同。例如，在图 21.4.1 中，这些轴虽然尺寸各有不同，但它们看起来本质是一样的，并且具有相同的功能。这些零件构成一个族表，族表中的零件也称为表驱动零件。

族表的功能与作用如下：

- 把零件生成标准化，既省时又省力。
- 从零件文件中生成各种零件而无须重新构造。
- 可以对零件产生细小的变化而无须用关系改变模型。
- 族表提高了标准化元件的用途。它们允许在 Creo 中表示实际的零件清单。此外，族表使得装配中的零件和子装配容易互换，因为来自同一族表的实例之间可以自动互换。

21.4.2　创建零件族表

下面说明创建图 21.4.1 所示的轴族表的操作步骤：

Step 1　先将工作目录设置为 D:\creo2pd\work\ch21.04，然后打开文件 AXIS_FA.PRT，注意：打开文件前，建议关闭所有窗口并将内存中的文件全部拭除。

Step 2　单击 `工具` 功能选项卡 `模型意图▾` 区域中"族表"按钮 ▤，系统弹出"族表 AXIS_FA"对话框。

Step 3　增加族表的列。在"族表"对话框中，选择 `插入(I)` 菜单中的 `▥ 列(C)...` 命令，然后在弹出的图 21.4.2 所示的"族项"对话框中进行如下操作：

21
Chapter

（1）在 添加项 区域下选中 ◉ 尺寸 单选项，然后单击模型中的 3 个拉伸特征，系统立即显示该 3 个特征的所有尺寸，如图 21.4.3 所示。

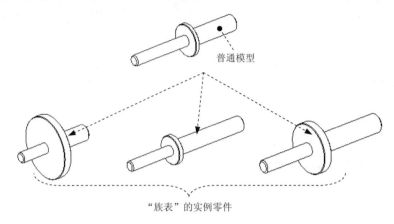

图 21.4.1　零件的族表

图 21.4.2　"族项"对话框

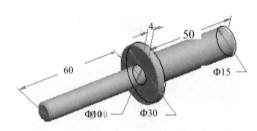

图 21.4.3　选择尺寸

（2）分别选择模型中的尺寸 50、30、60 和 4 后，这四个尺寸的参数代号 d0、d3、d4 和 d2 立即显示在"族项"对话框的项目列表中。

（3）单击"族项"对话框中的 确定 按钮。

Step 4　增加族表的行。

（1）选择 插入(I) 菜单中的 ▦ 实例行(R) 命令，系统立即添加新的一行。

（2）分别在 d0、d3、d4 和 d2 列中输入数值 40、60、30 和 8。经过这样的操作，系统便产生该轴的一个实例，该实例像其他模型一样可以检索和使用。

（3）重复上面的操作步骤，添加其他新的实例，如图 21.4.4 所示。

Step 5　单击"族表"对话框中的 确定(0) 按钮，完成族表的创建。

Step 6　选择下拉菜单 文件(F) ➡ ▦ 保存(S) 命令。保存模型或它的一个实例时，系统会自动保存该模型的所有"族表"信息。

Step 7　验证已定义的族表。退出 Creo，再重新进入 Creo，然后打开文件 AXIS_FA.PRT，系统会显示该零件的族表清单，可选取普通模型或其他实例零件并将其打开。

图 21.4.4　操作后

族表结构的说明如下：如图 21.4.4 所示，族表本质上是电子数据表，由行和列组成。其三个组成部分分别是：

- 普通模型对象，族的所有成员都建立在它的基础上。
- 尺寸和参数、特征、自定义特征名、装配成员名都可作为表驱动的项目，如图 21.4.1 所示。
- 由表产生的所有族成员名（实例）和每一个表驱动项目的相应值。行包含零件的实例名及其相应的值，列用于项目。列标题包含实例名和表中所有尺寸、参数、特征名、成员和组的名称，尺寸用名称列出（如 d0、d3），参数也用其名称列出（灰暗符号），特征按特征编号及名称列出。普通模型位于表的第一行。不能在"族表"中对普通模型进行任何改变。

注意：族表的名称不区分大小写。因此，后面用大写字母表示其名称。

21.4.3　创建装配族表

本节将介绍装配族表的创建过程。装配族表的创建以装配体中零件的族表为基础。也就是说，要创建一个装配体的族表，该装配体中应该至少有一个元件族表。下面以图 21.4.5 所示的装配（轴与轴套的装配）为例，说明创建装配族表的一般操作过程：

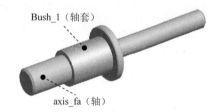

Bush_1（轴套）

axis_fa（轴）

图 21.4.5　轴与轴套的装配

Step 1　将工作目录设置为 D:\creo2pd\work\ch21.04，打开文件 AXES_ BUSH.ASM。注意：打开文件前，建议关闭所有窗口并将内存中的文件全部拭除。

该普通装配模型包括两个零件：轴与轴套，其中轴是 21.4.5 中轴族表中的普通模型，垫圈也是族表中的普通模型。

Step 2　在装配模块中，单击 工具 功能选项卡 模型意图 ▼ 区域中"族表"按钮 ⊞。

Step 3　增加族表的列。在弹出的"族表"对话框中，选择 插入(I) 菜单中的 ℹ️ 列(C)... 命令，再在弹出的图 21.4.2 所示的"族项"对话框中进行下列操作：

（1）在 添加项 区域下选中 ⦿ 元件 单选项。

（2）单击装配模型中的零件轴与轴套，系统立即在项目列表中显示这两个零件。

（3）单击"族项"对话框中的 确定 按钮。

Step 4 增加族表的行。选择 插入(I) 菜单中的 **实例行(R)** 命令，并将此操作重复两次。

Step 5 完成装配族表。此时系统生成图 21.4.6a 所示装配族表，通过该族表可以生成许多装配实例。关于装配实例的生成，要明白一个道理：装配实例的构成是由装配体中各元件的家族实例来决定的，如本例中，轴装配的各实例是由轴族表中的实例决定的。

要完成装配的族表，还必须理解表中元件项目取值的含义：

- **Y**：在装配实例中显示该元件的普通模型，并且普通模型中的隐含特征会被恢复。
- **N**：在装配实例中显示该元件的普通模型，并且普通模型中的隐含特征会被继续隐含。
- *****：在装配实例中显示该元件的普通模型，普通模型中的任何特征都会显示。
- 元件的某个实例名称：在装配实例中用该元件的一个实例替代该元件的普通模型，并将其显示。

根据对以上概念的理解，可完成装配族表（图 21.4.6b）。操作提示如下：

（1）在轴（AXIS_FA）列下分别输入轴族表的各实例名。

（2）在本教学例子中，由于装配族表的实例名与轴（AXIS_FA）族表的实例名部分相同，所以可用"族表"中 编辑(E) 菜单下的 **复制单元(C)** 和 **粘贴单元(P)** 命令来快速完成族表中轴（AXIS_FA）实例名的填写。

（3）完成族表后，单击"族表"对话框中的 确定(O) 按钮。

a）操作前

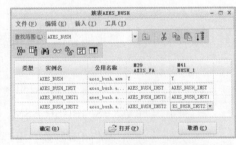
b）操作后

图 21.4.6 "族表 AXES_BUSH"对话框

21.5 创建和使用快捷键

利用 Creo 的"快捷键（Map Key）"功能可以创建快捷键（或快捷命令），这将大大提高操作速度。例如，通常创建一个对称拉伸曲面特征时，首先要进行下列三步操作：

第一步：单击 模型 功能选项卡 形状 ▼ 区域中的"拉伸"按钮 ⬦拉伸 。

第二步：在"拉伸"操控板中单击"曲面类型"按钮 ⌓ 。

第三步：在出现的操控板中选择深度类型 ⊟ 。使用快捷键功能可将这三步操作简化为几个字母（如 pe2）或某个 F 功能键。下面介绍其操作方法。

Step 1 选择下拉菜单 文件 ▼ ➡ ☰ 选项 命令，系统弹出"Creo Parametric 选项"对话框，在该对话框的左侧列表区域中选择 环境 选项，在该对话框的 普通环境选项 区域中单击 映射键设置... 按钮。

Step 2 系统弹出"Creo Parametric 选项"对话框，在该对话框中单击 是(Y) 按钮，在系统弹出的"另存为"对话框中单击 OK 按钮。

Step 3 系统弹出图 21.5.1 所示的"映射键"对话框，在该对话框中单击 新建... 按钮。

Step 4 系统弹出图 21.5.2 所示的"录制映射键"对话框，在其中进行下列操作：

（1）在 键序列 文本框中输入快捷命令字符 pe2，将来在键盘上输入该命令，系统会自动执行相应的操作；也可在此区域输入某个 F 功能键，此时要注意在 F 功能键前加一符号$，例如$F12。

（2）在 名称 文本框中输入快捷命令的主要含义，在此区域也可以不填写内容。

（3）在 说明 文本框中输入快捷命令的相关说明，在此区域也可以不填写内容。

（4）在 提示处理 区域中选中 ⦿ 录制键盘输入 单选项，然后单击该对话框中的 录制 按钮。

（5）按前面所述的三个操作步骤进行操作，完成操作后单击 停止 按钮。

（6）单击该对话框中的 确定 按钮。

Step 5 试运行快捷命令。在图 21.5.3 所示的"映射键"对话框中，先在列表中选取刚创建的快捷命令 pe2，再单击 运行 按钮，可进行该快捷命令的试运行。如发现问题，可单击 修改... 按钮进行修改或者单击 删除 按钮将其删除，然后重新创建。

图 21.5.1 "映射键"对话框　　图 21.5.2 "录制映射键"对话框　　图 21.5.3 "映射键"对话框

Step 6 保存快捷命令。单击"映射键"对话框中的 保存... 按钮，可将快捷命令 pe2 保存在配置文件 config.pro 中。这样该快捷命令将永久保存在系统中，然后关闭"映射键"对话框。

Step 7 运行快捷命令。中断当前环境中的所有命令和过程，使系统处于接受命令状态。在键盘上输入命令字符 pe2（无需按回车键），即可验证该快捷命令。

22

产品的着色与渲染

22.1　概述

在创建零件和装配三维模型时，通过单击工具按钮 ⬚、⬚、⬚、⬚ 和 ⬚，可以使模型显示为不同的线框（Frame）状态和着色（Shading）状态，但在实际的产品设计中，这些显示状态是远远不够的，因为它们无法表达产品的颜色、光泽和质感等外观特点，要表达产品的这些外观特点，还需要对模型进行必要的外观设置，然后再对模型进行进一步的渲染处理。

1. 模型的外观

在 Creo 中，为产品赋予的外观可以表达产品材料的颜色、表面纹理、粗糙度、反射度、透明度及贴图等。

在实际的产品设计中，可以为产品（装配模型）中的各零件模型设置不同的材料外观，其作用如下：

● 如果不同的零件用不同的颜色表示，则更容易分辨产品中不同的零件。

● 对于内部结构复杂的产品，可以将产品的外壳设置为透明材质，这样则容易查看产品的内部结构。

● 给模型赋予纹理外观，可以使产品的图像更加丰富，也使产品立体感增强。

● 为模型的渲染做准备。

2. 模型的渲染

所谓"渲染"（Rendering），就是使用专门的"渲染器"模拟出模型的真实外观效果，这是一种高级的三维模型外观处理技术。在模型渲染时，可以设置房间，设置多个光源，设置阴影、反射及添加背景等，这样渲染的效果非常真实。

为了使产品的效果图更加具有美感，可以将渲染后的图形文件放到一些专门的图像处理软件（如 Photoshop）中进行进一步的编辑和加工。

模型渲染时，由于系统需要进行大量的计算，并且需要在屏幕上显示渲染效果，所以要求计算机的显卡、CPU、内存等硬件的性能要比较高。

22.1.1 外观与渲染的主要术语

外观与渲染的主要术语有以下这些：

- Alpha：图像文件中可选的第四信道，通常用于处理图像，就是将图像中的某种颜色处理成透明。注意：只有 TIFF、TGA 格式的图像才能设置 Alpha 通道，常用的 JPG、BMP、GIF 格式的图像不能设置 Alpha 通道。

- 凹凸贴图：单信道材料纹理图，用于建立曲面凹凸不平的效果。

- 凹凸高度：凹凸贴图的纹理高度或深度。

- 颜色纹理：三信道纹理贴图，由红、绿和蓝的颜色值组成。

- 贴花：四信道纹理贴图，由标准颜色纹理贴图和透明度（如 Alpha）信道组成。

- 光源：所有渲染均需要光源，模型曲面对光的反射取决于它与光源的相对位置。光源具有位置、颜色和亮度。有些光源还具有方向性、扩散性和汇聚性。光源的四种类型为环境光、远光源（平行光源）、灯泡（点光源）和聚光灯。

- 环境光源：平均作用于渲染场景中所有对象各部分的一种光。

- 远光源（平行光）：远光源会投射平行光线，以同一个角度照亮所有曲面（无论曲面的方位是怎样的）。此类光照模拟太阳光或其他远光源。

- 灯泡（点光源）：光源的一种类型，光从灯泡的中心辐射。

- 聚光灯：一种光源类型，其光线被限制在一个锥体中。

- 环境光反射：一种曲面属性，用于决定该曲面对环境光源光的反射量，而不考虑光源的位置或角度。

- RGB：红、绿、蓝的颜色值。

- 像素：图像的单个点，通过三原色（红、绿和蓝）的组合来显示。

- 颜色色调：颜色的基本阴影或色泽。

- 颜色饱和度：颜色中色调的纯度。"不饱和"的颜色以灰阶显示。

- 颜色亮度：颜色的明暗程度。

- Gamma：计算机显示器所固有的对光强度的非线性复制。

- Gamma 修正：修正图像数据，使图像数据中的线性变化在所显示图像中产生线性变化。

- PhotoRender：Creo 提供的一种渲染程序（渲染器），专门用来建立场景的光感图像。

- Photolux：Creo 提供的另一种高级渲染程序（渲染器），实际应用中建议采用这种渲染器。

- 房间：模型的渲染背景环境。房间分为长方体和圆柱形两种类型。一个长方体房间具有四个壁、一个天花板和一个地板。一个圆柱形房间具有一个壁、一个地板和一个天花板。可以对房间应用材质纹理。

22.1.2　外观与渲染的操作菜单

外观与渲染的相关操作命令位于 渲染 功能选项卡中，如图 22.1.1 所示。

图 22.1.1　"渲染"功能选项卡

22.2　模型的外观

22.2.1　"外观管理器"对话框

模型的外观设置是通过"外观管理器"对话框进行的。单击 视图 功能选项卡 模型显示 区域中的"外观库"按钮 ●，系统弹出图 22.2.1 所示的"外观库"界面，在界面中单击 外观管理器... 按钮，系统弹出图 22.2.2 所示的"外观管理器"对话框，下面对该对话框中各区域的功能分别说明。

1．下拉菜单区域

"外观管理器"对话框的下拉菜单区域包含三个下拉菜单，各菜单命令的意义参见图 22.2.3 和图 22.2.4。

2．外观过滤器

外观过滤器可用于在"我的外观"、"模型"和"库"调色板中查找外观，要过滤调色板中显示的外观列表，可以在外观过滤器文本框中指定关键字符串，然后单击 🔍，单击 ❎ 可取消搜索，并显示调色板中的所有外观。

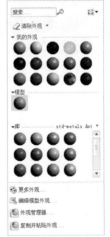

图 22.2.1　"外观库"界面

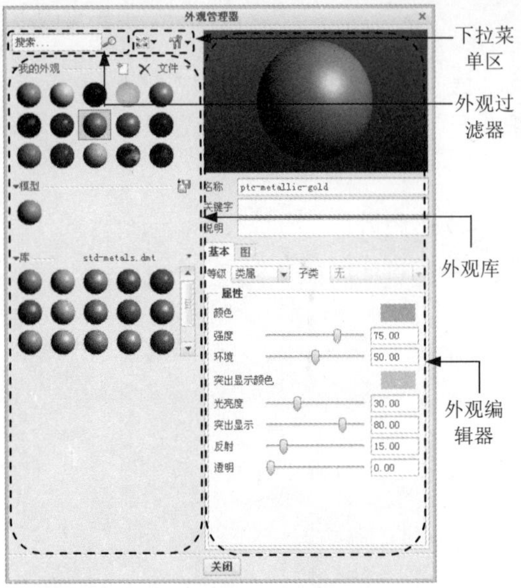

外观管理器
下拉菜单区
外观过滤器
外观库
外观编辑器
我的外观
文件
模型
库
std-metals.dmt
名称
ptc-metallic-gold
关键字
说明
基本
图
等级
类属
子类
无
属性
颜色
强度
75.00
环境
50.00
突出显示颜色
光亮度
30.00
突出显示
80.00
反射
15.00
透明
0.00
关闭

图 22.2.2 “外观管理器”对话框

小缩略图
在外观调色板中仅显示小缩略图
大缩略图
在外观调色板中仅显示大缩略图
名称和缩略图
在外观列表区中显示外观的名称和外观球
仅名称
在外观列表区中只显示外观的名称
渲染的示例
外观列表区中的外观球显示渲染后的外观
显示工具提示
存在工具提示

图 22.2.3 “视图选项”

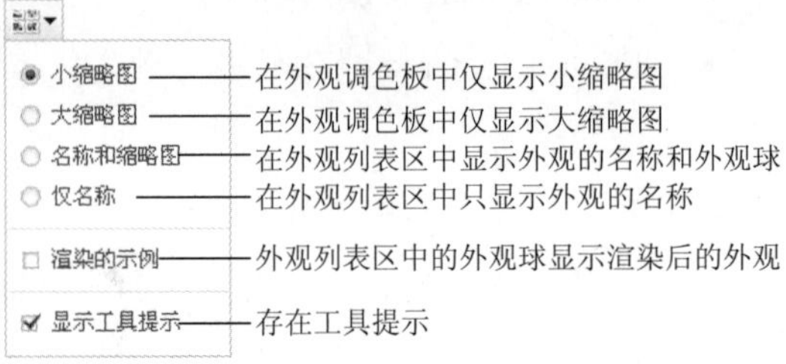

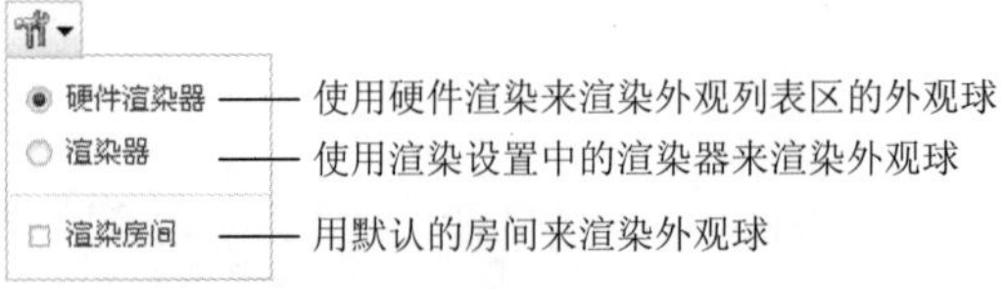

硬件渲染器
使用硬件渲染来渲染外观列表区的外观球
渲染器
使用渲染设置中的渲染器来渲染外观球
渲染房间
用默认的房间来渲染外观球

图 22.2.4 “工具选项”

3. 调色板

（1）“我的外观”调色板。

每次进入 Creo 2.0 后，打开“外观管理器”对话框，其“我的外观”调色板中会载入 15 种默认的外观以供选用（图 22.2.5），当鼠标指针移至某个外观球（外观的缩略图）上，系统将显示该外观的名称。用户可将所需的外观文件载入外观库中，还可对某一外观进行修改（第一个外观 ref_color1 为默认的外观，不能被修改及删除）或创建新的外观。

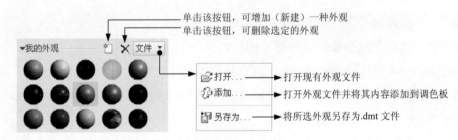

单击该按钮，可增加（新建）一种外观
单击该按钮，可删除选定的外观
我的外观
文件
打开...
打开现有外观文件
添加...
打开外观文件并将其内容添加到调色板
另存为...
将所选外观另存为.dmt 文件

图 22.2.5 “我的外观”调色板

（2）“模型”调色板。

“模型”调色板会显示在活动模型中存储和使用的外观。如果活动模型没有任何外观，则“模型”调色板显示默认外观。新外观应用到模型后，它会显示在“模型”调色板中。

（3）“库”调色板。

“库”调色板将 Photolux 库和系统库中的预定义外观显示为缩略图颜色样本。

说明：如果没有安装系统图形库（或者安装了系统图形库，但没有对 Creo 进行正确的配置），那么“外观管理器”对话框中图 22.2.6 所示的“库”调色板下的外观球不显示或者显示不完全。

4. 将某种外观设置应用到零件模型和装配体模型上

（1）选定某种外观后，在"外观管理器"对话框中单击 关闭 按钮。

（2）单击 视图 功能选项卡 模型显示 区域中的"外观库"按钮，此时鼠标在图形区显示为"毛笔"状态。

（3）选取要设置此外观的对象，然后单击"选择"对话框中的 确定 按钮。

☑　在零件模式下，如果在"智能选取栏"中选择列表中的"零件"，则系统将对整个零件模型应用指定的外观；如果选取列表中的"曲面"，则系统将仅对选取的模型表面应用指定的外观。

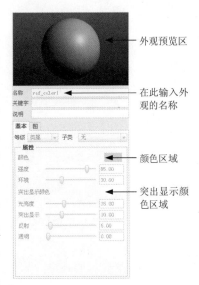

外观预览区

在此输入外观的名称

颜色区域

突出显示颜色区域

图 22.2.6　"外观编辑器"对话框

☑　在装配模式下，如果在"智能选取栏"中选择列表中的"全部"，则系统将对整个装配体应用指定的外观；如果选取列表中的"元件"，则系统仅对装配体中的所选零件（或子装配）应用外观。

（4）如果要清除所选外观，在"外观库"界面中选择 清除外观 按钮（如果要清除所有外观，选择 清除外观 下拉列表中的 清除所有外观 命令，在弹出的"确认"对话框中单击 是(Y) 按钮），然后选取此前设置外观的对象，单击"选择"对话框中的 确定 按钮。

5. 外观管理器

该区域主要包含 基本 和 图 两个选项卡。当外观库中的某种外观被选中时，该外观的示例（外观球）即出现在外观预览区，在外观预览区下方的 名称 文本框中可修改其外观名称，在 基本 和 图 选项卡中可对该外观的一些参数进行修改，修改过程中可从外观预览区方便地观察到变化。但在默认情况下，外观预览区不显示某些外观特性（如凹凸高度、光泽、光的折射效果等）。

22.2.2　"基本"外观

1. 关于"基本"外观

现在人们越来越追求产品的颜色视觉效果，一个颜色设置合理的产品往往更容易吸引消费者的目光，这就要求产品设计师在产品设计中，不仅要注重产品功能的设计，还要注意产品颜色外观的设计。在 Creo 软件中，通过设置"基本"外观，可表达产品的颜色。

2. "基本"外观设置界面—— 基本 选项卡

基本 选项卡用于设置模型的基本外观，该选项卡界面包含 颜色 和 突出显示颜色 两个区域，如图 22.2.7 所示。

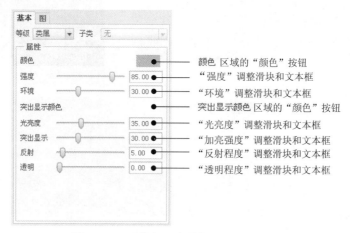

图 22.2.7 "基本"选项卡

注意：须先从"外观库"中选取一个外观（除第一个外观 ref_color1）或新建一个外观，才能激活 颜色 和 突出显示颜色 两个区域的所有选项。

● 颜色 区域：该区域用于设置模型材料本体的颜色、强度和环境效果。

☑ "颜色"按钮：单击该按钮，将弹出图 22.2.8 所示的"颜色编辑器"对话框，用于定义模型材料本体的颜色。

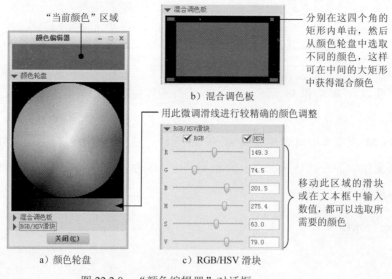

图 22.2.8 "颜色编辑器"对话框

☑ 强度 选项：控制模型表面反射光源（包括点光源、定向光或聚光源）光线程度，反映在视觉效果上是模型材料本体的颜色变明或变暗。调整时，可移动该项中的调整滑块或在其后面的文本框中输入数值。

☑ 环境 选项：控制模型表面反射环境光的程度，反映在视觉效果上是模型表面变明或变暗。调整时，可移动该项的调整滑块或在其后的文本框中输入值。

- 突出显示颜色 区域：用于控制模型的加亮区。当光线照射在模型上时，一般会在模型表面上产生加亮区（高光区）。
  - ☑ "颜色"按钮：单击该按钮，将弹出"颜色编辑器"对话框，可定义加亮区的颜色。对于金属，加亮区的颜色为金属的颜色，所以其颜色应设置成与金属本身的颜色相近，这样金属在光线的照射下更有光泽；而对于塑料，加亮区的颜色则是光源的颜色。
  - ☑ 光亮度 选项：控制加亮区的范围大小。加亮区越小，则模型表面越有光泽。
  - ☑ 突出显示 选项：控制加亮区的光强度，它与光亮度和材质的种类直接相关。高度抛光的金属应设置成较"明亮"，使其具有较小的明加亮区；而蚀刻过的塑料应设置成较"暗淡"，使其具有较大的暗加亮区。
  - ☑ 反射选项：控制局部对空间的反射程度。阴暗的外观比光亮的外观对空间的反射要少。例如织品比金属反射要少。
  - ☑ 透明 选项：控制透过曲面可见的程度。

3. 关于"颜色编辑器"对话框

在 基本 选项卡的 颜色 和 突出显示颜色 区域中单击"颜色"按钮，系统均会弹出图 22.2.8 所示的"颜色编辑器"对话框，该对话框中包含下列几个区域：

- "当前颜色"区域：显示当前选定的颜色，如图 22.2.8 a 所示。
- ▼颜色轮盘 栏：可在"颜色轮盘"中选取一种颜色及其亮度级，如图 22.2.8a 所示。
- ▼混合调色板 栏：可创建一个多达四种颜色的连续混合调色板，然后从该混合调色板中选取所需要的颜色，如图 22.2.8b 所示。
- ▼RGB/HSV滑块 栏：该区域包括 RGB 和 HSV 两个子区域，如图 22.2.8 c 所示。
  - ☑ 如果选中 □RGB 复选框，则可采用 RGB（红绿蓝）三原色定义颜色，RGB 值的范围为 0~255。将 RGB 的值均设置为 0，定义黑色；将 RGB 的值均设置为 255，定义白色。
  - ☑ 如果选中 □HSV复选框，可采用 HSV（即色调、饱和度和亮度）来定义颜色。色调用于定义主光谱颜色，饱和度则决定颜色的浓度，亮度可控制颜色的明暗。色调值的范围为 0~360，而饱和度和亮度值的范围是 0~100（这里的值为百分值）。
  - ☑ 在"光源编辑器"（Light Editor）对话框中，单击颜色按钮，也可打开"颜色编辑器"（Color Editor）对话框。

说明：在"场景"对话框的"光源"选项卡中，单击颜色按钮，也可打开"颜色编辑器"（Color Editor）对话框。

4. 控制模型颜色的显示

当定义的外观颜色应用到模型上后，可用下面的方法控制模型上的外观颜色的显示。

选择下拉菜单 文件 ▾ ➡ ▤ 选项 命令，系统弹出图 22.2.9 所示的"Creo Parametric 选项"对话框，在对话框左侧列表中选中 图元显示 选项，在对话框的 几何显示设置 区域中选中 ☑ 显示为模型曲面分配的颜色 复选框，可以显示模型颜色属性。

5. 基本外观设置练习

在"外观管理器"对话框的外观列表区，系统提供了 15 种外观供用户选用。下面介绍将基本外观添加到模型中的一般操作过程：

Step 1 将工作目录设置为 D:\creo2pd\work\ch22.02，打开文件 color.prt。

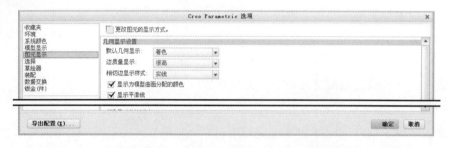

图 22.2.9 "Creo Parametric 选项"对话框

Step 2 选取外观颜色。在调色板中选取一种外观设置。在图 22.2.10 所示的"外观管理器"对话框的"我的外观"调色板中，选取一种外观颜色。

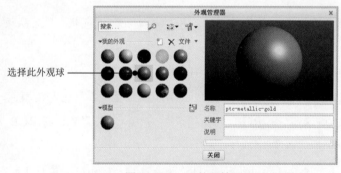

图 22.2.10 "外观管理器"对话框

Step 3 将外观应用到模型上。在"外观管理器"对话框中单击 关闭 按钮，然后单击 视图 功能选项卡 模型显示 区域中的"外观库"按钮 ●，此时鼠标在图形区显示为"毛笔"状态，在"智能选取栏"的下拉列表中选择"零件"，选取模型，然后单击"选择"对话框中的 确定 按钮，此时可看到图形区中的模型立即被赋予了所选中的外观。

22.2.3 "图"外观

1. 关于"图"外观

通过设置"图"外观，可在模型的表面上附着图片，用以表达模型表面凹凸不平的程度、模型的材质纹理和模型表面上的特殊图案。

2. "纹理"外观设置界面 —— 图 选项卡

图 选项卡用于设置模型的纹理外观，该选项卡界面中包括 凹凸 、 颜色纹理 和 贴花 三个区域（图 22.2.11）。

- 凹凸 选项：利用该项功能可以把图片附于模型表面上，使模型表面产生凸凹不平状，这对创建具有粗糙表面的材质很有用。选择 关闭 下拉列表中的某一类型（图像、程序图像、毛坯、注塑或泡沫），然后单击该区域前面的"凹凸"放置按钮（图 22.2.11），系统会弹出"打开"对话框，通过选取某种图像，可在模型上放置凹凸图片。

  注意：只有对模型进行渲染后，才能观察到凸凹效果。只有将渲染器设置为 Photolux 时，用于"凹凸"的"程序图像"、"毛坯"、"注塑"和"泡沫"值才可用。

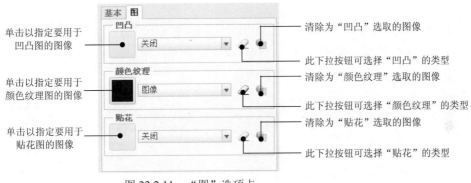

图 22.2.11　"图"选项卡

- 颜色纹理 选项：利用该项功能可以把材质纹理图片附于模型表面上，使模型具有某种材质的纹理效果。

- 注意：当模型表面加上"颜色纹理"后，纹理将覆盖模型的整个表面，而使模型本身的颜色不起作用。

- 贴花 选项：利用此选项可在零件的表面上放置一种图案，如公司的徽标。一般是在模型上的指定区域进行贴花，贴花后，指定区域内部填充图案并覆盖其下面的外观，而没有贴花之处则显示其下面的外观，即贴花图案位于所有"图外观"的顶层，就像是粘膜或徽标。贴花允许包括透明区域，使该区域位于图像之内；也允许透过它显示基本颜色或颜色纹理。贴花是应用了 Alpha 通道的纹理。如果像素的 Alpha 值大于零，则像素颜色会映射到曲面；如果 Alpha 值为零，则曲面的基本纹理颜色透过此像素可见。贴花不产生凹凸状，但可以控制贴花图片的明亮度，这对制作具有光泽的材质会很有用。

3. 设置纹理的一般操作过程

创建图 22.2.12 所示纹理的一般操作过程如下所示：

Step 1　将工作目录设置为 D:\creo2pd\work\ch22.02，打开文件 veins.prt。

Step 2　定义纹理。在"外观管理器"对话框中单击 按钮，单击 图 选项卡；在 颜色纹理 区域的下拉列表中选择 图像 选项，并单击"图像"按钮 ，在弹出的"打开"对话框中选取 C:\Program Files\PTC\Creo 2.0\Common Files\F000\graphic-library\ textures\metal，打开纹理文件 Galvanized.jpg。

a）创建前　　　　　　　　　　　　　b）创建后

图 22.2.12　添加纹理

Step 3　保存纹理。在"模型"调色板中单击 ，在"另存为"对话框中输入文件名称 veins，单击 确定 按钮，保存纹理。

Step 4　单击 关闭 按钮，完成纹理的定义。

Step 5　应用纹理。单击 视图 功能选项卡 模型显示 区域中的"外观库"按钮 ，此时鼠标在图形区显示"毛笔"状态，选取要设置此外观的对象，然后在"选择"对话框中单击 确定 按钮。

说明：虽然可以一次在多个曲面上放置纹理，但最好在各个曲面上单独放置纹理图，以确保纹理图能正确定向。一般需要经过多次试验才能获得满意的结果。

4. 控制模型上的纹理显示

当定义的外观纹理应用到模型上后，可用下面的方法控制其外观纹理是否显示。

选择下拉菜单 文件 ➡ 选项 命令，系统弹出图 22.2.13 所示的"Creo Parametric 选项"对话框，在对话框左侧列表中选中 模型显示 选项，在对话框的 着色模型显示设置 区域中选中 ✔ 显示着色模型的纹理 选项，可以显示模型颜色属性。

5. 外观设置中的注意事项

定义外观时，最常见的一种错误是使外观变得太亮。在渲染中可使用醒目的颜色，但要确保颜色不能太亮。太亮的模型看起来不自然，或者像卡通。如果图像看起来不自然，可以使用"外观管理器"对话框来降低外观的色调，可在 基本 选项卡中降低加亮区的光泽度和强度，并将反射向标尺中的无光泽端降低。

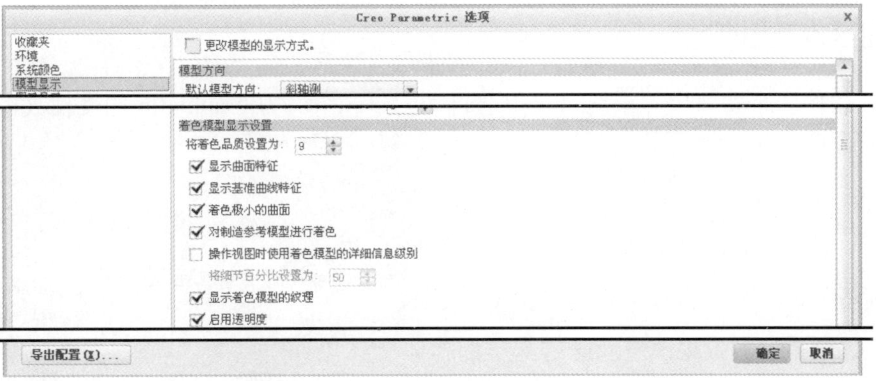

图 22.2.13　"Creo Parametric 选项"对话框

使用 [图] 选项卡中的纹理图可增加模型的真实感。

22.2.4　外观的保存与修改

1. 模型外观的保存

模型的外观设置好以后，可在"外观管理器"对话框中选择下拉菜单 文件 ▼ ➡

[另存为]...命令，将外观保存为外观文件，默认时，外观文件以.dmt 格式保存。

另外，利用"外观管理器"为模型赋予的颜色和材质纹理及图片，颜色会与模型一起保存，但是材质纹理与图片不随模型一起保存，因此下次打开模型时，会出现材质纹理或图片消失，只剩下颜色的现象，这就需要在配置文件 config.pro 中设置 texture_search_path 选项，指定材质纹理与图片的搜索路径。texture_search_path 选项可以重复设置多个不同的路径，这样能保证系统找到模型中的外观。

2. 模型外观的修改

打开一个带有外观的模型后，如果要修改其外观，操作方法如下：

Step 1　将工作目录设置为 D:\creo2pd\work\ch22.02，打开文件 edit_color.prt。

Step 2　选择命令。单击 视图 功能选项卡 模型显示 区域中的"外观库"按钮 ●，系统弹出"外观库"界面。

Step 3　移除外观颜色（可选操作步骤）。在"外观库"界面中删除所有外观。

Step 4　添加外观到外观列表。在"外观管理器"对话框中单击 文件 ▼ ➡ [添加]...命令，将模型外观 EDIT_COLOR.dmt 添加到外观列表。

● 将一个外观文件指定为 config.pro 文件中的 pro_colormap_path 配置选项的值，这样在每个 Creo 进程中，系统均会载入该外观。

说明：使用"外观管理器"对话框，可以载入 Creo 以前的版本中保存的 color.map 文件。

Step 5 将添加的外观应用到模型中。

22.2.5 关于系统图形库

Creo 软件完全安装后，系统目录中会自动创建一个名为 graphiclib 的文件夹，该文件夹的结构如图 22.2.14 所示。

文件夹 adv_materials 中的材质为高级材质，这些材质只有经过 Photolux 渲染器渲染后才能显示其材质特点。在产品设计中使用 adv_materials 中的材质，渲染后的效果图看起来跟真实的物体一样。

图 22.2.14　系统图形库的目录结构

调用系统图形库中的高级材质的一般过程：

Step 1 将工作目录设置为 D:\creo2pd\work\ch22.02，打开文件 adv_color.prt。

Step 2 单击 视图 功能选项卡 模型显示 区域中的"外观库"按钮 ●，系统弹出"外观库"界面，在界面中单击 外观管理器... 按钮，系统弹出"外观管理器"对话框。

Step 3 在"外观管理器"对话框中选择下拉菜单 文件 ▼ ➡ 打开...命令。

Step 4 按照路径 C:\Program Files\PTC\Creo 2.0\Common Files\F000\graphic-library\adv_materials\Paint，打开材质外观文件 adv-paint-metallic.dmt。

Step 5 此时，adv-paint-metallic.dmt 文件中所有材质的外观显示在"我的外观"调色板中，但默认情况下，"我的外观"调色板中的外观球不显示其某些材质特性（如凹凸、透明等），当将其分配给模型并进行渲染后，可在渲染后的模型上观察到材质的特性。如果要使外观列表中的外观球显示其材质特性（参见随书光盘文件 D:\creo2pd\work\ch22.02\advanced_mat.doc），需进行以下操作：

（1）单击 渲染 功能选项卡 设置 区域中的"渲染设置"按钮 。

（2）在"渲染设置"对话框的 渲染器 列表框中选择 Photolux 渲染器，如图 22.2.15 所示。

（3）在"外观管理器"对话框的 ▼ 下拉菜单中，依次选中 ◉ 渲染器 单选项、☑ 渲染房间 复选项，然后在 ▼ 下拉菜单中选中 ☑ 渲染的示例 复选项。

Step 6 从"我的外观"调色板中选取一种材质指定给模型。

22.3　透视图设置

在进行一些渲染设置时，需要提前设置模型的透视图。设置图 22.3.1 所示透视图的一般操作过程如下：

Step 1 将工作目录设置为 D:\creo2pd\work\ch22.03，打开文件 perspective.prt。

图 22.2.15 "渲染设置"对话框

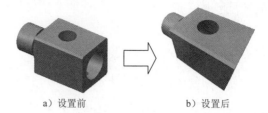

a）设置前   b）设置后

图 22.3.1 透视图设置

Step 2 在 渲染 功能选项卡中选择 透视图▾ ➡ 透视图设置 命令，系统弹出"透视图"对话框，如图 22.3.2 所示。

Step 3 在 类型 栏中选取以下方法之一来移动视图。

图 22.3.2 "透视图"对话框

- 透视图设置：（默认选项）可操控目视距离和焦距，以调整模型的透视量和观察角度。

- 浏览：可使用控件或采用鼠标控制在图形窗口中移动模型。

- 漫游：手动更改透视图的方法。模型的方向和位置通过类似于飞行模拟器的相互作用进行控制。

- 起止：沿对象查看模型，查看路径由两个基准点或顶点定义。

- 沿路径：沿路径查看模型，查看路径由轴、边、曲线或侧面影像定义。

Step 4 为 目视距离 指定一个数值，以沿通过模型选择的路径移动视点。对于着色的模型，当路径位于模型内部时，将看不到任何内容。

Step 5 在 镜头（毫米）下拉列表中选择不同的焦距，也可以选择定制焦距，通过移动滑块或在相邻的文本框中输入一定的数值，来指定焦距值。

Step 6 单击 确定 按钮。

说明：在"透视图"模式下，如果视点离模型很近，则很难查看模型；如果模型很复杂，而且包含许多互相接近的曲面，则也可能会错误地渲染曲面。使用缩放功能可获得较好的模型透视图。

22.4 设置房间

房间（Room）是渲染的背景，它为渲染设置舞台，是渲染图像的一个组成部分。房间具有天花板、墙壁和地板，这些元素的颜色纹理及大小、位置等的布置都会影响图像的质量。在外形上，房间可以为长方形或圆柱形。创建长方形房间时，最困难的是要使空间的角落看起来更真实。可以用下面的方法来避免房间角落的问题：

- 创建一个圆柱形房间或创建足够大的长方形房间，以使角落不包含在图像中。
- 将房间的壁移走，然后放大模型进行渲染。

下面介绍创建图 22.4.1 所示房间的一般过程：

Step 1 将工作目录设置为 D:\creo2pd\work\ch22.04，打开文件 room.prt。

Step 2 单击 渲染 功能选项卡 场景 区域中的"场景"按钮，系统弹出"场景"对话框，在"场景"对话框中单击 房间(R) 选项卡，系统弹出图 22.4.2 所示的"场景"对话框中的"房间"选项卡。

- 系统默认的房间类型为 ● 矩形房间，在"房间"选项卡中选择下拉菜单 选项▼ ➡ 房间类型 ▶ ➡ ● 圆柱形房间 命令，可将房间更改为圆柱形。

单击"场景"对话框 房间(R) 选项卡中个 ❤ 高级 命令，系统弹出图 22.4.3 所示的"高级"选项组。

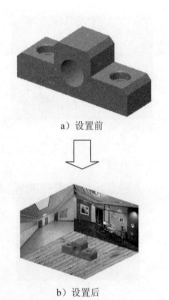

a）设置前

b）设置后

图 22.4.1 房间设置

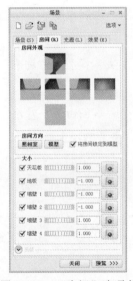

图 22.4.2 "房间"选项卡

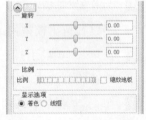

图 22.4.3 "高级"选项组

- 旋转 区域。可调整房间绕 X 、 Y 、 Z 轴旋转的角度。
- 比例 区域。可调整房间的比例。
- 显示选项 区域。可设置房间的显示方式为 ● 着色或 ● 线框。

Step 3 设置房间外观。

（1）设置地板外观。在"场景"对话框中 房间外观 区域单击"地板"按钮，系统弹出"房间外观编辑器"对话框；单击 图 选项卡，在 颜色纹理 区域单击"图像"按钮；在弹出的"打开"对话框中选取 floor.jpg 文件，完成底板的设置，其结果如图 22.4.4 所示。

（2）设置墙壁外观。

①设置墙壁 1 外观。在"场景"对话框中 **房间外观** 区域单击"墙壁 1"按钮 ，系统弹出"房间外观编辑器"对话框；单击 **图** 选项卡，在 **颜色纹理** 区域单击"图像"按钮 ；在弹出的"打开"对话框中选取 wall_01.jpg 文件，完成墙壁 1 的设置，其结果如图 22.4.5 所示。

②设置墙壁 2 外观。在"场景"对话框中 **房间外观** 区域单击"墙壁 2"按钮 ，系统弹出"房间外观编辑器"对话框；单击 **图** 选项卡，在 **颜色纹理** 区域单击"图像"按钮 ；在弹出的"打开"对话框中选取 wall_02.jpg 文件，完成墙壁 2 的设置，其结果如图 22.4.6 所示。

③设置墙壁 3 外观。在"场景"对话框中 **房间外观** 区域单击"墙壁 3"按钮 ，系统弹出"房间外观编辑器"对话框；单击 **图** 选项卡，在 **颜色纹理** 区域单击"图像"按钮 ；在弹出的"打开"对话框中选取 wall_03.jpg 文件，完成墙壁 3 的设置，其结果如图 22.4.7 所示。

图 22.4.4　地板外观设置　　　　图 22.4.5　墙壁 1 外观设置　　　　图 22.4.6　墙壁 2 外观设置

④设置墙壁 4 外观。在"场景"对话框中 **房间外观** 区域单击"墙壁 4"按钮 ，系统弹出"房间外观编辑器"对话框；单击 **图** 选项卡，在 **颜色纹理** 区域单击"图像"按钮 ；在弹出的"打开"对话框中选取 wall_04.jpg 文件，完成墙壁 4 的设置，其结果如图 22.4.8 所示。

（3）设置天花板外观。在"场景"对话框中 **房间外观** 区域单击"天花板"按钮 ，系统弹出"房间外观编辑器"对话框；在 **房间外观** 区域选取"默认天花板外观"设置；其结果如图 22.4.9 所示。

图 22.4.7　墙壁 3 外观设置　　　　图 22.4.8　墙壁 4 外观设置　　　　图 22.4.9　天花板外观设置

Step 4 设置房间大小。

（1）在"场景"对话框 **大小** 区域单击"对照着色模型对齐地板"按钮 ，此时结果如图 22.4.10 所示。

（2）在"场景"对话框中 **房间外观** 区域单击"地板"按钮 ▮，系统弹出"房间外观编辑器"对话框；单击 🖼 选项卡，在 **颜色纹理** 区域单击"编辑颜色纹理放置"按钮 ⚫；在系统弹出的"颜色设置"对话框中选中 ⚫ **多个** 单选项，并在 **重复** 区域的 **X** 文本框中输入值 2.0，单击 **确定** 按钮，完成颜色纹理放置，其结果如图 22.4.11 所示。

图 22.4.10 定义大小   图 22.4.11 定义地板颜色纹理放置

Step 5 导出房间。在"场景"对话框中选择下拉菜单 选项▼ ➡ 导出房间 命令，将其命名为 room，保存文件。

Step 6 单击 **关闭** 按钮，完成房间的设置。

22.5 设置光源

22.5.1 光源概述

所有渲染都必须有光源，利用光源可加亮模型的一部分或创建背光以提高图像质量。在"光源编辑器"对话框中，最多可以为模型定义六个自定义光源和两个默认光源。每增加一个光源都会增加渲染时间。可用光源有以下几种类型：

- 环境光源（default ambient）：环境光源均衡照亮所有曲面。光源在空间的位置并不影响渲染效果。例如，环境光可以位于曲面的上方、后方或远离曲面，但最终的光照效果是一样的。环境光源默认存在，其强度和位置都不能调整。

- 点光源（lightbulb）：点光源类似于房间中的灯泡，光线从中心辐射出来。根据曲面与光源的相对位置的不同，曲面的反射光会有所不同。

- 平行光（distant）：平行光源发射平行光线，不管位置如何，都以相同角度照亮所有曲面。平行光光源用于模拟太阳光或其他远距离光源。

- 默认平行光（default distant）：默认平行光的强度和位置可以被调整。

- 聚光源（spot）：聚光源是光线被限制在一个圆锥体内的点光源。

- 天空光源（skylight）：天空光源是一种使用包含许多光源点的半球来模拟天空的方法。要精确地渲染天空光源，则必须使用 Photolux 渲染器。如果将 Photorender

用作渲染程序，则该光源将被处理为远距离类型的单个光源。

创建和编辑光源时，请注意下面几点：

- 使用多个光源时，不要使某个光源过强。
- 如果使用只从一边发出的光源，模型单侧将看起来太刺目。
- 过多的光源将使模型看起来像洗过一样。
- 较好的光照位置是稍高于视点并偏向旁边（45°角较合适）。
- 对大多数光源应只使用少量的颜色，彩色光源可增强渲染的图像，但可改变已应用于零件的外观。
- 要模拟室外环境的光线，可使用从下部反射的暖色模拟地球，用来自上部的冷色模拟天空。
- 利用光源的 HSV 值，可以模拟不同的光，但要注意，所使用的计算机显示器的标准不同，相同的 HSV 值看起来的效果也不相同。下面是大多数情形下的一些光线的 HSV 值：
  - ☑ 使用 HSV 值为 10、15、100 的定向光源模拟太阳光。
  - ☑ 使用 HSV 值为 200、39、57 的定向光源模拟月光。
  - ☑ 使用 HSV 值为 57、21、100 的点光源模拟室内灯光。

22.5.2 点光源

创建点光源的一般过程如下：

Step 1 将工作目录设置为 D:\creo2pd\work\ch22.05，打开文件 lightbulb.prt。

Step 2 单击 渲染 功能选项卡 场景 区域中的"场景"按钮，系统弹出"场景"对话框，在"场景"对话框中单击 光源(L) 选项卡，系统弹出图 22.5.1 所示的"场景"对话框中的"光源"选项卡。

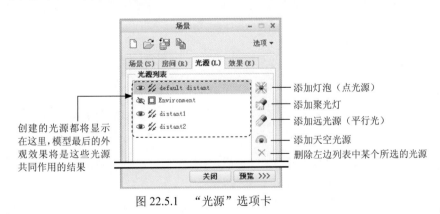

图 22.5.1 "光源"选项卡

Step 3 添加一个点光源。单击"添加新的灯泡"按钮，增加一个点光源。

Step 4 设置光源属性。

（1）设置光源的"常规"属性。如图 22.5.2 所示，在 常规 区域中定义其 名称 和 强度，并单击"光照的颜色"按钮，在系统弹出"颜色编辑器"中定义其参数如图 22.5.3 所示。

（2）设置光源的阴影属性：在 阴影 区域中选中 ☑ 启用阴影 复选框，此选项可增加渲染的真实感，但同时增加了计算时间，并设置其参数如图 22.5.2 所示。

- 在 阴影 区域选中 ☑ 启用阴影 复选框，可使模型在光源照射下产生阴影（在渲染时），效果参见随书光盘文件 D:\creo2pd\work\ch22.05\shadow.doc。
  - ☑ 清晰阴影是半透明的，可以穿过对象，并可粘着其所穿过的材料的颜色。
  - ☑ 柔和阴影始终是不透明的，且是灰色的。可以控制柔和阴影的柔和度。
  - ☑ 只有在使用 Photolux 渲染器时，才能看到清晰阴影与柔和阴影的效果。
  - ☑ 要使用 PhotoRender 类型的渲染器来渲染阴影，必须在"渲染设置"对话框中选中 ☐ 地板上的阴影 复选框或 ☐ 自身阴影 复选框。

（3）设置光源的"位置"属性。单击 位置... 按钮，设置参数如图 22.5.4 所示。

图 22.5.2 "光源"选项卡

图 22.5.3 "颜色编辑器"对话框

图 22.5.4 "光源位置"对话框

- 如图 22.5.2 所示，单击 位置... 按钮可以弹出图 22.5.4 所示的"光源位置"对话框，用户可以在 X 、 Y 或 Z 方向放置光源，这里的 X、Y 和 Z 与当前 Creo 坐标系的 X、Y 和 Z 轴没有任何关系。无论模型处在什么方位，这里的 X 总是为水平方向，向右为正方向； Y 总是为竖直方向，向上为正方向； Z 方向总是与显示器的屏幕平面垂直。

- 在 位置... 按钮下方的 照相室 ▼ 栏中可以设置光源的锁定方式，各锁定方式说明如下：

☑ 照相室：将光源锁定到照相室，根据模型与照相机的相对位置来固定光。

☑ 模型：将光源锁定到模型的同一个位置上，旋转或移动模型时，光源随着旋转或移动。此时光源始终照亮模型的同一部位，而与视点无关。这是最常用的锁定方式。

☑ 相机：光源始终照亮视图的同一部位，而与房间和模型的旋转或移动无关。

☑ 房间：将光源锁定到房间中的某个方位上。例如，如果在房间的左上角放置一个光源，则该光源将始终位于房间的这个拐角上。

（4）在"场景"对话框中选中 ☑ 显示光源 复选框，并在 照相室 ▼ 下拉列表选择 模型 选项。

Step 5　导出光源。在"场景"对话框中选择下拉菜单 选项▼ ➡ 导出光源 命令，将其命名为 lightbulb1，保存文件。

22.5.3　聚光源

创建聚光灯的一般过程如下：

Step 1　将工作目录设置为 D:\creo2pd\work\ch22.05，打开文件 spot_light.prt。

Step 2　在"光源"选项卡中，单击"添加新聚光灯"按钮，增加一个聚光灯。

Step 3　在下面的编辑区域中可进行光源属性的设置，如图 22.5.5 所示。

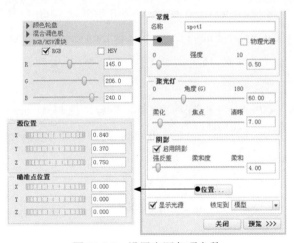

图 22.5.5　设置光源各项参数

（2）设置光源的"常规"属性。在 常规 区域中，可以修改光源的名称和强度，在 聚光灯 区域中可设置其（投射）角度及焦点。

● 角度(G)：控制光束的角度。该角度效果参见随书光盘文件 D:\creo2pd\work\ch22.04\angle.doc。

● 焦点：控制光束的焦点，焦点效果参见随书光盘文件 D:\creo2pd\work\ch22.04\

focus.doc。

（2）在图 22.5.2 所示的"光源位置"对话框中可以设置光源的位置。

- 聚光灯的图标形状好像是一把伞，伞尖为光源的 源位置 点，伞把端部为光源的 瞄准点位置 ，效果参见随书光盘文件 D:\creo2pd\work\ch22.04\spot_pos.doc。

- 渲染模型时，需要不断调整 源位置 点和 瞄准点位置 ，并将"瞄准点位置"点对准模型上要重点表示的部位。

22.6 模型的渲染

22.6.1 渲染概述

要设置和定制渲染，一般应先设置配置文件 config.pro 的下列有关选项。

- pro_colormap_path: 指定从磁盘装载的纹理文件（*.map）的路径。在 Creo 1.0 中，可以不对此选项进行设置。

- photorender_default_width: 设置输出大小的默认宽度（以像素为单位）。

- photorender_default_height: 设置输出大小的默认高度（以像素为单位）。

- pro_texture_library: 允许用户指定一个不同的图形库的路径。如果不设置 pro_texture_library 选项，启动 Creo 后，系统将自动载入 Creo 安装目录 C:\Program Files\PTC\Creo2.0\Common Files\F000\graphic-library\appearances 下的外观文件 appearance.dmt，该文件中的 15 个外观将显示在"外观管理器"的"我的外观"调色板中。

- 如果系统图形库（Graphic Library）光盘安装后，图形库 graphiclib 的路径为 C:\ptc\graphiclib，那么可将 pro_texture_library 的值设置为 C:\ptc\graphiclib，进行这样的设置后，各个编辑器中的"系统库"命令便可用，例如"外观管理器"对话框的"库"调色板下的外观球完全显示。如果用户自己创建了图形库，则自定义的图形库目录中须含有 graphic-library 目录，而且目录 graphic-library 必须包含以下子目录：

  ☑ textures: 用于放置包含纹理图像文件的"外观放置"系统库。

  ☑ materials: 用于放置包含外观文件（.dmt）的"外观管理器"系统库。

  ☑ room: 用于放置包含房间文件（.drm）的"房间编辑器"系统库。

  ☑ adv_material: 用于放置包含外观文件（.dmt）的 Photolux 系统库。

  ☑ lights: 用于放置包含光源文件（.dlg）的"光源编辑器"系统库。

- texture_search_path: 设置搜索纹理路径。可以指定多个目录。一般系统会先自动地在当前工作目录中搜索纹理。

- photorender_memory_usage：设置允许用于模型处理的存储器的空间。计量单位为兆字节（MB）。仅在未覆盖默认的色块大小时，此选项才有效。

- photorender_capability_warnings：确定在 PhotoRender 渲染器中选取 Photolux 相关选项时是否出现警告。

- blended_transparency：当值为 yes，如果图形配置（图形卡和 Creo 图形设置）支持，在模型着色时，会出现使用 alpha 混合的透明色。

- spherical_map_size：选取用于实时渲染的环境映射的图像分辨率。提高图像分辨率可改进渲染的质量，但会增加渲染时间。注意：此选项仅在 OpenGL 图形模式下，且对不支持立方体环境映射的图形卡有效。

22.6.2　PhotoRender 和 Photolux 渲染器

1．关于渲染器

渲染器是进行渲染的"发动机"，要获得渲染图像，必须使用渲染器。Creo 软件有两个渲染器：

- PhotoRender 渲染器：选取此渲染器可以进行一般的渲染，它是系统默认的渲染器。

- Photolux 渲染器：选取此渲染器可进行高级渲染，这是一种使用光线跟踪来创建照片级逼真图像的渲染器。

2．选择渲染器

通过下列操作，可选择渲染器：

Step 1　单击 渲染 功能选项卡 设置 区域中的"渲染设置"按钮 。

Step 2　在"渲染设置"对话框的 渲染器 下拉列表框中，选择 PhotoRender 渲染器或 Photolux 渲染器。

3．PhotoRender 渲染器的各项设置

PhotoRender 渲染器的各项设置参见图 22.6.1、图 22.6.2、图 22.6.3 和图 22.6.4。

图 22.6.1 所示的"渲染设置"对话框中各选项说明如下：

- 质量 ：选择 粗糙 ，则图像效果最粗糙，但渲染时间最短，在调整参数的初步渲染时，可选择此项以节约时间；选择 最大 ，则图像效果最精细，但渲染时间最长。

- 渲染分辨率 ：渲染图像的分辨率。

- 突出显示分辨率 ：加亮区的分辨率。

- ☑透明 ：在渲染过程中显示透明材质的透明效果。

- ☑外观纹理 ：在渲染过程中显示材质的纹理。

图 22.6.1 "渲染设置"对话框   图 22.6.2 "高级"选项卡

图 22.6.3 "输出"选项卡

选择"新窗口"选项，则每次渲染后的图像均会显示在不同的独立窗口中，这样便于比较不同的渲染效果，因此建议使用该选项

选择这几项后，可将渲染后的图像生成对应格式的图像文件，图像尺寸可在"图像大小"或"Postscript 选项"区域中定义

图 22.6.4 "水印"选项卡

- 自身阴影：在渲染过程中产生由模型投射到自身的阴影。
- 反射房间：在渲染过程中，在模型上反射房间的墙壁、天花板和地板。
- ☑ 渲染房间：在渲染过程中，对房间也进行渲染。
- 在地板反射模型：在渲染过程中，在地板上反射所渲染的模型。
- 地板上的阴影：在渲染过程中，在地板上产生模型的阴影（影子）。
- 光源房间：在渲染过程中，决定房间是由用户自定义的光照亮，还是由标准的环境光照亮。

4. Photolux 渲染器的各项设置

可在 Photolux 渲染器的"选项"和"高级"选项卡中设置。

22.7 产品高级渲染实际应用 1——贴图渲染

应用概述：

本应用主要介绍如何在图 22.7.1 所示模型的表面上贴图，然后介绍其渲染操作过程。

Task1. 准备贴花图像文件

在模型上贴图，首先要准备一个图像文件，这里编者已经准备了一个含有文字的图像
文件 logo.tif，如图 22.7.1b 所示。下面先介绍如何将图
像文件 logo.tif 处理成适合于 Creo 贴花用的图片。

a）模型

Step 1 将工作目录设置为 D:\creo2pd\work\ch22.07,
打开文件 applique.prt。

Step 2 单击 工具 功能选项卡 实用工具 区域中的"图
像编辑器"按钮 图像编辑器，系统弹出"图像
编辑器"对话框。

北京兆迪科技有限公司

b）图像文件

图 22.7.1 在模型上贴图

Step 3 打开图片文件。在"图像编辑器"对话框中，
选择下拉菜单 文件(F) ➡ 打开(0)... 命令，打开文件 D:\creo2pd\work\ch22.07\
LOGO.tif。

Step 4 设置图片的 Alpha 通道（本步的详细操作过程请参见随书光盘中 video\ch22.07\
reference\文件下的语音视频讲解文件 applique-r01.avi）。

说明：通过这一步的操作，可以将文件 logo.tif 中的白色图像部分设置为透明。选择下
拉菜单 视图(V) ➡ 显示 Alpha 通道(D)命令，可以查看该图像中的 Alpha 通道。

Step 5 将图片保存为"PTC 贴花（*.tx4）"格式的文件。在"图像编辑器"对话框中，
选择下拉菜单 文件(F) ➡ 另存为(A)... 命令，在"保存副本"对话框的 类型 列
表框中选择 PTC贴花 (*.tx4) 格式；在 新名称 文本框中输入文件名称 LOGO_applique,
单击 确定 按钮。

Task2. 设置模型基本外观

Step 1 单击 渲染 功能选项卡 外观 区域中的"外观库"按钮 ，在弹出的"外观库"
界面中单击 外观管理器... 按钮，系统弹出"外观管理器"对话框。

Step 2 创建新外观。在"外观管理器"对话框中单击 按钮，采用系统默认名称；参考
图 22.7.2 所示，设置新外观的 颜色 和 突出显示颜色 的各项参数。

Step 3 应用新外观。关闭"外观管理器"对话框。单击 渲染 功能选项卡 外观 区域中
的"外观库"按钮 ，此时鼠标在图形区显示"毛笔"状态，在"智能选取栏"
中选择 零件 ，然后选择模型，单击"选择"对话框中的 确定 按钮。

Task3. 在模型表面设置贴花外观

Step 1 建立新外观。

（1）单击 渲染 功能选项卡 外观 区域中的"外观库"按钮 ，在弹出的"外观库"
界面中单击 外观管理器... 按钮，系统弹出"外观管理器"对话框。在"外观管理器"对话框
的"我的外观"调色板中，选择前面创建的外观<ref_color1>。

（2）复制前面创建的外观。单击  按钮，复制前面创建的外观<ref_color1>。

（3）将新外观命名为<ref_color1> - 1。

Step 2 在外观<ref_color1> - 1 上设置贴花。

（1）单击 **图** 选项卡，在 **贴花** 区域的下拉列表中选择 **图像**，再单击 █ 按钮。

（2）在弹出的"打开"对话框中，选择前面保存的 LOGO_applique.tx4 文件，单击 **打开** 按钮。

（3）单击"外观管理器"对话框的 **关闭** 按钮。单击 **渲染** 功能选项卡 **外观** 区域中的"外观库"按钮 ●，在智能选取栏的下拉列表框中选择 **曲面**，然后选取图 22.7.3 所示的模型表面，然后在"选择"对话框中单击 **确定** 按钮。

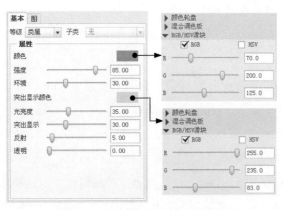

图 22.7.2　设置新外观的各项参数　　　　图 22.7.3　选取模型表面

（4）修改模型表面上贴花外观的放置。

① 单击 **渲染** 功能选项卡 **外观** 区域中的"外观库"按钮 ●，在弹出的"外观库"界面中的"模型"调色板中选择<ref_color1> - 1 外观，右击，在弹出的快捷菜单中选择 **编辑...** 命令；系统弹出"模型外观编辑器"对话框，单击 🖉 按钮，选取前面加载贴花的模型表面，此时 **图** 选项卡贴花区域中的"编辑贴花放置"按钮 ● 会高亮显示，然后单击 ● 按钮，系统弹出"贴花放置"对话框，在 **副本** 区域中选中 ● 多个单选项；在 **重复** 和 **位置** 区域调整 **X** 、 **Y** 值，以调整贴花的比例和位置；在 **反向** 区域单击 ▣ 或 ▣ 按钮，调整贴花外观的方向。

② 单击"模型外观编辑器"对话框的 **关闭** 按钮，完成修改。

Task4. 设置房间

Step 1 单击 **渲染** 功能选项卡 **场景** 区域中的"场景"按钮 █，系统弹出"场景"对话框，在"场景"对话框中单击 **房间(R)** 选项卡，选中 ☑将房间锁定到模型 复选框。

Step 2 设置地板外观。在"场景"对话框中 **房间外观** 区域单击"地板"按钮 █，系统弹出"房间外观编辑器"对话框；单击 **图** 选项卡，在 **颜色纹理** 区域单击"图像"按

钮 　；在弹出的"打开"对话框中选取 floor.jpg 文件，完成地板的设置，其结果如图 22.7.4 所示。

Step 3　编辑地板的纹理。在 颜色纹理 区域单击"编辑颜色纹理放置"按钮 　；在系统弹出的"颜色设置"对话框中选中 ◉ 多个 单选项，并在 重复 区域的 X 文本框中输入值 2.0；单击 确定 按钮，完成颜色纹理放置，其结果如图 22.7.5 所示。

Step 4　调整模型在地板上的位置。

（1）调整位置。在 大小 区域中，分别取消选中□ 天花板 、□ 墙壁 1、□ 墙壁 2、□ 墙壁 3 和□ 墙壁 4 复选框。

（2）在"场景"对话框 大小 区域单击"对照着色模型对齐地板"按钮 　，此时结果如图 22.7.6 所示。

 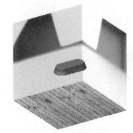 

图 22.7.4　地板外观设置　　　图 22.7.5　编辑地板纹理　　　图 22.7.6　调整位置

Task5. 设置光源

Step 1　在"场景"对话框中单击 光源(L) 选项卡。

Step 2　创建一个聚光灯 spot1，该光源用于照亮模型的某个局部。在 光源(L) 选项卡中，单击"添加新聚光灯"按钮 　。在选项卡下方选中 ☑ 显示光源 复选框，并在 锁定到 下拉列表框中选择 模型 选项；在 常规 区域中，设置其参数如图 22.7.7 所示。

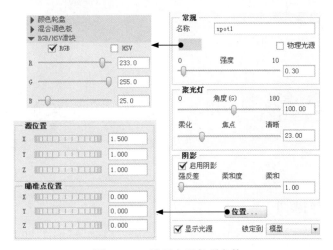

图 22.7.7　设置光源各项参数

Chapter 22

Task6. 用 Photolux 渲染器对模型进行渲染

（1）单击 渲染 功能选项卡 设置 区域中的"渲染设置"按钮 ；在"渲染设置"对话框的 渲染器 下拉列表框中选择 Photolux 渲染器，在 质量 下拉列表框中选择 最大 ，其他各项设置参考图 22.7.8。

（2）单击 渲染 功能选项卡 渲染 区域中的"渲染窗口"按钮 。渲染后的效果参见随书光盘文件 D:\creo2pd\work\ch22.07\effect_1.doc。

Task7. 用 PhotoRender 渲染器对模型进行渲染

Step 1 屏蔽聚光灯 spot1。

Step 2 进行渲染。

（1）在"渲染设置"对话框的 渲染器 下拉列表框中选择 PhotoRender 渲染器，各项设置参考图 22.7.9。

（2）单击 渲染 功能选项卡 渲染 区域中的"渲染窗口"按钮 。渲染后的效果参见随书光盘文件 D:\creo2pd\work\ch22.07\effect_2.doc。

图 22.7.8　Photolux 渲染设置

图 22.7.9　PhotoRender 设置

22.8　产品高级渲染实际应用 2——机械零件渲染

应用概述：

本应用主要介绍图 22.8.1 所示的机械零件渲染的一般过程。

Task1. 创建定向视图

Step 1 将工作目录设置为 D:\creo2pd\work\ch22.08，打开文件 fix_bottom.prt。

Step 2 创建图 22.8.2 所示的 VIEW001 视图。单击 视图 功能选项卡 方向 ▼ 区域中的 已命名视图

节点下的  按钮，系统弹出"方向"对话框；将模型调整至图 22.8.2 所示的位置，输入该视图的名称 VIEW001，单击 **保存** 按钮；单击 **确定** 按钮，完成该视图的创建。

说明：视图的设置是为后面的一些渲染操作（如房间、光源的设置）做准备。

Task2. 设置模型基本外观

Step 1 单击 渲染 功能选项卡 外观 区域中的"外观库"按钮 ⬤，在弹出的"外观库"界面中单击 **⬤ 外观管理器…** 按钮，系统弹出"外观管理器"对话框。

Step 2 创建新外观。在"外观管理器"对话框中单击 按钮，采用系统默认名称，在 等级 下拉列表中选择 金属 选项，参考图 22.8.3 所示，设置新外观的 颜色 各项参数。

图 22.8.1　机械零件渲染

图 22.8.2　设置视图

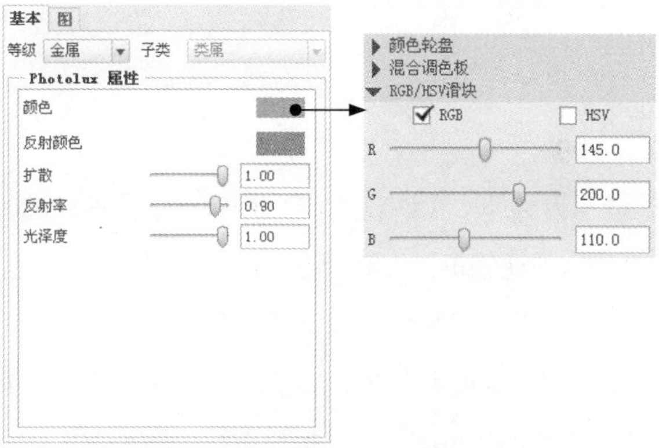

图 22.8.3　设置新外观的各项参数

Step 3 应用新外观。关闭"外观管理器"对话框。单击 渲染 功能选项卡 外观 区域中的"外观库"按钮 ⬤，此时鼠标在图形区显示"毛笔"状态，在"智能选取栏"中选择 零件，然后选择模型，单击"选择"对话框中的 **确定** 按钮。

Task3. 定义房间

Step 1 将模型放平在地板上。

（1）将模型视图设置到 VIEW001 视图。

（2）单击 渲染 功能选项卡 场景 区域中的"场景"按钮，系统弹出"场景"对话框，单击 房间(R) 选项卡，选中 ✔将房间锁定到模型 复选框。

（3）设置地板外观。在"场景"对话框中 房间外观 区域单击"地板"按钮，系统弹出"房间外观编辑器"对话框；单击 图 选项卡，在 颜色纹理 区域单击"图像"按钮；在弹出的"打开"对话框中选取 floor.jpg 文件，完成地板的设置，其结果如图 22.8.4 所示。

（4）编辑地板的纹理。在 颜色纹理 区域单击"编辑颜色纹理放置"按钮 ⬤；在系统弹出的"颜色设置"对话框中选中 ⬤ 多个 单选项，并在 重复 区域的 X 文本框中输入值 4.0，Y 文本框中输入值 4.0；单击 **确定** 按钮，完成颜色纹理放置，其结果如图 22.8.5 所示。

（5）调整地板的位置。在"场景"对话框 大小 区域单击"对照着色模型对齐地板"按钮 ，此时结果如图 22.8.6 所示。

Step 2　设置墙壁。

（1）设置墙壁 1 外观。在"场景"对话框中 房间外观 区域单击"墙壁 1"按钮 ，系统弹出"房间外观编辑器"对话框；单击 图 选项卡，在 颜色纹理 区域单击"图像"按钮 ；在弹出的"打开"对话框中选取 wall_01.jpg 文件，完成墙壁 1 的设置，其结果如图 22.8.7 所示。

图 22.8.4　地板外观设置　　　图 22.8.5　编辑地板纹理　　　图 22.8.6　调整地板的位置

（2）设置墙壁 2 外观。在"场景"对话框中 房间外观 区域单击"墙壁 2"按钮 ，系统弹出"房间外观编辑器"对话框；单击 图 选项卡，在 颜色纹理 区域单击"图像"按钮 ；在弹出的"打开"对话框中选取 wall_02.jpg 文件，完成墙壁 2 的设置，其结果如图 22.8.8 所示。

（3）设置墙壁 3 外观。在"场景"对话框中 房间外观 区域单击"墙壁 3"按钮 ，系统弹出"房间外观编辑器"对话框；单击 图 选项卡，在 颜色纹理 区域单击"图像"按钮 ；在弹出的"打开"对话框中选取 wall_03.jpg 文件，完成墙壁 3 的设置，其结果如图 22.8.9 所示。

图 22.8.7　墙壁 1 外观设置　　　图 22.8.8　墙壁 2 外观设置　　　图 22.8.9　墙壁 3 外观设置

（4）设置墙壁 4 外观。在"场景"对话框中 房间外观 区域单击"墙壁 4"按钮 ，系统弹出"房间外观编辑器"对话框；单击 图 选项卡，在 颜色纹理 区域单击"图像"按钮 ；在弹出的"打开"对话框中选取 wall_04.jpg 文件，完成墙壁 4 的设置，其结果如图 22.8.10 所示。

Step 3　设置天花板。

（1）在"场景"对话框中 房间外观 区域单击"天花板"按钮 ，系统弹出"房间外观编辑器"对话框；在 房间外观 区域选取"默认天花板外观"设置，其结果如图 22.8.11 所示。

（2）调整天花板的位置。在"场景"对话框 大小 区域中 ✔天花板 后的文本框中输入数值 1.26。

Step 4 导出房间。在"场景"对话框中选择下拉菜单 选项▼ ➡ 导出房间 命令，将其命名为 room，保存文件。

Task4. 设置光源

Step 1 创建聚光源 spot1。

（1）在"场景"对话框中单击 光源(L) 选项卡。

（2）在"光源"选项卡中单击"添加新聚光灯"按钮，在选项卡下方选中 ☑ 显示光源复选框，并在 锁定到 下拉列表框中选择 模型 选项；在 常规 区域中，设置其参数如图 22.8.12 所示。

图 22.8.10 墙壁 4 外观设置

图 22.8.11 天花板外观设置

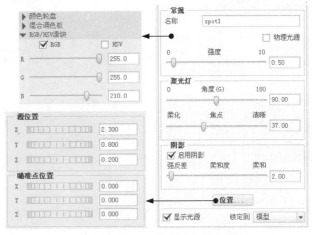

图 22.8.12 设置光源各项参数

Step 2 保存光源设置。

（1）在"光源"选项卡中选择下拉菜单 选项▼ ➡ 导出光源 命令。

（2）将光源文件命名为 spot1，并保存在当前工作目录中。

Task5. 设置效果

Step 1 在"场景"对话框中单击 效果(E) 选项卡。

Step 2 在"效果"选项卡 反射设置 区域选中 ◉ 房间 单选项，并在 色调映射 区域 预设 下拉列表中选择 关闭 选项。

Task6. 对模型进行渲染

Step 1 单击 渲染 功能选项卡 设置 区域中的"渲染设置"按钮，系统弹出图 22.8.13 所示的"渲染设置"对话框。

Step 2 进行渲染设置。

（1）在"渲染设置"对话框中设置渲染的各项参

图 22.8.13 "渲染设置"对话框

数，如图 22.8.13 所示。

（2）单击"渲染设置"对话框中的 关闭 按钮。

Step 3 单击 渲染 功能选项卡 渲染 区域中的"渲染窗口"按钮 🍪 。渲染后的效果参见
随书光盘文件 D:\creo2pd\work\ch22.08\effect.doc。

"渲染设置"对话框中的各项设置对模型的渲染都会产生影响，读者可以尝试修改这
些设置，来观察、理解各设置项的作用和意义。另外，模型的最终渲染效果还与房间设置、
光源设置、模型的外观设置有很大的关系，要获得较好的渲染效果，一般需要多次甚至几
十次反复调试。

23

管道布线设计

23.1 概述

23.1.1 管道布线设计概述

Creo 管道设计模块应用十分广泛，所有用到管道的地方都可以使用该模块。如大型设备上面的管道系统、液压系统等。特别是在液压设备、石油及化工设备的设计中，管道设计占很大比例，各种管道、阀门、泵、探测单元交织在一起，错综复杂，利用 Creo 中的三维管道模块能够实现快速设计，使管道线路更加清晰，有效避免干涉现象，可以快速、高效地进行管道设计。

Creo 管道模块为管道设计提供了非常高端的工具，在一些复杂的管道设计中，合理利用这些工具，可以大大减轻用户在二维设计中的难度，使设计者的思路得到充分的发挥和延伸，提高设计者的工作效率和设计质量。

Creo 管道模块具有以下特点：

- 在结构件的基础上生成完整的数字化模型、真实模拟实际管道设计。
- 检查管道、设备之间的干涉情况。
- 生成详细的管道布置物料清单，指导实际施工。
- 为设计者提供了清晰的设计思路，减少了承重的大脑负担。
- 在使用过程中可以充分调用现成管件，减少了建模的时间，缩短研发周期。

23.1.2　Creo 管道布线设计的工作界面

设置工作目录至 D:\creo2pd\work\ch23.01，打开文件 pipeline_design.asm。

在功能区中单击 **应用程序** 选项卡，如图 23.1.1 所示，然后单击 **工程** 区域中的"管道"按钮，系统进入管道设计模块，如图 23.1.2 所示。

图 23.1.1　"应用程序"选项卡

管道设计必须在一个装配文件的基础上进行，进行管道设计时一般只需和管道相关的结构件即可。对于零件较多结构较复杂的装配体，可以采用 TOP_DOWN 设计方法将相关结构件几何发布并复制到管道系统节点中。

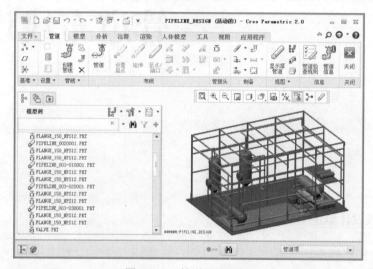

图 23.1.2　管道设计界面

23.1.3　Creo 管道布线设计的工作流程

Creo 管道设计的一般工作流程如下：

（1）设置工作目录至项目文件夹。

（2）在产品模型中创建管道系统节点。

（3）在管道系统节点中创建各种路径基准。

（4）创建线材及线材库。

（5）创建管线。

（6）布置管道路径。

（7）编辑并修改管道路径。

（8）添加管道元件。

（9）生成实体管道。

（10）检查管道路径规则。

（11）创建工程图及明细表。

23.2　管道布线综合应用实例

应用概述：

本应用详细介绍了管道的设计全过程。管道模型和设计树如图 23.2.1 所示。

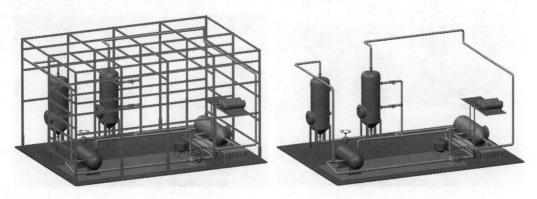

图 23.2.1　车间管道布线

Task1. 进入管道设计模块

Step 1　设置工作目录至 D:\creo2pd\work\ch23.02，打开装配体模型文件 pipeline_design.asm，如图 23.2.2 所示。

Step 2　设置模型树的显示。在模型树操作界面中，选择 🎁▼ ➡ ⚡₋₌树过滤器(F)... 命令，然后在"模型树项"对话框中选中 ☑特征 复选框，单击 确定 按钮；这样所有的管道特征都将在模型树中显示。

Step 3　在功能区中单击 应用程序 选项卡，然后单击 工程 区域中的"管道"按钮 🛠，系统进入管道设计模块。

Task2. 创建管线库

Step 1　定义管线库 HARNESS001。选择 设置 ▼ 下拉菜单中的 管线库 命令，系统弹出"管线库"菜单管理器，选择 Create (创建) 命令，输入管线库的名称"HARNESS001"，然后单击 ✔ 按钮，系统弹出"管线库"对话框；在该对话框中设置图 23.2.3 所示的参数，单击对话框中的 ✔ 按钮。

Step 2　定义管线库 HARNESS002。在"管线库"菜单管理器，选择 Create (创建) 命令，输入管线库的名称"HARNESS002"，然后单击 ✔ 按钮，系统弹出"管线库"对话框；在该对话框中设置图 23.2.4 所示的参数，单击对话框中的 ✔ 按钮。

Step 3　定义管线库 HARNESS003。在"管线库"菜单管理器，选择 Create (创建) 命令，输入管线库的名称"HARNESS003"，然后单击 ✓ 按钮，系统弹出"管线库"对话框；在该对话框中设置图 23.2.5 所示的参数，单击对话框中的 ✓ 按钮，然后选择 Done/Return（完成/返回）选项。

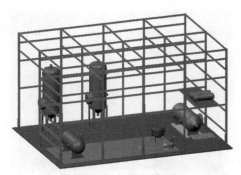

图 23.2.2　装配模型

图 23.2.3　"管线库"对话框

图 23.2.4　"管线库"对话框

图 23.2.5　"管线库"对话框

Task3. 创建管道线路

Stage1. 创建管道线路 PIPELINE_001

Step 1　创建管线 PIPELINE_001。在 管道 功能选项卡的 管线 ▼ 区域中单击"创建管线"按钮 🔧，在系统弹出的文本框中输入管线名称"pipeline_001"，然后单击 ✓ 按钮，在系统弹出菜单管理器中选择 HARNESS001 选项。

Step 2　创建管道路径。

（1）布置管道起点。在 管道 功能选项卡的 布线 区域中单击"设置起点"按钮 ，在系统弹出的图 23.2.6 所示的"菜单管理器"中选择 Entry Port（入口端）命令，然后选取图 23.2.7 所示的基准坐标系为管道布置起点。

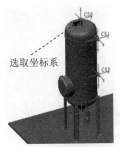

选取坐标系

图 23.2.6　菜单管理器　　　图 23.2.7　选取坐标系

说明：在管道设计中，常用基准坐标系来表达管道的入口端和起始端，这些坐标系需要预先创建在产品的管道设计节点中，创建时要注意坐标系的 Z 轴要指向管线的引出方向。

（2）定义延伸管道 1。在 管道 功能选项卡的 布线 区域中单击"延伸"按钮 ，系统弹出图 23.2.8 所示的"延伸"对话框，在该对话框中 至坐标 ▼ 下拉列表中选择 沿坐标系轴 选项；在 尺寸选项 区域 长度 ▼ 下拉列表中选择 长度 选项，输入值 1900，单击 应用 按钮，结果如图 23.2.9 所示。

（3）定义延伸管道 2。在"延伸"对话框中 至坐标 ▼ 下拉列表中选择 沿坐标系轴 选项，选中 ◉ Y 轴 单选项，在 尺寸选项 区域 长度 ▼ 下拉列表中选择 长度 选项，输入值 -4000，单击 应用 按钮，结果如图 23.2.10 所示。

图 23.2.8　"延伸"对话框　　图 23.2.9　定义延伸管道 1　　图 23.2.10　定义延伸管道 2

（4）定义延伸管道 3。在"延伸"对话框中在 至坐标 ▼ 下拉列表中选择 沿坐标系轴 选项，选中 ◉ X 轴 单选项，在 尺寸选项 区域 长度 ▼ 下拉列表中选择 距参考的偏移 选项，选取图 23.2.11 所示的基准坐标系为偏移参考；单击 尺寸选项 区域下方的文本框，输入值 0，单击 应用 按钮，结果如图 23.2.11 所示。

（5）定义延伸管道 4。在"延伸"对话框中在 至坐标 ▼ 下拉列表中选择 沿坐标系轴 选项，选中 ◉ Z 轴 单选项，在 尺寸选项 区域 长度 ▼ 下拉列表中选择 距参考的偏移 选项，选取图 23.2.11 所示的基准坐标系为偏移参考；单击 尺寸选项 区域下方的文本框，输入值 0，单击 应用 按钮，结果如图 23.2.12 所示。

（6）定义延伸管道 5。在"延伸"对话框中在 至坐标 ▼ 下拉列表中选择 沿坐标系轴 选项，选中 ◉ Y 轴 单选项，在 尺寸选项 区域 长度 ▼ 下拉列表中选择 距参考的偏移 选项，选取图 23.2.11 所示的基准坐标系为偏移参考；单击 尺寸选项 区域下方的文本框，输入值 0，单击 确定 按钮，结果如图 23.2.13 所示。

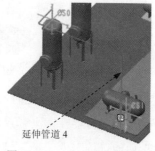

图 23.2.11　定义延伸管道 3　　图 23.2.12　定义延伸管道 4　　图 23.2.13　定义延伸管道 5

Step 3　添加管道元件。

（1）添加法兰盘 1。

① 在 管道 功能选项卡的 管接头 区域中单击"插入管接头"按钮，选择"插入类型"菜单管理器中的 End (终止) 命令，系统弹出"打开"对话框，选择元件 flange_150_nps12，单击 打开 ▼ 按钮。

② 选取图 23.2.14 所示的点为插入位置点，然后在活动元件窗口中选取图 23.2.15 所示的坐标系作为入口端，并选取点 PNT1 与管道端点对齐。

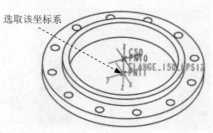

图 23.2.14　选取位置点　　　　图 23.2.15　选取匹配对象

③ 在系统弹出的"重新定义管接头"菜单管理器中选择 Orientation (方向) ➡ Flip (反向) 命令，在菜单管理器中选择 Done (完成) 命令（共选择两次），结束法兰盘 1 的添加，如图 23.2.16 所示。

（2）添加法兰盘 2。

① 在 管道 功能选项卡的 管接头 区域中单击"插入管接头"按钮，选择"插入类型"菜单管理器中的 End (终止) 命令，系统弹出"打开"对话框，选择元件 flange_150_nps12，

单击 **打开** ▾ 按钮。

② 选取图 23.2.17 所示的点为插入位置点，然后在活动元件窗口中选取图 23.2.18 所示的坐标系作为入口端，并选取点 PNT1 与管道端点对齐。

图 23.2.16　添加法兰盘 1

图 23.2.17　选取位置点

③ 在系统弹出的"重新定义管接头"菜单管理器中选择 `Orientation (方向)` ➡ `Flip (反向)` 命令，在菜单管理器中选择 `Done (完成)` 命令（共选择两次），结束法兰盘 2 的添加，如图 23.2.19 所示。

图 23.2.18　选取匹配对象

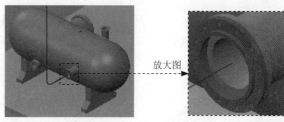

图 23.2.19　添加法兰盘 2

Step 4　生成实体管道。在管道系统树中右击▸ `PIPELINE_001` 节点，在弹出的快捷菜单中选择 `实体` ➡ `创建` 命令，此时模型中显示图 23.2.20 所示的实体管道。

说明：在模型树操作界面中，选择 ➡ `☑ 管线视图(L)` 命令，切换到管道系统树。如图 23.2.21 所示。

Stage2. 创建管道线路 PIPELINE_002

Step 1　创建管线 PIPELINE_002。在 管道 功能选项卡的 管线 ▾ 区域中单击"创建管线"按钮，在系统弹出的文本框中输入管线名称"pipeline_002"，然后单击 ✓ 按钮，在系统弹出菜单管理器中选择 `HARNESS001` 选项。

Step 2　创建管道路径。

（1）布置管道起点。在 管道 功能选项卡的 布线 区域中单击"设置起点"按钮，在系统弹出的"菜单管理器"中选择 `Entry Port (入口端)` 命令，然后选取图 23.2.22 所示的基准坐标系为管道布置起点。

（2）定义延伸管道 1。在 管道 功能选项卡的 布线 区域中单击"延伸"按钮，系统弹出"延伸"对话框，在该对话框中 `至坐标` ▾ 下拉列表中选择 `沿坐标系轴` 选项；在 尺寸选项 区

域 长度 ▼ 下拉列表中选择 长度 选项，输入值 3200，单击 应用 按钮，结果如图 23.2.23 所示。

图 23.2.20 生成实体管道

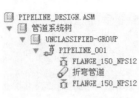

图 23.2.21 管道系统树

图 23.2.22 选取坐标系

（3）定义延伸管道 2。在"延伸"对话框中 至坐标 ▼ 下拉列表中选择 沿坐标系轴 选项，选中 ⦿ X 轴 单选项，在 尺寸选项 区域 长度 ▼ 下拉列表中选择 长度 选项，输入值-2520，单击 应用 按钮，结果如图 23.2.24 所示。

（4）定义延伸管道 3。在"延伸"对话框中 至坐标 ▼ 下拉列表中选择 沿坐标系轴 选项，选中 ⦿ Y 轴 单选项，在 尺寸选项 区域 长度 ▼ 下拉列表中选择 长度 选项，输入值 15900，单击 应用 按钮，结果如图 23.2.25 所示。

图 23.2.23 定义延伸管道 1

图 23.2.24 定义延伸管道 2

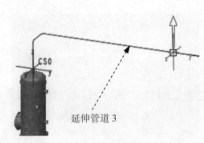

图 23.2.25 定义延伸管道 3

（5）定义延伸管道 4。在"延伸"对话框中 至坐标 ▼ 下拉列表中选择 沿坐标系轴 选项，选中 ⦿ Z 轴 单选项，在 尺寸选项 区域 长度 ▼ 下拉列表中选择 长度 选项，输入值-1880，单击 应用 按钮，结果如图 23.2.26 所示。

（6）定义延伸管道 5。在"延伸"对话框中 至坐标 ▼ 下拉列表中选择 沿坐标系轴 选项，选中 ⦿ X 轴 单选项，在 尺寸选项 区域 长度 ▼ 下拉列表中选择 长度 选项，输入值 18590，单击 应用 按钮，结果如图 23.2.27 所示。

（7）定义延伸管道 6。在"延伸"对话框中在 至坐标 ▼ 下拉列表中选择 沿坐标系轴 选项，选中 ⦿ Z 轴 单选项，在 尺寸选项 区域 长度 ▼ 下拉列表中选择 距参考的偏移 选项，选取图 23.2.28 所示的基准坐标系为偏移参考；单击 尺寸选项 区域下方的文本框，输入值 0，单击 应用 按钮，结果如图 23.2.28 所示。

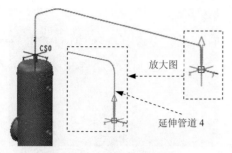
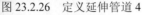

图 23.2.26　定义延伸管道 4

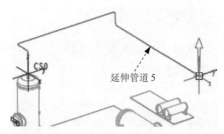

图 23.2.27　定义延伸管道 5

（8）定义延伸管道 7。在"延伸"对话框中在 至坐标 下拉列表中选择 沿坐标系轴 选项，选中 ◉ Y 轴 单选项，在 尺寸选项 区域 长度 下拉列表中选择 距参考的偏移 选项，选取图 23.2.24 所示的基准坐标系为偏移参考；单击 尺寸选项 区域下方的文本框，输入值 1500，单击 应用 按钮，结果如图 23.2.29 所示。

（9）定义延伸管道 8。在"延伸"对话框中在 至坐标 下拉列表中选择 沿坐标系轴 选项，选中 ◉ X 轴 单选项，在 尺寸选项 区域 长度 下拉列表中选择 距参考的偏移 选项，选取图 23.2.28 所示的基准坐标系为偏移参考；单击 尺寸选项 区域下方的文本框，输入值 0，单击 应用 按钮，结果如图 23.2.30 所示。

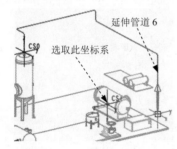
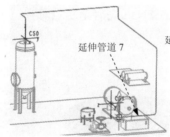
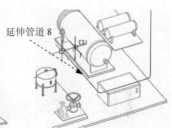

图 23.2.28　定义延伸管道 6　　　图 23.2.29　定义延伸管道 7　　　图 23.2.30　定义延伸管道 8

（10）定义延伸管道 9。在"延伸"对话框中在 至坐标 下拉列表中选择 沿坐标系轴 选项，选中 ◉ Y 轴 单选项，在 尺寸选项 区域 长度 下拉列表中选择 距参考的偏移 选项，选取图 23.2.28 所示的基准坐标系为偏移参考；单击 尺寸选项 区域下方的文本框，输入值 0，单击 确定 按钮，结果如图 23.2.31 所示。

Step 3　添加管道元件。

（1）添加法兰盘 1。

① 在 管道 功能选项卡的 管接头 区域中单击"插入管接头"按钮 ，选择"插入类型"菜单管理器中的 End (终止) 命令，系统弹出"打开"对话框，选择元件 flange_150_nps12，单击 打开 ▾ 按钮。

② 选取图 23.2.32 所示的点为插入位置点，然后在活动元件窗口中选取图 23.2.33 所

示的坐标系作为入口端，并选取点 PNT1 与管道端点对齐。

③ 在系统弹出的"重新定义管接头"菜单管理器中选择 `Orientation (方向)` ➡ `Flip (反向)` 命令，在菜单管理器中选择 `Done (完成)` 命令（共选择两次），结束法兰盘 1 的添加，如图 23.2.34 所示。

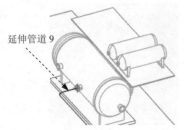

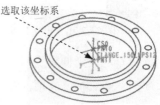

图 23.2.31　定义延伸管道 9　　　图 23.2.32　选取位置点　　　图 23.2.33　选取匹配对象

（2）添加法兰盘 2。

①在 `管道` 功能选项卡的 `管接头` 区域中单击"插入管接头"按钮 🗂，选择"插入类型"菜单管理器中的 `End (终止)` 命令，系统弹出"打开"对话框，选择元件 flange_150_nps12，单击 `打开` ▾ 按钮。

②选取图 23.2.35 所示的点为插入位置点，然后在活动元件窗口中选取图 23.2.36 所示的坐标系作为入口端，并选取点 PNT1 与管道端点对齐。

图 23.2.34　添加法兰盘 1　　　　　　图 23.2.35　选取位置点

③在系统弹出的"重新定义管接头"菜单管理器中选择 `Orientation (方向)` ➡ `Flip (反向)` 命令，在菜单管理器中选择 `Done (完成)` 命令（共选择两次），结束法兰盘 2 的添加，如图 23.2.37 所示。

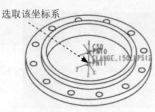
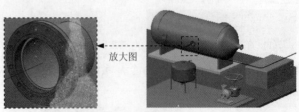

图 23.2.36　选取匹配对象　　　　　　图 23.2.37　添加法兰盘 2

Step 4　生成实体管道。在管道系统树中右击 ▸ 🗲 `PIPELINE_002` 节点，在弹出的快捷菜单中选择 `实体` ➡ `创建` 命令，此时模型中显示图 23.2.38 所示的实体管道。

Stage3. 创建管道线路 PIPELINE_003_01

Step 1　创建管线 PIPELINE_003_01。在 `管道` 功能选项卡的 `管线 ▾` 区域中单击"创建管线"按钮 🗲，在系统弹出的文本框中输入管线名称"pipeline_003_01"，然后单击 ✔ 按钮，在系统弹出菜单管理器中选择 `HARNESS001` 选项。

Step 2　创建管道路径。

（1）绘制管道路径参考曲线。

① 创建基准平面 1（本步的详细操作过程请参见随书光盘中 video\ch23.02\reference\ 文件下的语音视频讲解文件 pipeline_design-r01.avi）。

② 在 `管道` 功能选项卡的 `基准 ▾` 下拉列表中单击 `草绘` 按钮，选取上一步创建的基准平面为草绘平面；单击 `草绘` 按钮；选取图 23.2.39 所示的两点为草绘参考；绘制图 23.2.40 所示的草图，完成后单击 ✔ 按钮，退出草绘环境。

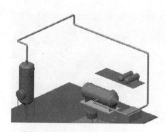

图 23.2.38　生成实体管道

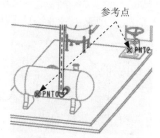

图 23.2.39　定义草绘参考

（2）定义跟随参考曲线管道。在 `管道` 功能选项卡的 `布线` 区域中单击 `跟随 ▾` 按钮后的 ▾，选择 `跟随草绘` 命令，然后选取图 23.2.40 所示的路径参考曲线草绘 1；在系统弹出的"跟随草绘"对话框中单击 ✔ 按钮。

Step 3　添加管道元件。

（1）添加法兰盘 1。

① 在 `管道` 功能选项卡的 `管接头` 区域中单击"插入管接头"按钮 🗖，选择"插入类型"菜单管理器中的 `End (终止)` 命令，系统弹出"打开"对话框，选择元件 flange_150_nps12，单击 `打开 ▾` 按钮。

② 选取图 23.2.41 所示的点为插入位置点，然后在活动元件窗口中选取图 23.2.42 所示的坐标系作为入口端，并选取点 PNT1 与管道端点对齐。

③ 在系统弹出的"重新定义管接头"菜单管理器中选择 `Orientation (方向)` ➡ `Flip (反向)` 命令，在菜单管理器中选择 `Done (完成)` 命令（共选择两次），结束法兰盘 1 的添加，如图 23.2.43 所示。

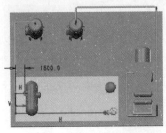

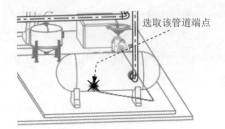

图 23.2.40　绘制草图　　　　　　　　图 23.2.41　选取位置点

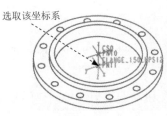

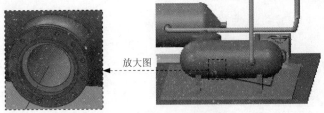

图 23.2.42　选取匹配对象　　　　　　图 23.2.43　添加法兰盘 1

（2）添加法兰盘 2。

① 在 管道 功能选项卡的 管接头 区域中单击"插入管接头"按钮 ⊡，选择"插入类型"菜单管理器中的 End (终止) 命令，系统弹出"打开"对话框，选择元件 flange_150_nps12，单击 打开 ▼ 按钮。

② 选取图 23.2.44 所示的点为插入位置点，然后在活动元件窗口中选取图 23.2.45 所示的坐标系作为入口端，并选取点 PNT1 与管道端点对齐。

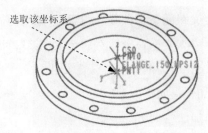

图 23.2.44　选取位置点　　　　　　　图 23.2.45　选取匹配对象

③ 在系统弹出的"重新定义管接头"菜单管理器中选择 Orientation (方向) ➡ Flip (反向) 命令，在菜单管理器中选择 Done (完成) 命令（共选择两次），结束法兰盘 2 的添加，如图 23.2.46 所示。

Step 4　生成实体管道。在管道系统树中右击 ▶ 🗗 PIPELINE_003_01 节点，在弹出的快捷菜单中选择 实体 ➡ 🗗 创建 命令，此时模型中显示图 23.2.47 所示的实体管道。

Stage4．创建管道线路 PIPELINE_003_02

Step 1　创建管线 PIPELINE_003_02。在 管道 功能选项卡的 管线 ▼ 区域中单击"创建管线"按钮 ，在系统弹出的文本框中输入管线名称"pipeline_003_02"，然后单击 ✔ 按钮，在系统弹出菜单管理器中选择 HARNESS001 选项。

放大图

图 23.2.46　添加法兰盘 2

图 23.2.47　生成实体管道

Step 2　创建管道路径。

（1）绘制管道路径参考曲线。

① 创建基准平面 2（本步的详细操作过程请参见随书光盘中 video\ch23.02\reference\ 文件下的语音视频讲解文件 pipeline_design-r02.avi）。

② 在 管道 功能选项卡的 基准 ▼ 下拉列表中单击 草绘 按钮，选取上一步创建的基准平面为草绘平面；单击 草绘 按钮；选取图 23.2.48 所示的两点为草绘参考；绘制图 23.2.49 所示的草图，完成后单击 ✔ 按钮，退出草绘环境。

参考点

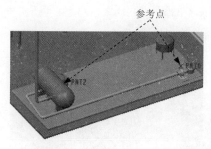

图 23.2.48　定义草绘参考

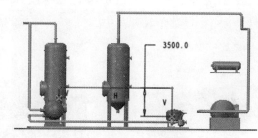

3500.0

图 23.2.49　绘制草图

（2）定义跟随参考曲线管道。在 管道 功能选项卡的 布线 区域中单击 跟随 ▼ 按钮后的 ▼，选择 跟随草绘 命令，然后选取图 23.2.49 所示的路径参考曲线草绘 2；在系统弹出的"跟随草绘"对话框中单击 ✔ 按钮。

Step 3　添加管道元件。

（1）添加法兰盘 1。

① 在 管道 功能选项卡的 管接头 区域中单击"插入管接头"按钮 ，选择"插入类型"菜单管理器中的 End (终止) 命令，系统弹出"打开"对话框，选择元件 flange_150_nps12，单击 打开 ▼ 按钮。

② 选取图 23.2.50 所示的点为插入位置点，然后在活动元件窗口中选取图 23.2.51 所示的坐标系作为入口端，并选取点 PNT1 与管道端点对齐。

③ 在系统弹出的"重新定义管接头"菜单管理器中选择 Orientation (方向) ➡

Flip (反向) 命令，在菜单管理器中选择 Done (完成) 命令（共选择两次），结束法兰盘 1 的添加，如图 23.2.52 所示。

选取该管道端点

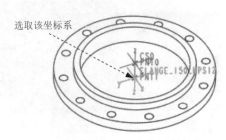

选取该坐标系

图 23.2.50　选取位置点　　　　　　图 23.2.51　选取匹配对象

（2）添加法兰盘 2。

① 在 管道 功能选项卡的 管接头 区域中单击"插入管接头"按钮 🔲，选择"插入类型"菜单管理器中的 End (终止) 命令，系统弹出"打开"对话框，选择元件 flange_150_nps12，单击 打开 ▾ 按钮。

② 选取图 23.2.53 所示的点为插入位置点，然后在活动元件窗口中选取图 23.2.54 所示的坐标系作为入口端，并选取点 PNT1 与管道端点对齐。

③ 在系统弹出的"重新定义管接头"菜单管理器中选择 Orientation (方向) ➡ Flip (反向) 命令，在菜单管理器中选择 Done (完成) 命令（共选择两次），结束法兰盘 2 的添加，如图 23.2.55 所示。

放大图　　　　　　　　　　　选取该管道端点

图 23.2.52　添加法兰盘 1　　　　　　图 23.2.53　选取位置点

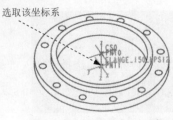

选取该坐标系

放大图

图 23.2.54　选取匹配对象　　　　　　图 23.2.55　添加法兰盘 2

Step 4　生成实体管道。在管道系统树中右击 ▶ 🗗 PIPELINE_003_02 节点，在弹出的快捷菜单中选择 实体 ➡ 🗗创建 命令，此时模型中显示图 23.2.56 所示的实体管道。

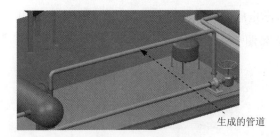

图 23.2.56　生成实体管道

Stage5．创建管道线路 PIPELINE_003_03

Step 1　创建管线 PIPELINE_003_03。在 管道 功能选项卡的 管线▼ 区域中单击"创建管线"按钮 ，在系统弹出的文本框中输入管线名称"pipeline_003_03"，然后单击 ✓ 按钮，在系统弹出菜单管理器中选择 HARNESS001 选项。

Step 2　创建管道路径。

（1）布置管道起点。在 管道 功能选项卡的 布线 区域中单击"设置起点"按钮 ，在系统弹出的"菜单管理器"中选择 Entry Port（入口端） 命令，然后选取图 23.2.57 所示的基准坐标系为管道布置起点。

（2）定义延伸管道 1。在 管道 功能选项卡的 布线 区域中单击"延伸"按钮 ，系统弹出"延伸"对话框，在该对话框的 至坐标▼ 下拉列表中选择 沿坐标系轴 选项；在 尺寸选项 区域 长度▼ 下拉列表中选择 长度 选项，输入值 1500，单击 应用 按钮，结果如图 23.2.58 所示。

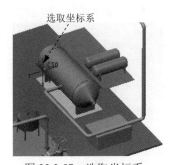

图 23.2.57　选取坐标系

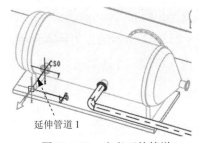

图 23.2.58　定义延伸管道 1

（3）定义延伸管道 2。在"延伸"对话框的 至坐标▼ 下拉列表中选择 沿坐标系轴 选项，选中 ◉ X 轴 单选项，在 尺寸选项 区域 长度▼ 下拉列表中选择 距参考的偏移 选项，选取图 23.2.59 所示的基准坐标系为偏移参考；单击 尺寸选项 区域下方的文本框，输入值 0，单击 应用 按钮，结果如图 23.2.59 所示。

（4）定义延伸管道 3。在"延伸"对话框的 至坐标▼ 下拉列表中选择 沿坐标系轴 选项，选中 ◉ Y 轴 单选项，在 尺寸选项 区域 长度▼ 下拉列表中选择 距参考的偏移 选项，选取

图 23.2.59 所示的基准坐标系为偏移参考；单击 尺寸选项 区域下方的文本框，输入值 0，单击 应用 按钮，结果如图 23.2.60 所示。

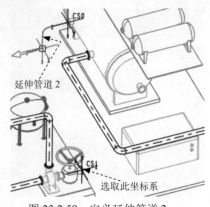

图 23.2.59　定义延伸管道 2

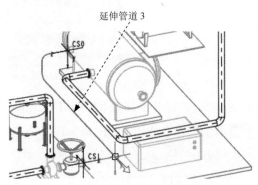

图 23.2.60　定义延伸管道 3

（5）定义延伸管道 4。在"延伸"对话框的 至坐标 下拉列表中选择 沿坐标系轴 选项，选中 ⊙ Z 轴 单选项，在 尺寸选项 区域 长度 下拉列表中选择 距参考的偏移 选项，选取图 23.2.59 所示的基准坐标系为偏移参考；单击 尺寸选项 区域下方的文本框，输入值 0，单击 确定 按钮，结果如图 23.2.61 所示。

Step 3　添加管道元件。

（1）添加法兰盘 1。

① 在 管道 功能选项卡的 管接头 区域中单击"插入管接头"按钮 ，选择"插入类型"菜单管理器中的 End (终止) 命令，系统弹出"打开"对话框，选择元件 flange_150_nps12，单击 打开 按钮。

② 选取图 23.2.62 所示的点为插入位置点，然后在活动元件窗口中选取图 23.2.63 所示的坐标系作为入口端，并选取点 PNT1 与管道端点对齐。

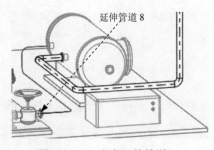

图 23.2.61　定义延伸管道 4

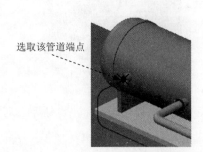

图 23.2.62　选取位置点

③ 在系统弹出的"重新定义管接头"菜单管理器中选择 Orientation (方向) ➡ Flip (反向) 命令，在菜单管理器中选择 Done (完成) 命令（共选择两次），结束法兰盘 1 的添加，如图 23.2.64 所示。

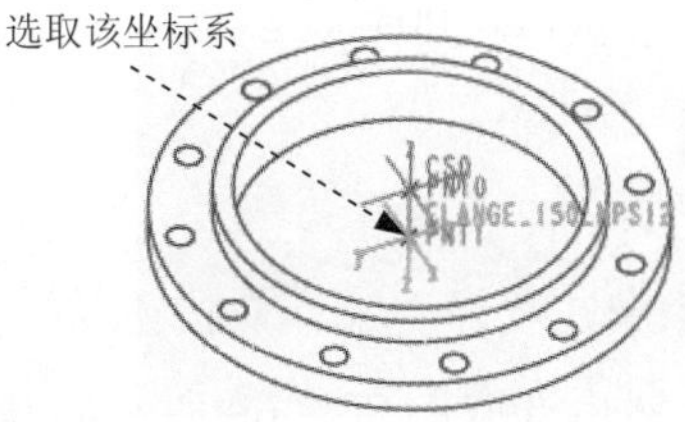

选取该坐标系

图 23.2.63　选取匹配对象

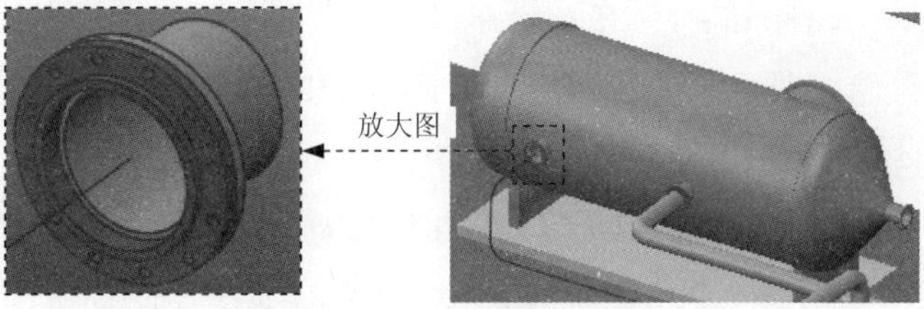

放大图

图 23.2.64　添加法兰盘 1

（2）添加法兰盘 2。

① 在 管道 功能选项卡的 管接头 区域中单击"插入管接头"按钮 ，选择"插入类型"菜单管理器中的 End (终止) 命令，系统弹出"打开"对话框，选择元件 flange_150_nps12，单击 打开 ▼ 按钮。

② 选取图 23.2.65 所示的点为插入位置点，然后在活动元件窗口中选取图 23.2.66 所示的坐标系作为入口端，并选取点 PNT1 与管道端点对齐。

③ 在系统弹出的"重新定义管接头"菜单管理器中选择 Orientation (方向) ➡ Flip (反向) 命令，在菜单管理器中选择 Done (完成) 命令（共选择两次），结束法兰盘 2 的添加，如图 23.2.67 所示。

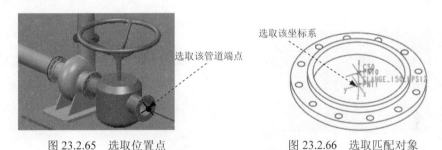

选取该管道端点

选取该坐标系

图 23.2.65　选取位置点

图 23.2.66　选取匹配对象

Step 4　生成实体管道。在管道系统树中右击 ▶ PIPELINE_003_03 节点，在弹出的快捷菜单中选择 实体 ➡ 创建 命令，此时模型中显示图 23.2.68 所示的实体管道。

放大图

生成的管道

图 23.2.67　添加法兰盘 2

图 23.2.68　生成实体管道

Stage6. 创建管道线路 PIPELINE_004

Step 1　创建管线 PIPELINE_004。在 管道 功能选项卡的 管线 ▼ 区域中单击"创建管线"

按钮 ，在系统弹出的文本框中输入管线名称"pipeline_004"，然后单击 ✓ 按钮，在系统弹出菜单管理器中选择 `HARNESS001` 选项。

Step 2 创建管道路径。

（1）布置管道起点。在 `管道` 功能选项卡的 `布线` 区域中单击"设置起点"按钮，在系统弹出的"菜单管理器"中选择 `Entry Port (入口端)` 命令，然后选取图 23.2.69 所示的基准坐标系为管道布置起点。

（2）定义延伸管道 1。在 `管道` 功能选项卡的 `布线` 区域中单击"延伸"按钮，系统弹出"延伸"对话框，在该对话框的 `至坐标 ▼` 下拉列表中选择 `沿坐标系轴` 选项；在 `尺寸选项` 区域 `长度 ▼` 下拉列表中选择 `长度` 选项，输入值 800，单击 `应用` 按钮，结果如图 23.2.70 所示。

图 23.2.69 选取坐标系

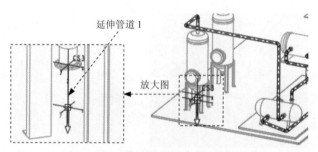

图 23.2.70 定义延伸管道 1

（3）定义延伸管道 2。在"延伸"对话框的 `至坐标 ▼` 下拉列表中选择 `沿坐标系轴` 选项，选中 ◉ `Y 轴` 单选项，在 `尺寸选项` 区域 `长度 ▼` 下拉列表中选择 `距参考的偏移` 选项，选取图 23.2.71 所示的基准坐标系为偏移参考；单击 `尺寸选项` 区域下方的文本框，输入值 0，单击 `应用` 按钮，结果如图 23.2.71 所示。

（4）定义延伸管道 3。在"延伸"对话框的 `至坐标 ▼` 下拉列表中选择 `沿坐标系轴` 选项，选中 ◉ `Z 轴` 单选项，在 `尺寸选项` 区域 `长度 ▼` 下拉列表中选择 `距参考的偏移` 选项，选取图 23.2.71 所示的基准坐标系为偏移参考；单击 `尺寸选项` 区域下方的文本框，输入值 0，单击 `确定` 按钮，结果如图 23.2.72 所示。

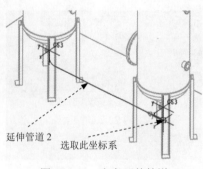

图 23.2.71 定义延伸管道 2

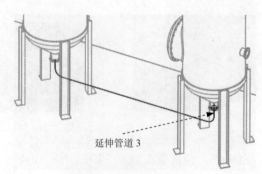

图 23.2.72 定义延伸管道 3

（5）定义断点 1。在 管道 功能选项卡的 布线 区域中单击 断点 按钮，系统弹出图 23.2.73 所示的"断点"对话框，选取图 23.2.71 所示的延伸管道 2 为参考；在"断点"对话框 尺寸 区域中单击"以指定的长度比"按钮；在其最下方的文本框中，输入值 0.5，单击 确定 按钮，完成断点 1 的创建。

Step 3 添加管道元件。

（1）添加法兰盘 1。

①在 管道 功能选项卡的 管接头 区域中单击"插入管接头"按钮，选择"插入类型"菜单管理器中的 End (终止) 命令，系统弹出"打开"对话框，选择元件 flange_150_nps12，单击 打开 ▾ 按钮。

②选取图 23.2.74 所示的点为插入位置点，然后在活动元件窗口中选取图 23.2.75 所示的坐标系作为入口端，并选取点 PNT1 与管道端点对齐。

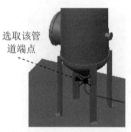
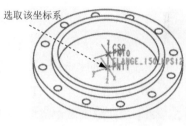

图 23.2.73　"断点"对话框　　图 23.2.74　选取位置点　　图 23.2.75　选取匹配对象

③在系统弹出的"重新定义管接头"菜单管理器中选择 Orientation (方向) ➡ Flip (反向) 命令，在菜单管理器中选择 Done (完成) 命令（共选择两次），结束法兰盘 1 的添加，如图 23.2.76 所示。

（2）添加法兰盘 2。

①在 管道 功能选项卡的 管接头 区域中单击"插入管接头"按钮，选择"插入类型"菜单管理器中的 End (终止) 命令，系统弹出"打开"对话框，选择元件 flange_150_nps12，单击 打开 ▾ 按钮。

②选取图 23.2.77 所示的点为插入位置点，然后在活动元件窗口中选取图 23.2.78 所示的坐标系作为入口端，并选取点 PNT1 与管道端点对齐。

图 23.2.76　添加法兰盘 1　　图 23.2.77　选取位置点

③在系统弹出的"重新定义管接头"菜单管理器中选择 `Orientation (方向)` ➡ `Flip (反向)` 命令，在菜单管理器中选择 `Done (完成)` 命令（共选择两次），结束法兰盘 2 的添加，如图 23.2.79 所示。

选取该坐标系

图 23.2.78　选取匹配对象

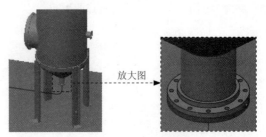

放大图

图 23.2.79　添加法兰盘 2

（3）添加阀配件接头 1。

①在 `管道` 功能选项卡的 `管接头` 区域中单击"插入管接头"按钮 `台`，选择"插入类型"菜单管理器中的 `Straight Brk (直断破)` 命令，系统弹出"打开"对话框，选择元件 valve，单击 `打开 ▼` 按钮。

②在系统弹出的"选取点"菜单管理器中选择 `Select Pnt (选择点)` 命令，在模型中选取图 23.2.80 所示的断点 APNT0 为插入位置点，然后在活动元件窗口中选取图 23.2.81 所示的点 PNT2 为匹配点；在菜单管理器中选择 `Done (完成)` 命令，结束阀配件接头的添加。

`Step 4` 生成实体管道。在管道系统树中右击 ▶ `PIPELINE_004` 节点，在弹出的快捷菜单中选择 `实体` ➡ `创建` 命令，此时模型中显示图 23.2.82 所示的实体管道。

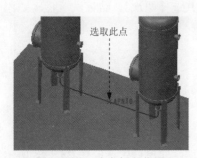

选取此点

APNT0

图 23.2.80　定义插入位置

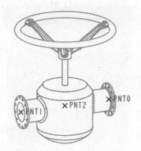

PNT1　PNT2

图 23.2.81　选取匹配点

图 23.2.82　生成实体管道

Stage7. 创建管道线路 PIPELINE_005

（注：本步的详细操作过程请参见随书光盘中 video\ch23.02\reference\文件下的语音视频讲解文件 pipeline_design-r03.avi）。

Stage8. 创建管道线路 PIPELINE_006_01

（注：本步的详细操作过程请参见随书光盘中 video\ch23.02\reference\文件下的语音视频讲解文件 pipeline_design-r04.avi）。

Stage9．创建管道线路 PIPELINE_006_02

（注：本步的详细操作过程请参见随书光盘中 video\ch23.02\reference\文件下的语音视频讲解文件 pipeline_design-r05.avi）。

Stage10．创建管道线路 PIPELINE_007_01

（注：本步的详细操作过程请参见随书光盘中 video\ch23.02\reference\文件下的语音视频讲解文件 pipeline_design-r06.avi）。

Stage11．创建管道线路 PIPELINE_007_02

（注：本步的详细操作过程请参见随书光盘中 video\ch23.02\reference\文件下的语音视频讲解文件 pipeline_design-r07.avi）。

24

产品结构的有限元分析

24.1　概述

24.1.1　有限元分析概述

在现代先进制造领域中，我们经常会碰到的问题是计算和校验零部件的强度、刚度以及对机器整体或部件进行结构分析等。

一般情况下，我们运用力学原理已经得到了它们的基本方程和边界条件，但是能用解析方法求解的只是少数方程，性质比较简单，边界条件比较规则的问题。绝大多数工程技术问题很少有解析解。

处理这类问题通常有两种方法：

一种是引入简化假设，使达到能用解析解法求解的地步，求得在简化状态下的解析解，这种方法并不总是可行的，通常可能导致不正确的解答。

另一种途径是保留问题的复杂性，利用数值计算的方法求得问题的近似数值解。

随着电子计算机的飞跃发展和广泛使用，已逐步趋向于采用数值方法来求解复杂的工程实际问题，而有限元法是这方面的一个比较新颖并且十分有效的数值方法。

有限元法（Finite Element Analysis）是根据变分法原理来求解数学物理问题的一种数值计算方法。由于工程上的需要，特别是高速电子计算机的发展与应用，有限元法才在结构分析矩阵方法基础上，迅速地发展起来，并得到越来越广泛的应用。

24.1.2　Creo 2.0 结构分析工作模式及操作界面

1. 集成模式

集成模式（Integrated Mode）：在 Creo 2.0 环境界面下工作，可以直接利用 Creo 模型进行网格划分，在有限元分析中所有的设计参数的变化都可以直接反映到 Creo 模型中。进入集成模式有以下两种方法：

方法一：单击 `应用程序` 功能选项卡 `模拟` 区域中的"Simulate"按钮 ⬛，系统即可进入"结构分析"模块，其操作界面如图 24.1.1 所示。

方法二：选择 `开始` ➡ `程序(P)` ➡ `PTC Creo` ➡ `Creo Simulate 2.0` 命令，系统也可进入"结构分析"模块，其操作界面与方法一的操作界面类似。

图 24.1.1　Creo 2.0 结构分析工作界面

2. 独立模式

独立模式（Independent Mode）：在独立的结构分析界面下工作，有限元模型可以由 Creo 2.0 创建，也可以从其他 CAD 系统中输入几何模型数据，其功能比在集成模式下强。

选择 `开始` ➡ `程序(P)` ➡ `PTC Creo` ➡ `Legacy` ➡ `Structure` 命令，系统即可进入"结构分析"模块，其操作界面如图 24.1.2 所示。

24.1.3　Creo Simulate 技术基础

P-method 和 H-method 就是用来进行网格划分的两种计算方法。

Creo Simulate 是基于 P 方法进行工作的。它采用适应性 P-method 技术，在不改变单元网格划分的情况下，靠增加单元内的插值多项式的阶数来达到设定的收敛精度。理论上，插值多项式的阶数可以很高，但在实际工作中，往往将多项式的最高阶数限制在 9 以内。如果插值多项式的阶数超过 9 仍然没有收敛，这时可以增加网格的密度，降低多项式的阶数，加快计算速度。利用 P 方法进行分析，降低了对网格划分质量的要求和限制，系统可以自动收敛求解。

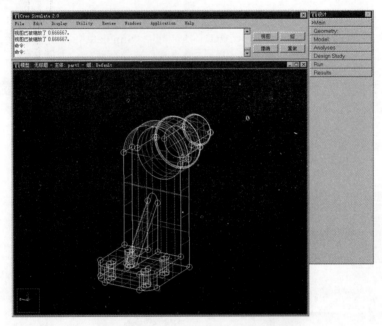

图 24.1.2　Creo Simulate 2.0 工作界面

P-method 能够比较精确地拟合几何形状，能够消除表面上的微小凹面，这种单元的应力变形方程为多项式方程，最高阶次能够达到九阶，这意味着这种单元可以非常精确地拟合大应力梯度。

Creo Simulate 中四面体单元的计算结果比其他传统有限元程序中四面体的计算结果要好得多。首先单元以较低的阶次进行初步计算，然后在应力梯度比较大的地方和计算精度要求比较高的地方自动地提高单元应力方程的阶次，从而保证计算的精确度和效率。

非适应性 H-method 技术和适应性 P-method 技术在网格划分时的具体区别在于，非适应性的 H-method 技术划分的有限网格单元较小，数目较多，与实体边界拟合不是很好；适应性 P-method 技术划分的有限网格单元较大，数目较少，但是与实体的边界拟合较好。

即，H-method 是靠增加网格密度，增大单元数量的方法提高计算精度；而 P-method 是靠增加单元的插值阶次，改变形函数曲线，不需要增加过多的单元数量，来提高计算精度。

24.1.4　Creo Simulate 分析任务

在 Creo Simulate 中，将每一项能够完成的工作称之为设计研究。所谓设计研究是指针对特定模型用户定义的一个或一系列需要解决的问题。Creo Simulate 的设计研究种类主要分为以下两种类型：

1. 标准分析

标准分析（Standard）：最基本、最简单的设计研究类型，至少包含一个分析任务。在此种设计研究中，用户需要指定几何模型，划分网格，定义材料，定义载荷和约束条件，定义分析类型和计算收敛方法，计算并显示结果图解。

此类分析也可以称之为设计验证，或者称之为设计校核，例如进行设计模型的应力应变检验，这也是其他有限元分析软件所只能完成的工作，在 Creo Simulate 中，完成这种工作的一般流程如下：

- 创建几何模型
- 简化模型
- 设定单位和材料属性
- 定义约束条件
- 定义载荷条件
- 定义分析任务
- 运行分析
- 显示、评价计算结果

2. 灵敏度分析和优化设计

灵敏度分析和优化设计：灵敏度分析就是根据不同的目标设计参数或者物性参数的改变计算出来的结果，除了进行标准分析的各种定义以外，用户需要定义设计参数，指定参数的变化范围，用户可以用灵敏度分析来研究哪些设计参数对模型的应力或者质量影响较大；优化设计分析就是在基本标准分析的基础上，用户指定研究目标、约束条件（包括几何约束条件和物性约束）、设计参数，然后在参数的给定范围内求解出满足研究目标和约束条件的最佳方案。

此类分析可以称之为设计优化，这是 Creo Simulate 区别于其他有限元分析软件的最显著的特征，在 Creo Simulate 中进行模型的设计优化的一般流程如下：

- 创建几何模型
- 简化模型
- 设定单位和材料属性
- 定义约束条件
- 定义载荷条件
- 定义设计参数
- 运行灵敏度分析

- 运行优化分析
- 根据优化结果改变模型

24.1.5　Creo Simulate 结构分析一般过程

使用 Creo Simulate 进行结构分析的基本步骤如下：

- 创建几何模型，一般直接在 Creo 中创建几何模型。
- 进入到结构分析环境。
- 设定模型的物理材料属性。
- 在模型上添加约束条件。
- 在模型上添加载荷条件。
- 有限元网格划分。
- 定义分析任务，运行分析。
- 根据设计变量计算和分析感兴趣的项目。
- 图形显示计算结果（应力、应变、位移等）。

24.2　结构分析一般过程

24.2.1　概述

和其他有限元分析软件一样，在 Creo 2.0 中进行结构分析的一般过程可以分成前处理、求解和后处理三个主要步骤。

前处理就是零件几何模型的创建以及简化、有限元模型的创建，求解就是使用系统自带的求解器对有限元模型进行求解计算，后处理就是对前面求解计算的结果进行有目的的查看与分析；下面以一个简单的模型为例，具体从这三个方面介绍在 Creo 2.0 中进行结构分析的一般过程（前处理和求解放在一起介绍）。

24.2.2　结构分析前处理及求解

下面以一个简单的模型为例介绍在 Creo 中进行有限元分析的一般过程。

如图 24.2.1 所示的支撑件零件，材料为 Steel，其底部四个小孔完全固定，在零件上部圆柱面上承受一个大小为 1000N 的水平力作用，分析其应力和位移分布情况。

Task1. 进入有限元分析模块

Step 1　打开文件 D:\creo2pd\work\ch24.02\cae_analysis.prt。

Step 2　进入有限元分析模块。单击 应用程序 功能选项卡 模拟 区域中的"Simulate"按钮，系统进入"有限元分析"模块。

Task2. 定义有限元分析

Step 1 选择材料。单击 主页 功能选项卡 材料 区域中的"材料"按钮 材料，系统弹出图 24.2.2 所示的"材料"对话框。在对话框中选中 steel.mtl 材料，单击 ⏩ 按钮，然后单击对话框中的 确定 按钮。

选取此表面

图 24.2.1 支撑件零件

图 24.2.2 "材料"对话框

说明：图 24.2.2 所示的"材料"对话框中的材料种类是非常有限的，如果无法设计所需的材料需求，可以新建一种材料，然后添加到零件模型中；单击"材料"对话框中的"创建新材料"按钮 ，系统弹出图 24.2.3 所示的"材料定义"对话框，在对话框中输入新材料相关属性，即可新建一种材料。

Step 2 分配材料。单击 主页 功能选项卡 材料 区域中的"材料分配"按钮 材料分配，系统弹出图 24.2.4 所示的"材料分配"对话框。采用系统默认设置，单击对话框中的 确定 按钮，完成材料分配，结果如图 24.2.5 所示。

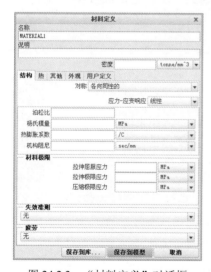

图 24.2.3 "材料定义"对话框

图 24.2.4 "材料分配"对话框

图 24.2.5 材料分配

Step 3 添加约束。单击 主页 功能选项卡 约束 ▾ 区域中的"位移"按钮 🗒，系统弹出图 24.2.6 所示的"约束"对话框。选取图 24.2.7 所示的模型表面为约束面，在对话框中的 平移 区域分别单击 X、Y、Z 后的"固定"按钮 ⚡，将选中曲面的 X、Y、Z 三个方向的平移自由度完全限制，使其固定，单击对话框中的 确定 按钮。

图 24.2.6 所示的"约束"对话框中部分选项说明如下：

● ✿ 按钮：单击该按钮，系统弹出图 24.2.8 所示的"颜色编辑器"对话框，可以设置约束图标的颜色样式。

图 24.2.6　"约束"对话框

图 24.2.7　选择约束面

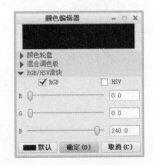

图 24.2.8　"颜色编辑器"对话框

● 新建... 按钮：单击该按钮，系统弹出"约束集定义"对话框，用来定义约束集，一个约束集中可以包含多个约束。

● 参考 下拉列表：用于定义约束参考属性，包括以下三种类型：

☑ 曲面：选中该选项，可以选择模型表面或曲面为约束参考对象。

☑ 边/曲线：选中该选项，可以选择模型边线或曲线为约束参考对象。

☑ 点：选中该选项，可以选择模型顶点为约束对象参考。

● 坐标系 区域：用于定义约束参考的坐标系属性，包括以下两种选项：

☑ ◉全局：选中该选项，使用全局坐标系为坐标系参考。

☑ ◉选定：选中该选项，选择指定坐标系为坐标系参考。

● 平移 区域：用于设置 X，Y，Z 三个方向的平移自由度约束。

☑ •：单击该按钮，自由度类型为自由。

☑ 🏃：单击该按钮，自由度类型为固定。

☑ 🔧：单击该按钮，设置沿某一方向的位移自由度。

☑ 🔩：单击该按钮，定义一个可作为坐标功能的自由度，仅用于 FEA 模式。

● **旋转** 区域：用于设置 X，Y，Z 三个方向的旋转自由度约束。

☑ •：单击该按钮，自由度类型为自由。

☑ 🏃：单击该按钮，自由度类型为固定。

☑ 🔧：单击该按钮，设置沿某一方向的角度自由度。

☑ 🔩：单击该按钮，定义一个可作为坐标功能的自由度，仅用于 FEA 模式。

Step 4 添加载荷。单击 **主页** 功能选项卡 **载荷▼** 区域中的"力/力矩"按钮—，系统弹出图 24.2.9 所示的"力/力矩载荷"对话框（一）。选取图 24.2.10 所示的模型表面为载荷面，在对话框中的 **力** 区域的 **Z** 文本框中输入值-1000，表示力的方向沿着 Z 轴负方向，力的大小为 1000N。单击对话框中的 **确定** 按钮。

说明：此处在添加力载荷时需要判断力的方向，将坐标系显示（图 24.2.10），通过坐标系来判断力的矢量方向。

图 24.2.9　"力/力矩载荷"对话框（一）

选取此圆柱面

图 24.2.10　选取载荷面

单击图 24.2.9 所示的"力/力矩载荷"对话框中的 **高级 >>** 按钮，系统弹出图 24.2.11 所示的"力/力矩载荷"对话框（二）。对于该对话框中部分选项说明如下：

● **分布** 下拉列表：用于设置载荷分布类型。

☑ **总载荷**：选中该选项，表示参考上受到的总力是一定的，单位面积上的力会随着所选面面积的变化而变化。

☑ **单位面积上的力**：表示所选面单位面积受力是一定的，总力会随着所选面面积的变化而变化。

☑ 点总载荷：表示所选面所受到的均匀载荷就相当于一个作用在点上的合力。

☑ 点总承载载荷：表示所选面上的载荷相当于多个作用点上的总合力。

● 空间变化 下拉列表：用于设置载荷空间变化类型。

☑ 均匀：表示添加的力是均匀分布的力。

☑ 坐标函数：表示添加的力是由函数控制其分布的。

☑ 在整个图元上插值：表示用插值方式定义力的空间变化。

● 力 下拉列表：用于设置力大小定义方式。

☑ 分量：需要给定力在 X，Y，Z 三个方向的分量大小。

☑ 方向矢量和大小：需要给定力的方向矢量和大小。

☑ 方向点和大小：需要选择两个点来指定力的方向，然后给定力的大小。

Step 5 设置网格参数。单击 精细模型 功能选项卡 AutoGEM 区域中的"控制"按钮 控制 ，系统弹出图 24.2.12 所示的"最大元素尺寸控制"对话框。在对话框中的 参考 区域下拉列表中选择 分量 选项；在 元素尺寸 区域中的文本框中输入元素尺寸值 15，单击对话框中的 确定 按钮。

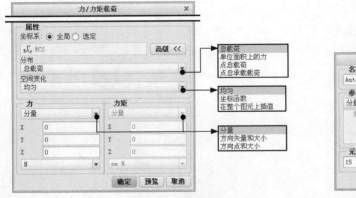

图 24.2.11 "力/力矩载荷"对话框（二） 　　图 24.2.12 "最大元素尺寸控制"对话框

说明：此处输入的元素尺寸参数表示的是在划分网格单元时，单元边长的最大值为 15mm，大于该尺寸的，系统不会划分网格。

Step 6 划分网格。单击 精细模型 功能选项卡 AutoGEM 区域中的"AutoGEM"按钮 ，系统弹出图 24.2.13 所示的"AutoGEM"对话框。单击对话框中的 创建 按钮，系统开始划分网格，网格划分结果如图 24.2.14 所示，同时系统弹出图 24.2.15 所示的"AutoGEM 摘要"对话框，对话框中显示网格划分的相关参数；单击对话框中的 关闭 按钮，直至系统弹出图 24.2.16 所示的"AutoGEM"对话框，提示是否保存网格划分结果，单击 是(Y) 按钮。

图 24.2.13 "AutoGEM" 对话框

图 24.2.14 网格划分

图 24.2.15 "AutoGEM 摘要"对话框

图 24.2.16 "AutoGEM"对话框

Step 7 定义分析研究。单击 主页 功能选项卡 运行 区域中的"分析和研究"按钮 ，系统弹出"分析和设计研究"对话框。选择对话框中的下拉菜单 文件(F) ➜ 新建静态分析... 命令，系统弹出图 24.2.17 所示的"静态分析定义"对话框，在对话框中单击 收敛 选项卡，在 方法 区域的下拉列表中选择 单通道自适应 选项，其他选项采用系统默认设置；单击 确定 按钮，在系统弹出的"分析和设计研究"对话框中单击"开始运行"按钮 ，系统弹出图 24.2.18 所示的"问题"对话框和图 24.2.19 所示的"诊断"对话框，单击 是(Y) 按钮，系统开始运行求解，求解完成后如图 24.2.20 所示。

图 24.2.17 所示"静态分析定义"对话框 收敛 选项卡中 方法 区域下拉列表用来定义收敛方法，共有以下三种收敛方式：

- 单通道自适应：判断初始通道（P=3）计算时的每一个单元的边界应力非连续性是否达到单元的阶次标准，并且在计算结果中给出应力误差报告。从计算速度和计算精度两方面来考虑，这是绝大部分分析任务所采用的默认收敛类型。

- 多通道自适应：多通道计算，在相同任务下比较不同通道的计算结果，从而判断是否需要更高的计算阶次，如果需要，则提高计算阶次，如此不断进行，直至达到用户规定的误差范围。相比之下，这种收敛方式所需要的计算时间较长，但是能够提供收敛曲线以供质量控制目的之用，这种收敛方式可以在敏感区域设置收敛性。

- 快速检查：仅计算 P=3 时的单通道，因此可以说这种方式是在进行单通道收敛方式或者多通道收敛方式计算前对模型进行的一种快速检查，这种方式对于计算机资源有限而且计算精度要求不高时进行较大规模的分析计算时非常有意义，这种

24 Chapter

721

方式的计算结果只能够大致预测出实际的计算结果。

图 24.2.18　"问题"对话框

图 24.2.17　"静态分析定义"对话框　　图 24.2.19　"诊断：分析 Analysis1"对话框

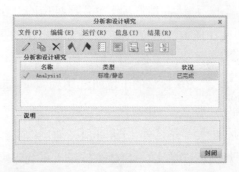

图 24.2.20　"分析和设计研究"对话框

24.2.3　结构分析结果后处理

在 Creo 中进行后处理操作主要是在 Creo Simulate 结果窗口中进行的，下面继续使用上一节的求解模型为例介绍后处理的相关操作。

Step 1 进入 Creo Simulate 结果窗口。单击 主页 功能选项卡 运行 区域中的"结果"按钮 结果，系统进入到"Creo Simulate 结果"窗口。

Step 2 查看应力结果图解。在"Creo Simulate 结果"窗口中选择下拉菜单 插入(I) ➝ 结果窗口(R)... 命令，在弹出的对话框中选择结果集文件 Analysis1，单击 打开 按钮，系统弹出图 24.2.21 所示的"结果窗口定义"对话框（一），在 显示类型 下拉列表中选择 条纹 选项；单击 数量 选项卡，在应力下拉列表中选择 应力 选项，在 分量 下拉列表中选择 von Mises 选项；单击对话框中的 确定并显示 按钮，系统显示其应力结果图解，如图 24.2.22 所示。

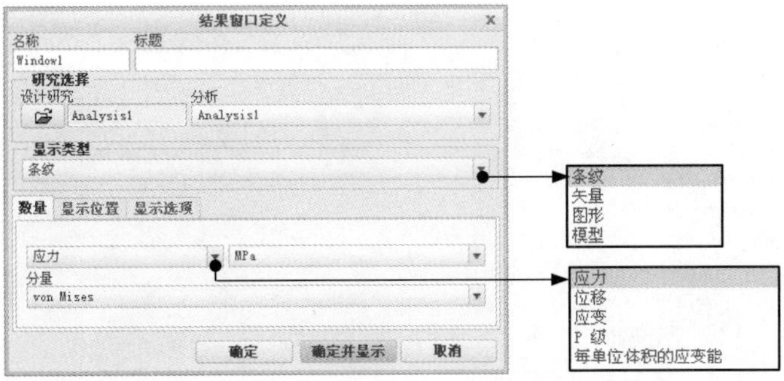

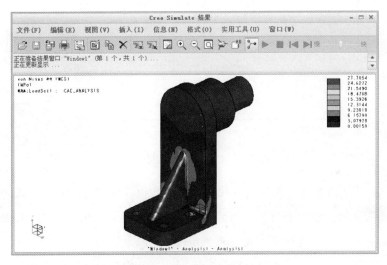

图 24.2.21   "结果窗口定义"对话框（一）

说明：在 "Creo Simulate 结果" 窗口中选择下拉菜单 编辑(E) ➡ 📄 结果窗口(R)... 命令，系统弹出图 24.2.21 所示的 "结果窗口定义" 对话框，可以对结果窗口各项选项进行再设置。

图 24.2.22   应力结果图解

图 24.2.21 所示的 "结果窗口定义" 对话框（一）中部分选项的说明如下：

● 显示类型 下拉列表：用于设置结果图解的显示类型：

☑ 条纹：这是显示模型结果的一种图解表示法（图 24.2.22）。它将显示系统的测量或分析计算结果，然后将结果以不同的颜色对应到它应该在的位置区域中，使用这种显示类型也可以用来创建等高线图。

☑ 矢量：以矢量的方式来显示系统的测量或分析计算结果（图 24.2.23），但这种显示类型无法用于 FEA 模式。

☑ 图形：显示模型行为的图表（图 24.2.24）。图表将显示数量与如 P 循环通过（P-loop Pass）、曲线或边缘、时间或频率等位置间的关系。

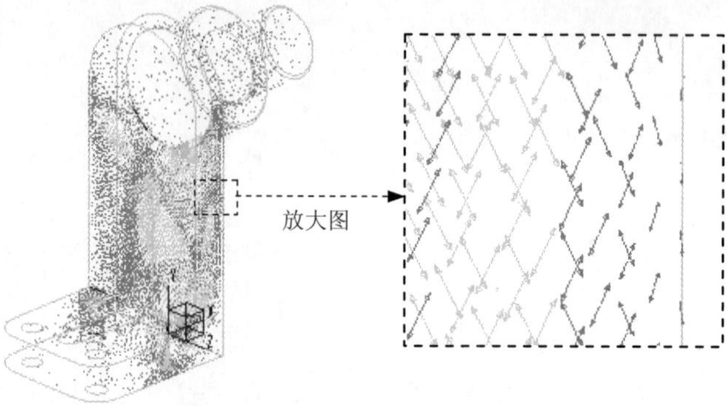

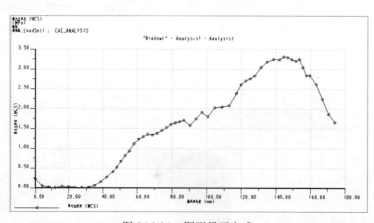

图 24.2.23 矢量显示方式

图 24.2.24 图形显示方式

- **模型**：显示模型在它原始或被扭曲状态的几何（图 24.2.25）。如果想要以简单的动画来显示模型时如何被扭曲的，或想要显示模型优化的形状，那么模态表示法是最有用的。但这种显示类型无法用于热力模块。

图 24.2.26 所示的"结果窗口定义"对话框（二）中部分选项的说明如下：

- **显示位置** 选项卡：用于设置结果图解的显示位置：
  - ☑ **全部**：在全部模型上显示结果图解。
  - ☑ **曲线**：在选定的曲线上显示结果图解。
  - ☑ **曲面**：在选定曲面上显示结果图解。
  - ☑ **体积块**：在选定体积块上显示结果图解。
  - ☑ **元件/层**：在选定元件或层上显示结果图解。

图 24.2.27 所示的"结果窗口定义"对话框（三）中部分选项的说明如下：

- **显示选项** 选项卡：用于设置结果图解的显示选项：
  - ☑ ☑ **连续色调**：选中该选项，图解结果色调以连续方式显示（图 24.2.28）。
  - ☑ **图例等级**：设置结果图解图例显示等级（图 24.2.29）。

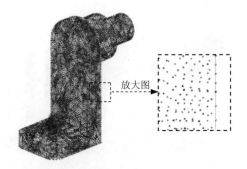

图 24.2.25 模型显示方式

图 24.2.26 "结果窗口定义"对话框（二）

图 24.2.27 结果窗口定义

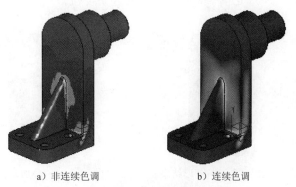

a）非连续色调   b）连续色调

图 24.2.28 连续色调

- ☑ ☑ 轮廓：选中该选项，系统显示轮廓图解（图 24.2.30）。
- ☑ ☑ 标注轮廓：选中该选项，系统显示标注轮廓结果图解（图 24.2.31）。
- ☑ ☑ 等值面：选中该选项，系统显示等值面结果图解（图 24.2.32）。
- ☑ ☑ 已变形：选中该选项，系统显示结构变形后的结果图解（图 24.2.33）。
- ☑ ☑ 叠加未变形的：选中该选项，系统将变形前后的模型进行叠加显示（图 24.2.34）。

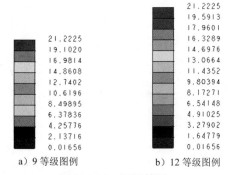

a）9 等级图例   b）12 等级图例

图 24.2.29 图例等级

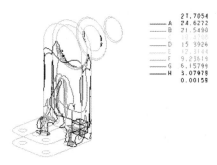

图 24.2.30 轮廓显示

图 24.2.31 标注轮廓显示   图 24.2.32 等值面显示

☑ ☑透明叠加：选中该选项，系统将变形前后的结果进行叠加显示，且变形前的显示样式为透明（图 24.2.35）。

☑ 缩放：用于设置透明度值。

图 24.2.33 变形结果显示   图 24.2.34 叠加未变形结果   图 24.2.35 透明叠加显示

☑ ☑显示元素边：选中该选项，系统显示单元网格边线。

☑ ☑显示载荷：选中该选项，系统显示载荷条件。

☑ ☑显示约束：选中该选项，系统显示约束条件。

Step 3 查看位移结果图解。在"Creo Simulate 结果"窗口中选择下拉菜单 插入(I) ➡️ 结果窗口(R)...命令，在弹出的对话框中选择结果集文件 Analysis1，单击 打开 按钮，系统弹出"结果窗口定义"对话框，在对话框的 显示类型 下拉列表中选择 条纹 选项；单击 数量 选项卡，在应力下拉列表中选择 位移 选项，在 分量 下拉列表中选择 模 选项；单击对话框中的 确定并显示 按钮，系统显示其位移结果图解，如图 24.2.36 所示。

说明：在"Creo Simulate 结果"窗口中选择下拉菜单 视图(V) ➡️ 显示命令，系统弹出"显示结果窗口"对话框，可以设置对结果窗口的显示，在本例中，如果只需要在结果窗口中显示位移结果，可以在"显示结果窗口"中选择 Window2 选项，单击对话框中的 确定 按钮，结果如图 24.2.37 所示。

说明：参照以上步骤，读者可以查看其他感兴趣的结果图解项目（如应变图解等），在此不再赘述；另外，系统提供了一种快速查看各主要测量项目极值的方法，选择下拉菜单 信息(N) ➡️ 测量(M)...命令，系统弹出图 24.2.38 所示的"测量"对话框，在对话框列

表区域中选中 `max_disp_mag`、`max_prin_mag` 和 `max_stress_vm` 选项，单击对话框中的 **创建注释...** 按钮，系统显示图 24.2.39 所示的结果窗口，在图中显示的是最大位移值、最大应变和最大应力值位置及相关数值。

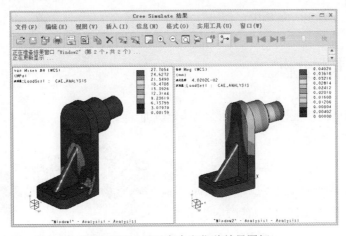

图 24.2.36　显示应力和位移结果图解

图 24.2.37　位移结果图解

图 24.2.38　"测量"对话框

图 24.2.39　测量结果

说明：从应力结果图解中可以看出，最大应力为 27.7054MPa，当该零件工作中，如果承受的最大应力值超出此范围，那么零件就可能受到破坏，导致零件无法安全工作；从位移结果图解中可以看出，最大位移值为 0.04020mm，表示零件在该种工况下工作时，零件发生的最大变形量为 38.7554MPa。

24.3　组件有限元分析

下面以一个简单的装配体为例介绍装配体分析的一般过程：

如图 24.3.1 所示的装配体，由两个滑块和一个连接板组成，连接板材料 Steel，滑块材料为 al2014。两滑块燕尾槽底面完全约束，连接板上部受到 30MPa 均布压力作用。分析组件的应力分布、变形等情况。

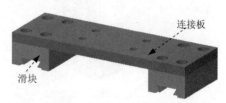

图 24.3.1　装配体模型

Task1. 进入有限元分析模块

Step 1　打开文件 D:\creo2pd\work\ch24.03\assembly_analysis.asm。

Step 2　单击 应用程序 功能选项卡 模拟 区域中的 "Simulate" 按钮，系统进入 "有限元分析" 模块。

Task2. 定义有限元分析

Step 1　选择材料。单击 主页 功能选项卡 材料 区域中的 "材料" 按钮，系统弹出 "材料" 对话框。在对话框中分别选中 al2014.mtl 和 steel.mtl 材料，单击 ▶▶▶ 按钮，单击对话框中的 确定 按钮。

Step 2　分配材料。

（1）定义连接板材料。单击 主页 功能选项卡 材料 区域中的 "材料分配" 按钮 材料分配，系统弹出图 24.3.2 所示的 "材料分配" 对话框。在对话框的 参考 区域下拉列表中选择 分量 选项，在模型树中选中 LINK_BORAD；在 材料 下拉列表中选择 STEEL 选项；单击对话框中的 确定 按钮。

（2）定义滑块材料。单击 主页 功能选项卡 材料 区域中的 "材料分配" 按钮 材料分配，系统弹出图 24.3.3 所示的 "材料分配" 对话框。在对话框的 参考 区域下拉列表中选择 分量 选项，在模型树中选中 SLIDER；在 材料 下拉列表中选择 AL2014 选项；单击对话框中的 确定 按钮，结果如图 24.3.4 所示。

Step 3　添加约束。单击 主页 功能选项卡 约束▼ 区域中的 "位移" 按钮，系统弹出 "约束" 对话框。选取图 24.3.5 所示的模型表面为约束面，在对话框中的 平移 区域分别单击 X、Y、Z 后的 "固定" 按钮，将选中曲面的 X、Y、Z 三个方向的平移自由度完全限制，使其固定，单击对话框中的 确定 按钮。

图 24.3.2 "材料分配"对话框

图 24.3.3 "材料分配"对话框

图 24.3.4 材料分配

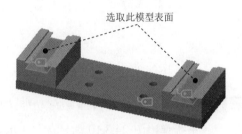

图 24.3.5 添加约束

Step 4 添加载荷。单击 主页 功能选项卡 载荷▾ 区域中的"压力"按钮 压力，系统弹出图 24.3.6 所示的"压力载荷"对话框。选取图 24.3.7 所示的模型表面为载荷面。在对话框中的 压力 区域文本框中输入值 30，单击 确定 按钮完成压力载荷的添加。

图 24.3.6 "力/力矩载荷"对话框

图 24.3.7 选取载荷面

Step 5 设置网格参数。

（1）设置连接板网格参数。单击 精细模型 功能选项卡 AutoGEM 区域中的"控制"按钮 控制▾，系统弹出图 24.3.8 所示的"最大元素尺寸控制"对话框。在对话框中的 参考 区域下拉列表中选择 分量 选项，选取连接板对象，在 元素尺寸 区域中的文本框中输入元素尺寸值 25，单击对话框中的 确定 按钮。

（2）设置滑块网格参数。单击 精细模型 功能选项卡 AutoGEM 区域中的"控制"按钮 控制 ，系统弹出图 24.3.9 所示的"最大元素尺寸控制"对话框。在对话框的 参考 区域下拉列表中选择 分量 选项，选取两个滑块对象，在 元素尺寸 区域的文本框中输入元素尺寸值 20，单击对话框中的 确定 按钮。

图 24.3.8　设置连接板网格参数　　　　图 24.3.9　设置滑块网格参数

Step 6 划分网格。单击 精细模型 功能选项卡 AutoGEM 区域中的"AutoGEM"按钮 ，系统弹出图 24.3.10 所示的"AutoGEM"对话框。单击对话框中的 创建 按钮，系统开始划分网格，网格划分结果如图 24.3.11 所示，同时系统弹出"AutoGEM 摘要"对话框，对话框中显示网格划分的相关参数；然后单击 关闭 按钮，最后再单击"AutoGEM"对话框中的 是(Y) 按钮，完成网格划分。

图 24.3.10　"AutoGEM"对话框　　　　图 24.3.11　网格划分

Step 7 定义分析研究。单击 主页 功能选项卡 运行 区域中的"分析和研究"按钮 ，系统弹出"分析和设计研究"对话框。选择对话框中的下拉菜单 文件(F) ➡ 新建静态分析... 命令，系统弹出图 24.3.12 所示的"静态分析定义"对话框，在对话框中单击 收敛 选项卡，在 方法 区域的下拉列表中选择 单通道自适应 选项，其他选项采用系统默认设置；单击 确定 按钮，在系统弹出的"分析和设计研究"对话框中单击"开始运行"按钮 ，系统弹出"问题"对话框和"诊断"对话框，单击 是(Y) 按钮，系统开始运行求解，求解完成后如图 24.3.13 所示。

Task3. 结果查看

在 Creo 中进行后处理操作主要是在 Creo Simulate 结果窗口中进行的，下面继续使用上一节的求解模型为例介绍后处理的相关操作。

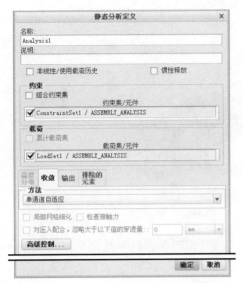

图 24.3.12　"静态分析定义"对话框

图 24.3.13　"分析和设计研究"对话框

Step 1 进入 Creo Simulate 结果窗口。单击 主页 功能选项卡 运行 区域中的"结果"按钮 结果，系统进入到"Creo Simulate 结果"窗口。

Step 2 查看应力结果图解。在"Creo Simulate 结果"窗口中选择下拉菜单 插入(I) ➡️ 结果窗口(R)... 命令，在弹出的对话框中选择结果集文件 Analysis1，单击 打开 按钮，系统弹出图 24.3.14 所示的"结果窗口定义"对话框（一），在 显示类型 下拉列表中选择条纹选项；单击 数量 选项卡，在"应力"下拉列表中选择应力选项，在分量下拉列表中选择von Mises选项；单击对话框中的 确定并显示 按钮，系统显示其应力结果图解，如图 24.3.15 所示。

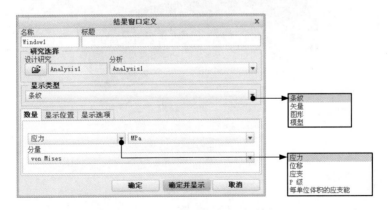

图 24.3.14　"结果窗口定义"对话框（一）

说明：在"Creo Simulate 结果"窗口中选择下拉菜单 编辑(E) ➡️ 结果窗口(R)... 命令，系统弹出图 24.3.14 所示的"结果窗口定义"对话框，可以对结果窗口各项选项进行再设置。

24 Chapter

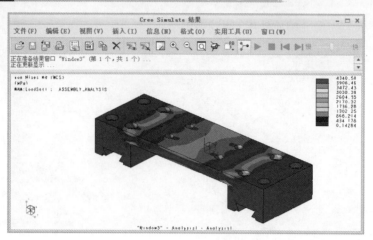

图 24.3.15　应力结果图解

Step 3 查看位移结果图解。在"Creo Simulate 结果"窗口中选择下拉菜单 插入(I) ➡️ 结果窗口(R)... 命令，在弹出的对话框中选择结果集文件 Analysis1，单击 打开 按钮，系统弹出"结果窗口定义"对话框，在对话框的 显示类型 下拉列表中选择 条纹 选项；单击 数量 选项卡，在"应力"下拉列表中选择 位移 选项，在 分量 下拉列表中选择 模 选项；单击对话框中的 确定并显示 按钮，系统显示其位移结果图解，如图 24.3.16 所示。

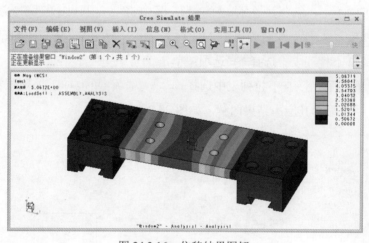

图 24.3.16　位移结果图解

24.4　梁结构分析

下面以一个简单的工字钢横梁（图 24.4.1）为例介绍梁结构分析的一般过程：

工字钢横梁长度为 9400mm，高度为 300mm，宽度为 130mm，横梁厚度为 8.5mm，材料为 Steel，两端固定，横梁中间位置承受 2000N 的力，分析横梁的应力分布、变形等情况。

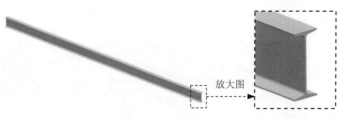

图 24.4.1　工字钢横梁

在 Creo 有限元分析中对梁结构的分析都是先将其进行理想化处理,一般将梁理想化一条直线和一个截面,在划分网格的时候才用 1D 网格进行处理,其他操作与一般零件的有限元分析一致。

Task1. 创建横梁简化模型

Step 1　将工作目录设置至 D:\creo2pd\work\ch24.04,新建一个零件模型,命名为 beam_analysis。

Step 2　创建基准点。在 模型 功能选项卡的 基准 ▾ 区域中选择 点 ▾ ➡ 偏移坐标系 命令。系统弹出"基准点"对话框(图 24.4.3)。选取坐标系 CSYS。在"基准点"对话框中单击 名称 下面的方格,则该方格中显示出 PNT0;分别在 X 轴 、Y 轴 和 Z 轴 下的方格中输入坐标值 0、0 和 0。以同样的方法创建点 PNT1,其坐标值如图 24.4.2 所示。

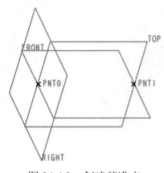

图 24.4.2　创建基准点

图 24.4.3　"基准点"对话框

Step 3　创建图 24.4.4 所示的曲线 1。在 模型 功能选项卡 基准 ▾ 下拉菜单中选择 曲线 ▸ ➡ 通过点的曲线 命令,选择 Step2 步骤创建的 PNT0 和 PNT1 为经过点。

Step 4　创建基准点 PNT2(图 24.4.5)。在 模型 功能选项卡的 基准 ▾ 区域中选择 点 ▾ ➡ 点 命令,系统弹出"基准点"对话框;选取 Step3 所创建的曲线 1 为参考,在 偏移 文本框中输入 0.5;单击 确定 按钮,完成基准点的创建。

Task2. 进入有限元分析模块

单击 应用程序 功能选项卡 模拟 区域中的"Simulate"按钮 ,系统进入"有限元分析"模块。

图 24.4.4　创建曲线 1　　　　　　　　　图 24.4.5　创建基准点 PNT2

Task3. 定义有限元分析

Step 1　选择材料。单击 主页 功能选项卡 材料 区域中的"材料"按钮 材料，系统弹出 "材料"对话框。在对话框中选中 steel.mtl 材料，单击 ▶▶ 按钮，然后单击对话框中的 确定 按钮。

Step 2　分配材料。单击 主页 功能选项卡 材料 区域中的"材料分配"按钮 材料分配，系统弹出"材料分配"对话框。采用系统默认设置，单击对话框中的 确定 按钮，完成材料分配。

Step 3　定义梁单元结构。

（1）选择命令。在 精细模型 功能选项卡的 理想化 区域中选择 梁 ➡ 梁 命令，系统弹出图 24.4.6 所示的"梁定义"对话框。

（2）定义梁参考。在对话框中 参考 区域下拉列表中选择 边/曲线 选项，选取曲线 1 为参考对象。

（3）定义梁材料。在 材料 下拉列表中选择 STEEL 选项。

（4）定义梁截面。在对话框中单击 起始 选项卡，单击 梁截面 后的 更多... 按钮，系统弹

图 24.4.6　"梁定义"对话框

出图 24.4.7 所示的"梁截面"对话框。单击对话框中的 新建... 按钮，系统弹出图 24.4.8 所示的"梁截面定义"对话框，单击 截面 选项卡，在 类型: 下拉列表中选择 工字梁 选项，其各项参数如图 24.4.8 所示；单击两次 确定 按钮，返回至"梁定义"对话框。

（5）定义梁方向（本步的详细操作过程请参见随书光盘中 video\ch24.04\reference\文件下的语音视频讲解文件 beam-r01.avi）。

（6）完成梁单元定义。单击"梁定义"对话框中的 确定 按钮，完成梁单元定义，结果如图 24.4.9 所示。

Step 4　添加约束。单击 主页 功能选项卡 约束 区域中的"位移"按钮，系统弹出"约束"对话框。在对话框的 参考 区域下拉列表中选择 点 选项，选取 PNT0 和 PNT1

基准点为参考对象，在对话框中的 **平移** 和 **旋转** 区域分别单击 X、Y、Z 后的"固定"按钮 ⬧，单击 **确定** 按钮，完成约束的添加，结果如图 24.4.10 所示。

图 24.4.7　"梁截面"对话框

图 24.4.8　"梁截面定义"对话框

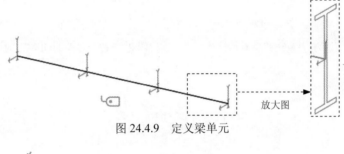

图 24.4.9　定义梁单元

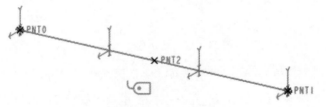

图 24.4.10　添加约束

Step 5　添加载荷。单击 **主页** 功能选项卡 **载荷▼** 区域中的"力/力矩"按钮 ⊢，系统弹出图 24.4.11 所示的"力/力矩载荷"对话框，在对话框的 **参考** 下拉列表中选择 **点** 选项，选取 PNT2 为参考；在 **力** 区域的 **Y** 文本框中输入值-2000，单击 **确定** 按钮。

Step 6　设置网格参数。单击 **精细模型** 功能选项卡 **AutoGEM** 区域中的"控制"按钮 ▦ **控制▼**，系统弹出图 24.4.12 所示的"最大元素尺寸控制"对话框。在对话框中的 **参考** 区域下拉列表中选择 **分量** 选项；在 **元素尺寸** 区域中的文本框中输入元素尺寸值 100，单击对话框中的 **确定** 按钮。

Step 7　划分网格。单击 **精细模型** 功能选项卡 **AutoGEM** 区域中的"AutoGEM"按钮 ▦，系统弹出图 24.4.13 所示的"AutoGEM"对话框。单击 **创建** 按钮，系统开始划分网格，网格划分结果如图 24.4.14 所示，同时系统弹出"AutoGEM 摘要"对话框，对话框中显示网格划分的相关参数；单击对话框中的 关闭 按钮，在弹出的 "AutoGEM" 对话框中单击 是(Y) 按钮。

图 24.4.11 "力/力矩载荷" 对话框

图 24.4.12 "最大元素尺寸控制" 对话框

图 24.4.13 "AutoGEM" 对话框

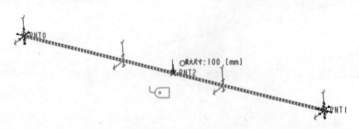

图 24.4.14 划分网格

Step 8 定义分析研究。单击 主页 功能选项卡 运行 区域中的 "分析和研究" 按钮 , 系统弹出 "分析和设计研究" 对话框。选择对话框中的下拉菜单 文件(F) ➡ 新建静态分析... 命令，系统弹出图 24.4.15 所示的 "静态分析定义" 对话框，在对话框中单击 收敛 选项卡，在 方法 区域的下拉列表中选择 多通道自适应 选项，其他选项采用系统默认设置；单击 "分析和设计研究" 对话框中的 "开始运行" 按钮 , 系统弹出 "问题" 对话框和 "诊断" 对话框，单击 是(Y) 按钮，系统开始运行求解。

Task4. 结果查看

Step 1 进入 Creo Simulate 结果窗口。单击 主页 功能选项卡 运行 区域中的 "结果" 按钮 结果，系统进入到 "Creo Simulate 结果" 窗口。

Step 2 查看应力结果图解。在 "Creo Simulate 结果" 窗口中选择下拉菜单 插入(I) ➡ 结果窗口(R)... 命令，在弹出的对话框中选择结果集文件 Analysis1，单击 打开 按钮，系统弹出图 24.4.16 所示的 "结果窗口定义" 对话框，在对话框

的 显示类型 下拉列表中选择 条纹 选项；单击 数量 选项卡，在"应力"下拉列表中
选择 应力 选项，在 分量 下拉列表中选择 von Mises 选项；单击对话框中的 确定并显示
按钮，系统显示其应力结果图解，如图 24.4.17 所示。

图 24.4.15　"静态分析定义"对话框

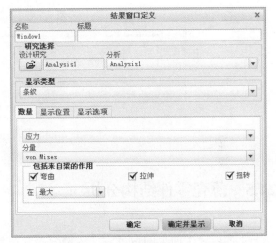

图 24.4.16　"结果窗口定义"对话框

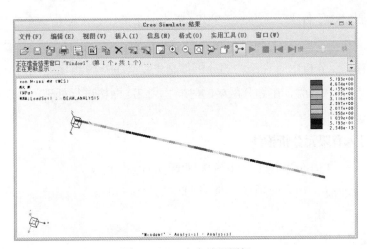

图 24.4.17　应力结果图解

Step 3 查看位移结果图解。在"Creo Simulate 结果"窗口中选择下拉菜单 插入(I) ➡️
结果窗口(R)... 命令，在弹出的对话框中选择结果集文件 Analysis1，单击
打开 按钮，系统弹出"结果窗口定义"对话框，在对话框的 显示类型 下拉
列表中选择 条纹 选项；单击 数量 选项卡，在"应力"下拉列表中选择 位移 选项，

在 分量 下拉列表中选择 模 选项；单击对话框中的 确定并显示 按钮，系统显示其位移结果图解，如图 24.4.18 所示。

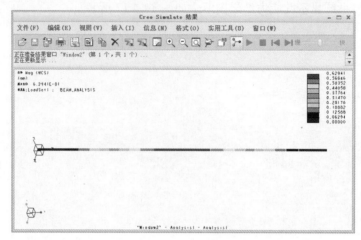

图 24.4.18 位移结果图解

24.5 薄壳零件结构分析

下面以一个简单的钣金零件为例介绍壳结构有限元分析的一般过程：

如图 24.5.1 所示的钣金零件（壳结构），零件厚度为 2mm，钣金材料为 Steel，零件上两个圆孔完全固定，零件上表面承受 20MPa 竖直向下的压力，分析钣金零件的应力分布、变形等情况。

在 Creo 有限元分析中对壳结构的分析都是先将其进行理想化处理，一般将壳理想化一张曲面（壳结构的中面），在划分网格的时候才用 2D 网格进行处理，其他操作与一般零件的有限元分析一致。

Task1. 进入有限元分析模块

Step 1 打开文件 D:\creo2pd\work\ch24.05\shell_analysis.prt。

Step 2 单击 应用程序 功能选项卡 模拟 区域中的"Simulate"按钮 ，系统进入"有限元分析"模块。

Task2. 定义有限元分析

Step 1 选择材料。单击 主页 功能选项卡 材料 区域中的"材料"按钮 材料，系统弹出"材料"对话框。在对话框中选中 steel.mtl 材料，单击 ▶▶ 按钮，然后单击对话框中的 确定 按钮。

Step 2 分配材料。单击 主页 功能选项卡 材料 区域中的"材料分配"按钮 材料分配，系统弹出图 24.5.2 所示的"材料分配"对话框。采用系统默认设置，单击对话框中

的 确定 按钮，完成材料分配，结果如图 24.5.3 所示。

图 24.5.1　钣金零件　　　图 24.5.2　"材料分配"对话框　　　图 24.5.3　材料分配

Step 3　添加约束。单击 主页 功能选项卡 约束▼ 区域中的"位移"按钮，系统弹出"约束"对话框。选取图 24.5.4 所示的圆柱孔面为约束面，在对话框中的 平移 区域分别单击 X、Y、Z 后的"固定"按钮，将选中曲面的 X、Y、Z 三个方向的平移自由度完全限制，使其固定，单击对话框中的 确定 按钮。

Step 4　添加载荷。单击 主页 功能选项卡 载荷▼ 区域中的"压力"按钮 压力，系统弹出图 24.5.5 所示的"压力载荷"对话框。选取图 24.5.6 所示的模型表面为载荷面，在对话框中的 压力 区域文本框中输入值 20，单击 确定 按钮，完成压力载荷的添加。

图 24.5.4　选择约束面　　　图 24.5.5　"压力载荷"对话框　　　图 24.5.6　选择载荷面

Step 5　设置薄壳参数（本步的详细操作过程请参见随书光盘中 video\ch24.05\reference\ 文件下的语音视频讲解文件 shell_analysis-r01.avi）。

Step 6　设置网格参数。单击 精细模型 功能选项卡 AutoGEM 区域中的"控制"按钮 控制▼，系统弹出图 24.5.7 所示的"最大元素尺寸控制"对话框。在对话框中的 参考 区域下拉列表中选择 分量 选项；在 元素尺寸 区域中的文本框中输入元素尺寸值 5，单击对话框中的 确定 按钮。

Step 7　划分网格。单击 精细模型 功能选项卡 AutoGEM 区域中的"AutoGEM"按钮，系统弹出图 24.5.8 所示的"AutoGEM"对话框。在对话框的下拉列表中选择 曲面 选项，单击对话框中的 按钮，系统弹出图 24.5.9 所示的"曲面选项"对话框，在图形区中框选整个模型，单击 确定 按钮，系统返回到"AutoGEM"对话框，单击 创建 按钮，系统开始划分网格，网格划分结果如图 24.5.10 所示，同时，系统弹出"AutoGEM 摘要"对话框，对话框中显示网格划分的相关参数；单击对话框中的 关闭 按钮，在弹出的"AutoGEM"对话框中单击 是(T) 按钮。

图 24.5.7　显示坐标系

图 24.5.8　"AutoGEM"对话框

图 24.5.9　"曲面选项"对话框

Step 8　定义分析研究。单击 主页 功能选项卡 运行 区域中的"分析和研究"按钮 🔲，系统弹出"分析和设计研究"对话框。选择对话框中的下拉菜单 文件(F) ➡ 新建静态分析... 命令，系统弹出图 24.5.11 所示的"静态分析定义"对话框，在对话框中单击 收敛 选项卡，在 方法 区域的下拉列表中选择 单通道自适应 选项，其他选项采用系统默认设置；单击 确定 按钮，在系统弹出的"分析和设计研究"对话框中单击"开始运行"按钮 🔺。

图 24.5.10　划分网格

图 24.5.11　"静态分析定义"对话框

Task3. 结果查看

Step 1　进入 Creo Simulate 结果窗口。单击 主页 功能选项卡 运行 区域中的"结果"按钮 🔲结果，系统进入到"Creo Simulate 结果"窗口。

Step 2　查看应力结果图解。在"Creo Simulate 结果"窗口中选择下拉菜单 插入(I) ➡ 🔲结果窗口(R)... 命令，在弹出的对话框中选择结果集文件 🔲Analysis1，单击 打开 按钮，系统弹出图 24.5.12 所示的"结果窗口定义"对话框，在对话框

的 显示类型 下拉列表中选择 条纹 选项；单击 数量 选项卡，在"应力"下拉列表中
选择 应力 选项，在 分量 下拉列表中选择 von Mises 选项；单击对话框中的 确定并显示
按钮，系统显示其应力结果图解，如图 24.5.13 所示。

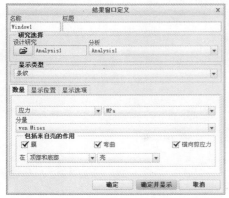

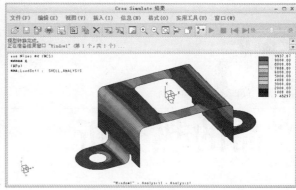

图 24.5.12　"结果窗口定义"对话框　　　　图 24.5.13　应力结果图解

Step 3　查看位移结果图解。在"Creo Simulate 结果"窗口中选择下拉菜单 插入(I) ➡
结果窗口(R)... 命令，在弹出的对话框中选择结果集文件 Analysis1，单击
打开 按钮，系统弹出"结果窗口定义"对话框，在对话框的 显示类型 下拉
列表中选择 条纹 选项；单击 数量 选项卡，在"应力"下拉列表中选择 位移 选项，
在 分量 下拉列表中选择 模 选项；单击对话框中的 确定并显示 按钮，系统显示其
位移结果图解，如图 24.5.14 所示。

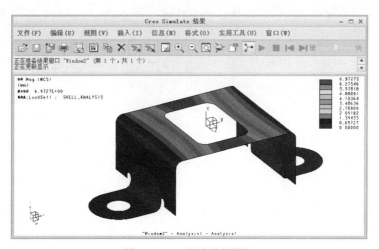

图 24.5.14　位移结果图解

25

产品的热分析

25.1 热分析概述

25.1.1 概述

热分析用于计算一个系统或部件的温度分布和其他热物理现象,如热量的获得或损失、热梯度、热流密度等,通常一个给定的系统或部件必须被设计到能承受某些设计要求为止。热分析在工程上有着广泛的应用,如机械加工(如铸造、焊接、冷热加工)、航空和汽车领域(如内燃机、冷却系统、制动系统等)、电子装置(如电子组件、换热器、管路系统)等。

根据结构传热问题的类型和边界约束条件的不同,可以将热分析分为以下几种类型:

(1)与时间无关的稳态热分析和与时间相关的瞬态热分析。

(2)材料参数和边界条件不随温度变化的线性传热、边界条件和材料参数对温度敏感的非线性传热(如辐射、强迫对流等),包含多种温度场的多场耦合问题等。

当一个结构加热或冷却时,会发生膨胀或收缩,如果结构各部分之间膨胀和收缩程度不同,或结构的膨胀、收缩受到限制,就会产生(热)应力。当节点的温度已知时,可以将热载荷直接加载到所定义的节点上,在做结构应力分析时,可以将所求的节点温度作为载荷施加在结构应力分析中。

在许多实际工程问题中,由于温度的作用使结构产生过大的热应力,因而产生破坏性效果,因此分析由温度引起的应力有着重要的意义。研究物体的热问题主要包括两方面的内容:

（1）传热问题研究：即要确定物体的温度场。

（2）热应力问题分析：在某一温度场的情况下，确定随之产生的应力应变。

实际上，这两个问题是相互影响和耦合的，但是在大多数情况下，传热问题所确定的温度将直接影响物体的热应力，而热应力对传热问题的耦合影响不大。因而，在解决此类实际问题时，将物体热问题看成是单向耦合的过程，可先进行热问题分析再进行热应力分析。

而热传导学则被用来预测在特定条件下，热环境发生变化的速率。物体不在热平衡的环境中，这就被说成是处于"瞬态"。因此，当物体突然受到环境中温度变化之前，物体是处于平衡温度条件下的，然后又处于一个不稳定状态。

25.1.2　热分析界面

Step 1　打开文件 D:\creo2pd\work\ch25.01\thermal_analysis.prt。

Step 2　切换至有限元分析模块。单击 应用程序 功能选项卡 模拟 区域中的"Simulate"按钮 ，系统进入"有限元分析"模块。

Step 3　切换至热模式环境。单击 主页 功能选项卡 设置▼区域中的"热模式"按钮 ，系统进入热模式分析环境，界面如图 25.1.1 所示。

说明：在本书中后面的各章节中，均省略了介绍切换至有限元分析模块的叙述。

图 25.1.1　热分析界面

25.2　热力载荷

热力载荷相当于结构分析中的载荷，用以对模型施加热力。可以对模型的几何元素点、线、面和元件进行施加热力载荷。

下面以图 25.2.1 所示的实例（容器底部加热器为 100W）为例介绍添加热力载荷的一般操作过程：

Step 1 将工作目录设置至 D:\creo2pd\work\ch25.02，打开文件 thermal_load.prt。

Step 2 切换至热模式环境。单击 主页 功能选项卡 设置 ▾ 区域中的"热模式"按钮 🔶，系统进入热模式分析环境。

图 25.2.1 添加热载荷

Step 3 添加热力载荷。

（1）选择命令。单击 主页 功能选项卡 载荷 ▾ 区域中的"热"按钮 ⛰，系统弹出图 25.2.2 所示的"热载荷"对话框。

（2）选取参考曲面。在对话框的 参考 下拉列表中选择 曲面 选项，选取图 25.2.3 所示的曲面对象为参考曲面。

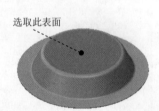

选取此表面

图 25.2.2 "热载荷"对话框　　　　图 25.2.3 选取参考曲面

（3）设置热参数。在对话框的 热 (Q) 区域的文本框中输入值 100，在 [mW ▾] 下拉列表中选择 W 选项作为热单位。

Step 4 单击 确定 按钮，完成热载荷添加。

图 25.2.2 所示的"热载荷"对话框中部分选项说明如下：

● 热 (Q) 区域：用于定义模型中所选择的对象的热载荷以及热载荷的分布：

　☑ 分布 下拉列表：用于定义热载荷的分布方式，包括 总载荷 和 单位面积的载荷 两种分布方式。

　☑ 空间变化 下拉列表：用于定义热载荷的空间分布方式，包括 均匀 、坐标函数 和 在整个图元上插值 三种分布方式。

- ☑　时间变化 下拉列表：用于定义热载荷模式，包括 稳态 和 时间函数 两种模式。
- ☑　值 文本框：用于定义加载在对象上热载荷的数值，其后的下拉列表用于定义加载热载荷的单位。

25.3　边界条件

边界条件相当于结构分析中的约束，用以模拟真实的热力环境。边界条件分为四种：规定温度、对流条件、辐射和对称条件。规定温度和对流条件可以对点、线和面进行设置。

25.3.1　添加规定温度

使用规定温度，用来定义外界环境恒定不变的温度。

下面以图 25.3.1 所示的实例（容器内表面温度为 25℃）为例介绍添加规定温度的一般操作过程：

图 25.3.1　添加规定温度

Step 1　将工作目录设置至 D:\creo2pd\work\ch25.03.01，打开文件 set_temperature.prt。

Step 2　切换至热模式环境。单击 主页 功能选项卡 设置 ▼ 区域中的"热模式"按钮 🔥，系统进入热模式分析环境。

Step 3　创建规定温度。

（1）选择命令。单击 主页 功能选项卡 边界条件 ▼ 区域中的"规定温度"按钮 ，系统弹出图 25.3.2 所示的"规定温度"对话框。

（2）选取参考曲面。在对话框的 参考 下拉列表中选择 曲面 选项，选取图 25.3.3 所示的曲面对象为参考曲面。

（3）设置温度条件。在对话框的 温度 区域的文本框中输入值 25，在 C 下拉列表中选择 C 选项作为温度单位。

Step 4　单击 确定 按钮，完成规定温度的创建。

图 25.3.2　"规定温度"对话框

25.3.2　添加对流条件

使用对流条件，用来定义模型与外界的热对流交换环境。

下面以图 25.3.4 所示的实例（对流系数为 50mW/(mm² ℃)，表面温度为 100℃）为例介绍添加对流条件的一般操作过程：

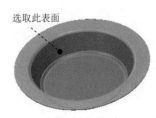

图 25.3.3　选取参考曲面

选取此表面

Step 1 将工作目录设置至 D:\creo2pd\work\ch25.03.02，打开文件 convection.prt。

Step 2 切换至热模式环境。单击 主页 功能选项卡 设置▼区域中的"热模式"按钮 🔥，系统进入热模式分析环境。

Step 3 添加对流条件。

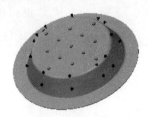

图 25.3.4 添加对流条件

（1）选择命令。单击 主页 功能选项卡 边界条件▼区域中的"对流条件"按钮 🍰，系统弹出图 25.3.5 所示的"对流条件"对话框。

（2）选取参考曲面。在对话框的 参考 下拉列表中选择 曲面 选项，选取图 25.3.6 所示的曲面对象为参考曲面。

（3）设置对流系数。在对话框的 对流系数 (h) 区域的 值 文本框中输入值 50，在其后的下拉列表中选择 mW / (mm^2 C) 选项作为对流系数单位。

（4）设置体表温度。在对话框的 体表温度 (Tb) 区域的 值 文本框中输入值 100，在其后的下拉列表中选择 C 选项作为温度单位。

Step 4 单击 确定 按钮，完成对流条件的添加。

图 25.3.2 所示的"对流条件"对话框中部分选项说明如下：

图 25.3.5 "对流条件"对话框

- **对流系数 (h) 区域**：用于定义模型中所选择的对象的对流系数以及对流系数的分布方式：

  ☑ **空间变化 下拉列表**：用于定义对流系数的空间分布方式，包括 均匀、坐标函数 和 外部文件数据 三种分布方式。

  ☑ **温度相关性 下拉列表**：用于定义对流系数的温度相关性，包括 无 和 温度函数 两种。

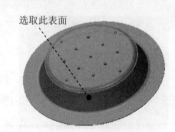

选取此表面

图 25.3.6 选取参考曲面

  ☑ **值 文本框**：用于定义对流系数的值。其后的下拉列表用于定义对流系数单位。

注意：对流系数并无定值，随工件几何形状、工件对流换热表面情况、工件大小等各因素而异。常温下，空气的自然对流系数取值 $5\sim10W/m^2℃$。

- **体表温度 (Tb) 区域**：用于定义模型表面的温度以及分析方式。

25.3.3 添加辐射条件

使用辐射条件，用来定义外界环境对模型产生的辐射效果。

下面以图 25.3.7 所示的实例（辐射率为 0.8，环境温度为 50℃）为例介绍添加辐射条件的一般操作过程：

Step 1 将工作目录设置至 D:\creo2pd\work\ch25.03.03，打开文件 radiate.prt。

Step 2 切换至热模式环境。单击 主页 功能选项卡 设置 ▾ 区域中的"热模式"按钮 🔥，系统进入热模式分析环境。

Step 3 添加辐射条件。

（1）选择命令。单击 主页 功能选项卡 边界条件 ▾ 区域中的"辐射条件"按钮 ▥，系统弹出图 25.3.8 所示的"辐射条件"对话框。

（2）选取参考曲面。在对话框的 参考 下拉列表中选择 曲面 选项，选取图 25.3.9 所示的曲面对象为参考曲面。

（3）设置辐射率。在对话框的 辐射率 (?) 区域的文本框中输入值 0.8。

（4）定义环境温度。在对话框的 环境温度 区域的文本框中输入值 50，在 C ▾ 下拉列表中选择 C 选项作为温度单位。

Step 4 单击 确定 按钮，完成辐射条件的添加。

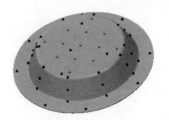

图 25.3.7　添加辐射条件

图 25.3.8　"辐射条件"对话框

25.3.4　添加对称条件

使用对称条件，可以仅对旋转体模型的一部分进行分析，得到整体的分析效果。

下面以图 25.3.10 所示的实例为例介绍添加对称条件的一般操作过程。

Step 1 将工作目录设置至 D:\creo2pd\work\ch25.03.04，打开文件 recurrence.prt。

Step 2 切换至热模式环境。单击 主页 功能选项卡 设置 ▾ 区域中的"热模式"按钮 🔥，系统进入热模式分析环境。

Step 3 添加对称约束。

（1）选择命令。单击 主页 功能选项卡 边界条件 ▾ 下的"对称"命令 ⟳ 对称，系统弹出图 25.3.11 所示的"对称约束"对话框。

（2）选取参考曲面。依次选取图 25.3.12 所示的模型表面作为参考面。

Step 4 单击 确定 按钮，完成对称条件的创建。

选取此表面

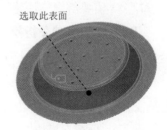

图 25.3.9　选取参考曲面

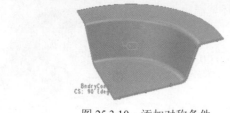

图 25.3.10　添加对称条件

图 25.3.11　"对称约束"对话框

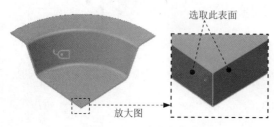

图 25.3.12　选取参考曲面

25.4　热分析实际应用

如图 25.4.1 所示的三通管零件，作为管道连接件广泛用于管道设计中。材料为钢（Steel），管内为热流体，温度为 240℃，对流系数为 249W/（m²℃），管外为空气，空气温度为 24℃，对流系数为 30W/（m²℃），需要解算三通管内温度场及应力场分布。

图 25.4.1　三通管零件

Task1. 进入热分析模块

Step 1　打开文件 D:\creo2pd\work\ch25\ch25.04\thermal_analysis.prt。

Step 2　单击 应用程序 功能选项卡 模拟 区域中的 "Simulate" 按钮 ，系统进入 "有限元分析" 模块。

Step 3　切换至热模式环境。单击 主页 功能选项卡 设置▼ 区域中的 "热模式" 按钮 ，系统进入热模式分析环境。

Task2. 定义有限元分析

Step 1　选择材料。单击 主页 功能选项卡 材料 区域中的 "材料" 按钮 材料，系统弹出图 25.4.2 所示的 "材料" 对话框。在对话框中选中 steel.mtl 材料，单击 ▶▶▶ 按钮，然后单击对话框中的 确定 按钮。

Step 2　分配材料。单击 主页 功能选项卡 材料 区域中的 "材料分配" 按钮 材料分配，系统弹出图 25.4.3 所示的 "材料分配" 对话框。采用系统默认设置，单击对话框中的 确定 按钮，完成材料分配，结果如图 25.4.4 所示。

Step 3　添加热力载荷。单击 主页 功能选项卡 载荷▼ 区域中的 "热" 按钮 ，系统弹出

图 25.4.5 所示的"热载荷"对话框；在对话框的 **参考** 下拉列表中选择 **曲面** 选项，选取图 25.4.6 所示的曲面对象为参考曲面；在对话框的 **热 (Q)** 区域的文本框中输入值 0.3276，在 mW 下拉列表中选择 mm^2 kg / sec^3 选项作为热单位；单击 **确定** 按钮，完成热载荷添加，结果如图 25.4.7 所示。

图 25.4.2 "材料"对话框

图 25.4.3 "材料分配"对话框

图 25.4.4 材料分配

图 25.4.5 "热载荷"对话框

选取此模型表面

图 25.4.6 选取参考曲面

图 25.4.7 添加热载荷

Step 4 添加对流条件（一）。单击 **主页** 功能选项卡 **边界条件 ▾** 区域中的"对流条件"按钮，系统弹出图 25.4.8 所示的"对流条件"对话框。在对话框的 **参考** 下拉列表中选择 **曲面** 选项，选取图 25.4.9 所示的曲面对象为参考曲面。在对话框的 **对流系数 (h)** 区域的 **值** 文本框中输入值 249，在其后的下拉列表中选择 mW / (mm^2 C) 选项作为对流系数单位。在对话框的 **体表温度 (Tb)** 区域的 **值** 文本框中输入值 200，在其后的下拉列表中选择 C 选项作为温度单位。单击 **确定** 按钮，完成对流条件的添加，结果如图 25.4.10 所示。

图 25.4.8　"对流条件"对话框

选取此表面

图 25.4.9　选取参考曲面

图 25.4.10　添加对流条件（一）

Step 5　添加对流条件（二）。单击 主页 功能选项卡 边界条件 ▾ 区域中的"对流条件"按钮 🔥，系统弹出"对流条件"对话框。在对话框的 参考 下拉列表中选择 曲面 选项，选取图 25.4.11 所示的曲面对象为参考曲面。在对话框的 对流系数 (h) 区域的 值 文本框中输入值 30，在其后的下拉列表中选择 mW / (mm^2 C) 选项作为对流系数单位。在对话框的 体表温度 (Tb) 区域的 值 文本框中输入值 24，在其后的下拉列表中选择 C 选项作为温度单位。单击 确定 按钮，完成对流条件的添加，结果如图 25.4.12 所示。

选取此表面

图 25.4.11　选取参考曲面

图 25.4.12　添加对流条件（二）

Step 6　设置网格参数。单击 精细模型 功能选项卡 AutoGEM 区域中的"控制"按钮 🔲 控制 ▾，系统弹出图 25.4.13 所示的"最大元素尺寸控制"对话框。在对话框中的 参考 区域下拉列表中选择 分量 选项；在 元素尺寸 区域中的文本框中输入元素尺寸值 10，单击对话框中的 确定 按钮。

Step 7　划分网格。单击 精细模型 功能选项卡 AutoGEM 区域中的"AutoGEM"按钮 🔲，系统弹出图 25.4.14 所示的"AutoGEM"对话框。单击对话框中的 创建 按钮，系统开始划分网格，网格划分结果如图 25.4.15 所示，同时，系统弹出"AutoGEM

摘要"对话框，对话框中显示网格划分的相关参数；单击对话框中的 关闭 按钮，直至系统弹出图 25.4.16 所示的"AutoGEM"对话框，提示是否保存网格划分结果，单击 是(I) 按钮。

图 25.4.13　"最大元素尺寸控制"对话框

图 25.4.14　"AutoGEM"对话框

图 25.4.15　网格划分

Step 8　定义分析研究。单击 主页 功能选项卡 运行 区域中的"分析和研究"按钮，系统弹出"分析和设计研究"对话框。选择对话框中的下拉菜单 文件(F) ➡ 新建稳态热分析... 命令，系统弹出

图 25.4.16　"AutoGEM"对话框

图 25.4.17 所示的"稳态热分析定义"对话框，在对话框中单击 收敛 选项卡，在 方法 区域的下拉列表中选择 单通道自适应 选项，其他选项采用系统默认设置；单击 确定 按钮，在系统弹出的"分析和设计研究"对话框中单击"开始运行"按钮，系统弹出图 25.4.18 所示的"问题"对话框和图 25.4.19 所示的"诊断"对话框，单击 是(I) 按钮，系统开始运行求解，求解完成后如图 25.4.20 所示。

图 25.4.18　"问题"对话框

图 25.4.17　"稳态热分析定义"对话框

图 25.4.19　"诊断：分析 Analysis1"对话框

Task3. 结果查看

在 Creo 中进行后处理操作主要是在 Creo Simulate 结果窗口中进行的，下面继续使用上一节的求解模型为例介绍后处理的相关操作。

Step 1 进入 Creo Simulate 结果窗口。单击 主页 功能选项卡 运行 区域中的"结果"按钮 结果 ，系统进入到"Creo Simulate 结果"窗口。

Step 2 查看温度结果图解。在"Creo Simulate 结果"窗口中选择下拉菜单 插入(I) ➡ 结果窗口(R)... 命令，在弹出的对话框中选择结果集文件 Analysis1，单击 打开 按钮，系统弹出图 25.4.21 所示的"结果窗口定义"对话框，在对话框的 显示类型 下拉列表中选择 条纹 选项；单击 数量 选项卡，在下拉列表中选择 温度 选项，单击对话框中的 确定并显示 按钮，系统显示其温度结果图解，如图 25.4.22 所示。

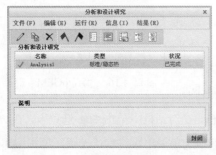

图 25.4.20　"分析和设计研究"对话框

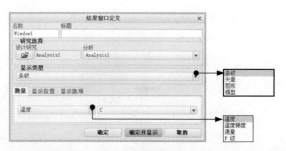

图 25.4.21　"结果窗口定义"对话框

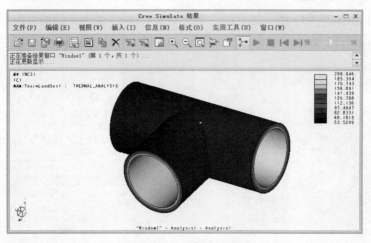

图 25.4.22　温度结果图解

说明：从温度结果图解中可以看出，内表面的最高温度为 200.046℃，外表面温度为最低温度 53.5299℃。

Step 3 查看温度梯度结果图解。在"Creo Simulate 结果"窗口中选择下拉菜单 插入(I) ➡ 结果窗口(R)... 命令，在弹出的对话框中选择结果集文件 Analysis1，单击 打开 按钮，系统弹出"结果窗口定义"对话框，在对话

框的 显示类型 下拉列表中选择 条纹 选项；单击 数量 选项卡，在下拉列表中选择 温度梯度 选项，单击对话框中的 确定并显示 按钮，系统显示其温度结果图解，如图 25.4.23 所示。

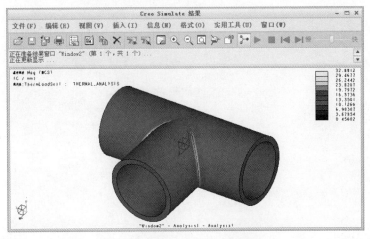

图 25.4.23 温度梯度结果图解

读者意见反馈卡

尊敬的读者:

感谢您购买中国水利水电出版社的图书!

我们一直致力于 CAD、CAPP、PDM、CAM 和 CAE 等相关技术的跟踪,希望能将更多优秀作者的宝贵经验与技巧介绍给您。当然,我们的工作离不开您的支持。如果您在看完本书之后,有好的意见和建议,或是有一些感兴趣的技术话题,都可以直接与我联系。

策划编辑: 杨庆川、杨元泓

注:本书的随书光盘中含有该"读者意见反馈卡"的电子文档,您可将填写后的文件采用电子邮件的方式发给本书的责任编辑或主编。

E-mail 詹友刚: zhanygjames@163.com;杨元泓: yyhletter@126.com。

请认真填写本卡,并通过邮寄或 E-mail 传给我们,我们将奉送精美礼品或购书优惠卡。

书名:《Creo 2.0 产品工程师宝典》

1. 读者个人资料:

姓名: _____ 性别: ____ 年龄: ____ 职业: _____ 职务: _____ 学历: _____

专业: _____ 单位名称: _____ 电话: _____ 手机: _____

邮寄地址: _____ 邮编: _____ E-mail: _____

2. 影响您购买本书的因素(可以选择多项):

☐内容   ☐作者   ☐价格

☐朋友推荐   ☐出版社品牌   ☐书评广告

☐工作单位(就读学校)指定   ☐内容提要、前言或目录   ☐封面封底

☐购买了本书所属丛书中的其他图书   ☐其他_____

3. 您对本书的总体感觉:

☐很好   ☐一般   ☐不好

4. 您认为本书的语言文字水平:

☐很好   ☐一般   ☐不好

5. 您认为本书的版式编排:

☐很好   ☐一般   ☐不好

加微信即可获取电子版

6. 您认为 Creo(Pro/E)其他哪些方面的内容是您所迫切需要的? 读者意见反馈卡

---

7. 其他哪些 CAD/CAM/CAE 方面的图书是您所需要的?

---

8. 您认为我们的图书在叙述方式、内容选择等方面还有哪些需要改进的?

如若邮寄,请填好本卡后寄至:

北京市海淀区玉渊潭南路普惠北里水务综合楼401室   中国水利水电出版社万水分社

杨元泓(收)   邮编:100036   联系电话:(010)82562819   传真:(010)82564371

如需本书或其他图书,可与中国水利水电出版社网站联系邮购:http://www.waterpub.com.cn。

咨询电话:(010)68367658。